"十二五"国家重点图书出版规划项目

材料科学研究与工程技术系列

材料科学基础
无机非金属材料分册

主　编　　罗绍华　赵玉成　桂阳海
副主编　　汪应玲　田　勇　李　辉　王　丹

U0223035

哈尔滨工业大学出版社

内容简介

本书论述了无机非金属材料的物理和化学的基础理论问题。全书共分 11 章,包括晶体几何基础,晶体化学基础与结构,非晶态与玻璃结构,晶体结构缺陷,陶瓷表面与界面,陶瓷中的扩散,陶瓷的相图,热力学的应用,陶瓷中的相变,固相反应和陶瓷的烧结。本书注重阐述无机非金属材料的组成、结构、性质之间的关系及其实际应用。

本书可作为无机非金属材料科学与工程、功能材料专业等的教材,同时也适于从事无机非金属材料的研制和生产的科技人员参考。

图书在版编目(CIP)数据

材料科学基础.无机非金属材料分册/罗绍华主编.
—哈尔滨:哈尔滨工业大学出版社,2014.8(2023.8 重印)
ISBN 978-7-5603-4580-2

Ⅰ.①材…　Ⅱ.①罗…　Ⅲ.①材料科学—高等学校—教材
②无机非金属材料—高学学校—教材　Ⅳ.①TB3 ②TB321

中国版本图书馆 CIP 数据核字(2014)第 188349 号

责任编辑　刘　瑶
出版发行　哈尔滨工业大学出版社
社　　址　哈尔滨市南岗区复华四道街 10 号　邮编 150006
传　　真　0451—86414749
网　　址　http://hitpress.hit.edu.cn
印　　刷　哈尔滨圣铂印刷有限公司
开　　本　787mm×1092mm　1/16　印张 24.25　字数 568 千字
版　　次　2015 年 1 月第 1 版　2023 年 8 月第 3 次印刷
书　　号　ISBN 978-7-5603-4580-2
定　　价　68.00 元

前　言

　　"无机材料科学基础"是无机非金属材料科学与工程专业的一门重要基础理论课程,主要研究无机非金属材料领域内的各种材料及其制品的基础共性规律,是研究无机非金属材料的组分、结构与性能之间相互关系和分析理论的一门应用基础科学。本书以理论为基础,特别辅以典型案例,注重实际应用,以提高学生分析问题和解决问题的能力为目标,专业方向为陶瓷、玻璃、水泥和耐火材料,以及新型无机非金属功能和结构材料。书中融合了物理化学、结构化学、结晶化学的基本理论,阐述了无机非金属材料的结构与性能规律性。为专业学习和未来的材料研究与制备奠定理论基础。

　　笔者在多年教学的基础上,对比研究了国内外同类教材,吸收了优秀教材的精华,根据当前国内外无机功能材料研究及发展形势编写而成。本书立足于培养读者无机功能材料工程应用能力,深度广度适当,扼要且全面,便于自学。

　　本书由东北大学秦皇岛分校资源与材料学院功能材料系罗绍华副教授、燕山大学材料学院赵玉成教授、郑州轻工业学院材料与化工学院桂阳海副教授任主编,汪应玲、田勇、李辉和王丹任副主编。具体编写分工如下:桂阳海编写第 1 章,第 2 章的 2.6、2.7 节,第 3 章;罗绍华编写第 4 章、第 6 章及第 7 章;赵玉成编写第 9～11 章;田勇、李辉编写第 5 章;王丹编写第 2 章的 2.1～2.5 节及各章的习题和附录。

　　限于编者水平,书中错误和疏漏之处在所难免,敬请教师、学生、同行读者给予指正。

编　者

2013 年 2 月

目　　录

第 1 章　晶体几何基础

无机非金属材料是与金属和有机材料相并列的三大类材料之一，也是除金属材料和有机材料以外其他所有材料的统称。无机非金属材料物质按其原子（分子）的聚集状态传统上分为晶体（crystal）和非晶体（noncrystal，amorphous form）；进一步按照组成晶粒的晶面取向是否相同，晶体又可分为单晶（single crystal，mono crystal）和多晶（polycrystal），如图 1.1 所示。

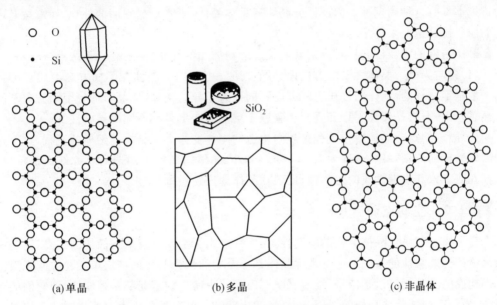

(a)单晶　　　　　　(b)多晶　　　　　　(c)非晶体

图 1.1　无机非金属材料的分类

准晶（quasiperiodic crystal，quasicrystal）是一种介于晶体和非晶体之间的固体。准晶具有完全有序的结构，但不具有晶体所应有的平移对称性，因而可以具有晶体所不允许的宏观对称性。准晶首先由以色列科学家丹尼尔·谢赫特曼（Daniel Shechtman）等人于1982 年提出，历经质疑，终被证实，并于 2011 年获得诺贝尔化学奖。目前已知的准晶均为金属互化物。

无机非金属材料很大一部分是由晶体组成的晶体材料。不同的晶体，其质点在三维空间的排列方式不同，其结合力的本质也不同，晶体的微观结构各异，反映在宏观性质上，不同的晶体具有截然不同的性质。例如，金刚石和石墨都是由碳构成的，由于碳的排列方式（微观内部结构）不同，金刚石因此具有很高的硬度，而石墨则较软。本章简要介绍晶体几何学涉及的基本内容。

1.1　晶体概述

1.1.1　晶体的概念

自然界存在许多呈规则外形的晶体,但多数情况下是呈不规则几何外形的颗粒,称为晶粒(grain)。是否能形成规则几何外形是受晶体生长空间、时间和其他物理化学条件等外部因素限制的,并不能反映晶体的本质特征。1912 年,应用 X 射线衍射发现晶体结构的长程有序性使我们认识到,一切晶体不论外形如何,它的内部质点(原子、离子或分子)都是规则排列的,即晶体内部相同质点在三维空间均呈周期性排列,而非晶体的内部质点的排列不具有这种周期性。因此区分晶体还是非晶体,不能根据它们的外观,而应按其内部的原子排列情况来确定。

晶体结构的特征使其具有区别其他状态的物体相的性质,主要有以下两点:

(1)各向异性。晶体性质随方向而异的性质。由于同一晶体在不同方向上质点的排列一般是不一样的,晶体的性质也随方向不同而有差异。例如,篮晶石的硬度随方向不同有显著差别;石墨晶体在平行和垂直于碳原子层的方向上具有不同的导电性。

(2)固定熔点。晶体熔化过程是规则构造的固体变为无序结构的熔体的过程,这个过程需要消耗的能量一定,表现为温度不变。另外,晶体内部格子构造的对称性也很重要,包括几何要素和物理性质的对称性,反映在晶体的宏观对称性上。

1.1.2　空间点阵

为了描述和研究晶体结构的周期性,人们开发出了空间点阵这一简便的工具,它是探讨晶体结构规律性的基础。一个理想晶体是由全同的称为基元的结构单元在空间无限重复而构成的。基元可以是原子、离子、分子等;晶体中所有的基元都是等同的,即它们的组成、位形和取向等都是相同的。因此,晶体的内部结构可以抽象为由一些相同的几何点在空间做周期性的无限分布。几何点代表基元的某个相同位置,点的总体称为空间点阵(space lattice)。

下面以食盐(NaCl)的晶体结构为例来说明空间点阵的概念。在 NaCl 结构(图 1.2(a))中,基元为 NaCl 分子,所有 Na^+ 的前后、左右、上下相同的距离上(0.281 5 nm)都是 Cl^-,所有 Cl^- 的前后、左右、上下相同的距离上(0.2 815 nm)都是 Na^+。换句话说,在 NaCl 晶体结构中所有 Na^+ 在同一取向上所处的几何环境和物质环境皆相同;所有 Cl^- 在同一取向上所处的几何环境和物质环境皆相同;但在同一取向上,Na^+ 的环境和 Cl^- 的环境都不同。晶体结构中在同一取向上几何环境和物质环境皆相同的点称为等同点。在 NaCl 晶体结构中,Na^+ 所在的点是一类等同点,Cl^- 所在的点是另一类等同点。在 NaCl 晶体结构中,可以找到无穷多类等同点,但每类等同点集合而成的图形都呈现如图 1.2(b)所示的相同图形。这种概括地表示晶体结构中等同点排列规律的几何图形为空间点阵,等同点称为结点。

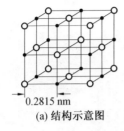 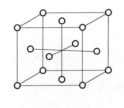

(a) 结构示意图   (b) 空间点阵

图 1.2　NaCl 晶体结构

为了描述晶体中微粒的空间排列而引进了空间点阵的概念。空间点阵是实际晶体结构的数学抽象，是一种空间几何构图。它突出了晶体结构中微粒排列的周期性这一特点。只有点阵而无构成晶体的物理实体(微粒)则不会成为晶体。在讨论晶体结构时，二者缺一不可，如图 1.3 所示。因此，晶体也可定义为是具有点阵构造的固体。

基元(一大一小圆圈＋点阵(实心黑点)＝晶体结构)

图 1.3　晶体结构

1.1.3　布拉维点阵

我们不可能在一个无限大的三维空间研究晶体的结构特征。通常的做法是在空间点阵中截取一个有代表性的平行六面体，这个平行六面体能反映出空间点阵的所有特征。这样的平行六面体称为布拉维点阵(bravais lattice)。

1. 单位平行六面体的选取

在晶体学中，为了使选取的平行六面体能代表整个空间点阵的几何特性，同时又最简单，主要有以下三个规则：

(1)首要条件要求是所选择的平行六面体能反映空间点阵的宏观对称特征。

(2)在满足规则(1)的情况下应该使所选的平行六面体的直角尽量多。

(3)在满足规则(1)、(2)的情况下，尽量选取体积最小的平行六面体。

这三个规则是有先后次序的，为了便于理解，用图 1.4 的平面点阵来做说明。不难看出，垂直于该平面点阵的方向有一根 4 次旋转轴，而图中六种四边形中，只有 1,2 符合 4 次旋转轴对称性特点，但 1 的体积最小，所以应选择平行四边形 1 作为这一平面点阵的基本单位。

2. 14 种布拉维点阵

选择了单位平行六面体，实际上也就确定了空间点阵的坐标系。单位平行六面体的三根棱便是三个坐标轴的方向，棱之间的交角就是坐标轴之间的交角，棱长就是坐标系的轴单位。三根棱长 a,b,c 以及三者相互间的交角 α,β,γ 是表征它本身形状、大小的一组参数，称为点阵参数(图 1.5)。

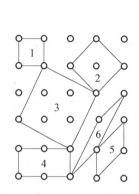 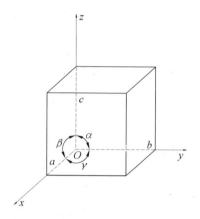

图 1.4　单位平行六面体的选择　　图 1.5　单位平行六面体参数图解

在结晶学中,用于描述晶体结构的单位平行六面体的形状有七类,属于七个晶系。对于每类点阵,根据结点的分布情况可归纳为以下四种基本类型。

(1)简单点阵。以符号 P 表示,又称原始点阵。仅在单位平行六面体的八个角顶处分布有结点,由于角顶上每个结点分属于邻近的八个单位平行六面体所共有,故每个简单点阵的单位平行六面体内,实际上就含有一个结点。三方棱面体点阵不用 P 代表,而用 R 代表。

空间点阵的种类除原始点阵外还可以有其他类型点阵存在,即复式点阵。这种选择非原始点阵的结果完全满足单位平行六面体的选择原则,有以下三种点阵。

(2)体心点阵。以符号 I 表示。除了八个角顶上外,在单位平行六面体的体心处还分布一个结点,这个结点只属于这个单位平行六面体所有,故体心点阵的单位平行六面体内包含有两个结点。

(3)底心点阵。以符号 C 表示。除了八个角顶上外,在单位平行六面体的上、下底面的中心还分布一个结点,这个面上的结点是属于相邻的两个单位平行六面体所共有,故底心点阵的单位平行六面体内也包含两个结点。

(4)面心点阵。以符号 F 表示。除了八个角顶上外,在单位平行六面体的每个面的面心都各分布一个结点,故面心点阵的单位平行六面体内共包含四个结点。

在单位平行六面体中,除上述三种非原始点阵外,其他位置上不存在有结点的情况。考虑体心、面心和底心的存在,应该有 28 种格子。但是这 28 种格子中,有的可能不满足对称性要求,有的则不符合选择原则,因此并非每个晶系中都同时存在以上四种格子。例如,立方底心格子就不能存在。因为从结点分布看,它不符合立方点阵所固有的 $4L^3$ 的对称特点。这样,去掉了这些不符合要求的点阵后,对应于七个晶系,共有 14 种不同形式的空间点阵,这就是通常所说的 14 种布拉维点阵。表 1.1 中给出了 14 种布拉维点阵图形及有关参数。

布拉维点阵是空间格子的基本组成单位。只要知道格子的形式和单位平行六面体参数,就能确定整个空间格子的一切特征。

表 1.1　14 种布拉维点阵图形及相关参数

晶系	晶胞（或点阵）常数	简单 P（三方 R）	体心 I	底心 C	圆心 P
三斜	$a \neq b \neq c$ $\alpha \neq \beta \neq \gamma \neq 90°$		□	□	□
单斜	$a \neq b \neq c$ $\alpha = \gamma = 90°$ $\beta \neq 90°$		△		□
正交 （斜方）	$a \neq b \neq c$ $\alpha = \beta = \gamma = 90°$				
三方	$a = b = c$ $\alpha = \beta = \gamma \neq 90°$		□	※	□
四方	$a = b \neq c$ $\alpha = \beta = \gamma = 90°$			□	□
六方	$a = b \neq c$ $\alpha = \beta = 90°$ $\gamma = 120°$		※	○	※
立方 （等轴）	$a = b = c$ $\alpha = \beta = \gamma = 90°$			※	

说明:□表示不符合规则(3);△表示单斜点阵中可取 I,但取 C 时其对称性更突出;※表示不符合规则(1);○表示六方 P,通常也称六方 C,但真正单位中上、下底面心有阵点时,不符合规则(1)

1.1.4　晶体的定向和结晶符号

知道了晶体的点群并不能知道晶体的具体形状,同时对晶体的各部分(几何元素)必须有统一的命名才不致引起混乱。结晶学上对晶体的取向有统一的规定,并且规定了一套结晶符号来命名晶体内的几何要素(如点、线、面等)。

1. 晶体定向

为了表达晶体的空间取向关系,首先在晶体中建立一个坐标系,在此基础上用数学的方式表示各晶体或点阵几何要素在晶体或点阵中的位置关系,称为晶体定向,就是把晶体或点阵按一定的规则安置在坐标轴内,所选的坐标轴称为晶轴。

晶体定向包括两方面内容:一是在晶体或点阵中选择三个互不平行的棱为坐标轴(晶轴),晶体中有对称要素,如存在对称轴和倒转轴(一次轴除外)及对称面的法线,优先选择它们作为晶轴;二是确定坐标轴的轴单位,即在晶轴上作为长度计量单位的线段。由于在讨论晶体几何特征时只涉及晶面、晶棱的方向问题,并不考虑它们的具体位置和大小,因此不需要知道三个轴单位的绝对长度,只需要得到三个轴单位之间的比值即可。用点阵常数值 a,b,c 作为相应的坐标单位有极大的方便。这样 a,b,c 和 α,β,γ 六个数字称为晶格常数,它是晶体的重要物理常数。

晶系实质上是按晶格常数的区别来分类的,根据上述原则所选坐标系统和具体定向,对于不同晶系是有区别的,通常使用布拉维定向法。表 1.2 为各晶系晶轴定向和晶体几何常数。

表 1.2　各晶系晶轴定向和晶体几何常数

晶系	结晶轴的选择		结晶轴的安置	晶体几何常数
等轴	以三个互相垂直的 4 次对称轴或 2 次对称轴为 a 轴、b 轴、c 轴		c 轴:上下直立 a 轴:前后水平 b 轴:左右水平	$a=b=c$ $\alpha=\beta=\gamma=90°$
四方	以唯一的 4 次对称轴或 4 次倒转轴为 c 轴,取垂直于 c 轴的三条互相垂直的 2 次对称轴或对称轴的法线或晶棱(或脚顶连线)方向为 a 轴或 b 轴		c 轴:上下直立 a 轴:前后水平 b 轴:左右水平	$a=b\neq c$ $\alpha=\beta=\gamma=90°$
六方	以唯一的 6 次对称轴或 6 次倒转轴为 c 轴,取垂直于 c 轴的三条互成 60° 交角的 2 次对称轴或对称面的法线或晶棱(或角顶连线)方向为 a 轴、b 轴、d 轴		c 轴:上下直立 b 轴:左右水平 a 轴:水平朝前偏左 d 轴:水平朝后偏左 30°	$a=b=d\neq c$ $\alpha=\beta=90°$ $\gamma=120°$
三方	米勒定向	以与 3 次对称轴或 3 次倒转轴等角度相交,且互相间也等角度相交的三条晶棱方向为 a 轴、b 轴、c 轴	3 次轴直立,a 轴、b 轴、c 轴向上,与 3 次轴成对称配置	$a=b=c$ $\alpha=\beta=$ $\gamma\neq90°$
	布拉维定向	以唯一的 3 次对称轴或 3 次倒转轴为 c 轴,取垂直于 c 轴的三条 2 次对称轴或对称法面线或晶棱(或角顶连线)方向为 a 轴、b 轴、d 轴	c 轴:上下直立 b 轴:左右水平 a 轴:水平朝前偏左 30° d 轴:水平朝后偏左 30°	$a=b=$ $d\neq c$ $\alpha=\beta=90°$ $\gamma=120°$

续表 1.2

晶系	结晶轴的选择	结晶轴的安置	晶体几何常数
正交	以三条互相垂直的对称轴为 a 轴、b 轴、c 轴,或取唯一的 2 次对称轴为 c 轴,两个垂直于 c 轴并互相垂直的对称面法线为 a 轴和 b 轴	c 轴:上下直立 a 轴:前后水平 b 轴:左右水平	$a\neq b\neq c$ $\alpha=\beta=\gamma=90°$
单斜	以唯一的 2 次对称轴或对称面法线为 b 轴,取两条垂直于 b 轴的晶棱方向或角顶连线为 a 轴和 c 轴	c 轴:上下直立 b 轴:左右水平 a 轴:前后倾斜	$a\neq b\neq c$ $\alpha=\beta=90°$ $\beta>90°$
三斜	以任意三条晶棱方向或角顶连线为 a 轴、b 轴、c 轴	c 轴:上下直立 a 轴和 b 轴:任意	$a\neq b\neq c$ $\alpha\neq\beta\neq\gamma\neq90°$

2. 结点位置表示法

晶体点阵的结点位置以它们的坐标值来表示。如图 1.6 中 P 点,则 P 点在 x,y,z 三轴的投影为 OA,OB,OC,$OA=2a$,$OB=4b$,$OC=3c$,则 P 点的坐标为 $(2,4,3)$。

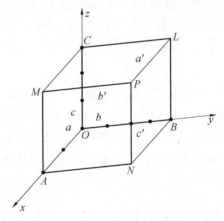

图 1.6　结点在空间坐标位置表示法

对于简单点阵,单位平行六面体只含一个结点,显然这个结点的坐标应取 $(0,0,0)$,即位于坐标原点位置。其余七个角顶上的结点坐标,均可由 $(0,0,0)$ 经过 $\boldsymbol{T}$ 矢量的平移而得到(这里 $\boldsymbol{T}=m\boldsymbol{a}+n\boldsymbol{b}+p\boldsymbol{c}$,其中 m,n,p 为任意整数)。我们把这种通过平移矢量 $\boldsymbol{T}$ 能够重复出整个空间点阵的基本结点,称为基点。这样每种类型的点阵用基点的坐标就可以代表整个点阵全部结点的坐标。

由此,对面心立方点阵,有四个基点,坐标分别为:$(0,0,0)$,$(0,\frac{1}{2},\frac{1}{2})$,$(\frac{1}{2},0,\frac{1}{2})$,$(\frac{1}{2},\frac{1}{2},0)$。对于体心点阵有两个基点,坐标为 $(0,0,0)$,$(\frac{1}{2},\frac{1}{2},\frac{1}{2})$。对于底心点阵也有

两个基点,坐标为$(0,0,0)$,$(\frac{1}{2},\frac{1}{2},0)$。

下面以 NaCl 晶胞为例说明用结点坐标来表示一个晶体结构(图1.2)。四个 Cl^- 离子(空心圆)分布成面心立方,四个 Na^+ 离子(实心圆)也是分布成面心立方,但两组离子在空间的几何环境是不一样的,相当于两套面心立方点阵穿插形成,其坐标为:

Cl^-:$(0,0,0)$,$(0,\frac{1}{2},\frac{1}{2})$,$(\frac{1}{2},0,\frac{1}{2})$,$(\frac{1}{2},\frac{1}{2},0)$,或简写成 Cl^-:$(0,0,0)$,F,C;

Na^+:$(\frac{1}{2},\frac{1}{2},\frac{1}{2})$,$(\frac{1}{2},1,1)$,$(1,\frac{1}{2},1)$,$(1,1,\frac{1}{2})$,或简写成 Na^+:$(\frac{1}{2},\frac{1}{2},\frac{1}{2})$,F,C;

F,C 即面心的意思。

3. 晶向的表示法

空间点阵中结点连成的结点线和平行于结点线的方向在晶体中称为晶向。晶向可用晶向符号来表示。

确定晶向的步骤:先通过原点作一条与晶向平行的直线,将这条直线上任一点的坐标化为没有公约数的整数 uvw,称为晶向指数;然后再加上方括号即为晶向符号$[uvw]$。如果坐标为负数,则在相应的符号上方加"$-$"。如当坐标为$(\frac{1}{3},\frac{1}{2},-\frac{1}{4})$时,则晶向负号为$[46\bar{3}]$。

晶向符号不仅代表一根直线方向,而且代表所有平行于这根直线的直线方向。晶体中原子排列情况相同,但空间位向不同的一组晶向称为晶向族,用〈 〉表示,同一晶向族中的指数相同,只是排列顺序或符号不同。例如,立方晶系体对角线〈111〉＝$[111]$＋$[\bar{1}11]$＋$[1\bar{1}1]$＋$[11\bar{1}]$＋$[\bar{1}\bar{1}1]$＋$[\bar{1}1\bar{1}]$＋$[1\bar{1}\bar{1}]$＋$[\bar{1}\bar{1}\bar{1}]$。但要注意的是,离开立方系,改变晶向指数的顺序,所表示的晶向可能不再是同一个晶向族。

4. 晶面的表示法

晶面是指布拉维点阵中任意三个不共线的阵点所在的平面,该平面是包含无限对个阵点的二维点阵,称之为晶面,即一组平行等距的面网。晶面在晶体上的方位可用晶面符号来表示。

确定晶面的步骤:

(1)以不在所求晶面上的任意阵点为原点,以布拉维阵胞的基矢 a,b,c 为三维基矢量建立坐标系。

(2)得到所求晶面的三个面截距值。

(3)取三面截距值系数的倒数,并取整约化为互质数 $h\,k\,l$,用"( )"括之,$(h\,k\,l)$ 即为晶面指数,又称密勒(Miller)指数。若某晶面平行于一晶轴,则截距系数为 ∞,截距系数的倒数为0,该米勒指数即为0。当指数为负整数时,负号标于其顶部。$(h\,k\,l)$ 代表相互平行的一组晶面。

举例:有一晶面 HKL(图1.7),在 X,Y,Z 轴上的截距分别为 $2a,3b,6c$,截距系数分别为 $2,3,6$,其倒数比为 $1/2:1/3:1/6$,化整得 $3:2:1$,则密勒指数为(321)。

晶体中原子排列情况相同,晶面间距也相等,但空间位向不同的一组晶面称为晶面族。构成晶面族的各晶面的指数数字相同,只是排列顺序和符号不同而已。

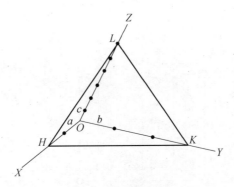

图 1.7　晶面符号图解

如在立方体中,六个表面(100),(010),(001),$(\bar{1}00)$,$(0\bar{1}0)$,$(00\bar{1})$构成了同一个$\{100\}$晶面族。但需要注意的是,离开立方系,数字相同而顺序不同的晶面指数所表示的晶面就不一定属于一个晶面族了。

5. 六方晶系的四轴指数

以上采用三指数法表征立方晶系比较适用,但是对于六方晶系时,取a_1,a_2和c为坐标轴,a_1,a_2两轴成$120°$,如图 1.8 所示。此时六方晶系的六个侧面上阵点的排列规律完全等同,应属于同一晶面族,即各晶面指数除了顺序和符号外,其数字应该相同,但实际上六个侧面的晶面指数分别为(100),(010),$(\bar{1}10)$,$(\bar{1}00)$,$(0\bar{1}0)$,$(1\bar{1}0)$。这与前面晶面族的定义不吻合,同样过底心的三条对角线阵点排列完全相同,属于同一个晶向族,也应用相同的指数,实际上为$[100]$,$[010]$,$[110]$。为此,通过增加一根轴a_3,采用四轴制a_1,a_2,a_3和c表征时即可解决这个问题,其中a_1,a_2,a_3互成$120°$,且$a_3=-(a_1+a_2)$,这样六个侧面的晶面指数分别为$(10\bar{1}0)$,$(01\bar{1}0)$,$(\bar{1}100)$,$(\bar{1}010)$,$(0\bar{1}10)$,$(1\bar{1}00)$,它们的数字相同,只是排列顺序和符号不同,同为一个晶面族$\{1\bar{1}00\}$。同样,过底心得三条对角线指数分别为$[2\bar{1}\bar{1}0]$,$[\bar{1}2\bar{1}0]$,$[11\bar{2}0]$,与晶向族的定义吻合,同属晶向族$\langle 11\bar{2}0\rangle$。

在六方晶体系中,三指数可以通过变换公式转变为四指数,具体如下:

晶向指数的变换为

$$[UVW]\Rightarrow[uvtw]\begin{cases} u=\dfrac{1}{3}(2U-V) \\[2mm] v=\dfrac{1}{3}(2V-U) \\[2mm] t=-\dfrac{1}{3}(U+V) \\[2mm] w=W \end{cases}$$

晶面指数的变换为

$$(hkl)\rightarrow(hkil)$$

晶面指数的变换比较简单,只需在三指数(hkl)中增加一个指数i就可构成四指数$(hkil)$,其中i为前两指数代数和的相反数,即$i=-(h+k)$。六方结构中常见的三指数与四指数如图 1.8 所示。

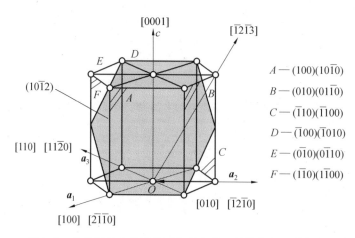

图 1.8　六方结构中常见晶面和晶向的三轴指数与四轴指数

1.2　晶体的宏观对称性

晶体结构中结构基元的规则排列，使晶体除了具有空间点阵所表现的周期性外，还具有重要的对称性。晶体外形的宏观对称性是其内部晶体结构微观对称性的宏观表现。晶体的某些物理参数如热膨胀、弹性模量和光学常数等也与晶体的对称性密切相关。因此，分析探讨晶体的对称性，对研究晶体结构及其性能具有重要意义。

1.2.1　晶体对称的概念

对称是指物体相同部分做有规律的重复。使一个物体或一个图形做有规律重复的动作，变换前后图形保持不变，这种变换就称为对称操作。所以对称含有两个要素：一是物体必须有两个以上相同的图形；二是物体中相同的图形通过一定的对称操作做有规律的重复，如吊扇叶片旋转一定角度的动作，双手之间的反映动作。

晶体中的内部质点呈规律性重复排列，呈对称分布，具有对称性。由此决定的晶体多面体上的晶面、晶棱及角顶皆做有规律的排列，因此晶体又具有宏观对称性。但晶体的对称是有限的，只有符合格子构造的对称才能在晶体上表现出来，晶体共有 32 种点群和 230 种空间群。

1.2.2　晶体的宏观对称元素

使晶体相等部分重复所进行的操作（如反映、旋转、反伸、平移等）称为对称操作。进行对称操作时所借助的几何要素（点、线、面）称为对称元素。不同的晶体由于其对称程度不同，表现出对称要素及数目也不同。在晶体中可能存在的对称元素及操作如下。

（1）对称中心和倒反。习惯符号 C，国际符号 i。它是一个假想的点，过此点任意直线的等距离两端，可找到晶体的相同部分。对称操作是以此点为中心的反伸（倒反）。晶体中可以没有对称中心，也可以有一个对称中心，其晶面必然是两两平行或反向平行，并且晶面相同。

（2）对称面（镜面）与反映。习惯符号 P，国际符号 m。对称面是一假想的平面，将晶体平分为互为镜像的两个相等部分。相应的操作为对此平面的反映。也可以没有对称面，晶体中可以有一个及多个对称面，最多达九个。

（3）旋转轴和旋转。习惯符号 L^n，国际符号 n，$n=1,2,3,4,6$。旋转轴是一假想的直线，晶体绕该轴转动一定角度后，可使相等的两部分重复或晶体复原。转动一周重复的次数称为轴次，用 n 表示。重复所需的最小旋转角称为基转角 α，两者关系为 $n=360(°)/\alpha$。相应的操作是绕此直线的旋转。

在晶体的宏观对称中，n 的数值不是任意的。在晶体中，只可能出现轴次为 1 次、2 次、3 次、4 次和 6 次的对称轴，而不可能存在 5 次和高于 6 次的对称轴，这就称为晶体对称定律。轴次高于 2 的 L^3，L^4，L^6 称高次轴。晶体中可以没有对称轴，也可有一种或几种对称轴同时存在。书写时，三个四次轴记为 $3L^4$。

（4）旋转倒反轴。旋转倒反轴，符号 L_i^n，国际符号 $\bar{n}$。过晶体中心一假想直线，晶体绕此直线旋转一定角度，再对对称中心反伸，可使相等部分重复出现。对称操作是旋转加反伸的复合操作。轴次只有 L_i^1，L_i^2，L_i^3，L_i^4，L_i^6（国际符号 $\bar{1}$，$\bar{2}$，$\bar{3}$，$\bar{4}$ 和 $\bar{6}$）五种。旋转倒反轴的图解如图 1.9 所示。

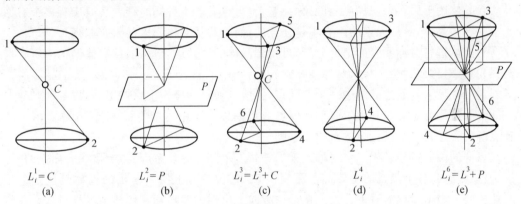

$$L_i^1=C \quad L_i^2=P \quad L_i^3=L^3+C \quad L_i^4 \quad L_i^6=L^3+P$$
$$(a) \quad\quad (b) \quad\quad (c) \quad\quad (d) \quad\quad (e)$$

图 1.9　旋转倒反轴的图解

但是这五种旋轴倒反轴中，只有 $\bar{4}$ 是独立存在的对称元素，它无法用其他对称元素或它们组合的相应对称操作来代替，$\bar{4}$ 只在无 i 的晶体中才可能存在。$\bar{1}$ 旋转 $360°$ 后再反伸，等于单纯地反伸，即 $\bar{1}=i$；同理可得 $\bar{2}=m$，$\bar{3}=3+i$，$\bar{6}=3+m$。因此，晶体的宏观对称元素是有限的，只有 $1,2,3,4,6,\bar{1}(i),\bar{2}(m),\bar{3},\bar{4},\bar{6}$ 这十种，而其中独立的只有八种。

还有旋转反映轴，它是过晶体中心的一假想直线，晶体绕此直线旋转一定角度，再对过中心且垂直此直线的平面反映，可使晶体相等部分重复。但所有的旋转反映轴均可等同于其他对称元素或其组合，故实际讨论时不再考虑。

根据以上讨论，可以把宏观晶体中可能存在的对称要素以及所用的符号和图示记号归纳于表 1.3 中。

表 1.3　晶体的宏观对称元素及对称操作

对称元素	对称轴					对称中心	对称面	倒转轴		
	1次	2次	3次	4次	6次			3次	4次	6次
辅助几何要素	直线					点	平面	直线与直线上的定点		
对称操作	绕直线旋转					对点倒反	对面反映	绕线旋转＋对点倒反		
基转角	360°	180°	120°	90°	60°			120°	90°	60°
习惯符号	L^1	L^2	L^3	L^4	L^6	C	P	L_i^3	L_i^4	L_i^6
国际符号	1	2	3	4	6	i	m	$\bar{3}$	$\bar{4}$	$\bar{6}$
等效对称元素						$\bar{1}$	$\bar{2}$	$3+i$	$3+m$	
图示记号			▲	◆		O 或 C	双线或粗线			

1.2.3　宏观对称元素的组合及点群

在晶体图形中,可以只有一种对称元素,也可以有若干种同时存在。对于有多个对称元素共存的晶体,对称元素的组合不是任意的,而是服从对称元素的组合原理。

对晶体进行对称元素的组合分析,可得到晶体的全部组合形式,即晶体结构中所有点对称元素(对称面、对称中心、对称轴和旋转反伸轴)的集合,称为对称型。由于晶体的全部宏观对称元素均通过晶体中一个共同点,且该点在对称操作中保持不动,故各种对称操作的组合又称为点群。利用组合定理便可导出晶体外形中可能有的 32 种对称点群。32种点群的表达符号及其包括的对称元素列于表 1.4 中。

点群的国际符号是用三个对称元素的符号表示某一种晶系(晶系的概念后面介绍)的三个主要晶向,各个晶系的主要晶向见表 1.5。每位符号上所表示出的对称元素就是在此相应的方向上出现的对称元素。在某一方向上出现的旋转轴或倒转轴系指与这个方向平行的旋转轴或倒转轴;在某一方向上出现对称面系指与这个方向垂直的对称面。如果在某一方向上同时出现旋转轴和对称面时,可将旋转轴 n 写在分子上,对称面 m 写在分母上,例如,$\frac{2}{m}$ 表示某方向上有一个二次旋转轴和与此方向相垂直的对称面。国际符号有全写和缩写两种,如表 1.5 的括号中为缩写符号。

表 1.4　晶体的 32 种对称型(点群)

晶族	晶系	对称型国际符号	对称形式(含有对称元素的个数)							对称特征
			原始式	中心式	平面式	轴式	轴面式	倒转原始式	倒转面式	
低级晶族	三斜	1	1							只有一次轴
		$\bar{1}$		i						
	单斜	m			m					只在一个方向上有2次轴或 m
		2				2				
		$\dfrac{2}{m}$					$2,m,i$			无高次族
	正交(斜方)	mm			$2,2m$					三个互相垂直的2次轴或两个互相垂直的 m
		222				3×2				
		mmm					$3\times2,$ $3m,i$			

续表 1.4

晶族	晶系	对称型国际符号	对称形式（含有对称元素的个数）							对称特征
			原始式	中心式	平面式	轴式	轴面式	倒转原始式	倒转面式	
中级晶族	三方（菱形）	3	3							一个3次轴
		$\bar{3}$		3,i						
		3m			3,3m					
		32				3,3×2				
		$\bar{3}m$					3,3×2, 3m,i			
	四方	4	4							有一个高次轴 / 一个4次轴
		$\dfrac{4}{m}$		4,m,i						
		4mm			4,4m					
		422				4,4×2				
		$\dfrac{4}{m}\dfrac{2}{m}\dfrac{2}{m}(\dfrac{4}{m}mm)$					4,4×2, 5m,i			
		$\bar{4}$						$\bar{4}$		
		$\bar{4}2m$							$\bar{4},2×2, 2m$	
	六方	6	6							一个6次轴
		$\dfrac{6}{m}$		6,m,i						
		$\bar{6}m2$			6,6m					
		6mm				6,6×2				
		$\dfrac{6}{m}\dfrac{2}{m}\dfrac{2}{m}(\dfrac{6}{m}mm)$					6,6×2, 7m,i			
		$\bar{6}$						$\bar{6}$		
		622							$\bar{6},3×2, 3m$	

续表 1.4

晶族	晶系	对称型国际符号	对称形式(含有对称元素的个数)							对称特征	
			原始式	中心式	平面式	轴式	轴面式	倒转原始式	倒转面式		
高级晶族	立方(等轴)	23	4×3, 3×2							有多于一个的高次轴	必有四个3次轴
		$\dfrac{2}{m}\bar{3}$ ($m3$)		$4\times3,3\times2,$ $3m,i$							
		$\bar{4}3m$			$4\times3,$ $3\times4,$ $6m$						
		432				$4\times3,$ $3\times4,$ 6×2					
		$\dfrac{4}{m}\bar{3}\dfrac{2}{m}$ ($m3m$)					$4\times3,3\times4,$ $6\times2,9m,i$				

表 1.5   国际符号中各个符号在每个晶系中代表的方向

晶 系	符号位序	代表的方向
三斜晶系	1	一次轴(a)
单斜晶系	1	2次轴(b)
正交(斜方)晶系	1	三个互相垂直的2次轴　　a
	2	b
	3	c
三方(菱形)晶系	1	3次轴($a+b+c$)
	2	与3次轴垂直($a-b$)
四方晶系	1	4次轴(c)
	2	与4次轴垂直(a)
	3	与4次轴垂直,并与a的方向交成$45°$($a+b$)
六方晶系	1	6次轴(c)
	2	与6次轴垂直(a)
	3	与6次轴垂直,并与a的方向交成$30°$($2a+b$)
立方(等轴)晶系	1	立方体的棱(a)
	2	立方体的体对角线($a+b+c$)
	3	立方体的面对角线($a+b$)

1.2.4　晶体的对称分类

在表 1.4 中列出的晶体 32 个点群中,根据点群有无高次轴和高次轴的多少,可以把晶体划分为低、中、高三个晶族。无高次轴的点群属于低级晶族,只有一根高次轴的点群属于中级晶族,多于一根高次轴的点群属于高级晶族。

在各晶族中又根据对称特点划分为以下晶系:

(1)低级晶族。根据有无 L^2 或 P,以及 L^2 或 P 是否多于一个划分为三个晶系:三斜晶系、单斜晶系和正交(斜方)晶系。

(2)中级晶族。根据唯一的高次轴的周次分为三个晶系,即四方晶系、三方晶系和六方晶系。

(3)高级晶系。只有立方(等轴)晶系。

晶体的对称形式是其内部点阵结构规律性的外在反映,因而晶系也同样反映这种规律性,确定晶体所属的晶系,对于鉴定和研究晶体,特别是决定晶体内部结构以及表现出来的宏观物理性质尤为重要。最明显的例子就是晶体中压电性与它的对称排列紧密相关,凡属有对称中心的点群,相应的晶体就不可能出现压电性。

1.3　晶体的微观对称和空间群

1.3.1　晶体的微观对称

前面讨论了晶体的宏观对称性,它仅反映了晶体有限外形的对称性,而晶体的外形仅仅是其内部质点规则排列的一种宏观体现,因此,要完整了解晶体的结构,还要了解晶体内部的微观对称性。晶体结构＝点阵结构＋结构基元,点阵结构是无限的,它的对称属于无限点阵的对称,即微观对称。显然,微观对称与宏观对称既有区别又有联系,主要体现在:

(1)晶体的点阵结构中,平行于任何一个对称元素必有无穷多个与之相同的对称元素。

(2)出现平移操作。微观对称元素除了宏观对称元素外,还有与平移相关的对称元素。显然,宏观对称元素不仅适用于宏观对称,也适用于微观对称,但微观对称元素仅适用于微观对称。当同时考虑晶体的微观对称性和宏观对称性时,对称元素的组合就构成了空间群,从而完整地反映了晶体结构。微观对称元素主要包括平移轴、滑移面和螺旋轴三种。

1. 平移轴

平移轴为假想的一根轴,点阵沿此直线移动一定的距离,可使点阵的相同部分重复,即点阵复原。能使点阵复原的最小移动距离即点阵周期称为平移矢量。将阵胞分别沿三维方向进行平移操作时,即可获得晶体的空间点阵。

在空间点阵中,任意一行或列均是平移轴,空间点阵有无穷多的平移轴,平移轴的结合构成平移群,空间点阵共有 14 种,则平移群也有 14 种。平移轴对称元素与宏观对称元素组合形成以下两个重要的微观对称元素。

2. 滑移面(反映-平移)

滑移面是点阵结构中的一个假想面,点阵结构按该平面反映后再沿此平面的平行方向平移一定距离,点阵结构复原。滑移面是复合对称元素,其操作是反映和平移的复合操作。滑移面按其滑移方向和平移矢量可以分为 a,b,c,n,d 五种,a,b,c 为三个基矢方向的轴滑移面,平移矢量分别为 $1/2a,1/2b,1/2c$,其中 a,b,c 为三维基矢;n 表示对角线滑移面,平移矢量分别为 $1/2(a+b),1/2(b+c),1/2(c+a),1/2(a+b+c)$;$d$ 为金刚石滑移面,其平移矢量可为 $1/4(a+b),1/4(b+c),1/4(a+c),1/4(a+b+c)$。

表 1.6　滑移面按滑移方向和平移矢量分类

滑移面		平移方向	平移距离	说明
m		—	0	
轴向滑移	a	a	$\frac{1}{2}a$	a:沿 x 轴方向的结点间距
	b	b	$\frac{1}{2}b$	b:沿 y 轴方向的结点间距
	c	c	$\frac{1}{2}c$	c:沿 z 轴方向的结点间距
对角线滑移	n	$(a+b)$ 或 $(b+c)$ 或 $(a+c)$	$\frac{1}{2}(a+b)$ 或 $\frac{1}{2}(b+c)$ 或 $\frac{1}{2}(a+c)$	$(a+b)$、$(b+c)$、$(a+c)$ 分别是沿着 x 轴和 y 轴、y 轴和 z 轴、z 轴和 x 轴三个轴单位的矢量和
金刚石型滑移	d		$\frac{1}{4}(a+b)$ 或 $\frac{1}{4}(b+c)$ 或 $\frac{1}{4}(a+c)$	

3. 螺旋轴(旋转-平移)

螺旋轴为点阵结构中的假想轴,当点阵结构绕其直线旋转一定角度后,再沿该直线方向平移一定距离,点阵结构复原。螺旋轴也是复合对称元素,对应的操作为旋转与平移的复合操作。

螺旋轴的国际符号为 n_s,n 表现得螺旋轴的轴次,s 表示小于 n 的正整数。螺旋轴同样受点阵结构周期性的制约,n 的取值为 $1,2,3,4,6$,相应的基转角 α 为 $360°,180°,120°,90°,60°$。平移矢量为 $\tau,\tau=\frac{s}{n}t$,τ 是与 t 平行的单位矢量,即基矢量,大小为点阵周期。注意:不能称 τ 为螺旋矩,τ 易与基矢量相混。螺旋轴根据轴次和平移矢量的不同,共有 11 种:$2_1,3_1,3_2,4_1,4_2,4_3,6_1,6_2,6_3,6_4,6_5$。

宏观对称可视为平移矢量为零($\tau=0$),即不含平移的同次螺旋轴。螺旋轴有左旋(左手系)、右旋(右手系)和中性(左右手系均可)之分。当 $s<n/2$ 时,为右旋(右手系);当 $s>n/2$ 时,为左旋(左手系);当 $s=n/2$ 时,为中性,即左旋与右旋等效。显然 11 种螺旋轴中,$3_1,4_1,6_1,6_2$ 属于右螺旋轴;$3_2,4_3,6_4,6_5$ 属于左螺旋轴;$2_1,4_2,6_3$ 为中性螺旋轴。

1.3.2　晶体的空间群及其符号

将晶体结构中所有的对称元素,即旋转轴、对称面、对称中心、倒转轴、平移轴、螺旋轴和滑移面进行组合,就构成了晶体结构的空间群,同一个点群可隶属于多个空间群,空间群的数目远多于点群,共有 230 种(参见附录 3)。尽管空间群有 230 种,但其中有 80 多个在晶体结构中还没有找到实例,反映大多数晶体结构对称性的空间群只有 100 个左右,其中重要的有 30 多个,特别重要的只有十五六种。空间群符号有以下两种:

(1)圣富利斯符号。

在其点群符号右上方加上一个指数,表示属于这个点群中的不同空间群。例如,单斜晶系的 C_{2h} 点群中共包含六种空间群,分别以 C_{2h}^1,C_{2h}^2,C_{2h}^3,C_{2h}^4,C_{2h}^5 及 C_{2h}^6 来表示。这种符号不能立即告诉人们某一种空间群的特征对称要素。

(2)国际符号。

空间群的国际符号由两部分组成:第一部分的大写字母表示平移群的符号,即布拉维格子的符号,四种点阵形式:P 为原始格子(对于三方棱面体格子为 R),I 为体心格子,C 为底心格子,F 为面心格子;第二部分类似于点群的国际符号,由三个位组成(可以是三个或两个或一个符号),表示该空间群在各晶系所规定方位的主要对称元素(各晶系方位的规定及对称元素与方位位置关系见表 1.5 和表 1.6)。不过此时某些宏观对称元素符号换成了含平行操作的微观对称元素符号。因此,空间群的国际符号包含了点阵类型和对称元素的组合。空间群 $I4_1/amd$,第一部分为大写字母 I,表示平移群的符号为 I,即布拉维点阵结构为体心格子;第二部分 $4_1/amd$,其相应的点群为 $4/mmm$,完整式是 $4/m\ 2/m\ 2/m$,对称元素的组合为 $L^4 L^2 5PC$,有一高次轴 L^4,故属于四方晶系,三个位的取向分别为 $c,a,(a+b)$。在其晶体结构中,c 方向为螺旋轴 4_1 方向,与其垂直方向有一个滑移面 a,垂直于 a 方向有一对称面 m,垂直于 $(a+b)$ 方向有一滑移面 d。再如,空间群 $Pnma$,第一部分 P 表示布拉维点阵格子,第二部分 nma 为宏观对称元素的组合,相应的点群是 mmm,完整式 $2/m\ 2/m\ 2/m$,对称要素的组合为 $3L^2 3PC$,为斜方晶系,三个位的取向分别是 a,b,c。符号 nma 分别表示晶体的微观结构在 a 方向存在滑移面 n,在 b 方向有对称面 m,在 c 方向有滑移面 a。

以 NaCl 为例具体说明。在讲述 NaCl 晶体结构时说它属 $Fm3m$ 空间群是什么意思呢? 这个空间群符号中的 F 系指 NaCl 的点阵,属面心立方型,其后的 m 表示垂直于 a 方向上(即平行于(100)晶面方向)有对称面,后面的 3 表示沿立方体晶胞体对角线的方向,即(111)方向有三次对称轴,最后的 m 则表示垂直于立方体面对角线方向即平行于(110)晶面方向上也有对称面。又如,金刚石晶胞,它属于 $Fd3m$ 空间群,系指金刚石结构也属于面心立方,且在平行于(100)晶面方向有滑移面,其平移距离为 $(b_0+c_0)/4$,后面的 3 和 m 则和 NaCl 晶胞结构的对称性一样了。再如,后面将要讲到的高岭石,它属 $P1$ 空间群,它是简单点阵,在 a 方向上有一个 1 次对称轴,不难看出高岭石属于三斜晶系,对称性很差。

习 题

1.1 一个四方晶系晶体的晶面,其上的截距分别为 $3a,4a,6c$,求该晶面的晶面指数。

1.2 四方晶系晶体 $a=b,c=1/2a$。一晶面在 x,y,z 轴上的截距分别为 $2a,3b$ 和 $6c$。给出该晶面的密勒指数。

1.3 某一晶面在 x,y,z 三个坐标轴上的截距分别为 $1a,\infty b,3c$,求该晶面符号。

1.4 在立方晶系中画出下列晶面:①(001);②(110);③(111)。在所画的晶面上分别标明下列晶向:①[210];②[111];③[101]。

1.5 在立方晶系晶胞中画出下列晶面指数和晶向指数:(001)与[2$\bar{1}$0],(111)与[$\bar{1}\bar{1}$2],(110)与[1$\bar{1}$1],(3$\bar{2}$2)与[$\bar{2}\bar{3}$6],(257)与[$\bar{1}\bar{1}$1],(1$\bar{2}$3)与[$\bar{1}$2$\bar{1}$],(102),(112),(213),[$\bar{1}$10],[$\bar{1}\bar{1}$1],[1$\bar{2}$0],[$\bar{3}$ 21]。

1.6 试说明对称型 $4/m$ 及 $32/m$ 所表示的意义。

1.7 试说明空间群符号 $P42/mnm$ 所表达的意义。

1.8 试用点的坐标表示金刚石的结构,指出结构类型及所属晶系,并找出金刚石结构中的 4 次螺旋轴和平移量。

1.9 石墨分子为一个个等六边形并置的无限伸展的层形结构,碳原子处于每个六边形的角顶。请画出它的平面结构图,并从这样的平面结构中取出晶胞。若已知结构中相邻碳原子间距离为 0.142 nm,请指出晶胞中基本向量 a,b 的长度和它们之间的夹角。每个晶胞中含几个碳原子?包括几个 C—C 化学键?写出晶胞中每个碳原子的坐标。

第 2 章　晶体化学原理与结构

晶体化学又称结晶化学,是研究晶体结构、组成和性质之间相互关系和规律的一门学科。晶体的性质由晶体的化学组成和结构决定,而晶体的化学组成与结构之间又存在着密切的内在关系。研究晶体结构中质点的几何关系、质点间的物理化学作用,可以预测、判断晶体的结构和性质。

2.1　原子间的结合力

2.1.1　化学键

晶体是具有空间格子构造的固体,质点(离子、原子和分子)在空间的排列是很有规律的。质点间必须具有一定的结合力,才能保证它们在晶体内固定在一定的位置上做有规则的排列。原子(或离子)间比较强烈的相互作用就是化学键。从热力学观点来看,一个由几个原子组成的分子或大量原子聚集成的晶体之所以是稳定的,一定是这个体系(分子或晶体)的总能量比组成这个体系的各个自由原子的能量总和要小,这两者之间的能量差就是化学键的能量。如果形成每个化学键时放出能量(键能)越多,则化学键越强,原子间结合也就越牢固。

化学键包括共价键(covalent bond)、离子键(ionic bond)、金属键(metallic bond)三种强结合键,如图 2.1 所示。此外,在液体分子或分子型晶体的分子之间还有一种相互作用力很弱的范德华键(Van der Waals bond),以及性质介于化学键及范氏力之间的作用力——氢键(hydrogen bond)。一般无机材料固体中的原子间都是以强键结合的,其化学键主要是离子键和共价键。

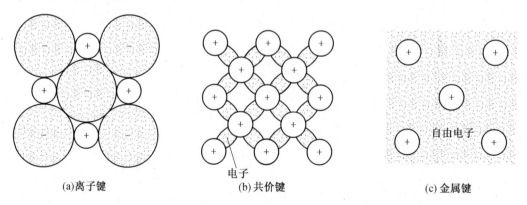

图 2.1　离子键、共价键及金属键结合示意图

2.1.2 电负性

在实际陶瓷材料中,纯粹的离子键或纯粹的共价键物质几乎是没有的,绝大多数陶瓷的化学键都是介于离子键与共价键之间的混合键。电负性是各元素的原子在形成价键时吸引电子的能力,用来表征原子形成负离子倾向的大小。元素的电负性值越大,越容易取得电子,越容易成为负离子。为了判断某种陶瓷化学键的离子结合程度,可以用电负性这一参数来作为衡量的标准。Pauling 用元素电负性的差值 $\Delta X = X_A - X_B$ 来计算化合物中离子键的成分。表 2.1 列出了由 Pauling 给出的元素的电负性值。

表 2.1 元素的电负性值

Li	Be									H				B	C	N	O	F
1.0	1.5									2.1				2.0	2.5	3.0	3.5	4.0
Na	Mg													Al	Si	P	S	Cl
0.9	1.2													1.5	1.8	2.1	2.5	3.0
K	Ca	Sc	Ti	V	Cr	Mn	Fe	Co	Ni	Cu	Zn	Ga	Ge	As	Se	Br		
0.8	1.0	1.3	1.5	1.6	1.6	1.5	1.8	1.8	1.9	1.9	1.6	1.6	1.8	2.0	2.4	2.8		
Rb	Sr	Y	Zr	Nb	Mo	Tc	Ru	Rh	Pd	Ag	Cd	In	Sn	Sb	Te	I		
0.8	1.0	1.2	1.4	1.6	1.8	1.9	2.2	2.2	2.2	1.9	1.7	1.7	1.8	1.9	2.1	2.5		
Cs	Ba	La~Lu	Hf	Ta	W	Re	Os	Ir	Pt	Au	Hg	Tl	Pb	Bi	Po	At		
0.7	0.9	1.1~1.2	1.3	1.5	1.7	1.9	2.2	2.2	2.2	2.4	1.9	1.8	1.8	1.9	2.0	2.2		
Fr	Ra	Ac	Th	Ha	U	Np~No												
0.7	0.9	1.1	1.3	1.4	1.4	1.4~1.3												

一般情况下,估算由 A,B 两元素组成的陶瓷中离子键性比例的经验公式为

$$离子键/\% = 1 - \exp[-(x_A - x_B)^2/4] \tag{2.1}$$

式中,x_A,x_B 分别为 A,B 元素的电负性值。两个元素电负性的差值越大,离子键性越强,或者说离子键性比例越大。反之,电负性差值越小,共价键性比例越大。当 $x_A = x_B$ 时,成为纯粹的共价键。

表 2.2 给出部分二元素陶瓷的电负性及离子键性与共价键性的比例。可以看出,CaO 及 MgO 等氧化物的离子键性强,而 WC 及 SiC 等共价键性强。一般来说,氧化物的离子键性要比碳化物及氮化物的离子键性强。

表 2.2 部分二元素陶瓷的负电性及离子键性与共价键性的比例

材料	CaO	MgO	ZrO$_2$	Al$_2$O$_3$	ZnO	ZrO$_3$	TiN	Si$_3$N$_4$	BN	WC	SiC
电负性差	2.5	2.3	2.1	2.0	1.9	1.7	1.5	1.2	1.0	0.8	0.7
离子键性比例	0.79	0.73	0.67	0.63	0.59	0.51	0.43	0.30	0.22	0.15	0.12
共价键性比例	0.21	0.27	0.33	0.37	0.41	0.49	0.57	0.70	0.78	0.85	0.88

2.1.3　离子晶体的结合能与马德隆常数

离子晶体的晶格能反映了晶体的稳定性,决定和影响了许多晶体物理性质。离子晶体内部质点的性质、质点间结合力的性质及其强度是决定离子晶体结构的本质问题。在一定温度(绝对零度)时,由气态自由质点结合成离子晶体时,体系的热力学能改变量,即体系放出的能量,称为离子晶体结合能,也称为晶体质点相互作用势能;相反,把晶体拆散为同温度的气态自由质点所需能量,称为晶体的晶格能。因此,晶格能在数值上等于晶体质点间作用势能或结合能,但符号相反。按照这种定义,晶格能为负值,负数的绝对值越大,晶体越稳定。其单位通常采用 $J \cdot mol^{-1}$。

1. 晶格能的静电学计算法

在离子晶体中可将正、负离子看成不等径的刚性球体,因而在计算晶格能时,晶体中离子的势能可看作各对离子相互作用的势能之和,这就是静电学计算方法的出发点。这一方法是玻恩(M. Born)、朗德(A. Landé)于 1918 年提出的二元离子晶格能方程,由离子的电荷、空间排列等结构数据,从理论上计算晶格能。

设离子晶体中,离子间的库仑势能为 E_c,离子靠近时,相邻离子的核外电子云交叠引起的排斥能为 E_B,则晶体的总势能为 $(E_c + E_B)$。

(1)库仑势能 E_c。

设正、负离子的电价分别为 Z_+ 和 Z_-,则其电荷数分别为 Z_+e 和 Z_-e。就一对离子体系而言,若其正、负离子的间距为 R,则其正、负间相互作用的吸引势能为

$$E_c = -\frac{Z_+ Z_- e^2}{4\pi\varepsilon_0 R} \tag{2.2}$$

可见库仑势能与离子间距有关。但对于含有众多对正、负离子的晶体而言,体系的总库仑势能除与 R 有关外,还与正、负离子的排列方式即离子的配位数有关。实际上,晶体中正、负离子间的势能关系比起两个离子间的关系要复杂得多。例如,对于 NaCl 晶体来说,每个离子周围有 6 个等距离(R)的异号原子,而次近邻 $\sqrt{2}R$ 处又有 12 个同号离子,如此一层一层向外推算,考虑到这种结构因素的影响,式(2.2)还应乘以一个常数 A,即

$$E_c = -\frac{Z_+ Z_- e^2}{4\pi\varepsilon_0 R} \cdot A \tag{2.3}$$

式中,A 是与离子结构类型有关的常数,称为马德隆(Madelung)常数。各种结构型离子晶体的值列于表 2.3 中。

表 2.3　部分晶体结构类型的马德隆常数(A)

晶体构型	离子配位数比	A 值	晶体构型	离子配位数比	A 值
NaCl 型	6∶6	1.747 6	CaF_2 型	8∶4	2.519 4
CsCl 型	8∶8	1.762 7	Cu_2O 型	2∶4	2.057 8
立方 ZnS 型	4∶4	1.638 1	TiO_2 型	6∶3	2.408
六方 ZnS 型	4∶4	1.641 3	$\alpha\text{-}Al_2O_3$ 型	6∶4	4.171 9

对于 1 mol 离子晶体来说,总共有 N_0 对正、负离子(N_0 为阿伏加德罗常数中,$N_0 =$

6.023×10^{23}），因此 1 mol 离子晶体总库伦势能为

$$E_{C} = -N_0 \frac{Z_+ Z_- e^2}{4\pi\varepsilon_0 R} \cdot A \tag{2.4}$$

（2）排斥能 E_B。

离子晶体中相邻离子的电子云重叠时，由于排斥作用而产生的排斥势能 E_B 也是离子间距离的函数。这种排斥作用只有在距离很近时才起作用，并随着距离增大而迅速减弱。离子晶体中的排斥势能由玻恩根据实验结果提出，即

$$E_B = \frac{B}{R^n} \tag{2.5}$$

式中，B 为与晶体构型有关的常数，各晶型的 B 大致与其配位数成正比；n 为玻恩指数，与离子的电子构型有关。各种离子的电子构型的玻恩指数 n，见表 2.4。

表 2.4 玻恩指数 n 与离子的电子构型关系

离子的电子构型	He	Ne	Ar(Cu$^+$)	Kr(Ag$^+$)	Xe(Au$^+$)
n	5	7	9	10	12

（3）离子晶体的总势能 E。

将式（2.4）与式（2.5）相加就得 1 mol 离子晶体的总势能，其表达式为

$$E = -N_0 \frac{Z_+ Z_- e^2}{4\pi\varepsilon_0 R} \cdot A + \frac{B}{R^n} \tag{2.6}$$

现在来求常数 B 的表达式。将势能 E 对距离 R 微分，即

$$\frac{\mathrm{d}E}{\mathrm{d}R} = \frac{\mathrm{d}}{\mathrm{d}R}\left(-N_0 \frac{Z_+ Z_- e^2}{4\pi\varepsilon_0 R} \cdot A + \frac{B}{R^n} \right) \tag{2.7}$$

当 R 为体系正、负子的平衡距离 R_0 时，体系势能最低，即 $\frac{\mathrm{d}E}{\mathrm{d}R} = 0$，从而可解得

$$B = \frac{N_0 A Z_+ Z_- e^2}{4\pi\varepsilon_0 n} R_0^{n-1} \tag{2.8}$$

将式（2.8）代入式（2.6），离子距离为 R_0 时的晶体势能 E_0 为

$$E_0 = -\frac{N_0 A Z_+ Z_- e^2}{4\pi\varepsilon_0 R_0}\left(1 - \frac{1}{n} \right) \tag{2.9}$$

此式称为玻恩-朗德离子晶体势能公式。

（4）离子晶体的晶格能 U。

由于玻恩指数为大于 1 的数，所以式（2.9）中的 E_0 始终为负值。这表示由正、负离子形成晶体时，应放出能量。相反，如果将晶体拆散为相互远离的正负离子时，将消耗能量，这个能量在数值上应等于正、负离子的作用势能，但符号相反，称为离子晶体的晶格能，常以符号 U 表示，所以有

$$U = -E_0 = \frac{N_0 A Z_+ Z_- e^2}{R_0}\left(1 - \frac{1}{n} \right) \tag{2.10}$$

此式通常称为离子晶体的玻恩公式。

计算 1 mol NaCl 晶体的晶格能。已知 NaCl 晶体的点阵常数 a 为 0.562 8 nm，正、负离子的平衡距离为 0.281 4 nm，$Z_+ = Z_- = 1$，查表知玻恩指数取 8，$A = 1.747$ 6，将这些

数值代入式(2.10)中,便得晶体的晶格能 $U=$ 753 kJ·mol^{-1}。

2. 晶格能的玻恩-哈伯(Born-Haber)热化学循环计算法

按晶格能的含义,其值为 1 mol 的离子晶态化合物中的正、负离子拆散为气态离子时所需要的能量。还以 NaCl 晶体为例,其晶格能可表示为

$$NaCl_{(晶)} \longrightarrow Na^+_{(气)} + Cl^-_{(气)} + U \qquad (2.11)$$

但式中 U 值不能直接用实验方法测定。玻恩和哈伯设计了下列热化学循环。根据该循环可用热化学实验数据计算

$$Na_{(晶)} + \frac{1}{2}Cl_{2(气)} \xrightarrow{\Delta H_生} NaCl_{(晶)}$$

$$\Delta H_升 \qquad \frac{1}{2}\Delta H_分 \qquad E$$

$$Cl_{(气)} \xrightarrow{Y_{Cl}} Cl^-_{(气)}$$

$$Na_{(气)} \xrightarrow{I_{Na}} Na^+_{(气)}$$

式中　$\Delta H_生$——NaCl 晶体的生成热,实验测得为 -4.11×10^5 J·mol^{-1};

　　　$\Delta H_升$——Na 晶体的升华热,实验测得为 -1.09×10^5 J·mol^{-1};

　　　I_{Na}——Na$_{(气)}$ 的电离能,实验测得为 $+4.96 \times 10^5$ J·mol^{-1};

　　　Y_{Cl}——Cl$_{(气)}$ 的电子亲和能,实验测得为 -3.66×10^5 J·mol^{-1};

　　　$\Delta H_分$——Cl$_{(气)}$ 的分解能,实验测得为 $+2.42 \times 10^5$ J·mol^{-1}。

上述数据中凡为正值均为吸热反应,负值为放热反应。按热力学理论,能量是状态函数,与过程无关,故

$$\Delta H_生 = \Delta H_升 + \frac{1}{2}\Delta H_分 + I_{Na} + Y_{Cl} + E \qquad (2.12)$$

则晶格能为

$$E/(J·mol^{-1}) = \Delta H_生 - \left(\Delta H_升 + \frac{1}{2}\Delta H_分 + I_{Na} + Y_{Cl}\right) = -7.71 \times 10^5$$

这个数值与静电学法计算得到的数值 7.55×10^5 J·mol^{-1} 基本相符,说明理论计算与实验结果是很一致的。由于晶格能较难由实验直接测定,而 Born-Haber 循环中的生成热、升华热、电离能等通常取自实验数据,所以常将 Born-Haber 循环计算的晶格能视为晶格能的实验值。

2.2　陶瓷的晶体结构

2.2.1　基本结构

由于陶瓷是(无机非金属)化合物而不是单质,所以其晶体结构不像金属与合金那样简单,而是复杂多样的。对许多属于离子晶体的陶瓷,其结构可近似归结为不等径球的堆积问题,较大球体作紧密堆积,较小的球填充在大球紧密堆积形成的空隙中。要了解陶瓷复杂多样的晶体结构,还必须从简单的基本结构入手,逐渐深入。我们首先以原子等径刚球密堆模型,对同种原子球按不同的方式排列堆积。

现在考虑半径为 r 的同种球在平面上一层层堆积,按最密的堆积方式(图 2.3),第一层构成正六边形,球心 A 为原子中心,即晶格阵点。在第一层再堆积第二层时,则位置有 B 和 C 两种选择,如第二层选 B 位置,则第三层还有 C 和 A 两种选择。第三层如选择 C 位置,则层堆积原子位置顺序为 ABCABC…,三层为一个周期,此为面心立方结构。如果第三层选择 A 位置,则层堆积原子位置顺序为 ABABAB…,二层为一个周期,此为密排六方结构。

1. 面心立方结构(FCC)

在图 2.2 中各层如按 ABCABC… 顺序排列,在立方点阵晶胞中,原子的坐标是 (000),$\left(\frac{1}{2}\,0\,\frac{1}{2}\right)$,$\left(\frac{1}{2}\,\frac{1}{2}\,0\right)$ 及 $\left(0\,\frac{1}{2}\,\frac{1}{2}\right)$,即如图 2.3 所示的面心立方(face centered cubic, FCC)结构。在这种 FCC 单位晶胞中,原子位于八个顶角及六个面心上,晶格常数 $a=b=c$,且三轴相互垂直。图 2.3 中画阴影的面为[111]面。与图 2.2 中各层上六角形点阵相对应,即从晶体的[111]方向上看下去,原子面的堆积顺序为 ABCABC…,这种结构是球填充结构模型中的最密排列结构。金属中属于这种晶体结构的很多,如 Al,Cu,Au,Ag,Ni,γ-Fe 等。

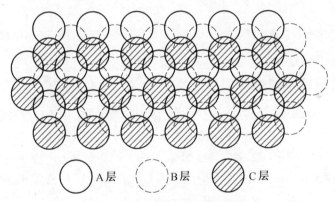

A 层　　B 层　　C 层

图 2.2　平面上球的堆积模型

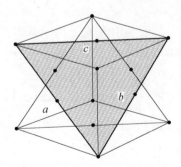

图 2.3　面心立方结构

2. 密堆六方结构(HCP)

如果图 2.2 中,各层原子的堆积顺序为 ABABAB… 结构,即成为密排六方(hexagonal close-packed, HCP)结构。如图 2.4 所示,$|a_1|=|a_2|=|a|$,两轴间角成 120°。c 轴与底面垂直,这种密排六方结构 $c/a=1.633$。从 HCP 结构的 c 轴方向看下

去,各层原子面的堆积顺序为 ABABAB… 结构,每个单位晶胞中含有两个原子,其坐标为 (000), $\left(\dfrac{2}{3}\dfrac{1}{3}\dfrac{1}{2}\right)$。

3. 体心立方结构(BCC)

在立方点阵单位晶胞中,如果原子的坐标为 (000), $\left(\dfrac{1}{2}\dfrac{1}{2}\dfrac{1}{2}\right)$,则构成体心立方(body centered cubic,BCC)结构,如图 2.5 所示。这种 BCC 点阵单位晶胞中原子位于八个顶角上和晶胞中心处。按空间球填充模型来看,BCC 结构不是密排结构,而 FCC 及 HCP 为密排结构。

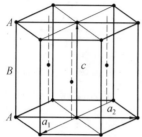 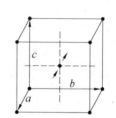

图 2.4　密排六方结构(粗实线示出单位晶胞)　　图 2.5　体心立方结构

2.2.2　密排结构的点阵间隙

在球填充结构模型中,球与球之间存在未被原子填充满的空间,这种空间在晶体点阵中称为点阵间隙。密排结构的点阵间隙有两种,如图 2.6 所示。第一种(图 1.6(a))为由六个原子所围成的八面体间隙,第二种(图 2.6(b))由四个原子所围成的四面体间隙,从简单的几何关系我们可以求出这两类间隙中能放入球形原子的最大半径,如果原子的间隙半径为 r_0,则八面体间隙半径为 $(\sqrt{2}-1)r_0 = 0.414r_0$,四面体间隙半径为 $(\sqrt{3/2}-1)r_0 = 0.225r_0$。

在陶瓷晶体点阵结构中,大多数是由大离子构成基本点阵,而小离子填充其间隙位置。因此八面体间隙及四面体间隙有着重要意义。

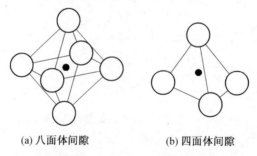

(a) 八面体间隙　　　　　　(b) 四面体间隙

图 2.6　密排结构中的晶格间隙

1. FCC 结构中的点阵间隙

图 2.7 示出 FCC 结构中的八面体间隙及四面体间隙。图 2.7(a)中间隙坐标为

$\left(\frac{1}{2}\frac{1}{2}\frac{1}{2}\right)$，在这种单位晶胞中，八面体间隙位置有四个，分别位于体中心和每条棱的中点。位于棱中点的八面体空隙数共有两个，但属于单位晶胞的仅为 1/4，即 $12\times1/4 = 3$ 个，加上体心一个，单位晶胞中共有四个八面体空隙，其中心坐标为 $\left(00\frac{1}{2}\right)$，$\left(0\frac{1}{2}0\right)$，$\left(\frac{1}{2}00\right)$，$\left(\frac{1}{2}\frac{1}{2}\frac{1}{2}\right)$。这种八面体间隙位置的排列也为面心立方结构。图 2.7(b) 为四面体间隙，这种间隙位置在单位晶胞中有八个，分别位于单位晶胞的四条体对角线上，每条体对角线的 1/4 和 3/4 位置处为两个四面体空隙位置，其坐标为 $\left(\frac{1}{4}\frac{1}{4}\frac{1}{4}\right)$，$\left(\frac{3}{4}\frac{3}{4}\frac{3}{4}\right)$，$\left(\frac{1}{4}\frac{1}{4}\frac{3}{4}\right)$，$\left(\frac{1}{4}\frac{3}{4}\frac{1}{4}\right)$，$\left(\frac{3}{4}\frac{3}{4}\frac{1}{4}\right)$，$\left(\frac{3}{4}\frac{1}{4}\frac{3}{4}\right)$，$\left(\frac{1}{4}\frac{3}{4}\frac{3}{4}\right)$，$\left(\frac{3}{4}\frac{1}{4}\frac{1}{4}\right)$。

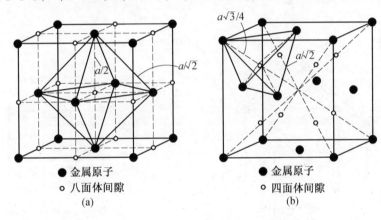

● 金属原子
○ 八面体间隙
(a)

● 金属原子
○ 四面体间隙
(b)

图 2.7　FCC 结构中的八面体间隙与四面体间隙

2. HCP 结构中的点阵间隙

HCP 中的八面体间隙及四面体间隙如图 2.8 所示。HCP 结构中的八面体间隙位置的排列也构成一个六方点阵晶胞，其 c 轴的长度是 HCP 结构 c 轴的 $\frac{1}{2}$。对于 HCP 结构中的四面体间隙有两种情况：一种是四面体顶点朝 [001] 方向的；另一种是顶点朝着 $[00\bar{1}]$ 方向的。密排六方晶格的八面体间隙和四面体间隙的形状与面心立方晶格的完全相似，当原子半径相等时，间隙大小完全相等，只是间隙中心在晶胞中的位置不同。

3. BCC 结构中的点阵间隙

BCC 中的间隙如图 2.9 所示，八面体间隙位于面心和棱中点，单胞中八面体间隙数为 $12/3 + 6/2 = 6$，大小为 $(2-\sqrt{3})a/2=0.155r$。四面体间隙有八个，位于侧面中心线 1/4 和 3/4 处，大小为 $(\sqrt{5}-\sqrt{3})a/4=0.291r$。

2.2.3　结构参数与离子晶体的构成

1. 离子半径

离子半径是结晶化学中最重要的经验性结构参数，用来说明像物质的化学组成与晶体结构的关系等问题时是很有效的。

在典型的离子晶体中离子的电子结构，最外层最多是 8 或 18 个电子结构形式，这种

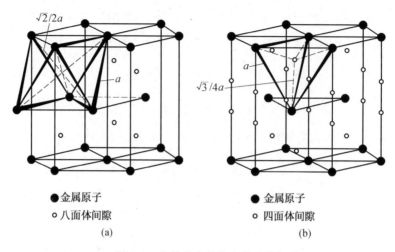

●金属原子　　　　　　　　　●金属原子
○八面体间隙　　　　　　　　○四面体间隙
　　(a)　　　　　　　　　　　　(b)

图 2.8　密排六方结构中的点阵间隙

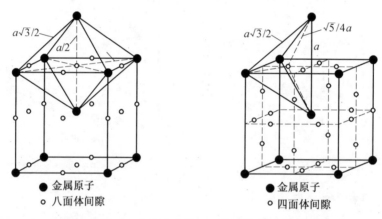

●金属原子　　　　　　　　　●金属原子
○八面体间隙　　　　　　　　○四面体间隙

图 2.9　体心立方晶胞中的八面体间隙和四面体间隙

离子具有球形对称的电子云分布,把离子看成一个圆球体。当正、负离子结合,引力和斥力达到平衡时,就使离子间保持了一定的平衡距离,即两个带电球体相互结合时所能达到的极限位置。这意味着每个离子周围都存在着一个一定大小的球形力的作用圈,其他离子不能进入这个作用圈,这个作用圈的半径称为离子半径。在离子极化不是严重时,是可以这样来定义离子半径的。

　　表 2.5 给出了元素的离子半径数值。表中给出的是 6 配位数离子半径,其他配位数的离子应乘以修正系数:4 配位数时,修正系数为 0.94;8 配位数时,修正系数为 1.03。

表 2.5　离子半径表　　（单位）

	I	II	III	IV	V	VI	VII	VIII
2	Li^+ 0.68	Be^{2+} 0.35	B^{2+} 0.23	C^{4+} 0.16	N^{5+} 0.13	O^{2-} 1.40	F^- 1.33	
3	Na^+ 0.97	Mg^{2+} 0.66	Al^{3+} 0.51	Si^{4+} 0.42	P^{5+} 0.35	S^{2-} 1.84	Cl^- 1.81	

续表 2.5

	I	II	III	IV	V	VI	VII	VIII
4	K^+ 1.33	Ca^{2+} 0.99	Sc^{3+} 0.81	Ti^{3+} 0.76 Ti^{4+} 0.68	V^{3+} 0.74 V^{4+} 0.63 V^{5+} 0.59	Cr^{3+} 0.63 Cr^{6+} 0.52 S^{2-} 1.84	Mn^{2+} 0.80 Mn^{4+} 0.60 Mn^{7+} 0.46	Fe^{2+} 0.74 Co^{2+} 0.74 Ni^{2+} 0.68 Fe^{3+} 0.64 Co^{3+} 0.63
	Cu^+ 0.962 Cu^{2+} 0.72	Zn^{2+} 0.74	Ga^{3+} 0.62	Ge^{4+} 0.53	As^{5+} 0.46	Se^{2-} 1.98	Br^- 1.96	
5	Rb^+ 1.47	Sr^{2+} 1.12	Y^{3+} 0.92	Zr^{4+} 0.79	Nb^{5+} 0.46	Se^{2-} 1.98	Tc^{2+} 0.56	Ru^{4+} 0.67 Rh^{3+} 0.68 Pd^{4+} 0.65
	Ag^+ 1.26	Cs^{2+} 0.97	In^{3+} 0.81	Sn^{2+} 0.93 Sn^{4+} 0.71	Sb^{3+} 0.76 Sb^{5+} 0.62	Te^{2-} 2.21	I^- 2.20	
6	Cs^+ 1.67	Ba^{2+} 1.34	镧系	Hf^{4+} 0.78	Ta^{3+} 0.68	W^{4+} 0.70 W^{6+} 0.62	Re^{7+} 0.56	Os^{4+} 0.69 Ir^{4+} 0.68 Pt^{4+} 0.656
	Au^+ 1.37	Hg^{2+} 1.10	Tl^+ 1.47 Tl^{3+} 0.95	Pb^{2+} 1.208 Pb^{4+} 0.84	Bi^{3+} 0.96 Bi^{5+} 0.74	Po^{6+} 0.67	At^{7+} 0.62	
7		Ra^{2+} 1.43	镧系					
	镧系	La^{3+} 1.14	Ce^{3+} 1.07 Ge^{4+} 0.90	Pr^{3+} 1.06 Pr^{4+} 0.92	Nd^{3+} 1.04	Pm^{3+} 1.03	Sm^{3+} 1.00	Eu^{3+} 0.98 Gd^{3+} 0.97
		Tb^{3+} 0.93 Tb^{4+} 0.81	Dy^{3+} 0.92	Ho^{3+} 0.91	Er^{3+} 0.89	Tm^{3+} 0.87	Yb^{3+} 0.86	Lu^{3+} 0.85
	锕系	Ac^{3+} 1.18	Th^{4+} 1.02	Pa^{3+} 1.13 Pa^{4+} 1.98	U^{4+} 0.97 U^{5+} 0.80	Np^{3+} 1.10 Np^{4+} 0.95	Pu^{3+} 1.08 Pu^{4+} 0.93	Am^{3+} 1.07 Am^{4+} 0.92

离子半径的大小一般遵从下列规律：

(1)在原子序数相近时,阴离子尺寸比阳离子大。

(2)同一周期的阳离子,如 Na^+,Mg^{2+},Al^{3+},价数越大离子半径越小。

(3)同一周期的阴离子,价数越大离子半径越小,如 O^{2-} 与 F^-,价数越大,离子半径越小。

(4)变价元素离子,如 Mn^{2+},Mn^{5+},Mn^{7+},质子数越大,吸引力越强,离子半径越小。

(5)同价离子原子序数越大,离子半径越大。

但锕系元素与镧系元素例外。

离子半径是晶体化学中的重要参数,必须指出,离子半径这个概念不是十分严格的。因为在实际晶体中,总有不同程度的共价键结合成分存在,共价键的存在会使电子云向正离子方向移动,使正、负离子间距变小,配位数降低,半径发生变化。同时,在离子晶体结构中,若离子所处的环境和极化情况稍微有所变动,离子半径就会发生改变,因此,严格来讲,离子半径根本不存在一个确定不变的永久值。研究发现,正离子的作用范围比现有的正离子半径数据大,负离子的作用范围比现有的负离子半径数据小。但即使这样,原子和离子半径仍不失为晶体化学中的重要参数之一。

2. 离子晶体的构成——配位多面体

在研究晶体结构时,特别是研究复杂晶体结构时,常常是以分析配位多面体之间的连接关系来描绘晶体结构的特征。所谓配位多面体,是指在晶体结构中,与某一阳离子成配位关系的相邻的阴离子中心连线所构成的多面体。阳离子位于多面体中心,各阴离子中心位于多面体的角顶上。在硅酸盐材料的晶体中,最常见的配位多面体是四面体和八面体。当然也有三角形、立方体,甚至二十面体等。

设阳离子的半径为 r_C,阴离子的半径为 r_A,则这种配位多面体的构成(或阳离子的配位数)可以由 r_C/r_A 之比来判断。阳离子嵌入比其本身稍小的间隙时,构成稳定结构;反之,嵌入比其本身尺寸大的间隙时则不稳定。表 2.6 给出了配位数与离子半径之比(r_C/r_A)的关系。

表 2.6　配位数与离子半径之比(r_C/r_A)的关系

配位数	r_C/r_A
3	0.55 以上
4	0.225 以上
6	0.414 以上
8	0.732 以上
12	1.000 以上

对某种化合物,如果知道阴离子的排列方式,同时知道阴阳离子的半径比,则可以根据理想情况来推断出其晶体结构。由此,根据原子组成及配位数,对有代表性的晶体结构进行分类,详见 2.4 节。

3. 共价性——离子的极化

在离子堆积的讨论中,把离子看成是刚性球体。实际上,离子的电子云并不是刚性的。当离子作紧密堆积时,带电荷的离子所产生的电场,必然要对另一离子的电子云发生作用(吸引或排斥),因而使这个离子的大小和形状发生改变,离子不再是球形,这种现象称为离子的极化。离子极化作用示意图如图 2.10 所示。

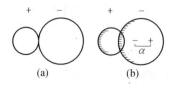

图 2.10　离子极化作用示意图

对于每个离子都有双重作用,即离子本身要受到周围离子形成的外电场作用而被极化,被极化难易程度通常用一个物理量极化率 α 表示,α 表示离子形状的可变性,即

$$\alpha = \bar{\mu}/F \tag{2.13}$$

式中,F 为离子所在位置的有效电场强度;$\bar{\mu}$ 为诱导偶极矩;$\bar{\mu} = e \cdot l$,e 为电荷,l 为极化后正、负电荷中心的距离。表 2.7 列出了一些离子的离子半径和 α 值。

表 2.7 一些离子的半径和 α 值

离子	离子半径/nm	极化率 α/10^{-3}nm^3	离子	离子半径/nm	极化率 α/10^{-3}nm^3	离子	离子半径/nm	极化率 α/10^{-3}nm^3
Li$^+$	0.059	0.031	B^{3+}	0.011	0.003	F$^-$	0.133	1.04
Na$^+$	0.099	0.179	Al^{3+}	0.039	0.052	Cl$^-$	0.181	3.66
K$^+$	0.137	0.83	Y^{3+}	0.090	0.55	Br$^-$	0.196	4.77
Ca^{2+}	0.100	0.47	C^{4+}	0.015	0.001 3	I$^-$	0.220	7.10
Sr^{2+}	0.118	0.86	Si^{4+}	0.026	0.016 5	O^{2-}	0.140	3.88
Ba^{2+}	0.135	1.55	Ti^{4+}	0.061	0.185	S^{2-}	0.184	10.20

另一方面,离子本身的电场也作用于周围的离子而使其极化,这种离子自身对其他离子的作用力,称为极化力 β。它反映了离子本身极化其他离子的能力。

主极化能力的大小,可用极化力 β 来表示,即

$$\beta = Z/r^2 \tag{2.14}$$

式中,Z 为离子的电价;r 为离子半径。

对某一个离子而言,α 和 β 是同时存在的,不可能截然分开。不同的离子,由于它们的电子构型、半径大小和所带电荷多少不同,极化率 α 和极化力 β 也不同。一般来说,正离子半径小,电荷集中,电价高,外层电子与核的联系较牢固,不易被极化却显示了较明显的极化其他离子的能力。可见,电荷越多,半径越小,极化能力越强。负离子却恰恰相反,由于半径大,电价低,总是显示出被极化,如 I$^-$,Br$^-$ 等尤为显著。因此在离子间考虑相互作用时,通常只考虑正离子对负离子的极化作用。可是,当正离子的最外层具有 18 或 18+2 电子构型时,如铜型离子的 Cu$^+$,Ag$^+$,Zn^{2+},Cd^{2+},Hg^{2+} 等,极化率 α 也很大,这时正离子也易变形。

离子极化对晶体结构具有重要的影响。离子晶体中,由于离子极化,电子云互相重叠,缩小了阴阳离子之间的距离,使离子的配位数减低,离子键性减少,晶体结构类型和性质也将发生变化。从表 2.8 所列离子极化对卤化银晶体结构的影响可以清楚地看到这一点。

表 2.8 离子极化对卤化银晶体结构的影响

卤化银	AgCl	AgBr	AgI
Ag$^+$ 和 X$^-$ 的半径之和/nm	0.115+0.181=0.296	0.115+0.196=0.311	0.115+0.220=0.335
Ag$^+$ 和 X$^-$ 的实际距离/nm	0.277	0.288	0.299
极化靠近值/nm	0.019	0.023	0.036
r_C/r_A 值	0.635	0.587	0.532
实际配位数	6	6	4
理论结构类型	NaCl	NaCl	NaCl
实际结构类型	NaCl	NaCl	立方 ZnS

银的卤化物 AgCl,AgBr,AgI 按离子半径理论计算,Ag$^+$ 的配位数均为 6,属 NaCl 型结构(表 2.8),但实际上 AgI 晶体却属于配位数为 4 的立方 ZnS 型结构。这是由于离子

间很强的相互极化作用,促使离子相互强烈靠近,向较小的配位数方向变化,从而改变了结构。与此同时,由于离子的电子云变形而失去了球形对称,相互穿插重叠,从而导致键型由离子键过渡为共价键。

哥希密特(Goldschmidt)系统研究了离子晶体结构,总结出化学定律,即"晶体的结构取决于其组成质点的数量关系、大小关系与极化性能"。结晶化学定律定性地概括影响离子晶体结构的三个主要因素。实际上,晶体结构中组成质点的数量关系、大小关系与极化性能,决定了晶体的化学组成,即组成质点的种类和数量关系。对于离子晶体的晶体结构一般可按化学式的类型 MX, MX_2, M_2X_3 等来讨论。

2.3 离子型晶体结合的规则

鲍林在 1928 年鉴于理论和实践的结合,根据当时已测定的结构数据和晶格能公式所反映的原理,归纳总结出了几条规律,这就是有名的鲍林规则(Pauling's rule)。用鲍林规则分析离子晶体结构简单、明了,突出结构特点。鲍林规则不但适用于结构简单的离子晶体,也适用于结构复杂的离子晶体以及硅酸盐晶体。由于鲍林规则主要依据的离子半径有不确定因素,使得鲍林规则会有例外,但就大多数离子晶体结构而言,还是能够运用鲍林规则得到很好的说明。鲍林规则主要包括下述五方面。

1. 第一规则,又称负离子配位多面体规则

"离子化合物中,在阳离子的周围形成一阴离子配位多面体,阴离子在多面体的角顶,阳离子在阴离子多面体的中心,阴、阳离子间的距离取决于半径之和,配位数取决于阴、阳离子半径之比。"在离子化合物中,阳离子的配位数通常为 4 和 6,但也有少数为 3,8,12,见表 2.9。

表 2.9 各种阳离子的氧离子配位数

氧离子配位数	正离子
3	B^{3+}, C^{4+}, N^{5+}
4	$B^{2+}, B^{3+}, Al^{3+}, Si^{4+}, P^{5+}, S^{6+}, Cl^{7+}, V^{5+}, Cr^{6+}, Mn^{7+}, Zn^{2+}, Ca^{2+}, Ce^{4+}, As^{5+}, Se^{6+}$
6	$Li^+, Mg^{3+}, Al^{3+}, Se^{3+}, Ti^{4+}, Cr^{3+}, Mn^{2+}, Fe^{2+}, Fe^{3+}, Co^{2+}, Ni^{2+}, Cu^{2+}, Zn^{2+}, Ga^{3+}, Nb^{5+}, Ta^{5+}, Sn^{4+}$
6~8	$Na^+, Ca^{2+}, Sr^{2+}, Y^{3+}, Zr^{4+}, Cd^{2+}, Ba^{2+}, Ce^{4+}, Sm^{3+}, Lu^{3+}, Th^{4+}, U^{4+}$
8~12	$Na^+, K^+, Ca^{2+}, Rb^+, Sr^{2+}, Cs^+, Ba^{2+}, La^{3+}, Ce^{3+}, Sm^{3+}, Pb^{2+}$

2. 第二规则,又称静电价规则

"在一个稳定的离子晶体结构中,阴阳离子间的电荷一定平衡,每个阴离子电荷数 Z_- 等于或近似等于它从周围阳离子得到的静电键强度 S 的总和,其偏差小于等于 1/4 价。"静电键强度 S 等于该阳离子的电价 Z 除以它的配位数 n,即 $S = Z_+/n$,则阴离子电荷数 $Z_- = \sum_i S_i = \sum_i (Z_+/n_+)_i$。以 NaCl 晶体为例,每个 Na^+ 处于六个 Cl^- 所形成的配位体中,所以其静电键强度为 $S=1/6$;而每个 Cl^- 同时与六个 Na^+ 相配位,Cl^- 得到的阳离子静电键强度总和等于 $6\times1/6=1$,正好等于 Cl^- 的电价,所以 NaCl 晶体结构是稳定的。

离子静电价的饱和对于晶体结构的稳定性是相当重要的。不仅可以保证晶体在宏观上的电中性,还能在微观上使阴、阳离子的电价得到满足,使配位体和整个晶体结构稳定。静电价规则对于了解和分析硅酸盐晶体结构是非常重要的。这一规则可以用于判断某种晶体结构是否稳定,还可以用于确定共用同一阴离子的配位多面体的数目。例如,在 $CaTiO_3$ 结构中,Ca^{2+},Ti^{4+},O^{2-} 离子的配位数分别为 12,6,6。O^{2-} 离子的配位多面体是 $[OCa_4Ti_2]$,则 O^{2-} 离子的电荷数与 O^{2-} 离子的电价相等,故晶体结构是稳定的。在 $[SiO_4]$ 四面体中,Si^{4+} 位于有四个 O^{2-} 构成的四面体的中央,从 Si^{4+} 分配至每个 O^{2-} 的静电键强度为 $4/4=1$;若在 $[AlO_6]$ 八面体中,从 Al^{3+} 分配至每个 O^2 的静电键强度为 $1/2$;而在 $[MgO_6]$ 八面体中,从 Mg^{2+} 分配至每个 O^{2-} 的静电键强度则为 $1/3$。因此,对于 $[SiO_4]$ 四面体中的每个 O^{2-} 还可以同时与另一个 $[SiO_4]$ 四面体中的 Si^{4+} 相配位,或同时与两个 $[AlO_6]$ 八面体中的 Al^{3+} 相配位,或同时与三个 $[MgO_6]$ 八面体中的 Mg^{2+} 相配位(即这个 $[SiO_4]$ 四面体中的一个 O^{2-} 可以同时与另一个、两个或三个配位多面体共用),使 $[SiO_4]$ 四面体中的每个 O^{2-} 的电价得到饱和。

3. 第三规则,负离子多面体共用顶、棱和面的规则

"在一个配位结构中,配位多面体共用棱边,特别是共用面的存在,会降低这个结构的稳定性。对高电价、低配位的正离子来说,这个效应更显著。"这个规则说明了为什么 $[SiO_4]$ 四面体只能以共顶连接,而 $[AlO_6]$ 却可以共棱连接,在特殊情况下,如在刚玉中 $[AlO_6]$ 还可以共面连接。事实上,在硅酸盐矿物中,只发现 $[SiO_4]$ 共顶相连,没有共棱、共面相连的。

表 2.10 是几种配位多面体分别以共顶、共棱、共面相连时,两个中心离子的距离变化情况。假设两个四面体共顶连接时中心距离为 1,则共棱、共面时各为 0.58 和 0.33。若是八面体,则各为 1,0.71 和 0.58。两个配位多面体连接时,随着共用顶点数目的增加,中心阳离子之间距离缩短,阳离子之间的斥力将显著增加,并且阳离子配位数越小,这种斥力越显著,这样的晶体结构是不稳定的。

表 2.10 配位多面体共用顶、共棱、共面的规则

连接方式	共用顶点数	配位三角体	配位四面体	配位八面体	配位立方体
共顶	1	1	1	1	1
共棱	2	0.5	0.58	0.71	0.82
共面	3 或 4	—	0.33	0.58	0.58

4. 第四规则,不同种类正离子配位多面体间连接规则

在硅酸盐和多元离子化合物中,阳离子的种类往往不止一种,可能形成一种以上的配位多面体。对于多种阳离子所形成的配位多面体,在晶体结构中如何连接?引出鲍林第四规则:"在含有一种以上阳离子的离子晶体中,一些电价较高、配位数较低的阳离子配位多面体之间,有尽可能彼此互不连接的趋势。"而通过其他阳离子的配位多面体分隔开来,最多也只能共顶相连。例如,在具有岛状结构的硅酸盐矿物镁橄榄石(Mg_2SiO_4)中 Si^{4+}

电价高、配位数低，Si^{4+} 之间斥力较大，$[SiO_4]$ 四面体之间互不结合而孤立存在，但是 Si^{4+} 和 Mg^{4+} 之间的斥力较小，故 $[SiO_4]$ 四面体和 $[MgO_6]$ 八面体之间共顶和共棱相连，形成稳定的结构。

5. 第五规则，节约规则

"在同一晶体中，同种阳离子与同种阴离子的结合方式应最大限度地趋于一致。"例如，在硅酸盐晶体中，不会同时出现 $[SiO_4]$ 四面体和 $[Si_2O_7]$ 双四面体结构基元，尽管它们之间符合鲍林其他规则。如果组成不同的结构基元较多，每种基元要形成各自的周期性、规则性，则它们之间会相互干扰，不利于形成晶体结构。又如，在石榴石 $Ca_3Al_2Si_3O_{12}$ 中，Ca^{2+}、Al^{3+} 和 Si^{4+} 的配位数分别为 8，6 和 4。根据静电价规则，一个 O^{2-} 可以同时与两个 Ca^{2+}、一个 Al^{3+} 和一个 Si^{4+} 配位，也可以与两个 Al^{3+} 和一个 Si^{4+} 配位或四个 Ca^{2+} 和一个 Si^{4+} 配位。但后一种情况不符合节约规则，实际晶体中都是以前一种方式配位的。

必须指出，鲍林规则仅适用于离子晶体以及带有不明显共价键性的离子晶体，而且还有少数例外情况。例如，链状硅酸盐矿物透辉石，硅氧链上的活性氧得到的阳离子静电价强度总数和为 23/12 或 19/12（小于 2），而硅氧链上的非活性氧得到的阳离子静电价强度总和为 5/2（大于 2），不符合静电价规则，但仍然能在自然界稳定存在。

2.4 二元无机化合物晶体的结构

二元无机化合物包括很多物质，总体来分，包括 MX 型、MX_2 型及 M_mX_n 型。

2.4.1 MX 型结构

在 MX（M 为金属阳离子，X 为阴离子）化合物组成中，阳离子与阴离子个数的比为 1 : 1，即与阳离子配位的阴离子个数为 n，与阴离子配位的阳离子的个数也为 n。这种结构的化合物的配位数有 4 : 4，6 : 6，8 : 8 等。

1. 闪锌矿结构（zincblend 型、CuCl 结构、金刚石型）

闪锌矿（β-ZnS）是以立方 ZnS 为主要成分的天然矿物，4 : 4 配位，立方晶系面心立方点阵，$F\overline{4}3m$ 空间群，晶格常数为 0.542 nm。如图 2.11 所示。$r_C/r_A = 0.436$，理论上 Zn^{2+} 的配位数应为 6，但由于 Zn^{2+} 具有 18 电子构型，而 S^{2-} 半径大，易于变形，Zn—S 键有相当程度的共价性质。因此，Zn^{2+} 的实际配位数为 4。

阴离子构成 FCC 结构，而阳离子位于其中的四个四面体空隙，填充率为 1/2，八面体空隙全部空着。各质点的坐标为

$$S^{2-}: (000), \left(\frac{1}{2}\frac{1}{2}0\right), \left(\frac{1}{2}0\frac{1}{2}\right), \left(0\frac{1}{2}\frac{1}{2}\right)$$

$$Zn^{2+}: \left(\frac{1}{4}\frac{1}{4}\frac{3}{4}\right), \left(\frac{1}{4}\frac{3}{4}\frac{1}{4}\right), \left(\frac{3}{4}\frac{1}{4}\frac{1}{4}\right), \left(\frac{3}{4}\frac{3}{4}\frac{3}{4}\right)$$

其结构也可以看作 S^{2-} 和 Zn^{2+} 分别构成一套面心立方格子，在体对角线 1/4 处互相穿插而成。如果闪锌矿中阳离子与阴离子的位置为同一元素的原子所占据，则成为金刚石结构。具有这种结构的晶体有 β-SiC，其质点间键力很强，熔点很高，硬度很大，热稳定性也好，是一种优良的高温结构材料，另外，相对共价性更强的 2 价 Be，Cd，Hg 的硫化物、

硒化物、碲化物以及 CuCl,GaAs,AlP,InSb 等。

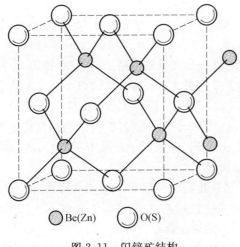

Be(Zn)　O(S)

图 2.11　闪锌矿结构

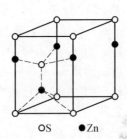

○S　●Zn

图 2.12　纤锌矿结构

2. 纤锌矿结构(wurtzite 型、ZnS 型)

纤锌矿也是以 ZnS 为主要成分的矿石,其结构如图 2.12 所示,4 : 4 配位,六方晶系六方原始格子,$P6_3mc$ 空间群,晶格常数 $a_0=0.382$ nm,$c_0=0.625$ nm。结构中较大的 S^{2-} 按六方紧密堆积,而 Zn^{2+} 离子占据一半的四面体空隙,构成[ZnS_4]四面体。质点的坐标为

$$S^{2-}:(000),\left(\frac{2}{3}\ \frac{1}{3}\ \frac{1}{2}\right)$$

$$Zn^{2+}:\left(00\ \frac{7}{8}\right),\left(\frac{2}{3}\ \frac{1}{3}\ \frac{3}{8}\right)$$

纤锌矿结构晶胞中,底面的原子排列同闪锌矿结构晶胞中(111)面的原子排列是相同的,二者结构的差异只是[ZnS_4]层排列顺序不同。因此,这两种结构非常相似,二者也有共同的特性。我们把同一物质具有多种晶体结构叫作同分(素)异构性(polyrnorphisrn)。

具有纤锌矿结构的化合物有 BeO,ZnO,AlN,ZnS,CdS,GaAs 等。其中 BeO 晶格常数小,$a=0.268$ nm,$c=0.437$ nm,Be^{2+} 半径(0.034 nm)小,极化能力强,Be—O 间基本属于共价键性,键能较强。因此,BeO 的熔点是 2 550 ℃,莫氏硬度 9,热导率是 $\alpha\text{-}Al_2O_3$ 的 15~20 倍,接近于金属的热导率,具有良好的耐热冲击性,是导弹燃烧室内衬的重要耐火材料。同时它对辐射具有相当的稳定性,可作核反应堆中的材料。具有纤锌矿型结构的Ⅱ和Ⅵ、Ⅲ和Ⅴ族硫化物、砷化物晶体,是具有声电效应的半导体,可以用来放大超声波。

3. NaCl 结构

NaCl 结构也称岩盐(rock salt)结构,其晶体结构如图 2.13 所示,6 : 6 配位,立方晶系面心立方格子,$Fm3m$ 空间群,$a_0=0.563$ nm。晶胞中离子的坐标为

$$Na^+:\left(\frac{1}{2}\ \frac{1}{2}\ \frac{1}{2}\right),\left(\frac{1}{2}00\right),\left(0\ \frac{1}{2}0\right),\left(00\ \frac{1}{2}\right)$$

$$Cl^-:(000),\left(0\frac{1}{2}\frac{1}{2}\right),\left(\frac{1}{2}0\frac{1}{2}\right),\left(\frac{1}{2}\frac{1}{2}0\right)$$

在 NaCl 结构中，Na^+ 占据由 Cl^- 所构成的 FCC 结构的八面体空隙中，阴、阳离子具有相同的价数，同时 $r_{Na}/r_{Cl}=0.102/0.181=0.56$，因此配位数为 6∶6，构成 $[NaCl_6]$ 八面体。其结构也可以看成 Na^+ 和 Cl^- 各构成一套面心立方格子，相互在棱边上穿插而成。

具有 NaCl 结构的化合物特别多，很多 2 价碱土金属和 2 价过渡金属化合物包括氧化物和硫化物，如 MgO，CaO，BaO，SrO，CdO，MnO，FeO，CoO，NiO，CaS，BaS；氮化物 TiN，LaN，ScN，CrN，ZrN；碳化物 TiC；碱金属 Ag^+ 和 NH_4^- 的卤化物和氢化物等。这些化合物都属于 NaCl 型结构，但各自组成不同，阴、阳离子半径也不相同，因此，在结构中，有些化合物结构紧密，有些化合物结构稀松，性质各不相同。

在 NaCl 型结构的氧化物中，碱土金属氧化物中的阳离子除 Mg^{2+} 以外均有较大的离子半径。尤其 Sr^{2+} 及 Ba^{2+} 与 O^{2-} 的离子半径比均超过 0.732，因此氧离子的密堆畸变，在结构上比较开放，容易被水分子渗入而水化。在制备材料生产工艺中，如果有游离的碱土金属氧化物（如 CaO，SrO，BaO 等）存在，则会由于这些氧化物的水化使材料性能发生较大的变化。具体来说，MgO 的晶格常数为 0.420 1 nm，静电键强度 $s=1/3$，比 NaCl 高一倍，故离子间结合力强，结构稳定，熔点达 2 800 ℃，是碱性耐火材料镁砖的主要晶相，镁砖用作炼钢高炉耐火材料。而属于同一结构类型的 CaO，由于 Ca^{2+} 的半径比 Mg^{2+} 的半径大得多，填充在八面体空隙中，将其撑松，晶格常数为 0.48 nm。其结构不如 MgO 稳定，极易水化，含量超过一定限度，将引起水泥安全性不良，故在硅酸盐制品中应尽量减少或消除游离 CaO 的水化效应。

NaCl 型结构的晶体中，LiF，KCl，KBr 和 NaCl 等晶体是重要的光学材料。LiF 晶体能用于紫外光波段，而 KCl，KBr 和 NaCl 等晶体适用于红外光波段，可用于制作窗口和棱镜等；PbS 等晶体是重要的红外探测材料。

4. CsCl 结构

如图 2.14 所示，CsCl 结构属 BCC 结构，P_m3m 空间群，晶格常数为 0.411 nm。由 $r_{Cs^+}/r_{Cl^-}=0.169/0.181=0.933$，故 Cl^- 位于 BCC 格子的顶角，Cs^+ 位于体心，即两种离子在单位晶胞中的坐标为

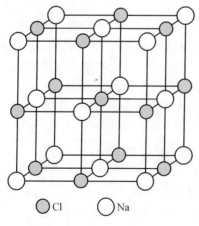

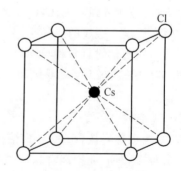

图 2.13　NaCl 晶体结构　　　　　图 2.14　CsCl 晶体结构

$$Cl^-:(000)$$

$$Cs^+:\left(\frac{1}{2}\frac{1}{2}\frac{1}{2}\right)$$

形成$[CsCl_8]$正六面体，8∶8 配位。具有这种结构的化合物还有 $CsBr$，CsI，NH_4Cl 等，在硅酸盐材料中并不普遍。

5. MX 结构与离子半径的关系

表 2.11 中列出了 MX 型化合物的结构类型与 r_C/r_A 的关系。

表 2.11　MX 型化合物的结构类型与 r_C/r_A 的关系

结构类型（配位数）	r_C/r_A	实例（右边数据为 r_C/r_A 值）							
CsCl 型（8∶8）	1.000～0.732	CsCl	0.91	CsBr	0.84	CsI	0.75		
NaCl 型（6∶6）	0.732～0.414	KF	1.00	SrO	0.96	BaO	0.96	RbF	0.89
		RbCl	0.82	BaS	0.82	CaO	0.80	CsF	0.80
		PbBr	0.76	BaSe	0.75	NaF	0.74	KCl	0.73
		SrS	0.73	RbI	0.68	KBr	0.68	BaTe	0.68
		SrSe	0.66	CaS	0.62	KI	0.61	SrTe	0.60
		MgO	0.59	LiF	0.59	CaSe	0.56	NaCl	0.54
		NaBr	0.50	CaTe	0.50	MgS	0.49	NaI	0.44
		LiCl	0.43	MgSe	0.41	LiBr	0.40	LiF	0.35
ZnS 型（4∶4）	0.414～0.225	MgTe	0.37	BeO	0.26	BeS	0.20	BeSe	0.18
		BeTe	0.17						

从表 2.11 中可以看出，MX 结构的离子化合物主要有 $CsCl$，$NaCl$，ZnS 三种结构，化合物按其半径比选取结构形式的倾向明显。但也有例外，一些 $r_C/r_A>0.732$ 及 $r_C/r_A<0.414$ 的 MX 结构化合物仍属 NaCl 型结构，如 KF，SrO，BaO，LiF，LiBr 等。

6. MX 结构与离子极化的关系

MX 结构的化合物中，$CsCl$ 和 $NaCl$ 是比较典型的离子晶体，离子配位关系符合鲍林规则。而在 ZnS 晶体结构中，已不完全是离子键，而是由离子键向共价键过渡，但尚未引起晶体结构类型的根本改变。MX 结构形式随组元的大小关系与极化性能而递变的一般倾向是比较清楚的，总结如下：

极化　　　　　　弱 → 强

负离子　　　　　小 → 大

正离子　　　　　大 → 小

惰性气体构型——→非惰性气体构型

配位数　　　　　8 → 6 → 4 → 3

　　　　　　ZnS　　NaCl　　ZnS 层型（BN）

2.4.2　MX_2 型结构

MX_2 型结构的配位数为 $2n∶n$，当 $n＝2,3,4$ 时，则配位为 4∶2,6∶3,8∶4 等。

1. α方石英结构(α-cristobalite)

α方石英结构如图 2.15 所示,为立方晶系,4∶2 配位。α-方石英为 SiO_2 异构体中的一种,在 1 470~1 723 ℃的高温区域稳定。一个 Si 同四个 O 结合形成[SiO_4]四面体,多个四面体之间相互共用顶点并重复堆积而形成这种结构。因此与球填充模型相比,这种结构中的氧离子排列是很疏松的。SiO_2 虽有很多种异构体,但其他结构都可看成是由 α-方石英的变形而得(具体见 2.6 节硅酸盐结构)。

2. 萤石结构(fluorite)

萤石是以 CaF_2 为主要成分的天然矿物,晶体结构如图 2.16 所示,立方晶系 FCC 结构,F_m3m 空间群,晶格常数 a＝0.545 nm,晶胞分子数 Z＝4。阴阳离子数比为 8∶4,其坐标为

$$Ca^{2+}:(000),\left(0\ \frac{1}{2}\ \frac{1}{2}\right),\left(\frac{1}{2}\ 0\ \frac{1}{2}\right),\left(\frac{1}{2}\ \frac{1}{2}\ 0\right)$$

$$F^-:\left(\frac{1}{4}\ \frac{1}{4}\ \frac{1}{4}\right),\left(\frac{1}{4}\ \frac{3}{4}\ \frac{3}{4}\right),\left(\frac{3}{4}\ \frac{1}{4}\ \frac{3}{4}\right),\left(\frac{3}{4}\ \frac{3}{4}\ \frac{1}{4}\right)$$

$$\left(\frac{3}{4}\ \frac{3}{4}\ \frac{3}{4}\right),\left(\frac{3}{4}\ \frac{1}{4}\ \frac{1}{4}\right),\left(\frac{1}{4}\ \frac{3}{4}\ \frac{1}{4}\right),\left(\frac{1}{4}\ \frac{1}{4}\ \frac{3}{4}\right)$$

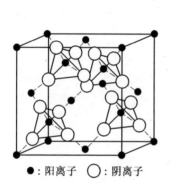

●:阳离子　○:阴离子

图 2.15　α—方石英结构

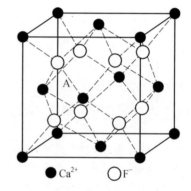

●:Ca^{2+}　○:F^-

图 2.16　萤石结构

萤石结构中,Ca^{2+} 构成 FCC 结构,r_C/r_A＝0.75＞0.732,Ca^{2+} 配位数为 8,Ca^{2+} 位于 F^- 构成的立方体中心。据通式 $CN_A·m＝CN_B·n$,求得 F^- 的配位数为 4,F^- 填充于 Ca^{2+} 构成的全部四面体空隙之中。若以 F^- 作简单立方堆积,则构成[CaF_8]立方体,Ca^{2+} 填充于半数的立方体空隙中,这些立方体空隙为 F^- 以间隙扩散的方式进行扩散提供了空间,因此,CaF_2 在晶体中,F^- 的弗伦克尔缺陷形成能较低,存在阴离子间隙扩散机制。从空间格子看 CaF_2 晶体中有三套等同点,Ca^{2+} 构成一套完整的面心立方格子,F^- 构成两套面心立方格子,它们在体对角线 1/4 和 3/4 处互相穿插而成。

萤石在玻璃工业中一般用作助熔剂、晶核剂,水泥工业中则用作矿化剂。这是因为 F 电负性大于 O,在硅酸盐熔体中,F 能夺取硅氧阴离子团中的 O,形成简单的阴离子团[SiF_4],使硅酸盐熔体黏度降低。因为 Ca^{2+} 为 2 价,F^- 半径比 Cl^- 半径小,虽然 Ca^{2+} 半径比 Na^+ 半径稍大,但总体来说,萤石中质点之间的键力较 NaCl 强,反映在其性质上:萤石的硬度为莫氏 4 级,熔点达 1 410 ℃,在水中溶解度小,仅为 0.002;而 NaCl 熔点为

808 ℃,密度为 2.16 g/cm³,水中溶解度为 35.7。另外,萤石结构中由于有一半的立方体空隙没有被 Ca²⁺填充,在(111)面网方向上存在着相互毗邻的同号负离子层,因静电斥力作用,导致晶体在平行于(111)面网方向上易发生解理,故萤石常呈八面体解理。属于萤石结构的氟化物晶体有 BaF₂,PbF₂,SnF₂,氧化物有 ThO₂,CeO₂,VO₂,UO₂等,相当于具有萤石型结构的 $A^{4+}O_2$ 型氧化物,A^{4+} 和 O^{2-} 分别占据 Ca²⁺和 F⁻的位置。

ZrO₂有三种晶型:单斜相、四方相和立方相。低温型单斜晶的结构类似于萤石结构,其晶胞参数为 $a=0.517$ nm,$b=0.523$ nm,$c=0.534$ nm,$\beta=99°15'$。在 m-ZrO₂结构中 $r_+/r_-=0.608\,7$,Zr⁴⁺以 8 配位结构方式存在是不稳定的,实验证明其配位数为 7。因而,m-ZrO₂的结构相当于是扭曲和变形的萤石型结构。ZrO₂晶体中具有氧离子扩散传导的机制,是一种高温固体电解质,在 900~1 000 ℃,O^{2-} 的电导率可达 0.1 S/cm,利用其氧空位的电导性能,制备氧敏传感器元件,常被用作测氧传感器探头、氧泵、固体氧化物燃料电池中的电解质材料等。ZrO₂的熔点很高(2 680 ℃),是一种优良的耐火材料。

3. 金红石结构(rutile)

金红石结构为 TiO₂异构体的一种,TiO₂共有三种晶型,即锐钛矿、金红石及板钛矿。其中金红石是稳定型结构,如图 2.17 所示,配位数为 6∶3,四方晶系 $P4/mnm$ 空间群,晶胞分子数 $Z=2$,$a=0.459$ nm,$c=0.296$ nm。Ti⁴⁺离子位于四方原始格子的结点位置,体心 Ti⁴⁺离子不属于这个四方原始格子,而自成另一套四方原始格子,因为这两个Ti⁴⁺离子的周围环境是不相同的,所以,不能成为一个四方体心格子,O^{2-} 离子在晶胞中处于一些特定位置上。金红石 TiO₂的 $r_C/r_A=0.48$,Ti⁴⁺配位数为 6,Ti⁴⁺在 O^{2-} 的八面体中心位置。根据静电价规则,Ti⁴⁺的静电键强度 $S=4/6=2/3$,O^{2-} 是 2 价,O^{2-} 配位数为 3,即每个 O^{2-} 与三个 Ti⁴⁺形成静电键。如果以 Ti-O 八面体的排列看,金红石结构由Ti-O 八面体以共棱的方式排列成链状,晶胞中心的链和四角的 Ti-O 八面体链的排列方向相差 90°。链与链之间是 Ti-O 八面体以共顶相连。晶胞中质点的坐标为

$$Ti^{4+}: (000), \left(\frac{1}{2}\frac{1}{2}\frac{1}{2}\right)$$

$$O^{2-}: (uu0), ((1-u)(1-u)0), \left(\left(\frac{1}{2}+u\right)\left(\frac{1}{2}-u\right)\frac{1}{2}\right), \left(\left(\frac{1}{2}-u\right)\left(\frac{1}{2}+u\right)\frac{1}{2}\right), u=0.31$$

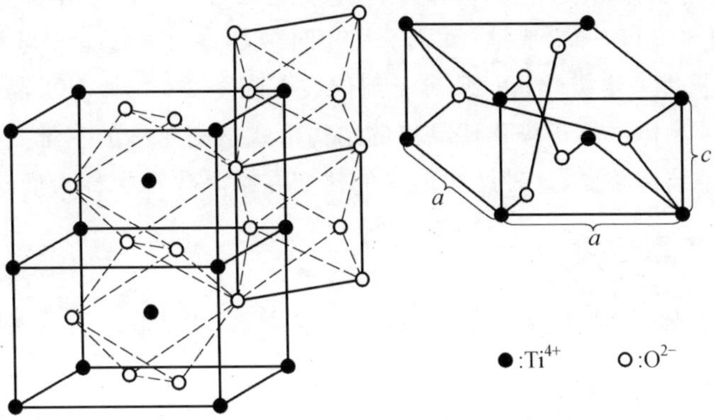

●:Ti⁴⁺   ○:O²⁻

图 2.17 金红石结构

TiO₂在光学性质上有很高的折射率(2.76),电学性质上有高的介电系数。因此,

TiO_2 成为制备高折射率玻璃的原料,也是无线电陶瓷电容器瓷料中的主晶相。同类结构的化合物还有 GeO_2,SnO_2,PbO_2,$\beta\text{-}MnO_2$,MoO_2,NbO_2,WO_2,VO_2,CoO_2,MnF_2,MgF_2 等。

4. MX_2 结构与离子半径的关系

表 2.12 列出了 MX_2 型化合物的结构类型与 r_C/r_A 的关系。

表 2.12　MX_2 型化合物的结构类型与 r_C/r_A 的关系

结构类型(配位数)	r_C/r_A	实例(右边数据为 r_C/r_A 值)							
萤石型(8:4)	≥0.732	BaF_2	1.05						
		PbF_2	0.99	SrF_2	0.95	HgF_2	0.84	ThO_2	0.84
		CaF_2	0.80	UO_2	0.79	CeO_2	0.77	PrO_2	0.76
		CdF_2	0.74	ZrO_2	0.71				
		HfF_2	0.67	ZrF_2	0.67				
金红石型(6:3)	0.414~0.732	TeO_2	0.67	MnF_2	0.66	PbO_2	0.64	FeF_2	0.62
		CoF_2	0.62	ZnF_2	0.62	NiF_2	0.59	MgF_2	0.58
		SnO_2	0.56	NbO_2	0.52	MoO_2	0.52	WO_2	0.52
		OsO_2	0.51	IrO_2	0.50	RuO_2	0.49	TiO_2	0.48
		VO_2	0.46	MnO_2	0.39	GeO_2	0.36		
β—方石英型(4:2)	0.225~0.414	SiO_2	0.29	BeF_2	0.27				

5. MX_2 结构与离子极化的关系

离子极化导致离子间的键型从离子键向共价键过渡,离子晶体向共价晶体过渡,使正、负离子的配位数逐步降低,然后进一步向分子晶体过渡。如图 2.18 所示,CaF_2 型晶体是典型的离子晶体,晶体中正、负离子配位数比为 8:4,金红石晶体中 Ti^{4+} 与 O^{2-} 配位数比为 6:3,随着离子极化程度提高,方石英型中 O 原子位于 Si—Si 连线的中心位置附近,形成三维网络状低密度结构,离子晶体过渡到共价晶体。晶体中 Si 原子与周围四个氧原子(在四面体顶点方向)成键,氧原子又和两个 Si 原子配位,Si 与 O 的配位数分别降到 4:2。若离子进一步极化,正、负离子配位数下降至 2:1,如 CO_2 晶体(干冰)已从共价晶体过渡到分子晶体。离子极化使晶体的结构形式从高对称的三维立方构型向层型结构、链型结构、岛型结构转变,这种结构形式的转变在结晶化学中称为型变。

2.4.3　M_2X 型结构

M_2X 型化合物阳、阴离子数比为 2:1,配位数为 $n:2n$,即 2:4,4:8 等。

1. 赤铜矿结构(cuprite)

赤铜矿是以 Cu_2O 为主要成分的天然矿物,其结构如图 2.19 所示,2:4 配位,立方晶系。在这种结构中,阴离子构成 BCC 结构,离子的坐标为

$$阴离子:(000),\left(\frac{1}{2}\ \frac{1}{2}\ \frac{1}{2}\right)$$

$$\text{阳离子：}\left(\frac{3}{4}\ \frac{1}{4}\ \frac{1}{4}\right),\ \left(\frac{1}{4}\ \frac{3}{4}\ \frac{1}{4}\right),\ \left(\frac{1}{4}\ \frac{1}{4}\ \frac{3}{4}\right),\ \left(\frac{3}{4}\ \frac{3}{4}\ \frac{3}{4}\right)$$

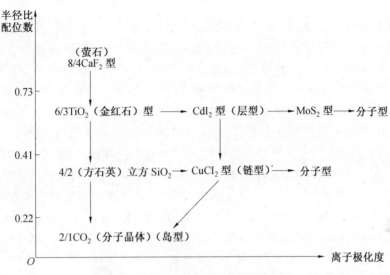

图 2.18　MX_2 型化合物晶体的型变

这是一种间隙较多的结构，阳离子容易产生位移。具有这种结构的化合物还有 Ag_2O 等。

2. 反萤石结构(anti-fluorite)

反萤石结构从晶体几何上与萤石相同，但是阴、阳离子的位置与萤石结构恰好相反，阳、阴离子数之比为 2：1，配位数为 4：8。碱金属氧化物的结构（如 Li_2O，Na_2O，K_2O，Rb_2O）属于反萤石结构，一些碱金属的硫化物、硒化物和碲化物也具有反萤石结构。这种正、负离子个数及位置颠倒的结构，称为反结构（或反同形体）。

图 2.19　赤铜矿结构

2.4.4　M_2X_3 结构

M_2X_3 型的金属氧化物大多是离子化合物，其结构可以按半径比分成刚玉型、立方 C 型、B 型与三方 A 型四种。如表 2.13 所示，刚玉型和稀土 C 型结构中正离子配位数都是 6，但 C 型的 6 配位是将 8 配位中的两个 O^{2-} 去掉而形成的，因此，正离子的位置比正常 6 配位要大些。A 型和 B 型结构中正离子虽然都是 7 配位，但 A 型结构中正离子的位置要大很多。

表 2.13　M_2X_3 型晶体的结构类型与 r_+/r_- 的关系

结构类型	配位数	实例（右边数据为 r_+/r_- 的比值）							
刚玉型	6	$\alpha\text{-}Al_2O_3$	0.364	$\alpha\text{-}Ga_2O_3$	0.443	$\alpha\text{-}Fe_2O_3$	0.457	Ti_2O_3	0.543
C 型	6	Sc_2O_3	0.579	Lu_2O_3	0.607	Er_2O_3	0.636	Dy_2O_3	0.657
B 型	7	Gd_2O_3	0.693	Sm_2O_3	0.714				
A 型	7	Pr_2O_3	0.757	La_2O_3	0.814				

1. 刚玉型(α-Al_2O_3)结构(corundum)

刚玉为天然 α-Al_2O_3 单晶体(白宝石),呈红色的称为红宝石(ruby),呈蓝色的称为蓝宝石(sapphire),属三方晶系,R3c 空间群,$a=0.514$ nm,$\alpha=55°17'$,晶胞分子数 $Z=6$,Al^{3+} 配位数为 6,O^{2-} 配位数为 4。α-Al_2O_3 晶体结构(图 2.19)可以看成 O^{2-} 按六方紧密堆积排列,即 ABAB……二层重复型,而 Al^{3+} 填充于 2/3 八面体空隙,使化学式成为 Al_2O_3。由于 Al^{3+} 只填充于 2/3 八面体空隙,因此 Al^{3+} 的分布必须有一定的规律,其原则就是在同一层和层与层之间,Al^{3+} 离子之间的距离应保持最远,这是符合鲍林规则的。否则,由于 Al^{3+} 离子位置的分布不当,出现过多 Al—O 八面体共面的情况,对结构的稳定性造成不利的影响。图 2.20 给出了 Al^{3+} 离子分布的三种形式,Al^{3+} 在八面体空隙中,只有按照 Al_D,Al_E,Al_F,…这样的次序排列才能满足 Al^{3+} 离子之间的距离最远的条件。现在,按 O^{2-} 离子紧密堆积和 Al^{3+} 离子排列的次序来看,在六方晶胞中应该排几层才能重复。设按六方紧密堆积排列的 O^{2-} 离子分别为 O_A(表示第一层)和 O_B(表示第二层),则 α-Al_2O_3 中氧和铝的排列次序可写成:$O_A Al_D O_B Al_E O_A Al_F O_B Al_D O_A Al_E O_B Al_F O_A Al_D$,从排列次序看,只有当排列第 13 层时才出现重复。

刚玉极硬,莫氏硬度 9,不易破碎,熔点为 2 050 ℃,力学性能优良,这与结构中 Al—O 键的牢固性有关。Al_2O_3 是一种很常见、很重要的陶瓷材料,α-Al_2O_3 是工程结构陶瓷、高温耐火材料以及高绝缘无线电陶瓷的主要晶相,可用作磨料磨具。刚玉砖和坩埚是熔制玻璃时所需要的耐火材料,对 PbO 和 B_2O_3 含量高的玻璃具有良好的抗腐蚀性能。纯度在 99% 以上的半透明氧化铝瓷,可以作高压钠灯和灯管及微波窗口。掺入不同的微量杂质可使 Al_2O_3 着色,如掺铬的氧化铝单晶即红宝石,可作仪表、钟表轴承,也是一种优良的固体激光基质材料。

属于刚玉型结构的有 α-Fe_2O_3,Cr_2O_3,α-Ga_2O_3,Ti_2O_3,V_2O_3 等倍半氧化物。此外,$FeTiO_3$,$MgTiO_3$,$LiSbO_3$,$LiNbO_3$,$PbTiO_3$ 等也具有刚玉结构,只是将刚玉结构中的两个铝离子,分别用一个铁离子(或镁离子)和一个钛离子所取代($FeTiO_3$)而得到,因含有两种正离子,对称性较刚玉结构较低,它们中一些是重要的铁电、压电晶体。

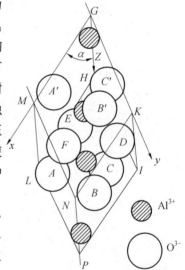

图 2.20　α-Al_2O_3 晶体结构

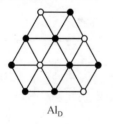
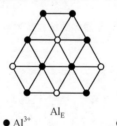
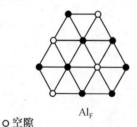

● Al^{3+}　　○空隙

图 2.21　α-Al_2O_3 中 Al^{3+} 的三种不同排列方式

2. 三方 A 型稀土结构

A 型稀土氧化物的典型代表为 La_2O_3，属于三方晶系，正离子配位数为 7，如图 2.22 所示。该结构可认为是由 C 型结构的正离子尺寸增大，再经畸变而形成 7 配位的结构。

3. C 型稀土化合物结构

C 型稀土化合物主要有 $\alpha-Mn_2O_3$，Sc_2O_3，Dy_2O_3 等，属立方晶系，可通过萤石结构衍生而来，即将 CaF_2 中的 Ca^{2+} 换成 Mn^{3+}，将 F^- 的 3/4 换成 O^{2-}，剩余的 1/4 的 F^- 的位置空着。空位的分布如图 2.23 所示。结构中正、负离子的配位数分别为 6 和 4，其单位晶胞为 CaF_2 的 2 倍。

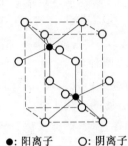

●:阳离子　○:阴离子

图 2.22　A 型稀土氧化物结构

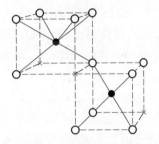

●:阳离子　○:阴离子　×:空位

图 2.23　C 型稀土氧化物结构

4. B 型稀土结构(Sm_2O_3)

B 型稀土结构的正离子配位数也为 7，但属于单斜晶系，是对称性较低的复杂结构，其结构图这里省略。

2.4.5　MX_3 和 M_2X_5 结构

MX_3 型晶体中有代表性的是 ReO_3，属于立方晶系，正、负离子配位数分别为 6 和 2，如图 2.24 所示。结构中 $[ReO_6]$ 八面体之间在三维方向上共顶连接形成晶体结构。该结构的特点是单位晶胞的中心存在很大的空隙。WO_3 的结构可由 ReO_3 的结构稍加变形而得到。

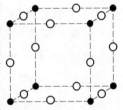

●:阳离子　○:阴离子

图 2.24　MX_3 型稀土氧化物结构

M_2X_5 型化合物的结构一般都比较复杂，其中有代表性的是 V_2O_5，Nb_2O_5 等。Nb_2O_5 的结构可以由 ReO_3 的结构演变而来。把 ReO_3 结构中八面体的共顶连接方式换成共棱连接，即可形成Nb_2O_5结构。

2.5　多元无机化合物晶体的结构

2.5.1　ABO_3 型结构

在 ABO_3 型化合物中，重点介绍钙钛矿（$CaTiO_3$）型、钛铁矿（$FeTiO_3$）型及方解石（$CaCO_3$）型结构。ABO_3 型结构中，如果 A 离子与氧离子尺寸相差较大，则形成钛铁矿型结构；如果 A 离子与氧离子尺寸大小相同或相近，则形成钙钛矿型结构，其中 A 离子与氧离子一起构成 FCC 结构。

1. 钛铁矿结构(ilmenite)

钛铁矿是以 $FeTiO_3$ 为主要成分的天然矿物，结构属于三方晶系。其结构可以通过刚玉结构衍生而来，将刚玉结构中的两个 3 价阳离子用 2 价和 4 价或 1 价和 5 价的两种阳离子置换便形成钛铁矿结构。

在刚玉结构中，氧离子的排列为 HCP 结构，其中八面体空隙的 2/3 被铝离子占据，将这些铝离子用两种阳离子置换有两种方式。图 2.25 给出了 α-Al_2O_3 与 $FeTiO_3$ 的结构对比情况。在图 2.25(b)中 Fe 层与 Ti 层交替排列构成钛铁矿结构，这是第一种置换方式，属于这种结构的化合物有 $MgTiO_3$，$MnTiO_3$，$FeTiO_3$，$CoTiO_3$，$LiTaO_3$ 等。第二种置换方式是置换后在同一层内 1 价和 5 价离子共存，形成 $LiNbO_3$ 或 $LiSbO_3$ 结构。这类材料中比较重要的是铌酸锂($LiNbO_3$)和钽酸锂($LiTaO_3$)两种电光、声光晶体材料。铌酸锂晶体是一种多功能晶体，具有优良的压电效应、电光效应、声光效应、非线性效应及光折变效应。所谓电光效应是指某些介质的折射率在外加电场的作用下而发生变化的一种现象。铌酸锂广泛应用于光通信、信息处理、集成光路、图像存储、谐波发生、倍频器件、参量振荡等方面。

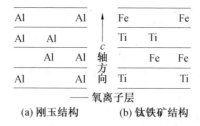

图 2.25　刚玉结构与钛铁矿结构对比示意图

2. 钙钛矿结构(perovskite)

钙钛矿组成为 ABO_3，理想情况下为立方晶系。图 2.26 所示是立方晶系 $CaTiO_3$ 的晶胞结构图，O^{2-} 和 Ca^{2+} 的半径相近，共同构成 FCC 堆积，Ca^{2+} 占据八个顶角位置，O^{2-} 占据六个面心位置，$r_{Ca}/r_O = 1.08$，Ca^{2+} 的配位数为 12；$r_{Ti}/r_O = 0.522$，Ti^{4+} 位于氧的六配位间隙，填充数为 1/4 的八面体空隙，Ca^{2+}，Ti^{4+}，O^{2-} 的配位数为 12：6：6。按鲍林规则分析，Ti-O 间的静电键强度为 $S=4/6=2/3$，Ca-O 间的静电键强度为 $S=4/6=2/3$，每个 O^{2-} 被两个 $[TiO_6]$ 八面体和四个 $[CaO_{12}]$ 立方八面体所共用，O^{2-} 的电价为 $2/3 \times 2+1/6 \times 4=2$，得到饱和，此结构是稳定的。这种结构当 Ca^{2+} 位置上的阳离子和阴离子同样大小或比其大些，并且 Ti^{4+} 阳离子的配位数为 6 时才是稳定的。

理想情况的(各离子都相互接触时)这种结构中，三种离子的半径的关系为

$$r_A+r_B=\sqrt{2}(r_B+r_O) \tag{2.15}$$

实际上能够严格满足这种理想情况的非常少，多数这种结构的化合物中，A 离子可以比氧离子稍大或稍小，B 离子的大小也可在一定范围内波动，偏离理想结构而有一定畸变，因此产生介电性能。其中代表性的化合物有 $BaTiO_3$，$PbTiO_3$ 及具有高温超导特性的氧化物的基本结构。

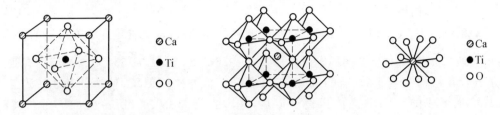

图 2.26　$CaTiO_3$ 晶体结构及配位多面体的连接和 Ca^{2+} 配位数为 12 的情况

非理想结构的钙钛矿结构中离子半径之间可描述为

$$r_A + r_B = t\sqrt{2}(r_B + r_O) \tag{2.16}$$

式中, t 称为容差因子, 其值为 $0.77 \sim 1.10$; A 是大离子, 半径为 $0.10 \sim 0.14$ nm; B 是小离子, 因为它们的半径必须与 O^{2-} 的 6 配位相适应, 半径为 $0.045 \sim 0.075$ nm。A 与 B 离子的电价不仅限于 2 价和 4 价, 任意一对阳离子半径适合于配位条件, 且其原子价之和为 6, 那么它们就可能取这种结构。因此, 钙钛矿型结构所包含的晶体十分丰富。表 2.14 列出了部分钙钛矿型结构的主要晶体。

表 2.14　具有钙钛矿型结构的主要晶体

氧化物(1+5)	氧化物(2+4)			氧化物(3+3)	氧化物(1+2)
$NaNbO_3$	$CaTiO_3$	$SrZrO_3$	$CaCeO_3$	$YAlO_3$	$KNgF_3$
$KNbO_3$	$SrTiO_3$	$BaZrO_3$	$BaCeO_3$	$LaAlO_3$	$KNiF_3$
$NaWO_3$	$BaTiO_3$	$PbZrO_3$	$PbCeO_3$	$LaCrO_3$	$KZnF_3$
	$PbTiO_3$	$CaSnO_3$	$BaPrO_3$	$LaMnO_3$	
	$CaZrO_3$	$BaSnO_3$	$BaHfO_3$	$LaFeO_3$	

钙钛矿结构化合物在温度变化时会引起晶体结构的变化。以 $BaTiO_3$ 为例, 随温度变化将发生如图 2.27 所示的晶体结构转变。其中三方、斜方、正方都是由立方点阵经少许畸变而得到, 这种畸变与晶体的介电性能密切相关(图 2.28), 高温时由立方向六方转变时要进行结构重组, 立方结构被破坏, 重构成六方点阵。

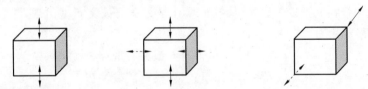

(a) 单轴方向变形→正方晶　(b) 双轴方向变形→斜方晶　(c) 对角线方向变形→三方晶

图 2.27　立方晶体变形时形成的晶系

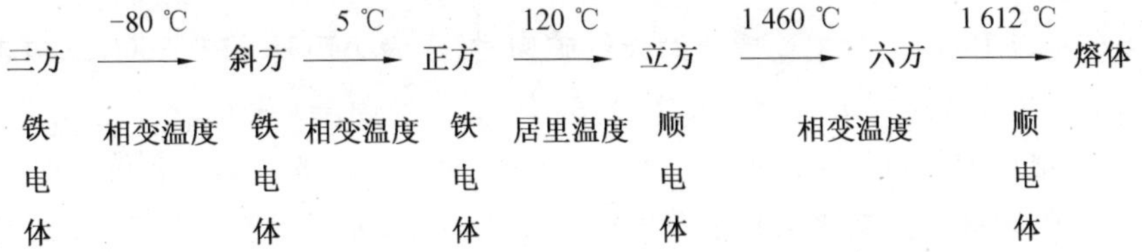

	−80 ℃		5 ℃		120 ℃		1 460 ℃		1 612 ℃	
三方	→	斜方	→	正方	→	立方	→	六方	→	熔体
铁电体	相变温度	铁电体	相变温度	铁电体	居里温度	顺电体	相变温度		顺电体	

图 2.28　$BaTiO_3$ 结构与铁电现象(自发极化机制)

3. 方解石结构($CaCO_3$)

碳酸钙($CaCO_3$)通常存在两种晶型,即方解石和文石,这里着重介绍方解石的结构。

方解石属三方晶系,$R3c$ 空间群。晶格常数 $a=0.641$ nm,$\alpha=101°55'$,一个晶胞中有四个"分子",其结构相当于将 NaCl 晶体结构沿三次轴方向压偏了,使边间角由 90° 变为 101°55' 而形成的。NaCl 晶体压偏了以后,Na^+ 的位置由 Ca^{2+} 所占据,Cl^- 的位置被 $[CO_3]^{2-}$ 络合离子所占据。与 NaCl 晶格相同,每个 Ca^{2+} 被六个 $[CO_3]^{2-}$ 络合离子所包围,Ca^{2+} 的配位数为 6,如图 2.29 所示。络合离子 $[CO_3]^{2-}$ 的结构中,三个 O^{2-} 作等边三角形排列,C^{4+} 在三角形的中心位置。C—O 间是共价键结合,而 Ca^{2+} 和 $[CO_3]^{2-}$ 是离子键结合。$[CO_3]^{2-}$ 在结构中的排布均垂直于三次轴。

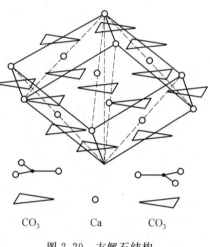

CaCO₃(方解石)中双折射现象与微观结构的关系是很典型的。当光振动方向和 $[CO_3]^{2-}$ 平面平行时,则三个成平面排列的氧原子的极化强度大于分离的氧离子的极化强度,使与 $[CO_3]^{2-}$ 平面平行振动的光速变慢,折射率增大。$[CO_3]^{2-}$ 平面垂直于光轴(c 轴),而凡是垂直光轴振动的光是常光,所以常光在方解石中折射率大,造成负光性。当光的振动方向和 $[CO_3]^{2-}$ 平面垂直时,由于各氧原子产生的极化电场之间互相削弱,使整个络合负离子产生的极化强度小于分离的氧原子,所以非常光传播速度快,折射率小。

CO₃　　　Ca　　　CO₃

图 2.29　方解石结构

方解石是水泥原料石灰石中的主要晶相,广泛应用于化工、冶金和建筑等行业。若将方解石结构中的 Ca^{2+} 用 Mg^{2+} 所代替,就成为菱镁矿($MgCO_3$)结构。方解石中 Ca^{2+} 的位置,一半被 Mg^{2+} 占据,一半被 Ca^{2+} 所占据,并沿体对角线方向交替排列,就成为白云石($CaCO_3 \cdot MgCO_3$)结构。菱镁矿、白云石是制取碱性耐火材料的重要原料。

ABO_3 型化合物究竟以钙钛矿、钛铁矿型还是方解石或文石型出现,与容差因子 t 有很大关系,一般规律为

$$t > 1.1: \quad \text{以方解石或文石型存在}$$
$$0.77 < t < 1.1: \quad \text{以钙钛矿型存在}$$
$$t \leqslant 0.77: \quad \text{以钛铁矿型存在}$$

2.5.2　ABO₄型结构

白钨矿是以 $PbWO_4$ 为主要成分的天然矿物,组成为 ABO_4。$PbMoO_4$ 结构属于白钨矿型结构,其结构属于四方晶系,如图 2.30 所示。晶胞参数为 $a=0.543\,2$ nm,$c=1.210\,7$ nm,晶胞分子数为 $Z=4$。$PbMoO_4$ 是一种重要的声光材料。当光波和声波同时射到晶体上时,声波和光波之间将会产生相互作用,从而可用于控制光束,如使光束发生偏转、使光强和频率发生变化等,这种晶体称为声光晶体。利用这些晶体,可制成各种声光器件,如声光偏转器、声光调 Q 开关、声表面波器件等,广泛地用于激光雷达、电视及大

屏幕显示器的扫描、光子计算机的光存储器及激光通信等方面。

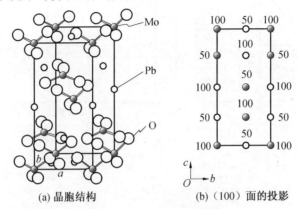

(a) 晶胞结构　　　　(b)（100）面的投影

图 2.30　$PbMoO_4$ 的结构

2.5.3　AB_2O_4 型结构

在 AB_2O_4 型化合物中最重要的结构形式是尖晶石型,其通式中,A 代表 2 价的金属离子,如 Mg^{2+},Mn^{2+},Fe^{2+},Co^{2+},Zn^{2+},Cd^{2+},Ni^{2+} 等,B 代表 3 价金属离子,如 Al^{3+},Cr^{3+},Ga^{3+},Fe^{3+},Co^{3+} 等。下面以尖晶石 $MgAl_2O_4$ 为例说明。

$MgAl_2O_4$ 晶体属立方晶系 $Fd3m$ 空间群,$a=0.808\ nm$,$Z=8$。$MgAl_2O_4$ 晶体的基本结构基元为 A,B 块(图 2.31(a)),单位晶胞由四个 A,B 块拼合而成(图 2.31(b))。晶胞中 O^{2-} 按立方紧密堆积,Mg^{2+} 填充在 1/8 四面体空隙中,Al^{3+} 填充在 1/2 八面体空隙中。尖晶石晶胞中有 8 个"分子",即 $Mg_8Al_{16}O_{32}$,有 64 个四面体空隙,Mg^{2+} 只占有了 8 个,有 32 个八面体空隙,Al^{3+} 只占有了 16 个。按照正、负离子半径比与配位数的关系,Al^{3+} 与 Mg^{2+} 的配位数都为 6,都填入八面体空隙。但据鲍林第三规则,高电价离子填充于低配位的四面体空隙,排斥力要比填充八面体空隙中要大,稳定性要差,Mg^{2+} 离子配位数降低为 4,形成 $[MgO_4]$ 配位多面体。按电价规则,$S_{Al-O}=1/2$,$S_{Mg-O}=1/2$,这样每个 O^{2-} 离子的电价要由 4 个正离子提供,其中三个为 Al^{3+},一个为 Mg^{2+},即三个 $[AlO_6]$ 八面体与 1 个 $[MgO_4]$ 四面体共顶连接。这个结构可以看成是 $[AlO_6]$ 八面体以共棱连接成一条条"八面体链",然后各"八面体链"纵横搭接,链间通过 $[MgO_4]$ 四面体连接,而 $[MgO_4]$ 之间并不直接连接。这样的结构电价饱和,结构稳定,且结构中的 Al—O 键,Mg—O 键均为较强的离子键,结合牢固,硬度大,熔点高(2 135 ℃),化学稳定性好,且热膨胀系数小(7.6×10^{-6}),具有良好的热稳定性。

上述 2 价阳离子 A 填充四面体空隙,3 价阳离子 B 填充于八面体空隙的称为正尖晶石。如果有一半的 3 价阳离子 B 与 2 价阳离子 A 互换位置,即有一半 3 价阳离子 B 占据四面体空隙位置,2 价阳离子 A 和另一半 3 价阳离子 B 占据八面体空隙位置,可写作 B$(AB)O_4$,这种结构称为反尖晶石结构。究竟哪些尖晶石是正型,哪些是反型,这主要从晶体场理论来解释,即决定于 A,B 离子的八面体择位能的大小。若 A 离子的八面体择位能小于 B 离子的八面体择位能,则生成正尖晶石,反之生成反尖晶石。在实际晶体中,有的是介于正反尖晶石之间,既有正尖晶石,又有反尖晶石,此尖晶石称为混合尖晶石,结构式可表示为 $(A_{1-x}B_x)[A_xB_{2-x}]O_4$,其中 $0<x<1$。例如,$MgAl_2O_4$,$CoAl_2O_4$,

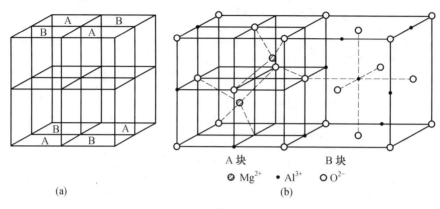

图 2.31　尖晶石（$MgAl_2O_4$）的结构

$MgFe_2O_4$ 为正尖晶石结构；$NiFe_2O_4$，$NiCo_2O_4$，$CoFe_2O_4$ 等为反尖晶石结构；$CuAl_2O_4$，$MgFe_2O_4$ 为混合型尖晶石结构。

　　在尖晶石型结构中，也可以有 A 离子为 4 价，B 离子为 2 价，主要应满足两种正离子的总价数为 8。尖晶石型结构包含了 100 多种晶体。表 2.15 列出了一些主要晶体。镁铝尖晶石是一种陶瓷材料的晶相，在一些耐火材料中也常存在这种晶相。反尖晶石则是一类氧化物铁氧体磁性材料，磁铁矿 Fe_3O_4（$Fe^{2+}Fe_2^{3+}O_4$）就具有反尖晶石结构。

表 2.15　尖晶石型结构的主要晶体

氟、氰化合物	氧化物				硫化物
$BeLi_2F_4$	$TiMg_2O_4$	$ZnCr_2O_4$	$CoCo_2O_4$	$MgAl_2O_4$	$MnCr_2S_4$
$MoNa_2F_4$	VMg_2O_4	$CdCr_2O_4$	$CuCo_2O_4$	$MnAl_2O_4$	$CoCr_2S_4$
$ZnK_2(CN)_4$	MgV_2O_4	$ZnMn_2O_4$	$FeNi_2O_4$	$FeAl_2O_4$	$FeCr_2S_4$
$CdK_2(CN)_4$	ZnV_2O_4	$MnMn_2O_4$	$GeNi_2O_4$	$MgGa_2O_4$	$FeNi_2S_4$
$MgK_2(CN)_4$	$MgCr_2O_4$	$MgFe_2O_4$	$TiZn_2O_4$	$CaGa_2O_4$	
	$FeCr_2O_4$	$FeFe_2O_4$	$SnZn_2O_4$	$MgIn_2O_4$	
	$NiCr_2O_4$	$CoFe_2O_4$		$FeIn_2O_4$	

2.5.4　石榴石型结构

　　石榴石型矿物是一类通式为 $A_3B_2'B_3''O_{12}$ 的复杂氧化物，属于立方晶系，其中许多是重要的铁磁材料。石榴石的立方晶胞中含有八个 $A_3B_2'B_3''O_{12}$ 单元，这八个单元又分为四种单元类型，B'' 原子位于单元晶格格点和体心位置，B' 原子和 A 原子组成的原子对位于各单元晶格的面心位置。在此结构中，96 个 O 原子之间有三种金属离子的配位位置，B' 为 16 个四面体配位，B'' 为 24 个八面体配位，而 A 为 24 个十二面体配位。

　　稀土石榴石的一般组成可以表示为 $M_3Fe_5O_{12}$ 或 $M_3^cFe_2^aFe_3^dO_{12}$ 或 $(3M_2O_3)^c$ $(2Fe_2O_3)^a(3Fe_2O_3)^d$，M 为稀土离子，c，a，d 分别表示离子占据晶格位置的类型，每个 c 离子和八个氧离子配位形成十二面体（相当于六面体的每个面又折叠一次），每个 a 离子占据八面体位置，每个 d 离子占据四面体位置。全部金属离子都是 3 价的，a 离子排列成体心立方格子,c 和 d 位于该立方体的面上,如图 2.32 所示。每个晶胞中有 160 个原子,含有八个 $M_3Fe_2Fe_3O_{12}$ 分子,晶胞分子数 $Z=8$。结构中的配位多面体都有不同程度的变形,氧点阵严重畸变。a 和 d 离子的总磁矩是反平行排列的,c 离子的磁矩与 d 离子的磁矩是反平行的。因此,式 $(3M_2O_3)^c(2Fe_2O_3)^a(3\ Fe_2O_3)^d$ 的排列为 $6M^c4Fe^a6Fe^d$,净磁矩(玻尔磁子/单位元)为 $m=6m_c-(6m_d-4m_a)=6m_c-10\mu_B$(假设每个铁离子为 $-5\mu_B$ 的磁矩)。

与尖晶石铁氧体相似,石榴石也是亚铁磁体。石榴石铁氧体的电阻率较高,在高频时其损耗小,共振线宽度很窄,共振损失小,用作微波元件特别有利。其中最著名的是钇铁石榴石 YIG ($Y_3Fe_2(FeO_4)_3$)、钇铝石榴石 YAG($Y_3Al_2(AlO_4)_3$)及钇镓石榴石($Y_3Ga_2(GaO_4)_3$)等。其中掺钕 Nd^{3+} 的钇铝石榴石是一种比较理想的固体激光材料,也是重要的铁磁体;钇镓石榴石是一种磁泡衬底晶体,也是激光介质材料。

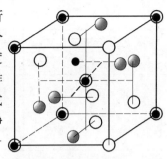

○ c离子 ● a离子 ◐ d离子

图 2.32 $M_3^cFe_2^aFe_3^dO_{12}$ 石榴石结构单元(氧离子未画出,单位晶胞含有八个这样的单位,a 离子为体心立方排列,c,d 离子位于立方体的面上)

以上讨论的是典型无机化合物晶体结构,根据阴离子的堆积方式,阳、阴离子的配位关系等见表 2.16。

表 2.16 阳、阴离子的配位关系

负离子排列	金属离子 M 和离子 O 的配位数	正离子位置	结构类型	实例
立方密堆	6:6,MO	全部八面体间隙	NaCl 型	NaCl, KCl, LiF, KBr, CaO, MgO, SrO, BaO, CdO, VO, MnO, FeO, CoO, NiO
立方密堆	4:4,MO	1/2 四面体间隙	闪锌矿	ZnS, SiC
立方密堆	4:8,M_2O	全部四面体间隙	反萤石	Li_2O,Na_2O,K_2O,Rb_2O
畸变的立方密堆	6:3,MO_2	1/2 八面体间隙	金红石	TiO_2, GeO_2, SnO_2, PbO_2, VO_2, NbO_2, TeO_2, MnO_2, RuO_2, OsO_2, IrO_2
立方密堆	12:6:6,ABO_3	1/4 八面体间隙(B)	钙钛矿	$CaTiO_3$, $SrTiO_3$, $BaTiO_3$, $PbTiO_3$, $PbZrO_3$,$SrHfO_3$
立方密堆	4:6:4,AB_2O_4	1/8 四面体间隙(B) 1/2 八面体间隙(B)	尖晶石	$MgAl_2O_4$,$FeAl_2O_4$,$ZnAl_2O_4$
立方密堆	4:6:4,B(AB)O_4	1/8 四面体间隙(B) 1/2 八面体间隙(A,B)	反尖晶石	$FeMgFeO_4$,$MgTiMgO_4$, $Fe^{3+}[Fe^{2+}Fe^{3+}]O_4$

续表 2.16

负离子排列	金属离子 M 和离子 O 的配位数	正离子位置	结构类型	实　例
六方密堆	4∶4,MO	1/2 四面体间隙	纤锌矿	ZnS,ZnO,SiC,BeO
六方密堆	6∶6,MO	全部八面体间隙	砷化镍	NiAs,FeS,FeSe,CoSe
六方密堆	6∶4,M_2O_3	2/3 八面体间隙	刚玉	Al_2O_3,Fe_2O_3,Cr_2O_3,Ti_2O_3,V_2O_3,Ga_2O_3
六方密堆	6∶6∶4,ABO_3	2/3 八面体间隙(A,B)	钛铁矿	$FeTiO_3$,$NiTiO_3$,$CoTiO_3$
六方密堆	6∶4∶4,A_2BO_4	1/2 八面体间隙(A) 1/8 四面体间隙(B)	橄榄石	Mg_2SiO_4,Fe_2SiO_4
简单立方	8∶8,MO	全部立方体中心	氯化铯	CsCl,CsBr,CsI
简单立方	8∶4,MO_2	1/2 立方体中心	萤石	ThO_2,CeO_2,PrO_2,ZrO_2,HfO_2,PuO_2
相互连接的四面体	4∶2,MO_2		硅石型	SiO_2,GeO_2

2.6　硅酸盐晶体结构

　　硅酸盐晶体是构成地壳的主要矿物,它们不仅是制造水泥、陶瓷、玻璃、耐火材料的主要原料,同时也是这些材料的主要构成部分。

　　硅酸盐晶体化学组成复杂,在表征硅酸盐晶体的化学式时,通常有两种方法。

　　(1)化学式法。把构成硅酸盐晶体的所有氧化物按一定的比例和顺序全部写出来,先按 1 价、2 价、3 价等氧化物的顺序写,最后写出 SiO_2 和 H_2O。

　　(2)结构式法。把构成硅酸盐晶体的所有离子按照一定比例和顺序全部写出来,再把相关的络阴离子用"[　]"括起来即可。先是外加正离子,后写硅氧骨干(含铝),再写外加负离子,(OH)和 H_2O。

　　氧化物表示法的优点在于一目了然地反映出晶体的化学组成,可以按此组成配料来进行晶体的实验室合成。而无机络盐表示法则可以比较直观地反映出晶体所属的结构类型,进而可对晶体结构及性质作出一定程度的预测。两种表示方法之间可以相互转换。一些常见的硅酸盐矿物晶体的化学式和结构式举例见表 2.17。

表 2.17　一些硅酸盐矿物晶体的化学式和结构式

矿物名称	化学式	结构式		
		外加正离子	硅氧骨干	外加负离子和 H_2O
镁橄榄石	$2MgO \cdot SiO_2$	Mg_2	$[SiO_4]$	
绿柱石	$3BeO \cdot Al_2O_3 \cdot 6SiO_2$	Be_3Al_2	$[Si_6O_{18}]$	
顽火辉石	$2MgO \cdot 2SiO_2$	Mg_2	$[Si_2O_6]$	
硅线石	$Al_2O_3 \cdot SiO_2$	Al	$[AlSiO_5]$	
透闪石	$2CaO \cdot 5MgO \cdot 8SiO_2 \cdot H_2O$	Ca_2Mg_5	$[Si_4O_{11}]_2$	$(OH)_2$
高岭石	$Al_2O_3 \cdot 2SiO_2 \cdot 2H_2O$	Al_2	$[Si_2O_5]$	$(OH)_4$
多水高岭石	$Al_2O_3 \cdot 2SiO_2 \cdot 4H_2O$	Al_4	$[Si_4O_{10}]$	$(OH)_8 \cdot 4H_2O$
钾长石	$K_2O \cdot Al_2O_3 \cdot 6SiO_2$	K	$[AlSi_3O_8]$	
石英	SiO_2		$[SiO_{4/2}]$	

从表 2.17 可以看出，硅酸盐的结构主要由三部分组成：一部分是由硅和氧按不同比例组成的各种负离子团，称为硅氧骨干，这是非常重要的部分；另外两部分为硅氧骨干以外的正离子和负离子。由此可见，在硅酸盐结构中硅氧结合的情况起着骨干作用。因此，硅氧骨干及其连接方式最能表达硅酸盐结构的特点。硅酸盐晶体结构的基本特点可归纳如下。

(1)根据鲍林第一规则，硅酸盐中 $r_{Si^{4+}}/r_{O^{2-}}=0.039/0.132=0.295$，$Si^{4+}$ 配位数为 4，每个 Si^{4+} 存在于 O^{2-} 构成的四面体之中，Si^{4+}，O^{2-} 形成 $[SiO_4]$ 四面体。因此 $[SiO_4]$ 四面体是构成硅酸盐晶体结构的最基本单元。硅氧之间的平衡距离为 0.160 nm。这个值比硅氧离子半径之和要小，说明硅、氧之间的结合除离子键外，还有相当成分的共价键，实属混合键，一般视为离子键和共价键各占 50%。在硅酸盐结构中，硅离子之间不存在直接结合键，键的连接必须通过氧离子来实现，这与有机化合物不同。

(2)按电价规则，$Z_+=4$，$S=1$，$i=2$，所以每个 O^{2-} 最多只能为两个 $[SiO_4]$ 四面体所共有。如果结构中只有一个 Si^{4+} 提供给 O^{2-} 电价（这是经常的），那么 O^{2-} 的另一个未饱和电价将由其他正离子如 Al^{3+}，Mg^{2+} 提供，这就形成各种类型不同的硅酸盐。在除 Si^{4+} 以外的其他正离子，Al^{3+} 的配位数可以是 6 或 4，铝氧间可以形成 $[AlO_6]$ 八面体，也可以形成 $[AlO_4]$，这样 $[SiO_4]$ 四面体中的 Si^{4+} 也可能为 Al^{3+} 所取代，其他正离子间也可能互相取代。

(3)按第三规则，可知 $[SiO_4]$ 四面体可相互孤立地存在于结构中存在，或者是互相共顶连接，不能共棱和共面连接。且同一类型硅酸盐中，$[SiO_4]$ 四面体间的连接方式一般只有一种。

(4)Si—O—Si 结合键通常不是一条直线，而是一条折线，其 Si—O—Si 键角并不完全一致，在桥氧上的这个键角一般都在 145° 左右。

$[SiO_4]$ 四面体在空间发展过程中，由于共用 O^{2-} 的数目不同，可形成不同的硅氧骨干。每种不同结构类型的硅酸盐结构都对应不同的硅氧骨干和相应的硅氧比。根据 $[SiO_4]$ 四面体之间的连接方式,可以把硅酸盐晶体分为五种结构形式,见表 2.18。

表 2.18 硅酸盐晶体结构类型

结构类型		硅氧骨干	$[SiO_4]$ 共用 O^{2-} 数	Si 与 O 的配位比	实例
有限硅氧团	孤岛状	$[SiO_4]^{4-}$	0	1∶4	镁橄榄石 $Mg_2[SiO_4]$
	双四面体	$[Si_2O_7]^{6-}$	1	1∶3.5	硅钙石 $Ca_3[Si_2O_7]$
	三元环	$[Si_3O_9]^{6-}$	2	1∶3	兰锥矿 $BaTi[Si_3O_9]$
	四元环	$[Si_4O_{12}]^{8-}$	2		斧石 $Ca_2Al_2(Fe,Mn)BO_3[Si_4O_{12}](OH)$
	六元环	$[Si_6O_{18}]^{12-}$	2		绿宝石 $Be_3Al_2[Si_6O_{18}]$
单链		$[Si_2O_6]^{4-}$	2	1∶3	透辉石 $CaMg[Si_2O_6]$
双键		$[Si_4O_{11}]^{6-}$	2,3	1∶2.75	透闪石 $Ca_2Mg_5[Si_4O_{11}]_2(OH)_2$
层状		$[Si_4O_{10}]^{4-}$	3	1∶2.5	滑石 $Mg_3[Si_4O_{10}](OH)_2$
架状		$[SiO_2]^0$	4	1∶2	石英 SiO_2
		$[(Al_xSi_{4-x})O_8]^{x-}$			钠长石 $Na[AlSi_3O_8]$

2.6.1 岛状硅酸盐晶体结构

岛状硅酸盐晶体结构中 $[SiO_4]$ 之间并不互相连接,以孤岛状存在,它们之间通过其他金属阳离子连接形成统一体。岛状硅酸盐晶体主要有橄榄石、锆石英等。

1. 镁橄榄石 $Mg_2[SiO_4]$ 结构

镁橄榄石结构属斜方晶系,*Pbnm* 空间群。$a=0.476$ nm,$b=1.021$ nm,$c=0.599$ nm,晶胞分子数 $Z=4$。在镁橄榄石结构中,$[SiO_4]$ 四面体由 Mg^{2+} 连接,Mg^{2+} 处于六个 O^{2-} 构成的八面体中心,一个 $[SiO_4]$ 四面体与三个 $[MgO_6]$ 八面体共用一个顶点。这个结构在(100)面上的投影如图 2.33 所示,氧离子近似六方紧密堆积排列,其高度为 25,75;硅离子填充于四面体空隙之中,填充率为 1/8;镁离子填充于八面体空隙中,填充率为 1/2;Si^{4+},Mg^{2+} 的高度为 0,50。镁橄榄石结构紧密,静电键很强,晶格能高,结构稳定,熔点高达 1 890 ℃,是碱性耐火材料的重要矿物相。

镁橄榄石可以发生结构中的同晶取代,镁橄榄石中的 Mg^{2+} 可以被 Fe^{2+} 以任意比例取代,形成 $(Mg,Fe)_2[SiO_4]$ 橄榄石。Mg^{2+} 也可被 Ca^{2+} 取代,则形成钙橄榄石 $(Ca,Mg)_2[SiO_4]$。如果 Mg^{2+} 全部被 Ca^{2+} 取代,则形成水泥熟料中的 γ-Ca_2SiO_4 (γ-C_2S),其中 Ca^{2+} 的配位数为 6,结构稳定,不易水化。β-Ca_2SiO_4(β-C_2S)的结构则不同,虽然化学组成和 γ-Ca_2SiO_4 一样,但其中 Ca^{2+} 有 8 和 6 两种配位,属不规则配位,使其活性增大,能与水起水化反应。

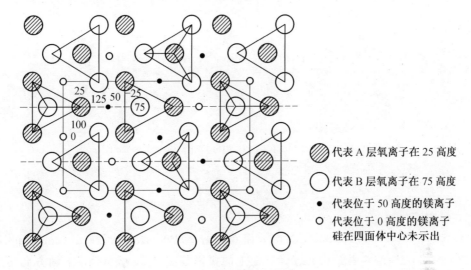

图 2.33 镁橄榄石的结构

代表 A 层氧离子在 25 高度

代表 B 层氧离子在 75 高度

代表位于 50 高度的镁离子

代表位于 0 高度的镁离子
硅在四面体中心未示出

2. 锆英石 $Zr[SiO_4]$ 结构

锆英石属四方晶系，$I4_1/amd$ 空间群。其结构如图 2.34 所示。孤立的 $[SiO_4]$ 由 Zr^{4+} 相连，每个 Zr^{4+} 填充于八个 O^{2-} 之间形成八配位 $[ZrO_8]$。锆英石具有较高的耐火度，可用于制造锆质耐火材料。

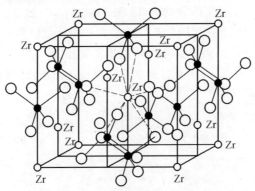

图 2.34 锆英石的结构

2.6.2 组群状硅酸盐晶体结构

组群状硅酸盐晶体结构是指由 $[SiO_4]$ 通过共用氧（桥氧）相连形成的 2 个、3 个、4 个或 6 个硅氧组群（图 2.35），所以也称为孤立的有限硅氧四面体群。这些群体在结构中单独存在，由其他金属离子连接起来。在这类结构中，常见的有硅钙石 $Ca_3[Si_2O_7]$、镁方柱石 $Ca_2Mg[Si_2O_7]$ 以及兰锥矿 $BaTi[Si_3O_9]$、绿宝石 $Be_3Al_2[Si_6O_{18}]$ 等。

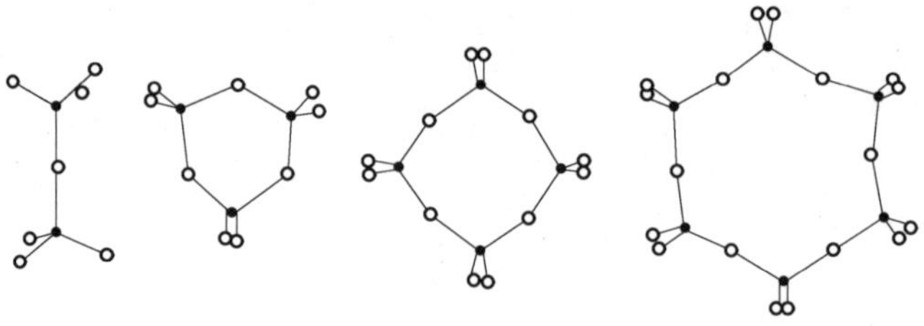

$$[Si_2O_7]^{5-} \qquad [Si_3O_9]^{6-} \qquad [Si_4O_{12}]^{8-} \qquad [Si_6O_{18}]^{12-}$$

图 2.35　硅氧四面体群的各种形状

1. 绿宝石(绿柱石)

绿宝石的化学式是 $Be_3Al_2[Si_6O_{18}]$，属六方晶系，$P6/mcc$ 空间群，$a=0.921\ nm$，$c=0.917\ nm$，$Z=2$。绿宝石结构在(0001)面上的投影如图 2.36 所示。沿 c 轴方向画出半个晶胞，要得到完整晶胞，可在 50 标高处作一反映面，经镜面反映后即可。从图中可以看出，50 高度的六节环中，六个 Si^{4+}、六个桥氧处在同一高度，为 50，与六节环中每个 Si^{4+} 键合的两个非桥氧的高度分别为 35,75；100 高度的六节环中，六个 Si^{4+}、六个桥氧的高度为100，与每个 Si^{4+} 键合的两个非桥氧的高度分别为 85,115。50 与 100 高度的六节环错开30°。75 高度的五个 Be^{2+}、两个 Al^{3+} 通过非桥氧把 50,100 高度各四个六节环连起来，Be^{2+} 连接两个 85、两个 65 高度的非桥氧，构成$[BeO_4]$；Al^{3+} 连接三个 85、三个 65 高度的非桥氧，构成$[AlO_6]$。上、下叠置的六节环内形成一个环形空腔，既可以成为离子迁移的通道，也可以使存在于腔内的离子受热后振幅增大又不发生明显的膨胀。具有这种结构的材料往往有显著的离子电导、较大的介质损耗及较小的膨胀系数。

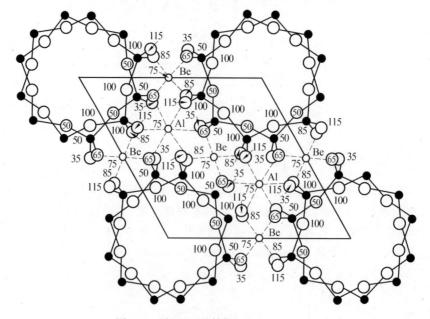

图 2.36　绿宝石的结构($a=0.919\ nm$)

堇青石 $Mg_2Al_3[AlSi_5O_{18}]$ 与绿宝石有相似的结构，只是在六节环中有一个$[SiO_4]$四

面体中的 Si^{4+} 被 Al^{3+} 取代,因而六节环的负电荷增加 1 个,与此同时,环外的正离子由原绿宝石中的 $(3Be^{2+}+2Al^{3+})$ 变为 $(3Al^{3+}+2Mg^{2+})$,以保持电荷平衡。此时,正离子在环形空腔迁移阻力增大,故堇青石的介电性质较绿宝石有所改善。堇青石陶瓷膨胀系数小,受热不易开裂,常用作电工陶瓷,但又因其高频损耗大,不宜作无线电陶瓷。

2. 镁方柱石 $Ca_2Mg[Si_2O_7]$ 的结构

镁方柱石属四方晶系,$P42_1m$ 空间群,$a=0.779$ nm,$c=0.502$ nm,$Z=2$。该结构为双四面体群结构,其结构及各种离子的标高如图 2.37 所示。图中所示黑的和有阴影线的圆球均表示 Si^{4+},从周围的 O^{2-} 的标高即可看出由两种 $[SiO_4]$ 四面体组成的双四面体群的取向。双四面体群之间通过 Mg^{2+} 和 Ca^{2+} 离子连接起来。可以看出 Mg^{2+} 处于 O^{2-} 形成的四面体之中,而 Ca^{2+} 位于八个 O^{2-} 形成的多面体之中。Ca—O 键线的中断,表示与 Ca^{2+} 配位的 O^{2-} 的标高应该是图中所示数值加上或减去 100 后。同晶取代,用两个 Al^{3+} 离子取代镁方柱石中的 Mg^{2+} 和 Si^{4+} 离子,就可形成铝方柱石 $Ca_2Al[AlSiO_7]$。这类矿物常出现在高炉矿渣中。

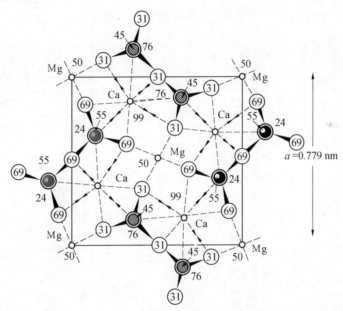

图 2.37　镁方柱石的结构

以上两类结构中硅氧结构单元内所含 $[SiO_4]$ 四面体的数目是有限的,在下面将要讨论的三类结构中,则是无限的。

2.6.3　链状硅酸盐晶体结构

硅氧四面体通过共用的氧离子连接,形成向一维方向无限延伸的链。依照硅氧四面体共用顶点数目的不同,分为单链和双链。如果每个 $[SiO_4]$ 四面体通过共用两个顶点向一维方向无限延伸,则形成单链,如图 2.38(a) 所示。单链结构以 $[Si_2O_6]^{4-}$ 为结构单元不断重复,所以单链结构单元的化学式可写为 $[Si_2O_6]_n^{4n-}$。在单链结构中,按照重复出现与第一个硅氧四面体的空间取向完全一致的周期不等,单链分为一节链、二节链……七节链等七种类型,如图 2.39 所示。在硅酸盐中,顽火辉石 $MgSiO_3$、透辉石 $CaMg(SiO_3)_2$ 属于二节链结构,硅灰石 $CaSiO_3$ 属于三节链结构,蔷薇辉石 $Mg_4Ca[SiO_3]_5$ 属于五节链结构,焦氧磁铁矿 $(Mn,Fe,Ca,Mg)_6[SiO_3]_7$ 属于七节链结构。

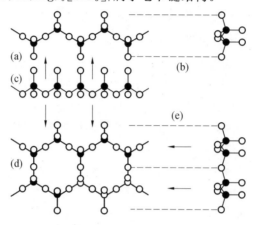

图 2.38　硅氧四面体所构成的链

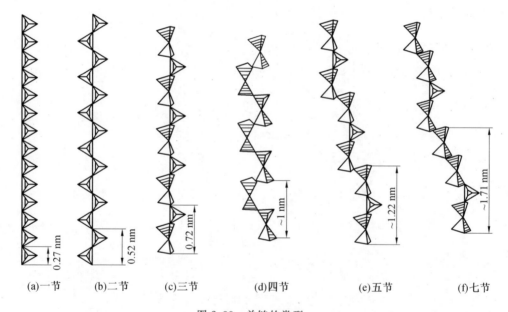

(a)一节　　(b)二节　　(c)三节　　(d)四节　　(e)五节　　(f)七节

图 2.39　单链的类型

两条相同的单链通过尚未共用的氧组成带状,形成双链,如图 2.38(d)所示。双链以 $[Si_4O_{11}]^{6-}$ 为结构单元向一维方向无限伸展,故双链的化学式为 $[Si_4O_{11}]_n^{6n-}$。在带状结构的 $[SiO_4]$ 四面体中,一半有两个非活性氧,另一半则有三个非活性氧。硅线石 $Al[AlSiO_5]$、莫来石 $Al[Al_{1+x}Si_{1-x}O_{5-x}](x=0.25\sim0.40)$、透闪石 $Ca_2Mg_5[Si_4O_{11}]_2(OH)_2$ 和角闪石 $(Mg,Fe)_7[Si_4O_{11}](OH)_2$ 以及石棉类矿物都属于重要的双链结构。

1. 单链结构

辉石类硅酸盐结构中含有 $[Si_2O_6]_n^{4n-}$ 单链,链间通过金属正离子连接,最常见的是 Mg^{2+} 和 Ca^{2+},也可被其他离子取代,如 Mg^{2+} 被 Fe^{2+} 取代,$(Mg^{2+}+Ca^{2+})$ 被 $(Na^+ + Fe^{3+})$,$(Na^+ + Al^{3+})$ 或 $(Li^+ + Al^{3+})$ 等离子所取代。

（1）透辉石 $CaMg[Si_2O_6]$ 结构（二节链）。透辉石属单斜晶系，$C2/c$ 空间群，$a=0.971\ nm$，$b=0.889\ nm$，$c=0.524\ nm$，$\beta=105°37'$，$Z=4$。其结构如图 2.40 所示。各硅氧链平行于 c 轴方向伸展，链中硅氧四面体的取向是一个向上、一个向下交替排列。图中两个重叠的硅氧链分别以粗黑线和细黑线表示。Ca^{2+} 和 Mg^{2+} 在投影图内有重叠的已稍行移动，并且仅表示出近晶胞底部的离子。平行单链之间依靠 Ca^{2+}，Mg^{2+} 连接。Ca^{2+} 的配位数为 8，其中 4 个活性氧，4 个非活性氧。Mg^{2+} 的配位数为 6，6 个均为活性氧。根据 Mg^{2+} 和 Ca^{2+} 这种配位形式，Ca^{2+}，Mg^{2+} 分配给 O^{2-} 的静电键强度不等于氧的 -2 价，但总体电价仍然是平衡的，尽管不符合鲍林静电价规则，但这种晶体仍然是稳定的。从图 2.40(b) 中可以明显看出，Ca^{2+} 主要负责链中硅氧四面体底面间的连接，Mg^{2+} 主要负责四面体顶点之间的连接。

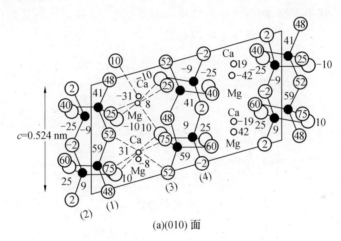

(a)(010) 面

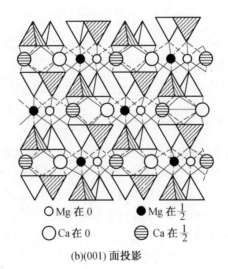

○Mg 在 0　●Mg 在 $\frac{1}{2}$

◯Ca 在 0　⊖Ca 在 $\frac{1}{2}$

(b)(001) 面投影

图 2.40　透辉石晶体结构

辉石类晶体从离子堆积结合状态来看，比绿宝石类晶体要紧密。若透辉石结构中的 Ca^{2+} 全部被 Mg^{2+} 取代，则形成斜方晶系的顽火辉石 $Mg_2[Si_2O_6]$；以 $Li^+ + Al^{3+}$ 取代 $2Ca^{2+}$，则得到锂辉石 $LiAl[Si_2O_6]$，两者都有良好的电绝缘性能，是高频无线电陶瓷和微晶玻璃中的主要晶相。但当结构中存在着变价正离子时,则可以呈现显著的电子电导。

  (2)硅线石(三节链结构)。硅线石 Al[AlSiO$_5$]斜方晶系,*Pbmm* 空间群,$a =$ 0.743 nm,$b=0.758$ nm,$c=0.574$ nm,$Z=4$。在结构中,Al^{3+}有两种配位多面体,半数 Al^{3+}与 O^{2-}形成[AlO$_4$]四面体,另半数 Al^{3+}与 O^{2-}形成[AlO$_6$]八面体。[SiO$_4$]四面体孤立存在,与四面体[AlO$_4$]沿 c 轴交替排列,一侧相连,共有两个角顶,组成铝硅酸盐[AlSiO$_5$]双链。双链间由[AlO$_6$]八面体连接,[AlO$_6$]八面体共棱连接,形成了平行 c 轴的链。图 2.41 是硅线石晶胞(001)面的投影,图中的数字是各离子在 c 轴方向的相对高度,是以 c 轴方向的晶胞高度为 100 划分的,这样就示出了 Al^{3+},Si^{4+},O^{2-}在晶胞内的相对位置。从投影图上看,[AlO$_6$]八面体链分别在中心和四个角上,共有五条。中心[AlO$_6$]八面体链的四周有四条[SiO$_4$]四面体和[AlO$_4$]四面体交替排列的四面体链,并与[AlO$_6$]八面体链相连接,构成特殊的双链。必须指出,在四条四面体链中,[SiO$_4$]四面体和[AlO$_4$]四面体交替排列,顺序上两两相反。

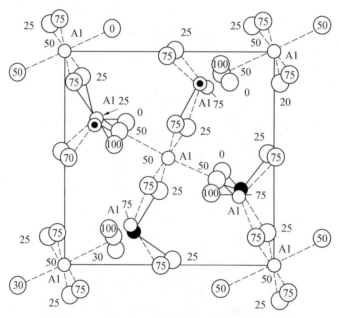

图 2.41 硅线石的结构

  由于结构上的特征,硅线石晶体呈针状、长柱状和纤维状晶形,平行于(010)面解理完全。其密度为 3.23～3.27 g/cm^3,莫氏硬度为 6.5～7.5。加热到 1 545 ℃转变为莫来石和石英。硅线石是高铝质耐火材料的重要原料。兰晶石、红柱石、硅线石统称为三石,它们的化学组成相同,都为 Al$_2$SiO$_5$,为同质多象变体。其结构上都属链状结构,都形成[SiO$_4$]四面体链和[AlO$_6$]八面体链。所不同的是,半数的 Al^{3+}的配位不同,造成了三石在结构上的差异。在硅线石中,半数的 Al^{3+}呈四配位,构成[AlO$_4$]四面体;在兰晶石中,这半数的 Al^{3+}仍作六配位,形成[AlO$_6$]八面体,仍组成平行 c 轴的链;在红柱石中,这半数的 Al^{3+}出现了五配位的罕见情况,与[SiO$_4$]四面体一起,使[AlO$_6$]八面体的链彼此相连。此外,O^{2-}也有两种配位情况,一种是与一个 Si^{4+}和两个 Al^{3+}相连接,它参加了[SiO$_4$]四面体;另有一种 O^{2-}只与三个 Al^{3+}相连接,未参加[SiO$_4$]四面体。总之,三石在结构上大致相同,结晶呈柱状,甚至呈纤维状,解理方向都平行于 c 轴。

（3）莫来石。莫来石的化学组成是在 $3Al_2O_3 \cdot 2SiO_2$ 和 $2Al_2O_3 \cdot SiO_2$ 之间。其结构可以近似地认为由硅线石变换而来。组成为 $3Al_2O_3 \cdot 2SiO_2$ 的莫来石可看作是由四个硅线石晶胞，即 16 个"分子"变换成六个莫来石"分子"。四个硅线石晶胞的质点数为 4×4 $(Al_2SiO_5) = Al_{32}Si_{16}O_{80}$，其中每个硅线石晶胞有一个 Si^{4+} 被 Al^{3+} 代替，这样变换的结果则为 $Al_{32}Si_{16}O_{80} - 4Si^{4+} + 4\ Al^{3+} = Al_{36}Si_{12}O_{80}$。而六个莫来石晶胞质点数为 $6 \times (3Al_2O_3 \cdot 2SiO_2) = Al_{36}Si_{12}O_{78}$，这样使四个硅线石晶胞中的 80 个 O^{2-} 变为六个莫来石晶胞中的 78 个 O^{2-}，就必须再除掉两个 O^{2-}，为此，四面体位置稍作改动就可以减少两个 O^{2-}，变换后的莫来石结构如图 2.42 所示。

莫来石的结构也属链状，晶体成针状和长柱状，密度为 $3.03\ \text{g/cm}^3$，熔点为 1 850 ℃，热膨胀系数 α 低，为 5.7×10^{-6}/℃，高温强度大，对温度急变有较好的抵抗能力，对碱性渣有较好的抵抗性，是高铝制品中较宝贵的矿物相。

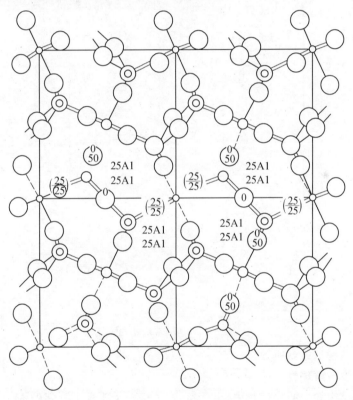

图 2.42　莫来石的结构

2. 双链结构

角闪石类硅酸盐可作为具有双链 $[Si_4O_{11}]_n^{6n-}$ 结构的代表，透闪石 $Ca_2Mg_5[Si_4O_{11}]_2$ $(OH)_2$ 属单斜晶系，$C2/m$ 空间群，其结构如图 2.43 所示。透闪石结构中配位关系和透辉石结构很相似，链与链之间填入 Ca^{2+}，Mg^{2+}，依靠 Ca—O，Mg—O 键力把双键连接起来。图中 A、A′在透闪石结构中是空位，但在碱闪石类矿物中被配位团 $[M'MeO_{12}]$ 中碱金属（M′）离子（如 Na^+）及其他离子所占据。

斜方角闪石（或称正交角闪石）$(Mg, Fe)_7[Si_4O_{11}]_2(OH)_2$、普通角闪石 $Mg_7[Si_4O_{11}]_2(OH)_2$ 以及石棉类矿物等都具有双链结构。这类矿物呈细长纤维的根本

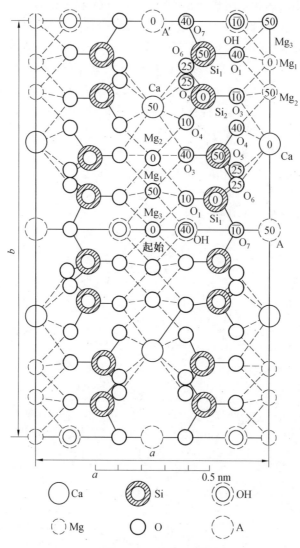

图 2.43　透闪石的结构

原因是由于其结构呈链状所致。

3. 结晶习性与解理性

具有链状结构的硅酸盐矿物中,由于链内的 Si—O 键要比链间的 M—O 键(M 一般为六个或八个 O^{2-} 所包围的正离子)强很多,所以,这些矿物极易沿链间结合较弱处劈裂,成为柱状或纤维状解理的小块,即晶体具有柱状或纤维状解理特性。反之,结晶时则晶体具有柱状或纤维状结晶习性。例如,角闪石石棉因其具有双链结构单元,晶形常呈现细长纤维状。

链的构成及链间结合方面的差异,导致透辉石和透闪石具有不同的解理角(解理面间的夹角)。图 2.44 所示意的方法表示透辉石和透闪石单位晶胞(001)面上的投影。该图用以说明透辉石的解理面交角为 93°,而在透闪石内侧为 56°。辉石和角闪石解理上的不同,是由于在前者结构中是单链,后者则为双链。而且结构中的硅氧键比经由 Ca^{2+} 或

Mg^{2+} 与 O^{2-} 之间连接各链的键更难于破裂,因此不在硅氧键内而是在金属阳离子与 O^{2-} 之间发生破裂。图 2.44 中以直线所画的块格表示与 c 轴平行的硅氧键。可以看出,在 b 轴方向内,角闪石的块格比辉石长。如图中虚线所示,解理是发生在斜交的状态,而并不切过硅氧键。因为斜方晶系的顽火辉石在(001)面上的投影和单斜晶系的透辉石相似,并且角闪石和透闪石也有同样的关系。因此,解理面间的这样两种交角形式是微观结构在宏观性质上的反映,它常作为区分辉石类和角闪石类晶体的基本特征之一,因此可以通过测定解理角的大小来判断区分两类矿物。

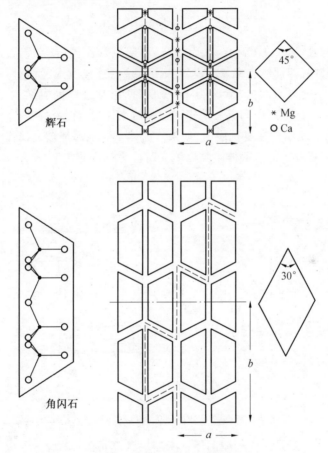

图 2.44　辉石和角闪石的解理

2.6.4　层状硅酸盐晶体结构

层状硅酸盐晶体结构的基本单元是[SiO_4]四面体通过三个桥氧所构成的向二维方向无限伸展的六节环的硅氧层(图 2.45)。在六节环的层中,可取出一个矩形单元[Si_4O_{10}]$^{4-}$,于是硅氧层的化学式可写为[Si_4O_{10}]$_n^{4n-}$,结构参数 $a = 0.52$ nm,$b = 0.90$ nm,这一数值在不同矿物中变化不大。硅氧层可以分为两类:第一类是所有活性氧均指向同一个方向;而在第二类中,活性氧交替地指向相反方向。

每个[SiO_4]四面体有一个价态未饱和的活性氧,硅氧层中的活性氧的电价由其他金属离子来平衡,一般为 6 配位的 Mg^{2+},Al^{3+},Fe^{2+} 离子,同时,水分子以 OH^- 形式存在于

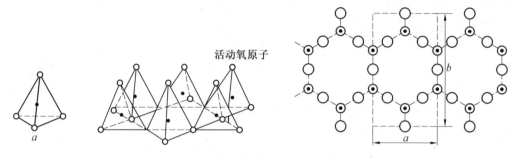

活动氧原子

图 2.45　层状硅氧四面体

这些离子周围,构成[Me(O,OH)$_6$]八面体层,如铝氧八面体(或水铝石层)、镁氧八面体(或水镁石层)。硅氧四面体和铝氧或镁氧八面体层的连接方式有两种:一种是由一层硅氧层加上一层铝(镁)氧八面体层,称为 1∶1 层、两层型或单网层结构,如图 2.46(a)所示;另一种是由两个硅氧层中间夹一层铝(镁)氧八面体层,称为 2∶1 层、三层型或复网层结构,如图 2.46(b)所示。在复网层内,如果八面体空隙全部都被金属离子填满时称为三八面体型;如果只有 2/3 的八面体空隙被填充时称为二八面体型。

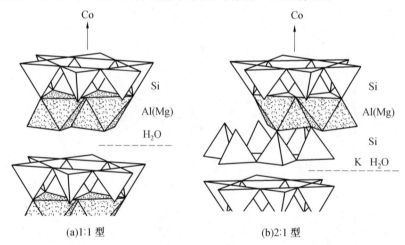

(a)1∶1 型　　　　　　　　(b)2∶1 型

图 2.46　层状结构硅酸盐晶体硅氧四面体层和铝氧八面体的连接方式

层状硅酸盐结构就是这样一些两层或三层层状单元在 c 轴叠置而成。由于层结构中电荷已经平衡,叠层之间只能靠分子键或氢键来连接,所以层状结构中叠层之间非常薄弱,常常有水分子浸入。当[SiO$_4$]层内部分 Si^{4+} 被 Al^{3+} 代替,或在[AlO$_6$]层内部分 Al^{3+} 被 Mg^{2+},Fe^{2+} 代替时,结构中出现多余的负电价,这时会在叠层间引入一些低价阳离子(如 K$^+$,Na$^+$,Ca^{2+} 等)以平衡电价。由于层间水的存在,致使这些阳离子成为层间水化阳离子。在水介质中,水会进入黏土矿物叠层间冲散叠层,使其沿层间解离,并将低场强阳离子带入溶液,从而使矿物成为分散的带负电的细小板片。这种效应正是黏土矿物(其水系统)具有可塑性、触变性和料浆稳定性的主要原因。

具有层状结构的硅酸盐矿物种类繁多,这里以双层和三层结构分别介绍。

1.双层结构——高岭石类

自然界的黏土是以高岭石为主要成分的矿物,它由长石、云母等风化而成。高岭是江西景德镇附近的一个村名,产高岭土,并因此而命名。自然界的高岭土可分为原生和次生两类。原生的含夹杂物多,如石英、褐铁矿等。如经大自然冲洗、搬运、沉积形成次生的高岭土,这种矿床几乎只含高岭土,没有什么夹杂物混杂。

高岭石属三斜晶系,$C1$ 空间群,晶胞参数 $a=0.514$ nm,$b=0.893$ nm,$c=0.737$ nm,$\alpha=91°36'$,$\beta=104°48'$,$\gamma=89°54'$,晶胞分子数 $Z=1$。高岭石 $Al_2O_3 \cdot 2SiO_2 \cdot 2H_2O$ 的质量分数分别为 $w(SiO_2)=46.33\%$,$w(Al_2O_3)=39.48\%$,$w(H_2O)=13.98\%$。其结构式可写为 $Al_4[Si_4O_{10}](OH)_8$,属于 1∶1 型层状结构,如图 2.47 所示。

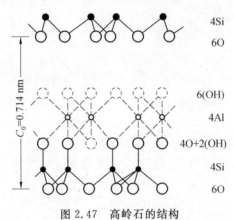

图 2.47　高岭石的结构

高岭石的基本结构单元是由 $[SiO_4]$ 四面体层和水铝石层 $[AlO_2(OH)_4]$ 八面体复合组成的单网层,单网层平行叠放便形成高岭石结构。Al^{3+} 配位数为 6,其中 2 个是 O^{2-},4 个是 OH^-,形成 $[AlO_2(OH)_4]$ 八面体,正是这两个 O^{2-} 把水铝石层和硅氧层连接起来。水铝石层中,Al^{3+} 占据八面体空隙的 2/3。其化学结构式可表示为

$$
\begin{array}{l}
\text{八面体层}\left\{\begin{array}{l}(OH)_3 \\ Al_2 \\ O_2, OH\end{array}\right. = Al_2O_3 \cdot 2SiO_2 \cdot 2H_2O \text{ 或 } Al_2[(OH)_4/Si_2O_5] \\
\text{四面体层}\left\{\begin{array}{l}Si_2 \\ O_3\end{array}\right.
\end{array}
$$

高岭石的复合层中一侧为氧原子,另一侧为(OH)原子团,因而层与层间以氢键结合,故层与层间相对不易分散,水分子不易进入叠层间而使晶体膨胀,也无滑腻感。阳离子交换容量及可塑性均较低。在自然界常以小薄片状出现,薄片直径为 $0.2\sim1$ μm,厚度只有几十纳米。由于复合层与复合层之间是氢键结合,故其相互间的排列关系不一定上、下层完全相对应,在晶胞轴向上可以偏移一定距离或旋转一定角度。在自然界中常见的是三种矿石,即高岭石、地开石和珍珠陶土,尤其以高岭石为多。它们的分子式完全相同,但点阵常数有区别。

高岭石的结构略经变化就可得到多水高岭石及叶蛇纹石。多水高岭石(叙永石、埃洛石)的化学式为 $Al_2O_3 \cdot 2SiO_2 \cdot nH_2O$,含水有一定限度,$n$ 为 $4\sim6$。它在结构上的特点是有层间水夹在高岭石的各复合层之间,其余完全和高岭石一样,如图 2.48 所示。层间水使 c 轴方向伸长,层间水的结合力很弱,容易排除。由于层间水抵消了很大一部分氢键的结合力,故各层间有一定的自由活动性。

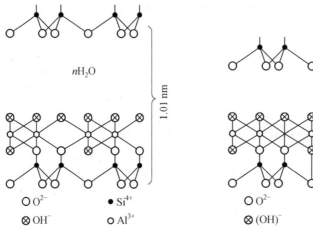

$n\mathrm{H_2O}$

1.01 nm

| ○ O^{2-} | ● Si^{4+} |
| ⊗ OH^- | ○ Al^{3+} |

| ○ O^{2-} | ● Si^{4+} |
| ⊗ $(OH)^-$ | ○ Mg^{2+} |

图 2.48　多水高岭石结构简图　　　图 2.49　叶蛇纹石结构简图

叶蛇纹石相当于在高岭石的八面体中用 Mg^{2+} 替代了 Al^{3+}，为使化合价平衡就要用三个 Mg^{2+} 来替代两个 Al^{3+}。这样八面体空隙就被完全填满了，成为三八面体，如图2.49所示。其化学结构式为

$$
\text{八面体层}\begin{cases}(OH)_3\\ Mg_3\\ O_2,OH\end{cases}=3MgO\cdot2SiO_2\cdot2H_2O \text{ 或 } Mg_2[(OH)_4/Si_2O_5]
$$
$$
\text{四面体层}\begin{cases}Si_2\\ O_3\end{cases}
$$

2. 三层结构

（1）叶蜡石。

叶蜡石 $Al_2O_3\cdot4SiO_2\cdot H_2O$ 的结构式为

$$
\text{四面体层}\begin{cases}O_3\\ Si_2\\ O_2,OH\end{cases}
$$
$$
\text{八面体层}\begin{cases}Al_2\end{cases}=Al_2O_3\cdot4SiO_2\cdot2H_2O \text{ 或 } Al_2[(OH)_2/Si_4O_{10}]
$$
$$
\text{四面体层}\begin{cases}O_2,OH\\ Si_2\\ O_3\end{cases}
$$

结构属于 2∶1 层状结构，由两层 $[SiO_4]$ 四面体和一层 $[AlO_4(OH)_2]$ 八面体组成，如图 2.50 所示。由于复合层的两端均为氧原子，所以层间结合力较弱的是范德华力。层间水容易嵌入，成为蒙脱石结构，如图 2.51 所示。

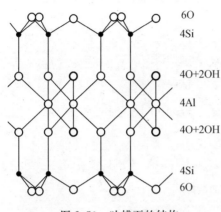

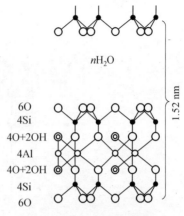

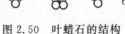

图 2.50 叶蜡石的结构　　　　　　图 2.51 蒙脱石的结构

(2)蒙脱石。

蒙脱石属单斜晶系，$C2/ma$ 空间群，化学式为 $Al_2O_3 \cdot 4SiO_2 \cdot H_2O + nH_2O$，晶胞参数 $a=0.515$ nm，$b=0.894$ nm，c 的数值随含水量而变化，当结构单位层无水时，$c \approx 0.960$ nm，$\beta=90°$。自然界中的蒙脱石，由于结构中 Al^{3+} 约有 1/3 被 Mg^{2+} 取代，使复网层并不呈电中性，而带有少量负电荷($-0.33e$)，复网层之间相互排斥，让水分子渗入，使层间膨胀，结果 c 轴随含水量而变化，在 $0.96 \sim 2.14$ nm 波动。同时，蒙脱石具有同晶取代现象，即像这种 Mg^{2+}，Ca^{2+}，Fe^{2+}，Zn^{2+} 或 Li^+ 等取代八面体层（即水铝石层）中的 Al^{3+}，其取代量可以从极少量到全部被取代，或 Al^{3+}，P^{5+} 等有限取代硅氧四面体层内的 Si^{4+}。蒙脱石层间引入 Na^+ 或 Ca^{2+} 来平衡电价，因此蒙脱石的阳离子所交换量大，板条粒子负电荷高，以蒙脱石为主要矿物的膨润土具有有膨胀性、可压缩性以及较高的塑性和水溶液悬浮性。

由于晶格中可发生多种离子置换，使蒙脱石的组成常与理论化学式有出入，实际结构式可表示为 $(Al_{2-x}Mg_x)[Si_4O_{10}](OH)_2 \cdot (M_x \cdot nH_2O)$，式中 M 代表层间离子 Na^+，Ca^{2+} 等，x 为置换量，约为 0.33。很高的阳离子交换能力使其被广泛应用于医药、化工和结合剂等方面。

蒙脱石复网层之间微弱的分子力作用，使其具有良好的片状解理，晶粒细小，也称之为微晶高岭石；易解理，分散度高，相应地可塑性好，干燥强度高，陶瓷工业中常用以提高制品成型时的塑性及增加生坯强度，减少生坯搬运损耗。由于蒙脱石易发生同晶取代，其熔点较低。

(3)滑石。

滑石属单斜晶系，$C2/c$ 空间群，晶胞参数 $a=0.525$ nm，$b=0.910$ nm，$c=1.881$ nm，$\beta=100°$。滑石的化学式为 $3MgO \cdot 4SiO_2 \cdot H_2O$，它与叶蜡石的区别只是三个 Mg^{2+} 替代了叶蜡石中的两个 Al^{3+}，形成 $[MgO_4(OH)_2]$ 八面体，全部八面体空隙被 Mg^{2+} 所填充，属三八面体型结构，如图 2.52 所示。

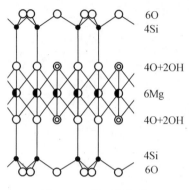

图 2.52 滑石的结构

其化学结构式为

$$\begin{array}{ll} \text{四面体层}\left\{\begin{array}{l}O_3\\Si_2\\O_2,OH\end{array}\right. & \\ \text{八面体层}\left\{Mg_3\right. & =3MgO\cdot4SiO_2\cdot2H_2O\ \text{或}\ Mg_3[(OH)_2/Si_4O_{10}] \\ \text{四面体层}\left\{\begin{array}{l}O_2,OH\\Si_2\\O_3\end{array}\right. & \end{array}$$

滑石结构中复网层的每个活性氧同时与三个 Mg^{2+} 相连接,从 Mg^{2+} 处获得的静电键强度为 $3\times2/6=1$,从 Si^{4+} 处也获得 1 价,故活性氧的电价饱和。同理,OH^- 中氧的电价也是饱和的,所以复网层内是电中性。这样,层与层之间只能依靠较弱的分子间力来结合,致使层间相对容易滑动,所有滑石晶体具有良好的片状解理特性,并具有滑腻感。

滑石和叶蜡石中都含有 OH^-,加热时必然产生脱水效应。滑石脱水后变成斜顽火辉石 $\alpha\text{-}Mg_2[Si_2O_6]$,叶蜡石脱水后变成莫来石 $3Al_2O_3\cdot2SiO_2$。滑石可以用于生成绝缘、介电性能良好的滑石瓷和堇青石瓷,叶蜡石常用作硼硅质玻璃中引入 Al_2O_3 的原料。

(4)云母类。

云母是一种具有复杂化学组成的层状硅酸盐,许多黏土和页岩都有这类矿物,白云母是最常见的一种。白云母属单斜晶系,C2/c 空间群,晶胞参数 $a=0.519$ nm,$b=0.900$ nm,$c=2.004$ nm,$\beta=95°11'$,晶胞分子数 $Z=2$。

白云母的结构可以看成是由叶蜡石演变过来的。当叶蜡石中 $[SiO_4]$ 四面体层内的 Si^{4+} 有规律地每四个就有一个被 Al^{3+} 取代,为了使电价平衡,同时在复网层间增加了一个 K^+,由于 K^+ 半径较大,就处在层间六元环的空隙中,与 12 个 O^- 结合,这个结合力相当弱,故云母易沿层间发生解理,可剥离成片状。白云母的化学结构式为

层间离子 K

$$
\begin{array}{l}
\text{四面体层}\left\{\begin{array}{l} O_3 \\ Al, Si_3 \\ O_4, (OH)_2 \end{array}\right. \\[2ex]
\text{八面体层}\left\{ Al_4 \qquad = K_2O \cdot 3Al_2O_3 \cdot 6SiO_2 \cdot 2H_2O \text{ 或 } KAl_2[(OH)_2/AlSi_3O_{10}] \right. \\[2ex]
\text{四面体层}\left\{\begin{array}{l} O_2, (OH)_2 \\ Al, Si_3 \\ O_6 \end{array}\right.
\end{array}
$$

白云母理想化学式 $KAl_2[AlSi_3O_{10}](OH)_2$ 中的正、负离子几乎都可以被其他离子不同程度地取代，形成一系列云母族矿物。水铝石层内的两个 Al^{3+} 被三个 Mg^{2+} 取代时，形成金云母 $KMg_3[AlSi_3O_{10}](OH)_2$，属三八面体三层结构；若将金云母加层间水，则为蛭石；用 (Mg^{2+}, Fe^{2+}) 代替 Al^{3+}，可形成黑云母 $K(Mg,Fe)_3[AlSi_3O_{10}](OH)_2$；若两个 Li^+ 取代一个 Al^{3+}，同时 $[AlSi_3O_{10}]$ 中的 Al^{3+} 被 Si^{4+} 取代，则形成锂云母 $KLi_2Al[Si_4O_{10}](OH)_2$；用 (Li^+, Fe^{2+}) 取代一个 Al^{3+}，则得到锂铁云母 $KLiFe^{2+}Al[AlSi_3O_{10}](OH)_2$；若白云母中的 K^+ 被 Na^+ 取代，则形成钠云母；若 K^+ 被 Ca^{2+} 取代，同时硅氧层内有 $1/2$ 的 Si^{4+} 被 Al^{3+} 取代，则成为珍珠云母 $CaAl_2[Al_2Si_2O_{10}](OH)_2$，由于 Ca^{2+} 连接复网层较 K^+ 牢固，因而珍珠云母的解理性较白云母差；若用 F^- 取代 OH^-，则得到人工合成的氟金云母 $KMg_3[AlSi_3O_{10}]F_2$，用作绝缘材料使用时耐高温达 1 000 ℃，而天然的仅为 600 ℃。

云母陶瓷具有良好的抗腐蚀性、耐热冲击性、机械强度和高温介电性能，可作为新型的电绝缘材料。云母型微晶玻璃具有高强度、耐热冲击、可切削等特性，广泛应用于国防和现代工业中。

综上所述，可以把层状硅酸盐结构的相互关系用表 2.19 来表示。

表 2.19 层状硅酸盐结构的相互关系

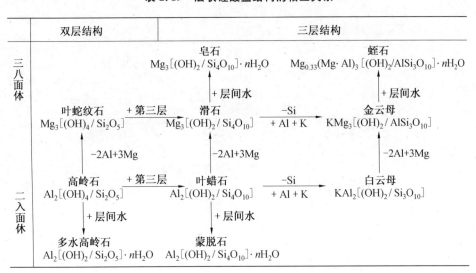

2.6.5　架状硅酸盐晶体结构

架状硅酸盐晶体结构中硅氧四面体的每个顶点均为桥氧,硅氧四面体之间以共顶方式连接,形成三维骨架结构。石英族晶体通式为 SiO_2,当石英结构中有 Al^{3+} 取代 Si^{4+} 时,结构单元式变为$[AlSiO_4]$或$[AlSi_3O_8]$,其中$(Al+Si)$ 与 O 的组分比仍为 $1:2$,由于结构中有剩余负电荷,K^+,Na^+,Ca^{2+},Ba^{2+} 等离子将进入结构中以平衡电价,形成长石族晶体如$(Na,K)[AlSi_3O_8]$、霞石 $Na[AlSiO_4]$ 和沸石 $Na[AlSi_2O_6]\cdot H_2O$ 等。

1. 石英

石英族晶体的晶形有很多,其中重要的晶形是石英、鳞石英、方石英及其高低温变体,它们之间的转变关系在相平衡中详细介绍。石英的化学式为

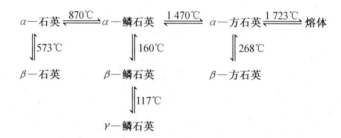

石英的变体,其结构上的主要差别是$[SiO_4]$四面体之间的连结方式不同,如图 2.53 所示。在 α-方石英中,两个共顶连接的$[SiO_4]$四面体相连,以共用 O^{2-} 为对称中心。在 α-鳞石英中,两个共顶的$[SiO_4]$四面体之间相当于有一对称面。而在 α-石英中,相当于在 α-方石英结构基础上,使 Si—O—Si 键由 $180°$ 转变为 $150°$。以上三种石英之间的转变属于重建性转变。

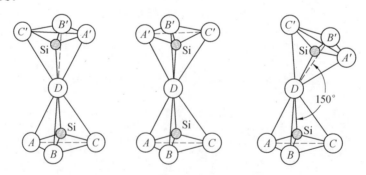

图 2.53　硅氧四面体的连结方式

表 2.20　各种 SiO₂ 晶形的性质

晶　形	晶系	晶格常数 /10^{-1}mm	温度 /℃	Si-O 间距 /10^{-1}mm	Si-O-Si 键角 /(°)	密度(20 ℃) /(g·cm^{-3})	折光率 n_D	线膨胀系数 α_0/10^{-6}℃$^{-1}$
低温石英	三角	$a=4.913$ $c=5.405$	25	1.61	144	2.651	$n_O=1.5533$ $n_e=1.5442$	12.3
高温石英	六角	$a=4.999$ $c=4.457$	575	1.62	147	—	—	—
低温方石英	正方	$a=4.972$ $c=6.921$	20	1.60~1.61	147	2.33	$n_O=1.484$ $n_e=1.487$	10.3
高温方石英	立方	$a=7.12$	300	1.56~1.69	151	—	—	—
低温鳞石英	单斜	$a=18.45$ $b=4.99$ $c=13.83$ $\beta=105°39'$	25	1.51~1.71	≈140	2.27	$n_x=1.470$ $n_z=1.474$	21.0
高温鳞石英	六角	$a=5.06$ $c=8.25$	200	1.53~1.55	180	—	—	—
杰石英	正方	$a=7.16$ $c=8.59$	25	1.57~1.61	149~156	2.50	$n_O=1.522$ $n_e=1.513$	—
柯石英	单斜	$a=7.17$ $b=7.17$ $c=12.18$	25	1.59~1.64	139~143 和 180	2.92	$n_x=1.594$ $n_z=1.599$	—
超石英	正方	$a=4.18$ $c=2.65$	25	1.72~1.87	—	4.35	$n_O=1.799$ $n_e=1.826$	—
硫石英	立方	$a=13.2$	20	—	—	2.05	1.425	—
纤维状 SiO₂	斜方	$a=4.7$ $b=5.2$ $c=8.4$	20	1.87	—	1.98	—	—
石英玻璃	玻璃状	—	20	≈1.6	≈145	2.20	1.453	0.5

（1）α-石英。

α-石英属六方晶系，α-石英有左形和右形之分，其空间群分别为 $P6_422$ 和 $P6_222$，晶胞分子数 $Z=3$。图 2.54 所示为其在（0001）面上的投影，在结构中存在六次旋转轴，围绕对称轴的硅离子，在（0001）投影面上可连接成正六边形。

β-石英是 α-石英的低温变体，之间的转变属于位移性转变。β-石英与 α-石英不同是，β-石英中 Si—O—Si 键角不是 150°而是 137°。这一角度的变化，使 β-石英结构变为三方晶系，$P3_221$ 或 $P3_121$ 空间群。围绕三次旋转轴的离子已不再形成正六边形，而是复三角形，如图 2.55 和图 2.56 所示。

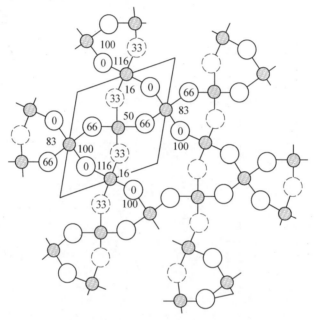

图 2.54　α-石英的结构

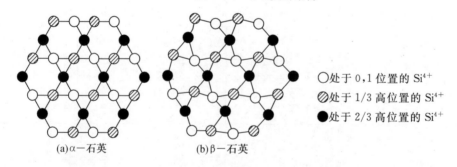

（a）α-石英　　　　（b）β-石英

○处于 0,1 位置的 Si^{4+}

◨处于 1/3 高位置的 Si^{4+}

●处于 2/3 高位置的 Si^{4+}

图 2.55　α-石英与 β-石英间的关系

（2）α-鳞石英。

α-鳞石英属六方晶系，$P6_3/mmc$ 空间群，晶胞分子数 $Z=4$。其结构如图 2.57 所示，是由交替指向相反方向的硅氧四面体组成的六节环状的硅氧层平行于（0001）面叠放而形成的架状结构。平行叠放时，硅氧层中的四面体共顶连接，并且共顶的两个四面体处于镜面对称状态。这样 Si—O—Si 键角就是 180°。

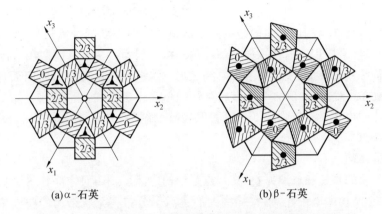

图 2.56 α-石英与 β-石英间的关系(以硅氧四面体的方式表示)

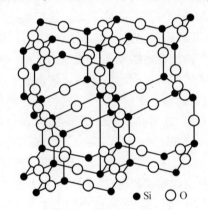

图 2.57 α-鳞石英的结构

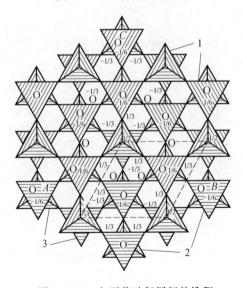

图 2.58 α-方石英硅氧层间的堆积

（3）α-方石英。

α-方石英属立方晶系，$Fd3m$ 空间群，晶胞分子数 $Z=8$，其晶胞内原子分布如图 2.58 所示。Si^{4+} 占据全部面心立方结点位置和立方体内相当于八个小立方体中心的四个。每

个 Si^{4+} 都和四个 O^{2-} 相连。从三次轴方向可以观察到如图 2.58 所示的硅氧层之间的堆积。它是由交替地指向相反方向的硅氧四面体组成六节环状的硅氧层（不同于层状结构中的硅氧层，该硅氧层内四面体取向是一致的），以三层为一个重复周期在平行于(111)面的方向上平行叠放而形成的架状结构。叠放时，两平行的硅氧层中的四面体相互错开 $60°$，并以共顶方式对接，共顶的 O^{2-} 形成对称中心。

石英晶体中由于具有较强的 Si—O 键及完整的结构，因此具有熔点高、硬度大、化学稳定性好等特点。

2. 长石的结构

长石是重要的陶瓷和玻璃原料，其特点是结构中 $[SiO_4]$ 四面体部分 Si^{4+} 为 Al^{3+} 所取代，为保持整个结构的电中性，则有一些大的正离子分布在架状结构的空隙中。如 K^+，Ba^{2+}，Na^+，Ca^{2+} 等进入架状结构构成钾长石 $K[AlSi_3O_8]$、钡长石 $Ba[Al_2Si_2O_8]$、钠长石 $Na[AlSi_3O_8]$ 和钙长石 $Ca[Al_2Si_2O_8]$ 等，前两者属正长石系，后两者属斜长石系。

高温时钾长石与钠长石可形成连续固溶体，低温时为有限固溶体，它们的固溶体称为碱性长石。在碱性长石中，当钠长石固溶摩尔分数为 0～67％时，晶体结构为单斜晶系，称为透长石，它是长石族晶体结构中对称性最高的。钙离子半径与钠离子半径相近，通过 $Na^+ + Si^{4+}$ 与 $Ca^{2+} + Al^{3+}$ 的置换形成连续固溶体，这种固溶体称斜长石系列。

钾长石化学式 $K[AlSi_3O_8]$，单斜晶系，$C2/m$ 空间群，$a = 0.856$ nm，$b = 1.303$ nm，$c = 0.718$ nm，$\alpha = 90°$，$\beta = 115°59'$，$\gamma = 90°$，$Z = 4$。钾长石结构的基本单元是由三个 $[SiO_4]$ 四面体和一个 $[AlO_4]$ 四面体构成四节环，其中两个四面体的顶尖朝上，另两个顶尖朝下，这种四联环的发展形成曲轴状的链（图 2.59），链与链之间以桥氧相连，形成三维架状结构。结构中 Al^{3+} 取代 Si^{4+} 时，K^+ 进入该空隙以平衡负电荷。

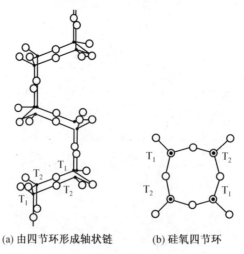

(a) 由四节环形成轴状链　　(b) 硅氧四节环

图 2.59　长石类结构中硅氧四面体的连接方式

2.7　共价型晶体的结构与性质

相邻原子靠共价键结合的晶体称为共价晶体。共价晶体在无机非金属材料中也占有重要地位。典型的共价晶体是第Ⅳ主族元素形成的固体，即碳、硅、锗和灰锡，它们都具有金刚石的结构。共价键的特性在于具有方向性和饱和性。由于共价键强烈的方向性，键间夹角固定（对于金刚石结构为 10 958），且难于改变，因此这类材料硬且脆，断裂应变很。对于第Ⅳ主族元素形成的共价晶体，随着原子序数和半径的增大，金刚石碳、硅、锗的单键平均结合能分别为 3.68 eV，2.32 eV，1.96 eV。其中金刚石原子间距离最小，作用力最大，因此具有最高的硬度（莫氏 10）和最高的熔点（3 700 ℃）。金刚石晶体的晶格常数最小，其价电子的定域性很强，因此很难成为自由电子而使材料具有导电性，是典型的绝缘材料。而灰锡的晶格常数最大，带隙已接近于零，具有良好的导电性。

除第ⅣA族单质外，由电负性相差很小的第ⅢA到第ⅤA族元素反应形成化合物时也往往是通过共价键结合的。比如 SiC，B_4C，BN，Si_3N_4，C_3N_4，AlN 和 $GaAs$ 等都属于共价晶体。除 $GaAs$ 外，其他材料都类似于金刚石的性质，原子极难活化，迁移能力很低，因此用常规方法都很难烧结成致密陶瓷材料。

表 2.21　典型共价晶体（陶瓷）的性能

	金刚石	c-BN	β-SiC	β-Si₃N₄	β-C₃N₄	B₄C	AlN
熔点/℃	3 700~4 000	3 000	2 830	1 900		2 450	2 450
热膨胀系数/10^{-6}℃$^{-1}$	0.8~4.8	3.5		3.0		4.5	4.5
热导率/$[W \cdot (m \cdot K)^{-1}]$	1 500	13		18		8~29	95~270
显微硬度/GPa	84~98	69~98			55~67		
莫氏硬度	10	9.8	9.2~9.5	9		9.3	7~9
电阻率/$(\Omega \cdot cm)$		10^{14}		10^{13}~10^{14}	1.6×10^{12}		>10^{14}
弹性模量/GPa	442			310~330	410~440	430~445	

由于键间夹角的固定性，强共价键物质，如金刚石、SiC、B_4C、BN、Si_3N_4、C_3N_4、AlN 等很难形成远程无序的非晶态结构。但是对于弱的共价键物质，如硅、锗、$GaAs$ 等，它们已经具有某种程度上的混合键性质，比较容易形成非晶态结构，并且它们也是形成金属玻璃所需要的元素。

2.7.1　金刚石型结构

金刚石 C 是第Ⅳ族元素，共价单键数为 $8-4=4$，每个原子周围有 4 个单键（或原子），符合 $8-N$ 规则。金刚石型结构是以金刚石结构作为代表的。金刚石的化学式为 C，属立方晶系，基本格子是立方面心格子，空间群符号 $Fd3m$，晶胞参数 $a_0=0.356$ nm。图 2.60 所示是金刚石的晶胞图和投影图，此晶胞中共有八个 C 原子，分别位于立方面心的所有结点位置和交替分布在立方体内八个小立方体中的四个小立方体的中心。有两套等同点，八个顶角和六个面心的质点属于一套，构成立方面心格子，体内的四个质点属于另外一套。在金刚石晶体中，C 原子的配位数为 4，整个结构可以看做以顶角相连接的四面体组合而成。碳原子间以共价键连接，键角为 109°28′16″。为了方便表示晶胞，还可以采用投影图,图 2.60(b)给出了晶胞在(001)面上的投影图,各质点在 a 轴、b 轴方向上的位置已在投影图中示出,在 c 轴方向的高度则由数字标出,可以用百分制或者分数表示,比如 50 或者 1/2 均表示在 c 轴方向一半的高度,其余类推。在金刚石晶体中,质点不作紧密堆积,加上 C 原子质量较轻,所以金刚石的密度较小。由于 C—C 之间形成很强的共价键,所以金刚石具有非常高的硬度和熔点,其硬度是自然界所有物质中为最高的。由于组成质点单一,有助于声子传导和热辐射,具有很好的导热性能。金刚石还具有半导体性能,以及在广泛的温度压力范围内,具有较好的化学稳定性。因此,金刚石常被用作高硬切割材料和磨料以及钻井用钻头、集成电路中散热片和高温半导体材料。

与金刚石属于同一种类型结构的物质有硅、锗、灰锡(α-Sn)、人工合成立方氮化硼(c-BN)等。自然界中存在少量天然金刚石,工业上主要由石墨经高温高压合成得到。

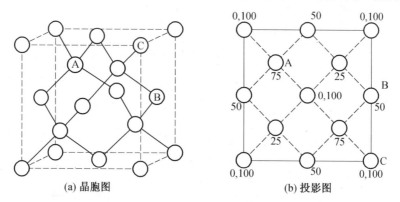

(a) 晶胞图　　　　　　(b) 投影图

图 2.60　金刚石的晶胞图和投影图

2.7.2　石墨的结构

石墨 C 是 sp^3 杂化,不是形成共价单键,不符合 8－N 规则。石墨属六方晶系,六方原始格子,$P6_3/mmc$ 空间群,$a_0=0.246$ nm,$c_0=0.670$ nm。石墨具有典型的层状结构,每层中碳原子排列成六元环网络,上层面网的碳原子对着下层面网的六元环的中心如图 2.61 所示。面网内的碳原子被相邻的三个碳原子所包围,键长均为 0.142 nm,上、下两层碳原子依靠分子键结合,层间距为 0.340 nm,要比层内碳原子的距离大两倍多,因此层间价键较层内价键弱。六方石墨层状结构的特点是第三层与第一层重复,图 2.62 示出石墨的层状结构,虚线范围是单位晶胞。石墨的很多性质是与石墨的这种结构特点密不可分的。由于石墨层间结合力较弱,使其容易沿层间解理,有滑腻感,表现出良好的润滑性,在机械工业上可以作为中低温固体润滑剂。石墨是一种多键型的晶体,它不像金刚石那样只具有单一的共价键,它的层内主要是共价键,但也表现出部分的金属键,这主要是碳原子最外层的四个电子,其中三个用于层内形成共价键,多余一个电子可在层内移动,类似于金属中的自由电子。由于石墨中部分金属键的存在,使石墨具有金属光泽,良好的导电、导热等特性。在平行于碳原子层的方向具有良好的导电性,可以用作电极和气氛炉的高温发热体,石墨发热体最高使用温度可达 2 000 ℃以上。石墨硬度低,易加工,在惰性气氛中熔点很高,可用于制作高温坩埚。

人工合成六方氮化硼(h-BN)与石墨具有相同的结构类型,在石墨晶体结构中,将 C

原子依次交替换成 B 原子和 N 原子,就成了 h-BN。

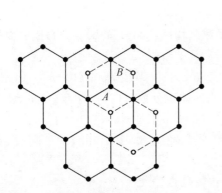
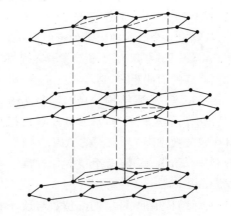

图 2.61 石墨层状晶体结构中原子的中心位置   图 2.62 石墨的结构

习 题

2.1 依据结合力的本质不同,晶体中的键合作用分为哪几类? 其特点是什么?

2.2 以 NaCl 晶胞为例,试说明面心立方堆积中的八面体和四面体空隙的位置和数量。

2.3 等径球最紧密堆积的空隙有哪两种? 一个球的周围有多少个四面体空隙? 多少个八面体空隙?

2.4 n 个等径球作最紧密堆积时可形成多少个四面体空隙? 多少个八面体空隙?不等径球是如何进行堆积的?

2.5 半径为 R 的球,相互接触排列成体心立方结构,试计算能填入其空隙中的最大小球半径 r。体心立方结构晶胞中最大的空隙的坐标为 $(0,1/2,1/4)$。

2.6 根据半径比关系,说明下列离子与 O^{2-} 配位时的配位数各是多少? 已知 $r_{O^{2-}} = 0.132$ nm,$r_{Si^{4+}} = 0.039$ nm,$r_{K^+} = 0.131$ nm,$r_{Al^{3+}} = 0.057$ nm,$r_{Mg^{2+}} = 0.078$ nm。

2.7 临界半径比的定义是:密堆的负离子恰好互相接触,并与中心的正离子也恰好接触的条件下,正离子半径与负离子半径之比。即出现一种形式配位时,正离子与负离子半径比的下限。计算下列各类配位时的临界半径比:(1)立方体配位;(2)八面体配位;(3)四面体配位;(4)三角形配位。

2.8 半径为 R 的球,相互接触排列成体心立方结构,使计算能填入其空隙中的最大小球半径 r。体心立方结构晶胞中最大的空隙坐标为 $(0,1/2,1/4)$。

2.9 试证明等径球体六方紧密堆积的六方晶胞的轴比 $c/a \approx 1.633$。

2.10 计算面心立方、密排六方晶胞中的原子数、配位数及堆积系数。

2.11 根据最密堆积原理,空间利用率越高,结构越稳定,金刚石的空间利用率很低(只有 34.01%),为什么它也很稳定?

2.12 证明等径圆球六方最密堆积的空隙率为 25.9%。

2.13 试根据原子半径 R 计算面心立方晶胞、六方晶胞、体心立方晶胞的体积。

2.14　面排列密度的定义为:在平面上球体所占的面积分数。

(1)画出 MgO(NaCl 型)晶体(111),(110)和(100)晶面上的原子排布图。

(2)计算这三个晶面的面排列密度。

2.15　设原子半径为 R,试计算体心立方堆积结构的(100),(110),(111)面的面排列密度和晶面族的面间距。

2.16　MgO 晶体结构,Mg^{2+} 半径为 0.072 nm,O^{2-} 半径为 0.140 nm。(1)计算 MgO 晶体中离子堆积系数(球状离子所占据晶胞的体积分数);(2)计算 MgO 的密度,并说明其体积分数小于 74.05% 的原因。

2.17　ThO_2 具有 CaF_2 结构。Th^{4+} 离子半径为 0.100 nm,O^{2-} 离子半径为 0.140 nm。

(1)实际结构中的 Th^{4+} 的配位数与预计配位数是否一致?

(2)结构满足鲍林规则否?

2.18　锗(Ge)具有金刚石立方结构,但原子间距(键长)为 0.245 nm。如果小球按这种形式堆积,堆积系数是多少?

2.19　为什么石英不同系列变体之间的转化温度比同系列变体之间的转化温度高得多?

2.20　什么是晶体场稳定能? 什么是姜-泰勒效应? 研究姜-泰勒效应有何实际意义?

2.21　晶格能与哪些因素有关? 已知 MgO 晶体具有氯化钠的结构型,其晶体常数 a 为 0.42 nm,试计算 MgO 的晶格能。

2.22　举例说明何为同质异构现象? 异构体和异构体转变? 转变后在结构上可能造成哪些差异?

2.23　氟化锂(LiF)为 NaCl 型结构,测得其密度为 2.6 g/cm^3,根据此数据计算晶胞参数,并将此值与你从离子半径得到的数值进行比较。

2.24　有效离子半径可以通过晶体结构测定算出。在下面 NaCl 型结构晶体中,测得 MgS 和 MnS 的晶胞参数均为 $a=0.520$ nm(在这两种结构中,阴离子是相互接触的)。若 $CaS(a=0.567$ nm),$CaO(a=0.480$ nm)和 $MgO(a=0.420$ nm)为一般阳离子-阴离子接触,试求这些晶体中各离子的半径。

2.25　Li_2O 的结构是 O^{2-} 作面心立方堆积,Li^+ 占据所有四面体间隙位置,氧离子半径为 0.132 nm。求:

(1)计算负离子彼此接触式,四面体空隙所能容纳的最大阳离子半径,并与附表 Li^+ 半径比较,说明此时 O^{2-} 能否互相接触。

(2)根据离子半径数据求晶胞参数。

(3)求 Li_2O 的密度。

第3章 非晶态与玻璃结构

自然界中的任何固体物质按其内部结构来区分都可以以两种不同的形态存在,即结晶态固体和非晶态固体。非晶态和玻璃态常作同义语,但很多非晶态有机材料及非晶态金属和合金通常并不称为玻璃,故非晶态的含义应该更广些。玻璃一般特指从液态凝固下来,结构上与液态连续的非晶态固体。由于在结构上都至少在长距离范围具有无序性,因此,熔体和玻璃态是相互联系、性质相近的两种聚集状态,这两种聚集状态在无机材料的形成和性质有着十分重要的作用。如传统玻璃就是由玻璃原料加热成熔融态冷却而成,陶瓷液相参与的烧结,耐火材料中高温熔融相是决定其高温性能的重要因素,水泥熟料中熔融相的量和影响水泥性质的游离 CaO 含量密切相关,珐琅和釉的质量决定于熔融相与金属或瓷坯的物理化学作用。

3.1 非 晶 态

3.1.1 晶体与非晶体

在晶体中,原子或离子在三维空间内进行有规律的周期性排列。与此相反,有些物质的原子或离子排列并没有规律和周期性,这种物质称为非晶态物质(amorphous)。非晶态这一用语从狭义上是指除玻璃以外的非晶态物质,但在本书中将包括玻璃在内的原子(离子)排列无规律、无周期性的物质统称为非晶态物质(非晶体)。

图 3.1 示出晶体及非晶态物质的二维模型图。图 3.1(a)的晶体结构的原子排列可以用单位晶胞的周期性重复堆积来表示,而图 3.1(b)的非晶态结构却不能用单位晶胞的周期性重复堆积来表示。非晶态结构又分为像高分子那样的链锁状结构和像无机玻璃那样的网络结构。晶体与非晶态物质可以用 X 射线衍射(X-ray diffraction,XRD)、中子散射或电子衍射的方法来鉴别。图 3.2 分别给出方石英、石英玻璃、石英凝胶的 XRD 图,虽然它们都是 SiO_2,但晶体方石英与非晶态的石英玻璃及石英凝胶的衍射图却大不相同。

在图 3.2(a)中,在特定的角度有尖锐的衍射峰出现,这是晶体的特征。但在非晶态中,由于原子混乱排列而无规律性、无周期性,也就没有特定间距的晶面存在,所以在 XRD 图上(图 3.2 (b)和(c))没有尖锐的衍射峰出现。如果原子是完全无序混乱排列的,XRD 图上不会有峰出现,但实际上非晶物质中的原子间距分布在一定尺寸的区间,因此,在 XRD 图上($2\theta=21.6°$)出现宽化平坦的衍射峰,这也是非晶态物质的特征。图 3.2(c)的石英凝胶 XRD 图中低角区出现了衍射强度,而在图 3.2(b)石英玻璃的 XRD 图中却没有。这是由与原子排列无关的不均匀结构引起的。即在石英凝胶中,在纳米级有序石英单元的间隙中有空气或水存在而对低角衍射强度有贡献的结果。

当然,也可在透射电子显微镜下直接观察和鉴别晶体与非晶态物质。在衍射成像中,由于非晶态原子排列的无序性,入射电子束几乎不产生衍射,几乎全部透过物质,因此在

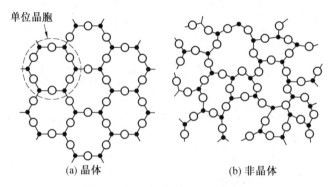

图 3.1　晶体与非晶体的结构模型

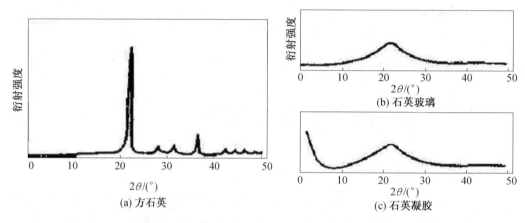

图 3.2　方石英、石英玻璃及石英凝胶的 XRD 图

明场成像时,无论怎样倾转角度,非晶区总是亮的。电子束入射晶体时被分成透射束和衍射束。随着样品的倾转,满足 Bragg 条件的程度在变化,而使衍射束与透射束的强度发生互补变化,所以在明场成像时,倾转晶体样品,明暗衬度会发生明显变化。晶体的电子衍射花样为规则排列的若干斑点,而非晶态的衍射花样只是一个漫散的中心斑点(图 3.3)。

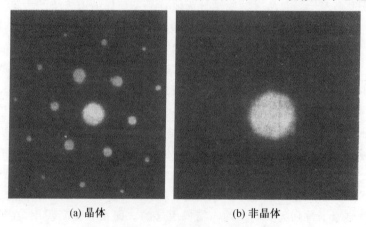

(a) 晶体　　　　　　　(b) 非晶体

图 3.3　晶体与非晶体的电子衍射结果

3.1.2 非晶体与玻璃

非晶态是物质的一种聚集状态,包括无定形固体、凝胶、无定形薄膜、无定型碳及玻璃。这些非晶态物质可分为玻璃与其他非晶态两大类。所谓玻璃,常被定义为"具有玻璃转变点(玻璃化温度,glass transition temperature)的非晶态固体"。依此定义,玻璃与其他非晶态的区别在于有无玻璃转变点。非晶半导体及无定型碳没有玻璃转变点,而无机玻璃及多数合金玻璃都有此转变点,因此被纳入玻璃的范畴。

图 3.4 所示用一组同心圆来归纳各种不同聚集状态的物质向非晶态转变的方法。图中最外圈是原料的聚集状态,最里圈是产物名称。习惯上把气相转变所得的玻璃态物质称为无定形薄膜;晶相转变所得的玻璃态物质称为无定形固体;液相转变所得的玻璃态物质称为玻璃固体,它们的差别在于形状和近程有序程度不同。图中原料和产物之间的转变用实箭头表示,而无定形态产物聚合成玻璃固体用虚箭头表示。外圈各聚集状态之间的箭头表示各相变热,即升华热、蒸发热和熔解热。

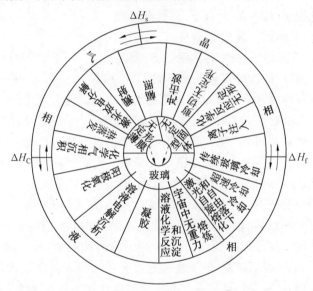

图 3.4 非晶态固体形成方法分类

玻璃是由玻璃原料经过加热、熔融、快速冷却而形成的一种无定形的非晶态固体。除了熔融法以外,气相沉积法、水解法、高能射线辐射法、冲击波法、溅射法等也可以制备玻璃。无机玻璃的宏观特征是在常温下能保持一定的外形,硬度较高,脆性大,破碎时具有贝壳状断面,对可见光透明度好。玻璃除了具有这些一般性能之外,还具有其特有的通性。

(1)各向同性。均质玻璃体其各个方向的性质,如折射率、硬度、弹性模量、热膨胀系数等性能都是相同的。

(2)介稳性。将物质从高温液态慢慢冷却下来,在凝固点温度发生结晶(crystallization)而形成具有晶体结构的固体。纯物质冷却时在熔点 T_M 附近凝固,此时伴随有如图 3.5 所示的体积的不连续变化。在图 3.5 中,液体冷却时引起从 A 到 B 的体积变化是液体的摩尔体积(V)随温度的变化而变化的结果。连续冷却,温度到达 T_M 时,形成固态晶体。此时,由于固体的摩尔体积一般比液体的摩尔体积要小,所以产生 BC 的体积收缩 ΔV。结晶完了以后,随温度的继续降低,体积再由 C 减小到 D,一般情况下,固体的体积与温度关系曲线的斜率要比液体的小。热力学能随温度的关系曲线具有相同的折线变化,玻璃态热力学能(Q)大于晶态的热力学能。从热力学角度看,玻璃态是一种高能状态,它必然有向低能量状态转变的趋势,即有析晶的可能。但在常温下,玻璃黏度非常大,使得玻璃态自发转变为晶态的速率非常小,从动力学观点来看,它又是稳定的。

(3)熔融态向玻璃态转化的可逆与渐变性。如将液体以足够快的速度冷却,则在 T_M 温度不发生结晶,而形成过冷液体,从而使 V-T 关系曲线下延到 T_M 温度以下的区域。这里从 B 到 E 之间的状态称为过冷液体。随着温度的继续降低,过冷液体的黏度增大,原子间的相对运动变得困难,所以当温度降到某一临界值以下时,物质就变成了固体。这个临界温度称为玻璃化温度 T_g。在 T_g 以下,体积随温度的变化率与晶体基本相同。玻璃化温度 T_g 一般在

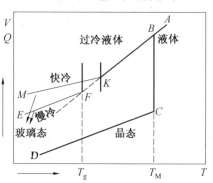

图 3.5　伴随着结晶与玻璃化的体积变化

($1/2$~$2/3$)T_M 的范围内。在这个温度以下,物质变成玻璃态。在 T_g 附近的过冷液体的黏度很大,可达到 10^{12}~10^{13} Pa·s,这样高的黏度阻碍了结晶化。从液体直接形成玻璃的现象称为玻璃化或称为透化(vitrification)。能否形成玻璃,与 T_g 温度附近原子相对运动的难易程度有关。一般来说,在 T_g 附近黏度大的液体结晶困难。当玻璃组成不变时,此转折与冷却速度有关。冷却越快,T_g 也越高。例如,折线 $ABKM$ 由于冷却速度快,K 点比 F 点提前。因此,当玻璃组成一定时,其形成温度 T_g 应该是一个随冷却速度而变化的温度范围。因而玻璃无固定的熔点,而只有熔体-玻璃体可逆转变的温度范围。各种玻璃的转变范围有多宽取决于玻璃的组成,它一般波动在几十至几百度之间。如石英玻璃在 1 150 ℃,而钠硅酸盐玻璃在 500~550 ℃。虽然不同组成的玻璃其转变温度相差可达几百度,但不论何种玻璃,与 T_g 温度对应的黏度均为 10^{11}~10^{12} Pa·s。玻璃形成温度 T_g 是区分玻璃和其他非晶态固体(如硅胶、树脂、非熔融法制得新型玻璃)的重要特征。一些非传统玻璃往往不具有这种可逆性,它们不像传统玻璃那样是析晶温度 T_M 高于转变温度 T_g,而是 T_g 大于 T_M。例如,许多用气相沉积等方法制备的 Si,Ge 等无定形薄膜其 T_M 就低于 T_g,即加热到 T_g 之前就会产生析晶的相变,虽然它们在结构上也属于玻璃态,但在宏观特性上与传统玻璃有一定的差别。故而习惯上称这类物质为无定形物。

(4)熔融态向玻璃态转化时物理和化学性质随温度变化的连续性。熔融态向玻璃态转化或加热的相反转变过程时物理和化学性质随温度的变化是连续的。图 3.6 表示玻璃性质随温度变化的关系。由图可见,玻璃性质随温度的变化可分为三类。第一类,性质如玻璃的电导、比体积、热熵等是按 Ⅰ 曲线变化。第二类,性质如热容、膨胀系数、密度、折射率等是按曲线 Ⅱ 变化的。第三类,性质如热导率和一些机械性质(弹性常数等)按曲线 Ⅲ 变化。从图中可看到,曲线可划分为三段:ab($a'b'$)为低温阶段,几乎呈直线关系;cd($c'd'$)为高温阶段,也几乎呈直线关系;bc($b'c'$)为中温阶段,在这个范围内玻璃的物理化学性质变化加剧或出现极值(曲线 Ⅲ 中 $b''c''$ 段)。在玻璃性质随温度逐渐变化的曲线上

特别要指出两个特征温度 T_g 和 T_f。

①脆性温度 T_g。脆性温度是玻璃出现脆性的最高温度,由于在这个温度下可以消除玻璃制品因不均匀冷却而产生的内应力,所以也称为退火温度上限。T_g 温度相应于性质与温度曲线上低温直线部分开始转向弯曲部分的温度(即图 3.6 中 b,b',b'' 点)。T_g 脆性温度时的黏度约为 10^{12} Pa・s,一般工业玻璃的 T_g 约为 500 ℃。玻璃转变温度 T_g 不是固定不变的,它决定于玻璃形成过程的冷却速率。冷却速率不同,性能-温度曲线的变化也不同。

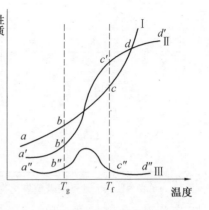

图 3.6 玻璃性质随温度变化关系

②软化温度 T_f。软化温度是玻璃开始出现液体状态典型性质的温度,指玻璃在自重作用下开始出现形变的温度。无论玻璃组成如何,在 T_f 时相应的玻璃黏度约为 10^8 Pa・s。T_f 也是玻璃可拉成丝的最低温度。T_f 温度相应于曲线弯曲部分开始转向高温直线部分的温度(即图 3.6 中 c,c',c'' 点)。

③反常间距 $T_g \sim T_f$。反常间距又称为转变温度范围。T_g 以下的低温段为固体状态,T_f 以上的高温段为熔体状态,它们的结构随温度是逐渐变化的,其在性质-温度变化曲线几乎呈直线关系。而在 T_g 和 T_f 温度范围内(即转变温度范围或反常间距)是固态玻璃向玻璃熔体转变的区域,结构随温度急速地变化,因而性质随之突变,由此可见,$T_g \sim T_f$ 是玻璃转变特有的过渡温度范围,对于控制玻璃的性质有着重要的意义。

任何物质不论其化学组成如何,只要具有上述四个特性都称为玻璃。

3.2　非晶态固体的形成

传统玻璃是玻璃原料经加热、熔融和在常规条件下进行冷却而形成的,这是目前玻璃工业生产所大量采用的方法。此法的不足之处是冷却速度比较慢,工业生产一般为 $40 \sim$ 60 K/h,实验室样品急冷达 $1 \sim 10$ K/s。这种冷却速度是不能使金属、合金或一些离子化合物形成玻璃态的。

不是所有的物质都能形成非晶态固体,也不是所有的化合物都能形成玻璃。表 3.1 列出能形成玻璃氧化物的元素在周期表中的位置,并分成两组。一组是能形成单一的玻璃氧化物,如 SiO_2,B_2O_3 等,以长方框表示。另一组是本身不能形成玻璃,但能同某些氧化物一起形成玻璃,如 TeO_2,SeO_2,MoO_3,Al_2O_3,Ge_2O_3,V_2O_5,Bi_2O_3 等,称为条件形成玻璃氧化物,以正方框表示。C 和 N 也是条件形成玻璃元素,这些元素构成的氧化物玻璃就是碳酸盐和硝酸盐玻璃。碳酸盐玻璃必须在高压下熔制,以免 CO_3 热分解。硫系玻璃(As-S,As-Se,P-Se,Ge-Se 系统)和硒化物的玻璃形成组成范围较广。这类玻璃有半导体性质,在较低温度时变软,能透红外辐射线。卤化物玻璃中只有氟化铍(BeF_2)和氯化锌($ZnCl_2$),二者本身能形成单一玻璃。这类玻璃,尤其是氟化物玻璃,以其优异的光学性质获得重要地位,又称离子玻璃。

表 3.1　形成玻璃氧化物的元素

Ⅲ组		Ⅳ组		Ⅴ组		Ⅵ组	
B	A	B	A	B	A	B	A
	B		C		N		O
	Al		Si		P		S
Sc	Ga	Ti	Ge	V	As	Cr	Se
Y	In	Zr	Sn	Nb	Sb	Mo	Te
La*	Tl	Hf	Pb	Ta	Bi	W	Po

注：□表示能单一地形成玻璃氧化物的元素；□表示有条件地形成玻璃氧化物的元素

　　根据表 3.1、表 3.2 和表 3.3 可以看出各种物质形成玻璃可能性的次序，这种次序实际上反映了熔体结晶的难易。观察实际玻璃的熔制情况可以发现，硅酸盐、硼酸盐、磷酸盐和石英等熔融体在冷却过程中有可能全部转变为玻璃体，也有可能部分转变为玻璃体而部分转变为晶体，甚至全部转变为晶体。还有玻璃的分相现象，即玻璃在冷却或热处理中内部形成互不相容的两个或两个以上的玻璃相，这些问题和玻璃形成条件密切相关。因为，自熔体冷却到一个稳定的、均匀的玻璃体一般经过一个析晶温度范围，必须越过析晶温度范围，冷却到凝固点以下，才能形成玻璃体。

表 3.2　熔融法形成玻璃的物质

种类	物质
元素	O,S,Se,Te,P
氧化物	单一的：$B_2O_3,SiO_2,GeO_2,P_2O_5,As_2O_3,Sb_2O_3,In_2O_3,Tl_2O_3,SnO_2,PbO_2,BeO_2$ "有条件的"：$TeO_2,SeO_2,MoO_3,WO_3,Bi_2O_3,Al_2O_3,La_2O_3,V_2O_5,SO_3$
硫化物	$B,Ga,In,Tl,Ge,Sn,N,P,As,Sb,Bi,O,Se$ 的硫化物，As_2S_3,Sb_2S_3,CS_2
硒化物	$Tl,C,Si,Sn,Pb,P,As,Sb,Bi,O,S,Te$ 的硒化物
碲化物	$Tl,C,Sn,Pb,Sb,Bi,O,Se,As,Ge$ 的碲化物
卤化物	$BeF_2,AlF_3,ZnCl_2,AgX(X=Cl,Br,D,PbX_2(X=Cl,Br,I)$ 和多组分混合物
硝酸盐	$R^I NO_3\text{-}R^{II}(NO_3)_2$($R^I$＝碱金属离子，$R^{II}$＝碱土金属离子)
碳酸盐	$K_2CO_3\text{-}MgCO_3$
硫酸盐	$Tl_2SO_4,KHSO_4,R_2^I(SO_4)\cdot R_2^{III}(SO_4)_3\cdot 2H_2O$($R^I$＝碱金属，$Tl,NH_4$ 等)(R^{II}＝$Al,Cr,Fe,Co,Ga,In,Ti,V,Mn,Ir$ 等)
有机化合物	简单的：甲苯、3-甲基己烷、2,3-二甲酮、二乙醚、甲醇、乙醇、甘油、葡萄糖等 聚合物：聚乙烯$\text{---}(CH_2\text{---}CH_2)\text{---}_n$ 等
水溶液	酸、碱、氯化物、硝酸盐、磷酸盐、硅酸盐等
金属	$Au_4Si,Pd_4Si,Te_x\text{-}Cu_{25}\text{-}Au_5$(特殊急冷法)

表 3.3 由非熔融法形成玻璃的物质

原始物质	形成主因	处理方法	实 例
固体(结晶)	剪切应力	冲击波	对石英、长石等结晶用爆破法、用铝板等施加 600 Kb 冲击波使用非晶化,石英变成 $d=2.22$, $n_d=1.46$ 的玻璃,但在 350 Kb 时不能非晶化
		磨碎	磨细晶体,粒子表面层逐渐非晶质化
	放射线照射	高速中子线 α 粒子线	对石英晶体用强度 $1.5\times10^{20}\,cm^{-2}$ 的中子线照射使非晶质化,$d=2.26$, $n_d=1.47$
液 体	错体形成	加水分解	Si,B,P,Pb,Zn,Na,K 等金属醇盐酒精溶液加水分解得到胶体,再加热($T<T_g$)形成单元或多元系统氧化物玻璃
气体	升华	真空蒸发	在低温基板上用蒸发法形成非晶质薄膜,如 Bi,Ga,Si,Ge,B,Sb,MgO,Al_2O_3,ZrO_2,TiO_2,Ta_2O_3,Nb_2O_3,MgF_2,SiC 等化合物
		阴极飞溅和氧化反应	在低压氧化气氛中,把金属或合金做成阴极,飞溅在基板上形成 SiO_2、$PbO-TeO_3$ 系统薄膜、$PbO-SiO_2$ 系统薄膜、莫来石薄膜等
	气相反应	气相反应	$SiCl_4$ 加水分解或 SiH_4 氧化形成 SiO_2 玻璃。在真空中加热 $B(OC_2H_3)_3$ 到 $700\sim900$ ℃形成 B_2O_3 玻璃
		辉光放电	辉光放电制造原子氧气,在低压中分解金属有机化合物,使在基板上形成非晶质氧化物薄膜,该法不需高温,如 $Si(OC_2H_5)_4\rightarrow SiO_2$。此外还可以用微波发生装置代替辉光放电装置
	电气分解	阳极法	利用电解质溶液的电解反应,在阴极上析出非晶质氧化物,如 Ta_2O_5,Al_2O_3,ZrO_2,Nb_2O_5 等

3.2.1 玻璃形成的热力学条件

熔融体是物质在液相温度以上存在的一种高能量状态。随着温度降低,熔体释放能量大小不同,可以有三种冷却途径:

(1)结晶化,即有序度不断增加,直到释放全部多余能量而使整个熔体晶化为止。

(2)玻璃化,即过冷熔体在转变温度 T_g 硬化为固态玻璃的过程。

(3)分相,即质点迁移使熔体内某些组成偏聚,从而形成互不混溶的不同的两个玻璃相。

玻璃化和分相过程均没有释放出全部的能量,因此与晶化相比,这两个状态都处于能量的介稳状态。大部分玻璃熔体在过冷时,这三种过程总是不同程度的发生。

从热力学观点分析,玻璃态物质总有降低热力学能向晶态转变的趋势,在一定条件下,通过析晶或分相放出能量使其处于低能量稳定状态。然而,由于玻璃体和晶体两种状态的热力学能差值不大,故析晶动力较小,因此玻璃这种能量的亚稳态在实际上能够长时间稳定存在。表 3.4 列出了几种硅酸盐晶体和相应组成玻璃体热力学能的比较。由表可见,玻璃体和晶体两种状态的热力学能差始终很小,以此来判断玻璃形成能力是很困难的,不具一般性。在冷却过程中由于晶态和玻璃态热力学能差别小,更容易形成玻璃体,而较难形成晶体。

表 3.4   几种硅酸盐晶体与玻璃体的生成热

组成	状态	$-\Delta H/(kJ \cdot mol^{-1})$
Pb_2SiO_4	晶态	1 309
	玻璃态	1 294
SiO_2	β-石英	860
	β-鳞石英	854
	β-方石英	858
	玻璃态	848
Na_2SiO_3	晶态	1 258
	玻璃态	1 507

3.2.2   玻璃形成的动力学条件

物质的结晶过程归纳为由晶核生成速率(I_V)和晶核生长速率(u)这两个速率所控制。晶核生成速率 I_V 是指单位时间内单位体积熔体中所生成的晶核数目(个/($cm^3 \cdot s$)),晶核生长速率 u 是指单位时间内晶体的线增长速率(cm/s)。I_V 与 u 均与过冷度($\Delta T = T_M - T$)有关(T_M 为熔点)。图 3.7 称为物质的析晶特征曲线。由图可见,I_V 与 u 曲线上都存在极大值。如果成核速率与生长速率的极大值所处的温度范围很靠近(图3.7(a)),则熔体易析晶而不形成玻璃;反之,熔体就不易析晶而容易形成玻璃(图3.7(b))。通常将两曲线重叠的区域(图 3.7 中阴影部分)称为析晶区域或玻璃不易形成区域。如果熔体在玻璃形成温度(T_g)附近黏度很大,这时形核和晶核生长的阻力都很大,此类熔体易形成过冷液体而不易析晶。因此,熔体是析晶还是形成玻璃与过冷度、黏度、成核速率、生长速率均有关。

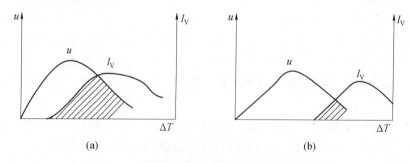

图 3.7   成核速率和生长速率与过冷度的关系

尤曼在 1969 年将冶金工业中使用的 3T 或 T-T-T 图(time-temperature-transformation)方法应用于玻璃转变并取得了很大成功,目前已经成为玻璃形成动力学理论中的重要方法之一。

判断一种物质能否形成玻璃,首先必须确定玻璃中可以检测到的晶体的最小体积,然后再考虑熔体究竟需要多快的冷却速度才能防止这一结晶量的产生,从而获得检测上合格的玻璃。实验证明,当晶体混乱地分布于熔体中,晶体的体积分数(晶体体积/玻璃总体积,V^β/V)为 10^{-6} 时,刚好为仪器可探测出来的浓度。根据相变动力学理论,通过式(3.1)估计防止一定的体积分数的晶体析出所必需的冷却速率。

$$V^\beta/V \approx \frac{\pi}{3} I_V u^3 t^4 \tag{3.1}$$

式中,V^β 为析出晶体体积;V 为熔体体积;I_V 为成核速率;u 为晶体生长速率;t 为时间。

如果只考虑均匀形核,为避免得到 10^{-6} 体积分数的晶体,可从式(3.1)通过绘制 3T 曲线来估算必须采用的冷却速率。绘制这种曲线首先选择一个特定的结晶分数,在一系列温度下计算成核速率和晶体生长速率。把计算得到的 I_V,u 代入式(3.1),求出对应的时间 t。用过冷度($\Delta T = T_M - T$)为纵坐标,冷却时间 t 为横坐标作出 3T 图。图 3.8 示出了这类图的实例。由于结晶驱动力(过冷度)随温度降低而增加,原子迁移率随温度降低而降低,因而造成 3T 曲线弯曲而出现头部突出点。图中 3T 曲线凸面部分为该熔点的物质在一定过冷度下形成晶体的区域,而 3T 曲线凸面部分外围是一定过冷度下形成玻璃体的区域。3T 曲线头部的顶点对应析出晶体体积分数为 10^{-6} 时的最短时间。

为避免形成给定的晶体分数,所需的冷却速率(临界冷却速率)可粗略计算,即

$$\left(\frac{\mathrm{d}T}{\mathrm{d}t}\right)_c \approx \frac{\Delta T_n}{\tau_n} \tag{3.2}$$

式中,ΔT_n 为过冷度($\Delta T_n = T_m - T_n$),T_n 和 τ_n 分别为 3T 曲线头部之顶点所对应的过冷度和时间。

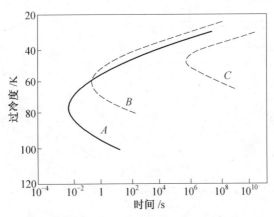

图 3.8 结晶体积分数为 10^{-6} 时具有不同熔点的物质的 3T 曲线

A—T_m 为 365.6 K;B—T_m 为 316.5 K;C—T_m 为 276.6 K

用晶体体积分数为 10^{-6} 时计算得到临界冷却速率来比较不同物质形成玻璃的能力,若临界冷却速率大,则形成玻璃困难而析晶容易。

由式(3.1)可以看出,3T 曲线上任何温度下的时间仅仅随(V^β/V)的 1/4 次方变化。因此,形成玻璃的临界冷却速率对析晶晶体的体积分数是不敏感的。这样有了某熔体 3T 图,对该熔体求冷却速率才有普遍意义。

形成玻璃的临界冷却速率是随熔体组成而变化的。表 3.5 列举了几种化合物的临界

冷却速率和熔融温度时的黏度。

表 3.5 几种化合物生成玻璃的性能

性能	化合物									
	SiO_2	GeO_2	B_2O_3	Al_2O_3	As_2O_3	BeF_2	$ZnCl_2$	$LiCl$	Ni	Se
$T_M/℃$	1 710	1 115	450	2 050	280	540	320	613	1 380	225
$\eta(T_M)/(dPa \cdot s)$	10^7	10^6	10^5	0.6	10^5	10^6	30	0.02	0.01	10^3
T_g/T_M	0.74	0.67	0.72	~ 0.5	0.75	0.67	0.58	0.3	0.3	0.65
$\dfrac{d_T}{dt}/(℃ \cdot s^{-1})$	10^{-6}	10^{-2}	10^{-6}	10^3	10^{-5}	10^{-6}	10^{-1}	10^8	10^7	10^{-3}

表 3.5 中数据显示,凡是熔体在熔点时具有高的黏度,并且黏度随温度降低而剧烈增高,这就使析晶势垒升高。这类熔体容易形成玻璃。而一些在熔点附近黏度很低的熔体,如 LiCl、金属 Ni 等易析晶而不易形成玻璃。$ZnCl_2$ 只有在快速冷却条件下才生成玻璃。

表 3.5 数据还显示,玻璃化转变温度 T_g 与熔点 T_M 之间的相关性(T_g/T_M)也是判别能否形成玻璃的标志。转变温度 T_g 是与动力学有关的参数,它是由冷却速率和结构调整速率的相对大小确定。对于同一种物质,其转变温度越高,表明冷却速率越快,越有利于形成玻璃,对于不同物质,则应综合考虑 T_g/T_M 值。图 3.9 列出了一些化合物的熔点与转变点的关系,图中直线为 $T_g/T_M = 2/3$。由图 3.9 可知,易生成玻璃的氧化物位于直线的上方,而较难形成玻璃的氧化物,特别是金属合金则位于直线的下方。

黏度和熔点是生成玻璃的重要标志,冷却速率是形成玻璃的重要条件。但这些毕竟是反映物质内部结构的外部属性。因此,从物质内部的化学键特性、质点的排列状况等去探求才能得到本质的解释。

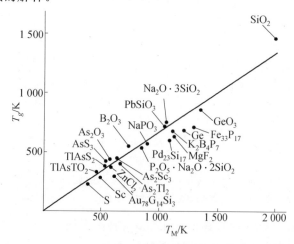

图 3.9 一些化合物的熔点(T_M)和转变点温度(T_g)的关系

3.2.3 玻璃形成的结晶化学条件

动力学问题是玻璃形成的外在条件,玻璃形成规律还需从其内在结构——负离子团的大小、结构的堆积排列状况、化学键的类型和强度等物质的根本性质来探求。

从硅酸盐、硼酸盐、磷酸盐等无机熔体转变为玻璃时,熔体的结构含有多种负离子集团,这些集团可能时分时合。随着温度下降,聚合过程渐占优势,而后形成大型负离子集团。以硅酸盐为例,这种大型负离子集团可以看作由不等数目的 $[SiO_4]^{4-}$ 以不同的连接方式歪扭地聚合而成,宛如歪扭的链状或网络结构。

不同 O/Si 比对应着一定的聚集负离子团结构,形成玻璃的倾向大小和熔体中负离子团的聚合程度有关。聚合程度越低,越不易形成玻璃;聚合程度越高,特别当具有三维网络或歪扭链状结构时,越容易形成玻璃。

硼酸盐、锗酸盐、磷酸盐等无机熔体中,也可采用类似硅酸盐的方法,根据 O/B,O/Ge,O/P 比来粗略估计负离子集团的大小。根据实验,形成玻璃的 O/B,O/Si,O/Ge,O/P 比有最高限值,见表 3.6。这个限值表明熔体中负离子集团只有以高聚合的歪曲链状或环状方式存在时,才能形成玻璃。

表 3.6 形成硼酸盐、硅酸盐等玻璃的 O/B,O/Si 等比值的最高限值

与不同系统配合加入的氧化物	硼酸盐系统 O/B	硅酸盐系统 O/Si	锗酸盐系统 O/Ge	磷酸盐系统 O/P
Li_2O	1.9	2.55	2.30	3.25
Na_2O	1.8	3.40	2.60	3.25
K_2O	1.8	3.20	3.50	2.90
MgO	1.95	2.70	—	3.25
CaO	1.90	2.30	2.55	3.10
SrO	1.90	2.70	2.65	3.10
BaO	1.85	2.70	2.40	3.20

1. 键强

氧化物的键强是决定其能否形成玻璃的重要条件。孙光汉首先于 1947 年提出可以用元素与氧结合的单键强度大小来判断氧化物能否生成玻璃。他首先计算出各种化合物的分解能,并以该种化合物的配位数除之,得出的商数即为单键能。各种氧化物的单键能数值列于表 3.7 中。根据单键能的大小,可将不同氧化物分为以下三类:

(1)玻璃网络形成体(正离子为网络形成离子),其单键强度大于 335 kJ/mol。这类氧化物能单独形成玻璃。

(2)网络改变体(正离子称为网络改变离子),其单键强度小于 250 kJ/mol。这类氧化物不能形成玻璃,但能改变网络结构,从而使玻璃性质改变。

(3)网络中间体(正离子称为网络中间离子),其单键强度介于 250~335 kJ/mol。这类氧化物的作用介于玻璃形成体和网络改变体两者之间。

表 3.7　一些氧化物的单键强度与形成玻璃的关系

元素	每个 MO_2 的分解能 E/kJ	配位数	M—O 单键能/kJ	E_{M-O}/T_m	类型	元素	每个 MO_2 的分解能 E/kJ	配位数	M—O 单键能/kJ	E_{M-O}/T_m	类型
B	1 490	3	498	1.36	网络形成体	Na	502	6	84		网络变性体
		4	373			K	482	9	54		
Si	1 775	4	444	0.44		Ca	1 076	8	134	0.10	
Ge	1 805	4	452	0.65		Mg	930	6	155	0.11	
P	1 850	4	465~369	0.87		Ba	1 089	8	136	0.13	
V	1 880	4	469~377	0.79		Zn	603	4	151		
As	1 461	4	364~293			Pb	607	4	151		
Sb	1 420	4	356~360			Li	603	4	151		
Zr	2 030	6	339			Se	1 515	6	253		
Zn	603	2	302	0.28	网络中间体	La	1 696	7	242		
Pb	607	2	306			Y	1 670	8	209		
Al	1 505	6	205			Sn	1 164	6	193		
Be	1 047	4	264			Ga	1 122	6	188		
Zr	2 031	8	255			Rh	482	10	48		
Cd	498	2	251			Cs	477	12	40		

表 3.7 说明，氧化物熔体中配位多面体能否以负离子团存在而不分解成相应的个别离子，主要与正离子和氧形成键的键强密切相关。键强越强的氧化物熔融后负离子团也越牢固，因此，键的破坏和重新组合也越困难，成核位垒越高，也就不易析晶而易形成玻璃。

劳森(Rawson)进一步发展了孙氏理论，认为玻璃形成能力不仅与单键能有关，还与破坏原有键使之析晶所需的热能有关，提出用单键强度除以各种氧化物的熔点的比率来衡量玻璃形成的倾向。这样，单键强度越高，熔点越低的氧化物越易于形成玻璃。表 3.7 列出了部分氧化物的这一数值。凡氧化物的单键能/熔点大于 0.42 kJ/(mol·K)的称为网络形成体；单键能/熔点小于 0.125 kJ/(mol·K)的则称为网络改变体；数值介于两者之间的称为网络中间体。此判据把物质的结构与其性质结合起来考虑，使网络形成体和网络变体之间的差别更加明显地反映出来。劳森依此判据解释 B_2O_3 易形成稳定的玻璃而难以析晶的原因是由于 B_2O_3 的单键能与熔点比值在所有氧化物中最高。劳森的判据有助于理解二元或多元系统中组成落在低共熔点或共熔界线附近时易形成玻璃的原因。

2. 键型

化学键的特性是决定物质结构的主要因素，因而对玻璃的形成有着重要的影响。一般来说，具有极性共价键和半金属共价键的离子才能生成玻璃。

离子键化合物(如 NaCl，CaF_2 等)在熔融状态以正、负离子的形式单独存在，流动性很大,凝固时靠静电引力迅速组成晶格。离子键作用范围大,又无方向性,且离子键化合物具有较高的配位数(6,8),离子相遇组成晶格的概率较高,很难形成玻璃。所以,一般离子键化合物析晶活化能小,在凝固点黏度很低,很难形成玻璃。

金属键物质如单质金属或合金,在熔融时失去联系较弱的电子后,以正离子状态存在。金属键无方向性和饱和性,并在金属晶格内出现最高配位数 12,原子相遇组成晶格的概率最大,最不易形成玻璃。

纯粹共价键化合物多为分子结构。在分子内部原子以共价键连接,分子间是无方向性的范德华力。一般在冷却过程中质点易进入点阵而构成分子晶格。因此以上三种键型都不易形成玻璃。

当离子键和金属键向共价键过渡时,通过强烈的极化作用,化学键具有方向性和饱和性趋势,在能量上有利于形成一种低配位数(3,4)或一种非等轴式构造,有 sp 电子形成杂化轨道,并构成 σ 键和 π 键,称为极性共价键。这种混合键既具有共价键的方向性和饱和性、不易改变键长和键角的倾向,促进生成具有固定结构的配位多面体,构成玻璃的近程有序;又具有离子键易改变键角、易形成无对称变形的趋势,促进配位多面体不按一定方向连接的不对称变形,构成玻璃远程无序的网络结构。因此,极性共价键的物质比较易形成玻璃态。同样,金属键向共价键过渡的混合键称为金属共价键。在金属中加入半径小电荷高的半金属离子(如 Si^{4+},P^{5+},B^{3+} 等)或加入场强大的过渡金属原子产生强烈的极化作用,形成 spd 或 spdf 杂化轨道,形成金属和加入元素组成的原子团,类似于 $[SiO_4]$ 四面体,也可形成金属玻璃的近程有序,但金属键的无方向性和无饱和性则使这些原子团之间可以自由连接,形成无对称变形的趋势从而产生金属玻璃的远程无序。

综上所述,形成玻璃必须具有离子键或金属键向共价键过渡的混合键型。一般来说,阴、阳离子的电负性差 ΔX 为 $1.5 \sim 2.5$。其中,阳离子具有较强的极化能力,单键强度(M—O)> 335 kJ/mol,成键时 sp 电子形成杂化轨道。这样的键型在能量上有利于形成一种低配位数的负离子团构造(如 $[SiO_4]^{4-}$,$[BO_3]^{3-}$)或结构键(如 $[Se-Se-Se]$,$[S-As-S]$),它们互成层状、链状和架状,在熔融时黏度很大,冷却时分子团聚集易形成无规则的网络,因而容易形成玻璃。

3.3 玻璃结构

3.3.1 玻璃结构模型

玻璃结构的代表性模型有晶子模型(crystallite model)和无规则网络模型(random network model)。

前苏联学者列别捷夫在 1921 年提出晶子模型,其要点如下:

(1)玻璃是由无数"晶子"所组成。

(2)所谓晶子不同于正常晶格的微晶体,而是带有点阵变形的有序区域,它们分散在无定形介质中。

(3)从晶子区域到无定形区域是逐渐过渡的,两者之间无明显界限。

(4)晶子的化学性质决定于玻璃的化学组成。

这些晶子可以是一定组成的化合物，也可以是固溶体。图 3.2 中宽化平坦的衍射峰可作为晶子模型的证据。衍射峰的宽度随小晶体的尺寸的减少而增大，因此，宽化平坦峰可被解释为小晶体的集合体的衍射峰。但根据宽化峰的宽度计算出玻璃结构中的小晶体的尺寸，只有单位晶格大小，这使得此模型与实际不符。

1932 年，德国学者扎哈里阿森基于玻璃与同组成晶体的机械强度的相似性，应用晶体化学的成就，提出了无规则网络模型。他认为玻璃的结构与相应的晶体结构相似，可以用三维空间网络结构的形式来描述，所有氧化物玻璃结构中，这种网络是由离子多面体——三角体 $[MO_3]$ 或四角体 $[MO_4]$ 构成，这些多面体相互间通过角顶上的公共氧搭桥——常称氧桥，构成向三维空间发展的无规则连续网络。但由于网络中离子多面体间做不规则排列，故玻璃结构与晶体结构又有所不同，如图 3.1 所示。

玻璃结构的分析常采用径向分布函数（radial distribution function）。此函数表示的是以一个原子为中心，而其他原子位置的统计分布。它表示从中心到半径 r 的球壳内存在的原子密度。用这种方法假设适当的玻璃结构模型，并计算相应的径向分布曲线。再与实际 XRD 分析得到的曲线对比，如两者一致，则认为假定的模型是正确的。目前，已用径向函数法分析了多种系列玻璃的结构，并不断得到有关玻璃结构的见解。但 XRD 得到的信息是整体结构的平均值，因此，如分析微区结构，还必须配合高分辨电镜（HREM）观察分析结果进行详细深入探讨。

一个有力支持无规则网络模型的例子是，石英玻璃的径向原子分布曲线如图 3.10 所示。由第一峰位置指出硅原子与氧原子的 Si—O 距离为 0.162 nm，第二峰近似为氧与氧距离 0.265 nm，这两个峰与石英晶体中硅氧距离很接近。石英玻璃与石英晶体在两个硅氧四面体之间键角的差别如图 3.11 所示。石英玻璃是由硅氧四面体 $[SiO_4]$ 以顶角相连而组成的三维架状玻璃。石英玻璃 Si—O—Si 键角分布在 $120°\sim180°$ 的范围内，中心在 $145°$，键角的分布范围要比石英晶体宽，而 Si—O 和 O—O 的距离在玻璃中的均匀性几乎与相应的晶体中一样。由于 Si—O—Si 键角变动范围大，使石英玻璃中 $[SiO_4]$ 四面体排列成无规则网络结构，而不像方石英晶体中四面体有良好的对称性。

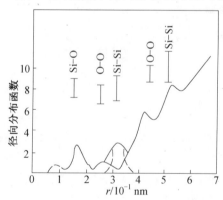

图 3.10 石英玻璃的径向分布函数

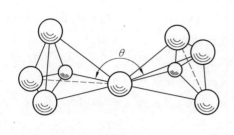
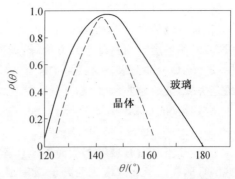

(a) 相邻两硅氧四面体之间的 Si－O－Si 键角示意图　　(b) 石英玻璃与方石英晶体 Si－O－Si 键角分布曲线

图 3.11　Si－O－Si 键角及分布

3.3.2　多元玻璃的结构参数

二元或多元玻璃的结构,由于其成分及形成条件的不同而复杂多样。根据无规则网络学说的观点,玻璃结构中的氧离子构成三角形或四面体,阳离子位于其中心位置。构成玻璃结构中配位多面体的阳离子称为网络形成体(network former),如表 3.1 中符合上述条件的氧化物有 SiO_2,B_2O_3,P_2O_5,V_2O_5,As_2O_3,Sb_2O_3 等。如果玻璃中有碱金属氧化物 R_2O(如 Na_2O,K_2O 等)或碱土金属氧化物 RO(如 CaO,MgO 等)时,$[SiO_4]$ 或其他四面体网络结构中的桥氧被切断而出现非桥氧,而 R^+ 或 R^{2+} 离子无序地分布在某些被切断的桥氧离子附近的网络外间隙中,如图 3.12 所示。这类氧化物改变了玻璃的结构,称为网络改变剂(network modifier)。

若玻璃中含有比碱金属和碱土金属化合价高而配位数小的阳离子,如 Al_2O_3,TiO_2 等氧化物,它们的配位数有 4 或 6,如在有 R^+ 存在的情况下,Al^{3+} 可以取代 Si^{4+} 进入玻璃的网络结构中,可作为网络形成剂;若不满足上述条件时,它又处于网络之外,成为网络改变剂,这类氧化物称为网络中间剂。

玻璃的四个基本结构参数如下:

X——每个多面体中非桥氧离子的平均数;

Y——每个多面体中桥氧离子平均数;

Z——每个多面体中氧离子平均总数;

R——玻璃中氧离子总数与网络形成离子总数之比(一般为 O/Si 比)。

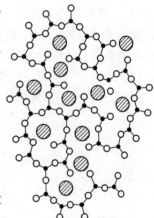

• Si^{4+}　○ O^{2-}　▨ Na^+

图 3.12　钠玻璃结构示意图

这些参数之间存在着两个简单的关系,即

$$X+Y=Z \text{ 和 } X+\frac{1}{2}Y=R$$

或

$$X=2R-Z \text{ 和 } Y=2Z-2R \tag{3.3}$$

每个多面体中的氧离子总数 Z 一般是已知的(在硅酸盐和磷酸盐玻璃中 $Z=4$,硼酸盐玻璃 $Z=3$),用它来描述硅酸盐玻璃的网络连接特点是很方便的。R 通常可以从组成计算出来,因此确定 X 和 Y 就很简单。举例如下。

例 3.1　求下列不同成分玻璃的 X,Y 值,并分析其相应的玻璃性质。

(1)石英玻璃:$Z=4,R=O/Si=2/1=2$,求得 $X=0,Y=4$。说明所有的氧离子都是桥氧,四面体的所有顶角都是共有的,玻璃网络强度达最大值。

(2)$Na_2O \cdot SiO_2$ 水玻璃:$Z=4,R=3$,求得 $X=2,Y=2$,说明在一个四面体上只有 2 个氧是桥氧,其余是非桥氧、断开的。结构网络强度比石英玻璃差。

(3)10%$Na_2O \cdot 8\%CaO \cdot 82\%SiO_2$ 玻璃(摩尔分数):$Z=4,R=(10+8+82\times2)/82=2.22,X=0.44,Y=3.56$。

但是,并不是所有玻璃都能简单地计算四个参数。因为有些玻璃中的离子并不属于典型网络形成离子或网络变性离子,如 Al^{3+},Pb^{3+} 等属于所谓中间离子,这时就不能准确地确定 R 值。在硅酸盐玻璃中,若$(R_2O+RO)/Al_2O_3 \geqslant 1$,则 Al^{3+} 被认为是占据$[AlO_4]$四面体的中心位置,Al^{3+} 作为网络形成离子计算;若$(R_2O+RO)/Al_2O_3 < 1$,则把 Al^{3+} 作为网络变性离子计算。但这样计算出来的 Y 值比真实 Y 值要小。一些玻璃的网络参数见表 3.8。

表 3.8　典型玻璃的网络参数 X,Y 和 R 值

组　成	R	X	Y	组　成	R	X	Y
SiO_2	2	0	4	$Na_2O \cdot Al_2O_3 \cdot 2SiO_2$	2	0	4
$Na_2O \cdot 2SiO_2$	2.5	1	3	$Na_2O \cdot SiO_2$	3	2	2
$Na_2O \cdot 1/3Al_2O_3 \cdot 2SiO_2$	2.25	0.5	3.5	P_2O_5	2.5	1	3

Y 又称为结构参数,玻璃的很多性质取决于 Y 值。Y 值小于 2 的硅酸盐玻璃就不能构成三维网络。Y 值越小,网络空间上的聚集越小,结构也变得较松,并随之出现较大的间隙,结果使网络变性离子的运动,不论在本身位置振动或从一位置通过网络的间隙跃迁到另一个位置都比较容易。因此随 Y 值递减,出现热膨胀系数增大、电导增加和黏度减小等变化。

从表 3.9 可以看出 Y 对玻璃一些性质的影响。表中每对玻璃的两种化学组成完全不同,但它们都具有相同的 Y 值,因而具有几乎相同的物理性质。

表 3.9　Y 对玻璃性质的影响

组　成	Y	熔融温度/℃	膨胀系数$(\alpha\times10^7)$	组　成	Y	熔融温度/℃	膨胀系数$(\alpha\times10^7)$
$Na_2O \cdot 2SiO_2$	3	1 523	146	$Na_2O \cdot SiO_2$	2	1 323	220
P_2O_5	3	1 573	140	$Na_2O \cdot P_2O_5$	2	1 373	220

在多种釉和搪瓷中氧和网络形成体之比一般在 2.25~2.75。通常钠钙硅玻璃中约为 2.4,硅酸盐玻璃与硅酸盐晶体随 O/Si 比增加到 4。从结构上均由三维网络骨架而变为孤岛状四面体。无论是结晶态还是玻璃态,四面体中的 Si^{4+} 都可以被半径相近的离子置换而不破坏骨架,除非 Si^{4+} 和 O^{2-} 位置有一定的配位原则。

3.3.3　玻璃结构与熔体结构的关系

熔体是指加热到较高温度才能液化的物质的液体,熔体或液体是介于气体和晶体之

间的一种物质状态。熔体与玻璃体结构很相似,它们的结构中存在着近程有序的区域。与其他熔体不同的是硅酸盐熔体倾向于形成相当大的、形状不规则的、短程有序的离子聚合体,其结构特点如下:

(1) 熔体中有许多聚合程度不同的硅氧负离子集团平衡共存,这类聚合体的种类、大小和复杂程度随熔体的组成和温度而变。温度一定,一定组成的熔体则存在着相应的聚合体,聚合体随氧硅比减小而增加,聚合反应为

$$[SiO_4]^{4-} + [Si_nO_{3n+1}]^{(2n+2)-} \Longrightarrow [Si_{n+1}O_{3n+4}]^{(2n+4)-} + O^{2-}$$

(2) 熔体中含有硼、锗、磷、砷等氧化物时也会形成类似的聚合,聚合度也随氧与它们的比率及温度而改变。

(3) 熔体中含有 Al^{3+} 时,Al^{3+} 不能独立形成硅酸盐类型的负离子集团,但它能与 Si^{4+} 置换,进入聚合结构之中,这时的熔体结构不会发生显著改变。

(4) 当硅酸盐熔体中含有离子半径大而电荷小的碱金属阳离子如 K^+,Na^+ 时,由于这些阳离子与氧离子间的键强比硅与氧间键强弱得多,氧离子容易被硅夺去,导致一定数量的硅氧负离子集团中的桥氧断裂,负离子集团解体而变小,聚合程度降低,这类离子或氧化物改变了硅酸盐熔体的结构。

(5) 如果在硅酸盐熔体中存在某些碱土金属氧化物,如 MgO,CaO,FeO 等,这些氧化物中的阳离子与氧都有较强的键合,以至它们周围的氧难以被硅夺去,而在熔体中出现了独立的 R—O(R 代表某些碱土金属阳离子)离子聚集区域,这个区域的硅相对较少;而熔体中其余区域相对为硅氧富集区域,R 离子较少,这样在熔体中出现了两种或两种以上组成和结构不同的液相区域分离共存的现象。硅酸盐熔体中这种分成两种或两种以上的不相混溶液相的现象,称为分相现象。氧和各种阳离子间的键强近似地决定于阳离子电荷与其半径之比(Z/r),这个比值越大,熔体分离成两种不混溶的液滴的倾向越明显。Sr^{2+},Mg^{2+},Ca^{2+} 等正离子的 Z/r 比值大,容易导致熔体分相。K^+,Cs^+,Rb^+ 的 Z/r 比值较小,不易导致熔体分相,但 Li^+ 的半径小,会使硅氧熔体中出现很小的第二液相的液滴,造成乳光现象。

玻璃态是热力学不稳定、动力学稳定的状态,在玻璃的熔融态向玻璃态转变的过程中,由于黏度增长很快、析晶速度很小且保持熔融态的结构,因此,玻璃结构与熔体结构的关系体现在以下几个方面:

(1)玻璃结构除了与成分有关以外,在很大程度上与硅酸盐熔体形成条件、玻璃的熔融态向玻璃态转变的过程有关,不能以局部的、特定的条件下的结构来代表所有玻璃在任何条件下的结构状态。即不能把玻璃结构看作是一成不变的。

(2)玻璃是过冷的液体,玻璃结构是熔体结构的继续。即玻璃结构与熔体结构有一定的继承性。

(3)玻璃冷却至室温时,它保持着与该温度范围内的某一温度相应的平衡结构状态和性能。即玻璃结构与熔体结构有一定的结构对应性。

3.4 非晶的晶化

非晶态物质具有远程无序结构,结构中质点较多的,保留了液体或气体的无规则排列

特点,但是它们已经失去了液体或气体质点所具有的长程快速迁移和布朗运动的能力,更多地表现出其"平衡"位置附近的热振动。当然随着温度的升高,质点的活动能力不断加大,甚至可以脱离"平衡"位置做长程迁移(扩散或黏滞流动)。显然,非晶态是热力学不稳定状态,只要必需的动力学条件满足,非晶晶化是必然的事情。因此,将玻璃加热,在某一温度会产生结晶。结晶是放热反应,在示差热分析(DTA)曲线上会出现放热峰。图 3.13 为金属-准金属系非晶态合金的 DTA 曲线示意图。伴随着加热过程有三个放热峰出现,但它们分别与亚稳相Ⅰ、Ⅱ及稳定相的形成峰对应。这些峰的开始温度被认为是晶化温度 T_X。由于晶化温度随升温速度而变化,所以并非是一恒定的常数,但对晶化的难易程度可以在知道玻璃稳定性的基础上进行估计,即$(T_x - T_g)$值可作为表示玻璃稳定性的参数使用。除一部分金属玻璃外,多数玻璃的$(T_x - T_g)$值为正数,此值越大的玻璃越稳定。

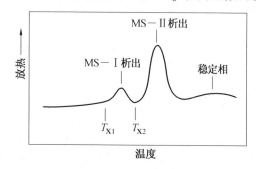

图 3.13　金属-非金属非晶态合金 DTA 曲线图

加热使玻璃晶化,其晶化温度范围在 T_x 与 T_g 之间。等温加热使玻璃晶化时,其晶化速度在某一温度有最大值,其等温晶化曲线图与钢 3T 图相类似。晶体成核-长大可以用一般的相变力学理论来处理,但如图 3.13 所示,玻璃晶化时最先形成的晶体并不一定是稳定相,往往在稳定相形成之前,先形成亚稳相。由于同时形成几种相,因而处理起来也很复杂。要彻底搞清玻璃的晶化过程及机理,不光要靠 DTA 分析结果,还要进行组织结构分析,如 XRD 分析、TEM 分析等,将其多方面结果综合分析,才能得出正确结论。

对于单组分玻璃(如石英玻璃 SiO_2 等),玻璃晶化只是围绕晶核质点从无序到有序的转化过程,质点的迁移路径通常较短,晶体产物也只是该组成对应的晶体。由于晶核是遍布整个玻璃体的,所以通过热处理手段的玻璃晶化一般只能得到多晶固体(含有少量残余玻璃相)。表面成核晶化则会产生晶粒大小和析晶量的梯度分布。石英玻璃的析晶通常属于表面析晶,多数情况下由表面 SiOH 集团引起,因此受环境湿度和热处理气氛性质影响较大,较大湿度和较高的氧分压有利于石英玻璃的析晶。石英玻璃析晶产物主要是方石英。由于方石英在 230 ℃左右存在着高低温转变,转变时发现很大的体积变化(2.8%),因此当石英玻璃中析出较多的方石英时,对制品会产生很大的破坏作用,故在制造熔石英陶瓷(由石英玻璃粉末烧结而成)时,应尽量避免石英玻璃析晶。抑制石英玻璃析晶的途径包括热处理温度、湿度(或气氛)的控制以及添加剂的使用。能有效地抑制石英玻璃析晶的添加剂应具有强化和杂化硅氧网络结构的能力,它可以是高价氧化物、氮化物和碳化物。

多元玻璃的析晶通常始于玻璃的分相,玻璃的分相能形成有利于形核的界面和有利于析晶的微区成分。

对于大多数玻璃来说析晶是一种缺陷,但是有控制地从玻璃中析出微小晶粒却被人们用来作为强化玻璃的一种手段,从而产生一类重要的复合材料——微晶玻璃(或称为玻璃陶瓷,glass ceramics)。微晶玻璃制备一般是以一些多元玻璃成型体为基础,通过热处理析出具有特定形貌和大小的晶体颗粒。微晶玻璃的制造工艺除了与一般玻璃工艺一样要经过原料调配、玻璃熔融、成型等工序外,还要进行两个阶段的热处理。首先在有利于成核的温度下使之产生大量的晶核,然后再缓慢加热到有利于结晶长大的温度下保温,使晶核得以长大,最后冷却。这样所得的产品除了结晶相外还有剩余的玻璃相。微晶玻璃中的晶粒尺寸约为 $1~\mu m$,最小可到 $0.02~\mu m$(一般无机多晶材料晶粒为 $2\sim20~\mu m$)。整个热处理过程如图 3.14 所示。

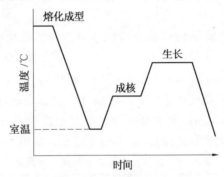

图 3.14 玻璃-陶瓷材料受控结晶过程的温度-时间示意图

目前已经开发出许多具有独特性能的微晶玻璃系统,并且获得了广泛工程应用。比如,以 β-锂辉石和锂霞石为主晶相的 Li_2O-Al_2O_3-SiO_2 微晶玻璃,具有极低的热膨胀系数;以堇青石为主晶相的 MgO-Al_2O_3-SiO_2 和以钡长石为主晶相的 BaO-Al_2O_3-SiO_2 微晶玻璃,具有优异的抗热振性、耐热性和介电性能;以羟基磷灰石和硅灰石为主晶相的 CaO-P_2O_5-SiO_2 微晶玻璃,具有很好的生物相容性和生物活性;以各类云母为主晶相的 F-K_2O-MgO-Al_2O_3-SiO_2 微晶玻璃,具有良好的可加工性能;以矿渣为主要原料的 CaO-Al_2O_3-SiO_2 建筑微晶玻璃等。

通过析出特殊形貌晶体来实现玻璃的原位韧化,工艺简单而且有效。对 BaO-ZnO-B_2O_3-SiO_2-F 玻璃通过热处理可以析出一种具有长棒状结构的 Zn_2SiO_4 晶体,使玻璃的断裂韧性(K_{IC})从原来的 $1.13~MPa \cdot m^{1/2}$ 提高到 $2.26~MPa \cdot m^{1/2}$,并且使材料具有良好的加工性能。再如,以不同成分的 SiBON 纳米非晶态粉末为原料,在热压烧结致密化过程中,从非晶态基体中可以分别析出具有层片状结构的 h-BN 晶粒和具有 BN 包皮的纤维,所析出的晶片和纤维对裂纹扩展的偏转和桥联作用,使 SiBON 微晶玻璃的断裂韧性分别达到 $2.08~MPa \cdot m^{1/2}$ 和 $3.43~MPa \cdot m^{1/2}$。

玻璃的晶化也被用于高温结构陶瓷制备中,通过采用具有促进晶界玻璃相晶化的添加剂来提高陶瓷的抗高温蠕变能力。例如,在 Si_3N_4 陶瓷烧结中,通常加入 MgO 作为烧结助剂,它可以在高温烧结时与 Si_3N_4 及其表面 SiO_2 反应形成低黏度液相,促进 Si_3N_4 通常的致密化和 α→β 相转变。然而,这种液相会在冷却时以玻璃相形式保留在 Si_3N_4 陶瓷的晶界处,导致材料的抗高温蠕变能力降低。如果在添加 MgO 的基础上再加入 Y_2O_3,这时产生的晶界玻璃相高温时可晶化为 $Mg_5Y_6Si_5O_{24}$,从而提高了 Si_3N_4 陶瓷的抗蠕变性。

3.5　无机玻璃的种类

实际应用玻璃的种类很多,其用途也多种多样。表 3.10 列出了主要的结构玻璃及功能玻璃。

3.5.1　硅酸盐玻璃

能实际应用的唯一的单纯氧化物玻璃是石英玻璃(SiO_2)。由于它耐蚀、耐热、膨胀系数小,因而应用广泛。但由于纯 SiO_2 的熔点高达 1 730 ℃,用熔融法制作困难,因此纯石英玻璃价格较高。

以 SiO_2 为主要成分的玻璃统称为硅酸盐玻璃。硅酸盐玻璃由于资源广泛、价格低廉,对常见试剂和气体介质化学稳定性好、硬度高、生产方法简单等优点而成为实用价值最大的一类玻璃。在 SiO_2 加入 Na_2O,CaO 等网络修饰体,使熔点下降,使其容易熔化及成型,易于熔化和成型是工业玻璃生产的必要条件。容器玻璃及平板玻璃等实用玻璃的大部分,都是以 SiO_2-Na_2O-CaO 为主要成分的硅酸盐玻璃。另外,Al_2O_3 含量多的玻璃称为硅酸盐玻璃,这种玻璃的软化点高,故作为高温玻璃应用。

表 3.10　代表性无机玻璃的成分及用途

	代表成分	用途
结构玻璃	SiO_2(单纯氧化物)	石英玻璃,光纤玻璃
	SiO_2—NaO_2—CaO(硅酸盐玻璃)	平板玻璃,容器用玻璃
	SiO_2—Al_2O_3(铝硅酸盐玻璃)	高压水银灯玻璃,物理化学用燃烧管
	SiO_2—NaO_2—B_2O_3(硼硅酸盐玻璃)	Pyrex 耐热玻璃
		多孔石英玻璃及 Vycor 耐热玻璃的原料
	B_2O_3—PbO,B_2O_3—ZnO—PbO(硼酸盐玻璃)	焊接用玻璃
	SiO_2—NaO_2—ZrO_2—Al_2O_3	水泥强化用玻璃纤维
	SiO_3N_4—SiO_2—Al_2O_3(氮氧玻璃)	
光纤玻璃	SiO_2+SiO_2—B_2O_3,SiO_2—GeO_2	光通信用纤维
光色玻璃	SiO_2—Na_2O—Al_2O_3—B_2O_3＋卤化银结晶	眼镜镜片
玻璃激光器	SiO_2—BaO—K_2O—Nd_2O_3	激光核融钢铁材料
导电玻璃	AgI—Ag_2O—P_2O_5	
高强度玻璃	SiO_2—MgO—Al_2O_3	调频绝缘体,IC 基板
低热膨胀玻璃	SiO_2—Li_2O—Al_2O_3 SiO_2—TiO_2	家庭用品热交换器大型反射镜

3.5.2 硼酸盐玻璃

B_2O_3 是硼酸盐玻璃中的主要玻璃形成剂。B—O 之间形成 sp^2 三角形杂化轨道,它形成 3 个 σ 键,还有 π 键成分。在 B_2O_3 玻璃中,存在以三角形相互连接的基因($[BO_3]$ 三角体作为基本结构单元)。按无规则网络学说,纯氧化硼玻璃的结构可以看成是由硼氧三角体无序地相连接而组成的向二度空间发展的网络,虽然硼氧键能(498 kJ)略大于硅氧键能(444 kJ),但因为 B_2O_3 玻璃的层状(或链状)结构的特性,即其同一层内 B—O 键很强,而层与层间由分子引力相连是一种弱键,所以 B_2O_3 玻璃的一些性能比 SiO_2 玻璃软化温度低(约 450 ℃),化学稳定性差(易在空气中潮解),热膨胀系数高,因而纯 B_2O_3 玻璃使用的不多。它只有与 R_2O,RO 等氧化物组合才能制成具有实用价值的硼酸盐玻璃。含有 B_2O_3 的代表性硼硅酸盐(pyrex)玻璃,它属于 SiO_2-Na_2O-B_2O_3 系玻璃,其中 Na_2O 的质量分数为 4.4%,B_2O_3 的质量分数为 12%。

硼酸盐玻璃存在一个极为特殊的硼反常现象。硼酸盐玻璃随着 $Na_2O(R_2O)$ 的质量分数的增加,桥氧数增大,热膨胀系数逐渐下降。当 Na_2O 的质量分数达到 15%~16% 时,桥氧又开始减少,热膨胀系数重新上升,这种反常过程称为硼反常现象。如图 3.15 所示,含 B_2O_3 的二元玻璃中桥氧数目 O_b、热膨胀系数 α 和软化温度 T_g 随 R_2O 的质量分数而变化。当 Na_2O 的质量分数达到 15%~16% 时出现转折。当数量不多的碱金属氧化物同 B_2O_3 一起熔融时,碱金属所提供的氧不像熔融 SiO_2 玻璃中作为非桥氧出现在结构中,而是使硼转变为由桥氧组成的硼氧四面体。致使 B_2O_3 玻璃从原来二度空间层状结构部分转变为三度空间的架状结构,从而加强了网络结构,并使玻璃的各种物理性能变好。随着碱金属或碱土金属加入量的增加,此时 Na_2O 提供的氧不再用于形成硼氧四面体,而是以非桥氧形式出现于三角体中,从而使结构网络连接减弱,导致一系列性能变坏。由于硼氧四面体之间本身带有负电荷不能直接相连,而通常是由硼氧三角体或另一种耦合存在的多面体来相隔,因此,硼加入量超过某一限度时,硼氧四面体与硼氧三角体相对的质量分数的变化导致结构和性质发生逆转现象。

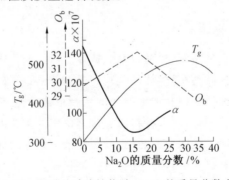

图 3.15 硼酸盐玻璃性能随 Na_2O 的质量分数变化

在熔制硼酸盐玻璃时常发生分相现象,一般是分成互不相溶的富硅氧相和富碱硼酸盐相。其原因是硼氧三角体的相对数量很大,并进一步富集在一定区域内。B_2O_3 的质量分数越高,分相倾向越大。通过一定的热处理可使分相更加剧烈,甚至可使玻璃发生乳浊。

硼硅酸盐玻璃具有某些优异的特性而使它成为不可取代的一种玻璃材料。例如,硼酐是唯一能用以制造有效吸收慢中子的氧化物玻璃。氧化硼玻璃的转变温度约为300 ℃，比玻璃(1 200 ℃)低很多，利用这一特点，硼玻璃广泛用作玻璃焊接、易熔玻璃和涂层物质的防潮和抗氧化。硼对中子射线的灵敏度高，硼酸盐玻璃作为原子反应堆的窗口对材料起到屏蔽中子射线的作用。特种硼酸盐玻璃的另一特性是 X 射线透过率高，以 B_2O_3 为基础配方再加轻元素氧化物(BeO，Li_2O，MgO，Al_2O_3)所制得的玻璃，是制造 X 射线管小窗的最适宜材料。含硼的稀土金属玻璃在光学方面也有重要应用。

3.5.3　磷酸盐玻璃

P 与 O 构成的磷氧四面体$[PO_4]^{3-}$是磷酸盐玻璃的网络构成单位。磷是 5 价离子，和$[SiO_4]$四面体不同的是$[PO_4]$四面体的四个键中有一个构成双键 $O—P=O$ ，$P—O—$

P 键角约为 115°，$[PO_4]$四面体以顶角相连成三维网络。与$[SiO_4]$不同的是，双键的一端没有和其他四面体键合，因此，每个四面体只和三个四面体而不是四个四面体连接，导致结构的不对称，这是磷酸盐玻璃黏度小、化学稳定性差和热膨胀系数大的主要原因。当加入网络改良剂如 R_2O，RO 时，磷酸盐的网络和硅酸盐网络一样破坏。

以 P_2O_5 为主要成分的玻璃，具有透紫外线、低色散等特点，但化学稳定性差，熔制时对耐火坩埚的侵蚀较大。铝磷酸盐玻璃(如 ZnO-Al_2O_3-P_2O_5 体系)对氢氟酸有一定的抵抗能力。磷酸盐玻璃可用作低色散光学玻璃或其他特种玻璃。

3.6　无机玻璃的性质

玻璃的性质主要指影响到玻璃形成、结构与性质的黏度(η)和表面能(γ)、电导性、光学性能、力学性能、热学性能以及化学性能。

3.6.1　黏度及表面性质

玻璃生产的各个阶段，从熔制、澄清、均化、成形、加工，直到退火的每一工序都与黏度密切相关。如熔制玻璃时，黏度小，熔体内气泡容易溢出；在玻璃成形和退火方面黏度起控制性作用；玻璃制品的加工范围和加工方法的选择取决于熔体黏度及其随温度变化的速率。黏度也是影响水泥、陶瓷、耐火材料烧成速率快慢的重要因素。降低黏度对促进烧结有利，但黏度过低又增加了胚体变形的能力；在瓷釉中如果熔体黏度控制不当就会形成流釉等缺陷。此外，熔渣对耐火材料的腐蚀，对高炉和锅炉的操作也和黏度有关。因此熔体的黏度是无机材料制造过程中需要控制的一个重要工艺参数。

黏度是流体(液体或液体)抵抗流动的量度。当液体流动时，一层液体受到另一层液体的牵制，层内摩擦力 F 的大小与两层液体间的接触面积及其垂直流动方向的速度梯度成正比，即

$$F = \eta S \frac{dv}{dx}$$

(3.4)

式中,F 为两层液体间的内摩擦力;S 为两层液体间的接触面积;$\dfrac{\mathrm{d}v}{\mathrm{d}x}$ 为垂直流动方向的速度梯度;η 为比例系数,称为黏度。

因此,黏度的物理意义为:单位接触面积、单位速度梯度下两层液体间的内摩擦力,单位是 Pa·s。1 Pa·s=1 N·s/m²=10 dyn·s/cm²=10 P(泊)或 1 dPa·s(分帕·秒)=1 P(泊)。黏度的倒数称为液体流动度 φ,即 $\varphi=1/\eta$。

影响熔体黏度的主要因素是温度和化学组成。硅酸盐熔体在不同温度下的黏度相差很大,可以从 10^{-2} Pa·s 变化至 10^{15} Pa·s;组成不同的熔体在同一温度下的黏度也有很大差别。在硅酸盐熔体结构中,由聚合程度不同的多种聚合物交织而成的网络,使得质点之间的移动很困难,因此硅酸盐熔体的黏度比一般液体高得多,见表 3.11。

表 3.11   几种熔体的黏度

熔体	温度/℃	黏度/(Pa·s)
水	20	0.001 006
熔融 NaCl	800	0.001 49
钠长石	1 400	17 780
80%钠长石+20%钙长石(质量分数)	1 400	4 365
瓷釉	1 400	1 585

硅酸盐熔体的黏度相差很大,不同范围的黏度用不同方法测定。

(1)拉丝法。$\eta = 10^7 \sim 10^{15}$ Pa·s,把熔体拉成丝,根据其伸长速度来测定。

(2)转筒法。$\eta = 10^1 \sim 10^7$ Pa·s,利用铂丝悬挂的转筒浸在熔体内转动,悬丝受到熔体的黏滞阻力作用而扭成一定角度,由此扭转角的大小来测定 η。

(3)落球法。$\eta = 10^{0.5} \sim 1.3 \times 10^5$ Pa·s,根据斯托克斯沉降原理,测定铂球在熔体中下落速度求 η。

(4)振荡阻滞法。η 很小时(10^{-2} Pa·s)用此法。

3.6.2   力学性质

在实际应用中玻璃制品经常受到弯曲、拉伸和冲击应力,较少受到压缩应力。玻璃的力学性质主要指标是抗拉强度和脆性指标。

玻璃的理论抗拉强度极限为 12 000 MPa,实际强度只有理论强度的 1/300~1/200,一般为 30~60 MPa,玻璃的抗压强度为 700~1 000 MPa。玻璃中的各种缺陷造成了应力集中或薄弱环节,试件尺寸越大,缺陷存在得越多。缺陷对抗拉强度的影响非常显著,对抗压强度的影响较小。工艺上造成的外来杂质和波筋(化学不均匀部分)对玻璃的强度有明显影响。

脆性是玻璃的主要缺点。玻璃的脆性指标 E 为 1 300~1 500(橡胶为 0.4~0.6,钢为 400~460,混凝土为 4 200~9 350)。E 越大,说明脆性越大。

3.6.3   热学性质

玻璃的热学性质主要包括比热容、热膨胀、导热性、热稳定性等。玻璃的热容随温度上升而增加。在转变温度(T_g)以下,热容的增加不明显;温度升到T_g以上,热容迅速增加;熔融态玻璃的热容随着温度的上升而急剧增加。玻璃的热膨胀系数主要是由玻璃的化学组成决定的,Na_2O和K_2O能显著地提高热胀系数;石英玻璃的热胀系数最小;增加SiO_2的含量可获得低热胀系数的玻璃。玻璃是热的不良导体,玻璃的热导率约为铜的1/400。当玻璃突然遇冷时,常常因收缩差异引起的体积效应易造成局部或表面张应力,致使玻璃破裂。玻璃的热稳定性是指玻璃能经受急剧的温度变化而不破裂的性能,它主要取决于玻璃的热膨胀系数、弹性模量和强度。在温度剧烈变化时玻璃会产生碎裂,玻璃的急热稳定性比急冷稳定性要强一些。钠钙玻璃热膨胀系数大,耐急冷热能力差;硼硅酸盐玻璃热膨胀系数小,耐急冷急热能力强,称为耐热玻璃;热膨胀系数最低的石英玻璃,热稳定性最好。

3.6.4　电学性质

玻璃的电学性质是同现代信息技术密切相关的一项重要性质。它主要指玻璃的导电能力,用电导率衡量。玻璃电导率受温度和化学组成影响。常温下玻璃的电导率很小,是电的绝缘体。玻璃的电导率随温度的升高而急剧上升,熔融状态一般为电导体。石英玻璃的绝缘性能最好,玻璃中碱金属氧化物会使电导率显著增加。

3.6.5　光学性质

光学性质是玻璃最重要的物理性质。光线照射到玻璃表面可以产生透射、反射和吸收三种情况。光线透过玻璃称为透射,光线被玻璃阻挡,按一定角度反射出来称为反射,光线通过玻璃后,一部分光能量损失在玻璃内部称为吸收。

玻璃中光的透射随玻璃厚度增加而减少。玻璃中光的反射对光的波长没有选择性,玻璃中光的吸收对光的波长有选择性。可以在玻璃中加入少量着色剂,使其选择吸收某些波长的光,但玻璃的透光性降低。还可以改变玻璃的化学组成来对可见光、紫外线、红外线、X射线、和γ射线进行选择吸收。

3.6.6　化学稳定性

玻璃具有较高的化学稳定性,它可以抵抗除氢氟酸以外所有酸类的侵蚀,硅酸盐玻璃一般不耐碱。玻璃遭受侵蚀性介质腐蚀,也能导致变质和破坏。大气对玻璃侵蚀作用实质上是水汽、二氧化碳、二氧化硫等作用的综合效应。实践证明,水汽比水溶液具有更大的侵蚀作用。普通窗玻璃长期使用后出现表面光泽消失,或表面晦暗,甚至出现斑点和油脂状薄膜等,就是由于玻璃中的碱性氧化物在潮湿空气中与二氧化碳反应生成碳酸盐造成的。这一现象称为玻璃发霉。可用酸浸泡发霉的玻璃表面,并加热至400～450℃除去表面的斑点或薄膜。通过改变玻璃的化学成分,或对玻璃进行热处理及表面处理,可以提高玻璃的化学稳定性。

玻璃的着色在理论上和实践上有重要的意义,它不仅关系到各种颜色玻璃的生产,也是一种研究玻璃结构的手段。根据原子结构的观点,物质所以能吸收光,是由于原子中电子(主要是价电子)受到光能的激发,从能量较低的E_1"轨道"跃迁到能量较高的E_2"轨道",即从基态跃迁到激发态所致。因此,只要基态和激发态之间的能量差($E_2 - E_1$)处于可见光的能量范围时,相应波长的光就被吸收,从而呈现颜色。根据着色机理的特点,颜色玻璃大致可以分为离子着色、硫硒化物着色和金属胶体着色三大类。在这里不作赘述。

习 题

3.1 说明熔体中聚合物形成过程。

3.2 简述影响熔体黏度的因素。

3.3 试用实验方法鉴别晶体 SiO_2、SiO_2 玻璃、硅胶和 SiO_2 熔体。它们的结构有什么不同?

3.4 简述玻璃的通性。

3.5 哪些物质可以形成非晶态固体? 形成非晶态固体的手段有哪些?

3.6 简述晶子学说与无规则网络学说的主要观点,并比较两种学说在解释玻璃结构上的相同点和不同点。

3.7 在玻璃性质随温度变化的曲线上有两个特征温度 T_g 和 T_f,试说明这两个特征温度的含义,及其相对应的黏度。

3.8 一种熔体在 1 300 ℃时的黏度是 310 Pa·s,在 800 ℃时是 10^7 Pa·s,在 1 050 ℃时其黏度为多少? 在此温度下急冷能否形成玻璃?

3.9 在 SiO_2 中应加入多少 Na_2O,使玻璃的 O/Si=2.5,此时析晶能力是增强还是削弱?

3.10 网络变性体(如 Na_2O)加到石英玻璃中,使氧硅比增加,实验观察到 O/Si≈2.5~3.0时,即达到形成玻璃的极限,O/Si>3 时,则不能形成玻璃,为什么?

3.11 试计算下列玻璃的结构参数:$Na_2O·SiO_2$,$Na_2O·CaO·Al_2O_3·2SiO_2$,$Na_2O·1/3Al_2O_3·2SiO_2$。

3.12 玻璃的组成为 13%Na_2O-13%CaO-17%SiO_2(质量分数),计算结构参数和非桥氧的质量分数。

3.13 有一组二元硅酸盐熔体,其 R 值变化为 2,2.5,3,3.5,4。写出熔体一系列性质的变化规律:游离碱含量的变化;氧硅物质的量比的变化;低聚物数量;熔体黏度;形成玻璃的能力;析晶能力。

3.14 从以下两种釉式中,你能否判断两者的熔融温度、黏度、表面张力上的差别? 说明理由。

(1)

$$\left.\begin{array}{l} 0.2K_2O \\ 0.2Na_2O \\ 0.4CaO \\ 0.2PbO \end{array}\right\} 0.3\ Al_2O_3 \quad 0.5B_2O_3 \quad 2.1SiO_2$$

(2)

$$\left.\begin{array}{l} 0.2K_2O \\ 0.2MgO \\ 0.6CaO \end{array}\right\} 1.1\ Al_2O_3·10.0\ SiO_2$$

3.15　正硅酸铅 $PbSiO_4$ 玻璃的密度为 7.36 g/cm^3，求这种铅玻璃中氧的密度为多少？如果将它与熔融石英玻璃（密度为 2.2 g/cm^3）中的氧密度相比较，试指出在这种铅玻璃中铅离子所在的位置。（其中 O，Si，Pb 的相对原子质量分别为 16，28，207）。

3.16　已知石英玻璃的密度为 2.3 g/cm^3，假定玻璃中原子尺寸与晶体 SiO_2 相同，试计算该玻璃的原子堆积系数是多少？

3.17　高硼硅酸盐耐热玻璃的主要组成是 96％ SiO_2 和 4％ B_2O_3（质量分数）。原子堆积系数是 0.44，计算它的密度。

3.18　试述玻璃形成的热力学、动力学和结晶化学条件。

3.19　说明在一定温度下同组成的玻璃比晶体具有较高的热力学能及晶体具有一定的熔点而玻璃体没有固定熔点的原因。

3.20　什么是硼反常现象？为什么会产生这些现象？

第4章　晶体结构缺陷

实际上,晶体中总存在着造成晶体点阵结构周期势场畸变的因素,称为晶体不完整性或晶体的结构缺陷。缺陷对材料的影响主要有以下两方面:一方面是对材料制备过程中的动力学过程的影响,晶体中若没有缺陷,扩散就几乎不可能,而固体间的反应、烧结、扩散相变等都涉及原子的迁移、扩散,没有缺陷,上述过程就无法进行;另一方面,晶体缺陷是结构敏感性的物理根源,结构完整性有差异而造成性质差异的现象称为结构敏感性,随着测量技术的提高,材料的所有性能和材料加工、使用过程中所表现出来的行为在不同程度上都存在着结构敏感性。缺陷的产生、类型、数量及其运动规律,对晶体的许多物理与化学性质会产生巨大的影响,所以晶体缺陷是研究晶体结构敏感性的关键问题和研究材料质量的核心内容。了解和掌握各种缺陷的成因、特点及其变化规律,对于材料工艺过程的控制,材料性能的改善,新型结构和功能材料的设计、研究与开发具有非常重要的意义。

按照晶体缺陷在空间延伸的线度分类,晶体的结构缺陷主要类型见表4.1。

表 4.1　晶体结构缺陷主要类型

缺陷类型		名　称	缺陷类型	名　称
点缺陷	瞬变缺陷	声子	广泛缺陷	缺陷簇
	电子缺陷	电子、空穴		切变结构
	原子缺陷	空位		块结构
		填隙原子	面缺陷	晶体表面
		取代原子		晶粒晶界
		缔合中心	体缺陷	孔洞和包裹物
线缺陷		位错		

4.1　点缺陷

研究晶体的缺陷,就是要讨论缺陷的产生、缺陷类型、浓度大小及对各种性质的影响。20世纪60年代,F. A. Kröger和H. J. Vink建立了比较完整的缺陷研究理论——缺陷化学理论,主要用于研究晶体内的点缺陷,点缺陷是无机非金属材料中最重要的也是最基本的结构缺陷。

4.1.1　点缺陷的种类

点缺陷主要是原子缺陷和电子缺陷,其中原子缺陷可以分为三种类型。

空位指在有序的理想晶体中应该被原子占据的格点,现在却空着。用Vacancy单词的第一个字母 V 表示空位。

间隙原子指原子进入晶体中正常结点之间的间隙位置,成为间隙原子或称填隙原子,用 interval 单词的第一个字母 i 表示间隙位。

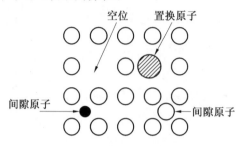

图 4.1　点缺陷示意图

杂质原子指一种晶体格点上占据的是另一种原子。如 AB 化合物晶体中,A 原子占据了 B 格点的位置,或 B 原子占据了 A 格点的位置(也称错位原子);或外来原子(杂质原子)占据在 A 格点或 B 格点上,生成取代式杂质原子,也可以进入本来就没有原子的间隙位置,生成间隙式杂质原子。这类缺陷称为杂质缺陷,我们把所有引入外来原子的晶体称为固溶体。由于杂质进入晶体之后,使原有的晶体的晶格发生局部变化(图 4.2),性能也相应的发生变化;如果杂质原子的离子价与被取代原子的价数不同,还会引入空位或离子价态的变化。在陶瓷材料及半导体材科中,为了得到特定性能的材料,往往有意添加杂质。

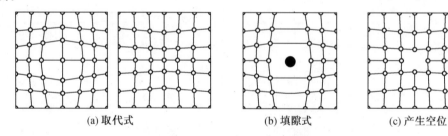

(a) 取代式　　　　　　　　(b) 填隙式　　　　　(c) 产生空位

图 4.2　生成固溶体时晶格的畸变

晶体中产生以上各种原子缺陷的基本过程有三种,即热缺陷过程、杂质缺陷过程(见 4.2 节)和非化学计量过程(见 4.3 节)。

热缺陷过程是一种本征过程,即当晶体的温度高于 0 K 时,由于晶格内原子热振动,原子的能量是涨落的,总会有一部分原子获得足够的能量离开平衡位置,造成原子缺陷,这种缺陷称为热缺陷,又称本征缺陷。显然,温度越高,能离开平衡位置的原子数就越多。

由于离子型晶体结构的特性,在缺陷形成的过程中,必须保持位置比不变,否则晶体的构造就被破坏,同时要保持局部的电中性条件,所以点缺陷总是成对出现的。离子型晶体中具有代表性的热缺陷有肖特基缺陷(schottky defect)和弗伦克尔缺陷(frenkel defect)。前者是正常格点上的原子,在热起伏过程中获得能量离开平衡位且迁移到晶体的表面,在晶体内正常格点上留下一套空位,晶体体积增加,如图 4.3(b)所示;后者是一些晶格热振动时能量足够大的原子离开平衡位置后,挤到晶格的间隙中,形成间隙原子,而原来位置上形成空位,间隙原子和空位成对出现,晶体体积不变,如图 4.3(a)所示。

在晶体中,两种缺陷可以同时存在,但通常有一种是主要的。一般来说,正负离子半

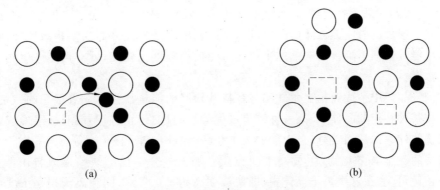

图 4.3　热缺陷产生示意图

径相差不大时,肖特基缺陷是主要的。两种离子半径相差大时,弗伦克尔缺陷是主要的。这两种缺陷都是由原子的热运动产生的,在热平衡条件下,热缺陷多少仅和晶体所处的温度有关。故在某一温度下,热缺陷的数目可以用热力学中自由焓的最小原理来进行计算,对肖特基缺陷的密度可以进行如下计算。设由 N 个阳离子和 N 个阴离子组成的离子型晶体中有 n 个肖特基缺陷存在,每个空位的形成能是 Δh_V。相应的,这个过程的自由能变化为 ΔG,热焓的变化为 ΔH,熵的变化为 ΔS,则

$$\Delta G = \Delta H - T\Delta S = n\Delta h_V - T\Delta S \tag{4.1}$$

其中,熵的变化分为两部分:一部分是由于晶体中产生缺陷所引起的微观状态数的增加而造成的,称为组态熵或混合熵 ΔS_C。根据热力学,$\Delta S_C = k\ln W$,式中的 k 是玻耳兹曼常数,W 为阳离子晶格空位与阴离子晶格空位分配数之积,反映的是热力学概率,空位的可能分配数为

$$W = C_{n+N}^n \cdot C_{n+N}^n \sqrt{\frac{N!}{(N-n)!\ n!} \cdot \frac{N!}{(N-n)!\ n!}} \tag{4.2}$$

另一部分是振动熵 ΔS_V,是由于缺陷产生后引起周围原子振动状态的改变而造成的,它和空位相邻的晶格原子的振动状态有关系。若每个原子振动具有相同频率 ν,由于热缺陷存在,使和空位相邻原子的振动频率改变成 ν',每个空位相邻的原子数是 Z,则

$$\Delta G = n\Delta h_V - T(\Delta S_C + n\Delta S_\nu) \tag{4.3}$$

当平衡时,$\dfrac{\partial \Delta G}{\partial n} = 0$,故有

$$\frac{\partial \Delta G}{\partial n} = \Delta h_V - T\Delta S_\nu - kT\frac{\partial[\ln W]}{\partial n} = 0 \tag{4.4}$$

根据斯特令公式,当 $x \gg 1$, $\ln x! = x\ln x - x$ 或 $\dfrac{\mathrm{d}\ln x!}{\mathrm{d}x} = \ln x$,应用于式(4.4),得

$$\frac{\partial \Delta G}{\partial \Delta n} = \Delta h_V - T\Delta S_\nu + 2kT\ln\frac{n}{N-n} = 0 \tag{4.5}$$

$$\frac{n}{N-n} = \exp\left[\frac{-(\Delta h_V - T\Delta S_\nu)}{2kT}\right] = \exp\left(-\frac{\Delta G_f}{2kT}\right) \tag{4.6}$$

当 $n \ll N$ 时,有

$$n = N\exp\left(-\frac{\Delta G_f}{2kT}\right) \tag{4.7}$$

式中,n/N 表示热缺陷在总结点中所占分数,即热缺陷浓度;ΔG_f 代表空位形成自由能或填隙缺陷所形成的自由能。式(4.7)表明,热缺陷浓度随温度升高而呈指数增加,随缺陷形成自由能升高而下降。当缺陷的生成能不太大而温度比较高,就有可能产生相当可观的缺陷浓度。

在同一晶体中生成弗伦克尔缺陷与肖特基缺陷的能量往往存在着很大的差别,这样就使得在某种特定的晶体中,某一种缺陷占优势,到目前为止,尚不能对缺陷形成自由能进行精确的计算。然而,形成自由能的大小和晶体结构、离子极化率等有关。对于具有氯化钠结构的碱金属卤化物,生成一个间隙离子加上一个空位的缺陷形成自由能需 7~8 eV。由此可见,在这类离子晶体中,即使温度高达 2 000 ℃,间隙离子缺陷浓度小到难以测量的程度。但在具有萤虫结构的晶体中,有一个比较大的间隙位置,生成间隙离子所需要的能量比较低,如对于 CaF_2 晶体,F 离子生成弗伦克尔缺陷的形成能为 2.8 eV,而生成肖特基缺陷的形成能是 5.5 eV,因此在这类晶体中,弗伦克尔缺陷是主要的。若干化合物中,缺陷的形成能见表 4.2。

表 4.2　若干缺陷的形成能

化合物	反　　应	生成能 E/eV	化合物	反　　应	生成能 E/eV
AgBr	$Ag_{Ag} \rightarrow Ag_i^\cdot + V'_{Ag}$	1.1		$F_F \rightarrow V_F^\cdot + F'_I$	2.3~2.8
BeO	无缺陷态 $\Leftrightarrow V''_{Be} + V_O^{\cdot\cdot}$	~6	CaF_2	$Ca_{Ca} \rightarrow V''_{Ca} + Ca_i^{\cdot\cdot}$	~7
MgO	无缺陷态 $\Leftrightarrow V''_{Mg} + V_O^{\cdot\cdot}$	~6		无缺陷态 $\Leftrightarrow V''_{Ca} + 2V_F^\cdot$	~5.5
NaCl	无缺陷态 $\Leftrightarrow V'_{Na} + V_{Cl}^\cdot$	2.2~2.4		$O_O \Leftrightarrow V_O^{\cdot\cdot} + O''_i$	3.0
LiF	无缺陷态 $\Leftrightarrow V'_{Li} + V_F^\cdot$	2.4~2.7	UO_2	$U_U \Leftrightarrow V_U''' + U_i^{\cdot\cdot\cdot\cdot}$	~9.5
CaO	无缺陷态 $\Leftrightarrow V''_{Ca} + V_O^{\cdot\cdot}$	~6		无缺陷态 $\Leftrightarrow V_U'''' + 2V_O^{\cdot\cdot}$	~6.4

电子缺陷包括晶体中的准自由电子(简称电子)和空穴。电子缺陷可以通过本征过程(晶体价带中的电子跃迁到导带中去)或原子缺陷的电离过程产生。

其他产生非本征缺陷的方法还有,通过辐照形成点缺陷;在金属材料冷加工时,强迫范性形变过程中有大量位错运动产生点缺陷;利用淬火形成过饱和点缺陷等。

辐照缺陷是指材料在辐照之下所产生的结构不完整性。核能利用、空间技术以及固体激光器的发展使材料的辐照效应引起人们的关注。辐照可以使材料产生各种缺陷,如色心、位错环等。辐照在金属、非金属、高分子材料中的效应明显不同。在非金属晶体中,由于电子激发态可以局域化且能保持很长的时间,所以电离辐照就能使晶体严重损伤,产生大量点缺陷。例如,X 射线辐照 NaCl 晶体后,Cl^- 离子可以多次电离,损失两个电子后变成一个带正电荷的反常离子 Cl^+。此反常离子在周围离子的静电排斥作用下脱离正常格点,形成一个空位和一个间隙离子,这是离位辐照的一种。对于离子晶体的辐照所引起的缺陷归纳起来主要有三种:

(1)产生电子缺陷,它们使晶体内杂质离子变价(如激光束穿过掺铁 $LiNO_3$ 单晶使晶体中的 Fe^{2+} 变成 Fe^{3+}),使中心点缺陷变为各种色心。

(2)产生空位、间隙原子以及由它所组成的各种点缺陷群。

(3)产生位错环和空洞,因为非金属材料是脆性的,所以辐照对力学性质不会产生影响,但导热性和光学性能可能变坏。

4.1.2 点缺陷的表示方法

缺陷化学是将晶体看作稀溶液,将缺陷看作溶质,它们可以参与化学反应或准化学反应,在一定条件下,这种反应达到平衡状态。点缺陷是一种热力学可逆缺陷,即它在晶体中的浓度是热力学参数(如温度、压力等)的函数,因此可以用热力学的方法来研究晶体中点缺陷的平衡问题,这就是缺陷化学的理论基础。为了便于讨论缺陷反应,为各种点缺陷规定了一套符号,目前广泛采用克罗格-明克(Kröger-Vink)符号表示法。

在克罗格-明克符号系统中,用一个主要符号来表示缺陷的种类,而用一个下标来表示这个缺陷所在的位置,用一个上标来表示缺陷所带的电荷。如用上标点"·"表示正电荷,用"'"表示负电荷,用"×"表示中性。"'"或"·"表示 1 价,"""或两"··"表示 2 价,以此类推。下面以 MX 离子晶体(M 为 2 价阳离子、X 为 2 价阴离子)为例来说明克罗格-明克符号的具体表示方法(表 4.3)。

表 4.3 克罗格-明克缺陷符号(以 $M^{2+}X^{2-}$ 为例)

缺陷的类型	缺陷符号	缺陷的类型	缺陷符号
间隙阳离子	$M_i^{··}$	X^{2-} 在正常格点上	X_X^X
间隙阴离子	X_i''	自由电子	e'
阳离子空位	V_M''	电子空穴	$h^·$
阴离子空位	$V_X^·$	F^{3+} 在 M^{2+} 的亚晶格上	$F_M^·$
间隙金属原子	M_i^X	F^+ 在 M^{2+} 的亚晶格上	F_M'
间隙非金属原子	X_i^X	F^{2+} 在 M^{2+} 的亚晶格上	F_M^X
金属原子空位	V_M^X	错位原子	M_X^X, X_M^X
非金属原子空位	V_X^X	缔合中心	$(V_M V_X)^X$
M^{2+} 在正常格点上	M_M^X	无缺陷态	0

(1)空位。

对于 M 原子空位和 X 原子空位分别用 V_M^X 和 V_X^X 表示,V 表示这种缺陷是空位,下标 M,X 表示空位分别位于 M 和 X 原子的位置上。对于 $M^{2+}X^{2-}$ 离子晶体,V_M^X 的意思是当 M^{2+} 被取走时,两个电子同时被取走,留下一个不带电的 M 原子空位;同样 V_X^X 表示缺了一个 X^{2-},同时增加两个电子,留下一个不带电的 X 原子空位。

（2）间隙原子。

当原子 M 和 X 处在间隙位置上，分别用 M_i^X 和 X_i^X 表示。

（3）置换原子。

F_M 表示 M 位置上的原子被 F 原子所置换，S_X 表示 X 位置上的原子被 S 原子所置换。

（4）带电缺陷。

带电缺陷包括离子空位以及由于不等价离子之间的替代而产生的带电缺陷。如离子空位 V''_M 和 $V_X^{\cdot\cdot}$，分别表示带二价电荷的正离子和负离子空位。在 $M^{2+}X^{2-}$ 离子晶体中，如果从正常晶格位置上取走一个带正电的 M^{2+}，这和取走一个 M 原子相比，少取了两个电子，剩下的空位必伴随着两个过剩电子 e'，如果这个过剩电子被局限于空位，这时空位写成 V''_M。同样，如果取走一个带负电的 X^{2-}，即相当于取走一个 X 原子和两个电子，剩下的那个空位必然伴随着两个正的电子空穴 $h^{\cdot}$，如果这个过剩的正电荷被局限于空位，这时空位写成 $V_X^{\cdot\cdot}$。

不同价离子之间的替代就出现除离子空位以外的又一种带电缺陷。例如，高价 F^{3+} 进入 $M^{2+}X^{2-}$ 型晶体，F^{3+} 取代了 M^{2+}，因为 F^{3+} 比 M^{2+} 高一价，因此与这个位置应有的电价相比，F^{3+} 高出一个正电荷，所以写成 $F_M^{\cdot}$。如果低价 F^+ 取代了 $M^{2+}X^{2-}$ 型晶体中的 M^{2+}，则写成 F'_M，表示 F^+ 在 M^{2+} 位置上带有一个单位负电荷。

（5）缔合中心。

一个带电的点缺陷也可能与另一个带有相反符号的点缺陷相互缔合成一组或一群，这种缺陷把发生缔合的缺陷放在括号内来表示。例如，V_M 和 V_X 发生缔合，则记为 $(V_M V_X)^X$。在存在肖特基缺陷和弗伦克尔缺陷的晶体中，有效电荷符号相反的点缺陷之间存在着一种库仑力，当它们靠得足够近时，在库仑力作用下，就会产生一种缔合作用。

在写点缺陷反应方程式时，也与化学反应式一样，必须遵守以下基本原则。

（1）晶格数保持正确比例。

在化合物 $M_a X_b$ 中，M 位置的数目必须永远与 X 位置的数目成一个正确的比例关系。只要保持比例不变，每一种类型的位置总数都可以改变。如果在实际晶体中，M 与 X 的比例不符合原有的位置比例关系，表明晶体中存在缺陷。例如，TiO_2 在还原气氛下形成 TiO_{2-x}，此时在晶体中生成氧空位，因而 Ti 与 O 物质的量比由原来的 $1:2$ 变为 $1:(2-x)$。

（2）位置增殖。

当缺陷发生变化时，有可能引入 M 空位 V_M，也有可能把 V_M 消除。当引入空位或消除空位时，相当于增加或减少 M 的点阵位置数。但发生这种变化时，要服从位置关系。能引起位置增殖的缺陷有 V_M，V_X，M_M，M_X，X_M，X_X 等，不发生位置增殖的缺陷有 e'，$h^{\cdot}$，M_i，X_i 等。例如，当发生肖特基缺陷时，晶格中原子迁移到晶体表面，在晶体内留下空位，增加了位置的数目。当表面原子迁移到晶体内部填补空位时，减少了位置的数目。在离子晶体中这种增殖是成对出现的，因此它是服从位置关系的。

（3）质量平衡。

与化学反应方程式相同，缺陷反应方程式两边应保持物质质量守恒。需要注意的是，缺陷符号的右下标表示缺陷所在的位置，对质量平衡无影响。如 V_M 为 M 位置上的空位,它不存在质量。

(4) 电荷守恒。

缺陷反应式两边的有效电荷数必须相等。电中性的条件要求缺陷反应式两边必须具有相同数目的总有效电荷,但不必等于零。

对于每个缺陷反应均可以按照质量作用定律写出平衡常数的表达式。通常以 [ ] 表示某缺陷的浓度,其中 $[e']$ 可以简记为 n,$[h^\cdot]$ 可以简记为 p。在分析材料中缺陷机构与缺陷浓度受外部条件(如气氛、温度、掺杂、辐照等)影响时,除以上知识外还要应用更深入的知识。

4.2　固溶体

由于外来原子进入晶体而产生缺陷。这样形成的固体称为固体溶液,简称固溶体。杂质原子进入晶体后,因与原有的原子性质不同,故它不仅破坏了原有晶体的规则排列,而且在杂质原子周围的周期势场产生改变,又称组成缺陷或非本征缺陷。固体溶液普遍存在于无机固体材料中,材料的物理化学性质随着固溶程度的不同在一个较大的范围内变化,现代材料研究经常采用生成固溶体来提高和改善材料性能。

4.2.1　固溶体的概念和分类

固溶体是由两种或两种以上组分,在固态条件下相互溶解而成的。一般将组分含量高的称为溶剂,组分含量低的称为溶质。它可以在晶体生长过程中进行,也可以在从溶液或熔体中析晶时形成,还可以通过烧结过程由原子扩散而形成。固溶体的特征是杂质进入主体晶体结构中,不引起晶体类型和结构基本特征的改变,不生成新的化合物。

固溶体、机械混合物和化合物三者之间是有本质区别的,见表 4.4。若晶体 A,B 形成固溶体,A 和 B 之间以原子尺度混合成为单相均匀晶态物质。机械混合物 AB 是 A 和 B 以颗粒态混合,A 和 B 分别保持本身原有的结构和性能,AB 混合物不是均匀的单相而是两相或多相。若 A 和 B 形成化合物 $A_m B_n$,A 与 B 的组成比为 $m:n$ 有固定的比例,$A_m B_n$ 化合物的结构不同于 A 和 B。若 AC 与 BC 两种晶体形成固溶体 $(A_x B_{1-x})C$,A 与 B 可以任意比例混合,x 在 $0\sim1$ 范围内变动,该固溶体的结构仍与主晶相 AC 相同。

表 4.4　固溶体、化合物和机械混合物的比较

比较项	固溶体	化合物	机械混合物
形成方式	掺杂　溶解	化学反应	机械混合
反应式	$AO \xrightarrow{B_2O_3} 2A'_B + V_O^{\cdot\cdot} + 2O_O$	$AO + B_2O_3 \longrightarrow AB_2O_4$	$AO + B_2O_3$ 均匀混合
化学组成	$B_{2-x}A_xO_{3-\frac{x}{2}}(x=0\sim2)$	AB_2O_4	$AO + B_2O_3$
混合尺度	原子(离子)尺度	原子(离子)尺度	晶体颗粒状态
结构	与 B_2O_3 相同	AB_2O_4 型结构	AO 结构 + B_2O_3 结构
相组成	均匀单相	单相	两相有界面

从不同角度考虑,固溶体有两种分类的方法。典型的固溶体结构如图 4.4 所示。

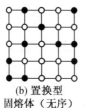 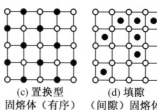

| (a) 结构 A | (b) 置换型
固熔体（无序） | (c) 置换型
固熔体（有序） | (d) 填隙
（间隙）固熔体 | (e) 缺位型固熔体 | (f) 组元 B |

图 4.4　固溶体的典型结构示意图

1. 按杂质原子在固溶体中的位置分类

（1）取代（置换）型的固溶体。

取代（置换）型的固溶体指杂质原子进入晶体中正常格点位置所生成的固溶体。对氧化物主要发生在金属离子位置上的置换，如 MgO-CoO，MgO-CaO，PbZrO₃-PbTiO₃，Al₂O₃-Cr₂O₃ 等都属于此类。MgO 和 CoO 都是 NaCl 型结构，Mg^{2+} 半径为 0.066 nm，Co^{2+} 为 0.072 nm，这两种晶体因为结构相同，离子半径差不多，MgO 中的 Mg^{2+} 位置可以无限制地被 Co^{2+} 占据，生成无限互溶的置换型固溶体。

（2）填隙型固溶体。

填隙型固溶体指杂质原子进入溶剂晶格中的间隙位置所形成的固溶体。一般碳化物晶体就是填隙型固溶体。在无机固体材料中，填隙原子一般处于阴离子或阴离子团所形成的间隙中。

由不等价的离子取代或生成填隙离子引起的离子空位结构，不是一种独立的固溶体类型。例如，Al₂O₃ 在 MgO 中有一定的溶解度，当 Al^{3+} 进入 MgO 晶格时，它占据 Mg^{2+} 的位置，Al^{3+} 比 Mg^{2+} 高出一价，为了保持电中性和位置关系，在 MgO 中就要产生 Mg 空位 V''_{Mg}，反应如下：

$$Al_2O_3 \xrightarrow{MgO} 2Al_{Mg}^{\cdot} + V''_{Mg} + 3O_O$$

这显然是一种置换型固溶体。

2. 按杂质原子在固溶体中的溶解度分类

（1）无限固溶体。

无限固溶体是指溶质和溶剂两种晶体可以按任意比例无限制地相互溶解，就像水与乙醇可用任意比例混合均能获得均一的溶液一样。例如，在 MgO 和 NiO 生成的固溶体中，MgO 和 NiO 各自都可当作溶质，也可当作溶剂，如果把 MgO 当作溶剂，而 MgO 中的 Mg 可以被 Ni 部分或完全取代，它们的分子式可以写成 $(Mg_xNi_{1-x})O$，其中 $x=0\sim1$。当 PbTiO₃ 与 PbZrO₃ 生成固溶体时，PbTiO₃ 中的 Ti 也可以全部被 Zr 取代，也是无限互溶的固溶体，分子式可以写成 $Pb(Zr_xTi_{1-x})O_3$，$x=0\sim1$，连续变化。所以无限固溶体又称连续固溶体或完全互溶固溶体。

（2）有限固溶体。

如果杂质原子在固溶体中的溶解度是有限的，存在一个溶解度极限，那么这样的固溶体就是有限固溶体，也可称为不连续固溶体或部分互溶固溶体。如果两种晶体结构不同或相互取代的离子半径差别较大，只能生成这种固溶体。例如，MgO-CaO 系统，虽然二者都是 NaCl 结构，但离子半径相差较大，Mg^{2+} 的半径为 0.072 nm，Ca^{2+} 为 0.100 nm，取代只能到一定限度,故生成有限固溶体。

杂质原子在晶体中的溶解度主要受杂质原子与被取代原子之间性质差别控制,当然也受温度的影响,但受温度的影响要比热缺陷小。如果晶体中杂质原子含量在未超过其固溶度时,温度发生变化,但杂质缺陷的浓度并不发生变化,这是与热缺陷的不同之处。

从表面上看,固溶体是一个均匀的单相,但固溶体是归为一种缺陷形式,对主成分来说,取代进去的那部分总是一种与原来不一样的物质。它们无论是从离子(或原子)的电子组态、大小、极化能力甚至价态等都和原来的不一样。因而,它与周围离子之间的相互作用,也和原来的不同。当两种晶体混合,在一定的热力学条件下(在指定的温度、压力等)是仍然保持原来两种物质不变,还是生成固溶体,或者生成化合物(哪一种化合物),都要看这些相应物质中在所规定的条件下,何者的自由焓最低而定。

对凝聚系统,因体积变化可以忽略,故自由焓可表示为 $G=U-TS$。此处 U 主要取决于结构能,熵是表征结构的无规则度。如果有一种杂质原子(离子)加入系统中,使结构能大大增加,则生成固溶体必然不稳定,因而仍保留原来的两种晶体。反之,若加入杂质原子(离子)后大大降低了结构能,则会出现一种新的化合物。若加入后结构能变化不大,但由于无规则分布使熵增加,则总的效应是生成固溶体而使自由焓下降,那么这种状态应是稳定的。

4.2.2　置换型固溶体

溶质离子置换溶剂中的一些溶剂离子所形成的固溶体称为置换型固溶体。图 4.5 是置换型固溶体结构示意,图中白球代表溶剂离子,黑球代表溶质离子。在天然矿物方镁石(MgO)中常常含有相当数量的 NiO 或 FeO,Ni^{2+} 或 Fe^{2+} 离子置换晶体中 Mg^{2+} 离子,生成连续固溶体,晶体组成可写成 $(Mg_{1-x}Ni_x)O$。能生成连续固溶体的还有 Al_2O_3-Cr_2O_3,ThO_2-UO_2,$PbTiO_3$-$PbZrO_3$,钠长石和钾长石等。另外像 MgO 和 Al_2O_3,MgO 和 CaO,ZrO_2 和 CaO 等,生成置换量有限的有限固溶体。

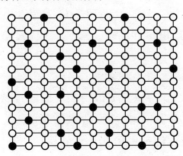

图 4.5　置换型固溶体结构示意图

1. 影响置换固溶体的因素

在任何晶体中,外来杂质原子都可能有一些溶解度。影响置换型固溶体的溶解度是什么因素,程度如何,已有若干经验规律。Hume-Rothery 提出一个规则,认为生成无限互溶固溶体必须符合如下条件:①两种原子的半径大小相差小于 15%;②原子价相同;③晶体结构相同;④电负性相差不多。如果不符合以上条件,只能生成有限固溶体或不生成固溶体。现分述如下:

(1)离子半径大小因素。

在置换型固溶体中,离子的半径大小对形成连续或有限置换型固溶体有直接影响。从晶体稳定的观点看,相互替代的离子尺寸越相近,则固溶体越稳定。若以 r_1 和 r_2 分别代表半径大和半径小的溶剂或溶质离子的半径,经验证明一般规律如下:

$$\left|\frac{r_1 - r_2}{r_1}\right| < 15\% \tag{4.8}$$

当符合式(4.8)时,溶质和溶剂之间有可能形成连续固溶体,这一规律被称为 15% 规律,它是生成具有广大固溶度的固溶体的必要条件,但不是充分条件。若此值为 15%～30% 时,可以形成有限置换型固溶体,而此值大于 30% 时,不能形成固溶体。

从晶体结构上看,固溶体的生成也就是杂质原子的引入,当杂质原子的引入使得原子间间距的变化达到 15% 时,原有结构变成不稳定的,这就引起了分离,产生新相。

15% 规律并不是绝对的,还应考虑与具体的结构有关。在 $PbTiO_3$-$PbZrO_3$ 系统中,生成连续固溶体。$PbTiO_3$ 和 $PbZrO_3$ 都是 ABO_3 型的钙钛矿型结构。Ti^{4+}(0.061 nm)和 Zr^{4+}(0.072 nm)都在 B 位,占据氧八面体间隙。离子半径之差为 15.28%,根据 15% 的原则,已不符合,但仍然生成连续固溶体,这与 ABO_3 型的钙钛矿型结构有关。

(2)离子电价因素。

只有离子价相同或离子价总和相等时才能生成连续置换型固溶体。如前面已列举的 MgO-NiO,Al_2O_3-Cr_2O_3 等都是单一离子电价相互取代以后形成连续固溶体。如果取代离子价不同,则要求用两种以上不同离子组合起来,满足电中性取代的条件,也能生成连续固溶体。典型的实例有天然矿物,如钙长石($Ca[Al_2Si_2O_8]$)和钠长石($Na[AlSi_3O_8]$)所形成连续固溶体,其中一个 Al^{3+} 离子代替一个 Si^{4+} 离子,同时有一个 Ca^{2+} 离子取代一个 Na^+ 离子,即 $Ca^{2+} + Al^{3+} \rightleftharpoons Na^+ + Si^{4+}$,使结构内总的电中性得到满足。又如,$PbZrO_3$ 和 $PbTiO_3$ 是 ABO_3 型钙钛矿结构,可以用众多离子价相等而半径相差不大的离子去取代 A 位上的 Pb 或 B 位上的 Zr,Ti,从而制备一系列具有不同性能的复合钙钛矿型压电陶瓷材料。例如,$Pb(Fe_{1/2}Nb_{1/2})O_3$-$PbZrO_3$ 是发生在 B 位取代的铌铁酸铅和锆酸铅,$Fe^{3+} + Nb^{5+} \rightleftharpoons 2Zr^{4+}$ 满足电中性要求。A 位替代如 $(Na_{1/2}Bi_{1/2})TiO_3$-$PbTiO_3$。

(3)晶体结构类型因素。

能否形成连续固溶体,晶体结构类型是十分重要的因素。在二元系统 MgO-NiO,Al_2O_3-Cr_2O_3,Mg_2SiO_4-Fe_2SiO_4,ThO_2-UO_2 等中,都能形成连续固溶体,其主要原因之一是这些二元系统中两个组分具有相同的晶体结构类型。例如,$PbZrO_3$-$PbTiO_3$ 系统中,Zr^{4+} 与 Ti^{4+} 计算半径之差,$r_{Zr^{4+}} = 0.072$ nm,$r_{Ti^{4+}} = 0.072$ nm。$(0.072 - 0.061)/0.072 = 15.28 > 15\%$,但由于相变温度以上,任何锆钛比下,立方晶系的结构是稳定的,虽然半径之差略大于 15%,但它们之间仍能形成连续置换型固溶体 $Pb(Zr_xTi_{1-x})O_3$。

又如,Fe_2O_3 和 Al_2O_3 两者的半径差计算为 18.4%,虽然它们都有刚玉型结构,但它们只能形成有限置换型固溶体。但是在复杂构造的柘榴子石 $Ca_3Al_2(SiO_4)_3$ 和 $Ca_3Fe_2(SiO_4)_3$ 中,它们的晶胞比氧化物大 8 倍,对离子半径差的宽容性则提高,因而在柘榴子石中的 Fe^{3+} 和 Al^{3+} 能连续置换。

(4)场强因素。

在无机化合物中,场强用 Z/d^2 来表示。这里 Z 是正离子的价数;d 是原子之间的距离,即正、负离子半径之和;场强是一个库仑场。在二元系统中,中间化合物的数目与场强之差成正比,称为弟特杰尔关系(Dietzel's Correlation)。构成二元系统两种正离子的场强之差,用 $\Delta(Z/d^2)$ 表示,场强差越大,生成化合物的数目增多;反之,场强差越小,越容易形成固溶体。显然,当 $\Delta(Z/d^2)=0$ 时,固溶度有一个最大值,即生成完全固溶的固溶体。当 $\Delta(Z/d^2)<10\%$ 时,产生完全互溶或具有大的固溶度的区域。在二元系统中,当 $\Delta(Z/d^2)>0.4$ 时,就不会生成固溶体。

(5)电负性因素。

通常以电负性因素来衡量化学亲和力,两元素的电负性相差越大,则它们之间的化学亲和力越强,生成的化合物越稳定,越倾向于生成化合物而不利于形成固溶体;反之,电负性相近的元素,有利于生成固溶体。以电负性和离子半径作为坐标作出一张图:取溶质原子与溶剂原子的半径之差为 ±15% 椭圆的一个轴,电负性差 ±0.4 为椭圆的另一个轴,画一椭圆形。发现在这个椭圆之内的系统,65% 是具有广大的固溶度的,椭圆之外的有85% 系统,固溶度小于 5%。因此,电负性之差小于 ±0.4 是固溶度大小的一个边界。但与 15% 规律相比,离子尺寸的影响要大得多,因为在尺寸之差大于 15% 的系统中,有90% 是不生成固溶体的。

(6)温度和压力因素。

作为外因,温度对固溶体的形成有着明显的影响。一般来说,温度升高有利于固溶体的形成,例如,钾长石(K[AlSi$_3$O$_8$])和钠长石(Na[AlSi$_3$O$_8$])在高温下可以互相混溶,但温度降低时,固溶体处于不稳定状态,而造成组分脱溶形成两相,生成条纹长石。

压力的作用与温度相反,当压力增加时,不利于固溶体的生成,主要是压力增加,热熔增大,使固溶体处于不稳定状态。

在外界条件(温度、压力等)一定的情况下,对于氧化物系统,影响固溶度的最主要因素应是离子半径大小、晶体结构类型和离子电价。但这些影响因素,有时并不是同时起作用,在某些条件下,有的因素会起主要作用,有的则不起主要作用。另一方面,各种影响因素彼此都不是孤立的,能否形成固溶体是这些影响因素共同作用的结果。

2. 置换型固溶体中的"补偿缺陷"

置换型固溶体可以有等价置换和不等价置换之分,在不等价置换的固溶体中,为了保持晶体的电中性,必然会在晶体结构中产生"组分缺陷"。即在原来结构的结点位置产生空位,也可能在原来没有结点的位置嵌入新的质点,其缺陷浓度取决于掺杂量(溶质数量)和固溶度。

现在以焰熔法制备尖晶石单晶为例,用 MgO 与 Al$_2$O$_3$ 熔融拉制镁铝尖晶石单晶往往得不到纯尖晶石,而生成"富铝尖晶石",即形成 MgAl$_2$O$_4$-Al$_2$O$_3$ 系统,氧化铝的一种变体 γ-Al$_2$O$_3$ 和尖晶石的结构相似,此时尖晶石中 MgO 与 Al$_2$O$_3$ 物质的量比不等于 1:1,Al$_2$O$_3$ 比例大于 1 即"富铝",这种固溶体缺陷的生成,可以看作 Al^{3+} 进入了 MgAl$_2$O$_4$ 晶格占据 Mg^{2+} 位置而产生了镁空位。由于尖晶石与 Al$_2$O$_3$ 形成固溶体时存在如下缺陷反应式:

$$4Al_2O_3 \xrightarrow{MgAl_2O_4} 2Al^{\cdot\cdot}_{Mg} + V''_{Mg} + 6Al_{Al} + 12O_O \tag{4.9}$$

相当于

$$Al_2O_3 \xrightarrow{MgAl_2O_4} 2Al_{Mg}^{\cdot} + V_{Mg}'' + 3O_O \qquad (4.10)$$

$$2Al^{3+} \longrightarrow 2Al_{Mg}^{\cdot} + V_{Mg}'' \qquad (4.11)$$

为保持晶体电中性,结构中出现镁离子空位。如果把 Al_2O_3 的化学式改写为尖晶石形式,则应为 $Al_{8/3}O_4 = Al_{2/3}Al_2O_4$。可以将富铝尖晶石固溶体的化学式表示为 $[Mg_{1-x}(V_{Mg})_{\frac{x}{3}}Al_{\frac{2}{3}x}]Al_2O_4$ 或写作 $[Mg_{1-x}Al_{\frac{2}{3}x}]Al_2O_4$。当 $x=0$ 时,上式即为尖晶石 $MgAl_2O_4$;若 $x=1$,$Al_{2/3}Al_2O_4$ 即为 $\alpha-Al_2O_3$;若 $x=0.3$,$(Mg_{0.7}Al_{0.2})Al_2O_4$,这时结构中阳离子空位占全部阳离子 $0.1/3.0 = 1/30$,即每 30 个阳离子位置中有一个是空位。类似这种固溶的情况还有 $MgCl_2$ 固溶到 $LiCl$ 中、Fe_2O_3 固溶到 FeO 中及 $CaCl_2$ 固溶到 KCl 中。

在不等价置换固溶体中,还可以出现阴离子空位。如稳定型二氧化锆陶瓷,纯的氧化锆 ZrO_2 在 1 000 ℃ 左右由单斜转变为四方结构,并伴随着一个异常的热膨胀,容易使纯的 ZrO_2 制品开裂,当添加百分之几到百分之十几的 CaO 到 ZrO_2 中时,就可以生成立方氧化锆,或立方氧化锆与单斜氧化锆的混合物。若将 CaO 添加到 ZrO_2 中,Ca^{2+} 占据 Zr^{4+} 的位置,由于价数不等,产生了氧空位以保持晶体的电中性,它也只是有限的固溶体,但固溶区域相当大,生成固溶体的缺陷反应可表示为

$$CaO \xrightarrow{ZrO_2} Ca_{Zr}'' + V_O^{\cdot\cdot} + O_O \qquad (4.12)$$

此外,不等价置换还可以形成阳离子或阴离子填隙等情况,现将不等价置换固溶体中可能出现的六种"组分缺陷"归纳如下(表 4.5):

表 4.5 六种"组分缺陷"

不等价置换	补偿缺陷		实例
高价置换低价:产生带有效正电荷的杂质缺陷、补偿缺陷,带负电荷	阳离子空位补偿		$Al_2O_3 \xrightarrow{MgO} 2Al_{Mg}^{\cdot} + V_{Mg}'' + 3O_O^X$
	阴离子填隙补偿		$Al_2O_3 \xrightarrow{MgO} 2Al_{Mg}^{\cdot} + O_i'' + 2O_O^X$
	自由电子补偿		$La_2O_3 + 2TiO_2 \xrightarrow{BaTiO_3} 2La_{Ba}^{\cdot} + 2e' + 2Ti_{Ti}^X + 6O_O^X + \frac{1}{2}O_2 \uparrow$
低价置换高价:产生带有效负电荷的杂质缺陷、补偿缺陷带正电荷	阴离子空位补偿		$CaO \xrightarrow{ZrO_2} Ca_{Zr}'' + V_O^{\cdot\cdot} + O_O^X$
	阳离子填隙补偿		$2CaO \xrightarrow{ZrO_2} Ca_{Zr}'' + Ca_i^{\cdot\cdot} + 2O_O^X$
	空穴补偿		$Li_2O + \frac{1}{2}O_2 \xrightarrow{NiO} 2Li_{Ni}' + 2h^{\cdot} + 2O_O^X$

4.2.3 间隙型固溶体

若杂质原子比较小,它们能进入晶格的间隙位置内,这样形成的固溶体称为间隙型固溶体。影响形成间隙固溶体的因素如下:

(1)外来杂质的半径和主晶格结构对间隙固溶体的形成影响甚大。一般来说,溶质原子的半径小和溶剂晶格结构空隙大容易形成间隙型固溶体。例如,面心立方格子结构的 MgO,只有四面体空隙可以利用;而在 TiO_2 晶格中还有八面体空隙可以利用;在 CaF_2 型结构中则有配位数为 8 的较大空隙存在。再如,架状硅酸盐片沸石结构中的空隙就更大。

所以在以上这几类晶体中形成间隙型固溶体的次序必然是：片沸石＞CaF_2＞TiO_2＞MgO。

（2）外来杂质进入主晶格中，必须要引入一些电荷，以保持整体电中性。一般可以通过形成空位、复合阳离子置换和改变电子云结构来达到。例如，硅酸盐结构中嵌入 Be^{2+}，Li^+ 等离子时，正电荷的增加往往被结构中 Al^{3+} 替代 Si^{4+} 平衡。

反应式为

$$Be^{2+} + 2Al^{3+} \Longrightarrow 2Si^{4+}$$

现从常见的填隙型固溶体实例进行介绍：

（1）阳离子填隙。

当 CaO 加入 ZrO_2 中，当 CaO 加入量小于 0.15 时，在 1 800 ℃高温下发生下列反应：

$$2CaO \xrightarrow{ZrO_2} Ca''_{Zr} + Ca_i^{\cdot\cdot} + 2O_O$$

（2）阴离子填隙。

将 YF_3 加入到 CaF_2 中，形成 $(Ca_{1-x}Y_x)F_{2+x}$ 固溶体，其缺陷反应式为

$$YF_3 \xrightarrow{CaF_2} Y_{Ca}^{\cdot} + F'_i + 2F_F$$

间隙固溶体的生成，一般都使晶格常数增大，但当增大到一定程度时，将产生分解，使固溶体不稳定。溶质质点溶入越多，结构越不稳定，因此间隙固解体只能是有限固溶体，不可能是连续固溶体。间隙式固溶体在无机非金属固体材料中是不普遍应用的。

4.2.4 固溶体的性质

固体溶液中杂质原子的进入使原有晶体的性质发生了很大变化，为新材料的来源开辟了广大的领域。

1. 活化晶格，促进烧结

物质间形成固溶体时，晶格结构有一定的畸变而处于高能量的活化状态，活化了晶格，从而促进扩散、固相反应、烧结等过程的进行。

Al_2O_3 陶瓷是使用非常广泛的一种陶瓷，其熔点高达 2 050 ℃，很难烧结。而形成固溶体后则可大大降低烧结温度。加入 3%（质量分数）Cr_2O_3 形成置换型固溶体，可在 1 860 ℃烧结；加入 1%～2%（质量分数）TiO_2，形成缺位固溶体，只需在 1 600 ℃即可烧结致密化。Si_3N_4 为共价化合物，很难烧结。$\beta-Si_3N_4$ 与 Al_2O_3 在 1 700 ℃可以固溶形成置换固溶体，即生成 $Si_{5-0.5x}Al_{0.67x}N_{8-x}$，晶胞中被氧取代的数目最大值为 6，此材料即为塞龙材料，其烧结性能好，且具有很高的机械强度。

2. 稳定晶格，阻止某些晶型转变

形成固溶体往往还能阻止某些晶型转变的发生，所以有稳定晶格的作用。①稳定化 ZrO_2 的例子。②在水泥生产中为阻止熟料中的 $\beta-C_2S$ 向 $\gamma-C_2S$ 转化，常加入少量 P_2O_5，Cr_2O_3 等氧化物作为稳定剂，这些氧化物和 $\beta-C_2S$ 形成固溶体，以阻止其向 $\gamma-C_2S$ 转变。

3. 催化剂

汽车或燃烧器尾气净化，以往使用贵重金属和氧化物作催化剂均存在一定的问题。氧化物催化剂虽然价廉，但只能消除有害气体中的还原性气体，而贵重金属催化剂价格昂贵，故用锶、镧、锰、钴、铁等的氧化物间形成的固溶体消除有害气体很有效。这些固溶体由于具有可变价阳离子，可随不同气氛而变化，使得在其晶格结构不变的情况下容易做到

对还原性气体赋予其晶格中的氧,从氧化性气体中取得氧溶入晶格中,从而起到催化消除有害气体的作用。

4. 固溶体的电性能

固溶体形成对材料电学性能有很大影响,几乎所有功能陶瓷材料均与固溶体形成有关。下面介绍固溶体形成对材料电学性能影响的三个应用。

(1)压电陶瓷。

$PbTiO_3$ 和 $PbZrO_3$ 都不是性能优良的压电陶瓷,$PbTiO_3$ 是一种铁电体,但纯的 $PbTiO_3$ 烧结性能极差,在烧结过程中晶粒长得很大,晶粒之间结合力很差,居里点(居里温度之上不出现自发极化)为 490 ℃,发生相变时,晶格常数剧烈变化,一般在常温下发生开裂,所以没有纯的 $PbTiO_3$ 陶瓷。$PbZrO_3$ 是一种反铁电体,居里点为 230 ℃。利用它们结构相同,Zr^{4+},Ti^{4+} 离子尺寸相差不多的特性,能生成连续固溶体 $Pb(Zr_x Ti_{1-x})O_3$,$x=0\sim1$。随着组成的不同,在常温下有不同晶体结构的固溶体,而在斜方铁电体和四方铁电体的边界组成 $Pb(Zr_{0.54} Ti_{0.46})O_3$ 处,压电性能、介电常数都达到最大值(图 4.6),这利用了固溶体的特性,得到了优于纯粹的 $PbTiO_3$ 和 $PbZrO_3$ 的陶瓷材料,其烧结性能也很好,这种陶瓷被命名为 PZT 陶瓷。在 $PbZrO_3$-$PbTiO_3$ 二元系统的基础上又发展了三元系统、四元系统的压电陶瓷。

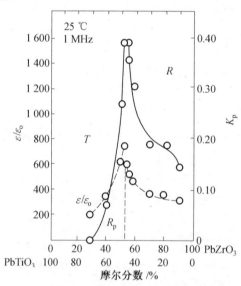

图 4.6　$PbZrO_3$－$PbTiO_3$二元系统的介电常数及径向机电耦合系数在相界附近出现极大值

(2)固体电解质与导电陶瓷。

纯的 ZrO_2 是一种绝缘体,当加入 Y_2O_3 生成固溶体时,Y^{3+} 进入 Zr^{4+} 的位置,在晶格中产生氧空位。缺陷反应如下:

$$Y_2O_3 \xrightarrow{ZrO_2} 2Y'_{Zr} + 3O_O + V_O^{\cdot\cdot}$$

从式中可以看到,每进入一个 Y^{3+},晶体中就产生一个准自由电子 e',而电导率 $\sigma(\sigma=ne\mu$,其中 n 为自由电子数目;e 为电子电荷;μ 为电子迁移率)是与自由电子的数目 n 成正比的,电导率当然随着杂质浓度的增加而直线上升。

(3)超导材料。

超导材料可用在高能加速器、发电机、热核反应堆及磁悬浮列车等方面。所谓超导体即冷却到 0 K 附近时,其电阻变为零,在超导状态下导体内的损耗或发热都为零,故能通过大电流。超导材料的基本特征有临界温度 T_C、上限临界磁场 H_{C2} 和临界电流密度三个临界值,超导材料只有在这些临界值以下的状态才显示超导性,故临界值越高,使用越方便,利用价值越高。表 4.6 列出了部分单质及形成固溶体时 T_C 和 H_{C2}。由表 4.6 可见,生成固溶体不仅使得超导材料易于制造,而且 T_C 和 H_{C2} 均升高,为实际应用提供了方便。

表 4.6　部分材料 T_C 及 H_{C2}

物质	临界温度 T_C/K	临界磁场 /(10^6 A·m^{-1})	物质	临界温度 T_C/K	临界磁场 /(10^6 A·m^{-1})
Nb	9.2	2.0	$Nb_3Al_{0.8}Ge_{0.2}$	20.7	41
Nb_3Al	18.9	32	Pb	7.2	0.8
Nb_3Ge	23.2	—	$BaPb_{0.7}Bi_{0.3}O_3$	13	
$Nb_3Al_{0.95}Be_{0.05}$	19.6	—			

6. 透明陶瓷及人造宝石

利用加入杂质离子可以对晶体的光学性能进行调节或改变。例如,只有采用热等静压制得的 PZT 是透明的,其余的都是不透明的。但在 PZT 中加入少量的氧化镧 La_2O_3,生成的 PLZT 陶瓷就成为一种透明的压电陶瓷材料,开辟了电光陶瓷的新领域。这种陶瓷的一个基本配方为 $Pb_{1-x}La_x(Zr_{0.65}Ti_{0.35})_{1-\frac{x}{4}}O_3$,其中 $x = 0.9$,这个组成常表示为 9/65/35。这个配方是假设 La^{3+} 取代钙铁矿结构中的 A 位的 Pb^{2+},并在 B 位产生空位以获得电荷平衡。PLZT 可用热压烧结或在高 PbO 气氛下通氧烧结而达到透明。为什么 PZT 用一般烧结方法达不到透明,而 PLZT 能达到透明呢?陶瓷达到透明的关键在于消除气孔,消除了气孔就可以做到透明或半透明。烧结过程中气孔的消除主要靠扩散。在 PZT 中,因为是等价取代的固溶体,因此扩散主要依赖于热缺陷,而在 PLZT 中,由于不等价取代,La^{3+} 取代 A 位的 Pb^{2+},为了保持电中性,不是在 A 位便是在 B 位必然产生空位,或者在 A 位和 B 位都产生空位,主要将通过由于杂质引入的空位而扩散。这种空位的浓度要比热缺陷浓度高出许多数量级。扩散系数与缺陷浓度成正比,由于扩散系数的增大,加速了气孔的消除,这是在同样有液相存在的条件下,PZT 不透明而 PLZT 能透明的根本原因。

利用固溶体特性制造透明陶瓷的除了 PLZT 之外,还有透明 Al_2O_3 陶瓷。在纯 Al_2O_3 中添加 0.3%～0.5% 的 MgO,在氢气氛下,1 750 ℃ 左右烧成得到透明 Al_2O_3 陶瓷。之所以可得到 Al_2O_3 透明陶瓷,就是由于 Al_2O_3 与 MgO 形成固溶体的缘故,MgO 杂质的存在,阻碍了晶界的移动,使气孔容易消除,从而得到透明 Al_2O_3 陶瓷。表 4.7 列出了若干人造宝石的组成。可以看到,这些人造宝石全部是固溶体,其中蓝宝石是非化学计量的。红宝石强烈地吸收蓝紫色光线,随着 Cr^{3+} 浓度的不同,由浅红色到深红色。Cr^{3+} 在红宝石中是点缺陷,其能级位于 Al_2O_3 的价带与导电带之间,能级间距正好可以吸收蓝紫色光线而发射红色光线。红宝石可作为手表的轴承材料(即所谓钻石)和激光材料。

表 4.7 人造宝石的组成

宝石名称	基 体	颜 色	着色剂/%
淡红宝石	Al_2O_3	淡红色	Cr_2O_3 0.01~0.05
红宝石	Al_2O_3	红色	Cr_2O_3 1~3
紫罗蓝宝石	Al_2O_3	紫色	TiO_2 0.5，Cr_2O_3 0.1，Cr_2O_3 1.5
黄玉宝石	Al_2O_3	金黄色	NiO 0.5，Cr_2O_3 0.01~0.05
海蓝宝石(蓝晶)	$Mg(AlO_2)_2$	蓝色	CoO 0.01~0.5
橘红钛宝石	TiO_2	橘红色	Cr_2O_3 0.05
蓝钛宝石	TiO_2	蓝色	不添加，氧气不足

4.2.5 固溶体的研究方法

固溶体的生成可以用各种相分析手段和结构分析方法进行研究。因为，不论何种类型的固溶体，都将引起结构上的某些变化及反映在性质上的相应变化(如密度和光学性能等)。但是，最本质的方法是用 X 射线结构分析测定晶胞参数，并辅以有关的物性测试，以此来测定固溶体及其组分、鉴别固溶体的类型等。

1. 固溶体组成的确定

形成固溶体后，如何确定固溶体的组成，一般有以下两种方式。

(1)根据晶格常数与成分的关系——Vegar 定律。

固溶体对材料的影响，首先反映为晶胞参数的变化，固溶体的晶胞尺寸随其组成而连续变化，对于立方结构的晶体，晶胞参数与固溶体组成的关系可以表示为

$$(a_{ss})^n = (a_1)^n c_1 + (a_2)^n c_2 \tag{4.13}$$

式中，a_{ss}，a_1，a_2 为固溶体、溶质、溶剂的晶胞参数；c_1，c_2 为溶质、溶剂的浓度；n 为描述变化程度的一个任意幂。要确定 n 值，需要精确的实验。当 $n=1$ 时，式(4.13)就变成

$$a_{ss} = a_1 c_1 + a_2 c_2$$

这个公式就是卫格定律(Vegar's law)的表达式，它表示晶格常数与杂质的浓度及晶格常数的乘积呈线性关系。由于 a_1 和 a_2 之差大于 15%，就很难生成固溶体，所以通常在固溶体中 a_1 和 a_2 相差不大。但在 KCl-KBr 系统中，是阴离子体积的加和性关系，而不是晶格常数的加和性关系，即

$$(a_{ss})^3 = (a_1)^3 c_1 + (a_2)^3 c_2$$

这就是雷特格定律(Retge's law)的表达式。

在上述原理的基础上，在置换型固溶体中，如有较大的原子(或离子)取代了晶格点阵中较小的原子(或离子)时，则使整个点阵有些胀大，即点阵中的晶格常数和面间距等都有所增大；而当以尺寸较小的原子(或离子)进行置换时，点阵又相应的有一些缩小，这种改变大抵与其取代的量成比例。对已知晶格常数和掺杂浓度的固溶体，应用卫格定律绘出固溶体的晶格常数和成分的关系直线，然后对未知成分的固溶体采用 X 射线结构分析法测定其晶格常数，并与上述直线比较，即可得出成分。

(2)根据物理性能和成分的关系。

固溶体的电学、热学、磁学等物理性质随成分而连续变化,根据这一原理,可以通过对物性的研究而判定组成的变化。例如,可以通过测定固溶体的密度、折射率等性质的改变,来确定固溶体的形成和各组成间的相对含量,如钠长石与钙长石能形成一系列连续固溶体,在这种固溶体中,随着钠长石向钙长石的过渡,其密度及折射率均递增,据此可制定一个对照表,通过测定未知组成固溶体的性质后与该表对照,由此反推该固溶体的组成。

2. 固溶体生成形式的大略估计

生成间隙固溶体比置换固溶体困难。因为形成间隙固溶体除了考虑离子半径大小因素外,晶体中是否有足够大的间隙位置是非常重要的,只有当晶体中有很大空隙位置时,才可形成间隙型固溶体。

在 NaCl 型结构中,因为只有四面体空隙是空的,而金属离子半径尺寸又比较大,所以不易形成间隙型固溶体,这种在结构上只有四面体空隙是空的,可以基本上排除生成间隙型固溶体的可能性。而在金红石型和萤石型结构中,因为有空的八面体空隙和立方体空隙,空的间隙较大,金属离子能填入,类似这样的结构才有可能生成间隙型固溶体。但究竟是否生成,还有待于实验验证。

3. 固溶体类型的实验判别

下面以 CaO 加入到 ZrO_2 中生成固溶体为例,说明固溶体类型的实验判别的步骤。

(1)写出可能形成固溶体的缺陷反应式。

模型 Ⅰ:生成置换型固溶体——阴离子空位型模型:

$$CaO(s) \xrightarrow{ZrO_2} Ca''_{Zr} + V_O^{\cdot\cdot} + O_O \tag{4.14}$$

模型 Ⅱ:生成间隙型固溶体——阳离子间隙模型:

$$2CaO(s) \xrightarrow{ZrO_2} Ca''_{Zr} + Ca_i^{\cdot\cdot} + 2O_O \tag{4.15}$$

究竟上两式哪一种正确,它们之间形成何种组分缺陷,可从计算和实测固溶体密度的对比来决定。

(2)写出固溶体的化学式。

根据式(4.14)可以写出置换型固溶体的化学式为 $Zr_{1-x}Ca_xO_{2-x}$,x 表示 Ca^{2+} 离子进入 Zr 位置的分数。根据式(4.15)可以写出间隙型固溶体的化学式为 $Zr_{1-x}Ca_{2x}O_2$。

(3)计算理论密度 D_0。

理论密度 D_0 的计算,是根据 X 射线分析,得到不同溶质含量时形成固溶体的晶格常数 a,对于立方晶系 $V=a^3$,六方晶系 $V=\frac{\sqrt{3}}{2}a^2c$ 等,计算出固溶体不同固溶量时晶胞体积 V,再根据固溶体缺陷模型计算出含有一定杂质的固溶体的晶胞质量 m,可得

$$m = \sum_{i=1}^{n} m_i$$

$$D_0 = \frac{m}{V} = \sum_{i=1}^{n} m_i / V$$

式中,m_i 表示单位晶胞内第 i 种原子(离子)的质量,g;V 表示单位晶胞内的体积,cm^3;n 为所含原子的种类数。

$$m_i = \frac{(晶胞中\,i\,原子的位置数) \times (i\,原子实际占据分数) \times (i\,相对原子质量)}{阿伏加德罗常数}$$

以添加的 $x=0.15$ 的 CaO 的 ZrO_2 固溶体为例：

设生成置换型固溶体，则固溶式可表示为 $Zr_{0.85}Ca_{0.15}O_{1.85}$ 计算。该固溶体具有萤石结构，属立方晶系，每个晶胞应有 4 个阳离子和 8 个阴离子。则

$$m/g = \frac{4 \times 0.85 \times 91.22 + 4 \times 0.15 \times 40.08 + (8 \times 1.85/2) \times 16}{6.02 \times 10^{23}} = 75.18 \times 10^{-23}$$

X 射线分析测定，当溶入 0.15 分子 CaO 时，晶胞参数 $a=5.131 \times 10^{-8}$ cm，所以晶胞体积 $V=a^3=(5.131 \times 10^{-8})^3 = 135.1 \times 10^{-24}$ cm^3，求得理论密度为

$$D_{0I}/(g \cdot cm^{-3}) = \frac{m}{V} = \frac{75.18 \times 10^{-23}}{135.1 \times 10^{-24}} = 5.565$$

同理可计算出，当 $x=0.15$ 时，CaO 与 ZrO_2 形成间隙型固溶体的理论密度 $D_{0II}=5.979$ g/cm^3。

（4）理论密度与实测密度比较，确定固溶体类型。

在 1 600 ℃ 时实测 CaO 与 ZrO_2 形成固溶体，当加入摩尔分数为 15% 的 CaO 时，实验测定的密度值为 $D=5.447$ g/cm^3，与置换型固溶体密度 5.565 g/cm^3 相比仅差 0.087 g/cm^3，数值是相当一致的，这说明在 1 600 ℃ 时，方程式（4.14）是合理的，化学式 $Zr_{0.85}Ca_{0.15}O_{1.85}$ 是正确的。图 4.7(a) 表示按不同固溶体类型计算和实测的结果。曲线表明：在 1 600 ℃ 时形成缺位固溶体。但当温度升高到 1 800 ℃ 急冷后所测得的密度和计算值比较，发现该固溶体是阳离子填隙的形式。从图 4.7(b) 可以看出，两种不同类型的固溶体，密度值有很大不同，用对比密度值的方法可以很准确地确定出固溶体的类型。

因此，固溶体类型主要通过测定晶胞参数并计算出固溶体的密度，和由实验精确测定的密度数据对比来判断。

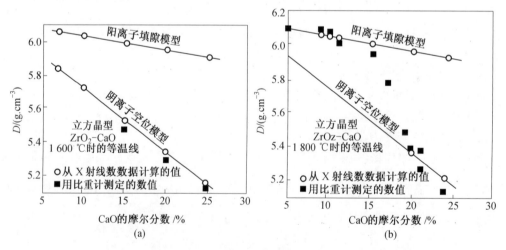

图 4.7 添加 CaO 的 ZrO_2 固溶体的密度与 CaO 含量的关系

(a)1 600 ℃ 的淬冷试样；(b)1 800 ℃ 的淬冷试样（在 1 600 ℃ 时，每添加一个 Ca^{2+} 就引入一个氧空位；在 1 800 ℃ 时，缺陷的类型随着组成而发生明显的变化）

例 4.1 在 MgO 晶体中，肖特基缺陷的生成能为 6 eV，计算在 25 ℃ 和 1 600 ℃ 时热缺陷的浓度；如果 MgO 晶体中含有百万分之一的 Al_2O_3 杂质，则在 1 600 ℃ 时，MgO 晶体中是热缺陷占优势还是杂质缺陷占优势？请说明原因。

解 （1）根据 MX 型晶体中肖特基缺陷浓度公式，有

$$\frac{n}{N} = \exp\left(-\frac{\Delta H_s}{2kT}\right)$$

已知　　　　$\Delta H_s/\text{J} = 6 \text{ eV} = 6 \times 1.602 \times 10^{-19} = 9.612 \times 10^{-19}$

当 $T = 25 \text{ ℃} = 298 \text{ K}$ 及 $T = 1\,600 \text{ ℃} = 1\,873 \text{ K}$ 时，有

$$\left(\frac{n}{N}\right)_{1\,873\,\text{K}} = \exp\left(-\frac{9.612 \times 10^{-19}}{2 \times 1.38 \times 10^{-23} \times 298}\right) = 1.76 \times 10^{-51}$$

$$\left(\frac{n}{N}\right)_{298\,\text{K}} = \exp\left(-\frac{9.612 \times 10^{-19}}{2 \times 1.38 \times 10^{-23} \times 1\,873}\right) = 8 \times 10^{-9}$$

（2）在 MgO 中加入 Al_2O_3 的杂质缺陷反应为

$$Al_2O_3 \xrightarrow{3\text{MgO}} 3Al_{Mg}^{\cdot} + V_{Mg}'' + 3O_O$$

此时产生的缺陷为 $[V_{Mg}'']_{杂质}$，而

$$[Al_2O_3] = [V_{Mg}'']_{杂质}$$

所以，当加入 $10^{-6}Al_2O_3$ 时，杂质缺陷的浓度为

$$[V_{Mg}'']_{杂质} = [Al_2O_3] = 10^{-6}$$

由（1）计算在 $T = 1\,873 \text{ K}$ 时，$[V_{Mg}'']_热 = 8 \times 10^{-9}$。

所以，$[V_{Mg}'']_{杂质} > [V_{Mg}'']_热$，即 $T = 1\,873 \text{ K}$ 时杂质缺陷占优势。

4.3　非化学计量化合物

在普通化学中所介绍的化合物的组成与其位置比正好相符的就是化学计量晶体，如 $NaCl$，KCl，$CaCO_3$ 等。但在实际的化合物中，有一些化合物并不符合定比定律，正、负离子的比例并不是一个简单的固定比例关系，这些化合物称为非化学计量化合物。这是一种由于在化学组成上偏离化学计量而产生的缺陷。在含有变价元素（Fe，Ti，Co）的人工合成晶体中，甚至是天然晶体中非化学计量化合物都是经常可以见到的，这种化合物可以看作是高价化合物与低价化合物的固溶体，也是一种点缺陷。

非化学计量的结果往往使晶体产生原子缺陷的同时产生电子缺陷，从而使晶体的物理性质发生巨大的变化。如 TiO_2 是绝缘体，但 $TiO_{1.998}$ 却具有半导体性质。非化学计量化合物都是半导体，这为制造半导体元件开辟了一个新途径。半导体材料分为两大类：一是掺杂半导体，如 Si，Ge 中掺杂 B，P，其中 Si 中掺杂 B 为 p 型半导体（电子空穴导电），Si 中掺 P 为 n 型半导体（电子导电）；二是非化学计量化合物半导体，分为四种类型：金属离子过剩（n 型），包括阴离子缺位型和间隙阳离子型；负离子过剩（p 型），包括阳离子缺位型和间隙阴离子型。

4.3.1　阴离子缺位型

TiO_{2-x}，ZrO_{2-x} 属于这种类型。从化学计量观点看，在 TiO_2 晶体中，Ti 与 O 的化学计量比为 1：2，但处于低氧分压气氛中（氧离子不足），晶体中的氧可以逸出到大气中，晶体中出现氧空位，使金属离子与化学式比较显得过剩。从化学的观点来看，缺氧的 TiO_2 可以看作是 4 价钛和 3 价钛氧化物的固溶体，即 Ti_2O_3 在 TiO_2 中的固溶体。也可以把它

看作是为了保持电中性,部分 Ti^{4+} 降价为 Ti^{3+}。其缺陷反应如下:

$$2Ti_{Ti}+4O_O \longrightarrow 2Ti'_{Ti}+V_O^{\cdot\cdot}+3O_O+\frac{1}{2}O_2 \uparrow \tag{4.16}$$

式中,Ti'_{Ti} 是 3 价钛位于 4 价钛位置,这种离子变价的现象总是和电子相联系的。如图 4.8 所示,因为氧空位是带正电的,在氧空位上束缚了两个自由电子,这种电子如果与附近的 Ti^{4+} 相联系,Ti^{4+} 就变成 Ti^{3+}。但这些电子并不属于某一个具体固定的 Ti^{4+},在电场的作用下,它可以从这个 Ti^{4+} 迁移到邻近的另一个 Ti^{4+} 上,而形成电子导电。具有这种缺陷的材料是一种 n 型半导体。

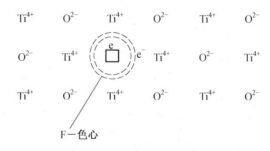

图 4.8 TiO_{2-x} 结构缺陷示意图

自由电子陷落在阴离子缺位中而形成的这种缺陷又称为 F—色心。它是由一个负离子空位和一个在此位置上的电子组成的,即捕获了电子的负离子空位。由于陷落电子能吸收一定波长的光而使晶体着色,故此得名。例如,TiO_2 在还原气氛下由黄色变成灰黑色,NaCl 在 Na 蒸气中加热呈黄棕色等。

式(4.16)又能简化为下列形式:

$$O_O \longrightarrow V_O^{\cdot\cdot}+2e'+\frac{1}{2}O_2 \uparrow \tag{4.17}$$

式中,$e'=Ti'_{Ti}$。根据质量作用定律,平衡时,有

$$K=\frac{[V_O^{\cdot\cdot}][p_{O_2}]^{\frac{1}{2}}[e']^2}{[O_O]} \tag{4.18}$$

如果晶体中氧离子的浓度基本不变,而过剩电子的浓度比氧空位大 2 倍,即 $[e']=2[V_O^{\cdot\cdot}]$,则可简化为

$$[V_O^{\cdot\cdot}] \propto [p_{O_2}]^{-\frac{1}{2}} \tag{4.19}$$

这说明氧空位的浓度和氧分压的 1/6 次方成反比。所以 TiO_2 材料如金红石质电容器在烧结时对氧分压是十分敏感的,在强氧化气氛中烧结,获得金黄色介质材料;若氧分压不足,氧空位浓度增大,烧结得到灰黑色的 n 型半导体,使绝缘性能变坏。在常见的陶瓷材料中含钛陶瓷是需要特别小心对待的,如焙烧时控制不好气氛,就会使制品还原而发灰、变黑,造成制品的电导率和介质损耗大为增加,严重的甚至使整批产品报废。

4.3.2 阳离子填隙型

$Zn_{1+x}O$ 和 $Cd_{1+x}O$ 属于这种类型(图 4.9)。过剩的金属离子进入间隙位置,它是带正电的,为了保持电中性,等价的电子被束缚在间隙正离子周围,这也是一种色心。如 ZnO 在锌蒸气中加热,锌蒸气中一部分锌原子会进入到 ZnO 晶格的间隙位置,颜色会逐

渐加深,成为 $Zn_{1+x}O$。缺陷反应式如下:

$$ZnO \Longrightarrow Zn_i^{\cdot\cdot} + 2e' + \frac{1}{2}O_2 \uparrow$$

或

$$Zn \Longrightarrow Zn_i^{\cdot\cdot} + 2e' \tag{4.20}$$

根据质量作用定律,有

$$K = \frac{[Zn_i^{\cdot\cdot}][e']^2}{[p_{Zn}]} \tag{4.21}$$

间隙锌离子的浓度与锌蒸汽压的关系为

$$[Zn_i^{\cdot\cdot}] \propto [p_{Zn}]^{\frac{1}{3}} \tag{4.22}$$

如果锌离子化程度不足,可以有

$$Zn(g) \longrightarrow Zn_i^{\cdot} + e' \tag{4.23}$$

得

$$[Zn_i^{\cdot}] \propto [p_{Zn}]^{\frac{1}{2}} \tag{4.24}$$

从上述理论关系分析可见,控制不同的锌蒸汽压可以获得不同的缺陷形式,究竟属于什么样的缺陷模型,要经过实验才能确定。实测 ZnO 电导率与氧分压的关系,图 4.10 支持了单电荷间隙的模型,即后一种是正确的。

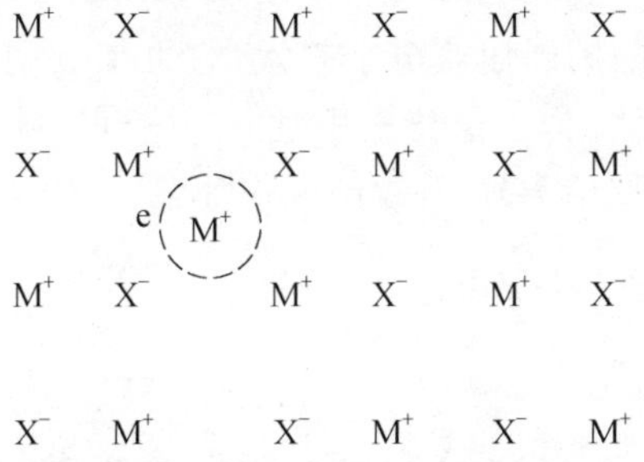

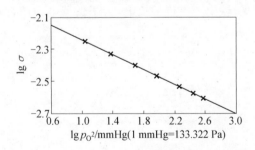

图 4.9 由于间隙阳离子,使金属离子过剩型结构缺陷示意图

图 4.10 在 650 ℃下,ZnO 电导率与氧分压的关系

4.3.3 阴离子填隙型

具有这种缺陷结构的目前只发现 UO_{2+x},如图 4.11 所示。它可以看作是 U_3O_8 在 UO_2 中的固溶体。当在晶格中存在间隙负离子时,为了保持结构的电中性,结构中必然要引入电子空穴,相应的正离子升价。电子空穴也不局限于特定的正离子,它在电场作用下会运动。因此这种材料为 p 型半导体。对于 UO_{2+x} 中缺陷反应可以表示为

$$\frac{1}{2}O_2 \longrightarrow O''_i + 2h^{\cdot} \tag{4.25}$$

由上式有

$$[O''_i] \propto [p_{O_2}]^{\frac{1}{6}} \tag{4.26}$$

随着氧压力的增大,间隙氧浓度增大。

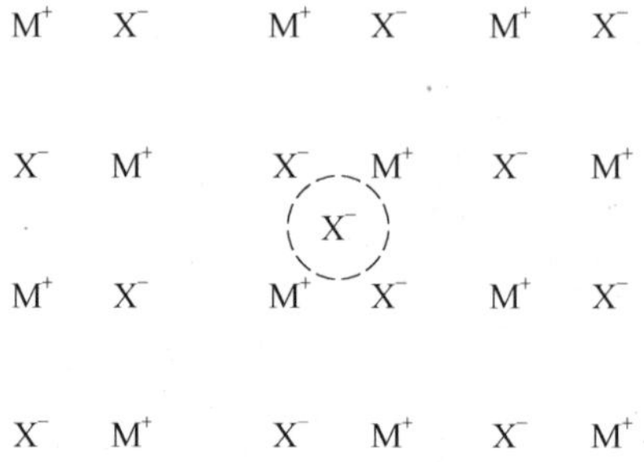

$$
\begin{array}{cccccc}
M^+ & X^- & M^+ & X^- & M^+ & X^- \\
\\
X^- & M^+ & X^- \ M^+ & X^- & M^+ \\
& & (X^-) & & & \\
M^+ & X^- & M^+ & X^- & M^+ & X^- \\
\\
X^- & M^+ & X^- & M^+ & X^- & M^+ \\
\end{array}
$$

图 4.11　由于间隙负离子,使负离子过剩型缺陷示意图

4.3.4　阳离子空位型

$Cu_{2-x}O$ 和 $Fe_{1-x}O$ 属于这种类型缺陷,如图 4.12 所示。由于存在正离子空位,为了保持电中性,在正离子空位的周围捕获电子空穴,它也是 p 型半导体。$Fe_{1-x}O$ 可以看作是 Fe_2O_3 在 FeO 中的固溶体,为了保持电中性,三个 Fe^{2+} 被两个 Fe^{3+} 和一个空位所代替,可写成固溶式为 $(Fe_{1-x}Fe_{2x/3})O$。其缺陷反应如下:

$$2Fe_{Fe} + \frac{1}{2}O_2(g) \longrightarrow 2Fe_{Fe}^{\cdot} + V''_{Fe} + O_O$$

或

$$\frac{1}{2}O_2(g) \longrightarrow O_O + V''_{Fe} + 2h^{\cdot} \tag{4.27}$$

从方程式(4.27)可见,铁离子空位带负电,为了保持电中性,两个电子空穴被吸引到铁离子空位周围,形成一种 V—色心。

$$
\begin{array}{cccccc}
M^+ & X^- & M^+ & X^- & M^+ & X^- \\
\\
X^- & \square & X^- & M^+ & X^- & M^+ \\
\\
M^+ & X^- & M^+ & X^- & M^+ & X^- \\
\\
X^- & M^+ & X^- & M^+ & X^- & M^+ \\
\end{array}
$$

图 4.12　由于正离子空值,使负离子过剩型缺陷示意图

根据质量作用定律可得

$$K = \frac{[O_O][V''_{Fe}][h^{\cdot}]^2}{[p_{O_2}]^{\frac{1}{2}}} \tag{4.28}$$

由此可得

$$[h^{\cdot}] \propto [p_{O_2}]^{\frac{1}{6}} \tag{4.29}$$

随着氧分压增大,电子空穴的浓度增大,电导率也相应增大。

综上所述，非化学计量化合物的产生及其缺陷的浓度与气氛的性质及气压的大小有密切的关系。这是它与其他缺陷的最大不同之处。非化学计量化合物与前述的不等价置换固溶体中所产生的"补偿缺陷"很类似。实际上，正是由于这种"补偿缺陷"才使化学计量的化合物变为非化学计量，只是这种不等价置换是发生在同一种离子中的高价态与低价态之间的相互置换，而一般不等价置换固溶体则在不同离子之间进行。因此非化学计量化合物可以看成是变价元素中高价态与低价态氧化物之间由于环境中氧分压的变化而形成的固溶体。它是不等价置换固溶体中的一个特例。

4.4 线缺陷——位错

位错的特点是在一维方向上缺陷的尺寸较长，在另外二维方向上尺寸很小，从宏观上看缺陷是线状的，从微观上看是管状的。位错模型最开始是为了解释材料的强度性质而提出来的。经过近半个世纪的理论研究和实验观察，人们认识到位错的存在不仅影响晶体的强度性质，而且与晶体生长、表面吸附、催化、扩散、晶体的电学、光学性质等均有密切关系。了解位错的结构及性质，对于了解陶瓷多晶体中晶界的性质和烧结机理，也是不可缺少的。

4.4.1 柏氏矢量和位错的基本类型

图 4.13(a)表示一块单晶体受到压缩作用后 $ABFE$ 上部的晶体相对于下部晶体向左滑移了一个原子间距，其中 $ABDC$ 为滑移面，$ABFE$ 为已滑移区，$EFDC$ 为未滑移区。发生局部滑移后，在晶体内部出现了一个多余半原子面。EF 是已滑移区和未滑移区的交界线，其周

错位线周围的原子排列状态如图 4.13(b)所示，在 EF 线周围出现原子间距离疏密不均匀的现象，产生了缺陷，这就是位错。EF 便是位错线。位错的特点之一是具有柏格斯矢量 b，它的方向表示滑移方向，其大小一般是一个原子间距。这种位错在晶体中有一个刀刃状的多余半原子面，所以称为刃型位错。柏格斯矢量 b 与刃型位错线垂直。

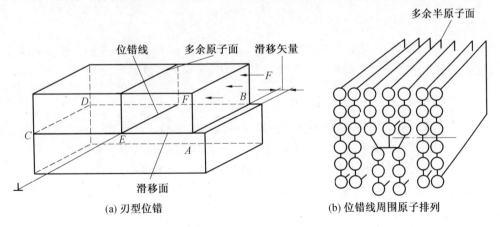

(a) 刃型位错　　　　　　　　　　　(b) 位错线周围原子排列

图 4.13　刃型位错示意图

如图 4.14(a)所示，上下两部分晶体相对滑移一个原子间距，$ABDC$ 为滑移面、EF 线

以右为已滑移区,以左为未滑移区,EF 线为位错线。EF 线附近的原子排列如图 4.14(b) 所示。EF 线周围的原子失去正常的排列,沿位错线原子面呈螺旋形,每绕轴一周,原子面上升一个原子间距,构成了一个以 EF 为轴的螺旋面,这种晶体缺陷称为螺型位错。柏格斯矢量 b 与螺型位错线平行。

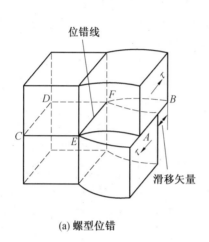

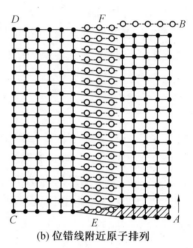

(a) 螺型位错   (b) 位错线附近原子排列

图 4.14 螺型位错示意图

位错的存在使晶体结构发生畸变,活化了晶格,使质点易于移动。位错和杂质质点的相互作用,使杂质质点容易在位错周围聚集,故位错的存在影响着杂质在晶格中的扩散过程。晶体的生长过程也可以用位错理论进行解释。

4.4.2 位错的能量

在位错线周围由于原子排列混乱而产生晶格畸变,位错的应变能可看作是以位错线为轴心,r 为半径的圆柱体范围内的原子混乱排列能与晶格畸变能之和。为处理方便,可将其分成两部分:一部分是 r_0 为半径的圆柱芯部因原子混乱排列而产生的能量;另一部分是芯部周围的晶格畸变能。如除去半径 r_0 的芯部,则单位长度位错的应变能 E 为

$$E=\frac{Gb^2}{4\pi}\left(\frac{1-\nu\cos^2\varphi}{1-\nu}\right)\ln\frac{r}{r_0} \tag{4.30}$$

式中,G 为剪切模量;b 为柏氏矢量的绝对值;ν 为泊松比;φ 为位错线与柏氏矢量的夹角;r 指位错在晶体中的畸变范围半径。在螺型位错中由于 $\varphi=0$,故式(4.30)变成

$$E=\frac{Gb^2}{4\pi}\ln\frac{r}{r_0} \tag{4.31}$$

值得注意的是,刃型位错比螺型位错具有更大的应变能。对于式(4.30)来说,只有在 $r>r_0$ 范围内成立,但常常被近似地看作是位错的全部能量,然而这并不重要。重要的是此公式表明位错的弹性能与 Gb^2 成正比,这意味着晶体中柏氏矢量小的位错容易形成。

由于位错线周围有应变场存在,所以在透射电镜下有线状衬度产生。图 4.15 为 $ZrO_2(Y_2O_3)$ 及 Al_2O_3 中的位错网,这种位错网在高温烧结的陶瓷中经常见到。

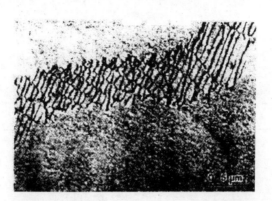

图 4.15 立方 $ZrO_2(Y_2O_3)$ 及 ZrO_2 中的位错网

4.4.3 位错的滑移和攀移

位错可以在特定滑移面上产生滑移运动而使晶体产生塑性变形。其位错是否能产生滑移,决定于其柏氏矢量是否在滑移面内,能产生滑移运动的位错,只是 b 和位错线在同一面内的位错。螺型位错都可产生滑移运动,而刃型位错中有的不能滑移。位错滑移面和滑移方向组合在一起成为滑移系。

如果两相邻滑移面的间距为 h,则 $\dfrac{b}{h}$ 值最小的滑移系首先被选择。在金属材料中这种倾向很明显,多数情况下其滑移系为密排面上的密排方向,但在陶瓷中并不一定符合这个规律。因为在陶瓷中阳离子与阳离子之间有排斥力,会给位错运动带来了额外的约束力。例如,在具有 NaCl 结构的 MgO 中,同种离子之间的最短的矢量为 $\langle 110 \rangle$,该方向即为柏氏矢量方向。在晶体的 $\langle 110 \rangle$ 方向上产生位移在 $\{100\}$,$\{110\}$ 及 $\{111\}$ 等面上都可以实现,但在这三个面上的 $\langle 110 \rangle$ 方向上位错滑移的 $\dfrac{b}{h}$ 值都不同,该值按 $\{100\} < \{110\} < \{111\}$ 的顺序依次增大。

如果按 $\dfrac{b}{h}$ 最小准则,则应选择 $\{100\}\langle 011 \rangle$ 滑移系。而实际上产生滑移的滑移系为 $\{110\}\langle 110 \rangle$,这是由于前者在滑移时阳离子之间要相互接近,而后者则不需要。由此可知,陶瓷中位错滑移时由于阳离子之间不能相互接近,因此滑移系不符合于最小准则,这是陶瓷材料难以产生塑性变形的原因。表 4.8 给出几种陶瓷的滑移系。一般在相当高的温度下,陶瓷中的滑移系才能开动。

表 4.8 部分陶瓷的滑移系

物质	晶体结构	滑移系		独立滑移系		滑移温度/℃	
		1 次	2 次	1 次	2 次	1 次	2 次
Al_2O_3	六方	$\{1000\}\langle 11\bar{2}0 \rangle$	数个	2		1 200	
BeO	六方	$\{1000\}\langle 11\bar{2}0 \rangle$	数个	2		1 000	
MgO	立方(NaCl)	$\{110\}\langle 1\bar{1}0 \rangle$	$\{001\}\langle 1\bar{1}0 \rangle$	2	3	0	1 700

续表 4.8

物质	晶体结构	滑移系		独立滑移系		滑移温度/℃	
		1次	2次	1次	2次	1次	2次
$MgO \cdot Al_2O_3$	立方(尖晶石)	$\{111\}\langle1\bar{1}0\rangle$		5		1 650	
β-SiC	立方(ZnS)	$\{111\}\langle1\bar{1}0\rangle$		5		>2 000	
β-Si_3N_4	六方	$\{10\bar{1}0\}\langle0001\rangle$		2		>1 800	
TiC	立方(NaCl)	$\{111\}\langle1\bar{1}0\rangle$		5		900	
UO_2	立方(CaF_2)	$\{001\}\langle1\bar{1}0\rangle$	$\{110\}\langle1\bar{1}0\rangle$	3	2	700	1 200
ZrB_2	六方	$\{0001\}\langle11\bar{2}0\rangle$		2		2 100	

陶瓷难以变形还有另外一个原因。MgO 单晶在室温下就可以产生滑移变形,但多晶体在室温下却极脆,不能变形。这是因为 MgO 的滑移系数量少的缘故。多晶体要产生变形而不被破坏,至少必须五个以上独立的滑移系开动,称为 Von Mises 条件。一般陶瓷晶体结构都较复杂,因而独立滑移系少,这也是陶瓷材料难以产生塑性变形的原因所在。刃型位错不但可以滑移,而且还可以攀移。在图 4.16 所示的刃型位错中,如果箭头处再形成空位或下边再有离子填充上,则位错线就在竖直方向上移动,即位错攀移。位错攀移需要离子或空位扩散,因此位错攀移是伴随有物质迁移的非保守运动。而滑移是不伴随物质迁移的保守运动。位错攀移只是在离子或空位可以进行扩散的高温下发生。

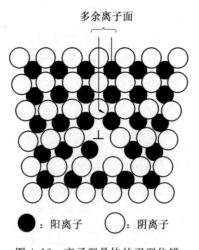

●:阳离子 ○:阴离子

图 4.16 离子型晶体的刃型位错

4.4.4 扩展位错

晶体中的单个全位错,为了减小应变能,有时分解成柏氏矢量小的复合位错。图4.17示出 $Al_2O_3(0001)$ 面上的离子排列及位错分解反应步骤。在 Al_2O_3 晶胞底面上产生滑移的全位错的柏氏矢量为 $\frac{1}{3}\langle11\bar{2}0\rangle$,在图中用 $\boldsymbol{b}_0$ 表示。$\boldsymbol{b}_0$ 为 Al_2O_3 的晶向单位矢量,具有

这种柏氏矢量的全位错可以作如下分解反应

$$\frac{1}{3}[11\bar{2}0] \longrightarrow \frac{1}{2}[10\bar{1}0] + \frac{1}{3}[0\bar{1}10] \tag{4.32}$$

一个柏氏矢量为 $\boldsymbol{b}_0$（$\frac{1}{3}\langle11\bar{2}0\rangle$）的全位错可以分解成两个柏氏矢量为 $\boldsymbol{b}_1$（$\frac{1}{3}\langle10\bar{1}0\rangle$）的不全位错，如图 4.17 所示。通过这种反应生成的位错称为部分位错或半位错。由晶格位移量可知，全位错柏氏矢量为 $|\boldsymbol{b}_0|$，而半位错柏氏矢量为 $|\boldsymbol{b}_0|/\sqrt{3}$，因此这种由一个全位错分解成两个半位错的反应可使位错的弹性应变能减少。

从图 4.17 还可以看出，柏氏矢量 $\frac{1}{3}\langle10\bar{1}0\rangle$ 是 Al_2O_3 晶体中 O^{2-} 离子点阵晶格方向单位矢量。因此产生具有这种布氏矢量的位错并不引起 O^{2-} 离子堆垛顺序的变化，但却引起 Al^{3+} 离子堆垛顺序的变化，这种离子堆垛方式与正常情况不同的区域称为堆垛层错。第二个部分位错产生后，则这种层错消失，而使离子排列正常。换言之，由式（4.32）的反应分解出的两个部分位错之间，存在如图 4.18 所示的堆垛层错。产生这样的层错，需额外的能量，因此，从减小应变能的角度来看，并非全位错都需要分解成部分位错。同时即使产生分解反应，由于部分位错间距越大，堆垛层错的面积就越大，所以并非是部分位错间的距离可以很远，而是有一个平衡距离 l。

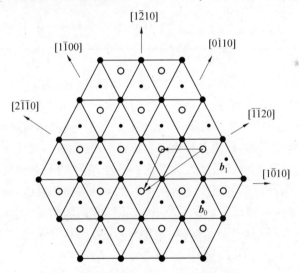

图 4.17 Al_2O_3(0001)面上的离子排列

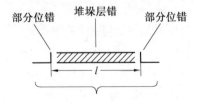

图 4.18 扩展位错

一对部分位错之间所含有的堆垛层错称为扩展位错。扩展位错的宽度 l 由部分位错弹性排斥力与层错能的平衡所决定。$\alpha\text{-}Al_2O_3$ 层错能为 $0.1\sim0.25\ \text{J/m}^2$。表 4.9 为实际观察到的氧化物陶瓷中的位错分解反应实例。

表 4.9 氧化物陶瓷中的位错分解反应

材料	分解反应
Al_2O_3	$\frac{1}{3}\langle 11\bar{2}0\rangle \longrightarrow \frac{1}{3}\langle 10\bar{1}0\rangle + \frac{1}{3}\langle 01\bar{1}0\rangle$ $\langle 10\bar{1}0\rangle \longrightarrow \frac{1}{3}\langle 10\bar{1}0\rangle + \frac{1}{3}\langle 10\bar{1}0\rangle + \frac{1}{3}\langle 10\bar{1}0\rangle$
$MgAl_2O_4$	$\frac{1}{2}\langle 110\rangle \longrightarrow \frac{1}{4}\langle 110\rangle + \frac{1}{4}\langle 110\rangle$
Mg_2SiO_4	$\langle 001\rangle \longrightarrow \frac{1}{2}\langle 001\rangle + \frac{1}{2}\langle 001\rangle$
Y_2O_3	$\langle 100\rangle \longrightarrow \frac{1}{2}\langle 100\rangle + \frac{1}{2}\langle 100\rangle$
石榴石	$\frac{1}{2}\langle 111\rangle \longrightarrow \frac{1}{4}\langle 111\rangle + \frac{1}{4}\langle 111\rangle$
WC	$\frac{1}{3}\langle 11\bar{2}3\rangle \longrightarrow \frac{1}{6}\langle 11\bar{2}3\rangle + \frac{1}{6}\langle 11\bar{2}3\rangle$

晶体的表面和晶界、亚晶、相界面等都属于面缺陷,这类缺陷的特点是在一薄层内原子的排列偏离平衡位置,因此它们的物理、化学和机械性能与规则排列的晶体内部有很大区别。陶瓷材料表面缺陷,常有高低不平和微裂纹出现。当固体材料受外力作用时,破裂常常从表面缺陷的地方开始,即使表面缺陷非常微小,甚至在一般显微镜下也分辨不出的微细缺陷,都足以使材料的机械强度大大降低。另外,由于表面的微细缺陷和表面原子的高能态,使其也极易与环境其他侵蚀性物质发生化学反应而被腐蚀,所以固体表面凸起或裂缝缺陷部位首先产生腐蚀现象。在生产中,要消除表面缺陷是十分困难的,但可以用表面处理的办法来减少缺陷,如陶瓷材料的施釉、涂层等。其他如晶界等面缺陷在第5章讨论。

习 题

4.1 名词解释:弗伦克尔缺陷与肖特基缺陷;固溶体;非化学计量化合物;刃型位错和螺型位错;伯氏矢量;位错滑移。

4.2 试述晶体结构中点缺陷的类型。以通用的表示法写出晶体中各种点缺陷的表示符号。$CaCl_2$ 中 Ca^{2+} 置换 KCl 中 K^+ 或进入到 KCl 间隙中去的两种点缺陷反应表示式。

4.3 在缺陷反应方程式中,所谓位置平衡、电中性、质量平衡是指什么?

4.4 对某晶体的缺陷测定生成能为 84 kJ/mol,计算该晶体在 1 000 K 和 1 500 K

时的缺陷浓度。

4.5　若已知在 NaCl 晶体中形成一对正负离子空位的形成能 $G_f = 2.54$ eV,试计算当温度为 296 K 时的肖特基缺陷浓度?

4.6　试写出在下列两种情况:(1)在 Al_2O_3 中,添加摩尔分数为 0.01% 的 Cr_2O_3,生成淡红宝石。(2)在 Al_2O_3 中,添加摩尔分数为 0.5% 的 NiO,生成黄宝石。生成什么缺陷? 缺陷浓度是多少?

4.7　在 CaF_2 晶体中,弗伦克尔缺陷形成能为 2.8 eV,肖特基缺陷的生成能为 5.5 eV,计算在 25 ℃ 和 1 600 ℃ 时热缺陷的浓度? 如果在 CaF_2 晶体中,含有百万分之一的 YF_3 杂质,则在 1 600 ℃ 时 CaF_2 晶体中是热缺陷占优势还是杂质缺陷占优势? 说明原因。

4.8　写出下列缺陷反应式:

(1)NaCl 溶于 $CaCl$ 中形成空位型固溶体;(2)CaCl 溶于 NaCl 中形成空位型固溶体;

(3)NaCl 形成肖特基缺陷;(4) AgI 形成弗伦科尔缺陷(Ag^+ 进入间隙)。

4.9　(1)查出 MgO,CaO,Al_2O_3 和 TiO_2 四种氧化物的正离子半径、电负性及晶体结构类型。

(2)按离子大小、电子价、结构类型等因素预计下列各个二元系统,生成固溶体还是化合物。MgO-CaO;MgO-TiO_2;MgO-Al_2O_3;CaO-Al_2O_3;CaO-TiO_2;Al_2O_3-TiO_2。

(3)查阅二元相图,校核预计结果的正确性。

4.10　试写出下列缺陷方程:

(1)$TiO_2 \xrightarrow{Al_2O_3}$;　(2)$CaO \xrightarrow{ThO_2}$;　(3)$Y_2O_3 \xrightarrow{MgO}$;　(4)$Al_2O_3 \xrightarrow{ZrO_2}$。

4.11　试写出少量 MgO 掺杂到 Al_2O_3 中,少量 YF_3 掺杂到 CaF_2 中的缺陷方程。(1)判断方程的合理性。(2)写出每 1 方程对应的固溶式。

4.12　ZnO 是六方晶系,$a = 0.324\ 2$ nm,$b = 0.519\ 5$ nm,每个晶胞中含两个 ZnO 分子,测得晶体密度分别为 5.74 g/cm³,5.606 g/cm³,求这两种情况下各产生什么形式的固溶体?

4.13　对于 MgO,CaO,Al_2O_3 和 Cr_2O_3,其正、负离子半径比分别为 0.47,0.36 和 0.40。Al_2O_3 和 Cr_2O_3 形成连续固溶体。(1)这个结果可能吗? 为什么? (2)试预计,在 MgO-Cr_2O_3 系统中的固溶度是有限还是很大? 为什么?

4.14　Al_2O_3 在 MgO 中将形成有限固溶体,在低共熔温度 1 995 ℃ 时,约有质量分数为 18% 的 Al_2O_3 溶入 MgO 中,MgO 单位晶胞尺寸减小。试预计下列情况下密度的变化。(1)Al^{3+} 为间隙离子;(2)Al^{3+} 为置换离子。

4.15　用 0.2 mol YF_3 加入 CaF_2 中形成固溶体,实验测得固溶体的晶胞参数 $a = 0.55$ nm,测得固溶体密度 $\rho = 3.64$ g/cm³,试计算说明固溶体的类型(元素的相对原子质量:$M(Y) = 88.90$;$M(Ca) = 40.08$;$M(F) = 19.00$)。

4.16　对磁硫铁矿进行化学分析,按分析数据的 Fe/S 计算,得出两种可能的成分:$Fe_{1-x}S$ 和 FeS_{1-x},前者意味着 Fe 是空位的缺陷结构,后者 Fe 是被置换。设计一种试验方法以确定该矿物究竟属于哪一类成分?

4.17　YF_3 添加到 CaF_2 中形成的固溶体,经 X 射线衍射,被证实是属于负离填式缺陷模型。请计算当含有 10％的 YF_3 时，该固溶体的密度是多少？

4.18　在面心立方空间点阵中，面心位置的原子数比立方体顶角位置的原子数多三倍。原子 B 溶入 A 晶格的面心位置中，形成置换固溶体，其成分应该是 A_3B 还是 A_2B？为什么？

4.19　CeO_2 为萤石结构，其中加入 15％（摩尔分数）CaO 形成固溶体，测得固溶体密度 $d＝7.01~g/cm^3$。晶胞参数 $a＝0.541~7~nm$，试通过计算判断生成的是哪一种类型固溶体？已知相对原子质量 Ce＝140.2，Ca＝40.08，O＝16.0。

4.20　非化学计量缺陷的浓度与周围气氛的性质、压力大小相关，如果增大周围氧气的分压，非化学计量化合物 $Fe_{1-x}O$ 和 $Zn_{1-x}O$ 的密度将发生怎样变化？增大还是减少？为什么？

4.21　非化学计量化合物 Fe_xO 中，$Fe^{3+}/Fe^{2+}＝0.1$（离子数比），求 Fe_xO 中的空位浓度及 x 值。

4.22　非化学计量氧化物 $Ti_{2-x}O$ 的制备强烈依赖于氧分压和温度。(1)试列出其缺陷反应式；(2)求其缺陷浓度表达式。

4.23　某种 NiO 是非化学计量的，如果 NiO 中 $Ni^{3+}/Ni^{2+}＝10^{-4}$，问每立方米中有多少载流子？

4.24　在大多数简单氧化物中观察到位错，而且事实上难于制备位错密度小于 $10^4~cm^{-2}$ 的晶体。在比较复杂的氧化物中，如石榴石（如钇铝石榴石 $Y_3Al_5O_{12}$，$Gd_3Ga_5O_{12}$）却易于制成无位错的单晶，为什么？

第5章　陶瓷表面与界面

处于物体表面的质点,其境遇是不同于内部的,一方面,可以把它们当作是二维缺陷或对于理想晶体点阵结构的偏离;另一方面,晶体的表面完全可以看成是理想晶体结构与各种特定环境的界限。这就使它们对于许多力学性质、化学现象和电性能都有强烈的影响,在无机非金属固体材料中,陶瓷工业中粉体物料的性质、固相反应、烧结、晶体生长、晶粒生长、玻璃强化、陶瓷显微结构、复合材料都与它密切相关。了解表面、界面的结构及其行为,是掌握无机非金属材料制备与制品物理化学变化及工艺过程的原理和材料性质的基础。

通常把一个相与它本身的蒸汽或者在真空下相接触的分界面称为表面,由于绝对的真空并不存在,在许多场合下,把固相与气相、液相与气相之间的分界面都称为表面;当一个晶相与另一个晶相相互接触,其接触面则为晶界。而界面是以上总的名称,即两个独立体系的相交处。本章将讨论表面现象中的一些重要概念,如固体表面力场和表面结构、重要的界面行为以及微粒-水系统性质等问题。

5.1　表面与界面物理化学基本知识

5.1.1　表面张力(表面能)与 Young-Laplance 方程

实验表明,要使液体或者固体的表面积增大需要给予一定的作用力。首先来讨论某一肥皂膜沿着金属丝框被拉伸的过程(图 5.1),肥皂膜的一端在力 F 的作用下移动。肥皂膜沿着 x 轴方向移动了 dx 的距离,当它匀速移动时,拉力 F 与肥皂膜表面所产生的张力大小相等、方向相反。如果以 γ 表示单位长度表面的张力数值,则在把肥皂膜拉伸 dx 距离时所做的功 W 为

$$W = \gamma l \, dx \tag{5.1}$$

或

$$W = \gamma dA \tag{5.2}$$

式中,dA 为 $l \, dx$ 的乘积,即肥皂膜面积的变化。由式(5.2)可见,γ 也为单位面积的能量。于是,既可以把 γ 称为表面张力,又可以把 γ 称为表面能;二者的单位分别为 mN/m 与 mJ/m^2。

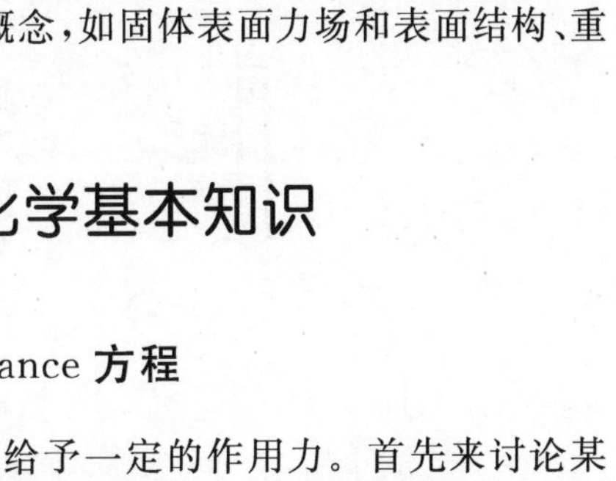

固体表面几何形态会引起表面力场的变化,因此作用在弯曲表面两侧的压强也不相同。以肥皂泡模型讨论,不考虑肥皂泡的重力作用,泡总是呈球形。一给定的体积值,球形是表面积最小的情形。

图 5.1　某肥皂膜的拉伸

假设肥皂泡的半径为 r (图 5.2),总表面能值为 $4\pi r^2 \gamma$。当其半径变化 dr 时,它的总表面能随之变化 $8\pi r \gamma \, dr$。使肥皂泡扩张的条件为泡内压力大于泡外压力,即在肥皂泡膜的内

外两侧存在一个压力差 ΔP。这个压差所产生的膨胀功为

$$\Delta P \mathrm{d}v = \Delta P 4\pi r^2 \mathrm{d}r \tag{5.3}$$

式中,肥皂泡半径变化 $\mathrm{d}r$ 引起肥皂泡体积的变化 $\mathrm{d}v$。平衡时,此膨胀功必然等于新增加的表面能 $8\pi r\gamma \mathrm{d}r$,即

$$\Delta P 4\pi r^2 \mathrm{d}r = 8\pi r\gamma \mathrm{d}r \tag{5.4}$$

$$\Delta P = \frac{2\gamma}{r} \tag{5.5}$$

式(5.5)使我们得到一个重要的结论:肥皂池的半径越小,泡膜两侧的压差越大。

式(5.5)是针对球形表面而言的压差计算式,对于一般的曲面,描述一个曲面需要两个曲率半径之值,分别为 R_1 和 R_2(对于球形,这两个曲率半径恰好相等),如图 5.3 所示。我们可以得到一般曲面的压差计算式:

$$\Delta P = \gamma \left(\frac{1}{R_1} + \frac{1}{R_2} \right) \tag{5.6}$$

称为 Young-Laplance 方程。当曲面平面 R_1 与 R_2 均为无穷大,ΔP 的值为零时,即平表面两侧无压差存在。

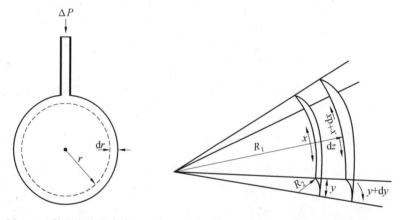

图 5.2　某肥皂泡的膨胀　　　　图 5.3　一般曲面压差计算式的推导

弯曲表面两侧的压差可以使毛细管中的液体上升,也可以成为固体粉料在烧结过程中的一种推动力。由压差计算式可以知道,影响曲面两侧压差的因素是物质的表面能与曲面的曲率。表 5.1 列出了某些物质在真空或惰性气体中测出的表面能,可以发现不同物质的表面能有相当大的差异。

表 5.1　某些物质在真空或惰性气体中测出的表面能

物质	温度 /℃	表面能 /(mJ·m^{-2})	物质	温度 /℃	表面能 /(mJ·m^{-2})
水(液态)	20	72.88	铂(液态)	1 770	1 865
碘(液态)	20	54.7	氯化钠(液态)	801	114
苯(液态)	20	28.88	氯化钠(晶体)	25	300
三氯甲烷(液态)	25	26.67	硝酸钠(液态)	308	116.6

续表 5.1

物质	温度 /℃	表面能 /(mJ·m⁻²)	物质	温度 /℃	表面能 /(mJ·m⁻²)
丙酸(液态)	20	26.69	硫酸钠(液态)	884	196
四氯化碳(液态)	25	26.43	磷酸钠(液态)	620	209
n-辛醇(液态)	20	27.5	硅酸钠(液态)	1000	250
n-辛烷(液态)	20	21.8	硝酸钡(液态)	595	134.8
乙醚(液态)	25	12.3	氧化硼(液态)	900	80
硫化氢(液态)	20	484	氧化亚铁(液态)	1420	585
水银(液态)	20	484	氧化铝(液态)	2 080	700
钠(液态)	130	198	氧化铝(固态)	1 850	905
钡(液态)	720	226	氧化镁(固态)	25	1 000
锡(液态)	332	543.8	碳化钛(固态)	1 100	1 190
铅(液态)	350	442	氟化钙(晶体(111))	25	450
铜(液态)	1 120	1 270	氟化锂(晶体(100))	25	340
铜(固态)	1 080	1 430	碳酸钙(晶体(1010))	25	230
银(液态)	1 000	920	0.2Na₂O-0.8SiO₂	1 350	380
银(固态)	750	1 140	0.13Na₂O-0.13CaO- 0.74SiO₂(液态)	1 350	350
钛(液态)	1 680	1 588			

应当指出,由于液体结构与固体结构的特点差别很大,因而它们的表面特点也差别很大。固体是一种刚性物质,其表面上分子的流动性较差,它能够承受剪应力的作用,因此可以抵抗表面收缩的趋势。固体的表面张力是根据在固体表面上增加附加的原子以建立新的表面时所做的可逆功来定义的。

5.1.2 Kelvin 方程及其应用

下面讨论弯曲表面的曲率对物质摩尔自由能的影响,从而得出关于表面物理化学的另一个十分重要的热力学关系式。在恒温时,压力变化对系统摩尔自由能 ΔG 的影响为

$$\Delta G = \int V \mathrm{d}P \tag{5.7}$$

如果液体的摩尔体积 V 被视为常数,则压力变化对液体摩尔自由能 ΔG_1 的影响为

$$\Delta G_1 = V \mathrm{d}P = \gamma V \left(\frac{1}{r_1} + \frac{1}{r_2} \right) \tag{5.8}$$

系统的自由能与其蒸汽压相关,假定与液体相平衡的蒸气为理想汽化,则压力变化对蒸气摩尔自由能 ΔG_g 的影响为

$$\Delta G_g = RT \ln \frac{P}{P_0} \tag{5.9}$$

因为系统处于平衡状态,所以有:

球面
$$\ln \frac{P}{P_0} = \frac{2M\gamma}{\rho RT} \frac{1}{r} \tag{5.10}$$

或一般曲面
$$\ln \frac{P}{P_0} = \frac{M\gamma}{\rho RT} \left(\frac{1}{r_1} + \frac{1}{r_2} \right) \tag{5.11}$$

式中,ρ 为液体密度;V 为液体的摩尔体积;M 为相对分子质量;R 为气体常数;P_0 为温度 T 时的标准蒸汽压,即平液面上的蒸汽压;P 为温度 T 时在弯曲液面上所观察到的蒸汽压。式(5.10)及式(5.11)表明:弯曲液面上的蒸汽压随其表面曲率而改变,通常称为 Kelvin(开尔文)方程,它与 Young-Laplance 方程一样被视为表面物理化学的基本关系式。

固体的升华过程可与液体蒸发过程相比拟,上列各式对于固体也是适用的。当粒径小于 $0.1~\mu m$ 时,固体蒸汽压开始明显地随固体粒径的减小而增大,因而其溶解度将增大,熔化温度则降低。当用溶解度 C 代替式(5.10)中的蒸汽压 P,可以导出类似的关系有

$$\ln \frac{C}{C_0} = \frac{2\gamma_{LS} M}{dRTr} \tag{5.12}$$

式中,γ_{LS} 为固液界面张力;C, C_0 分别是半径为 r 的小晶体与大晶体的溶解度;d 为固体密度。

把式(5.10)与克劳修斯 - 克拉伯龙方程(Clapeyron-Clausius)$\dfrac{\mathrm{d}P}{\mathrm{d}T} = \dfrac{\Delta H}{T \Delta V}$ 结合,则可计算固体颗粒半径对其熔化温度的影响,即

$$\Delta T = T - T = \frac{2\gamma_{VS} M T_0}{d \Delta H r} \tag{5.13}$$

5.2 固体的表面(固-气)

固体表面原子(或离子)通常是定位的,不像液体那样可以自由流动,因此固体表面有其独特的物理化学特性。

5.2.1 固体表面结构

在固体表面,质点排列的周期重复性中断,使处于表面边界上的质点力场对称性破坏,表现出剩余的键力,这就是固体表面力。根据性质不同,表面力可分为化学力和范德瓦耳斯力两部分。

1. 晶体表面结构

表面力的存在使固体表面处于较高能量状态。但系统总会通过各种途径来降低这部分过剩的能量,导致表面质点的极化、变形、重排,并引起原来晶格的畸变,这就造成了表面层与内部的结构差异。对于不同结构的物质,因其表面力的大小和影响不同,表面结构状态也会不同。晶体质点间的相互作用、键强是影响表面结构的重要因素。

离子晶体表面质点的变化如图 5.4 所示。处于表面层的负离子只受到上、下和内侧正离子的作用,面外侧是不饱和的。电子云将因被拉向内侧的正离子一边而变形,使该负离子诱导成偶极子(图 5.4(b)),这样就降低了晶体表面的负电场。接着,表面层离子开

始重排以使之在能量上趋于稳定。为此,表面的负离子被推向外侧,正离子被拉向内侧,从而形成了表面双电层(图 5.4 (c))。与此同时,表面层中的离子间键性逐渐过渡为共价键性结果,固体表面好像被一层负离子所屏蔽,并导致表面层在组成上成为非化学计量的。图 5.5 是以氯化钠晶体为例所做的计算结果。可以看到,在 NaCl 晶体表面,最外层和次层质点面网之间 Na^+ 的距离为 0.266 nm,而 Cl^- 的距离为 0.286 nm,因而形成一个厚度为 0.020 nm 的表面双电层。在氧化物的表面,可能大部分由氧离子组成,正离子则被氧离子所屏蔽,而产生这种变化的程度主要取决于离子极化性能。由表 5.2 所列数据可见,所列的化合物中,PbI_2 表面能最小(为 0.13×10^3 N/m),PbF_2 次之(为 0.90×10^3 N/m),CaF_2 最大(为 2.5×10^3 N/m)。这是因为 Pb^{2+} 与 I^- 都具有大的极化性能。当用极化性能较小的 Ca^{2+} 和 F^- 依次置换 PbI 中的 Pb^{2+} 和 I^- 时,相应的表面能和硬度迅速增加可以推测相应的表面双电层厚度减小。

图 5.5 中 NaCl 晶体表面最外层与次层,次层和第二层之间的离子间距(即晶面间距)是不相等的,说明由于上述极化和重排作用引起表面层的晶格畸变和晶胞参数的改变,而随着表面层晶格畸变和离子变形又必将引起相邻的内层离子的变形和键力的变化,以此向内层扩展。但这种影响将随着向晶体内部深入而递减,与此相应的正、负离子间的作用键强也沿着从表面向内部方向交替地增强和减弱,离子间距离交替地缩短和变长。因此与晶体内部相比,表面层离子排列的有序程度降低了,键强数值分散了。

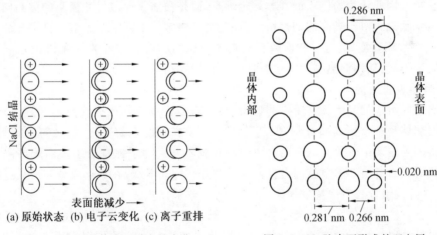

图 5.4 离子晶体表面质点的变化
(a) 原始状态 (b) 电子云变化 (c) 离子重排

图 5.5 NaCl 表面形成的双电层

表 5.2 一些晶体化合物的表面能

化合物	表面能/(mJ·m^{-2})	硬度	化合物	表面能/(mJ·m^{-2})	硬度
PbI_2	0.13	1	$BaSO_4$	1.25	2.5~3.5
Ag_2CrO_4	0.575	2	$SrSO_4$	1.40	3~3.5
PbF_2	0.90	2	CaF_2	2.50	4

2. 粉体表面结构

粉体一般是指微细的固体粒子集合体,具有极大的比表面积。因此表面结构状态对粉体性质有着决定性影响。

粉体在机械粉碎时,由于反复破碎,不断形成新的表面。表面层离子的极化变形和重排使表面晶格畸变,有序性降低。因此,随着粒子的微细化,比表面积增大,表面结构的有序程度受到越来越强烈的扰乱并不断向颗粒深部扩展,最后使粉体表面结构趋于无定形化。不仅增加了粉体活性,而且由于双电层结构使表面荷电容易引起磨细的粉体又重新团聚。因而在微细物体提高表面活性的同时又防止粉体团聚,将是又一个与表面化学与物理有关的研究课题。基于物理化学方法对粉体表面结构所做的研究测定提出两种不同的模型:一种认为物体表面层是无定形结构;另一种认为粉体表面层是粒度极小的微晶结构。

对于性质相当稳定的石英(SiO_2)矿物,如经过粉碎,用差热分析方法测定其 573 ℃时 $\beta SiO_2 \Leftrightarrow \alpha SiO_2$ 相变,发现相应的相变吸热峰面积随 SiO_2 粒度而有明显的变化。当粒度减小到 $5\sim10\ \mu m$ 时,发生相转变的石英量显著减少。当粒度约为 $1.3\ \mu m$ 时,则仅有一半的石英发生上述的相转变。但是若将上述石英粉末用 HF 处理,以溶去表面层,然后重复进行差热分析测定,则发现参与上述相变的石英量增加到 100%。这说明石英粉体表面是无定形结构的。因此随着粉体颗粒变细,表面无定形层所占的比例增加,可能参与相转变的石英量减少。据此定量估计其表面层厚度为 $0.11\sim0.15\ \mu m$。

对反复粉碎的粉体进行 X 射线衍射研究发现,其 X 射线谱线不仅强度减弱,而且宽度明显变宽。因此认为粉体表面并非无定形态,而是覆盖了一层尺寸极小的微晶体,即表面呈微晶化状态。由于微晶体的晶格严重畸变,晶格常数不同于正常值而且十分分散,使其 X 射线谱线明显变宽。此外,对鳞石英粉体表面的易溶层进行的 X 射线测定表明,它并不是无定形质;从润湿热测定中也发现其表面层存在有硅醇基团。

3. 玻璃表面结构

玻璃比同组成的晶体具有更大的热力学能,表面力场的作用往往更为明显。从熔体转变为玻璃体是一个连续的过程,但却伴随着表面成分的不断变化,使之与内部显著不同。这是因为玻璃中各成分对表面自由焓的贡献不同。为了保持最小表面能,各成分首先将按其对表面自由焓的贡献能力自发地转移和扩散。其次,在玻璃成型和退火过程中,碱、氟等易挥发组分自表面挥发损失。

对于含有较高极化性能的离子如 Pb^{2+},Sn^{2+},Sb^{4+},Cd^{2+} 等的玻璃,其表面结构和性质会明显受到这些离子在表面的排列取向状况的影响。这种作用本质上也是极化问题。例如,铅玻璃由于铅原子最外层有四个价电子($6s^2$,$6p^2$),当形成 Pb^{2+} 时,因最外层尚有两个电子,对接近于它的 O^{2-} 产生斥力,致使 Pb^{2+} 的作用电场不对称,即与 O^{2-} 相斥一方的电子云密度减少,在结构上近似于 Pb^{4+},而相反一方则因电子云密度增加而近似呈 Pb 状态。这可视作 Pb^{2+} 按 $Pb^{2+} \Rightarrow 1/2Pb^{4+} + 1/2Pb^0$ 方式被极化变形。在不同条件下,这些极化离子在表面取向不同,则表面结构和性质也不相同。在常温时,表面极化离子的电矩通常是朝内部取向以降低其表面能,因此常温下铅玻璃具有特别低的吸湿性。但随温度升高,热运动破坏了表面极化离子的定向排列,故铅玻璃呈现正的表面张力温度系数。图 5.6 是分别用 0.5 mol/L 的 Cu^{2+},Cd^{2+},Zn^{2+},Pb^{2+} 盐溶液处理过的钠钙硅酸盐玻璃粉末,在室温、98% 相对湿度的空气中的吸水速率曲线。可以看到,不同极化性能的离子进入玻璃表面层后,对表面结构和性质的影响。

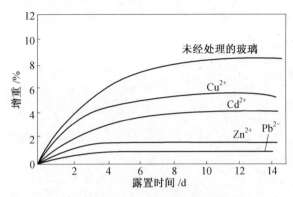

图 5.6 表面处理对玻璃吸水速率的影响

4. 实际表面的结构

固体的实际表面是不规则和粗糙的,存在着无数台阶、裂缝和凹凸不平的峰谷,这些不同的几何状态必然会对表面性质产生影响,其中最重要的是表面粗糙度和微裂纹。

表面粗糙度会引起表面力场的变化,进而影响其表面结构。从色散力的本质可见,位于凹谷深处的质点,其色散力最大,凹谷面上和平面上次之,位于峰顶处则最小。反之,对于静电力,则位于孤立峰顶处应最大,凹谷深处最小。这样,表面粗糙度将使表面力场变得不均匀,其活性及其他表面性质也随之发生变化。其次,粗糙度还直接影响到固体比表面积,内、外表面积比值以及与之相关的属性,如强度、密度、润湿、孔隙率、透气性等。此外,粗糙度还关系到两种材料间的封接和结合界面间的啮合和结合强度。

表面微裂纹是因晶体缺陷或外力而产生。微裂纹同样会强烈地影响表面性质,对脆性材料的强度尤为重要。计算表明,脆性材料的理论强度约为实际强度的几百倍。这正是因为存在于固体表面的微裂纹在材料中起着应力倍增器的作用,使位于裂纹尖端的实际应力远远大于所施加的应力。基于这个观点,格里菲斯(Griffith)建立了著名的玻璃断裂理论,并导出了材料实际断裂应力 σ_c 与微裂纹长度 c 的关系,即

$$\sigma_c = \sqrt{\frac{2E\gamma}{\pi c}} \tag{5.14}$$

式中,E 为弹性模量;γ 为表面能。可以看出,高强度材料,E 和 γ 应大,而裂纹尺寸应小。使用刚拉制的玻璃棒做试验,弯曲强度为 $6 \times 10^9 \, \text{N/m}^2$,该棒在空气中放置几小时后强度下降为 $4 \times 10^9 \, \text{N/m}^2$。强度下降的原因是由于大气腐蚀面形成表面微裂纹。由此可见,控制表面裂纹的大小、数目和扩展,就能更充分地利用材料固有的强度。例如,玻璃的钢化和预应力混凝土制品的增强原理就是使外层通过表面处理而处于压应力状态,从而闭合表面微裂纹。

固体表面的几何结构状态可以用光学方法(显微镜、干涉仪)、机械方法(侧面仪)、物化方法(吸附)以及电子显微镜等多种手段加以研究观测。

5.2.2 固体表面能的计算

表面能即在温度、压力、组成恒定时,增大单位表面积,对体系做的可逆非膨胀功,或者是每增加单位表面积时,体系自由焓的增量。不同类型的固体表面能有不同的理论计算方法。理论计算比较复杂,下面介绍两种近似的计算方法。

1. 共价键晶体表面能

共价键晶体不必考虑长程力的作用,表面能即是破坏单位面积上的全部键所需能量的一半(因为键是属于两个原子的),即

$$u_s = \frac{1}{2} u_b$$

式中,u_b 为破坏化学键所需能量。

以金刚石的表面能计算为例,若解理面平行于(111)面,可计算出 1 m^2 上有 1.83×10^{19} 个键,若取键能为 376.6 kJ/mol,则可算出表面能为

$$u_s/(\text{J} \cdot \text{m}^{-2}) = \frac{1}{2} \times 1.83 \times 10^{19} \times \frac{376.6 \times 10^3}{6.022 \times 10^{23}} = 5.72$$

2. 离子晶体表面能

每个晶体的自由焓都是由两部分组成,即体积自由焓和一个附加的过剩界面自由焓。为了计算固体的表面自由焓,取真空中 0 K 下一个晶体的表面模型,并计算晶体中一个原子(离子)移到晶体表面时自由焓的变化。在 0 K 时,这个变化等于一个原子在这两种状态下的热力学能之差 $(\Delta U)_{s,v}$。以 u_{ib} 和 u_{is} 分别表示第 i 个原子(离子)在晶体内部与在晶体表面上时,和最临近的原子(离子)的作用能,用 n_{ib} 和 n_{is} 分别表示第 i 个原子在晶体体积内和表面上时,最临近的原子(离子)的数目(配位数)。无论从体积内或从表面上拆除第 i 个原子都必须切断与最临近原子的键。对于晶体中每取走一个原子所需能量为 $u_{ib} \cdot n_{ib}/2$,在晶体表面则为 $u_{is} \cdot n_{is}/2$。这里除以 2 是因为每根键是同时属于两个原子的,因为 $n_{ib} > n_{is}$,而 $u_{ib} \approx u_{is}$,所以,从晶体内取走一个原子比从晶体表面取走一个原子所需能量大。这表明表面原子具有较高的能量。以 $u_{ib} = u_{is}$,得到第 i 个原子在体积内和表面上两个不同状态下热力学能之差为

$$(\Delta U)_{s,v} = \frac{n_{ib} u_{ib}}{2} - \frac{n_{is} u_{is}}{2} = \frac{n_{ib} u_{ib}}{2} \left(1 - \frac{n_{is}}{n_{ib}}\right) = \frac{U_0}{N} \left(1 - \frac{n_{is}}{n_{ib}}\right) \tag{5.15}$$

式中,U_0 为晶格能;N 为阿伏加德罗常数。如果 L_s 表示 1 m^2 表面上的原子数,从式(5.2)得到

$$\frac{L_s U_0}{N} \left(1 - \frac{n_{is}}{n_{ib}}\right) = (\Delta U)_{s,v} \cdot L_s = \gamma_0 \tag{5.16}$$

式中,γ_0 是 0 K 时的表面能(单位面积的附加自由焓)。

在推导方程式(5.3)时,没有考虑表面层结构与晶体内部结构相比的变化。估计这些因素的作用,我们计算 MgO 的(100)面的 γ_0 并与实验测得的 γ 进行比较。

MgO 晶体的 $U_0 = 3.93 \times 10^3$ J/mol,$L_s = 2.26 \times 10^{19}$ m^{-2},$N = 6.023 \times 10^{23}$ mol^{-1},$n_{is}/n_{ib} = 5/6$,由方程式(5.3)计算得到 $\gamma_0 = 24.5$ J/m^2。在 77 K 下,真空中测得 MgO 的 γ 为 1.28 J/m^2。由此可见,计算值约是实验值的 20 倍。

实测表面能的值比理想表面能的值低的原因之一,可能是表面层的结构与晶体内部相比发生了改变。包含有大阴离子和小阳离子的 MgO 晶体与 NaCl 类似,Mg^{2+} 从表面向内缩进,表面将由可极化的氧离子所屏蔽,实际上等于减少了表面上的原子数,根据方程式(5.3),从而导致 γ_0 降低。另一个原因可能是自由表面不是理想的平面,而是由许多原子尺度的阶梯构成,这在计算中没有考虑。这样使实验数据中的真实面积实际上比理论计算所考虑的面积大,这也使计算值偏大。

固体的表面能与环境条件的温度、压力、接触气相等有关,温度升高表面能下降,不同晶面由于堆积密度不同,表面能相差甚至超过50%。

5.2.3　固体的表面活性

固体的活性通常可近似地看作是促进化学的或物理化学反应的能力。化学组成相同的物质因其所受的处理过程不同,常表现出很大的活性差异。例如,方解石在900 ℃下燃烧所得的CaO加水后立即剧烈地消解。而经1 400 ℃煅烧制得的CaO则需经过几天才能水化。这说明前者的活性大于后者。在固体参与的任何反应中,反应总是从表面开始的,因此固体活性深受其表面积和表面结构的影响。

在一定条件下物质的反应能力可以从热力学和动力学两方面来估计。前者可用反应过程系统自由焓变化ΔG来判断;后者可用经历该反应过程所需的活化能E来判断。当$\Delta G < 0$且负值越大,说明反应前系统的自由焓G越高,进行反应的趋势也越大;而活化能E越小,说明进行该反应所需克服的能垒越小,反应速度越快,因此活性也越大。所以说,固体的活性状态意味着它处于较高的能位。从表面力和表面结构概念出发,固体比表面积、晶格畸变和缺陷将是产生活性的本质原因。同一物质只要通过机械的或化学的方法处理使固体微细化,就可能大大地提高其活性。这种具有极高反应能力的固体物质常称为活性固体。

利用热分解、共沉淀等化学方法来提高固体表面活性和制备活性固体的机理也是相似的。例如,低温燃烧的$MgCO_3$能得到活性MgO;而提高煅烧温度则成为惰性的MgO。这也正是由于低温分解所得的MgO晶粒微细、结构松弛、晶格变形和晶格常数较大所致。

综上所述,凡是能够通过机械或化学方法使固体微细化,比表面积增加,表面能增高;或使晶格畸变,结构疏松,结构缺陷增加,就能使固体的活性增加,获得活性固体。

5.2.4　吸附现象

吸附是一种物质的原子或分子附着在另一物质表面的现象。吸附是一个自发过程,除非处于理想的真空中,否则在干净表面上总是覆盖有一层很薄的气体或蒸汽分子。许多发生在固体表面上的重要行为,如黏附、摩擦、润湿、催化活性等都在很大程度上受到气体吸附膜的影响。如一根铁条如果在水银里面断开,断面会吸附水银而呈银白色。但是如果在空气中断开,立即投入水银中,也不会呈现银白色。在真空中剥离的云母,其表面能是在空气中剥离同一表面的表面能的10倍以上。这两个例子说明固体表面的吸附现象是客观存在的,因此吸附气体或蒸汽的能力是固体与气体界面上最重要的特征性质之一。

吸附是固体表面力场与被吸附分子发出的力场相互作用的结果,它是发生在固体表面上的。根据相互作用力的性质不同,可分为物理吸附和化学吸附两种。物理吸附是由分子间引力引起的,这时吸附物分子与吸附剂晶格可以看作是两个分立的系统。而化学吸附是伴随有电子转移的键合过程,这时应把吸附分子与吸附剂晶格作为一个统一的系统来处理。图5.7中的吸附曲线是以系统的能量(W)对吸附表面与被吸附分子之间的距离(r)作图的。图5.7(a)中q为吸附热,r_0为平衡距离。化学吸附的一般特征是q值较大，r_0较小，并有明显的选择性，而物理吸附则反之。故可依此作为区别两种吸附的一个判据。如果把两种吸附曲线叠加，则可画成如图 5.7(b) 所示的形式。这时曲线呈现两个极小值，它们之间被一个位垒隔开。对应于 $r=r'_0$ 的极小值可视为物理吸附，另一个较大的是化学吸附。当系统从 A 点越过势垒 B 到达 C 点，表示从物理吸附状态转化为化学吸附状态。可见，化学吸附通常是需要活化能的，而且其吸附速度随温度升高而加快，这是区别于物理吸附的另一个判据。

区别两种吸附是可能的。不过两种吸附并非是毫不相关或不相容的。例如，氧在金属钨上的吸附就同时有三种情况，即有的氧以原子态被化学吸附，有的以分子态被物理吸附，还有的氧分子被吸附在氧原子上。物理吸附与化学吸附的比较见表 5.3。

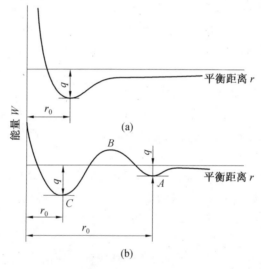

图 5.7 吸附曲线

表 5.3 物理吸附与化学吸附的比较

特性	物理吸附	化学吸附
吸附力	分子间作用力	化学键力
吸附热	较小，接近液化热	较大，接近化学反应热
选择性	无选择性	有选择性
吸附层	单分子层或多分子层	单分子层
可逆性	可逆	不可逆
吸附温度	低于吸附质临界温度	接近吸附质沸点
吸附速率	较快、低温易发生	较慢、温度升高速率加快

5.3 固-液界面

固-液界面比固-气界面更为复杂一些，关于固-液界面上所发生的种种现象与所具有的特点具有重要的应用背景。

5.3.1 固-液界面的润湿

润湿是固液界面上的重要行为。在日常生活、实验研究和生产过程中,我们都会发现少量液相在固体表面上的现象及其特点。当把蜡纸从水中抽出时,原先在蜡纸表面上的水会分裂成许多小水珠;而当把蜡纸从油中抽出时,原先在蜡纸表面上的油会流走,而留下薄薄的一层,并不形成小油珠。这两种不同的固-液相之间的接触行为,可以认为,水与蜡纸的亲和性较弱,而油与蜡纸的亲和性较强。这种亲和性通常被称为固-液相之间的润湿性(wet-tability)。

润湿性对于固体材料的生产工艺及不同固体之间的结合技术有着重要的意义。固体之间或固-液之间的黏结以及某材料在固体表面的涂层能否获得成功,在很大程度上取决于两相之间的润湿性。如果两相之间的润湿性很差,则该两相难以结合在一起;即使暂时结合在一起,最终也容易相互剥离。而有时又需要两相不结合在一起,例如,矿渣熔体与耐火材料这两相,便要求它们之间的润湿性尽可能的差。两相之间的润湿行为取决于各相之间的界面能,因而要求我们掌握影响界面能,从而影响润湿性的各种因素。

1. 润湿的概念与原理

固液界面的润湿是指液体在固体表面上的铺展。润湿的热力学定义为:固体与液体接触后,体系(固体+液体)的吉布斯自由焓降低。

当一个轴对称的液滴位于某一固体表面上时(图 5.8),存在着三个界面:固(S)-液(L)、液(L)-气(V)及固(S)-气(V)界面,这三个界面的界面张力分别以 γ_{SL},γ_{LV} 及 γ_{SV} 来表示,γ_{SL} 与 γ_{LV} 的夹角 θ 定义为接触角。当忽略液体的重力和强度影响时,则液滴在固体表面上的铺展是由这三个界面张力所决定,把界面张力视为某种作用力,点 O 为三个界面张力的平衡点,其平衡关系为

$$\gamma_{SV} = \gamma_{SL} + \gamma_{LV}\cos\theta \tag{5.17}$$

或

$$\cos\theta = \frac{\gamma_{SV} - \gamma_{SL}}{\gamma_{LV}} \tag{5.18}$$

式(5.18)通常称为 Young 方程。当接触角 θ 为 0°,即 $\cos\theta = 1$ 时,液滴在固体表面接近于薄膜的形态,这种情形称为完全湿润;当接触角 $0° < \theta < 90°$,即 $1 > \cos\theta > 0$ 时,液滴在固体表面上成为小于半球形的球冠,这种情形称为润湿;当接触角 $90° < \theta < 180°$,即 $-1 < \cos\theta < 0$ 时,液滴在固体表面上成为大于半球形的球冠,这种情形称为不润湿;当接触角 $\theta = 180°$,即 $\cos\theta = -1$ 时,液滴在固体表面上成为球形,它与固体之间仅有一个接触点,把这种情形称为完全不润湿。

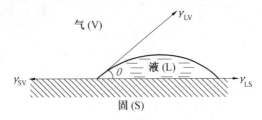

图 5.8 固-液-气三个界面张力关系

湿润性很好的液体可以在固体表面完全铺展,这一过程必定伴随着系统自由能的下

降。为了表征液体铺展的特点，定义了一个铺展系数 $S_{L/V}$，即

$$S_{L/V} = \gamma_{SV} - (\gamma_{SL} + \gamma_{LV}) \tag{5.19}$$

只有当 $\gamma_{SV} \geqslant \gamma_{SL} + \gamma_{LV}$ 即 $S_{L/V} \geqslant 0$ 时，液体才能在固体表面上完全铺展。对于不能在固体表面上完全铺展的液体，可以把式(5.17)代入式(5.18)，得

$$S_{L/V} = \gamma_{LV}(\cos\theta - 1) \tag{5.20}$$

由式(5.20)可见，非完全铺展时，$S_{L/V} < 0$。

通常，液体的表面张力为 $2 \times 10^{-4} \sim 7 \times 10^{-4}$ N/cm，而固体的表面张力可以分为高低两类，高者的表面张力可以达到 5×10^{-3} N/cm 以上，如某些金属、玻璃、无机非金属，低者的表面张力为 $2 \times 10^{-4} \sim 4 \times 10^{-4}$ N/cm，如碳氢化合物、高分子材料等。一般来讲，具有高表面能的固体表面几乎总能被液体所润湿。

2. 润湿的分类

根据润湿种类不同，可分为附着润湿、铺展润湿及浸渍润湿三种，如图5.9所示。

(1)附着润湿。

附着润湿是指液体和固体接触后，变液 - 气界面和固-气界面为固 - 液界面，则上述过程的吉布斯自由焓变化为

$$\Delta G_1 = \gamma_{SL} - (\gamma_{SV} + \gamma_{LV}) \tag{5.21}$$

对此种润湿的逆过程 $\Delta G_2 = \gamma_{SV} + \gamma_{LV} - \gamma_{SL}$，此时外界对体系所做的功为 W，如图5.10所示，两者相等，W 称为附着功或黏附功。它表示将单位截面积的液 - 固界面拉开所做的功。显然此值越大，表示固液界面结合越牢固，附着润湿越强。

在陶瓷和搪瓷生产中釉和珐琅在坯体上牢固附着是很重要的。一般 γ_{LV} 和 γ_{SV} 均是固定的。在实际生产中，为了使液相扩散和达到较高的附着功，一般采用化学性能相近的两相系统，这样可以降低 γ_{SL}，由式(5.21)可知，这样可以提高黏附功 W。另外，在高温燃烧时两相之间如发生化学反应，会使坯体表面变粗糙，熔质填充在高低不平的表面上，互相啮合，增加两相之间的机械附着力。

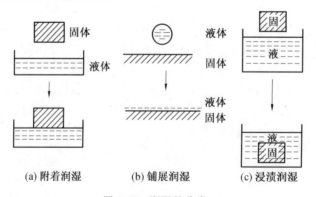

(a)附着润湿　　　(b)铺展润湿　　　(c)浸渍润湿

图 5.9　润湿的分类

(2)铺展润湿。

液滴在固体表面上的铺展符合其平衡关系式 $\gamma_{SV} = \gamma_{SL} + \gamma_{LV}\cos\theta$。当 $\theta = 0°$，润湿张力 $F = \gamma_{LV}\cos\theta$ 最大，可以完全润湿，即液体在固体表面上自由铺展。

从式(5.17)得出，润湿的先决条件是 $\gamma_{SV} > \gamma_{SL}$，或者 γ_{SL} 十分微小。当固、液两相的化学性能或化学结合方式很接近时，是可以满足这一要求的。因此，硅酸盐熔体在氧化物

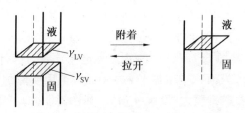

图 5.10 附着功示意

固体上一般会形成小的润湿角,甚至完全将固体润湿。而在金属熔体与氧化物之间,由于结构不同,界面能 γ_{SL} 很大,$\gamma_{SV} < \gamma_{SL}$,使得 $\theta > 90°$,因而固体不被润湿。

从式(5.17)还可以看到,γ_{LV} 的作用是多方面的,在润湿的系统($\gamma_{SV} > \gamma_{SL}$)中,$\gamma_{LV}$ 减小会使 θ 变小,而在不润湿的系统($\gamma_{SV} < \gamma_{SL}$)中,$\gamma_{LV}$ 减小会使 θ 增大。

(3)浸渍润湿。

浸渍润湿是指固体浸入液体中的过程。如将陶瓷生坯浸入釉中。在此过程中,固-气界面为固-液界面所代替,而液体表面没有变化。一种固体浸渍到液体中的自由能变可表示为

$$- \Delta G = \gamma_{SV} - \gamma_{SL} = \gamma_{LV} \cos \theta \tag{5.22}$$

若 $\gamma_{SV} > \gamma_{SL}$,则 $\theta < 90°$,于是浸渍润湿过程将自发进行。若 $\gamma_{SV} < \gamma_{SL}$,则 $\theta = 90°$。

综上所述,可以看出三种润湿的共同点是液体将气体从固体表面排挤开,使原有的固-气(或液-气)界面消失,取而代之以固-液界面。铺展是润湿的最高标准,能铺展则必能附着和浸渍,要将固体浸于液体之中必须做功。

3. 影响润湿的因素

上面讨论的都是对理想的平坦表面而言,但是实际固体表面是粗糙和被污染的,这些因素对润湿过程会发生重要的影响。

(1)吸附膜的影响。

应当指出,固体表面被污染后,其润湿行为会发生显著的变化。例如,石蜡类物质污染了具有高表面能的玻璃后,玻璃表面就不能被水所润湿。当用某些强酸或强碱清洗,最终用铬酸清洗后,便可以得到洁净的玻璃表面,该表面能被水湿润。固体表面的吸附现象也会引起润湿行为的变化,此时,Young 方程可以改写为

$$\cos \theta = \frac{(\gamma_{SV} - \pi) - \gamma_{SL}}{\gamma_{LV}} \tag{5.23}$$

式中,π 为固体表面上被吸附物质的表面压力,该吸附物质使固体表面张力从 γ_{SV} 变为 $(\gamma_{SV} - \pi)$。π 项对于非润湿性液体通常是不重要的,而当润湿性增强时,π 项便会变得十分重要。有时,某种液体可以润湿或干燥固体表面,但是不能润湿具有该液体蒸汽吸附层的面体表面。上述表明,吸附膜的存

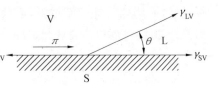

图 5.11 吸附膜对接触角的影响

在使接触角增大,起着阻碍液体铺展的作用,如图 5.11 所示。这种效应对于许多实际工作都是重要的。在陶瓷生坯上釉前和金属与陶瓷封接等工艺中,都要使坯体或工件保持清洁,其目的是去除吸附膜,提高 γ_{SV},以改善润湿性。

(2)固体表面粗糙度的影响。

　　研究表明,固体表面的非均匀性或粗糙性将对固-液之间的接触角产生影响。由热力学原理可知,当系统处于平衡时,界面位置的少许移动所产生的界面能的净变化应等于零。界面在固体表面上从图5.12(a)中的A点推进到B点,这时固-液界面积扩大δ_S,而固体表面减小了δ_S,液气界面积则增加了$\delta_S \cdot \cos\theta$;但因实际的固体表面具有一定粗糙度,因此真正表面积较表观面积大(设大n倍)。如图5.12(b)所示,若界面位置同样从A'点推移到B'点,使真实固液界面的增大$n \cdot \delta_S$,气界面实际上也减小了$n \cdot \delta_S$,而液气界面积仍然增大了$\delta_S \cdot \cos\theta_n$。于是

$$\gamma_{SL} n \cdot \delta_S + \gamma_{LS}\delta_S \cdot \cos\theta_n - \gamma_{SV} \cdot \delta_S = 0 \tag{5.24}$$

$$\cos\theta_n = \frac{n(\gamma_{SV} - \gamma_{SL})}{\gamma_{LV}} = n \cdot \cos\theta$$

$$\frac{\cos\theta_n}{\cos\theta} = n \tag{5.25}$$

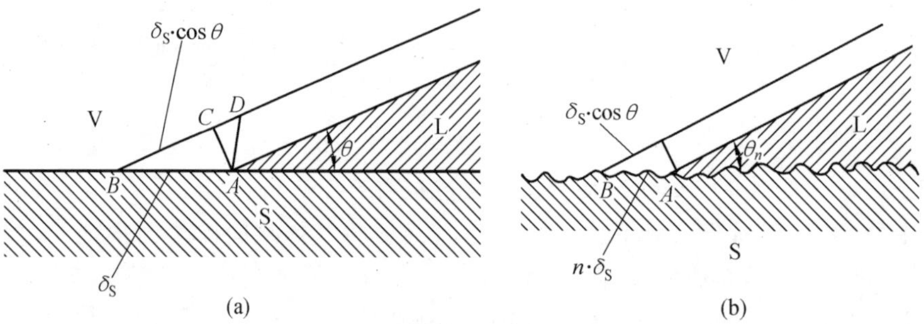

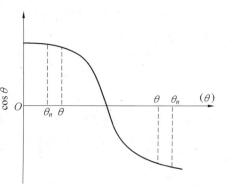

图5.12　表面粗糙度对润湿的影响

　　式中,n是表面粗糙度系数;$\cos\theta_n$是对粗糙表面的表面接触角。由于n值总是大于1的,故θ和θ_n的相对关系将按图5.13所示的余弦曲线变化,即$\theta < 90°,\theta > \theta_n$;$\theta = 90°,\theta = \theta_n$;$\theta > 90°,\theta < \theta_n$。因此,当真实接触角$\theta < 90°$时,粗糙度越大,表观接触角越小,就越容易润湿。当$\theta > 90°$,则粗糙度越大,越不利于润湿。

　　粗糙度改善润湿与黏附强度的实例在生活中随处可见,如水泥与混凝土之间,表面越粗糙,润湿性越好,而陶瓷元件表面被银,必须先将瓷件表面磨平并抛光,才能提高瓷件与铝层间的润湿性。

图5.13　θ和θ_n的关系

5.3.2　固液界面的黏附

　　固体表面的剩余力场不仅可与气体分子及溶液中的质点相互作用发生吸附,还可与其紧密接触的固体或液体的质点相互吸引而发生黏附。黏附现象的本质和吸附一样,都是两种物质之间表面力作用的结果。黏附作用可通过两固相相对滑动时的摩擦、固体粉末的聚集和烧结等现象表现出来。

　　黏附对于薄膜镀层,不同材料间的焊接以及玻璃纤维增强塑料、橡胶、水泥、石膏等复合材料的结合等工艺都有特殊的意义。尽管黏附涉及的因素很多,但本质上是一个表面

化学问题。良好的黏附要求黏附的地方完全致密并有高的黏附强度。一般选用液体和易于变形的热塑性固体作为黏附剂，因此，黏附通常发生在固 - 液界面上，并决定于以下表面化学条件。

（1）润湿性。

对液相参与的黏附作用，必须考虑固 - 液之间的润湿性能。在两固体空隙之间，液体的毛细管现象所产生的压力差，有助于固体的相互结合。如液体能在固体表面上的铺展，则不仅液体用量少，而且可增大压力差，提高黏附强度；反之，如果液体不能润湿固体，在两相界面上，将会出现气泡、空隙，这样就会降低黏附强度。因此，黏附面充分润湿是保证黏附处致密和强度的前提，润湿越好，黏附也越好。如上所述，用临界表面张力 γ_c 或润湿张力 F 作为润湿性的度量，其关系由 $F = \gamma_{LV}\cos\theta = \gamma_{SV} - \gamma_{SL}$ 决定。

（2）黏附功（W）。

黏附力的大小与物质的表面性质有关，黏附程度可通过黏附功衡量。黏附功是指分开单位面积黏附界面所需要的功或能。黏附功等于新形成表面的表面能 γ_{SV} 和 γ_{LV} 以及消失的固 - 液界面的界面能 γ_{SL} 之差，即

$$W = \gamma_{LV} + \gamma_{SV} - \gamma_{SL} \tag{5.26}$$

与 $\gamma_{SV} = \gamma_{SL} + \gamma_{LV}\cos\theta$ 合并，得

$$W = \gamma_{LV}(\cos\theta + 1) \tag{5.27}$$

式中，$\gamma_{LV}(\cos\theta + 1)$ 也称黏附张力。可以看到，当黏附剂给定（γ_{LV} 值一定）时，W 随 θ 减小而增大。因此，式（5.27）可作为黏附性的度量。黏附功标志着固 - 液两相铺展结合得牢固强度，黏附功的数值越大，将液体从固体表面拉开要耗费的能量越大，说明固 - 液两相互相结合得越牢固；相反，黏附功越小，则越容易分离。用耐火泥浆喷补高温炉衬时，喷补初期，为了是将泥浆能牢固地黏附于喷面，希望它们之间有较大的黏附功，相反，为了延长耐火材料的使用寿命，可从黏附功数值大小考虑选料。

（3）黏附面的界面张力 γ_{SL}。

界面张力的大小反映界面的热力学稳定性。γ_{SL} 越小，黏附界面越稳定，黏附力也越大。同时从式（5.22）可见，γ_{SL} 越小，则 $\cos\theta$ 或润湿张力就越大。

（4）相溶性或亲和性。

润湿不仅与界面张力有关，也和黏附界面上两相的亲和性有关。例如，水和水银两者表面张力分别为 $72\times10^{-3}\,N/m$ 和 $500\times10^{-3}\,N/m$，但水却不能在水银表面铺展，说明水和水银是不亲和的。所谓相溶或亲和，就是指两者润湿时自由焓变化 $\Delta G < 0$。因此相溶性越好，黏附也越好。由于 $\Delta G = \Delta H - T\Delta S$（其中 ΔH 为润湿热），故相溶性的条件应是 $\Delta H < T\Delta S$，并可用润湿热 ΔH 来度量。对于分子间由较强的极性键或氢键结合时，ΔH 一般小于或接近于零。

良好黏附的表面化学条件如下：

① 润湿性要好。

② 黏附功要大，以保证牢固黏附。为此应使 $F = \gamma_{LV}\cos\theta = \gamma_{SV} - \gamma_{SL}$。

③ 黏附面的界面张力 γ_{SL} 要小，以保证黏附界面的热力学稳定。

④ 黏附剂与被黏附体间相溶性要好，以保证黏附界面的良好键合和强度，为此润湿热要低。

上述条件是在 $\gamma_{SV} - \gamma_{SL} = \gamma_{LV}$ 的平衡状态时求得的。倘若 $\gamma_{SV} - \gamma_{SL} > \gamma_{LV}$，则情况将有其他变化。

另外，黏附性能还与多种因素有关，常见的有以下几个方面：

① 固体表面的清洁度。若固体表面吸附有气体(或蒸汽)而形成气膜，会明显减弱甚至会完全破坏黏附性能。

② 固体分散度。一般来说，当固体细小时，黏附效应比较明显。提高固体的分散度，可以扩大接触面积，从而提高黏附强度，这也是硅酸盐工业生产中一般使用粉体原料的一个原因。

③ 固体在外力作用下的变形程度。固体较软或者在外力作用下易于变形，就会引起接触面积的增加，从而提高黏附强度。

5.3.3 固体表面改性

1. 表面官能团与选择性反应活性

表面活性起因于表面自由能，表面选择反应活性则起因于表面官能团的种类和极性。晶体结构的周期连续性在表面处中断，使表面质点排列有序程度降低，晶格缺陷增多。结果导致表面结构不同于内部，含有不饱和的价键，这使固体表面形成了带有不同极性的表面官能团，从而具有不同的选择性反应的能力。随着比表面的增大，表面官能团数目也增多。对于比表面 $1\ m^2/g$ 以上的粉体或纤维材料，这种表面官能团对其反应活性和表面性质的影响就明显地表现出来。图 5.14 是 SiO_2 晶体结构的平面示意图。其中 Si^{4+} 位于图面之下，并与上层 O^{2-} 离子结合，Si^{4+} 离子的配位数为 4。每个 O^{2-} 离子为 2 个相邻的 Si^{4+} 离子共有。在每个 Si—O 键上 Si^{4+} 只占有 $1/2O^{2-}$。故硅氧四面体可表示为 $Si^{4+}(O^{2-}/2)_4$。设晶体沿图 5.14 中箭头方向被劈开形成两个新断面。由于 Si—O 键被切断成 D 和 E 两种 Si—O 配位方式。由图 5.14 可见，在 D 断面上的 Si^{4+} 占有三个 $1/2O^{2-}$，形成 $Si^{4+}(O^{2-}/2)_3$，故剩余一个正电荷，即 $\begin{matrix}-O\\-O-Si^{\oplus}\\-O\end{matrix}$ 配位；在 E 断面上的 Si^{4+} 则占有三个 $1/2O^{2-}$ 和一个 O^{2-}，形成 $Si^{4+}(O^{2-}/2)_3 \cdot O^{2-}$，故剩余一个负电荷，即 $\begin{matrix}&O-\\^{\ominus}O-Si-O-\\&O-\end{matrix}$。因此在断面处就形成了带有不同极性的基团而呈现选择反应活性。它可以和苯、苯乙烯、1-丁醇、环己烷等反应。随着反应物不同，其反应产物和历程也不同，从而改变了表面化学性质。例如，和苯乙烯反应时，反应首先在表面的 $\begin{matrix}-O\\-O-Si^{\oplus}\\-O\end{matrix}$ 处开始引起如下的聚合反应：

$$\equiv O_3Si^{\oplus} + CH_2CHC_6H_5 \longrightarrow \equiv O_3Si-CH_2\overset{\oplus}{C}HC_6H_5$$

$$\equiv O_3Si-CH_2\overset{\oplus}{C}HC_6H_5 + CH_2CHC_6H_5 \longrightarrow \equiv O_3Si-(CH_2\underset{\underset{C_6H_5}{|}}{C}H)CH_2\overset{\oplus}{C}HC_6H_5$$

此反应可因表面的 $\begin{matrix}&O-\\^{\ominus}O-Si-O-\\&O-\end{matrix}$ 作用或歧化反应而停止，其生成产物是憎水和亲油性的。

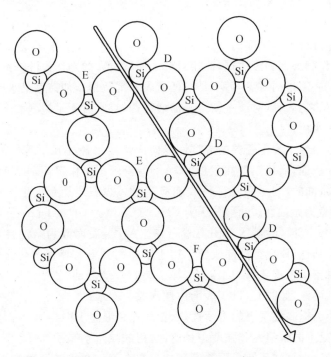

图 5.14 SiO₂破碎后形成的新表面

一般 SiO₂或其他硅酸盐和氧化物晶体的新表面形成后,其表面基团具有强烈的吸水性。产生水解反应后形成硅醇和硅氧烷基团。水分子可配位于一些硅醇基团周围形成一个表面覆盖层。应用热分析或红外光谱可以研究表面 OH^-含量,并区别其吸附水和结构水 OH^-基。

2. 表面改性和表面活性剂

如上所述,由于表面官能团的种类和结构不同,固体表面性质和结构也随之变化。表面改性就是通过各种表面处理来改变固体表面的结构和特性以适应各种预期的要求。例如,一般无机填料的亲水性可以经表面处理改为疏水性和亲油性,以提高它对有机物质的润湿和结合强度,从而改善这类复合材料的各种理化性能。

表面改性处理实质上是通过改变其表面结构状态和官能团来实现的。其中最常用的是采用有机表面活性剂,它是能降低界面张力的由亲水基和憎水基构成的一系列有机化合物,其分子模型如图 5.15 所示。表面活性分子由两部分组成:一端是具有亲水性的极性基,另一端具有憎水性(也称亲油性)的非极性

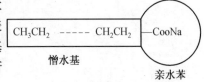

图 5.15 表面活性剂分子模型

基。适当选择表面活性剂的这两个原子团的比例就可以控制其油溶性和水溶性的程度,制得符合要求的表面活性剂。憎水基主要是各种脂肪族烃基、芳香族烃基以及带有脂肪族支链的芳香族烃基等。憎水基越长,即分子量越大,其水溶性越差。憎水强弱顺序如下:脂肪族烃(石蜡烃>烯烃)>带脂肪族支链的芳香烃>芳香烃>带弱亲水基的,如蓖麻油酸(—OH 基)。亲水基的种类繁多,常见的有脂肪酸盐(—COOM)、硫酸能盐(—OSO₃M)、磺酸盐(—SO₃M)及铵或烷基铵的组化物($H_3N \cdot HCl^-$ 和 $R_3N \cdot R \cdot Cl^-$)

和羟基等。一般来说，亲水基位于憎水基末端的，比在靠近中间的具有较好的去污能力；而亲水基位于靠近憎水基中间的，比在末端的润湿能力要好。相对分子质量较小的表面活性剂，较宜于作润湿剂和渗透剂；而相对分子质量较大的则作为洗涤剂和乳比剂较好。

表面活性剂必须指明对象，而不是对任何表面都适用。如钠皂是水的表面活性剂，对液态铁就不是；反之，硫、碳对液态铁是表面活性剂，对水就不是。一般来说，非特别指明，表面活性剂都对水而言。

在陶瓷工业中为了改善瓷料的成型性能而广泛使用各种表面活性剂作为稳定剂、增塑剂和黏结剂。例如，氧化铝瓷在成型时，Al_2O_3 粉用石蜡作定型剂。Al_2O_3 粉表面是亲水的，而石蜡是亲油的，为了降低坯体收缩应尽量减少石蜡用量。生产中加入油酸来使 Al_2O_3 粉亲水性变为亲油性。油酸分子为 $CH_3—(CH_2)_7—CH \!=\! CH—(CH_2)_7—COOH$，其亲水基向着 Al_2O_3 表面，而憎水基团向着石蜡。Al_2O_3 表面改为亲油性可以减少用蜡量并提高浆料的流动性，使成型性能改善。用于制造高频电容器瓷的化合物 $CaTiO_3$，其表面是亲油的。成型工艺需要其与水混合，加入烷基苯磷酸钠，使憎水基吸在 $CaTiO_3$ 表面而亲水基向着水溶液，此时 $CaTiO_3$ 表面由憎水改为亲水。

水泥工业中为提高混凝土的力学性能，在新拌和混凝土中要加入减水剂，促进水泥充分水化，提高混凝土的密集性和强度。目前，常用的减水剂是阴离子型表面活性物质，如多元醇系、木质素、多羧酸系及聚丙基磺酸盐。在水泥加水搅拌及凝结硬化时，由于水化过程中水泥矿物（C_3A，C_4AF，C_3S，C_2S）所带电荷不同，引起静电吸引，或由于水泥颗粒某些边棱角互相碰撞吸附，范德瓦尔斯力作用等均会形成絮凝状结构，如图 5.16(a) 所示。这些絮凝状结构中包裹着很多拌和水，因而降低了新拌混凝土的和易性。如果再增加用水量来保持所需的和易性，会使水泥石结构中形成过多的孔隙而降低强度。加入减水剂的作用是将包裹在絮凝物中的水释放（图 5.16(b)）。减水剂憎水基团定向吸附于水泥质点表面，亲水基团指向水溶液，组成单分子吸附膜。由于表面活性剂分子的定向吸附使水泥质点表面上带有相同电荷，在静电斥力作用下，使水泥-水体系处于稳定的悬浮状态，水泥加水初期形成的絮凝结构瓦解，游离水被释放，从而达到既减水又保持所需和易性的目的。因此可以认为由于吸附而引起的分散是减水的主要机理。

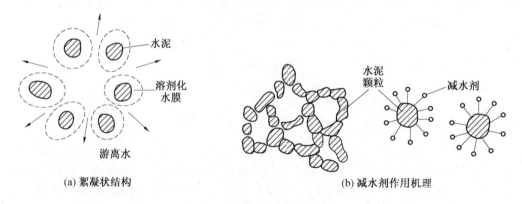

(a) 絮凝状结构　　　　　　　　　　(b) 减水剂作用机理

图 5.16　减水剂作用示意

此外，为了消除和减少硅酸盐工厂的粉尘污染，在扬尘点常用水喷雾法防尘。但因水对粉尘润湿能力较差，为提高除尘效果，常在水中添加表面活性剂。表 5.4 是添加表面活性剂对水润温粉尘能力的影响。由表 5.4 可见,添加表面活性剂后,改善了润湿能力,因而也提高了相应的除尘效果。

表 5.4 添加表面活性剂对水润湿粉尘能力的影响

水和表面活性剂	表面活性剂类型	表面张力 $(dyn \cdot cm^{-2})$	在粉粒面的接触角		
			方解石	石英	辉石
水		72	68	53	56
$[C_{16}H_{33}N(CH_3)_2CH_2C_6H_5]Cl^-$	+	28	55	48	44
$C_9H_{19} \bigcirc O(C_2H_4O)_4SO_3Na_3$	—	36	40	47	33
$C_{12}H_{25}CON(C_2H_4OH)_2$	非离子型	30	29	35	35

目前,表面活性剂在无机非金属材料工艺中的应用已很广泛,常用的有油酸、硬脂酸钠等,但选择合理的表面活性剂尚不能从理论上解决,还要通过反复试验。

5.4 浆体胶体化学原理

胶体是由物质三态(固、液、气)所组成的高分散度的粒子作为分散相,分散于另一相(分散介质)中所形成的系统。在无机材料制备工艺中经常遇到的是固相分散到液相中去所形成的胶体,这种分散系统按分散相粒子大小又可分为:①真溶液,粒子半径在 1 nm 以下;②溶胶,1 nm～0.1 μm;③悬浮液,0.1 μm～10 μm;④粗分散系统,10 μm 以上。胶体化学研究对象主要是溶胶和悬浮液。

在硅酸盐工业中经常遇到泥浆系统,黏土粒子为分散相,粒度一般均在 0.1～10 μm 范围内(有时更粗),因此它更接近介于溶胶-悬浮液-粗分散体系之间的一种特殊状态。黏土有带电和水化等性质,在适量电解质作用下泥浆具有溶胶稳定的特性。但由于泥浆粒度分布范围很宽,细分散粒子有聚结降低表面能的趋势和粗颗粒有重力沉降作用。因此,聚结不稳定性(聚沉)是泥浆的必然结果。分散和聚沉这两个方面除了与黏土本性有关外,还与外加电解质数量及种类、温度、泥浆浓度等因素有关,这就构成了黏土-水系统胶体化学性质的复杂性。这些性质是无机材料制备工艺的重要理论基础。

5.4.1 黏土-水系统

黏土矿物包括高岭石、蒙脱石、伊利石、绿泥石等一系列矿物。它们都属于层状结构的硅酸盐矿物。因层间化学键较弱,晶格变形大,晶体生长速度极小,很少有大的结晶,常成为粒度小于 2 μm 的分散矿物。因此黏土矿物具有很大比面积(如高岭石约为 20 m^2/g,蒙脱石约为 100 m^2/g),表现出各种表面化学性质。

1. 黏土胶体

黏土胶体不是指干燥黏土,而是加水后的黏土-水两相系统。黏土粒子常是片状的,其层厚的尺寸往往符合于胶体粒子范围,即使另外两个方向的尺寸很大,但整体上仍可视为胶体。例如,蒙脱石膨胀后,其单位晶胞厚度可劈裂成 1 nm 左右的小片,分散于水中即成为胶体。

除了分散尺寸外，分散相与分散介质的界面结构对胶体同样是重要的。一般认为，即使系统仅含 1.5% 以下的胶体粒子，整体上其界面就可能很大，并表现出胶体性质。许多黏土虽然几乎不含 0.1 μm 以下的粒子，但仍是呈现胶体性质。这显然应从界面化学角度去理解。

黏土中的水可分为吸附水和结构水两种。前者是吸附在黏土矿物层间，在 100～200 ℃ 的较低温度下可以脱去；后者是以 OH 基形式存在于黏土晶格中，其脱水温度随黏土种类不同而异，波动在 400～600 ℃。对于黏土-水系统性质而言，吸附水往往是更为重要的。

黏土晶格的表面是由 OH^- 和 O^{2-} 离子排列成层状的六元环状。吸附水是彼此连结成如图 5.17 所示的六角形网层，即六角形的每边相当于羟键、一个水分子的氢键直指邻近分子的负电荷。但水分子中一半氢原子没有参加网内结合，它们与黏土晶格的表面氧层间的吸引作用，而连结在黏土矿物的表面上。第二个水网层同样由未参加网内结合的氢原子，通过氢键与第一网层相连结。依次重叠直到水分子的热运动足以克服上述键力作用时，逐渐过渡到不规则排列。

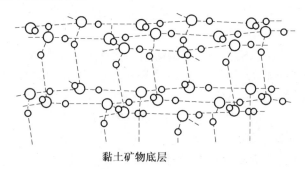

黏土矿物底层

图 5.17　直接连结到黏土矿物底面上底吸附水的位形

从这样的结构模型出发，黏土吸附水可分为三种：①牢固结合水，它是接近于黏土表面的有规则排列的水层，厚度为 3～10 个水分子厚度，性质不同于普通水，密度为 1.28～1.48 g/cm³，冰点较低，也称非液态吸附水；②松结合水系，指规则排列过渡到不规则排列水层；③自由水，即最外面的普通水层，也称流动水层。

不同结合状态的吸附水对黏土-水系统的陶瓷工艺性质有重要影响。例如，塑性泥料要求其含水量达到松结合状态，而流动泥浆则要求有自由水存在。但是不同黏土矿物的吸附水和结构水不尽相同，这主要取决于黏土结构、分散度和离子交换能力。

2. 黏土的带电性

(1) 黏土层面上的负电荷。

黏土晶格内离子的同晶置换造成电价不平衡使之板面（垂直于 C 轴的面）上带负电，板面上可以依靠静电引力吸引一些介质中的阳离子以平衡其负电荷。

硅氧四面体中四价的硅被三价铝所置换，或者铝氧八面体中 3 价铝被 2 价镁、铁等取代，就产生了过剩的负电荷，这种电荷的数量取决于晶格内同晶置换的多少。例如，蒙脱石的负电荷主要是由铝氧八面体中 Al^{3+} 被 Mg^{2+} 等 2 价阳离子取代而引起的。除此之外，还有总负电荷的 5% 是由 Al^{3+} 置换硅氧四面体中的 Si^{4+} 而产生的。蒙脱石的负电荷除部分由内部补偿外，单位晶胞还约有 0.66 个剩余负电子。伊利石中主要由于硅氧四面体中的硅离子约有 1/6 被铝离子所取代,使单位晶胞中有 1.3～1.5 个剩余负电荷。这些负电荷大部分被层间非交换性的 K^+ 和部分 Ca^{2+},H^+ 等所平衡,只有少部分负电荷对外表现出来。高岭石中存在少量铝对硅的同晶置换现象,其量约为每 100 克土有 2×10^{-3} mol。

黏土的负电荷还可以由吸附在黏土表面的腐殖质离解而产生。这主要是由于腐殖质的羧基和酚羧基的氢解离而引起的。这部分负电荷的数量是随介质的 pH 值而改变,在碱性介质中有利 H^+ 离解而产生更多的负电荷。

(2)黏土边棱上的正电荷。

实验证实高岭石的边面(平行于 C 轴的面)在酸性条件下,由于从介质中接受质子而使边面带正电荷。

高岭石在中性或极弱的碱性条件下,边缘的硅氧四面体中的两个氧各与一个氢相连接,同时各自以半个键与铝结合。由于其中一个氧同时与硅相连,所以这个氧带有 1/2 个正电荷;在酸性介质中与铝连接的原来带有 1/2 个负电荷的氧接受一个质子而变成带有 1/2 个正电荷,这样就使边面共带有一个正电荷。蒙脱石和伊利石的边面也可能出现正电荷。

(3)黏土离子的综合电性。

黏土的正电荷和负电荷的代数和就是黏土的净电荷。由于黏土的负电荷一般都远大于正电荷,因此黏土是带有负电荷的。

黏土胶粒的电荷是黏土-水系统具有一系列胶体化学性质的主要原因之一。

3. 黏土的离子吸附与交换

(1)离子交换的概念和特点。

由于黏土颗粒表面带电,必然要吸附介质中的阳离子来中和其所带的负电荷,其吸附量决定于中和表面电荷所需的量,吸附能则取决于被吸附离子的作用力场。因此,可以用一种离子取代原先吸附于黏土上的另一种离子,称为离子交换。根据黏土表面所带电性不同,有阳离子交换和阴离子交换两种。其交换具有以下特点:①同号离子相互交换;②离子以等当量交换;③交换和吸附是可逆过程;④离子交换并不影响黏土本身结构。

(2)吸附与交换的区别。

对 Ca^{2+} 而言是由溶液转移到胶体上,这是离子的吸附过程。但对被黏土吸附的 Na^+ 转入溶液而言是解吸过程。吸附和解吸的结果,使钙、钠离子相互换位即进行交换。由此可见,离子吸附是黏土胶体与离子之间相互作用,而离子交换则是离子之间的相互作用。

离子吸附:黏土$+2Na^+$=黏土$-2Na^+$

离子交换:黏土$-2Na^+ + Ca^{2+}$=黏土$-Ca^{2+} + 2Na^+$

(3)影响离子交换的因素。

同一种矿物组成的黏土其交换容量不是固定在一个数值上,而是在一定范围内波动。黏土的阳离子交换容量通常代表黏土在一定 pH 值条件下的净负电荷数,由于各种黏土矿物的交换容量数值差距较大,因此测定黏土的阳离子交换容量也是鉴定黏土矿物组成的方法之一。黏土吸附的阳离子的电荷数及其水化半径都直接影响黏土与离子间作用力的大小。当环境条件相同时,离子价数越高,则与黏土之间吸力越强。黏土对不同价阳离子的吸附能力次序为:$M^{3+} > M^{2+} > M^+$(M 为阳离子)。如果 M^{3+} 被黏土吸附则在相同浓度下，M^+，M^{2+} 不能将它交换下来，而 M^{3+} 能把已被黏土吸附的 M^{2+}，M^+ 交换出来。但 H^+ 是特殊的，由于它的容积小，电荷密度高，因此黏土对它吸力最强。

（4）水化离子。

阳离子在水中常常吸附极化的水分子，从而形成水化阳离子。水化膜厚度等同于水化半径，见表 5.5。对于同价离子，半径越小，则水膜越厚。如一价离子水膜厚度 $Li^+ > Na^+ > K^+$。这是由于半径小的离子对水分子偶极子所表现的电场强度大所致，水化半径较大的离子与黏土表面的距离增大，它们之间吸力减小。对于不同价离子，情况就较为复杂。一般高价离子的水化分子数大于低价离子，高价离子具有较高的表面电荷密度，它的电场强度将比低价离子大，此时高价离子与黏土颗粒表面的静电引力的影响可以超过水化膜厚度的影响。

表 5.5 离子半径与水化离子半径

离子	正常半径/nm	水化分子数	水化半径/nm	离子	正常半径/nm	水化分子数	水化半径/nm
Li^+	0.078	14	0.73	Cs^+	0.165	0.2	0.36
Na^+	0.098	10	0.56	Mg^{2+}	0.078	22	1.08
K^+	0.133	6	0.38	Ca^{2+}	0.106	20	0.96
NH^+	0.143	3	—	Ba^{2+}	0.143	19	0.88
Rb^+	0.149	0.5	0.36				

（5）离子交换容量（简称 c.e.c）及交换序。

离子交换容量为 $pH = 7$ 时 100 g 干黏土吸附某种离子的物质的量，单位为毫摩尔，符号为 mmol。离子交换容量与黏土种类、带电机理、结晶度、分散度以及交换位置的填塞等因素有关。例如，阳离子交换作用既发生在解离面上，也发生在边棱上，而阴离子交换作用则仅发生在边棱上。对于高岭土类，因破键是带电的主要因素，故阳离子交换量基本上和阴离子交换量相等。而蒙脱石类和蛭石类矿物，则阳离子交换量显著大于阴离子交换量，这是因为它的带电机理主要是同晶取代。伊利石、绿泥石等其阴离子交换量略低于阳离子交换量。常见黏土矿物的离子交换容量见表 5.6。

表 5.6 常见黏土的离子交换容量

矿物	阳离子交换容量/[100 g 土) · mmol^{-1}]	阴离子交换容量/[100 g 土) · mmol^{-1}]
高岭土	3～15	7～20
多水高岭土	20～40	—
埃洛石（$2H_2O$）	5～10	7～20
埃洛石（$4H_2O$）	40～50	约 80
伊利石	10～40	—
蒙脱石	75～150	20～30
绿泥石	10～40	—
蛭石	100～150	—

表 5.7 则给出黏土分散度对离子交换容量的影响关系。

表 5.7 不同粒度高岭土的离子交换容量

编号	平均粒径/μm	比表面积/($m^2 \cdot g^{-1}$)	交换容量(NaOH 毫克当量/100 g 黏土)
1	10.0	1.1	0.4
2	4.4	2.5	0.6
3	1.8	4.5	1.0
4	1.2	11.7	2.3
5	0.56	21.4	4.4
6	0.29	39.8	8.1

(6)交换性离子的置换能力。

在其他条件相同时,阳离子电价越高,置换能力越强,而一旦被吸附于黏土,就越难被置换。在电价相等时,置换能力随子半径增大而增强。离子半径越大,阳离子水化能力减小,而水化后半径较小。例如,Li^+ 离子半径较小(0.078 nm),具有强的水化能力,水化后半径远大于其他一价金属离子。因此可以根据水化后阳离子和氧离子结合键能大小确定阳离子的置换顺序。表 5.8 列出了不同阳离子的水化能力及其与 O^{2-} 的结合键能。根据离子价效应及离子水化半径,可将黏土的阳离子交换序排列如下:

$$H^+ > Al^{3+} > Ba^{2+} > Sr^{2+} > Ca^{2+} > Mg^{2+} > NH_4^+ > K^+ > Na^+ > Li^+$$

在此顺序中,H^+ 是例外的,H^+ 离子由于离子半径小,电荷密度大,因此占据交换吸附序首位。在多数情况下,它的作用是类似于二价或更高价阳离子。在离子浓度相等的水溶液里,位于序列前面的离子能交换出序列后面的离子。

表 5.8 不同阳离子和牢固结合 O^{2-} 离子的结合能力

阳离子	水化膜中的水分子数	阳离子半径/nm	水化后半径/nm	R—O 距离 d/nm	结合能力 $\dfrac{Z_1 Z_2}{d}$
Li^+	7	0.078	0.37	0.505	0.20
Na^+	5	0.098	0.33	0.465	0.21
K^+	4	0.133	0.31	0.445	0.22
NH_4^+	4	0.143	0.30	0.435	0.23
Mg^{2+}	12	0.078	0.44	0.575	0.35
Ca^{2+}	10	0.106	0.42	0.555	0.36
Al^{3+}	6	0.057	0.185	0.320	0.94

阴离子置换能力除了上述结合能的因素外,几何结构因素也是重要的。例如,PO_4^{3-},AsO_4^{3-},BO_3^{3-} 等阴离子,因几何结构和大小与 [SiO_4] 四面体相似,因而能更强地被吸附。但 SO_4^{2-},Cl^{-1},NO_3^- 等则不然。因此阴离子置换顺序为

$$OH^- > CO_3^{2-} > P_2O_7^{4-} > I^- > Br^- > Cl^- > NO_3^- > F^- > SO_4^{2-}$$

以上离子置换顺序通常称为霍夫曼斯特顺序,其离子吸附能力自左向右依次递减。若黏土粒子表面早先吸附了左边的离子,那么要用右边的离子来置换它就困难了。但因离子交换作用是化学计量的反应,它符合质量作用定律。增加置换离子的浓度有可能改变置换顺序,不过,这种作用并非是和浓度成比例的,浓度效应还有赖于被置换的离子种类、电价和尺寸等因素。如 K^+ 离子由于尺寸较大易进入双层黏土矿物的层间六元环空腔,倾向于形成 $[KO_{12}]$ 配位而使它失去交换能力,成为非交换性的阳离子。白云母中的 K^+ 离子便是一个典型的实例。

4. 黏土-水系统的电动性质

(1) 黏土胶团。

如图 5.18(a)所示,黏土胶团包括三个不同层次,即胶核(黏土粒子本身)、胶粒(胶粒加吸附层)和胶团(胶粒加扩散层)。设黏土粒子是带负电的,由于静电吸引,水溶液中的 H^+ 或其他金属等异号离子就会被黏土粒子表面吸附,并形成一个吸附层。由于离子的水化作用,因此被吸附到吸附层中的是水化了的异号离子;在该吸附层的外面,由于吸引力较弱,距粒子表面较远,因而被吸附的异号离子将依序减少,形成一个离子浓度逐渐减少的扩散层。在扩散层以外,水化的异号离子则可自由移动而不再受粒子表面静电引力的影响。这样,围绕带电的黏土粒子便形成两个吸附层,即双电层结构。一个是吸附较牢固,离子不能自由移动的吸附层;另一个是吸附较松弛,离子可以自由移动的扩散层,如图 5.18(b)所示。因此,而胶团中被吸附的水化离子和溶液中的水化离子是处在动态平衡的。

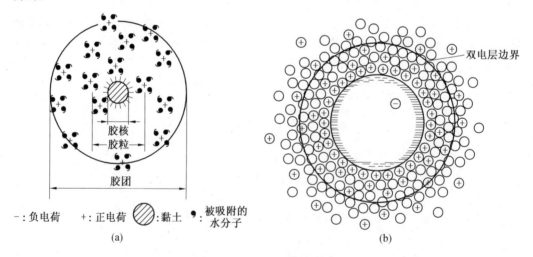

−：负电荷　　＋：正电荷　　▨：黏土　　●：被吸附的水分子

(a)　　　　　　　　　　　　　　　(b)

图 5.18　黏土胶团结构示意

(2) 黏土与水的作用。

水在黏土胶粒周围随着距离增大,结合力的减弱而分成牢固的结合水、疏松结合水和自由水。

①牢固的结合水。黏土颗粒(又称胶核)吸附着完全定向的水分子层和水化阳离子,这部分水与胶核形成一个整体,一起在介质中移动(称为胶粒),其中的水称为牢固结合水(又称吸附水膜)。其厚度为 3~10 个水分子厚。

②疏松结合水。在牢固结合水周围一部分定向程度较差的水称为疏松结合水(又称

扩散水膜)。

③自由水。在疏松结合水以外的水称为自由水。

结合水(包括牢固的结合水和疏松结合水)的密度大、热容小、介电常数小、冰点低,其物理性质与自由水是不相同的。黏土与水结合的数量可以用测量润湿热来判断。黏土与这三种水结合的状态与数量将会影响黏土-水系统的工艺性能。

影响黏土结合水量的因素有黏土矿物组成、黏土分散度、黏土吸附阳离子种类等。黏土的结合水量一般与黏土阳离子交换量成正比。对于含同一种交换性阳离子的黏土,蒙脱石的结合水量要比高岭石大。高岭石结合水量随粒度减小而增高,而蒙脱石与蛭石的结合水量与颗粒细度无关。

不同价的阳离子被黏土吸附后的结合水量通过实验证明(见表5.9),黏土与1价阳离子结合水量大于与2价阳离子结合的水量。同价离子与黏土结合水量随着离子半径增大而减少,如Na黏土大于K黏土。

表 5.9　被黏土吸附的 Na^+ 和 Ca^{2+} 的水化值

黏土	吸附容量		结合水量 /$[g \cdot (100\ g\ 土)^{-1}]$	每个阳离子 水化分子数	Na 与 Ca 的 水化值比
	Ca	Na			
Na 黏土	—	23.7	75	175	23
Ca 黏土	18.0	—	24.5	76.2	

(3)黏土胶体的电动电位。

①电动性质。带电荷的黏土胶体分散在水中时,在胶体颗粒和液相的界面上会有扩散双电层出现。在电场或其他力场作用下,带电黏土与双电层的运动部分之间发生剪切运动而表现出来的电学性质称为电动性质。

黏土胶粒分散在水中时,黏土颗粒对水化离子的吸附随着黏土与阳离子之间距离增大而减弱,又由于水化阳离子本身的热运动,因此黏土表面阳离子的吸附不可能整齐地排列在一个面上,而是随着与黏土表面距离增大。图5.19所示阳离子分布由多到少,到达 d 点平衡了黏土表面全部负电荷,d 点与黏土质点距离的大小则取决于介质中离子的浓度、离子电价及离子热运动的强弱等。

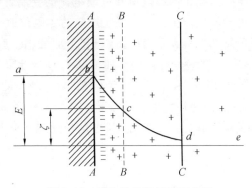

图 5.19　黏土粒子的扩散双电层

②吸附层。在外电场作用下,黏土质点与一部分吸附牢固的水化阳离子(图5.19中

AB 之间)随黏土质点向正极移动,这一层称为吸附层。

③扩散层。另一部分水化阳离子不随黏土质点移动,却向负极移动,这一层称为扩散层(图 5.19 中 BC 之间)。

(4)电动电位或 ζ-电位。

因为吸附层与扩散层各带有相反的电荷,所以相对移动时两者之间就存在着电位差,这个电位差称为电动电位或 ζ-电位。图 5.19 中 BB 线和 bd 曲线交点 c 至 de 线的距离表示电位大小,de 线为零电位。

黏土质点表面与扩散层之间的总电位差称为热力学电位差(用 E 表示),ζ-电位则是吸附层与扩散层之间的电位差,显然 $E>\zeta$。

电动电位或 ζ-电位的影响因素如下:

① ζ-电位的高低与阳离子的浓度有关。ζ-电位随扩散层增厚而增高,这是由于溶液中离子浓度较低,阳离子容易扩散而使扩散层增厚。当离子浓度增加,致使扩散层压缩,ζ-电位也随之下降。当阳离子浓度进一步增加直至扩散层中的阳离子全部压缩至吸附层内,ζ-电位等于 0,即等电态。

② ζ-电位的高低与阳离子的电价有关。黏土吸附了不同阳离子后,由不同阳离子所饱和的黏土,其 ζ-电位值与阳离子半径、阳离子电价有关。一般有高价阳离子或某些大的有机离子存在时,往往会出现 ζ-电位改变符号的现象。用不同价阳离子饱和的黏土,其 ζ-电位次序为:$M^+>M^{2+}>M^{3+}$(其中吸附 H_2O^+ 为例外)。而同价离子饱和的黏土,其 ζ-电位次序随着离子半径增大,离子半径增大,ζ-电位降低。这些规律主要与离子水化度及离子同黏土吸引力强弱有关。

③ ζ-电位的高低与黏土表面的电荷密度、双电层厚度、介质介电常数有关。根据静电学基本原理可以推导出电动电位的公式为

$$\zeta=\frac{4\pi\sigma d}{D} \tag{5.28}$$

式中,ζ 为电动电位;σ 为表面电荷密度;d 为双电层厚度;D 为介质的介电常数。

从式(5.28)可见,ζ-电位与黏土表面的电荷密度、双电层厚度成正比,与介质介电常数成反比。

黏土胶体的电动电位受到黏土的静电荷和电动电荷的控制,因此凡是影响黏土这些带电性能的因素都会对电动电位产生作用。黏土胶粒的 ζ-电位值一般在 -50 mV 以上。

由于一般黏土内腐殖质都带有大量负电荷,起到了加强黏土胶粒表面净负电荷的作用,因而黏土内有机质对黏土 ζ-电位有影响。如果黏土内有机质含量增加,则导致黏土 ζ-电位升高。例如,河北唐山紫木节土含有机质 1.53%,测定原土的 ζ-电位为 -53.75 mV。用适当的方法去除其有机质后测得 ζ-电位为 -47.30 mV。

影响黏土电位值的因素还有黏土矿物组成、电解质阴离子作用、黏土胶粒形状和大小、表面光滑程度等。

5. 黏土-水系统的流变性质

黏土泥料往往具有易于塑性成型或在一定条件下成为流动泥浆的特性,此称为流变性质。流变学是研究外力作用下物料变形或流动的性质。对于不同类型的物体其流变学方程也各不相同,流变学模型和流动曲线也不同。常见的流动类型有如下几种。

(1)理想流体(或牛顿型流体、黏性体)。

理想流体服从牛顿定律，即应力与变形成比例，符合公式 $\sigma = \eta \dfrac{\mathrm{d}v}{\mathrm{d}x}$。

公式 $\sigma = \eta \dfrac{\mathrm{d}v}{\mathrm{d}x}$ 表示流体产生剪切速度 $\dfrac{\mathrm{d}v}{\mathrm{d}x}$ 与剪切应力 σ 成正比例，比例系数为牛顿强度 η。如图 5.20(a) 所示，用应力与速度梯度作图。当在物体上加以剪切应力，则物体开始流动，剪切速度与剪应力成正比。当应力消除后，变形不再复原。属于这类流动的物质有水、甘油、低相对分子质量化合物溶液。

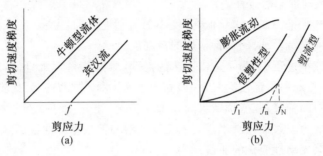

图 5.20　流动曲线

(2) 宾汉流动。

宾汉流动的特点是应力必须大于流动极限值 f 后才开始流动，一旦流动后，又与牛顿型相同。即当应力不超过某一极限值以前，物体是刚性的。此流动极限值 f 称流动极限或屈服值。流动曲线形式如图 5.20(a) 所示。这种流动可写成

$$F - f = \eta \frac{\mathrm{d}v}{\mathrm{d}x} \tag{5.29}$$

若 $D = \dfrac{\mathrm{d}v}{\mathrm{d}x}$，式(5.29) 写成

$$\frac{F}{D} = \frac{\eta + f}{D}$$

$$\eta_a = \frac{\eta + f}{D} \tag{5.30}$$

当 $D \rightarrow \infty$，$f/D \rightarrow 0$ 时，$\eta_a = \eta$，η_a 称为宾汉流动黏度，通常又称表观黏度。新拌混凝土接近于宾汉流动，这类流动是塑性变形的简例。

(3)塑性流动。

塑性流动的特点是施加的剪应力必须超过某一最低值——屈服值以后才开始流动，随剪切应力的增加，物料由紊流变为层流，直至剪应力达到一定值，物料也发生牛顿流动。流动曲线如图 5.20 (b)所示。属于这类流动的物体有泥浆、油漆、油墨等。硅酸盐材料在高温烧结时，晶粒界面间的滑移也属于这类流动。黏土具有荷电与水化等性质，黏土粒子分散在水介质中所形成的泥浆系统具有塑性流动的特点，黏土泥浆的流动只有较小的屈服值，而可塑泥团屈服值较大，它是黏土坯体保持形状的重要因素。

(4)假塑性流动。

假塑性流动曲线类似于塑性流动，但它没有屈服值，即曲线通过原点并凸向应力轴如图 5.20 (b)所示。它的流动特点是表观黏度随切变速率增加而降低。属于这一类流动

的主要有高聚合物的溶液、乳浊液、淀粉、甲基纤维素等。

（5）膨胀流动。

膨胀流动流动曲线是假塑性的相反过程。流动曲线通过原点并凹向剪应力轴，如图图 5.20（b）所示。这些高浓度的细粒悬浮液在搅动时好像变得比较黏稠，而停止搅动后又恢复原来的流动状态。它的特点是强度随切变速率增加而增加。属于这一类流动的一般是非塑性原料，如氧化铝、石英粉的浆料等。

6. 黏土-水系统的胶体性质

（1）泥浆的流动性和稳定性。

泥浆的流动性是指泥浆含水量低，强度小而流动度大的性质。泥浆的稳定性是指泥浆不随时间变化而聚沉，长时间保持初始的流动度。

在陶瓷注浆成型过程中，为了适应工艺的需要，希望获得含水量低，同时具有良好的流动性（流动度＝$1/\eta$）和稳定性的泥浆（如黏土加水、水泥拌水）。为达到此要求，一般都在泥浆中加入适量的稀释剂（或称减水剂），如水玻璃、纯碱、纸浆废液、木质素磺酸钠等。图 5.21 和图 5.22 为泥浆加入减水剂后的流变曲线和泥浆稀释曲线。这是生产与科研中经常用于表示泥浆流动性变化的曲线。

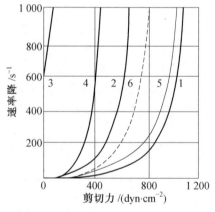

图 5.21 H 高岭土的流变曲线（200 g 土加 500 ml 液体）

1—未加碱；2—0.002 mol NaOH；

3—0.020 mol NaOH；4—0.2 mol NaOH；

5—0.002 mol Ca(OH)₂；6—0.02 mol Ca(OH)₂

图 5.21 通过改变剪切应力时，剪切速度的变化来描述泥浆流动状况。泥浆未加强（曲线 1）显示高的屈服值。随着加入碱量增加，流动曲线平行于曲线 1 向着屈服值降低方向移动，得到曲线 2,3。同时泥浆黏度下降，尤其以曲线 3 为最低。当再在泥浆中加入 Ca(OH)₂ 时，曲线又向着屈服值增加方向移动（曲线 5,6）。

图 5.22 表示在加水量相同时，黏土随电解质加入量增加而引起的泥浆黏度变化。从图可见，当电解质加入量在 0.015～0.025 mol/100 g 范围内，泥浆黏度显著下降，黏土在水介质中充分分散，这种现象称为泥浆的胶溶或泥浆稀释。继续增加电解质，泥浆内黏土粒子相互聚集，黏度增加，此时称为泥浆的絮凝或泥浆增稠。

从流变学观点看，要制备流动性好的泥浆必须拆开黏土泥浆内原有的一切结构。由于片状黏土颗粒表面是带静电荷的，黏土的边面随介质 pH 值的变化而既能带负电又能

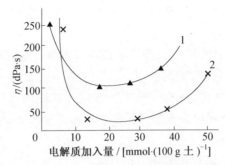

图 5.22 黏土泥浆稀释曲线

1—高岭土加 NaOH；2—高岭土加 Na_2SiO_3

带正电,而黏土板面上始终带负电,因此片状黏土颗粒在介质中,由于板面、边面带同号或异号电荷而必然产生如图 5.23 所示的几种结合方式。

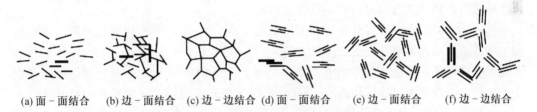

(a)面-面结合　(b)边-面结合　(c)边-边结合　(d)面-面结合　(e)边-面结合　(f)边-边结合

图 5.23 片状黏土颗粒在水中的聚集形态

很显然这几种结合方式只有面-面排列能使泥浆黏度降低,而边-面或边-边结合方式在泥浆内形成一定结构使流动阻力增加,屈服值提高。所以,泥浆胶溶过程实际上是拆开泥浆的内部结构,使边-边、边-面结合转变成面-面排列的过程。这种转变进行得越彻底,黏度降低越显著。从拆开泥浆内部结构来考虑,泥浆胶溶必须具备以下几个条件。

①介质呈碱性。欲使黏土泥浆内边-面、边-边结构拆开,必须首先消除边-面、边-边结合的力。黏土在酸介质边面带正电,因而引起黏土边面与带负电的板面之间强烈的静电吸引而结合成边-面或边-边结构。黏土在自然条件下或多或少带少量边面正电荷,尤其高岭土在酸性介质中成矿,断键又是高岭土带电的主要原因。因此在高岭土中边-面或边-边吸引更为显著。在碱性介质中,黏土边面和板面均带负电,这样就消除边-面或边-边的静电吸力,同时增加了黏土表面净负电荷,使黏土颗粒间静电斥力增加,为泥浆胶溶创造了条件。

②必须有 1 价碱金属阳离子交换黏土原来吸附的离子。黏土胶粒在介质中充分分散必须使黏土颗粒间有足够的静电斥力及溶剂化膜。这种排斥力的计算公式为

$$f \propto RD\zeta^2\kappa e^{-\kappa d}$$

式中,f 为黏土胶粒间的斥力;R 为胶粒半径;d 为两胶粒间距。固体微粒处在浓度较小的电解质溶液中时,双电层的厚度较大(即 κ 值较小),微粒间的斥力较大,微粒不会聚集。反之,微粒易于聚结而发生聚沉现象。

天然黏土一般都吸附大量 Ca^{2+},Mg^{2+},H^+ 等阳离子,也就是自然界黏土以 Ca 黏土、Mg 黏土或 H 黏土形式存在,这类黏土的 ζ-电位较低。因此用 Na^+ 交换 Ca^{2+},Mg^{2+} 等使之转变为 ζ-电位高及扩散层厚的 Na 黏土。这样 Na 黏土具备了溶胶稳定的条件。

③阴离子的作用。不同阴离子的 Na 盐电解质对黏土胶溶效果是不相同的。阴离子的作用概括起来有以下两方面。

a. 阴离子与黏土上吸附的 Ca^{2+}，Mg^{2+} 形成不可溶物或形成稳定的配合物，因此 Na^+ 对 Ca^{2+}，Mg^{2+} 等的交换反应更趋完全。

从阳离子交换序可以知道，在相同浓度下 Na^+ 无法交换出 Ca^{2+}，Mg^{2+}，用过量的钠盐虽交换反应能够进行，但同时会引起泥浆絮凝。钠盐中阴离子与 Ca^{2+} 形成的盐溶解度越小，形成的配合物越稳定，就越能促进 Na^+ 对 Ca^{2+}，Mg^{2+} 交换反应的进行。例如，$NaOH$，Na_2SiO_3 与 Ca 黏土交换反应如下：

$$Ca\ 黏土 + 2NaOH \Longrightarrow 2Na\ 黏土 + Ca(OH)_2$$
$$Ca\ 黏土 + Na_2SiO_3 \Longrightarrow 2Na\ 黏土 + CaSiO_3 \downarrow$$

由于 $CaSiO_3$ 的溶解度比 $Ca(OH)_2$ 低得多，因此，后一个反应比前一个反应更容易进行。

b. 聚合阴离子在胶溶过程中的特殊作用。

选用 10 种钠盐电解质（其中阴离子都能与 Ca^{2+}，Mg^{2+} 形成不同程度的沉淀或配合物），将其适量加入苏州高岭土，并测得其对应的 ζ-电位值，见表 5.10。由此可见，仅四种含有聚合阴离子的钠盐能使苏州土的 ζ-电位值升至 -60 mV 以上。这些聚合阴离子由于几何位置上与黏土边表面相适应，因此被牢固地吸附在边面上或吸附在 OH 面上。当黏土边面带正电时，它能有效地中和边正电荷；当黏土边面不带电，它能够物理吸附在边面上建立新的负电荷位置。这些吸附和交换的结果导致原来黏土颗粒间边-面、边-边结合转变为面-面排列，原来颗粒间面-面排列进一步增加颗粒间的斥力，因此泥浆得到充分的胶溶。

表 5.10 苏州高岭土加入 10 种电解质后的 ζ-电位值

编号	电解质	ζ-电位/mV	编号	电解质	ζ-电位/mV
0	原土	-39.41	6	$NaCl$	-50.40
1	$NaOH$	-55.00	7	NaF	-45.50
2	$NaSiO_3$	-60.60	8	丹宁酸钠盐	-87.60
3	$NaCO_3$	-50.40	9	蛋白质钠盐	-73.90
4	$(NaPO_3)_6$	-79.70	10	CH_3COONa	-43.00
5	$Na_2C_2O_4$	-48.30			

目前根据这些原理在硅酸盐工业中除采用硅酸钠、丹宁酸钠盐等作为胶溶剂外，还广泛采用多种有机或无机-有机复合胶溶剂等以取得泥浆胶溶的良好效果。如采用木质素磺酸钠、聚丙烯酸酯、芳香醛磷酸盐等。

胶溶剂种类的选择和数量的控制对泥浆胶溶有重要的作用。黏土是天然原料，胶溶过程与黏土本性（矿物组成、颗粒形状尺寸及结晶完整程度）有关，还与环境因素和操作条件（温度、湿度、模型及陈腐时间）等有关，因此泥浆胶溶是受多种因素影响的复杂过程。所以胶溶剂（稀释剂）种类和数量的确定往往不能单凭理论推测，而应根据具体原料和操作条件通过试验来决定。

(2)泥浆的触变性。

触变性就是泥浆静止不动时似凝固体,一经扰动或摇动,凝固的泥浆又重新获得流动性。如再静止又重新凝固,这样可以重复无数次。泥浆从流动状态过渡到触变状态是逐渐的、非突变的,并伴随着黏度的增高。在胶体化学中,固态胶质称为凝胶体,胶质悬浮液称为溶胶体。触变就是一种凝胶体与溶胶体之间的可逆转化过程。

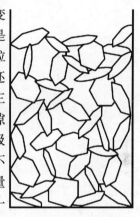

泥浆具有触变性,这与泥浆胶体的结构有关。图 5.24 是触变结构示意图,这种结构称为"纸牌结构"或"卡片结构",触变状态是介于分散和凝聚之间的中间状态。在不完全胶溶的黏土片状颗粒的活性边面上尚残留少量正电荷未被完全中和或边-面负电荷还不足以排斥板面负电荷,以至形成局部边-面或边-边结合,组成三维网状架构,直至充满整个容器,并将大量自由水包裹在网状空隙中,形成疏松而不活动的空间架构。由于结构仅存在部分边-面吸引,又有另一部分仍保持边-面相斥的情况,因此这种结构是很不稳定的。只要稍加剪切应力就能破坏这种结构,而使包裹的大量自由水释放,泥浆流动性又恢复。但由于存在部分边—面吸引,一旦静止,三维网状架构又重新建立。

图 5.24　黏土颗粒触变结构示意图

泥浆触变性可用多种方法来评价。最简单的是用流出黏度计。先测得搅拌中的泥浆流出时间,然后静置 30 min,再测定其流出时间。两次结果之差越大,表征其触变性也越大。

黏土泥浆触变性影响因素如下:

①黏土泥浆含水量。泥浆越稀,黏土胶粒间距离越远,边-面静电引力小,胶粒定向性弱,不易形成触变结构。

②黏土矿物组成。黏土触变效应与矿物结构遇水膨胀有关。水化膨胀有两种方式:一种是溶剂分子渗入颗粒之间;另一种是溶剂分子渗入单位晶格之间。高岭石和伊利石仅有第一种水化,蒙脱石与拜来石两种水化方式都存在,因此蒙脱石比高岭石易具有触变性。

③黏土胶粒大小与形状。黏土颗粒越细,活性边表面越易形成触变结构。呈平板状、条状的颗粒形状越不对称,形成"卡片结构"所需要的胶粒数目越小,即形成触变结构浓度越小。

④电解质种类与数量。触变效应与黏土颗粒表面带电情况和水膜的厚度密切相关。黏土吸附阳离子价数越小,或价数相同而离子半径越小者,触变效应越小。如前所述,加入适量电解质可以使泥浆稳定,加入过量电解质又能使泥浆聚沉,而在泥浆稳定到聚沉之间有一个过渡区域,在此区域内触变性由小增大。图 5.25 是 Na_2SO_3 对泥浆流动特性的影响,图(a)接近于宾汉型物体,并没有明显的触变性;图(b)是加入 Na_2SO_3 使泥浆处于部分解胶状态,流动曲线变成宽的闭合曲线,呈现出明显的触变特征;图(c)是泥浆达到最大解胶状,流动曲线几乎成为一直线与牛顿性流体相似,且没有表现出结构黏度;图(d)是过量 Na_2SO_3 过渡解胶,故泥浆黏度增大。

⑤温度的影响。温度升高,质点热运动剧烈,颗粒间联系减弱,触变不易建立。

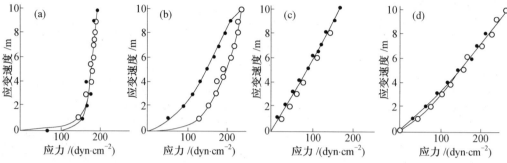

图 5.25 Na$_2$SO$_3$对泥浆流动特性的影响

（3）黏土的膨胀性。

膨胀性即与触变性相反的现象。当搅拌时，泥浆变稠而凝固，而静止后又恢复流动性，也就是泥浆黏度随剪变速率增加而增大。

产生膨胀性的原因是由于在除重力外，在没有其他外力干扰的条件下，片状黏土粒子趋于定向平行排列，相邻颗粒间隙由粒子间斥力决定，如图 5.26（a）所示。当流速慢而无干扰时，反映出符合牛顿型流体特性。但当受到扰动后，颗粒平行取向被破坏，部分形成架状结构，故泥浆强度增大甚至出现凝固状态，如图 5.26（b）所示。

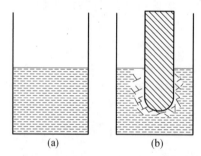

图 5.26 黏土颗粒的排列取向与泥浆膨胀性的关系

（4）黏土的可塑性。

可塑性是指物体在外力作用下，可塑造成各种形状，并保持这形状而不失去物料颗粒之间联系的性能。也就是说，既能可塑变形，又能保持变形后的形状；在大于流动极限应力作用下流变，但泥料又不产生裂纹。

要使泥料能塑成一定形状而不开裂，则必须提高颗粒间的作用力，同时在产生变形后能够形成新的接触点。泥料产生塑性的机理有多种解释。

①可塑性是由于黏土-水界面键力作用的结果。黏土和水结合时，第一层水分子是牢固结合的，通过氢键与黏土粒子表面结合，并彼此联结成六角网层；随着水量增加，开始形成不规则排列的松结合水层，氢键结合力减弱，泥料开始产生流动性；当水量继续增加时，出现自由水，泥料向流动状态过渡。因此对应于可塑状态，泥料应有一个最适宜的含水量，它处于松结合水和自由水之间的过渡状态。测定黏土-水系统的蒸汽压可以发现，不同的黏土其蒸汽压曲线也不同。当含水量一定时，较低的蒸汽压反映了水处于较强的结合状态，可塑性较好。

②"张紧薄膜"理论。这是基于有水存在时，颗粒间隙的毛细管作用对黏土粒子结合

的影响。在塑性泥料的粒子间存在两种力：一种是粒子间的吸引力；另一种是带电胶体微粒间的斥力。由于在塑性泥料中颗粒间形成半径很小的毛细管（缝隙），当水膜仅仅填满粒子间这些细小毛细管时，毛细管力大于粒子间的斥力，颗粒间形成一层张紧的水膜，泥料达到最大塑性。当水量多时，水膜的张力松弛下来，粒子间吸引力减弱。当水量少时，不足以形成水膜，塑性也变坏。

③可塑性是基于带电黏土胶团与介质中离子之间的静电引力和胶团间的静电斥力作用的结果。这是因为黏土胶团的吸附层和扩散层厚度是随交换性阳离子的种类而变化的。如图 5.27(a)所示，对于 H 黏土，H^+ 集中在吸附层水膜以内，因此当两个颗粒逐渐接近到吸附层以内，斥力开始明显表现出来，但随距离拉大，斥力迅速降低。r_1，r_2 处分别表示开始出现斥力和引力与斥力相等的距离。当 $r_1 > r_2$ 时，引力占优势，可以吸引其他黏土粒子包围自己而呈可塑性。图 5.27(b)所示，对于 Na 黏土，因有一部分 Na^+ 处于扩散层中，故吸引力和斥力抵消的零电位点处于远离吸附水膜的地方，故在粒子界面处，斥力大于引力，可塑性较差。因此可以通过阳离子交换来调节黏土可塑性。

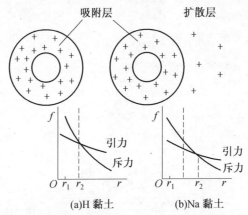

图 5.27 黏土胶团引力和斥力示意图

由于可塑性概念比较广，很难用一种简单机理来说明，在不同情况也可能是几种原因同时起作用的。泥料的可塑性总是发生在黏土和水界面上的一种行为。因此黏土种类、含量、颗粒大小、分布和形状、含水量以及电解质种类和浓度等都会影响可塑性。

a. 含水量的影响。可塑性只发生在某一最适宜含水量范围，水分过多或过少都会使泥料的流动特性发生变化。处于塑性状态的泥料不会因自重作用而变形，只有在外力作用下才能流动。不同种类的黏土泥料的含水量和屈服值之间的关系如图 5.28 所示。图中曲线可用以下试验公式表达：

$$f = \frac{K}{(W-a)^m} - b \tag{5.31}$$

式中，W 是含水量；b 是平行于横坐标的渐进线的距离；f 是泥料的屈服值。由图 5.28 可见，泥料屈服值随含水量增加而降低，而且当 $f = \infty$ 时，$W = a$，即在此含水量时泥料呈刚性。当 $f = 0$ 时，$W = \left(\frac{K}{b}\right)^{\frac{1}{m}} + a$。以曲线 2 为例，当 $f = 0$ 时，$W = 46.24\%$，说明在这一含水量，泥料从可塑状态过渡到黏性流动状态。

b. 电解质的影响。加入电解质会改变黏土粒子吸附层中的吸附阳离子，因而颗粒表面形成的水层厚度也随之变化,并改变其可塑性。例如,当黏土含有位于阳离子置换顺序左边的阳离子(H^+,Al^{3+}等)时,因为这些离子水化能力较小,颗粒表面形成的水膜较薄。彼此吸引力较大,故该泥料成型时所需的力也较大,反之亦然。含有不同阳离子的黏土泥料,在含水量相同时,其成型所需的力则按阳离子置换顺序依次递减,可塑性也减小。增加水量可以降低成型的力,也就是说,达到同一程度的可塑性所需的加水量也依阳离子置换顺序递增。此外,提高阳离子交换容量也会改善可塑性。

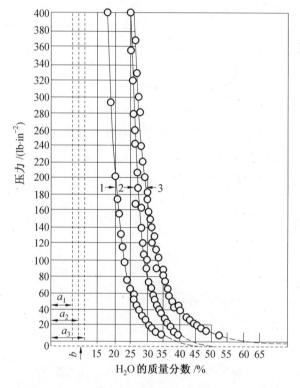

图 5.28　三种不同黏土泥料的含水量和屈服值的关系($1\ lb/in^2$)$=6.894\ 6\times10^3\ Pa$)

c.颗粒大小和形状的影响。因为可塑性与颗粒间接触点的数目和类型有关。颗粒尺寸越小,比表面积越大,接触点也越多,变形后形成新的接触点的机会也多,可塑性就好。此外,颗粒越小,离子交换量提高也会改善可塑性。颗粒形状直接影响粒子间相互接触的状况,对可塑性也是一样。如片状颗粒因具有定向沉积的特性,可以在较大范围内滑动而不致相互失去联结,因而和粒状颗粒相比常有较高可塑性。

d.黏土的矿物组成的影响:黏土的矿物组成不同,比表面积相差很大。高岭石的比表面积为 $7\sim30\ m^2/g$,而蒙脱石的比表面积为 $810\ m^2/g$。比表面积的不同反映毛细管力的不同。蒙脱石的比表面积大则毛细管力也大,吸力强。因此,蒙脱石比高岭石的塑性高。

e.泥料处理工艺的影响:泥料经过真空练泥可以排除气体,使泥料更为致密,可以提高塑性。泥料经过一定时间的陈腐,使水分尽量均匀也可以有效地提高塑性。

f.腐殖质含量、添加塑化剂的影响。腐殖质含量和性质对可塑性的影响也较大,一般来说,适宜的腐殖质含量会提高可塑性。添加塑化剂是人工提高可塑性的一种手段,常常应用于瘠性物料的塑化。

5.4.2 非黏土泥浆体

精细陶瓷的注射法成型用的浆体、热压铸法的蜡浆以及无机材料生产中的瘠性材料，如氧化物、氮化物粉末、水泥、混凝土浆等都是非黏土的泥浆体应用的实例。黏土在水介质中荷电和水化，具有可塑性，可以使无机材料塑造成各种所需的形状。然而瘠性料如氧化物或其他化学试剂来制备精细陶瓷材料则不具备这样的特性，研究解决瘠性料的悬浮和塑化是制品成型的关键之一。

1. 非黏土的泥浆体悬浮

由于瘠性料种类繁多，性质各异，因此要区别对待。一般沿用两种方法使瘠性料泥浆悬浮：一种是控制料浆的 pH 值；另一种是通过有机表面活性物质的吸附，使粉料悬浮。

(1)料浆 pH 值的控制。

制备精细陶瓷的料浆所用的粉料一般都属两性氧化物，如氧化铝、氧化铬、氧化铁等。它们在酸性或碱性介质中均能胶溶，而在中性时反而絮凝。两性氧化物在酸性或碱性介质中发生以下离解过程：

$$MOH \longrightarrow M^+ + OH^- \quad (酸性介质中)$$
$$MOH \longrightarrow MO^- + H^+ \quad (碱性介质中)$$

离解程度决定于介质的 pH 值。介质 pH 值变化的同时引起胶粒 ζ-电位的增减甚至变号，而 ζ-电位的变化又引起胶粒表面吸力与斥力平衡的改变，以至使这些氧化物泥浆胶溶或絮凝。

在电子陶瓷生产中常用的 Al_2O_3，BeO 和 ZrO_2 等瓷料都属瘠性物料，它们不像黏土具有塑性，必须采取工艺措施使之能制成稳定的悬浮料浆。例如，在 Al_2O_3 料浆制备中，由于经细球磨后的 Al_2O_3 微粒的表面能很大，它可与水产生水解反应，即

$$Al_2O_3 + 3H_2O \longrightarrow 2Al(OH)_3$$

在 Al_2O_3-H_2O 系统中，当加入少量盐酸时，可有如下反应：

$$Al(OH)_3 + 3HCl \longrightarrow AlCl_3 + 3H_2O$$
$$AlCl_3 \longrightarrow Al^{3+} + 3Cl^-$$

由于微细的 Al_2O_3 粒子具有强烈的吸附作用，它将选择性吸附与其本身组成相同的 Al^{3+}，从而使 Al_2O_3 粒子带正电荷。在静电力作用下，带正电的 Al_2O_3 粒子将吸附溶液中分别形成吸附层和扩散层的双电层结构，从而形成 Al_2O_3 的胶团：

$$\{\underbrace{[\underbrace{Al_2O_3}_{胶核}]_m \cdot n\underbrace{Al^{3+} \cdot 3(n-x)Cl^-}_{吸附层}\}}_{胶粒}\underbrace{3xCl^-}_{扩散层}$$

$$\underbrace{}_{胶团}$$

这样就可能通过调节 pH 以及加入电解质或保护性胶体等工艺措施来改善和调整 Al_2O_3 料浆的黏度、ζ-电位和悬浮稳定性。显然，对于 Al_2O_3 料浆，适量的盐酸既可以作为稳定电解质，也可用作调节料浆 pH 值以影响其黏度，但应注意控制适宜的加入量。从图 5.29 可见，当 pH 值从 1 升至 15 时，料浆 ζ-电位出现两次最大值。当 pH=3 时，ζ-电位 =+183 mV；当 pH=12 时，ζ-电位 =-70.4 mV。对应于 ζ-电位最大值时，料浆黏度

最低,而且在酸性介质中料浆黏度更低。例如,一个密度为 2.8 g/cm³ 的 Al_2O_3 浇注泥浆,当介质 pH 值从 4.5 增至 6.5 时,料浆黏度从 6.5 dPa·s 增至 300 dPa·s。

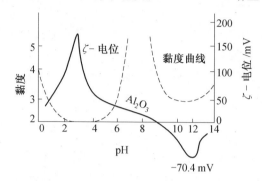

图 5.29　氧化物料浆 pH 值与黏度和 ζ-电位关系

由于 $AlCl_3$ 是水溶性的,在水中生成 $AlCl_2{}^{+}$,$AlCl^{2+}$ 和 OH^{-},Al_2O_3 胶粒优先吸附含铝的 $AlCl_2{}^{+}$ 和 $AlCl^{2+}$,使 Al_2O_3 成为一个带正电的胶粒,然后吸附 OH^{-} 而形成一个庞大的胶团,如图 5.30(a)所示。当 pH 值较低时,即 HCl 浓度增加,液体中 Cl^{-} 增多而逐渐进入吸附层取代 OH^{-},由于 Cl^{-} 的水化能力比 OH^{-} 强,Cl^{-} 水化膜厚,因此 Cl^{-} 进入吸附层的个数减少,而留在扩散展的数量增加,致使胶粒正电荷升高和扩散层增厚,结果导致胶粒 ζ-电位升高,料浆黏度降低。如果介质 pH 值再降低,由于大量 Cl^{-} 压入吸附层,致使胶粒正电荷降低和扩散层变薄,ζ-电位随之下降,料浆黏度升高。

在碱性介质中,例如加入 NaOH,Al_2O_3 呈酸性,其反应如下:

$$Al_2O_3 + 2NaOH \longrightarrow 2NaAlO_2 + H_2O$$

$$NaAlO_2 \longrightarrow Na^{+} + AlO_2{}^{-}$$

这时 Al_2O_3 胶粒优先吸附 $AlO_2{}^{-}$ 使胶粒带负电,如图 5.30(b)所示,然后吸附 Na^{+} 形成一个胶团,这个胶团同样随介质 pH 值变化而有参电位的升高或降低,导致料浆黏度的降低和增高。

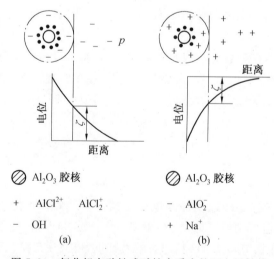

图 5.30　氧化铝在酸性或碱性介质中的双电层结构

在 Al_2O_3 瓷生产中,应用此原理来调节 Al_2O_3 料浆的 pH 值,使之悬浮或聚沉。其他氧化物注浆时最适宜的 pH 值见表 5.11。

表 5.11　各种料浆注浆时 pH 值的范围

原料	pH 值	原料	pH 值	原料	pH 值
氧化铝	3～4	氧化铍	4	氧化钍	3.5 以下
氧化铬	2～3	氧化铀	3.5	氧化锆	2.3

（2）有机表面活性剂的添加。

为了提高 Al_2O_3 料浆稳定性，可加入少量甲基纤维素或阿拉伯胶等，Al_2O_3 粒子与这些有机物质卷曲的线型分子相互吸附，从而在 Al_2O_3 粒子周围形成一层保护膜，以阻止 Al_2O_3 粒子相互吸引和聚凝。但应指出，当加入量不足时有可能起不到这种稳定作用，甚至适得其反。例如，在 Al_2O_3 瓷生产上，在酸洗时常加入 0.21％～0.23％的阿拉伯胶以促使酸洗液中 Al_2O_3 粒子快速沉降，而在浇注成型时又常加入 1.0％～1.5％的阿拉伯胶以提高 Al_2O_3 浆的流动性和稳定性。

阿拉伯胶对 Al_2O_3 料浆黏度的影响如图 5.31 所示。这是因为阿拉伯树胶是高分子化合物，呈卷曲链状，长度为 400～800 μm，而一般胶体粒子为 0.1～1 μm，相对高分子长链而言是极短小的。当阿拉伯树胶用量少时，分散在水中的 Al_2O_3 胶粒黏附在高分子树胶的某些链节上。如图 5.32(a) 所示，由于树胶量少，在一个树胶长链上粘着较多的胶粒 Al_2O_3，引起重力沉降而聚沉。如果增加树胶加入量，由于高分子树脂数量增多，其线型分子层在水溶液中形成网络结构，使 Al_2O_3 胶粒表面形成一层有机亲水保护膜，Al_2O_3 胶粒要碰撞聚沉就很困难，从而提高料浆的稳定性，如图 5.32（b）所示。

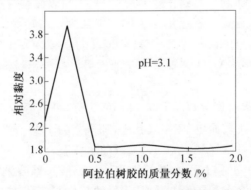

图 5.31　阿拉伯树胶对 Al_2O_3 泥浆黏度的影响

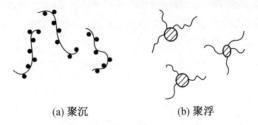

(a) 聚沉　　　　　　(b) 聚浮

图 5.32　阿拉伯树胶对 Al_2O_3 胶体的聚沉和悬浮的作用

2. 瘠性料的塑化

瘠性料的塑化一般使用两种加入物,加入天然黏土类矿物或加入有机高分子化合物作为塑化剂。

（1）天然黏土的添加。

黏土是廉价的天然塑化剂,但含有较多杂质,在制品性能要求不太高时广泛将它用作塑化剂。黏土中一般用塑性高的膨润土。膨润土颗粒细,水化能力大,遇水后又能分散成很多粒径约零点几微米的胶体颗粒。这样细小胶体颗粒水化后使胶粒周围带有一层黏稠的水化膜,水化膜外围是松结合水。瘠性料与膨润土构成不连续相,均匀分散在连续介质的水中,同时也均匀分散在黏稠的膨润上胶粒之间。在外力作用下,粒子之间沿连续水膜滑移,当外力去除后,细小膨润土颗粒间的作用力仍能使它维持原状。这时泥团也就呈现可塑性。

（2）有机塑化剂的添加。

在陶瓷工业中经常用有机塑化剂来对粉料进行塑化,以适应成型工艺的需要。瘠性料塑化常用的有机塑化剂有聚乙烯醇（PVA）、羧甲基纤维素（CMC）、聚乙酸乙烯酯（PVAC）等。塑化机理主要是表面物理化学吸附,使瘠性料表面改性。

干压法成型、热压铸法成型、挤压法成型、流延法成型、注浆和车坯成型常用的一些塑化剂如下。

石蜡是一种固体塑化剂,白色晶体,熔点 57 ℃,具有冷流动性（即室温时在压力下可以流动）,高温时呈热塑性可以流动,能够润湿颗粒表面,形成薄的吸附层起到黏结作用。一般干压成型用量为 7％～12％,常用为 8％。热压铸法成型用量为 12％～15％。例如,氧化铝瓷在成型时,Al_2O_3 粉用石蜡作定型剂。Al_2O_3 粉表面是亲水的,而石蜡是亲油的。为了降低坯体收缩应尽量减少石蜡用量。生产中加入油酸使 Al_2O_3 粉亲水性变为亲油性。油酸分子为 $CH_3—(CH_2)_7—CH=CH—(CH_2)_7—COOH$,其亲水基向着 Al_2O_3 表面,而憎水基团向着石蜡。Al_2O_3 表面改为亲油性可以减少用蜡量并提高浆料的流动性,从改善成型性能。

聚乙烯醇（PVA）,聚合度 n 以 1 400～1 700 为好,可以溶于水、乙醇、乙二醇和甘油中。用它塑化瘠性料时工艺简单、坯体气孔小,加入量为 1％～8％。如 PZT 等功能陶瓷的干压成型常用聚乙烯醇（PVA,$n=1 500$）2％的水溶液。

羧甲基纤维素（CMC）呈白色,由碱纤维和一氯乙酸在碱溶液中反应得到的,与水形成熟性液体。其缺点是含有 Na_2O 和 $NaCl$ 组成的灰分,常常会使介电材料的介质损耗和介电常数的温度系数受到影响。羧甲基纤维素（CMC）常用于挤压成型的瘠性料。

聚乙酸乙烯酯（PVAC）,为无色黏稠体或白色固体,聚合度 n 以 400～600 为好;溶于醇和苯类溶剂,而不溶于水;常用于轧膜成型。

聚乙烯醇缩丁醛（PVB）,是树脂类塑化剂,缩醛度为 73％～77％,经基数为 1％～3％;适合于流延法成型制膜,其膜片的柔顺性和弹性都很好。

5.5　固-固界面

多相、多晶固体材料内的固-固界面或是相界或是晶界（grain boundary）。相界是指不同固相间的界面,如晶相与玻璃相的界面、主晶相与晶界上第二相的界面等;晶界是专指同种固相材料的两个晶粒之间的边界,这是一种最为简单的固-固界面。多晶材料的晶界与多晶材料的结构、性能及工艺过程密切相关。许多具有特殊功能的固体材料是借助于晶界效应而制成的,充分利用这些晶界效应就可能使多晶材料具备单晶和玻璃所不具备的性能。关于多晶材料晶界特征、结构、静电势、热力学、扩散及偏析的实验、理论与应用的研究日益引起材料科学和工程界的高度重视。本节将着重讨论多晶材料晶界的结构特点、晶界热力学、晶界电势以及晶界研究的应用。

5.5.1 晶界几何结构

晶界是指相邻两个不同取向晶粒之间的交界面。陶瓷材料是多晶体,由许多晶粒组成,起始微细粉料在烧结时形成大量的结晶中心,当它们发育成晶粒并逐渐长大到相遇时就形成晶界。因此晶界对于陶瓷材料具有特别重要的意义,多晶体的性质不仅由晶粒内部结构和它们的缺陷结构所决定,而且还与晶界结构、数量等因素有关。图 5.33 表示多晶体中晶粒尺寸与晶界所占晶体中体积百分数的关系。由图 5.33 可见,当多晶体中晶粒平均尺寸为 1 μm 时,晶界占晶体总体积的 50%。显然在细晶材料中,晶界对材料的机、电、热、光等性质都有不可忽视的作用。

由于晶界上两个晶粒的质点排列取向有一定的差异,两者都力图使晶界上的质点排列符合于自己的取向。当达到平衡时,晶界的原子就形成某种过渡的排列,其方式如图 5.34 所示。显然,晶界上由于原子排列不规则而造成结构比较疏松,因而也使晶界具有一些不同于晶粒的特性。晶界上原子排列较晶粒内疏松,因而晶界受腐蚀(热侵蚀、化学腐蚀)后很易显露出来。在多晶体中,晶界是原子(离子)快速扩散的通道,容易引起杂质原子(离子)偏聚,同时也使晶界处熔点低于晶粒。晶界上原子排列混乱,存在着许多空位、位错和键的变形等缺陷,使之处于应力畸变状态,故能量较高,使得晶界成为固态相变时优先成核的区域。利用晶界的一系列特性,通过控制晶界组成、结构和相态等来制造新型无机材料。

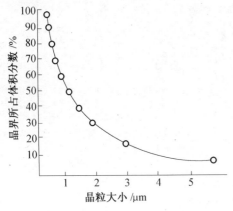

图 5.33 晶粒尺寸与晶界所占体积百分数

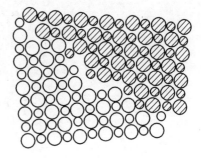

图 5.34 晶界示意

1. 根据晶界两个晶粒之间夹角的大小划分

相邻位向不同两晶粒的位向差可以由一个晶粒相对另一个晶粒以平行于晶界的某轴

线转动的转角来描述的晶界称为倾斜晶界（tilt boundary），而将以垂直于晶界的某轴线转动的转角来描述的晶界称为扭转晶界（twist boundary）。图 5.35 示出了这两类晶界产生的示意图，一般的晶界都是同时含上述两种晶界的混合晶界。

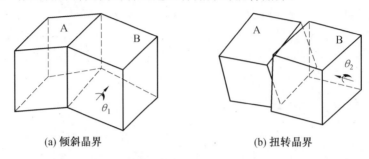

(a) 倾斜晶界　　　　　　　　　　　(b) 扭转晶界

图 5.35　倾斜晶界和扭转晶界

根据相邻两个晶粒取向角度偏差的大小，可以分为小角度晶界和大角度晶界两种类型。相邻两个晶粒的原子排列错合的角度很小（为 2°～3°）的晶界称为小角晶界（small angle boundary），这时两个晶粒间晶界由完全配合部分与失配部分组成。从图 5.36 可以看出，小角度晶界可以看成是由一系列刃型位错排列而成的。为了填补相邻两个晶粒取向之间的偏差，使原子的排列尽量接近原来的完整晶格，每隔几行就插入一片原子，这样小角度晶界就成为一系列平行排列的刃位错。刃型位错的间距 l 与倾角 θ 的大小成反比，与布氏矢量 b 的大小成正比。其关系为

$$l \approx \frac{b}{\theta} \tag{5.32}$$

其晶界能可由构成晶界位错的能量，近似表示为

$$\gamma = \frac{Gb\theta}{4\pi(1-\gamma)}(A - \ln \theta) \tag{5.33}$$

可用式（5.33）来表达的晶界的 θ 范围为 $\theta \leqslant \dfrac{\pi}{12}$。

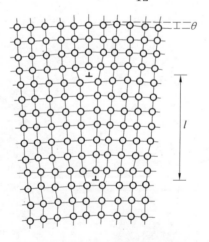

图 5.36 小角晶界（对称倾斜晶界）

在多晶体中占多数的是相邻两个晶粒的原子排列错合的角度很大的晶界称为大角度

晶界,这时对应的 $\theta \geqslant \frac{\pi}{12}$,晶界上质点的排列已接近无序状态,不能再用上述的位错模型描述。

2. 根据晶界两边原子排列连贯性划分

(1) 连贯晶界。

两个晶粒的原子在界面上连续相接,具有一定的连贯性。前提条件是,两个晶体的结构相似,排列方向也接近。不同中晶粒的结构的晶面间距(如 C_1 和 C_2)彼此不同,引入晶面间距的失配度,其定义为 $\delta=(C_2-C_1)/C_1$。失配度 δ 是弹性应变的一个量度,由于弹性应变的存在,使系统的能量增大,系统能量与 $C\delta^2$ 成正比,其中 C 为常数,系统能量与失配度 δ 的关系如图 5.37 所示。

例如,氢氧化镁加热分解成氧化镁($Mg(OH)_2 \longrightarrow MgO + H_2O$),就形成这样的晶界。这种氧化物的氧离子密堆平面通过类似堆积的氢氧化物的平面脱氢而直接得到。$Mg(OH)_2$ 结构有部分转变为 MgO 结构,两种结构的晶面间距不同,为了保持晶面的连续性,必须有其中的一个相或两个相发生弹性应变,或引入位错。

(2) 半连贯晶界。

晶界有位错存在,两个晶粒的原子在界面上部分相接,部分无法相接,因此称为半连贯晶界。

半连贯晶界如图 5.38 所示。在这种结构中,晶面间距 C_1 比较小的一个相发生应变。弹性应变由于引入半个原子晶面进入半连贯晶界而使弹性应变下降,这样就生成所谓界面位错。位错的引入,使在位错线附近发生局部的晶格畸变,显然晶体的能量也增加。其能量 E 可表示为

$$E = \frac{Gb\sigma}{4\pi(1-\mu)}(A_0 - \ln r_0) \tag{5.34}$$

式中,δ 为失配度;b 为相氏矢量;G 为剪切模量;μ 为泊松比;A_0,r_0 为与位错线有关的量。

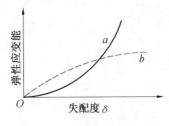

图 5.37 应变能与 δ 的关系

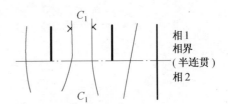

图 5.38 半连贯晶界模型

根据式(5.34)计算的晶界能与 δ 的关系如图 5.37 中的虚线所示。由图 5.37 可见,当形成连贯晶界所产生的 δ 增加到一定程度(图中 a 与 b 的交点)时,如再继续以连贯晶界相连,所产生的弹性应变能将大于引入界面位错所引起的能量增加,这时以半连贯晶界相连比连贯晶界相连在能量上更趋于稳定。

但是,上述界面位借的数目不能无限制地增加。在图 5.38 中,晶体上部,每单位长度需要的附加半晶面数 $\rho = \frac{1}{C_1} - \frac{1}{C_2}$,位错间的距离 $d = \rho - 1$,故 $d = \frac{C_1 C_2}{C_1 - C_2}$,因此

$$d = \frac{C_2}{\delta} \tag{5.35}$$

如果 $\delta = 0.04$，则每隔 $d = 25C_2$ 就必须插入一个附加半晶面，才能消除应变。当 $\delta = 0.1$ 时，每 10 个晶面就要插入一个附加半晶面。在这样或有更大失配度的情况下，界面位错数大大超过了在典型陶瓷晶体中观察到的位错密度。

（3）非连贯晶界。

结构上相差很大的固相间的界面不能成为连贯晶界，因而与相邻晶体间必有畸变的原子排列，这样的晶界称为非连贯晶界。

通过烧结得到的多晶体，绝大多数为非连贯晶界。在烧结过程中，有相同成分和相同结构的晶粒彼此取向不同。由于这种晶界的"非晶态"特性，很难估算它们的能量，如果假设相邻晶粒的原子（离子）彼此无作用，那么每单位面积晶界的晶界能将等于两晶粒的表面能之和。但是实际上两个相邻晶粒的表面层上的原子间的相互作用是很强的，并且可以认为在每个表面上的原子（离子）周围形成了一个完全的配位球，其差别在于此处的配位多面体是变了形的，且在某种程度上，这种配位多面体周围情况与内部结构是不相同的。晶界上的原子与晶体内部相同类型的原子相比有较高的能量，而单位面积上的晶界能比两个相临晶粒表面能之和低。

5.5.2　晶界与烧结机制

固 - 固 - 液系统在陶瓷系统中是相当普遍的，如传统长石质瓷、镁质瓷、滑石瓷 K_2O -Al_2O_3 -SiO_2 系统的陶瓷，包括日用瓷和低压电瓷、金属陶瓷以及某些有液相参加的氮化硅的烧结体，这时晶界构形可以用图 5.39 来表示；此时界面张力平衡可以写成

$$\gamma_{SS} = 2\gamma_{SL} \cos \frac{\varphi}{2} \tag{5.36}$$

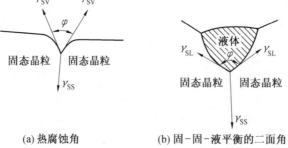

(a) 热腐蚀角　　　　(b) 固-固-液平衡的二面角

图 5.39　晶界与液相的界面张力的平衡

二面角 φ 与界面能及晶界能 γ_{SS} 的关系为

$$\cos \frac{\varphi}{2} = \frac{1}{2} \frac{\gamma_{SS}}{\gamma_{SL}} \tag{5.37}$$

若 $\dfrac{\gamma_{SS}}{\gamma_{SL}} > 2$，则 $\varphi = 0$，液相穿过晶界，此时晶粒完全被液相浸润，如图 5.40(a) 所示。若 $\gamma_{SL} > \gamma_{SS}$，则 $\varphi > 120°$，此时三晶粒围成孤岛状液满，完全被液相浸润，如图5.40(d) 所示。随着 φ 角度的增大，三晶粒围成孤岛状液滴越来越小，如图 5.40 (e) 所示。表 5.12 列出了 φ 角度与润湿关系，因此陶瓷中相的分布是随着界面能转移的。

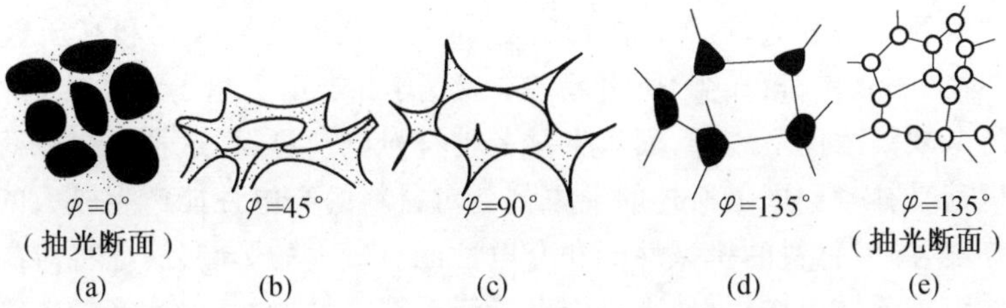

图 5.40　固－固－液系统相分布示意

表 5.12　角度与润湿关系

γ_{SS}/γ_{SL}	$\cos\varphi/2$	φ	润湿性	相分布
<1	$<1/2$	$120°$	不	(d) 孤立液滴
$1\sim\sqrt{3}$	$1/2\sim\sqrt{3}/2$	$120°\sim60°$	局部	(c) 开始渗透晶界
$>\sqrt{3}$	$>\sqrt{3}/2$	$<60°$	润湿	(b) 在晶界渗开
>2	1	0	全润湿	(a) 浸湿整个材料

5.5.3　晶界的特性

在晶界上由于质点间排列不规则而使质点距离疏密不均,从而形成微观的机械应力,这就是晶界应力。它将吸引空位、杂质和一些气孔,因此晶界上是缺陷较多的区域,也是应力比较集中的部位。此外,对单相的多晶材料来说,由于晶粒的取向不同,相邻晶粒在同一方向的热膨胀系数、弹性模量等物理性质都不相同。对于固溶体来说,各晶粒间化学组成上的不同也会形成性能上的差异。这些性能上的差异,在陶瓷烧成后的冷却过程中,都会在晶界上产生很大的晶界应力。晶粒越大,晶界应力也越大。这种晶界应力甚至可以使晶粒出现贯穿性断裂,这就是为什么粗晶结构的陶瓷材料的机械强度和介电性能都较差的原因。

由于晶界的原子处于不平衡的位置,所以晶界处存在有较多的空位、位错等缺陷,使得原子沿晶界的扩散比在晶粒内部快,杂质原子也更容易富集于晶界,因而固态相变首先发生于晶界,还使得晶界的熔点比晶粒内部低,并且容易被腐蚀。

在陶瓷材料的生产中,常常利用晶界易于富集杂质的现象,有意识地加入一些杂质到瓷料中,使其集中分布在晶界上,以达到改善陶瓷材料的性能,并为陶瓷材料寻找新用途的目的。例如,在陶瓷生产中,控制晶粒的大小是很重要的,这需要想办法限制晶粒的长大,特别是防止二次再结晶。在工艺上除了严格控制烧成制度,如烧成温度、冷却及冷却方式等外,常常是通过掺杂来加以控制。在刚玉瓷的生产中可掺入少量的 MgO,使之在 α-Al_2O_3 晶粒之间的晶界上形成镁铝尖晶石薄层,包围 α-Al_2O_3 晶粒,防止晶粒的长大,从而成为细晶结构。

晶界的存在还影响着陶瓷材料的介电性能,因为晶体在外电场的作用下,会发生极化现象。陶瓷材料是一个典型的不均匀的多相系统,晶粒没有确定取向,因而各晶界的介电性能也就不可能相同。在电场的作用下,这些介电性能不同区域内的自由电荷的积聚造成了松弛极化,称为夹层极化。由于内部电场分布不均匀,有时可能会使一部分介质内部的电场强度达到很高的数值,这种现象就称为高压极化。夹层极化和高压极化都是由于介质的不均匀性(如晶界、相界等)所引起的。此外,由于正负离子激活能的区别,在晶界及表面上肖特基缺陷浓度不一样,而产生某一种符号电荷过量,这种过量电荷也将由相反符号的空间电荷来补偿。以上所述的现象都会对材料的介电性能产生较大的影响。

晶界的存在,除对材料的机械性能和介电性能有较大的影响外,还将对晶体中的电子和晶格振动的声子起散射作用,使得自由电子迁移率降低,对某些性能的传输或耦合产生阻力。例如,晶界对机电耦合不利,对光波也会产生反射或散射,从而使材料的应用受到限制。

5.5.4 界面应力

所谓相,是指物理、化学性质均匀一致的体系。相界面则是指两相体系之间的分界面。类似于晶界,相界面的存在也同样影响着材料的物理力学性能。如由晶粒细化有利于提高材料的强度和硬度可以推知,相界面变小和增多,也有利于改善材料的物理力学性能,这也在金属基、陶瓷基、水泥基和高聚物基复合材料中得到证实。减小和增多相界面,可明显提高材料的强度和韧性,但是由于组成相界面的各相、化学组成和结构有较大的差异,其性能上的差异要比单相多晶体间的差异大得多,因而在相界面上,界面应力也更加显著。

复合材料是目前很有发展前途的一种多相材料,其性能优于其中任一组元材料的单独性能,但要注意的一条就是要避免产生过大的界面应力。为此,弥散强化和纤维增强是目前采用的主要复合手段。弥散强化的复合材料结构是由基体和在基体中均匀分布的,直径在 $0.01~\mu m$ 到几十毫米,含量从 $1\%\sim70\%$ 或更多的球体或块状体组成。如 ZrO_2 增韧、Al_2O_3 材料、水泥基混凝土材料就属此类。纤维增强复合材料有平行取向和紊乱取向两种,纤维的直径一般在 $1~\mu m$ 到几百微米之间波动,水泥基混凝土材料内的增强纤维则是从 $1~\mu m$ 的玻璃纤维到几十毫米的钢筋。复合材料的基体通常有高分子基、金属基、陶瓷及水泥基等。常用的纤维有无机材料类(如石墨,Al_2O_3,ZrO_2,Si_3N_4 和玻璃)和金属材料类如钢纤维和有机高分子材料类,这些材料具有很好的力学性能,它们掺入复合材料中还可以充分保持其原有性能。

1. 应力的概念

两种不同热膨胀系数的晶相,在高温烧结时,两个相之间完全密合接触,处于一种无应力状态,但当它们冷却时,由于热膨胀系数不同,收缩不同,晶界中就会存在应力。晶界中的应力大则有可能在晶界上出现裂纹,甚至使多晶体破裂,小则保持在晶界内。

例如石英、氧化铝、石墨等,由于不同结晶方向上的热膨胀系数不同,也会产生类似的现象。石英岩是制玻璃的原料,为了易于粉碎,先将其高温燃烧,利用相变及热膨胀而产生的晶界应力,使其晶粒之间裂开而便于粉碎。

2. 应力的产生

设两种材料的膨胀系数为 α_1 和 α_2;弹性模量为 E_1 和 E_2;泊松比为 μ_1 和 μ_2。按图 5.41 模型组合,其中(a) 图表示在高温 T_0 下的工作状态,此时两种材料密合长短相同。假设此时是一种无应力状态,冷却后,有两种情况。(b) 图表示在低于 T_0 的某 T 温度下,两个相自由收缩到各自平衡状态。因为有一个无应力状态,晶界发生完全分离。(c) 图

表示同样低于 T_0 的某 T 温度下,两个相都发生收缩,但晶界应力不足以使晶界发生分离,晶界处于应力的平衡状态。当温度由 T_0 变到 T,温差 $\Delta T=T-T_0$,第一种材料在此温度下膨胀变形 $\varepsilon_1=\alpha_1\Delta T$,第二种材料膨胀变形 $\varepsilon_2=\alpha_2\Delta T$,而 $\varepsilon_1\neq\varepsilon_2$。因此,如果不发生分离,即处于(c)状态,复合体必须取一个中间膨胀的数值。在复合体中一种材料的净压力等于另一种材料的净拉力,二者平衡。设 σ_1 和 σ_2 为两个相的线膨胀引起的应力,φ_1 和 φ_2 为体积分数(等于截面积分数)。如果 $E_1=E_2$,$\mu_1=\mu_2$,且 $\Delta\alpha=\Delta\alpha=\alpha_1-\alpha_2$,则两种材料的热应变差 $\varepsilon_1-\varepsilon_2=\Delta\alpha\Delta T$。第一相的应力 $\sigma_1=[E/(1-\mu)]\varphi_2\Delta\alpha\Delta T$,此应力是令合力(等于每相应力乘以每相的截面积之和)等于零而计算得到的。因为,在个别材料中正力和负力是平衡的。这种力可经过晶界传给一个单层的力,即 $\sigma_1A_1=-\sigma_2A_2$,式中 A_1,A_2 分别为第一、二相的晶界面积。σ_1A_1 和 σ_2A_2 产生一个平均晶界剪应力 $\tau_{平均}=(\sigma_1A_1)_{平均}/$ 局部的晶界面积。对于层状复合体的剪切应力为

$$\tau=\frac{K\Delta\alpha\Delta Td}{L}\qquad(5.38)$$

式中,L 为层状物的长度;d 为薄片的厚度。从式(6.64)可以看到,晶界应力与热膨胀系数差、温度变化及厚度成正比。

如果晶体热膨胀是各向同性的,则 $\Delta\alpha=0$,晶界应力不会发生。如果产生晶界应力,则复合层越厚,应力越大。所以在多晶材料中,晶粒越粗大,材料强度与抗冲击性越差,反之则强度与抗冲击性好,这与晶界应力的存在有关。

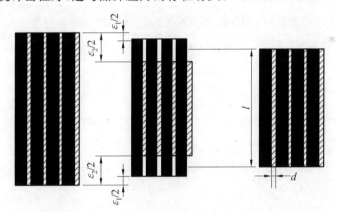

(a) 高温下　　(b) 冷却后无应力状态　(c) 冷却后层与层仍然结合在一起

图 5.41　层状复合体中晶界应力的形成

复合材料是目前很有发展前途的一种多相材料,其性能优于其中任一组元材料的单独性能,很重要的一条就是避免产生过大的晶界应力。

习　题

5.1　何谓表面张力与表面能? 对于固态和液态这两者有何差别?

5.2　试说明晶界能总小于两个相邻晶粒的表面能之和的原因。

5.3　(1)什么是弯曲表面的附加压力,其正负根据是如何划分的?

　　(2)设表面张力为 $0.9\ \mathrm{N/m}$,计算曲率半径分别为 $0.5\ \mu m$,$5\ \mu m$ 的曲面附加

压力。

5.4　考虑四种连接作用:焊接、烧结、黏附结合和玻璃—金属的封接,试从原子尺度考虑解释这些连接作用相互间有何差异。

5.5　影响润湿的因素有哪些?

5.6　什么是吸附和黏附?当用焊锡来焊接铜丝时,用锉刀除去表面层,可使焊接更加牢固,试解释这种现象。

5.7　试述玻璃与金属封接时,预先在金属表面进行表面氧化处理的作用。

5.8　在石英玻璃熔体下 20 cm 处形成半径为 5×10^{-8} m 的气泡,熔体密度 $\rho = 2\,200$ kg/m³,表面张力 $\gamma = 0.29$ N/m,大气压力为 1.01×10^5 Pa,求形成此气泡所需的最低内应力。

5.9　大块状的石英材料经煅烧后易于破碎,这是为什么?

5.10　1 g 石英当它粉碎(在湿空气中)成每颗粒半径为 1 μm 的粉末时,质量增加到 1.02 g,它的吸附水膜厚度为多少?(石英密度为 2.65 g/cm³)

5.11　在真空中和在空气中将云母片剥离后再合上,会出现什么现象?说明理由。

5.12　什么是黏附功?黏附性越好是否就意味着黏附功越小?为什么?

5.13　一般来说,不同的物质,其固体的表面能要比液体的表面能大,说明原因。

5.14　在晶体中,不同的结晶面上,表面上原子的密度往往是不一样的,见表 5.13。你认为原子密度大得晶面的表面能大,还是密度小的大?试用式(5.15)解释。

表 5.13　结晶面、表面原子密度及邻近原子数

构造	结晶面	表面密度[①]	表面最近邻原子	次近邻原子
简立方	(100)	0.785	4	1
	(110)	0.555	2	2
	(111)	0.453	0	3
体心立方	(110)	0.833	4	2
	(100)	0.589	0	4
	(111)	0.340	0	4
面心立方	(111)	0.907	6	3
	(100)	0.785	4	4
	(110)	0.555	2	5

① 以 πr^2 面积上的密度为单位(r 是原子半径)

5.15　MgO-Al₂O₃-SiO₂ 系统的低共熔物放在 Si₃N₄ 陶瓷片上,在低共熔温度下,液相的表面张力为 900×10^{-3} N/m,液体与固体的界面能为 600×10^{-3} J/m,测得接触角为 70.52°。

(1)求 Si₃N₄ 的表面张力。

(2)把 Si₃N₄ 在低共熔温度 F 进行热处理,测试其热腐蚀的槽角为 60°,求 Si₃N₄ 的晶界能。

5.16　氧化铝瓷件中需要被银,已知当 1 000 ℃时 $\gamma(\mathrm{Al_2O_3}, S) = 1.0 \times 10^{-3}$ N/m,$\gamma(\mathrm{Ag}, L) = 0.92 \times 10^{-3}$ N/m,$\gamma(\mathrm{Ag}, L)/\gamma(\mathrm{Al_2O_3}, S) = 1.77 \times 10^{-3}$ N/m,问液态银能否润湿氧化铝瓷件表面?可以用什么方法改善它们之间的润湿性。

5.17　在真空条件下,Al_2O_3的表面张力约为 0.9 N/m,液态铁的表面张力为 1.723 N/m,同样条件下氧化铝－液态铁的界面张力约为 2.3 N/m,问接触角有多大? 液态铁能否润湿氧化铝? 怎样可以改变其润湿性?

5.18　表面张力为 500 尔格/cm^2 的某液态硅酸盐与某种多晶氧化物表面相接触,接触角 $\theta=45°$,若与此氧化物相混合,则在三晶粒交界处形成液态小球。平均的二面角 φ 为 90°。假定没有液态硅酸盐时,氧化物-氧化物界面的界面张力为 1 000 dyn/cm^2,计算此种氧化物的表面张力。

5.19　在小角度晶界上测得位错腐蚀坑的间距为平均 6.87 μm。X 线衍射表明晶界间角为 30 s(弧度),问柏氏矢量的长度是多少?(1 s=0.000 28°)

5.20　氮化锂晶体经多边形化、抛光和腐蚀后,观察到沿某一直线的位错腐蚀坑的间距为 10 μm,在外加剪应力作用下观察到小角度晶界垂直于晶界平面移动,为什么会发生这种现象? 若柏氏矢量为 0.283 nm,穿过晶界的倾斜角是多少?

5.21　在高温将某金属熔于 Al_2O_3 片上。

(1) 若 Al_2O_3 的表面能估计为 1 J/m^2,此熔融金属的表面能也与之相似,界面能估计约为 3J/m^2,问接触角是多少?

(2) 若在同一高温下热处理,测得热腐蚀槽角为 157°,求 γ_{SS}(即 Al_2O_3 之间的晶界自由焓)。

(3) 若液相表面能只有 Al_2O_3 表面能的一半,而界面能是 Al_2O_3 表面张力的两倍,试估计接触角的大小。

(4) 在(1)所述的条件下,混合 30% 金属粉末与 Al_2O_3 成为金属陶瓷,并加热到此金属熔点以上。试描述并作图示出金属与 Al_2O_3 之间的显微结构。

5.22　在 20 ℃ 及常压下,将半径为 10^{-3} m 的汞分散成半径为 10^{-9} m 的小汞滴,求此过程所需做的功是多少? 已知 20 ℃ 时汞的表面张力 0.470 N/m。

5.23　在 2 080 ℃ 的 Al_2O_3(L)内有一半径为 10^{-8} m 的小气泡,求该气泡所受的附加压力是多大? 已知 Al_2O_3 的表面张力是 0.700 N/m。

5.24　具有面心立方晶格不同晶面(100),(110),(111)上,原子密度不同,试问哪一个晶面上固－气表面能将是最低的? 为什么?

5.25　表面张力为 0.5 N/m 的某硅酸盐熔体与某种多晶氧化物表面相接触,接触角 $\theta=45°$;若与此氧化物相混合,则在三晶粒交界处,形成液态球粒,二面角 φ 平均为 90°,假如没有液态硅酸盐时,氧化物－氧化物界面的界面张力为 1 N/m,试计算氧化物的表面张力。

5.26　黏土薄片平均"直径"为 0.5 μm,厚度为 10 nm,已知真密度为 2.6 g/cm^3,求黏土的表面积是多少?

5.27　试说明黏土结构水、结合水(牢固结合水、松结合水)、自由水的区别,分析后两种水在胶团中的作用范围及其对工艺性能的影响。

5.28　什么是电动电位? 它是怎样产生的? 有什么作用?

5.29　黏土的很多性能与吸附阳离子种类有关,指出黏土吸附下列不同阳离子后的性能变化规律,(以箭头→表示大小),①阳离子置换能力;②黏土的 ζ-电位;③黏土的结合水;④泥浆的流动性;⑤泥浆的稳定性;⑥泥浆的触变性;⑦泥团的可塑性;⑧泥团的滤水性;⑨泥浆的浇注时间;⑩坯体形成速率。

$$H^+ \quad Al^{3+} \quad Be^{2+} \quad Sr^{2+} \quad Ca^{2+} \quad Mg^{2+} \quad NH_4^+ \quad K^+ \quad Na^+ \quad Li^+$$

5.30　用 Na_2CO_3 和 Na_2Si_4 分别稀释同一种黏土(以高岭石矿物为主)泥浆,试比较电解质加入量相同时,两种泥浆的流动性、注浆速率。试问触变性和坯体致密度有何差别?

5.31　影响黏土可塑性的因素有哪些?生产上可以采用什么措施来提高或降低黏土的可塑性以满足成型工艺的需要。

5.32　解释黏土带电的原因。为什么大部分是带负电?分别列出泥浆胶溶的机理和泥浆胶溶条件。

5.33　为什么非黏土瘠性料要塑化?常用的塑化剂有哪些?

5.34　如果在蒙脱石中有 1/10 的离子被离子取代,那么每 100 g 黏土将有多少离子被吸附到黏土上?

5.35　实验测得平均粒径小于 1 μm 的高岭土－水溶液在 10 V/cm 的直流电场中,黏土胶粒以 2.79×10^{-3} cm/s 的速度向正极移动。

(1)试求此时的 ζ-电位值(水介质的黏土为 0.01 dPa·s,介电常数为 80)。

(2)若在该胶体悬浮液中分别加入微量的 NaCl 和 $(NaPO_3)_6$ 电解质后,又测得胶粒的运动速度为 3.58×10^{-3} cm/s 和 5.66 cm/s,试求加入两种不同电解质后胶粒的 ζ-电位值。计算结果说明什么问题?

5.36　若黏土粒子是片状的方形粒子。长度分别为 10 μm,1 μm,0.1 μm,长度是其厚度的 10 倍。试求黏土颗粒平均距离在引力范围 2 nm 时,黏土体积浓度。

5.37　若黏土颗粒尺寸为 1 μm,0.1 μm,0.01 μm,每个颗粒的吸附层厚度为10 nm,试求黏土颗粒在悬浮液中最大的体积分数是多少?(假定黏土视作为立方体)

5.38　一个均匀的悬浮液,黏土的体积分数为 30%,薄片状黏土颗粒的平均直径为 0.1 μm,厚度为 0.01 μm,求颗粒间平均距离是多少?

5.39　加入稀释剂影响泥浆流动性和稳定性的机制是什么?

5.40　说明泥浆可塑性产生的原因,并分析影响泥浆可塑性的因素。

5.41　常见的流动类型有哪几种?各有何特点?

5.42　高岭薄片的平均直径为 0.9 μm,厚度为 0.1 μm。在其板面上吸附层厚度为 3 nm,在边面上是 20 nm。试求由于吸附面使颗粒增加的有效体积分数是多少?

5.43　黏土薄片平均直径为 0.5 μm,厚度是 10 nm。在 100 ℃下干燥,仅能除去所有在颗粒间与气孔中的水分,尚留下吸附水。如果再加热至 200 ℃,每 100 g 再干燥的黏土蒸发出 2.4 g 吸附水。试求每个吸附的水分子有多少纳米?

5.44　试说明黏土的细度、有机质含量、结晶良好程度对黏土 c.e.c 值的影响。

5.45　晶格常数等于 0.361 nm 的面心立方晶体,计算 2°的对称倾斜晶界中的位错间距。

第6章 陶瓷中的扩散

在固态下发生微观组织结构的变化或化学成分的变化或进行化学反应,如陶瓷的烧结致密化过程、扩散型相变与时效析出过程等,都必须通过原子或离子的迁移-扩散才能实现。因此,扩散是陶瓷材料的微观组织结构形成及改变的重要过程因素。

6.1 扩散定律及其解

6.1.1 扩散定律

从宏观统计的角度看,介质中质点的扩散(diffusion)行为都遵循相同的统计规律。1855 年德国物理学家 A·菲克(Adolf Fick)在大量扩散现象的研究基础之上,首先对这种质点扩散过程做出了定量描述,得出了浓度场下物质扩散的动力学方程 —— 菲克定律。在扩散过程中,单位时间内通过单位横截面的扩散物质数量 J(扩散通量)与扩散质点的浓度梯度 ∇C 成正比,既有如下扩散第一方程:

$$\boldsymbol{J} = -D \nabla C = -D\left(i\frac{\partial c}{\partial x} + j\frac{\partial c}{\partial y} + k\frac{\partial c}{\partial z}\right) \tag{6.1}$$

式中,D 为扩散系数(diffusion coefficient),其量纲为 $L^2 T^{-1}$(在 SI 和 CGS 单位制中分别为 m^2/s 和 cm^2/s),在菲克第一定律中,D 与浓度梯度无关;负号表示粒子从高浓度处向低浓度处扩散,即逆浓度梯度的方向扩散。

在扩散体系中,参与扩散质点的浓度 c 是位置坐标 x,y,z 和时间 t 的函数,即浓度因位置而异,且可随时间而变化。菲克第一定律是质点扩散定量描述的基本方程,它可以直接用于求解扩散质点浓度分布不随时间变化的稳定扩散(steady state diffusion)问题。

当扩散体系中各点的浓度梯度随时间变化时,称为非稳态扩散(nonsteady state diffusion)。在非稳态扩散的情况下,可以通过测定给定的体积单元中流进和流出扩散物质质量的差,来确定扩散过程中任意一点的浓度随时间的变化。现考虑如图 6.1 所示的扩散体系中任一体积元 $dxdydz$,在 δt 时间内由 x 方向流进的物质净增量应为

$$\Delta J_x = J_x dydz\delta t - \left(J_x + \frac{\partial J_x}{\partial x}dx\right)dydz\delta t = -\frac{\partial J_x}{\partial x}dxdydz\delta t \tag{6.2}$$

同理在 y,z 方向流进的物质净增量分别为

$$\Delta J_y = -\frac{\partial J_y}{\partial y}dxdydz\delta t \tag{6.3}$$

$$\Delta J_z = -\frac{\partial J_z}{\partial z}dxdydz\delta t \tag{6.4}$$

在 δt 时间内整个体积元中物质净增量为

$$\Delta J_x + \Delta J_y + \Delta J_z = -\left(\frac{\partial J_x}{\partial x} + \frac{\partial J_y}{\partial y} + \frac{\partial J_z}{\partial z}\right)dxdydz\delta t \tag{6.5}$$

若 δt 时间内,体积元中质点浓度平均增量为 δc,则根据物质守恒定律,$\delta c\, dx\, dy\, dz$ 应等于式(6.5),因此得

$$\frac{\partial c}{\partial t} = -\left(\frac{\partial J_x}{\partial x} + \frac{\partial J_y}{\partial y} + \frac{\partial J_z}{\partial z}\right)$$

$$\frac{\partial c}{\partial t} = -\nabla \cdot \boldsymbol{J} = \nabla \cdot (D\,\nabla C) \qquad (6.6)$$

若假设扩散体系具有各向同性,且扩散系数 D 不随位置坐标变化,则有

$$\frac{\partial c}{\partial t} = D\left(\frac{\partial^2 c}{\partial x^2} + \frac{\partial^2 c}{\partial y^2} + \frac{\partial^2 c}{\partial z^2}\right) \qquad (6.7)$$

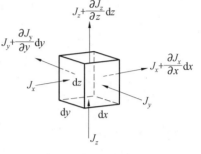

图 6.1　扩散体积元示意图

对于一维系统,式(6.7)可简化为

$$\frac{\partial c}{\partial t} = -\frac{\partial(-J_x)}{\partial x} = D\frac{\partial^2 c}{\partial x^2} \qquad (6.8)$$

对于球对称扩散,式(6.8)可变换为球坐标表达式为

$$\frac{\partial c}{\partial t} = D\left(\frac{\partial^2 c}{\partial r^2} + \frac{2}{r}\frac{\partial c}{\partial r}\right) \qquad (6.9)$$

式(6.6)为不稳定扩散的基本动力学方程式,它可适用于不同性质的扩散体系;但在实际应用中,往往为了求解简单起见,而常采用式(6.7)的形式。

6.1.2　能斯特(Nernst)-爱因斯坦方程

扩散动力学方程式是建立在大量扩散质点做无规则布朗运动的统计基础之上,唯象地描述了扩散过程中扩散质点所遵循的基本规律。但是在扩散动力学方程式中并没有明确地指出扩散的推动力是什么,而仅仅表明在扩散体系中出现定向宏观物质流是存在浓度梯度条件下大量扩散质点无规则布朗运动(非质点定向运动)的必然结果。显然,经验告诉人们,即使体系不存在浓度梯度,而当扩散质点受到某一力场的作用时也将出现定向物质流。因此浓度梯度显然不能作为扩散推动力的确切表征。根据广泛适用的热力学理论,扩散过程的发生与否将与体系中化学位有根本的关系。物质从高化学位流向低化学位是一普遍规律。因此表征扩散推动力的应是化学位梯度。一切影响扩散的外场(电场、磁场、应力场等)都可统一于化学位梯度之中,且仅当化学位梯度为零时,系统扩散方可达到平衡。下面将以化学位梯度概念建立扩散系数的热力学关系。

设一多组分体系中,i 组分的质点沿 x 方向扩散所受到的力应等于该组分化学位(μ_i)在 x 方向上梯度的负值,即

$$F_i = -\frac{\partial \mu_i}{\partial x} \qquad (6.10)$$

相应的质点运动平均速度 V_i 正比于作用力 F_i,即

$$V_i = B_i F_i = -\frac{B_i \partial \mu_i}{\partial x} \qquad (6.11)$$

式中,比例系数 B_i 为单位力作用下,组分 i 质点的平均速率称为淌度。

显然,此时组分量 i 的扩散通量 J_i 等于单位体积中该组成质点数 C_i 和质点移动平均速度的乘积,即

$$J_i = C_i V_i \qquad (6.12)$$

将式(6.11)代入式(6.12),便可得用化学位梯度概念描述扩散的一般方程式为

$$J_i = C_i B_i \frac{\partial \mu_i}{\partial x} \qquad (6.13)$$

若所研究体系不受外场作用,化学位为系统组成活度和温度的函数,则式(6.13)可写成

$$J_i = C_i B_i \frac{\partial \mu_i}{\partial c_i} \cdot \frac{\partial c_i}{\partial x}$$

将上式与菲克第一定律比较,得扩散系数 D_i 为

$$D_i = C_i B_i \frac{\partial \mu_i}{\partial c_i} = \frac{B_i \partial \mu_i}{\partial \ln C_i}$$

因 $\qquad C_i / C = N_i, \mathrm{d}\ln C_i = \mathrm{d}\ln N_i$

故有 $\qquad D_i = \frac{B_i \partial \mu_i}{\partial \ln N_i} \qquad (6.14)$

又因 $\qquad \mu_i = \mu_i^0(T, P) + RT \ln a_i = \mu_i^0 + RT(\ln N_i + \ln \gamma_i)$

则 $\qquad \frac{\partial \mu_i}{\partial \ln N_i} = RT(1 + \frac{\partial \ln \gamma_i}{\partial \ln N_i}) \qquad (6.15)$

将式(6.15)代入式(16.14),得

$$D_i = RTB_i(1 + \frac{\partial \ln \gamma_i}{\partial \ln N_i}) \qquad (6.16)$$

式(6.16)便是扩散系数的一般热力学关系,式中$(1 + \frac{\partial \ln \gamma_i}{\partial \ln N_i})$称为扩散系数的热力学因子。

对于理想混合体系活度因子 $\gamma_i = 1$,此时 $D_i = D_i^* = RTB_i$,通常称 D_i 和 D_i^* 分别为 i 组元在多元系统中的本征扩散系数和自扩散系数。

对于非理想混合体系存在两种情况:① 当 $1 + \frac{\partial \ln \gamma_i}{\partial \ln N_i} > 0$,此时 $D_i > 0$,称为正常扩散,在这种情况下物质流将由高浓度处流向低浓度处,扩散的结果使溶质趋于均匀化。② 当 $1 + \frac{\partial \ln \gamma_i}{\partial \ln N_i} < 0$,此时 $D_i < 0$,称为反常扩散或逆扩散。与上述情况相反,扩散结果使溶质偏聚或分相。

6.1.3 无规行走(random walk)扩散过程

在讨论扩散机制及其数学以前,暂不必考虑其扩散机制的细节。先研究一个最简单无规行走扩散过程,以求得扩散系数的近似值。所谓无序扩散(无规行走扩散)具有以下特点:这种扩散是在无外场推动下,由热起伏而使原子获得迁移激活能,从而引起原子移动,其移动方向完全是无序的、随机的。因此无序扩散实质上是原子的布朗运动。这种原子无序扩散的结果并不引起定向的扩散流,而且每次迁移与前一次无关,故每次迁移都是成功的。

设晶体沿 x 轴方向有一很小的组成梯度。若两个相距为 λ 的相邻点阵面分别记作 1 和 2,则原子沿 x 轴方向向左或向右移动时,每次跳跃的距离为 λ。平面 1 上单位面积扩散

溶质原子数为 n_1，平面 2 上为 n_2。跃迁频率 Γ 是单位时间内原子离开平面跳跃次数的平均值。因此 δt 时间内跃出平面 1 的原子数为 $n_1 \Gamma \delta t$，这些原子中一半迁到右边平面 2，另一半到左边平面。同样从 δt 时间内从平面 2 跃迁到平面 1 的原子数为 $\frac{1}{2} n_2 \Gamma \delta t$。由此得出从平面 1 到平面 2 的流量为

$$J = \frac{1}{2}(n_1 - n_2)\Gamma = \frac{原子数}{面积 \times 时间} \tag{6.17}$$

若 $\frac{n_1}{\lambda} = C_1$，$\frac{n_2}{\lambda} = C_2$ 和 $\frac{C_1 - C_2}{\lambda} = -\frac{\partial C}{\partial x}$，可以将量 $n_1 - n_2$ 和单位体积原子数联系起来。因此流量为

$$J = -\frac{1}{2}\lambda^2 \Gamma \frac{\partial C}{\partial x} \tag{6.18}$$

将式(6.18)与式(6.1)比较，可把扩散系数写成

$$D_\gamma = \frac{1}{2}\lambda^2 \Gamma$$

若跃迁发生在三个方向，则上述值将减少 1/3。因此三维无序扩散系数为

$$D_\gamma = \frac{1}{6}\lambda^2 \Gamma \tag{6.19}$$

由此可见，无序扩散系数取决于迁移频率和迁移距离平方的乘积。此结果仅对于无规则行走过程是适用的。假设迁移是随机的，不存在择优取向的推动力。对扩散的微观机构(指扩散质点是原子、空位或间隙)并没有明确的假设。但是式(6.19)实际上已从三维结构上规定有六个距离为 λ 的邻近质点可以易位。因此该式只适用于简单立方点阵中的无序扩散。

在面心立方晶格中，$\lambda = \frac{\sqrt{2}}{2}a_0$，其中 a_0 为点阵常数。可跃迁的邻近位置数为 12，式(6.19)写为

$$D_\gamma = \frac{1}{6} \cdot \left(\frac{\sqrt{2}}{2}a_0\right)^2 \cdot 12 \cdot \Gamma = a_0^2 \Gamma \tag{6.20}$$

为了使无序扩散适用于除立方点阵以外的如何晶体结构，必须在式(6.19)中引入一个几何因子 γ，γ 与最邻近的可跃迁的位置数有关。迁移距离 λ 与晶体点阵类型和点阵常数有关。这样可以把式(6.19)写成

$$D_\gamma = \gamma \lambda^2 \Gamma \tag{6.21}$$

对于处在晶格结点上的原子的扩散，它的运动是通过跃迁到一个相邻的空位来进行的，这就必须包括相邻位置成为空位的概率，这个概率等于空位分数 n_v，其值根据第 4 章讨论的方法确定，故

$$D_\gamma = \gamma \lambda^2 n_v \Gamma \tag{6.22}$$

6.1.4　扩散方程的求解

要测量和应用扩散系数，就要求解不同边界条件的偏微分方程。例如，要确定稳态扩散的流量，可求解菲克第一定律，恒压气体通过陶瓷板或玻璃的扩散就是这种情况。求解菲克第二定律可得扩散体系中各点的瞬间浓度 $c(x, t)$ 是位置和时间的函数。

1. 稳定扩散

首先考虑浓度梯度不变的稳态扩散的情况,以便用菲克第一定律来确定流量。考虑高压氧气球罐的氧气泄漏问题,设氧气球罐内外直径分别为 r_1 和 r_2,罐中氧气压力为 p_1,罐外氧气压力为大气中氧分压为 p_2。由于氧气泄漏量极微,故可认为 p_1 不随时间变化。因此当达到稳定状态时,氧气将以一恒定速率泄漏。由扩散第一定律可知,单位时间内氧气泄漏量为

$$\frac{\mathrm{d}G}{\mathrm{d}t} = -4\pi r^2 D \frac{\mathrm{d}c}{\mathrm{d}r} \tag{6.23}$$

式中,D 和 $\dfrac{\mathrm{d}c}{\mathrm{d}r}$ 分别为氧分子在钢罐壁内的扩散系数和浓度梯度。对式(6.23)积分得

$$\frac{\mathrm{d}G}{\mathrm{d}t} = -4\pi D \frac{c_2 - c_1}{\dfrac{1}{r_1} - \dfrac{1}{r_2}} = -4\pi D r_1 r_2 \frac{c_2 - c_1}{r_2 - r_1} \tag{6.24}$$

式中,c_2 和 c_1 分别为氧气分子在球罐外壁和内壁表面的溶解浓度。根据希乌尔(Sievert)定律:双原子分子气体在固体中的溶解度通常与压力的平方根成正比,即 $C = K\sqrt{p}$,得到单位时间内氧气泄漏量为

$$\frac{\mathrm{d}G}{\mathrm{d}t} = -4\pi D r_1 r_2 \frac{\sqrt{p_2} - \sqrt{p_1}}{r_2 - r_1} \tag{6.25}$$

2. 不稳定扩散

在实际中常需要探讨的一种边界条件是,扩散距离远小于扩散体系的尺度,故试样(扩散体系)的尺寸可看作是无限或半无限大时的边界条件(图6.2),即在扩散方向上,这种固体或液体的尺寸可看作是无限大的,时间为零时,表面就有了某一表面浓度 C_s,并且在整个扩散过程中表面浓度保持不变。例如,玻璃表面渗银与金属表面渗碳,其边界条件为

$$\begin{cases} t = 0, 0 < x < \infty, C(x,t) = C_0 \\ t > 0, x = 0, C(0,t) = C_s \end{cases}$$

则经某一时刻 t,在某一距离 x 处的浓度分布为

$$\frac{C(x,t) - C_0}{C_s - C_0} = 1 - \frac{2}{\sqrt{\pi}} \int_0^{\frac{x}{2\sqrt{Dt}}} \mathrm{e}^{-\lambda^2} \mathrm{d}\lambda \tag{6.26}$$

式(6.26)积分为误差函数 $\mathrm{erf}(z) = \dfrac{2}{\sqrt{\pi}} \displaystyle\int_0^z \mathrm{e}^{-\lambda^2} \mathrm{d}\lambda$(函数关系如图6.2所示),即

$$C(x,t) - C_0 = (C_s - C_0)\left[1 - \mathrm{erf}\left(\frac{x}{2\sqrt{Dt}}\right)\right] \tag{6.27}$$

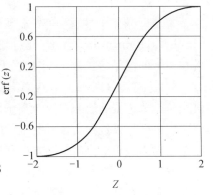

图6.2　高斯误差函数曲线

经不同时间后浓度随距离的分布曲线如图6.3所示。可以证明 $\mathrm{erf}(\infty) = 1$ 和 $\mathrm{erf}(-z) = -\mathrm{erf}(z)$。

对于半无限大固体的其他边界条件,也可应用此方法。例如,一个起始无溶质($C_0 = 0$)的试样,在 $t >$ 0 的所有时间里,保持表面浓度为 C_s,则加到试样上的溶质随时间和距离的变化关系为

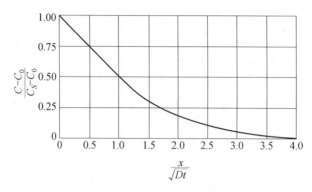

图 6.3 在表面浓度 C_S 恒定,起始浓度为 C_0 的半无限均
匀介质中,一维扩散的渗透曲线

$$C(x,t) = C_S \left[1 - \mathrm{erf}\left(\frac{x}{2\sqrt{Dt}} \right) \right] \tag{6.28}$$

由式(6.28)可看出,对于一定值的 $\dfrac{C(x,t)}{C_0}$,所对应的扩散深度 x 与时间 t 有着确定的

关系。例如,假定 $C/C_0 = 0.5$,由图 6.2 可知, $\dfrac{x}{2\sqrt{Dt}} = 0.52$,即任何时刻 t,对于半浓度的

扩散距离 $x = 1.04\sqrt{Dt}$,有更一般的关系为

$$x^2 = Kt \tag{6.29}$$

式中,K 为比例系数。这个关系称为抛物线时间定则,x 与 $t^{1/2}$ 成正比,所以在指定浓度 C 时,增加一倍扩散深度则需延长四倍的扩散时间。这一关系对晶体管或集成电路生产中的控制扩散(结深)有着重要的作用。

6.2　扩散机制与扩散系数

6.2.1　扩散机制

离子型晶体的主要扩散机理有三种,即空位扩散(vacancy diffusion)、间隙扩散(interstitial diffusion)和准间隙扩散(interstitial diffusion),如图 6.4 所示。位于正常点阵位置上的离子的扩散,大多情况下是以空位为媒介而产生的,即离子从正常位置上移动到相邻的空位上(图 6.4(a)),当温度在绝对零度以上时,每种晶体固体都存在空位。这种空位扩散过程的速率取决于离子由正常位置移动到空位上去的难易程度,同时也取决于空位浓度。以这种空位机制进行的迁移可能是引起原子(离子)扩散的最普遍的过程,这个过程相当于空位向相反方向移动,因此称为空位扩散。

另一种扩散机制是晶格间隙原子(离子)的扩散,间隙扩散又分为两种情况:第一种是间隙原子本身由一个间隙位置移动到另一个间隙位置(图 6.4(b));第二种是间隙原子将正常点阵上原子挤到间隙位置上去,自己进入其位置(图 6.4(c))。所以前者称为间隙扩散,后者称为准间隙扩散。与空位机构相比,间隙机构引起的晶格变形大,因此间隙原子相对晶格位上原子尺寸越小,间隙机构越容易发生;反之,间隙原子越大,间隙机构越难发生。

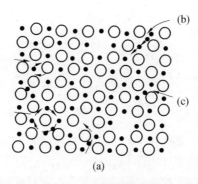

图 6.4　主要扩散机制

扩散过程有多种机制,分别命以各自不同的名称。对于不同的具体材料和具体的环境条件,可能起主要作用的机制不同。为了解释固体中原子和缺陷复杂的扩散现象,应用扩散系数的通用符号和名词含义见表 6.1。

表 6.1　扩散系数的通用符号和名词含义

分　类	名　称	符　号	含　义
晶体内部原子的扩散	无序扩散(random diffusion)	D_r	不存在化学位梯度时质点的迁移过程
	自扩散(self-diffusion)	D^*	不存在化学位梯度时原子的迁移过程
	示踪物扩散(tracer diffusion)	D^T	示踪原子在无化学位梯度时的扩散
	晶格扩散(lattice diffusion)	D_v	在晶体内或晶格内部的任何扩散过程
	本征扩散(intrinsic diffusion)	D^{in}, D_a	晶体中热缺陷运动所引起的质点迁移过程
	互扩散(inter diffusion)	$\tilde{D}$	在化学位梯度下的扩散
区域扩散	晶界扩散(grain boundary diffusion)	D_b	沿晶界发生的扩散
	界面扩散(boundary diffusion)	D_b	沿界面发生的扩散
	表面扩散(surface diffusion)	D_s	沿表面发生的扩散
	位错扩散(dislocation diffusion)		沿位错管的扩散
缺陷扩散	空位扩散(Vacancy diffusion)	D_u	空位跃迁入邻近原子,原子反向迁入空位
	间隙扩散(interval diffusion)	D_i	间隙原子在点阵间隙中迁移
	非本征扩散(extrinsic diffusion)	$D_杂$	非热能引起的扩散,例如由杂质引起的缺陷而进行的扩散

6.2.2 扩散系数

1. 自扩散

对空位扩散机制,单质系统的自扩散系数由下式确定:

$$D = \frac{1}{6} f \cdot \lambda^2 \Gamma \tag{6.30}$$

式中,λ 为原子跳跃距离;Γ 为跳跃频率;f 为相关系数(correlation factor),决定于晶体结构。对金刚石结构 $f=0.5$,简单立方结构 $f=0.655$,体心立方结构 $f=0.721$,面心立方结构 $f=0.781$。空位扩散的跳跃频率 Γ 应为原子成功跃过能垒 ΔG_m(空位迁移能)的次数和该原子周围出现空位的概率的乘积所决定,即

$$\Gamma = Z\nu_0 N_\nu \exp\left(-\frac{\Delta G_m}{RT}\right) \tag{6.31}$$

式中 ν_0 为格点原子振动频率(约为 10^{13} s^{-1});N_ν 为空位浓度;Z 为相邻晶格配位数。若考虑空位来源于晶体结构中本征热缺陷(如 Schottkey 缺陷),则式(6.31)中 $N_\nu = \exp(-\Delta G_f/2RT)$,此处 ΔG_f 为空位缺陷形成能。将该关系式与式(6.31)一并代入式(6.30),便得空位机构扩散系数,即

$$D = \frac{1}{6} f \lambda^2 Z\nu_0 \exp\left(-\frac{\Delta G_f/2 + \Delta G_m}{RT}\right) =$$
$$\frac{1}{6} f \lambda^2 Z\nu_0 \exp\left(-\frac{\Delta S_f/2 + \Delta S_m}{R}\right) \cdot \exp\left(-\frac{\Delta H_f/2 + \Delta H_m}{RT}\right) \tag{6.32}$$

即自扩散系数(也称本征扩散系数),表示为

$$D = D_0 \exp\left\{-\frac{Q}{RT}\right\} \tag{6.33}$$

式中,D_0 为式(6.32)中非温度显函数项,称为频率因子;Q 称为扩散活化能,显然在空位扩散机制中,扩散活化能等于空位形成焓和空位迁移焓之和,而间隙扩散活化能只包括间隙原子迁移焓。

2. 互扩散

两种以上原子的扩散,必须按互扩散规则处理。互扩散系数是两种原子扩散难易程度的度量,它可通过两种原子 A,B 各自本征扩散系数 D_A^i 和 D_B^i 由下式给出。

$$\widetilde{D} = x_B D_A^i + x_A D_B^i \tag{6.34}$$

式中,当 $x_B \approx 0$ 时,$\widetilde{D}$ 趋近于 D_B^i,说明 D_B^i 与稀固溶体中的扩散系数相对应。D_A^i 和 D_B^i 与各自的自扩散系数之间有如下关系:

$$D_A^i = D_A\left(1 + \frac{\partial \ln \gamma_A}{\partial \ln x_A}\right), D_B^i = D_B\left(1 + \frac{\partial \ln \gamma_A}{\partial \ln x_A}\right) \tag{6.35}$$

式中,γ_A 为固溶体中 A 原子的活度因子。由以上两式可得

$$\widetilde{D} = (x_B D_A + x_A D_B)\left(1 + \frac{\partial \ln \gamma_A}{\partial \ln x_A}\right) \tag{6.36}$$

6.3 无机固体中的扩散

6.3.1 离子型和共价型晶体中的扩散

大多数固体中的扩散是按空位机制进行的,但是在某些开放的晶体结构中,如在萤石(CaF_2)和 UO_2 中,阴离子却是按间隙机制进行扩散的。在离子型晶体中,影响扩散的缺陷来自两方面:① 本征点缺陷,如热缺陷,其数量取决于温度,由这类缺陷引起的扩散称为本征扩散;② 掺杂点缺陷,它来源于价数与溶剂离子不同的杂质离子,称为非本征扩散。在测量离子晶体的扩散系数与温度的关系曲线时,由于这两种缺陷扩散激活能的差异而使曲线出现断裂或弯折,这种断裂或弯折相当于从受杂质控制的扩散到本征扩散的变化。图 6.5 为含痕量杂质 Ca^{2+} 的 KCl 中扩散系数与温度关系。由于离子晶体中离子扩散激活能较高(表 6.2 列出某些离子晶体中扩散激活能),以至只有在很高温度时点缺陷浓度才足以引起明显的扩散。在低温时,少量杂质能大大加速扩散。在一些氧化物晶体中,由于扩散激活能更高,往往在测量温度范围内观察不到曲线的断裂或弯折。

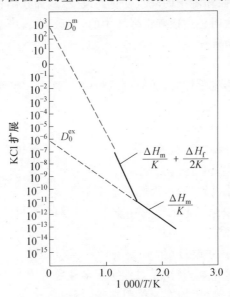

图 6.5 KCl 扩散与温度关系

共价键晶体大多数都具有比较开放的晶体结构(因方向键所致),它比离子型晶体具有较大的间隙位置。但自扩散和互扩散仍以空位机制为主。例如,在金刚石立方结构中间隙位置的体积与原子位置的体积大体相同。然而从能量的角度看,间隙扩散是不利的,因为方向性成键轨道的共价键的几何关系得不到满足。这正是由于方向性键合使共价键固体的自扩散激活能通常高于熔点相近金属的激活能的缘故。

表 6.2 某些离子材料中扩散激活能

扩散离子	激活能 /(kJ·mol⁻¹)	扩散离子	激活能 /(kJ·mol⁻¹)
Fe^{2+} 在 FeO 中	96.2	Mg^{2+} 在 MgO 中	347.1
O^{2-} 在 UO_2 中	150.5	Ca^{2+} 在 CaO 中	322.0
U^{4+} 在 UO_2 中	317.8	Al^{3+} 在 Al_2O_3 中	476.7
Co^{2+} 在 CoO 中	104.5	Be^{2+} 在 BeO 中	276.0
Fe^{3+} 在 Fe_3O_4 中	200.7	Ti^{4+} 在 TiO_2 中	250.9
Cr^{3+} 在 $NiCr_2O_4$ 中	317.8	Zr^{4+} 在 ZrO_2 中	309.4
Ni^{2+} 在 $NiCr_2O_4$ 中	271.8	O^{2-} 在 ZrO_2 中	188.2
O^{2-} 在 $NiCr_2O_4$ 中	225.8		

6.3.2 非化学计量氧化物中的扩散

除掺杂点缺陷引起非本征扩散外,非本征扩散也发生于一些非化学计量氧化物晶体材料中,特别是过渡金属元素氧化物。例如 FeO,NiO,CoO 或 MnO 等,在这些氧化物晶体中,金属离子的价态常因环境中的气氛变化而改变,从而在结构中出现阳离子空位或阴离子空位并导致扩散系数明显地依赖于环境中的气氛。在这类氧化物中典型的非化学计量空位形成可分成如下两种情况。

1. 填隙离子扩散

当在还原气氛中加热氧化锌时,会形成填隙锌离子。锌蒸汽与填隙锌离子及过剩电子保持以下平衡关系:

$$Zn_{(g)} = Zn_i + e'$$

间隙锌蒸气浓度和锌蒸汽压有关,即

$$C_{Zn_i} = [Zn_i] \approx p_{Zn}^{1/2}$$

锌离子扩散通过间隙机制进行,因此扩散系数随 p_{Zn} 而增加(图 6.6)。与 Zn 填隙类似的还有在非化学计量的 UO_2 中出现氧的间隙扩散。

2. 空位扩散 —— 阳离子缺位型

在许多非化学计量氧化物,特别是过渡金属氧化物,如 FeO,NiO,MnO,CoO 等,因为有变价阳离子,所以阳

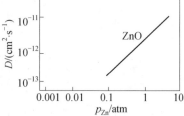

图 6.6 气氛对 ZnO 中扩散系数的影响

离子空位浓度较大。如 $Fe_{1-x}O$ 含有 5% ~ 15% 的铁空位。简单的缺陷反应为

$$2M_M + \frac{1}{2}O^2(g) = O_o + V''_M + 2M_M^· \tag{6.37}$$

式中,$M_M^·$ 表示阳离子位置上的电子空穴(例如 $M_M^· = Fe^{3+}$,Co^{3+},Mn^{3+})。式(6.37)是氧溶解在金属氧化物 MO 中的溶解反应,平衡时 $[M_M^·]=2[V''_M]$,由溶解反应自由能 ΔG_0 来控制,即

$$\frac{4[V''_M]^3}{p_{O_2}^{1/2}} = K_0 = \exp\left(-\frac{\Delta G_0}{RT}\right) \tag{6.38}$$

将式(6.38)代入式(6.31)中空位浓度项,则得非化学计量空位浓度对阳离子空位扩散系数的贡献:

$$D_m = \gamma\lambda^2 [V''_M] \nu_0 \exp\left(-\frac{\Delta G^*}{RT}\right) =$$

$$\gamma\lambda^2\nu_0 \left(\frac{1}{4}\right)^{\frac{1}{3}} p_{O_2}^{\frac{1}{6}} \exp\left(-\frac{\Delta G_0}{3RT}\right) \cdot \exp\left(-\frac{\Delta G^*}{RT}\right) =$$

$$\gamma\lambda^2\nu_0 \left(\frac{1}{4}\right)^{\frac{1}{3}} p_{O_2}^{\frac{1}{6}} \exp\left(\frac{\Delta S_0/3 + \Delta S_f/2 + \Delta S_m}{R}\right) \cdot$$

$$\exp\left[-\left(\frac{\Delta H_0/3 + \Delta H_f/2 + \Delta H_m}{RT}\right)\right] =$$

$$D_0 p_{O_2}^{\frac{1}{6}} \exp\left[-\left(\frac{\Delta H_0/3 + \Delta H_f/2 + \Delta H_m}{RT}\right)\right] \tag{6.39}$$

式中,ΔG^* 为 Schottky 缺陷形成能 ΔG_f 与空位迁移能 ΔG_m 之和。

若温度不变,根据式(6.39)用 $\log D_m$ 与 $\log p_{O_2}$ 作图 6.7,所得直线斜率为 1/6。若 p_{O_2} 不变,则 $\log D_m \sim 1/T$ 曲线上出现转折,低温阶段由氧溶解产生的阳离子空位扩散,高温阶段为阳离子本征扩散。图 6.8 是实验测得氧分压对 CoO 中缺陷浓度和钴示踪物扩散率的影响。图 6.8 中,Co 离子的空位扩散系数与氧分压的 1/6 次方成比例。因而理论分析与实验结果是一致的。

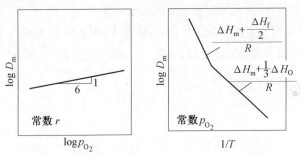

图 6.7 扩散系数随温度和氧压力变化示意图

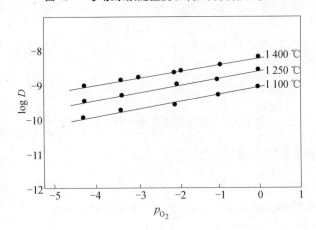

图 6.8 氧分压对 CoO 中缺陷浓度和钴示踪物扩散率的影响

3. 空位扩散 —— 阴离子缺位型

以 ZrO_2 为例,高温下会产生阴离子空位的结构缺陷,其缺陷反应如下:

$$O_o = \frac{1}{2}O_2(g) + V''_o + 2e'$$

由 $2[V''_O]=[e']$，缺陷平衡时，反应平衡常数：

$$K = p_{O_2}^{\frac{1}{2}}[V''_O][e']^2 = 4p_{O_2}^{\frac{1}{2}}[V''_O]^3 = \exp\left(-\frac{\Delta G_0}{RT}\right) \tag{6.40}$$

$$[V''_O] = \left(\frac{1}{4}\right)^{\frac{1}{3}} p_{O_2}^{-\frac{1}{6}} \exp\left(-\frac{\Delta G_0}{3RT}\right) \tag{6.41}$$

于是非化学计量空位对阴离子的空位扩散系数贡献为

$$D_M = \gamma\lambda^2[V''_O]\nu = \gamma\lambda^2\nu_0\left(\frac{1}{4}\right)^{\frac{1}{3}} p_{O_2}^{-\frac{1}{6}} \exp\left(-\frac{\Delta G^*}{3RT}\right)\cdot\exp\left(-\frac{\Delta G_m}{RT}\right) =$$

$$\gamma\lambda^2\nu_0\left(\frac{1}{4}\right)^{\frac{1}{3}} p_{O_2}^{-\frac{1}{6}} \exp\left(\frac{\Delta S_0/3 + \Delta S_f/2 + \Delta S_m}{R}\right)\cdot$$

$$\exp\left[-\left(\frac{\Delta H_0/3 + \Delta H_f/2 + \Delta H_m}{RT}\right)\right] =$$

$$D_0 p_{O_2}^{-\frac{1}{6}} \exp\left[-\left(\frac{\Delta H_0/3 + \Delta H_f/2 + \Delta H_m}{RT}\right)\right] \tag{6.42}$$

图 6.9 表示压力和温度的影响。图中显示出 $\log D_0 \sim 1/T$ 曲线上有两个转折，这表明随温度升高，扩散机制有三种变化：① 低温区，此时氧空位浓度由杂质控制。例如在 ZrO_2 中添加 CaO 时，$[V''_O]=[Ca''_{Zr}]$。式(6.42)中 $[V''_O]$ 用 $[Ca''_{Zr}]$ 代入。② 中温区，由于氧溶解度随温度而变化(非化学计量)，此时扩散系数与温度关系服从式(6.42)。③ 高温区，氧离子本征扩散，是热空位。

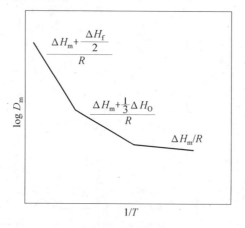

图 6.9　在缺氧的氧化物中的扩散示意图

6.3.3　晶界、界面和表面扩散

多晶体中的扩散除了在晶粒的点阵内部进行外，还会沿着晶粒界面及表面发生。由于处在晶体表面、晶界和位错处的原子位能总高于正常晶格内的原子，因而这些区域内原子迁移率比晶格内原子迁移率高，而扩散激活能低。如用 D_v, D_b, D_s 分别代表晶格、表面、晶界扩散系数，一般规律为 $D_v : D_b : D_s = 10^{-7} : 10^{-10} : 10^{-14}$。

Q 表面 $\approx 0.5 Q$ 晶格(Q 为扩散激活能)

Q 晶界 $\approx 0.6 \sim 0.7 Q$ 晶格

因此，晶界、表面、界面和位错处往往成为原子扩散的快速通道，称这三种扩散为短路扩散。温度较低时,短路扩散起主要作用;温度较高时,点阵内部扩散起主要作用。温度较低且一定时,晶粒越细扩散系数越大,这是短路扩散在起作用。

对于间隙固溶体,由于溶质原子尺寸较小,扩散相对较容易,因而短路扩散激活能与点阵扩散激活能差别不大。一般来说,表面扩散系数最大,其次是晶界扩散系数,而点阵扩散的体扩散系数最小,如图 6.10 所示。

(1) 表面扩散。

表面扩散在催化、腐蚀与氧化、粉末烧结、气相沉积、晶体生长、核燃料中的气泡迁移等方面均起重要作用。

(2) 晶界扩散。

通常采用示踪原子法观测晶界扩散现象。在试样表面涂以溶质或溶剂金属的放射性同位素的示踪原子,加热到一定温度并保温一定的时间。示踪原子由试样表面向晶粒与晶界内扩散,由于示踪原子沿晶界的扩散速度快于点阵扩散,因此示踪原子在晶界的浓度会高于在晶粒内的,与此同时,沿晶界扩散的示踪原子又由晶界向其两侧的晶粒扩散,结果形成如图 6.11 所示的浓度分布,其中等浓度线在晶界上比晶粒内部的深度大得多。

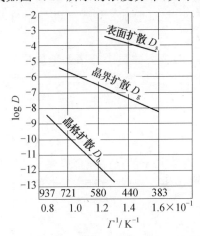
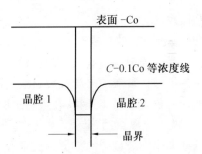

图 6.10 不同方式扩散时扩散系数与温度的关系　图 6.11 晶内和晶界上示踪原子的浓度分布

晶界扩散具有结构敏感特性,在一定温度下,晶粒越小,晶界扩散越显著;晶界扩散与晶粒位相、晶界结构有关;晶界上杂质的偏析或淀析对晶界扩散均有影响。

(3) 过饱和空位及位错的影响。

高温急冷或经高能粒子辐射会在试样中产生过饱和空位。这些空位在运动中可能消失,也可能结合成空位 - 溶质原子对。空位 - 溶质原子对的迁移率比单个空位更大,因此对较低温度下的扩散起很大作用,使扩散速率显著提高。

位错对扩散也有明显的影响。刃型位错的攀移要通过多余半原子面上的原子扩散来进行;在刃型位错应力场的作用下,溶质原子常常被吸引扩散到位错线的周围形成科垂耳气团;刃型位错线可看成是一条孔道,故原子的扩散可以通过刃型位错线较快地进行。理论计算沿刃型位错线的扩散激活能还不到完整晶体中扩散的一半,因此这种扩散也是短路扩散的一种。

还有许多其他因素会影响扩散,如外界压力、形变量大小及参与应力等。另外,温度梯度、应力梯度、电场梯度等都会影响扩散。

6.3.4 玻璃中的扩散

玻璃中的物质扩散可大致分为以下四种类型。

(1) 原子或分子的扩散。

稀有气体 He、Ne、Ar 等在硅酸盐玻璃中的扩散；N_2，O_2，SO_2，CO_2 等气体分子在熔体玻璃中的扩散；Ag、Au 等金属以原子状态在固体玻璃中的扩散。这些分子或原子的扩散，在 SiO_2 玻璃中最容易进行，随着 SiO_2 中其他网络外体氧化物的加入，扩散速度开始降低。

气体在简单硅酸盐玻璃中的扩散是最简单的玻璃中扩散的实例。衡量扩散是用渗透率表示，而不用扩散系数，两者之间关系为

$$K = DS$$

式中，K 为渗透率，即当玻璃厚度为 1 cm，两面压差为 1 大气压时，每秒通过单位面积玻璃的标准状态的气体体积；S 为溶解度，即在外部气体压力为一个大气压下，溶解在单位体积玻璃内的标准状态的气体体积。溶解度随着温度而增加，渗透率也与温度呈指数关系。

各种玻璃渗透率的差异作为一级近似，可以用网络变性离子能堵塞玻璃中的孔隙来说明。因此，随着网络形成体浓度的增加，渗透率也将随之增加。气体分子尺寸越大，扩散激活能越高。

(2) 一价离子的扩散。

主要是玻璃中碱金属离子的扩散以及 H^+，Tl^+，Ag^+，Cu^+ 等其他一价离子在硅酸盐玻璃中的扩散。玻璃的电学性质、化学性质、热学性质几乎都是由碱金属离子的扩散状态决定的。一价离子易于迁移，在玻璃中的扩散速度最快，也是扩散理论研究的主要对象。

(3) 碱土金属、过渡金属等二价离子的扩散。

这些离子在玻璃中的扩散速度很慢。

(4) 氧离子及其他高价离子（如 Al^{3+}，Si^{4+}，B^{3+} 等）的扩散。

在硅酸盐玻璃中，硅原子与邻近氧原子的结合非常牢固，因而即使在高温下，它们的扩散系数也是小的。在这种情况下，实际上移动的是单元，硅酸盐网络中有一些相当大的孔洞，因而像氢和氦那样的小原子可以很容易渗透通过玻璃。此外，这类原子对于玻璃有明显的穿透性，并且指出了玻璃在某些高真空应用中的局限性。钠离子和钾离子由于其尺寸较小，也比较容易扩散穿过玻璃。但是，它们的扩散速率明显地低于氢和氦，因为阳离子受到 Si-O 网络中原子的周围静电吸引。尽管如此，这种相互作用要比硅原子所受到相互作用的约束小得多。

6.4 影响扩散的因素

对于各种固体材料而言，扩散问题远比上面所讨论的要复杂得多。材料的组成、结构与键性以及除点缺陷以外的各种晶粒内部的位错、多晶材料内部的晶界以及晶体的表面等各种材料结构缺陷都将对扩散产生不可忽视的影响。

6.4.1 晶体组成的复杂性

在大多数实际固体材料中,往往具有多种化学成分。因而一般情况下整个扩散并不局限于某一种原子或离子的迁移,而可能是两种或两种以上的原子或离子同时参与的集体行为,所以实测得到的相应扩散系数已不再是自扩散系数(一种原子或离子通过由该种原子或离子所构成的晶体中的扩散)而应是互扩散系数。互扩散系统不仅要考虑每种扩散组成与扩散介质的相互作用;同时要考虑各种扩散组分本身彼此间的相互作用。对于多元合金或有机溶液体系,尽管每一扩散组成具有不同的自扩散系数 D_i,但它们均具有相同的互扩散系数 D,并且各扩散系数间将通过所谓的 Darken 方程(式(6.53))得到联系。

式(6.53)已在金属材料的扩散实验中得到了证实,但对于离子化合物的固溶体,该式不能直接用于描述离子的互扩散过程,而应进一步考虑体系电中性等复杂因素。

6.4.2 化学键的影响

不同的固体材料其构成晶体的化学键性质不同,因而扩散系数也就不同。尽管在金属键、离子键或共价键材料中,空位扩散机构始终是晶粒内部质点迁移的主导方式,且因空位扩散活化能由空位形成能 ΔH_f 和原子迁移能 ΔH_m 构成,故激活能常随材料熔点升高而增加。但当间隙原子比格点原子小得多或晶格结构比较开放时,间隙机构将占优势。例如,氢、碳、氮、氧等原子在多数金属材料中依间隙机构扩散。又如,在萤石 CaF_2 结构中的 F^- 和 UO_2 中的 O^{2-} 也依间隙机构进行迁移,而且在这种情况下原子迁移的活化能与材料的熔点无明显关系。

在共价键晶体中,由于成键的方向性和饱和性,它较金属和离子型晶体是较开放的晶体结构。但正因为成键方向性的限制,间隙扩散不利于体系能量的降低,而且表现出自扩散活化能通常高于熔点相近金属的活化能。例如,虽然 Ag 和 Ge 的熔点仅相差几度,但 Ge 的自扩散活化能为 289 kJ/mol,而 Ag 的自扩散活化能却只有 184 kJ/mol。显然,共价键的方向性和饱和性对空位的迁移是有强烈影响的。一些离子型晶体材料中扩散活化能列于表 6.3 中。

表 6.3 一些离子材料扩散活化能   kJ/mol

扩散离子	扩散活化能	扩散离子	扩散活化能
Fe^{2+}/FeO	96	$O^{2-}/NiCr_2O_4$	226
O^{2-}/UO_2	151	Mg^{2+}/MgO	348
U^{4+}/UO_2	318	Ca^{2+}/CaO	322
Co^{2+}/CoO	105	Be^{2+}/BeO	477
Fe^{3+}/Fe_3O_4	201	Ti^{4+}/TiO_2	276
$Cr^{3+}/NiCr_2O_4$	318	Zr^{4+}/ZrO_2	389
$Ni^{2+}/NiCr_2O_4$	272	O^{2-}/ZrO_2	130

6.4.3 结构缺陷的影响

多晶材料由不同取向的晶粒相结合而构成,因此晶粒与晶粒之间存在原子排列非常紊乱、结构非常开放的晶界区域。实验表明:在金属材料、离子晶体中,原子或离子在晶界上的扩散远比在晶粒内部扩散来得快。在某些氧化物中晶体材料中,晶界对离子的扩散有选择性的增强作用,如在 Fe_2O_3,CoO,$SrTiO_3$ 材料中晶界或位错有增强 O^{2-} 离子的扩散作用,而在 BeO,UO_2,Cu_2O 和 $(ZrCa)O_2$ 等材料中则无此效应。这种晶界对离子扩散的选择性增强作用是和晶界区域内电荷分布密切相关的。

图 6.12 表示金属银中 Ag 原子在晶粒内部扩散系数 D_b、晶界区域扩散系数 D_g 和表面区域扩散系数 D_s 的比较。其扩散活化能数值大小分别为 193 kg/mol,85 kg/mol 和 43 kJ/mol。显然,扩散活化能的差异与结构缺陷之间的差别是相对应的。

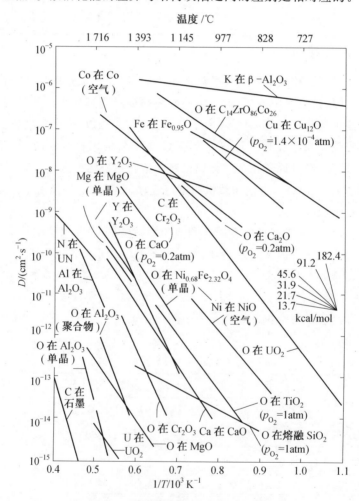

图 6.12 一些常见陶瓷中的离子扩散系数

在离子型化合物中,一般规律为

$$Q_s = 0.5Q_b, \quad Q_g = 0.6 \sim 0.7Q_b$$

$$D_b : D_g : D_s = 10^{-14} : 10^{-10} : 10^{-7}$$

式中，Q_s，Q_g 和 Q_b 分别为表面扩散、晶界扩散和晶格内扩散的活化能。

除晶界以外，晶粒内部存在的各种位错也往往是原子容易移动的途径。结构中位错密度越高，位错对原子(或离子)扩散的贡献越大。

6.4.4 温度的影响

在固体中原子或离子的迁移实质是一个热激活过程，因此，温度对于扩散的影响具有特别重要的意义。一般而言，扩散系数与温度的依赖关系服从下式：

$$D = D_0 \exp\left(-\frac{Q}{RT}\right)$$

扩散活化能 Q 值越大，说明温度对扩散系数的影响越敏感。图 6.12 为一些常见氧化物中参与构成氧化物的阳离子或阴离子的扩散系数随温度的变化关系。应该指出，对于大多数实用晶体材料，由于其或多或少地含有一定量的杂质以及具有一定的热历史，因而温度对其扩散系数的影响往往不完全是 $\ln D \sim 1/T$ 间均呈直线关系，而可能出现曲线或在不同温度区间出现不同斜率的直线段。显然，这一差别主要是由于扩散活化能随温度变化所引起的。

温度和热过程对扩散影响的另一种方式是通过改变物质结构来达成的。例如，在硅酸盐玻璃中网络变性离子 Na^+，K^+，Ca^{2+} 等在玻璃中的扩散系数随玻璃的热历史有明显差别。在急冷的玻璃中扩散系数一般高于同组成充分退火的玻璃中的扩散系数。两者可相差一个数量级或更多。这可能与玻璃中网络结构疏密程度有关。图 6.13 给出硅酸盐玻璃中 Na^+ 的扩散系数随温度升高而变化的规律，中间的转折应与玻璃在反常区间结构变化相关。对于晶体材料，温度和热历史对扩散也可以引起类似的影响，如晶体从高温急冷时，高温时所出现的高浓度 Schottky 空位将在低温下保留下来，并在较低温度范围内显示出本征扩散。

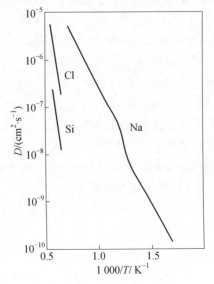

图 6.13 硅酸盐玻璃中阳离子的扩散系数

6.4.5　杂质的影响

利用杂质对扩散的影响是人们改善扩散的主要途径。一般而言,高价阳离子的引入可造成晶格中出现阳离子空位并产生晶格畸变,从而使阳离子扩散系数增大;且当杂质含量增加,非本征扩散与本征扩散温度转折点升高,这表明在较高温度时杂质扩散仍超过本征扩散。然而,必须注意的是,若所引入的杂质与扩散介质形成化合物,或发生淀析则将导致扩散活化能升高,使扩散速率下降;反之,当杂质原子与结构中部分空位发生缔合,往往会使结构中总空位浓度增加而有利于扩散。如 KCl 中引入 $CaCl_2$,倘若结构中 $Ca_K^{\cdot}$ 和部分 V_K' 之间发生缔合,则总的空位浓度 $[V_K']$ 应为

$$[V_K']\Sigma = [V_K'] + (Ca_K^{\cdot} V_K')$$

总之,杂质对扩散的影响,必须考虑晶体结构、缺陷缔合、晶格畸变等众多因素,情况较为复杂。

习　题

6.1　欲使 Mg^{2+} 在 MgO 的阳离子扩散直到 MgO 熔点(2 825 ℃)都是非本征扩散,要求三价杂质离子有什么样的浓度? 试对你在计算中所做的各种特性值的估计做充分说明。(已知 MgO 肖特基缺陷形成能为 6 eV)

6.2　试根据图 10.12 查取:

(1)CaO 在 1 145 ℃和 1 650 ℃的扩散系数值;

(2)Al_2O_3 在 1 393 ℃和 1 716 ℃的扩散系数值;并计算 CaO 和 Al_2O_3 中 Ca^{2+} 和 Al^{3+} 扩散激活能和 D_0 值。

6.3　试从扩散介质的结构、性质、晶粒尺寸、扩散物浓度、杂质等方面分析影响扩散的因素。

6.4　已知铝往单晶硅中扩散时 $Q=305.432$ kJ/mol,$D_0=1.55$ cm²/s。求当温度为多少时,其扩散系数为 1×10^{-10} cm²/s?

6.5　根据 ZnS 烧结的数据测定了扩散系数。在 450 ℃和 563 ℃时,分别测得扩散系数为 10×10^{-4} cm²/s 和 3×10^{-4} cm²/s。(1)确定激活能 Q 和 D_0;(2)根据你对结构的了解,请从运动的观点和缺陷的产生来推断激活能的含义;(3)根据 ZnS 和 ZnO 相互类似,预测 D 随硫的分压而变化的关系。

6.6　试讨论从室温到熔融温度范围内,氯化锌添加剂摩尔浓度为(10^{-4}%)对 NaCl 单晶中所有离子(Zn,Na 和 Cl)的扩散能力的影响。

6.7　(1)试推测在贫铁的 Fe_3O_4 中铁离子的扩散系数与氧分压的关系。(2)推测在铁过剩的 Fe_2O_3 中氧分压与氧扩散的关系。

6.8　已知 CaO 的肖特基缺陷生成能是 6 eV,欲使 Ca^{2+} 在 CaO 中的扩散直至 CaO 的熔点(2 600 ℃)都是非本征扩散,要求三价杂质离子的浓度是多少?

6.9　在氧化物 MO 中掺入微量 R_2O 后,M^{2+} 的扩散增强,试问 M^{2+} 通过何种缺陷发生扩散? 要抑制 M^{2+} 扩散应采取什么措施? 为什么?

6.10　试分析在具有肖特基缺陷的晶体中的阴离子扩散系数小于阳离子扩散系数的

原因。

6.11 以空位机制进行扩散时,原子每次跳动一次就相当于空位反向跳动一次,并未形成新的空位,而扩散活化能中却包含空位形成能,此说法正确吗?请给出说明。

6.12 如果有一种给定的氧化物,你应安排何种实验来确定:(1)在给定的温度范围内,扩散速率是由本征机制还是由非本征机制产生的?(2)在给定的多晶氧化物试样中,扩散是沿晶界还是通过晶格进行的?

6.13 实验测量并计算得 Zn^{2+} 和 Cr^{3+} 在尖晶石 $ZnCr_2O_4$ 中自扩散系数与温度依赖关系可以由下列方程表示:

$$D_{Zn-ZnCr_2O_4} = 60\exp\left(-\frac{357\ 732}{RT}\right)\ cm^2/s$$

$$D_{Cr-ZnCr_2O_4} = 8.5\exp\left(-\frac{338\ 904}{RT}\right)\ cm^2/s$$

6.14 试求在 1 403 K 时 Zn^{2+} 和 Cr^{2+} 在 $ZnCr_2O_4$ 中的扩散系数。若将薄铂箔细条涂在两种氧化物 ZnO 和 Cr_2O_3 的分界面上,然后这些压制的样品经受扩散退火。标记细条做得十分狭窄,不妨碍离子从一种氧化物到另一种氧化物中的扩散过程。请根据计算所得数据判断,铂条往哪一方向移动?

6.15 由 MgO 和 Fe_2O_3 制取 $MgFe_3O_4$ 时,预先在界面上置入标志物,然后进行反应。(1)若反应是由 Mg^{2+} 和 Fe^{3+} 的互扩散进行的,标志物的位置如何移动?(2)当只有 Fe^{3+} 和 O^{2-} 共同向 MgO 中扩散时,情况又如何?(3)在存在氧化还原反应的情况下,Mg^{2+} 和 Fe^{2+} 互扩散时,标志物又将如何移动?

6.16 比较 Na^+ 在组成相同的退火玻璃和淬火玻璃中扩散系数的大小,并说明原因。

6.17 MgO,FeO,CoO 同属 $NaCl$ 型结构,Mg^{2+},Fe^{2+},Co^{2+} 在 MgO,CoO,FeO 中扩散活化能分别为 348 kJ/mol,105 kJ/mol 和 96 kJ/mol,说明差别原因。

6.18 压力能影响一些由扩散控制的过程,列举几个自扩散受压力影响的过程。如果增加压力,对空位扩散和间隙扩散来说,扩散系数会如何变化?

6.19 在制造硅半导体器件中,常使硼扩散到硅单晶中,若再 1 600 K 温度下,保持硼在硅单晶表面的浓度恒定(恒定源半无限扩散),要求距表面 0.01 cm 深度处硼的浓度是表面浓度的一半,问需要多长时间?(已知 $D = 8 \times 10^{-12}\ cm^2/s$;当 $erf = \frac{x}{2\sqrt{Dt}} = 0.5$ 时,$\frac{x}{2\sqrt{Dt}} \approx 0.5$)

6.20 在某种材料中,某种离子的晶界扩散系数与体积扩散系数分别为 $D_{gb} = 2.00 \times 10^{-10}\exp(-19\ 300/RT)cm^2/s$ 和 $D_v = 1.00 \times 10^{-4}\exp(-38\ 200/RT)cm^2/s$ 试求晶界扩散系数和体积扩散系数分别在什么温度范围内占优势?

6.21 试从结构和能量的观点解释,为什么 $D_{表面} > D_{晶面} > D_{晶内}$?

6.22 钠钙硅酸盐玻璃中阳离子的扩散系数如图 6.12 所示,试问:(1)为什么钠离子比钙离子和硅离子扩散得快?(2)钠离子扩散曲线的非线性部分产生的原因是什么?(3)将玻璃淬火,其曲线将如何变化?(4)钠离子熔体中扩散活化能约为多少?

6.23 Co 在 CoO 中和在 FeO 中扩散的激活能异常低(只有 104.6 kJ/mol 和

96.23 kJ/mol),请说明原因。(提示:Fe 和 Co 都是多价的)

6.24　用恒定源的方法往单晶硅中扩散硼,若表面的饱和浓度 $N_0 = 3 \times 10^{26}$ 原子/cm³恒定,在 1 473 K 时硼的扩散系数为 4×10^{-13} cm²/s。在扩散深度为 8 μm 处,硼浓度为 10^{24} 原子/cm³,求需扩散时间。求出此时间后再利用计算计算出与该时间对于的沿 x 的硼原子的浓度分布曲线。

第7章　陶瓷的相图

无机新材料的开发,一般都是根据所要求的性能确定其矿物组成。若根据所需要的矿物组成由相图来确定其配料范围,可以大大缩小实验范围,节约人力、物力,取得事半功倍的效果。因此,相图对于材料科学工作者的作用就如同航海图对于航海家一样重要。相图在材料的研究或实际应用生产中应用广泛,起着重要的指导作用。

相平衡是研究物质在多相体系中的相平衡问题,即研究在多相体系中物质状态如何随温度、压力、组分的浓度等因素变化而改变的规律。根据实验结果,以温度、压力、组分浓度作坐标,绘制几何图形来描述这些平衡状态下的变化关系,这种图形称为相平衡图,或相图或状态图。根据相图我们可以知道,某一组成的系统,在指定条件下达到平衡时,系统中存在相的数目、组成及相对数量。

7.1　相平衡的基本概念

1876年吉布斯以严谨的热力学为工具,推导了多相平衡体系的普遍规律——相律。硅酸盐系统的相平衡与以气、液相为主的一般化工生产中所涉及的平衡体系相比,具有自己的特殊性。在学习具体系统之前,有必要根据硅酸盐体系的特点,先对硅酸盐系统中的组分、相及相律的运用分别加以具体讨论,以便建立比较明确的概念。

7.1.1　系统

选择的研究对象称为系统。系统以外的一切物质都称为环境。例如,在硅碳棒炉中烧制压电陶瓷 PZT,那么 PZT 就是研究对象,即 PZT 为系统。炉壁、垫板和炉内的气氛均为环境。如果研究 PZT 和气氛的关系,则 PZT 和气氛为系统,其他为环境。所以系统是人们根据实际研究情况而确定的。

当外界条件不变时,如果系统的各种性质不随时间而改变,则这个系统就处于平衡状态。凡是能够忽略气相影响,只考虑液相和固相的系统称凝聚系统。一般来讲,无机非金属系统属于凝聚系统。但必须指出,有些无机非金属系统,气相是不能忽略的,因此不能按一般凝聚系统对待。

7.1.2　相

相是指在系统内部物理和化学性质完全均匀的一部分。相和相之间有分界面,各相可以用机械方法加以分离,越过界面时性质发生突变。相和物质的数量多少和物质是否连续无关。一个系统中所含相的数目称为相数,用符号 P 表示。按照相数的不同,系统可分为单相系统、两相系统、三相系统等。含有两相以上的系统称为多相系统。

相具有下面几种特征:

(1)一个相中不一定只含一种物质,可以包含几种物质,即几种物质可以形成一个相。

如空气中含有多种成分,但在常压下是一个相。凡是能够以任何比例混合的不同气体都可以形成一个相。纯液体或真溶液也是一个相。如食盐水溶液,虽然它含有 NaCl 和水两种物质,但仍然组成一个液相。但如果两个固体互溶程度有限或两液体互溶程度有限,那么这两固体或两液体混合时,若超过其互溶程度,体系中就不是一个相而是两相了。

(2)一种物质可以有几个相。例如,水可有固相(冰)、液相(水)和气相(水汽),碳可能是金刚石也可能是石墨。金刚石和石墨是不同的相。

(3)一个相可以连续成一个整体,也可以不连续,如水中的许多冰块,所有冰块的总和为一相(固相)。

总之,气相只能一个相,不论多少种气体混在一起都一样形成一个气相。液体可以是一个相,也可以是两个相(互溶程度有限时)。固体如果是连续固溶体为一相;其他情况下,一个固体物质是一个相。

在无机非金属材料系统相平衡中经常会遇到以下各种情况:

(1)形成机械混合物。

几种物质形成的机械混合物,不管其粉磨得多细,都不可能达到相所要求的微观均匀,因而都不能视为单相。有几种物质就有几个相。玻璃的配合料制备好的陶瓷坯釉料均属于这种情况。在低共熔温度下从具有低共熔组成的液相中析出的低共熔混合物是几种晶体的混合物。

(2)生成化合物。

组分间每生成一个新的化合物,即形成一种新相。当然,根据独立组分的定义,新化合物的生成,不会增加系统的独立组分数。

(3)形成固溶体。

由于在固溶体晶格上各组分的化学质点是随机均匀分布的,其物理性质和化学性质符合相的均匀性要求,因而几个组分间形成的固溶体为一个相。

(4)同质多晶现象。

在无机非金属材料中,这是极为普遍的现象。同一物质的不同晶型(变体)虽具有相同的化学组成,但由于其晶体结构和物理性质不同,因而分别各自成相。有几种变体即有几个相。

(5)硅酸盐高温熔体。

组分在高温下熔融所形成的熔体,即硅酸盐系统中的液相,一般表现为单相。如发生液相分层,则在熔体中有两个相。

(6)介稳变体。

介稳变体是一种热力学非平衡态,一般不出现于相图中。鉴于在无机非金属材料系统中,介稳变体实际上经常产生,为了使用上的方便,在某些一元、二元系统中,也可能将介稳变体及由此而产生的介稳平衡的界线标示于相图上。这种界线一般不用实线,而用虚线表示,以与热力学平衡态相区别。

7.1.3　组分及独立组分

组分(或组元)是指系统中每个可以单独分离出来,并能独立存在的化学纯物质。例如在盐水溶液中,NaCl 和 H_2O 都是物种,因为它们都能分离出来并独立存在,而 Na^+,

Cl^-,H^+,OH^-等离子就不是物种,因为它们不能独立存在。决定一个相平衡系统的成分所必需的最少物种(组元)数称为独立组元数,用符号 C 表示。通常把具有 n 个独立组元的系统称为 n 元系统。只有在特定条件下,独立组元和组元的含义才是相同的。

在系统中如果不发生化学反应,则化学物质种类等于独立组元数。例如,砂糖和砂子混在一起,不发生反应,则物种数为 2,独立组元数也是 2。盐水也不发生化学反应,所以物种数为 2,独立组元数也是 2。

在系统中若存在化学反应,则每个独立化学反应都建立一个化学反应平衡关系式,就是一个化学反应平衡常数 K。当体系中有 n 个物种(即 n 种物质),并且存在一个化学平衡,于是就有 $n-1$ 个物种的组成可以任意指定,余下一个物种的组成由化学平衡常数 K 来确定,不能任意改变了。所以,在一个体系中若发生一个独立的化学反应,则独立组元数就比物种数减少一个,用通式表示为

$$独立组元数 = 物种数 - 独立化学平衡关系式数$$

例如,由 $CaCO_3$ 加热分解,$CaCO_3$,CaO,CO_2 组成的系统,在高温时发生如下反应并建立平衡:

$$CaCO_3(s) \longrightarrow CaO(s) + CO_2(g)$$

三种物质在一个温度压力下建立平衡关系,有一个化学反应关系式,有一个独立的化学反应平衡常数。所以,独立组元数 $= 3 - 1 = 2$。按照独立组分数目的不同,可将系统分为单元系统、二元系统、三元系统等。

如果一个系统中,同一相内存在一定的浓度关系,则独立组元数为

$$独立组元数 = 物种数 - 独立化学平衡关系式数 - 独立浓度关系数$$

例如,在 $NH_4Cl(s)$ 分解为 $NH_3(g)$ 与 $HCl(g)$ 达平衡的系统中,因为 $NH_3(g)$ 和 $HCl(g)$ 存在浓度关系 $n_{HCl} = n_{NH_3}$(物质的量比为 1:1),所以,独立组元数 $= 3 - 1 - 1 = 1$。必须注意,只考虑同一相中这种浓度关系。

在无机非金属材料系统中经常采用氧化物(或某种化合物)作为系统的组分,如 SiO_2 一元系统,Al_2O_3-SiO_2 三元系统,CaO-Al_2O_3-SiO_2 二元系统等。值得注意的是,硅酸盐物质的化学式习惯上往往以氧化物形式表达,如硅酸二钙写成 $2CaO \cdot SiO_2(C_2S)$。我们研究 C_2S 的晶型转变时,切不能把它视为二元系统。因为 C_2S 是一种新的化学物质,而不是 CaO 和 SiO_2 的简单混合物,具有自己的化学组成和晶体结构,因而具有自己的化学性质和物理性质。根据相平衡中组分的概念,对它单独加以研究时,它应该属于一元系统。同理,$K_2O \cdot Al_2O_3 \cdot 4SiO_2$-$SiO_2$ 系统是一个二元系统,而不是三元系统。

7.1.4 自由度

在一定范围内,可以任意改变而不引起旧相的消失和新相产生的独立变数称为自由度,平衡系统的自由度数以符号 F 表示。这些变量主要指组分(即浓度)、温度和压力等。一个系统中有几个独立变数就有几个自由度。按照自由度数可对系统进行分类,$F=0$,称为无变量系统;$F=1$,称为单变量系统;$F=2$,称为双变量系统等。

7.1.5 相律

多相系统中自由度数(F)、独立组分数(C)、相数(P)和对系统平衡状态能够发生影

响的外界因素之间有如下关系：

$$F = C - P + 2$$

式中，F 为自由度数；C 为独立组分数；P 为相数；2 为温度和压力这两个影响系统平衡的外界因素。

无机非金属材料系统的相平衡属不含气相或气相可以忽略的凝聚系统。大多数无机非金属材料物质属难熔化合物，挥发性很小，压力这一平衡因素可以忽略（如同电场、磁场对一般热力学体系相平衡的影响可以忽略一样），我们通常是在常压（即压力为 1 大气压的恒值）下研究材料和应用相图的，因而相律在凝聚系统中具有如下形式：

$$F = C - P + 1$$

本章在讨论二元及其以上的系统时均采用上述相律表达式。虽然相图上没有特别标明，但应理解为是在外压为一大气压下的等压相图，并且即使外压变化，只要变化不是太大，对系统的平衡不会有太大影响，相图图形仍然适用。对于一元凝聚系统，为了能充分反映纯物质的各种聚集状态（包括超低压的气相和超高压可能出现的新晶型），我们并不把压力恒定，而是仍取为变量，这是需要注意的。

7.2　单元系统相图

单元系统中只有一种组分，不存在浓度问题，影响系统的平衡因素只有温度和压力，因此单元系统相图是用温度和压力两个坐标表示的。

单元系统中 $C = 1$，相律 $F = C - P + 2 = 3 - P$。系统中的相数不可能少于一个，因此单元系统的最大自由度为 2，这两个自由度即温度和压力；自由度最少为零，所以系统中平衡共存的相数最多三个，不可能出现四相平衡或五相平衡状态。

在单元系统中，系统的平衡状态取决于温度和压力，只要这两个参变量确定，则系统中平衡共存的相数及各相的形态，便可根据其相图确定。因此，相图上的任意一点都表示了系统的一定平衡状态，称之为"状态点"。

7.2.1　单元系统相图的特征

1.具有同质多晶转变的单元系统相图

图 7.1 是具有同质多晶转变的单元系统相图的一般形式。图 7.1 中的实线把相图划分为四个区：ABF 是低温稳定的晶型 I 的单相区；$FBCE$ 是高温稳定的晶型 II 的单相区；ECD 是液相（熔体）区；低压部分的 $AB-CD$ 是气相区。把两个单相区划分开来的曲线代表了系统两相平衡状态：AB，BC 分别是晶型 I 和晶型 II 的升华曲线；CD 是熔体的蒸汽压曲线；BF 是晶型 I 和晶型 II 之间的晶型转变线；CE 是晶型 II 的熔融曲线。代表系统中三相平衡的三相点有两个：B 点代表晶型 I、晶型 II 和气相的三相平衡；C 点表示晶型 II、熔体和气相的三相平衡。

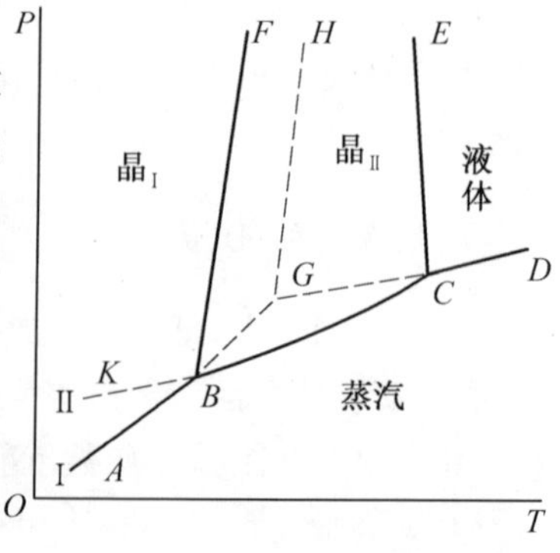

图 7.1　具有同质多晶转变的单元系统相图的一般形式

图 7.1 中的虚线表示系统中可能出现的各种介稳平衡状态（在一个具体单元系统中，

是否出现介稳状态,出现何种形式的介稳状态,依组分的性质而定)。$FBGH$ 是过热晶型 I 的单相区,$HGCE$ 是过冷熔体的介稳单相区,BGC 和 ABK 是过冷蒸气的介稳单相区,KBF 是过冷晶型 II 的介稳单相区。把两个介稳单相区划分开的虚线代表相应的介稳两相平衡状态:BG 和 GH 分别是过热晶型 I 的升华曲线和熔融曲线;GC 是过冷熔体的蒸汽压曲线;KB 是过冷晶型 II B 的蒸汽压曲线。三个介稳单相区会聚的 G 点代表过热晶型 I、过冷熔体和气相之间的三相介稳平衡状态,是一个介稳三相点。

2. 可逆(双向)多晶转变与不可逆(单向)多晶转变

从热力学观点来看,多晶转变分为可逆(双向)多晶转变与不可逆(单向)多晶转变。图 7.1 所示即为可逆多晶转变。为便于分析,再将这种类型的相图表示于图 7.2。图 7.2 中 2 点是过热晶型 I 的蒸汽压曲线与过冷液体蒸汽压曲线的交点。由图可知,在不同压力条件下,点 2 相当于晶型 I 的熔点,点 1 为晶型 I 和晶型 II 的转变点,点 3 为晶型 II 的熔点。忽略压力对熔点和转变点的影响,其转变关系可以表达为

$$\text{晶型 I} \Leftrightarrow \text{晶型 II} \Leftrightarrow \text{熔体}$$

这类转变相图的特点是,晶型 I 和晶型 II 均有自己稳定存在的温度范围。从图中可以看出,蒸汽压比较小(相图中实线)的相是稳定相,而蒸汽压较大(相图中虚线)的相是介稳相。另一个显著特点是,晶型转变的温度低于两种晶型的熔点。

图 7.3 是具有不可逆(单向)多晶转变的单元相图。在相应的不同压力条件下,点 1 是晶型 I 的熔点,点 2 是晶型 II 的熔点,点 3 是多晶转变点。然而,这个三相点实际上是得不到的,因为晶体不可能过热而超过其熔点。

由图 7.3 可见,晶型 II 的蒸汽压在整个温度范围内高于晶型 I,处于介稳状态,随时都有转变为晶型 I 的倾向。但要获得晶型 II,必须先将晶型 I 熔融,然后使它过冷,而不能直接加热晶型 I 来得到。其转变关系表达为

可以看出,这类多晶转变的特点:一是晶型 II 没有自己稳定存在的温度范围;二是多晶转变的温度高于两种晶型的熔点。

SiO_2 的各种变体之间的转变大部分属于可逆多晶转变。$\beta\text{-}C_2S$ 和 $\gamma\text{-}C_2S$ 为不可逆转变,只能 $\beta\text{-}C_2S \rightarrow \gamma\text{-}C_2S$,而 $\gamma\text{-}C_2S$ 不能直接转变为 $\beta\text{-}C_2S$。

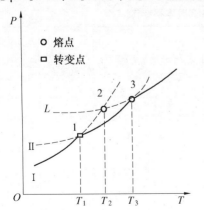

图 7.2 具有可逆多晶转变的单元相图

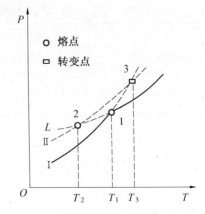

图 7.3 具有不可逆多晶转变的单元相图

7.2.2 单元系统相图应用

1. SiO_2系统相图的应用

SiO_2是自然界分布极广的物质。它的存在形态很多,以原生态存在的有水晶、脉石英、玛瑙,以次生态存在的则有砂岩、蛋白石、玉髓、燧石等,此外尚有变质作用的产物如石英岩等。SiO_2在工业上应用极为广泛。透明水晶可用来制造紫外光谱仪棱镜、补色器、压电元件等。而石英砂则是玻璃、陶瓷、耐火材料工业的基本原料,特别是在熔制玻璃和生产硅质耐火材料中用量更大。SiO_2的一个最重要的性质就是其多晶性。实验证明,在常压和有矿化剂(或杂质)存在时,SiO_2能以七种晶相、一种液相和一种气相存在。近年来,随着高压实验技术的进步又相继发现了新的SiO_2变体。SiO_2系统是具有复杂多晶转变的单元系统。SiO_2变体之间的转变已在2.6.5节中有述。

根据转变时的速度和晶体结构发生变化的不同,可将变体之间的转变分为两类。

(1)一级转变(重建型转变)。

如石英、鳞石英与方石英之间的转变。此类转变由于变体之间结构差异大,转变时要打开原有化学键,重新形成新结构,所以转变速度很慢。通常这种转变由晶体的表面开始逐渐向内部进行。因此,必须在转变温度下保持相当长的时间才能实现这种转变。要使转变加快,必须加入矿化剂。由于这种原因,高温型的SiO_2变体经常以介稳状态在常温下存在,而不发生转变。

(2)二级转变(位移型转变或高低温型转变)。

如同系列中α,β,γ形态之间的转变。各变体间结构差别不大,转变时不需打开原有化学键,只是原子发生位移或 Si—O—Si 键角稍有变化,转变速度迅速而且是可逆转变,转变在一个确定的温度下在全部晶体内部发生。

SiO_2发生晶型转变时,必然伴随体积的变化,表7.1列出了多晶转变体积变化的理论值,"+"指标膨胀,"—"表示收缩。

从表7.1中可以看出,一级变体之间的转变以 α-石英→α-鳞石英时体积变化最大;二级变体之间的转变以方石英的体积变化最大,鳞石英的体积变化最小。必须指出,一级转变虽然体积变化大,但由于转变速度慢、时间长,体积效应的矛盾不突出,对工业生产影响不大。而位移型转变虽然体积变化小,但由于转变速度快,对工业生产影响很大。

表 7.1 SiO_2多晶转变时体积变化

一级变体间的转化	计算采取的温度/℃	在该温度下转变时体积效应/%	二级变体间的转化	计算采取的温度/℃	在该温度下转变时体积效应/%
α-石英→α-鳞石英	1 000	+16.0	β-石英→α-石英	573	+0.82
α-石英→α-方石英	1 000	+15.4	γ-鳞石英→β-鳞石英	117	+0.2
α-石英→石英玻璃	1 000	+15.5	β-鳞石英→α-鳞石英	163	+0.2
石英玻璃→α-方石英	1 000	-0.9	β-方石英→α-方石英	150	+2.8

图 7.4 是 SiO_2相图,图中给出了各变体的稳定范围以及它们之间的晶型转化关系,

SiO₂各变体及熔体的饱和蒸汽压极小（2 000 K 时仅 10^{-7} MPa），相图上的纵坐标是故意放大的，以便于表示各界线上的压力随温度的变化趋势。

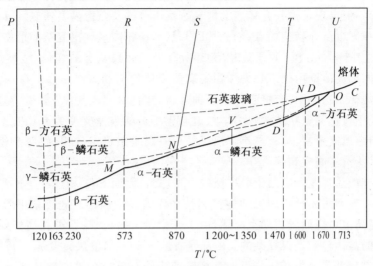

图 7.4 SiO₂系统相图

此相图的实线部分把全图划分成六个单相区，分别代表了 β-石英、α-石英、α-鳞石英、α-方石英、SiO₂高温熔体及 SiO₂蒸气六个热力学稳定态存在的相区。每两个相区之间的界线代表系统中的两相平衡状态。如 LM 代表 β-石英与 SiO₂蒸气之间的两相平衡，因而实际上是 β-石英的饱和蒸汽压曲线。OC 代表 SiO₂熔体与 SiO₂蒸气之间的两相平衡，因而实际上是 SiO₂高温熔体的饱和蒸汽压曲线。MR, NS, DT 是晶型转变线，反映相应的两种变体之间的平衡共存。如 MR 线表示 β-石英与 α-石英之间相互转变的温度随压力的变化。OV 线则是 α-方石英的熔融曲线，表示 α-方石英与 SiO₂熔体之间的两相平衡，每三个相区会聚的一点都是三相点。图中有四个三相点，如 M 点是代表 β-石英，α-石英与 SiO₂蒸气三相平衡共存的三相点，O 点则是 α-方石英，SiO₂熔体与 SiO₂蒸气的三相点。

如前所述，α-石英、α-鳞石英与 α-方石英之间的晶型转变困难。而石英、鳞石英与方石英的高低温型，即 α，β，γ 型之间的转变则速度很快。只要不是非常缓慢的平衡加热或冷却，则往往会产生一系列介稳状态。这些可能发生的介稳态都用虚线表示在相图上。如 α-石英加热到 870 ℃时应转变为 α-鳞石英，但如加热速度不是足够慢，则可能成为 α-石英的过热体，这种处于介稳态的 α-石英可能一直保持到 1 600 ℃（N' 点）直接熔融为过冷的 SiO₂熔体。因此 NN' 实际上是过热 α-石英的饱和蒸汽压曲线，反映了过热 α-石英与 SiO₂蒸气两相之间的介稳平衡状态。DD' 则是过热 α-鳞石英的饱和蒸汽压曲线，这种过热的 α-鳞石英可以保持到 1 670 ℃（D' 点）直接熔融为 SiO₂过冷熔体。在不平衡冷却中，高温 SiO₂熔体可能不在 1 713 ℃结晶出 α-方石英，而成为过冷熔体。虚线 ON'，在 CO 的延长线上，是过冷 SiO₂熔体的饱和蒸汽压曲线，反映了过冷 SiO₂熔体与 SiO₂蒸气两相之间的介稳平衡。α-方英冷却到 1 470 ℃时应转变为 α-鳞石英，实际上却往往过冷到230 ℃转变成与 α-方石英结构相近的 β-方石英。α-鳞石英则往往不在 870 ℃转变成 α-石英，而是过冷到 163 ℃转变为 β-鳞石英，β-鳞石英在 120 ℃下又转变成 γ-鳞石英。β-方石英，β-鳞石英与 γ-鳞石英虽然都是低温下的热力学不稳定态，但由于它们转变为热力学稳定态的速度极慢,实际上可以长期保持自己的形态。α-石英与 β-石英在 573 ℃下的相互转变,由于彼此间结构相近,转变速度很快,一般不会出现过热过冷现象。由于各种介稳状态的出现,相图上不但出现了这些介稳态的饱和蒸汽压曲线及介稳晶型转变线,而且出现了相应的介稳单相区以及介稳三相点(如 N',D'),从而使相图呈现出复杂的形态。

对 SiO_2 相图稍加分析,不难发现,SiO_2 所有处于介稳状态的变体(或熔体)的饱和蒸汽压都比相同温度范围内处于热力学稳定态的变体的饱和蒸汽压高。在一元系统中,这是一条普遍规律。这表明,介稳态处于一种较高的能量状态,有自发转变为热力学稳定态的趋势,而处于较低能量状态的热力学稳定态则不可能自发转变为介稳态。理论和实践都证明,在给定温度范围,具有最小蒸汽压的相一定是最稳定的相,而两个相如果处于平衡状态,则其蒸汽压必定相等。

石英是硅酸盐工业上应用十分广泛的一种原料,因而 SiO_2 相图在生产和科学研究中有重要价值。现举耐火材料硅砖的生产和使用作为一个例子。硅砖系用天然石英(β-石英)作原料经高温煅烧而成。如上所述,由于介稳状态的出现,石英在高温煅烧冷却过程中实际发生的晶体转变是很复杂的。β-石英加热至 573 ℃很快转变为 α-石英,而 α-石英加热到 870 ℃时并不是按相图指示的那样转变为鳞石英。在生产的条件下,它往往过热到 1 200～1 350 ℃(过热 α-石英饱和蒸汽压曲线与过冷 α-方石英饱和蒸汽压曲线的交点 V,此点表示这两个介稳相之间的介稳平衡状态)时直接转变为介稳的 α-方石英(即偏方石英)。这种实际转变过程并不是我们所希望的,我们希望硅砖制品中鳞石英含量越多越好,而方石英含量越少越好。这是因为在石英、鳞石英、方石英三种变体的高低温型转变中(即 α,β,γ 二级变体之间的转变),方石英体积变化最大(2.8%),石英次之(0.28%),而鳞石英最小(0.2%)(见表 7.1)。如果制品中方石英含量高,则在冷却到低温时由于 α-方石英转变成 β-方石英伴随着较大的体积收缩而难以获得致密的硅砖制品。那么,如何促使介稳的 α-方石英转变为稳定态的 α-鳞石英呢?生产上一般是加入少量氧化铁和氧化钙作为矿化剂。这些氧化物在 1 000 ℃左右可以产生一定量的液相,α-石英和 α-方石英在此液相中的溶解度大,而 α-鳞石英在其中的溶解度小,因而,α-石英和 α-方石英不断溶入液相,而 α-鳞石英则不断从液相析出。一定量液相的生成,还可以缓解由于 α-石英转化为介稳态的 α-方石英时巨大的体积膨胀在坯体内所产生的应力(见表 7.1)。虽然在硅砖生产中加入矿化剂,创造了有利的动力学条件,促成了大部分介稳的 α-方石英转变成α-鳞石英,但事实上最后必定还会有一部分未转变的方石英残留于制品中。因此,在硅砖使用时,必须根据 SiO_2 相图制订合理的升温制度,防止残留的方石英发生多晶转变时将窑炉砌砖炸裂。

2. ZrO_2 系统相图

ZrO_2 相图图形(图 7.5)比 SiO_2 相图要简单得多,这是由于 ZrO_2 系统中出现的多晶现象和介稳状态不像 SiO_2 系统那样复杂。ZrO_2 有三种晶型,即单斜 ZrO_2、四方 ZrO_2 和立方 ZrO_2。它们之间具有如下的转变关系。

单斜 ZrO_2 加热到 1 200 ℃时转变为四方 ZrO_2,这个转变速度很快,并伴随7%～9%的体积收缩。但在冷却过程中,四方 ZrO_2 往往不在 1 200 ℃转变成单斜 ZrO_2,而在1 000 ℃左右转变,即从相图上虚线表示的介稳的四方 ZrO_2 转变成稳定的单斜 ZrO_2(图7.6)。这种滞后现象在多晶转变中是经常可以观察到的。其膨胀曲线如图 7.7 所示。由于其单斜型与四方型之间的晶型转变伴有显著的体积变化,造成 ZrO_2 制品在烧成过程中容易开裂,生产上需采取稳定措施,通常是加入适量 CaO 或 Y_2O_3。在 1 500 ℃以上四方 ZrO_2 可以与这些稳定剂形成立方晶型的固溶体。在冷却过程中,这种固溶体不会发生晶型转变,没有体积效应,因而可以避免 ZrO_2 制品的开裂。这种经稳定处理的 ZrO_2 称为稳定化立方 ZrO_2。

$$单斜\ ZrO_2 \underset{约1\ 000\ ℃}{\overset{约1\ 200\ ℃}{\rightleftarrows}} 四方\ ZrO_2 \overset{约2\ 370\ ℃}{\rightleftarrows} 立方\ ZrO_2$$

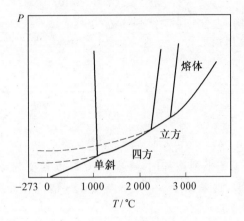

图 7.5 ZrO_2 系统相图

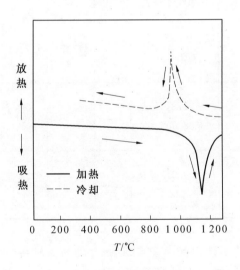

图 7.6 ZrO_2 的 DTA 曲线

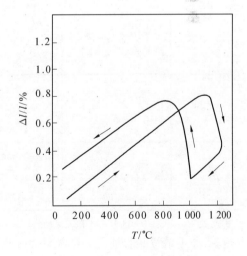

图 7.7 ZrO_2 的膨胀曲线

3. C_2S 系统相图

硅酸盐水泥熟料,碱性矿渣及石灰质耐火材料中都含有大量的 β-C_2S(即 2CaO·SiO_2)。C_2S 有 α,α′(高温 $α'_H$ 和低温 $α'_L$),β 和 γ 五种晶型,高温 $α'_H$ 和低温 $α'_L$ 相互转变温度为 1 160 ℃,如图 7.8 所示。加热时晶型的转变次序为:$γ \xrightarrow{725\ ℃} α'_L \xrightarrow{1\ 160\ ℃} α'_H$

$\xrightarrow{1\,420\,℃}\alpha$,但冷却时转变次序为:$\alpha \xrightarrow{1\,420\,℃} \alpha'_H \xrightarrow{1\,160\,℃} \alpha'_L \xrightarrow{670\,℃} \beta \xrightarrow{525\,℃} \gamma$,综合列出如下:

$$\gamma-C_2S \xrightleftharpoons{725\,℃} \alpha'_L = C_2S \xrightleftharpoons{1\,160\,℃} \alpha'_H - C_2S \xrightleftharpoons{1\,420\,℃} \alpha - C_2S \xrightarrow{2\,130\,℃} 液相$$

$$525\,℃ \swarrow \qquad \searrow 670\,℃$$

$$\beta - C_2S$$

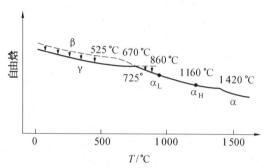

图 7.8 C_2S 多晶转变图

由图 7.8 可知,α'_L-C_2S 平衡冷却时,在 725 ℃可以转变为 $\gamma-C_2S$,但通常是过冷到 670 ℃左右转变为 $\beta-C_2S$。这是由于 α'_L-C_2S 与 $\beta-C_2S$ 结构和性质非常相近,而 α'_L-C_2S 与 $\gamma-C_2S$ 则相差较大(表 7.2)。

表 7.2　C_2S 多晶体特性

晶型	结构类型	单位晶胞轴长	X 射线特征谱	密度	N_g	N_p
α'_L-C_2S	与低温型 K_2SO_4 结构相似(略有变形)	$a=18.80$ $b=11.07$ $c=6.85$	$d=2.78, 2.76,$ 2.72	3.14	1.737[①]	1.715[①]
$\beta-C_2S$	同上	$a=9.28$ $b=5.48$ $c=6.76$	$d=2.778, 2.740,$ 2.607	3.20	1.735	1.717
$\gamma-C_2S$	橄榄石结构	$a=5.091$ $b=6.782$ $c=11.371$	$d=3.002, 2.728,$ 1.928	2.94	1.654	1.442

①此处为 $\alpha'-C_2S$(未区分 α'_L 和 α'_H 型)

表 7.2 中单位晶胞轴,α'_L-C_2S 与 $\beta-C_2S$ 的 c 轴相近,a 轴与 a 轴、b 轴与 b 轴接近为倍数关系,而 α'_L-C_2S 与 $\gamma-C_2S$ 相差较大。X 射线特征谱线(列出衍射最强的三根)的 d 值,α'_L-C_2S 与 $\beta-C_2S$ 较接近,而与 $\gamma-C_2S$ 相差较大。d 值相差较大,晶面指数不同,说明晶体(结构)形状不同。另外,结构类型和比重、光学指数 N_g,N_p,其 α'_L-C_2S 与 $\beta-C_2S$ 相同成相近,而 α'_L-C_2S 与 $\gamma-C_2S$ 不同或相差较大。

综上,结构和性质方面,α'_L-C_2S 与 $\beta-C_2S$ 非常相近,而 α'_L-C_2S 与 $\gamma-C_2S$ 相差较大,所以,α'_L-C_2S 常常转化为 $\beta-C_2S$。

$\beta-C_2S$ 与 $\gamma-C_2S$ 的转变是不可逆(单相)转变,同时 $\beta-C_2S$ 是介稳状态,具有的能量大

于 γ-C_2S，从 525 ℃（有的认为从 600 ℃左右）开始转变为 γ-C_2S，发生体积膨胀（约增大 9%）使 C_2S 晶体粉碎，在生产上出现水泥熟料粉化。另外，β-C_2S 具有凝胶性质，而 γ-C_2S 没有胶凝性。因此，水泥熟料中如果发生这一转变，水泥质量就会下降，为了防止这一转变，在烧制硅酸盐水泥熟料时，必须采用急冷，使 C_2S 以 β-C_2S 型过冷的介稳状态存在，即使 β-C_2S 来不及转变为 γ-C_2S，而以 β-C_2S 型保持下来，另外，还可采用加入少量稳定剂（如 P_2O_5,Cr_2O_3,V_2O_5,BaO、Mn_2O_3 等）的方法，使与介稳状态的 β-C_2S 形成固溶体。稳定剂能溶入 α-C_2S 与 β-C_2S 晶格内，使其晶格稳定，防止 β-C_2S 转变为 γ-C_2S，使 β-C_2S 在常温下成为稳定的。

4. 金刚石相图

实验测得的金刚石的相图如图 7.9 所示。图中横坐标为绝对温度，纵坐标为压强，其单位为千巴（1 kbar＝987 大气压）。图中实线为相平衡曲线，曲线上的点代表两相共存状态。例如，曲线 *BC* 代表固相金刚石与液相共存。相平衡曲线将坐标平面划分成四个区域，每一区域为单相区。例如在 *ABF* 区域内，系统呈石墨相。石墨为层状结构，每层的碳原子按六方网格排列，其间的键合是共价键，并叠加了金属键，故导电性良好；层间的键合为分子键，层间距离较大，故层间易于滑移。在 *ABCD* 区域内，为金刚石相。金刚石与石墨虽同为碳原子构成，但其结构和性能与石墨完全不同。金刚石为立方晶系（面心立方点阵金刚石结构），原子间为共价键，一般为绝缘体，具有很高的硬度。在 *DCE* 区内为固相Ⅲ，它比金刚石更致密（密度高 15%～20%），并具有金属性。在 *ECBF* 之右为液相区。相图中 *B* 和 *C* 为两个三相点，它们的坐标给出了三相共存的平衡条件。

在一定的温度和压强下，相图中所标明的相是系统的吉布斯自由能为最小的相，称为稳定相。从图 7.9 可以看出，在常压下，对任何温度，石墨是稳定相，金刚石是不稳定的。然而，处于常压常温下地球表面的天然金刚石，经历了漫长的地质年代，并没有转变为石墨。故相图（平衡图）只表明在一定的条件下稳定相是什么，而不给出关于不稳定相转化为稳定相的任何信息。

金刚石转化为石墨的过程称为金刚石的石墨化。由于金刚石的密度比石墨约大 50%，故石墨化过程受到表面的约束，在完整的金刚石内部会产生很大的压力以阻止金刚石的石墨化，这就构成了石墨化过程中所必须克服的位垒。如果金刚石内部有微裂

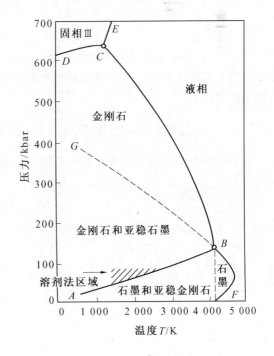

图 7.9 金刚石相图

缝或某些其他缺陷，只要这些缺陷能容纳石墨化过程中的体积膨胀，则内部石墨化也是可能的。提高温度给予足够的能量使之能克服石墨化过程中的位垒，这能加速石墨化的进

程。例如,可以估计出,在常温常压下需经 10^{100} 年(地球年龄近于 4.6×10^9 年),金刚石中的石墨化才能被检测出来;在 1 000 ℃ 要 7 500 年,在 1 200 ℃ 只要 1 年就能观测到石墨化。因而温度越高,金刚石越不稳定。于是,可用实验方法测定出不稳定相(金刚石)不能存在的临界温度和压力。这些数据将图 7.9 中的 ABF 区划分成两部分,在图中以虚线表示出来。在虚线之左,稳定相为石墨,金刚石虽不稳定但仍能存在,我们称为亚稳相。在虚线之右,只有稳定相石墨才能存在。同样,在图 7.9 的 $ABCD$ 区内也引入了虚线,虚线之左下方稳定相(金刚石)和亚稳相(石墨)都能存在;虚线之右上方只有稳定相(金刚石)可以存在。由于实验测量比较困难,图 7.9 中虚线的位置不是很精确。

由此可以推知,在 GBC 区域内,有可能使石墨直接转变为金刚石。这个设想已于 1961 年为实验所证实,高温和高压是由爆炸的冲击波提供的,估计温度为 1 500 K,压强约为 300 kbar,得到金刚石的尺寸为 10×10^{-3} μm。1963 年首次完成了在静压下直接将石墨转变为金刚石,温度高于 3 300 K,压强达 130 kbar,历时数毫秒,得到的金刚石的尺寸为 $20\times10^{-3}\sim50\times10^{-3}$ μm。但是,通常制备金刚石时,往往加入 Fe,Co,Ni 等Ⅷ族元素,这已不是单元系统的问题,故在这里不进行讨论。

7.3 二元系统

二元系统存在两种独立组分。在本节中,仅讨论无机非金属材料所涉及的凝聚系统。对于二元凝聚系统,有

$$F=C-P+1=3-P$$

当 $F=0$ 时,$P=3$,即二元凝聚系统中可能存在的平衡共存的相数最多为三个。当 $P=1$ 时,$F=2$,即系统的最大自由度数为 2。对于凝聚系统不考虑压力的影响,这两个自由度显然指温度和浓度。二元凝聚系统相图是以温度为纵坐标,系统任一组分浓度为横坐标来绘制的。

7.3.1 二元凝聚系统相图类型和重要规则

依系统中二组分之间的相互作用不同,二元凝聚系统相图可以分成若干个基本类型,如图 7.10 所示。

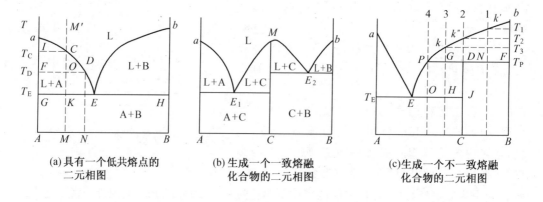

(a)具有一个低共熔点的
二元相图

(b)生成一个一致熔融
化合物的二元相图

(c)生成一个不一致熔融
化合物的二元相图

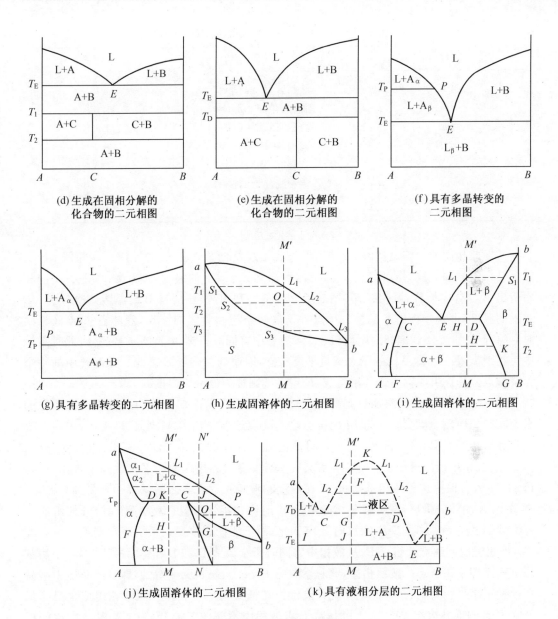

(d) 生成在固相分解的
化合物的二元相图

(e) 生成在固相分解的
化合物的二元相图

(f) 具有多晶转变的
二元相图

(g) 具有多晶转变的二元相图

(h) 生成固溶体的二元相图

(i) 生成固溶体的二元相图

(j) 生成固溶体的二元相图

(k) 具有液相分层的二元相图

图 7.10　二元相图类型

1. 具有一个低共熔点的简单二元系统相图

　　如图 7.10(a) 所示，图中的 a 点是组分 A 的熔点，b 点是组分 B 的熔点，E 点是组分 A 和组分 B 的二元低共熔点。液相线 aE，bE 和固相线 GH 把整个相图划分成四个相区。相区中各点、线、面的含义见表 7.3。

表 7.3 相图 7.10(a)中各相区点、线、面的含义

点、线、面	性质	相平衡
aEb	液相区,$P=1,F=2$	L
aT_EE	固液共存,$P=2,F=1$	L+A
EbH	固液共存,$P=2,F=1$	L+B
$AGHB$	固相区,$P=2,F=1$	A+B
aE	液相线,$P=2,F=1$	L$\Leftrightarrow$A
bE	液相线,$P=2,F=1$	L$\Leftrightarrow$B
E	低共熔点,$P=3,F=0$	L$\Leftrightarrow$A+B

掌握此相图的关键是理解 aE,bE 两条液相线及低共熔点 E 的性质。液相线 aE 实质上是一条饱和曲线,任何富 A 高温熔体冷却到 aE 线上的温度,即开始对组分 A 饱和而析出 A 晶体。同样,液相线 bF 则是组分 B 的饱和曲线,任何富 B 高温熔体冷却到 BE 线上的温度,即开始析出 B 晶体。E 点处于这两条饱和曲线的交点,意味着 E 点液相同时对组分 A 和组分 B 饱和。因而,从 E 点液相中将同时析出 A 晶体和 B 晶体,此时系统中三相平衡,$F=0$,即系统处于无变量平衡状态,因而低共熔点 E 是此二元系统中的一个无变量点。E 点组成称为低共熔组成,E 点温度则称为低共熔温度。

现以组成为 M 的配料加热到高温完全熔融然后平衡冷却析晶的过程来说明系统的平衡状态如何随温度变化。将 M 配料加热到高温的 M' 点,因 M' 处于 L 相区,表明系统中只有单相的高温熔体(液相)存在。将此高温熔体冷却到 T_c 温度,液相开始对组分 A 饱和,从液相中析出第一粒 A 晶体,系统从单相平衡状态进入两相平衡状态。根据相律,$F=1$,即为了保持这种两相平衡状态,在温度和液相组成二者之间只有一个是独立变量。事实上,A 晶体的析出,意味着液相必定是 A 的饱和溶液,温度继续下降时,液相组成必定沿着 A 的饱和曲线 aE 从 C 点向 E 点变化,而不能任意改变。系统冷却到低共熔温度 T_E,液相组成到达低共熔点 E,从液相中将同时析出 A 晶体和 B 晶体,系统从两相平衡状态进入三相平衡状态。按照相律,此时系统的 $F=0$,系统是无变量的,即只要系统中维持着这种三相平衡关系,系统的温度就只能保持在低共熔温度 T_E 不变,液相组成也只能保持在 E 点的低共熔组成不变。此时,从 E 点液相中不断按 E 点组成中 A 和 B 的比例析出晶体 A 和晶体 B。当最后一滴低共熔组成的液相析出 A 晶体和 B 晶体后,液相消失,系统从三相平衡状态回到两相平衡状态,因而系统温度又可继续下降。

利用杠杆规则,我们还可以对析晶过程的相变化进一步做定量分析。在运用杠杆规则时,需要分清系统组成点、液相点及固相点的概念。系统组成点(简称系统点)取决于系统的总组成,是由原始配料组成决定的。在加热或冷却过程中,尽管组分 A 和组分 B 在固相与液相之间不断转移,但仍在系统内,不会选出系统以外,因而系统的总组成是不会改变的。对于 M 配料而言,系统状态点必定在 MM' 线上变化。系统中的液相组成和固相组成是随温度不断变化的,因而液相点及固相点的位置也随温度而不断变化。把 M 配料加热到高温的 M' 点,配料中的组分 A 和组分 B 全部进入高温熔体,因而液相点与系统点的位置是重合的。冷却到 T_c 温度,从 C 点液相析出第一粒 A 晶体,系统中出现了固

相,固相点处于表示纯 A 晶体和 T_C 温度的 I 点。进一步冷却到 T_D 温度,液相点沿液相线从 C 点运动到 D 点,从液相中不断析出 A 晶体,因而 A 晶体的量不断增加,但组成仍为纯 A,所以固相组成并无变化。随着温度的下降,固相点从 I 点变化到 F 点。系统点则沿 MM' 从 C 点变化到 O 点。因为固液两相处于平衡状态,温度必定相同,因而任何时刻系统点、液相点、固相点三点一定处在同一条等温的水平线上(FD 线称为结线,它把系统中平衡共存的两个相的相点连接起来),又因为固液两相系从高温单相熔体 M' 分解而来,这两相的相点在任何时刻必定都分布在系统组成点两侧。以系统组成点为杠杆支点,运用杠杆规则可以方便地计算任一温度处于平衡的固液两相的数量。如在 T_D 温度下的固相量和液相量,根据杠杆规则有

$$\frac{固相量}{液相量} = \frac{OD}{OF}$$

$$\frac{固相量}{固液总量(原始配料量)} = \frac{OD}{FD}$$

$$\frac{液相量}{固液总量(原始配料量)} = \frac{OF}{FD}$$

系统温度从 T_D 继续下降到 T_E 时,液相点从 D 点沿液相线到达 E 点,从液相中同时析出 A 晶体和 B 晶体,液相点停在 E 点不动,但其数量则随共析晶过程的进行而不断减少,固相中则除了 A 晶体(原先析出的加 T_E 温度下析出的),又增加了 B 晶体,而且此时系统温度不能变化,固相点位置必离开表示纯 A 的 C 点沿等温线 CK 向 K 点运动。当最后一滴 E 点液相消失,液相中的 A,B 组分全部结晶为晶体时,固相组成必然回到原始配料组成,即固相点到达系统点 K。析晶过程结束以后,系统温度又可继续下降,固相点与系统点一起从 K 向 M 点移动。

上述析晶过程中固液相点的变化即结晶路程用文字叙述比较繁琐,常用下列简便的表达式表示:

$$M'(熔体) \xrightarrow[P=1,F=2]{L} C[I,(A)] \xrightarrow[P=2,F=1]{L \to A}$$

$$E(到达)[G,A+(B)] \xrightarrow[P+3,F=0]{L \to A+B} E(消失)[K,A+B]$$

上面析晶路程的表达式中,$M' \to C \to E$ 表示液相的变化;箭头上方表示析晶、熔化或转熔的反应式;箭头下方表示相数和自由度;方括号内表示固相的变化,如 $[I,(A)]$ 表示固相总组成点在 I 点,(A) 表示晶体 A 刚要析出;$[G,A+(B)]$ 表示固相总组成点在 G 点,固相中有 A 晶体、B 晶体刚要析出;$[K,A+B]$ 表示固相由 A 和 B 组成,总组成点在 K。

平衡加热熔融过程恰是上述平衡冷却析晶过程的逆过程。若将组分 A 和组分 B 的配料 M 加热,则该晶体混合物在 T_E 温度下低共熔形成量组成的液相,由于三相平衡,系统温度保持不变,随着低共熔过程的进行,A,B 晶相量不断减少,E 点液相量不断增加。当固相点从 K 点到达 G 点,意味着 B 晶相已全部熔完,系统进入两相平衡状态,温度又可继续上升,随着 A 晶体继续融入液相,液相点沿着液相线从 E 点向 C 点变化。加热到 T_C 温度,液相点到达 C 点,与系统点重合,意味着最后一粒 A 晶体在 I 点消失,A 晶体和 B 晶体全部从固相转入液相,因而液相组成回到原始配料组成。

2. 生成一个一致熔融化合物的二元系统相图

一致熔融化合物是一种稳定的化合物。它与正常的纯物质一样具有固定的熔点,熔化时,所产生的液相与化合物组成一致,故称为一致熔融。这类系统的典型相图如图 7.10(b)所示。组分 A 与组分 B 生成一个一致熔融化合物 C,M 点是该化合物的熔点。曲线 aE_1 是组分 A 的液相线,bE_2 是组分 B 的液相线,E_1ME_2 则是化合物 C 的液相线。一致熔融化合物在相图上的特点是:化合物组成点位于其液相线的组成范围内,即表示化合物晶相的 CM 线直接与其液相线相交,交点 M(化合物熔点)是液相线上的温度最高点。因此,CM 线将此相图划分成两个简单分二元系统。E_1 是 A-C 分二元的低共熔点,E_2 是 C-B 分二元的低共熔点。讨论任一配料的结晶路程与上述讨论简单二元系统的结晶路程完全相同。原始配料如落在 A-C 范围,最终析晶产物为 A 和 C 两个晶相。原始配料位于 C-B 区间,则最终析晶产物为 C 和 B 两个晶相。

3. 生成一个不一致熔融化合物的二元系统相图

不一致熔融化合物是一种不稳定的化合物。加热这种化合物到某一温度便发生分解,分解产物是一种液相和一种晶相,二者组成与化合物组成皆不相同,故称为不一致熔融。图 7.10(c)是此类二元系统的典型相图。加热化合物 C 到分解温度 T_P,化合物 C 分解为 P 点组成的液相和组分 B 的晶体。在分解过程中,系统处于三相平衡的无变量状态($F=0$),因而 P 点也是一个无变量点,称为转熔点(又称回吸点或反应点)。相区中各点、线、面的含义见表 7.4。

表 7.4 相图 7.10(c)中相区中各点、线、面的含义

点、线、面	性质	相平衡
aEb	液相线,$P=1,F=2$	L
aT_EE	固液共存,$P=2,F=1$	L+A
$EPDJ$	固液共存,$P=2,F=1$	L+C
bPT_P	固液共存,$P=2,F=1$	L+B
DT_PBC	两固相共存,$P=2,F=1$	C+B
AT_EJC	两固相共存,$P=1,F=1$	A+C
aE	共熔线,$P=2,F=1$	L⇌A
EP	共熔线,$P=2,F=1$	L⇌C
bP	共熔线,$P=2,F=1$	L⇌B
E	低共熔点,$P=3,F=0$	L⇌A+C
P	转熔点,$P=3,F=0$	L+B⇌C

需要注意,转熔点 P 位于与 P 点液相平衡的两个晶相 C 和 B 的组成点 D,F 的同一侧,这是与低共熔点 E 的情况不同的。不一致熔融化合物在相图上的特点是:化合物 C 的组成点位于其液相线 PE 的组成范围以外,即 CD 线偏在 PE 的一边,而不与其直接相交。因此,表示化合物的 CD 线不能将整个相固划分为两个分二元系统。

该相图由于转熔点的存在而变得比较特殊,现将图 7.10(c)中标出的 1,2,3,4 熔体的析晶路程分析如下,这四个熔体具有一定的代表性。

熔体 1 的析晶路程:

$$1(熔体)\xrightarrow[P=1,F=2]{L}k'[T_1,(B)]\xrightarrow[P=2,F=1]{L\rightarrow B}P(到达)[T_P,开始回吸B+(C)]$$

$$\xrightarrow[P=3,F=0]{L+B\rightarrow C}P(消失)[N,B+C]$$

熔体 3 的析晶路程:

$$3(熔体)\xrightarrow[P=1,F=2]{L}k'[T_3,(B)]\xrightarrow[P=2,F=1]{L\rightarrow B}P(到达)[T_P,开始回吸B+(C)]$$

$$\xrightarrow[P=3,F=0]{L+B\rightarrow C}P(离开)[D,晶体B消失+C]\xrightarrow[P=2,F=1]{L\rightarrow C}E(到达)$$

$$[J,C+(A)]\xrightarrow[P=3,F=0]{L\rightarrow A+C}E(消失)[H,A+C]$$

熔体 2 的析晶路程:

$$2(熔体)\xrightarrow[P=1,F=2]{L}k''[T_2,(B)]\xrightarrow[P=2,F=1]{L\rightarrow B}P(到达)[T_P,开始回吸B+(C)]$$

$$\xrightarrow[P=3,F=0]{L+B\rightarrow C}P(消失)[D,C(液相与晶体B同时消失)]$$

熔体 4 的析晶路程:

$$4(熔体)\xrightarrow[P=1,F=2]{L}P(不停留)[D,(C)]\xrightarrow[P=2,F=1]{L\rightarrow B}E(到达)[J,C+(A)]$$

$$\xrightarrow[P=3,F=0]{L\rightarrow A+C}E(消失)[O,A+C]$$

以上四个熔体析晶路程,具有一定的规律性,现将其总结于表 7.5 中。

表 7.5　不同组成熔体的析晶规律

组　　成	在 P 点的反应	析晶终点	析晶终相
组成在 PD 之间	L+B⇌C,B 先消失	E	A+C
组成在 DF 之间	L+B⇌C,L_P 先消失	P	B+C
组成在 D 点	L+B⇌C,B 和 L_P 同时消失	P	C
组成在 P 点	在 P 点不停留	E	A+B

4. 生成在固相分解的化合物的二元系统相图

化合物 C 加热到低共熔温度 T_E 以下的 T_D 温度即分解为组分 A 和组分 B 的晶体,没有液相生成(图 7.10(e))。相图上没有与化合物 C 平衡的液相线,表明从液相中不可能直接析出 C。C 只能通过 A 晶体和 B 晶体之间的固相反应生成。

由于固态物质之间的反应速度很小(尤其在低温下),因而达到平衡状态需要的很长时间。将晶体 A 和晶体 B 配料,按照相固即使在低温下也应获得 A+C 或 C+B,但事实上,如果没有加热到足够高的温度并保温足够长的时间,上述平衡状态是很难达到的,系统往往处于 A,C,B 三种晶体同时存在的非平衡状态。

若化合物 C 只在某一温度区间存在,即在低温下也要分解,则其相图形式如图 7.10(d)所示。

5. 具有多晶转变的二元系统相图

同质多晶现象在无机非金属材料中十分普遍。图 7.10(g)中组分 A 在晶型转变点 P

发生 A_α 与 A_β 的晶型转变，显然在 A-B 二元系统中的纯 A 晶体在 T_P 温度下都会发生这一转变，因此 P 点发展为一条晶型转变等温线。在此线以上的相区，A 晶体以 α 形态存在，此线以下的相区，则以 β 形态存在。

如晶型转变温度 T_P 高于系统开始出现液相的低共熔温度 T_E，则 A_α 与 A_β 之间的晶型转变在系统带有 P 组成液相的条件下发生，因为此时系统中三相平衡共存，所以 P 点也是一个无变点，如图 7.10(f) 所示。

6. 形成连续固溶体的二元系统相图

这类系统的相图形式如图 7.10(h) 所示。液相线 aL_2b 以上的相区是高温熔体单相区，固相线 aS_3b 以下的相区是固溶体单相区，处于液相线与固相线之间的相区则是液态溶液与固态溶液平衡的固液两相区。固、液两相区内的结线 L_1S_1,L_2S_2,L_3S_3 分别表示不同温度下互相平衡的固液两相的组成。此相图的最大特点是没有一般二元相图上常出现的二元无变量点，因为此系统内只存在液态溶液和固态溶液两个相，不可能出现三相平衡状态。

M' 熔体的析晶路程如下：

$$M'(熔体)\xrightarrow[P=1,F=2]{L}L_1[S_1,(S_1)]\xrightarrow[P=2,F=1]{L\to S_2}L_2(S_2,S_2)\xrightarrow[P=2,F=1]{L\to S}L_3(消失)[S_3,S_3]$$

在液相从 L_1 到 L_3 的析晶过程中，固溶体组成需从原先析出的 S_1 相应变化到最终与 L_3 平衡的 S_3，即在析晶过程中固溶体需随时调整组成以与液相保持平衡。固溶体是晶体，原子的扩散迁移速度很慢，不像液态溶液那样容易调节组成，可以想象，只要冷却过程不是足够缓慢，不平衡析晶是很容易发生的。

7. 形成有限固溶体的二元系统相图

组分 A，B 间可以形成固溶体，但溶解度是有限的，不能以任意比例互溶。图 7.10(i)，(j) 上的 α 表示 B 组分溶解在 A 晶体中所形成的固溶体，β 表示 A 组分溶解在 B 晶体中所形成的固溶体。aE 是与 α 固溶体平衡的液相线，bE 是与 β 固溶体平衡的液相线。从液相中析出的固溶体组成可以通过等温结线在相应的固相线 aC 和 bD 上找到，如结线 L_1S_1 表示从 L_1 液相中析出的 β 固溶体组成是 S_1。E 点是低共熔点，从 E 点液相中将同时析出组成为 C 的 α 和组成为 D 的 β 固溶体。C 点表示组分 B 在组分 A 中的最大固溶度，D 点则表示了组分 A 在组分 B 中的最大固溶度。CF 只是固溶体 α 的溶解度曲线，DG 则是固溶体 β 的溶解度曲线。根据这两条溶解度曲线的走向，A，B 两个组分在固态互溶的溶解度是随温度下降而下降的。相图上六个相区的平衡各项已在相图上标注出。

图 7.10(i) 中 M' 熔体的析晶路程表示为

$$M'(熔体)\xrightarrow[P=1,F=2]{L}L_1[S_1,\beta]\xrightarrow[P=2,F=1]{L\to\beta}E(到达)[D,\beta+(\alpha)]$$

$$\xrightarrow[P=3,F=0]{L\to\alpha+\beta}E(消失)[H,\alpha+\beta]$$

图 7.10(j) 是形成转熔型的不连续固溶体的二元相图。α 和 β 之间没有低共熔点，而有一个转熔点 P。冷却时，当温度降到 T_P 时，液相组成变化到 P 点，将发生转熔过程：$L_P+D(\alpha)\Leftrightarrow C(\beta)$。各相区的含义已在图中标明。现分析 M' 熔体和 N' 熔体的析晶路程。

M' 熔体的析晶路程：

$$M'(熔体) \xrightarrow[P=1,F=2]{L} L_1[\alpha_1,(\alpha)] \xrightarrow[P=2,F=1]{L \to \alpha} P(到达)[D,\alpha+(\beta)]$$

$$\xrightarrow[P=3,F=0]{L \to \alpha+\beta} P(消失)[K,\alpha+\beta]$$

N'熔体的结晶路程表示为

$$N'(熔体) \xrightarrow[P=1,F=2]{L} L_2[\alpha_2,(\alpha)] \xrightarrow[P=2,F=1]{L \to \alpha} P(到达)[D,\alpha+(\beta)]$$

$$\xrightarrow[P=3,F=0]{L \to \alpha+\beta} P[C,\beta(\alpha\ 消失)] \xrightarrow[P=2,F=1]{L \to \beta} P'(消失)[O,\beta] \xrightarrow[P=1,F=2]{固相冷却}$$

$$[G,\alpha+(\beta)] \xrightarrow[P=2,F=1]{固体冷却} [N,\alpha+\beta]$$

值得注意的是，N'熔体的析晶在液相线 bP 上的 P' 点结束。现将此类相图上不同组成点的析晶规律总结于表 7.6。

表 7.6　不同组成熔体的析晶规律

组成	在 P 点的反应	析晶终点	析晶终相
组成在 CD 之间	$L+\alpha \Leftrightarrow \beta$，$L_P$ 先消失	P	$\alpha+\beta$
组成在 CJ 之间	$L+\alpha \Leftrightarrow \beta$，$\alpha$ 先消失	BP	$\alpha+\beta$
组成在 JP 之间	$L+\alpha \Leftrightarrow \beta$，$\alpha$ 先消失	BP	β
组成在 C 点	$L+\alpha \Leftrightarrow \beta$，$\alpha$ 和 L_P 同时消失	P	$\alpha+\beta$
组成在 P 点	$L+\alpha \Leftrightarrow \beta$，在 P 点不停留	BP	β

8. 具有液相分层的二元系统相图

前面所讨论的各类二元系统中两个组分在液相都是完全互溶的。但在某些实际系统中，两个组分在液态并不完全互溶，只能有限互溶。这时，液相分为两层：一层可视为组分 B 在组分 A 中的饱和溶液(L_1)；另一层则可视为组分 A 在组分 B 中的饱和溶液(L_2)。图 7.10(k)中的 CKD 帽形区即是一个液相分层区。等温结线 $L_1L'_1$，$L_2L'_2$ 表示不同温度下互相平衡的两个液相的组成。温度升高，两层液相的溶解度都增大，因而其组成越来越接近，到达帽形区最高点 K，两层液相的组成已完全一致，分层现象消失故 K 点是一个临界点，K 点温度称为临界温度。在 CKD 帽形区以外的其他液相区域，均不发生液相分层现象，称为单相区。曲线 aC，DE 均为与 A 晶相平衡的液相线，bE 是与 B 晶相平衡的液相线。除低共熔点 E 外，系统中还有另一个无变量点 D。在 D 点发生的相变化为 $L_C \Leftrightarrow L_D+A$，即冷却时从 C 组成液相中析出晶体 A，而 L_C 液相转变为含 A 低的 L_D 液相。

M'熔体的析晶路程表示如下：

$$M'(熔体) \xrightarrow[P=1,F=2]{L} L_1+(L'_1) \xrightarrow[P=2,F=1]{液相分离} L_2+L'_2 \xrightarrow[P=2,F=1]{液相分离} G(L_C+L_D)$$

$$\xrightarrow[P=3,F=0]{L_C \to L_D+A} D[L_C\ 消失][T_D,(A)] \xrightarrow[P=2,F=1]{L \to A} E(到达)[I,A+(B)]$$

$$\xrightarrow[P=3,F=0]{L \to A+B} E(消失)[J,A+B]$$

7.3.2 二元相图及应用

1. CaO-SiO₂系统相图

CaO-SiO₂系统中一些化合物是硅酸盐水泥的重要矿物成分,在高炉矿渣、石灰石耐火材料中也含有本系统的某些化合物。因此,本系统涉及的范围比较广泛,其相图对硅酸盐水泥的生产、高炉矿渣的利用、石灰质耐火材料以及含 CaO 高的玻璃的生产都有指导意义。

图 7.11 所示为 CaO-SiO₂系统相图。这样比较复杂的二元相图,首先要看系统中生成几个化合物以及各化合物的性质,根据一致熔融化合物可把系统划分成若干分二元系统,然后再对这些分二元系统逐一加以分析。

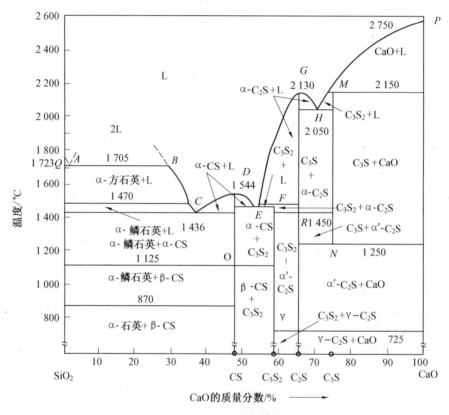

图 7.11 CaO-SiO₂系统相图

根据相图 7.11 上的竖线可知 CaO-SiO₂二元中共生成四个化合物。CS(CaO·SiO₂,硅灰石)和 C₂S(2CaO·SiO₂,硅酸二钙)是一致熔融化合物,C₃S₂(3CaO·2SiO₂,硅钙石)和 C₃S(3CaO·SiO₂,硅酸三钙)是不一致熔融化合物,因此,CaO-SiO₂系统可以划分成 SiO₂-CS,CS-C₂S,C₂S-SiO₂三个分二元系统。对这三个分二元系统逐一分析各液相线、相区,特别是无变点的性质,判明各无变点所代表的具体相平衡关系。相图上的每条横线都是一根三相线,当系统的状态点到达这些线上时,系统都处于三相平衡的无变状态。其中有低共熔线、转熔线、化合物分解或液相分解线以及多条晶型转变线。晶型转变线上所发生的具体晶型转变,需要根据和此线紧邻的上、下两个相区所标示的平衡相加以判断。

如 1 125 ℃的晶型转变线,线上相区的平衡相为 α-鳞石英和 α-CS,而线下相区则为 α-鳞石英和 β-CS,此线必为 α-CS 和 β-CS 的转变线。

我们先讨论相图左侧的 SiO_2-CS 分二元系统。在此分二元的富硅液相部分有一个液相分层区,C 点是此分二元的低共熔点,C 点温度 1 436 ℃,组成是含 37% 的 CaO。由于在与方石英平衡的液相线上插入了 2L 分液区,使 C 点位置偏向 CS 一侧,而距 SiO_2 较远,液相线 CB 也因而较为陡峭。这一相图上的特点常被用来解释为何在硅砖生产中可以采取 CaO 作矿化剂而不会严重影响其耐火度。用杠杆规则计算,如向 SiO_2 中加入 1% 的 CaO,在低共熔温度 1 436 ℃下所产生的液相量为 1∶37=2.7%。这个液相量是不大的,并且由于液相线 CB 较陡峭,温度继续升高时,液相量的增加也不会很多,这就保证了硅砖的高耐火度。

在 CS-C_2S 这个分二元系统中,有一个不一致熔融化合物 C_3S_2,其分解温度是 1 464 ℃。E 点是 CS 与 C_3S_2 的低共熔点。F 点是转熔点,在 F 点发生 L_F+α-C_2S⇔C_3S_2 的相变化。C_3S_2 常出现于高炉矿渣,也存在于自然界。

最右侧的 C_2S-CaO 分二元系统,含有硅酸盐水泥的重要矿物 C_3S 和 C_2S。C_3S 是一个不一致熔融化合物,仅能稳定存在于 1 250 ℃,2 150 ℃的温度区间。在 1 250 ℃分解为 α′-C_2S 和 CaO,在 2 150 ℃则分解为 M 组成的液相和 CaO。C_2S 有 α,α′,β,γ 之间的复杂晶型转变(图 7.8)。常温下稳定的 γ-C_2S 加热到 725 ℃转变为 α′-C_2S,α′-C_2S 则在 1 420 ℃转变为高温稳定的 α-C_2S。但在冷却过程中,α′-C_2S 往往不转变为 γ-C_2S,而是过冷到 670 ℃左右转变为介稳态的 β-C_2S,β-C_2S 则在 525 ℃再转变为稳定态 γ-C_2S。β-C_2S 向 γ-C_2S 的晶型转变伴随 9% 的体积膨胀,可以造成水泥熟料的粉化。由于 β-C_2S 是一种热力学非平衡态,没有能稳定存在的温度区间,因而在相图上没有出现 β-C_2S 的相区。C_3S 和 β-C_2S 是硅酸盐水泥中含量最高的两种水硬性矿物,但当水泥熟料缓慢冷却时,C_3S 将会分解,β-C_2S 将转变为无水硬活性的 γ-C_2S。为了避免这种情况发生,生产上采取急冷措施,将 C_3S 和 β-C_2S 迅速越过分解温度或晶型转变温度,在低温下以介稳态保存下来。介稳态是一种高能量状态,有较强的反应能力,这是 C_3S 和 β-C_2S 具有较高水硬活性的热力学上的原因。CaO-SiO_2 系统中无变量点的性质见表 7.7。

表 7.7 CaO-SiO₂ 系统中无变量点的性质

无变量点	相平衡	平衡性质	质量分数/%		温度/℃
			CaO	SiO₂	
P	CaO⇌L	熔化	100	0	2 570
Q	SiO₂⇌L	熔化	0	100	1 732
A	α-方石英+L_B⇌L_A	分解	0.6	99.4	1 705
B	α-方石英+L_B⇌L_A	分解	28	72	1 705
C	α-磷石英+α-CS⇌L	低共熔	37	63	1 436
D	α-CS⇌L	熔化	48.2	51.8	1 544
E	α-CS+C_3S_2⇌L	低共熔	54.5	45.5	1 460
F	C_3S_2⇌α-C_2S+L	转熔	55.5	44.5	1 464
G	α-C_2S⇌L	熔化	65	35	2 130
H	α-C_2S+C_3S⇌L	低共熔	67.5	22.5	2 050
M	C_3S⇌CaO+L	转熔	73.6	26.4	2 150
N	α'-C_2S+CaO⇌C_3S	固相反应	73.6	26.4	1 250
O	β-C_2S⇌α-CS	多晶转变	51.8	48.2	1 125
R	α'-C_2S⇌α'-C_2S	多晶转变	65	35	1 450
T	γ-C_2S⇌α'-C_2	多晶转变	65	35	725

2. Al₂O₃-SiO₂ 系统相图

在该二元系统中(图 7.12),只生成一个一致熔融化合物 A_3S_2($3Al_2O_3 \cdot 2SiO_2$,莫来石)。A_3S_2 中可以固溶少量 Al₂O₃,固溶体组成摩尔分数为 60%~63%。莫来石是普通陶瓷及黏土质耐火材料的重要矿物。

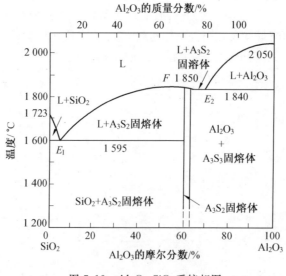

图 7.12 Al₂O₃-SiO₂ 系统相图

黏土是硅酸盐工业的重要原料。黏土加热脱水后分解为 Al₂O₃ 和 SiO₂,因此人们很早就对 Al₂O₃-SiO₂ 系统相平衡产生了广泛的兴趣,先后发表了许多不同形式的相图。这些相图的主要分歧是莫来石的性质,最初认为是不一致熔融化合物,后来认为是一致熔融化合物,到 20 世纪 70 年代又有人提出是不一致熔融化合物。这种情况在硅酸盐体系相平衡研究中是屡见不鲜的,因为硅酸盐物质熔点高,液相黏度大,高温物理化学过程速度缓慢,容易形成介稳态,这就给相图制作造成了实验上的很大困难。由于本系统所有液相线的温度都比较高,因此,本系统的许多制品都具有耐高温的特性,这就形成一系列的铝硅质耐火材料,包括硅砖、黏土砖、高铝砖、莫来石砖和刚玉砖等。铝硅质耐火材料通常按 Al_2O_3 质量分数不同分类,各类耐火材料的 Al_2O_3 质量分数如下:

硅砖:小于 1%;半硅砖:15%～30%;黏土砖:30%～48%;高铝砖:48%～90%;莫来石砖:70%～72%;刚玉砖:大于 90%。

本系统相图以 A_3S_2 为界,可以将 Al_2O_3-SiO_2 系统划分成两个分二元系统。在 SiO_2-A_3S_2 这个分二元中,有一个低共熔点 E_1,加热时 SiO_2 和 A_3S_2 在低共熔温度 1 595 ℃下生成含 Al_2O_3 质量分数 5.5% 的 E_1 点液相。与 CaO-SiO_2 系统中 SiO_2-CS 分二元的低共熔点 C 不同,E_1 点距 SiO_2 侧一很近。如果在 SiO_2 中加入质量分数 1% 的 Al_3O_2,根据杠杆规则,在 1 595 ℃下就会产生 1∶5.5＝18.2% 的液相量,这样就会使硅砖的耐火度大大下降。此外,由于与 SiO_2 平衡的液相线从 SiO_2 熔点 1 723 ℃向 E_1 点迅速下降,Al_2O_3 的加入必然造成硅砖耐火度的急剧下降。因此,对于硅砖来说,Al_2O_3 是非常有害的杂质,其他氧化物都没有像 Al_2O_3 有这样大的影响。在硅砖的制造和使用过程中,要严防 Al_2O_3 混入。

系统中液相量随温度的变化取决于液相线的形状。本分二元系统中莫来石的液相线 E_1F 在 1 595～1 700 ℃ 的区间比较陡峭,而在 1 700～1 850 ℃ 的区间则比较平坦。根据杠杆规则,这意味着一个处于 E_1F 组成范围内的配料加热到 1 700 ℃前系统中的液相量随温度升高增加并不多,但在 1 700 ℃以后,液相量将随温度升高而迅速增加。这是使用化学组成处于这一范围,以莫来石和石英为主要晶相的黏土质和高铝质耐火材料时,需要引起注意的。

在 A_3S_2-Al_2O_3 分二元系统中,A_2S_3 熔点(1 850 ℃),Al_2O_3 熔点(2 050 ℃)以及低共熔点(1 840 ℃)都很高。因此,莫来石质及刚玉质耐火砖都是性能优良的耐火材料。

3. MgO-SiO_2 系统相图

MgO-SiO_2 系统对镁质耐火材料(如方镁石砖、镁橄榄石砖)及镁质陶瓷的生产有密切关系。图 7.13 为 MgO-SiO_2 系统相图。本系统中有一个一致熔融化合物 M_2S(Mg_2SiO_4 镁橄榄石)和一个不一致熔融化合物 MS($MgSiO_3$,顽火辉石)。M_2S 的熔点很高,达 1 890 ℃。MS 则在 1 557 ℃分解为 M_2S 和 D 组成的液相。

在 MgO-SiO_2 这个分二元系统中,有一个溶有少量 SiO_2 的 MgO 有限固溶体单相区以及此固溶体与 Mg_2SiO_4 形成的低共熔点 C,低共熔温度是 1 850 ℃。

在 Mg_2SiO_4-SiO_2 分二元系统中,有一个低共熔点 E 和一个转熔点 D,在富硅的液相部分出现液相分层。这种在富硅液相发生分液的现象,不但在 MgO-SiO_2,CaO-SiO_2 系统,而且在其他碱金属和碱土金属氧化物与 SiO_2 形成的二元系统中也是普遍存在的。MS 在低温下的稳定晶型是顽火辉石,1 260 ℃转变为高温稳定的原顽火辉石。但在冷却时,原顽火辉石不易转变为顽火辉石,而以介稳态保持下来,或在 700 ℃以下转变为另一介稳态斜顽火辉石,伴随 2.6% 的体积收缩。原顽火辉石是滑石瓷中的主要晶相,如果制

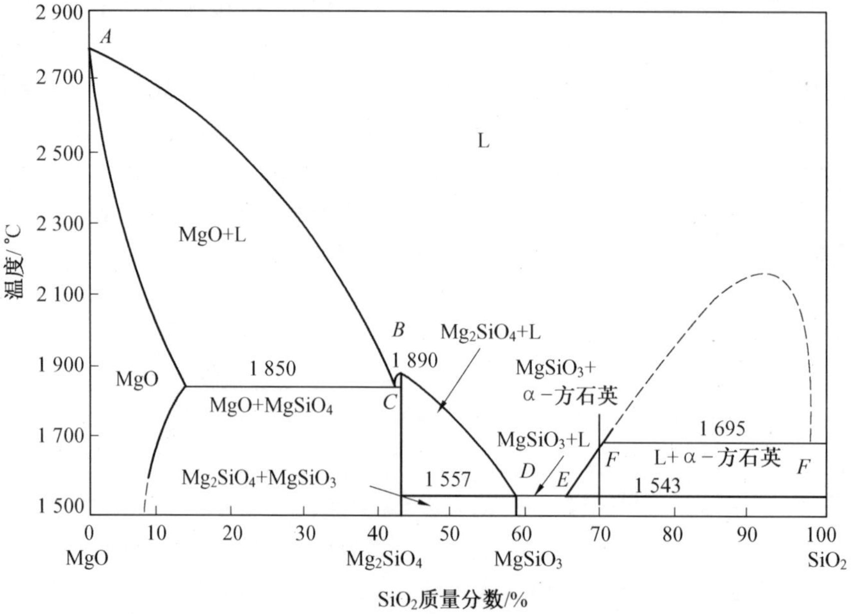

图 7.13 MgO-SiO₂ 系统相图

品中发生向斜顽火辉石的晶型转变,将会导致制品气孔率增加,机械强度下降,因而在生产上要采取稳定措施予以防止。MgO-SiO₂中的无变量点具体见表 7.8。

表 7.8 MgO-SiO₂ 中的无变量点

无变量点	相平衡	平衡性质	温度/℃	质量分数/%	
				MgO	SiO₂
A	液体⇌MgO	熔化	2 800	100	0
B	液体⇌Mg₂SiO₄	熔化	1 890	57.2	42.8
C	液体⇌MgO+ Mg₂SiO₄	低共熔	1 850	~57.7	42.3
D	Mg₂SiO₄+液体⇌MgSiO₃	转熔	1 557	~38.5	61.5
E	液体⇌MgSiO₃+α-方石英	低共熔	1 543	~35.5	64.5
F	液体 F′⇌液体 F+α-方石英	分解	1 659	~30	70
F'	液体 F′⇌液体 F+α-方石英	分解	1 659	~0.8	99.2

可以看出,在 MgO-Mg₂SiO₄ 这个分系统中的液相线温度很高(在低共熔温度 1 850 ℃以上),而在 Mg₂SiO₄-SiO₂分系统中液相线温度要低得多,因此,镁质耐火材料配料中 MgO 的质量分数应大于 Mg₂SiO₄ 中的 MgO 的质量分数,否则配料点落入 Mg₂SiO₄-SiO₂分系统,开始出现液相温度及低共熔温度急剧下降,造成耐火度大大下降。

4. Na₂O-SiO₂系统相图

Na₂O-SiO₂系统相图如图 7.14 所示,Na₂O 和 SiO₂是硅酸盐玻璃的主要成分,也是制造可溶性水玻璃的主要成分。Na₂O-SiO₂系统与玻璃的生产密切相关。由于在碱含量高时熔融碱的挥发,以及熔融物的腐蚀性很强,所以,在实验中 Na₂O 的摩尔分数只取

0~67%。在 $Na_2O\text{-}SiO_2$ 系统中存在四种化合物,即正硅酸钠($2Na_2O \cdot SiO_2$)、偏硅酸钠($Na_2O \cdot SiO_2$)、二硅酸钠($Na_2O \cdot 2SiO_2$)和 $3Na_2O \cdot 8SiO_2$。$2Na_2O \cdot SiO_2$ 在 1 118 ℃时不一致熔融,960 ℃发生多晶转变,因为在实用上关系不大,所以图中未予表示。$Na_2O \cdot SiO_2$ 为一致熔融化合物,熔点为 1 089 ℃。$Na_2O \cdot 2SiO_2$ 也为一致熔融化合物,熔点为 874 ℃,它有两种变体,分别为 α 型和 β 型,转化温度为 710 ℃。$3Na_2O \cdot 8SiO_2$ 在 808 ℃时不一致熔融,分解为石英和熔液,在 700 ℃时分解为 β-$Na_2O \cdot SiO_2$ 和石英。

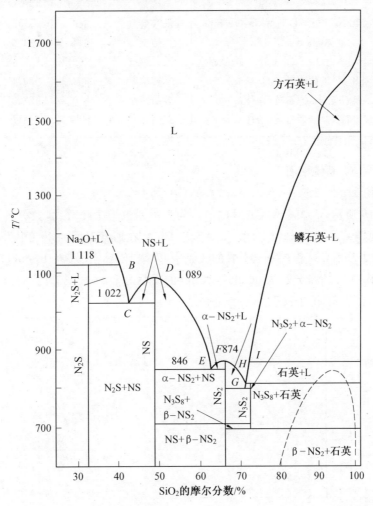

图 7.14 $Na_2O\text{-}SiO_2$ 系统相图(N 代表 Na_2O;S 代表 SiO_2)

在该相图富含 SiO_2(80%~90%)的地方有一个介稳的二液区,以虚线表示。组成在这个范围的透明玻璃重新加热到 580~750 ℃时,玻璃就会分相,变得乳浊。

这个系统的熔融物,经过冷却、粉碎倒入水中,加热搅拌,就得水玻璃。水玻璃的组分为 $Na_2O \cdot nSiO_2$,n 为水玻璃模数,通常为 2.0~3.5,一般取 3。水玻璃是一种矿物胶,也是陶瓷工业中为增加泥浆流动性而常用的一种泥浆解凝剂。

$Na_2O\text{-}SiO_2$ 系统相图中各无变量点的性质见表 7.9。

表 7.9　Na_2O-SiO_2 系统相图中各无变量点的性质

无变量点	相平衡	平衡性质	温度/℃	质量分数/%	
				MgO	SiO_2
B	Na_2O+液体$\Leftrightarrow 2Na_2O \cdot SiO_2$	转熔	1 118	58	42
C	液体$\Leftrightarrow 2Na_2O \cdot SiO_2 + Na_2O \cdot SiO_2$	低共熔点	1 022	56	44
D	液体$\Leftrightarrow Na_2O \cdot SiO_2$	熔化	1 089	50.8	49.2
E	液体$\Leftrightarrow 2Na_2O \cdot SiO_2 + \alpha$-$Na_2O \cdot SiO_2$	低共熔点	846	37.9	62.1
F	液体$\Leftrightarrow \alpha$-$Na_2O \cdot SiO_2$	熔化	874	34.0	66.0
G	液体$\Leftrightarrow \alpha$-$Na_2O \cdot SiO_2 + 3Na_2O \cdot 8SiO_2$	低共熔点	799	～28.6	～71.4
H	SiO_2+液体$\Leftrightarrow 3Na_2O \cdot 8SiO_2$	转熔	808	28.1	71.9
I	α-磷石英$\Leftrightarrow \alpha$-方石英（液体参与）	多晶转变	870	27.2	72.8
J	α-方石英$\Leftrightarrow \alpha$-磷石英（液体参与）	多晶转变	1470	～11	～89

5. CaO-Al_2O_3 系统相图

本系统有五个化合物：C_3A，$C_{12}A_7$，CA，CA_2 和 CA_6。

如图 7.15 所示，C_3A，CA，CA_2 和 CA_6，均为不一致熔融化合物，共分解温度分别为 1 539 ℃，1 602 ℃，1 762 ℃ 和 1 830 ℃。至于 $C_{12}A_7$ 在通常温度的空气中为一致熔融化合物，熔点为 1 392 ℃。若在完全干燥的气氛中，发现 C_3A 与 CA 在 1 360 ℃ 形成低共熔物，组成为 Al_2O_3 的质量分数为 50.65%、CaO 的质量分数为 49.35%。故此时一致熔融化合物 $C_{12}A_7$ 在状态，图中没有它的稳定相区。

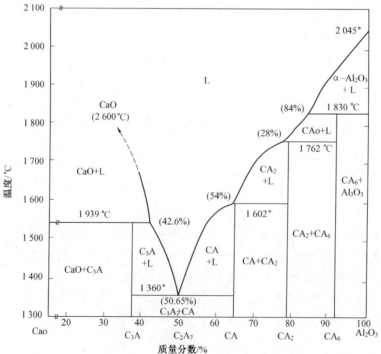

图 7.15　CaO-Al_2O_3 系统相图

C_2A 是硅酸盐水泥熟料中的重要矿物,它在加热时于 1 539 ℃分解为游离石灰和液相。C_2A 与水反应强烈,当硅酸盐水泥中 C_3A 多时,水泥就会硬化过快。

CA 是矾土水泥中的主要成分,在加热时于 1 602 ℃分解为 CA_2 和液相。CA 与水化合时反应快,产生的强度也高,故矾土水泥是快硬高强水泥。

CA_2 是耐火水泥中的主要成分,在加热时 1 762 ℃分解为 CA_6 和液相。

CA_6 在熔制的工业刚玉内有,在加热时于 1 830 ℃分解为 Al_2O_3 和液相。

$C_{12}A_7$ 在硅酸盐水泥和矾土水泥中有,熔点为 1 392 ℃。

6. $BaO\text{-}TiO_2$ 系统相图

$BaO\text{-}TiO_2$ 系统相图如图 7.16 所示。各无变量点性质列于表 7.10。系统中存在 $BaTi_4O_9$,$BaTi_2O_5$,$BaTi_3O_7$,$BaTiO_3$,Ba_2TiO_4 等五个化合物,其中 $BaTi_4O_9$,$BaTi_3O_7$,$BaTi_2O_5$ 为不一致熔融化合物,$BaTiO_3$,Ba_2TiO_4 为一致熔融化合物。

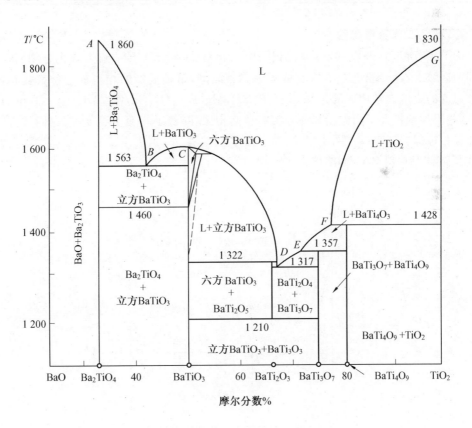

图 7.16 $BaO\text{-}TiO_2$ 系统相图

$BaTiO_3$ 是重要的铁电材料,分为六方 $BaTiO_3$ 和立方 $BaTiO_3$,这两者在高温下都含有一些过量固溶的 TiO_2,而 $BaTi_4O_9$ 则为微波通信的介质材料。

表 7.10 BaO-TiO₂ 系统中各无变量点的性质

图中标注	相间平衡	平衡性质	平衡温度/℃	质量分数/%	
				BaO	TiO₂
A	液体 $\Leftrightarrow$ Ba_2TiO_4	熔化	1 860	$\sim$33.3	$\sim$66.7
B	液体 $\Leftrightarrow$ Ba_2TiO_4 + $BaTiO_3$	低共熔	1 563	$\sim$42.5	$\sim$57.5
C	液体 $\Leftrightarrow$ $BaTiO_3$	熔化	1 613	50	50
D	液体 $\Leftrightarrow$ $BaTi_2O_5$ + $BaTi_3O_7$	低共熔	1 317	$\sim$68.5	$\sim$31.5
E	液体 + $BaTi_4O_9$ $\Leftrightarrow$ $BaTi_3O_7$	转熔	1 357	$\sim$72	$\sim$28
F	液体 + TiO_2 $\Leftrightarrow$ $BaTi_4O_9$	转熔	1 428	$\sim$78.5	$\sim$21.5
G	液体 $\Leftrightarrow$ TiO_2	熔化	1 830	$\sim$0	$\sim$100

7. ZrO₂-CaO 系统相图

图 7.17 所示为 ZrO_2-CaO 系统相图中二元系位于 ZrO_2 与一致熔融化合物 $CaZrO_3$ 之间的区域。ZrO_2 有四方、立方及单斜等多种晶型,每种晶型的相对稳定型都受到掺杂物和温度的影响。常用的稳定添加剂有 CaO,MgO,Y_2O_3,Gd_2O_3,ThO_2,CeO_2 和 HfO_2 等,这些添加剂扩大了四方相和立方相的平衡相区,降低了相变点温度,故它们常常能作为亚稳相被保留到室温。图中的立方ss、四方ss、单斜ss分别表示立方 ZrO_2 固溶体、四方 ZrO_2 固溶体及单斜 ZrO_2 固溶体。

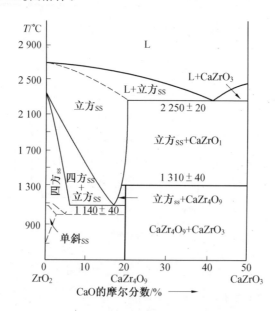

图 7.17 ZrO₂-CaO 系统富 ZrO₂ 一侧相图

由图 7.17 可见,立方 ZrO_2 固溶体与 $CaZrO_3$ 在 2 250 ℃ 出现低共熔。而四方 ZrO_2 固溶体、立方 ZrO_2 固溶体及单斜 ZrO_2 固溶体呈现较复杂的平衡共存现象。在低温时,有一个亚固相线平衡区域,在质量分数为 17% 的 CaO 处,1 140 ℃ 左右时四方 ZrO_2 固溶体、立方 ZrO_2 固溶体和 $CaZrO_3$ 达到了平衡,如果冷却时的动力学过程足够快,立方 ZrO_2 固溶

体就会分解成四方 ZrO_2 固溶体和 $CaZrO_3$。

8. ZrO_2-Y_2O_3 系统相图

ZrO_2-Y_2O_3 系统相图如图 7.18 所示。具有萤石(CaF_2)结构的立方 ZrO_2 在高温下具有优良的离子传导率。利用立方 ZrO_2 良好的离子传导性,再加入适量的立方 ZrO_2 稳定剂,可在室温下获得立方 ZrO_2 单相材料,即所谓的全稳定氧化锆,常用于制作各种氧探测器。将稳定剂的含量减少,使四方 ZrO_2 部分亚稳到室温,就可得到部分稳定氧化锆,或使四方 ZrO_2 全部亚稳到室温得到单相四方多晶氧化锆,TZP 在氧化物陶瓷中室温下强度和韧性最高。

图 7.19 示出了 ZrO_2-Y_2O_3 系统中富 ZrO_2 一侧相图。由图 7.19 可见,在 ZrO_2 中加入 Y_2O_3 后,使 ZrO_2 相变温度降低,并变成一个温度区间,起到了稳定高温相的作用,因此,Y_2O_3 常被称为 ZrO_2 的稳定剂。

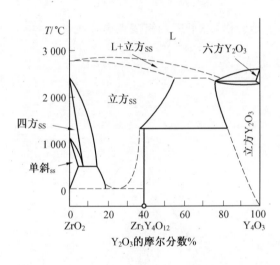

图 7.18 ZrO_2-Y_2O_3 系统相图

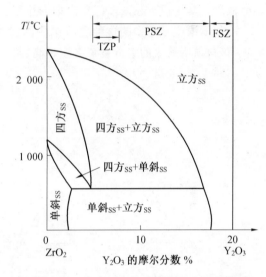

图 7.19 ZrO_2-Y_2O_3 系统富 ZrO_2 一侧相图

7.4 三元系统

对于三元凝聚系统,相律的表达式为

$$F = C - P + 1 = 4 - P$$

当 $F=0$,$P=4$,即三元凝聚系统中可能存在的平衡共存的相数最多为四个。当 $P=1$,$F=3$,即系统的最大自由度数为 3。这三个自由度指温度和三个组分中任意两个的浓度。为了描述三元系统的状态需要三个独立变量,其完整的状态图应是一个三坐标的立体图,但这样的立体图不便于应用,我们实际使用的是它的平面投影图。

7.4.1 三元相图一般原理

1. 三元系统组成表示方法

三元系统的组成与二元系统一样,可以用质量分数,也可以用摩尔分数。由于增加了一个组分,其组成已不能用直线表示。通常是使用一个每条边被均分为一百等份的等边三角形(浓度三角形)来表示三元系统的组成。图 7.20 是一个浓度三角形。浓度三角形的三个顶点表示三个纯组分 A,B,C 的一元系统;三条边表示三个二元系统 A-B,B-C,C-A 的组成,其组成表示方法与二元系统相同;而在三角形内的任意一点都表示一个含有 A,B,C 三个组分的三元系统的组成。

设一个三元系统的组成在 M 点(图 7.20),其组成可以用下面的方法求得。过 M 点作 BC 边的平行线,在 AB,AC 边上得到截距 $a＝A\%＝50\%$;过 M 点作 AC 边的平行线在 BC,AB 边上得到截距 $b＝B\%＝30\%$;过 M 点作 AB 边的平行线,在 AC,BC 边上得到截距 $c＝C\%＝20\%$;根据等边三角形的几何性质,不难证明:

$$a＋b＋c＝BD＋AE＋ED＝AB＝BC＝CA＝100\%$$

事实上,M 点的组成可以用双线法,即过 M 点引三角形两条边的平行线,根据它们在第三条边上的交点来确定,如图 7.21 所示。反之,若已知一个三元系统的组成,也可用双线法确定其组成点在浓度三角形内的位置。

根据浓度三角形的这种表示组成的方法,不难看出,一个三元组成点越靠近某一角顶,该角顶所代表的组分含量必定越高。

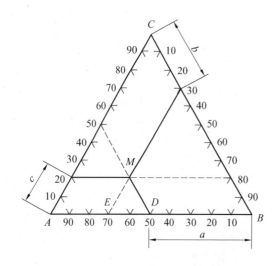

图 7.20　浓度三角形

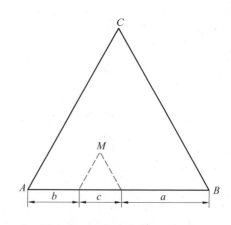

图 7.21　双线法确定三元组成

2. 等含量规则和定比例规则

在浓度三角形内,等含量规则和定比例规则对我们分析实际问题是十分有用的。

(1)等含量规则。

平行于浓度三角形某一边的直线上的各点,其第三组分的含量不变(等浓度线)。图 7.22 中 $MN\ /\!/\ AB$,则 MN 线上任一点的 C 含量相等,变化的只是 A,B 的含量。

(2)定比例规则。

从浓度三角形某角顶引出的射线上各点,另外两个组分含量的比例不变。图 7.22 中 CD 线上各点 A,B,C 三组分的含量皆不同,但 A 与 B 含量的比值是不变的,都等于 $BD：AD$。

此规则不难证明。在 CD 线上任取一点 O,用双线法确定 A 含量为 BF,B 含量为

AE。则 *BF*：*AE*＝*NO*：*MO*＝*BD*：*AD*。

上述两规则对不等边浓度三角形也是适用的。不等边浓度三角形表示三元组成的方法与等边三角形相同,各边须按本身边长均分为 100 等份。

3. 杠杆规则

杠杆规则是讨论三元相图十分重要的一条规则,它包括两层含义:

(1)在三元系统内,由两个相(或混合物)合成一个新相时(或新的混合物),新相的组成点必在原来两相组成点的连续上。

(2)新相组成点与原来两相组成点的距离和两相的量成反比。

设 *m* kg M 组成的相与 *n* kg N 组成的相合成为一个 $(m+n)$ kg 的新相 P(图 7.23)。按杠杆规则,新相的组成点 *P* 必在 *MN* 连线上,并且 *MP*：*PN*＝*n*：*m*。

上述关系可以证明如下:过 *M* 点作 *AB* 边平行线 *MR*,过 *M*,*P*,*N* 点作 *BC* 边平行线,在 *AB* 边上所得截距 a_1,x,a_2 分别表示 M,P,N 各相中 A 的含量。两相混合前与混合后的 A 量应该相等,即 $a_1m+a_2n=2(m+n)$,因而有

$$n：m=(a_1-x)：(x-a_2)=MQ：QR=MP：PN$$

根据上述杠杆规则可以推出,由一相分解为两相时,这两相的组成点必分布于原来的相点的两侧,且三点成一直线。

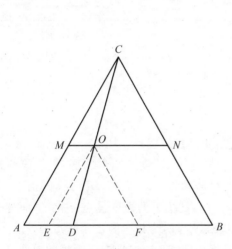

图 7.22　定比例规则的证明

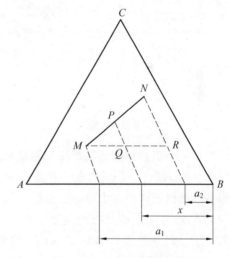

图 7.23　杠杆规则的证明

4. 重心规则

三元系统中的最大平衡相数是四。处理四相平衡问题时,重心规则是十分有用的。处于平衡的四相组成设为 *M*,*N*,*P*,*Q*,这四个相点的相对位置可能存在下列三种配置方式(图 7.24)。

(1)*P* 点处在 Δ*MNQ* 内部(图 7.24 (a))。根据杠杆规则,M 与 N 可以合成 S 相,而 S 相与 Q 相可以合成 P 相,即 M+N=S,S+Q=P,因而

$$M+N+Q=P$$

表明 P 相可以通过 M,N,Q 三相合成;反之,从 P 相可以分解出 M,N,Q 三相。*P* 点所处的这种位置,称为重心位。

(2)P 点处于 ΔMNQ 某条边(如 MN)的外侧,且在另两条边(QM, QN)的延长线范围内(图 7.24 (b))。根据杠杆规则,$P+Q=t, M+N=t$,因而有

$$P+Q=M+N$$

即从 P 和 Q 两相可以合成 M 和 N 相;反之,从 M, N 相可以合成 P, Q 相。P 点所处的这种位置,称为交叉位。

(3)P 点处于 ΔMNQ 某一角顶(如 MN)的外侧,且在形成此角顶的两条边(QM, NM)的延长线范围内(图 7.24 (c))。此时,运用两次杠杆规则可以得

$$P+Q+N=M$$

即从 P, Q, N 三相可以合成 M 相,按一定比例同时消耗 P, Q, N 三相可以得到 M 相。P 点所处的这种位置,称为共轭位。

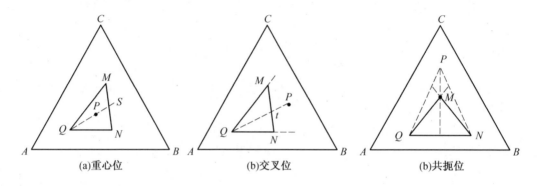

图 7.24 重心原理

7.4.2 三元相图类型

1. 具有一个低共熔点的简单三元系统相图(平面投影图)

图 7.25(a)是这一系统的立体状态图。它是一个以浓度三角形为底,以垂直于浓度三角形平面的纵坐标表示温度的三方棱柱体。三条棱边 AA', BB', BB' 分别表示 A, B, C 三个一元系统,A', B', C' 是三个组分的熔点,即一元系统中的无变量点;三个侧面分别表示三个简单二元系统 A-B, B-C, C-A 的状态图,E_1, E_2, E_3 为相应的二元低共熔点。

二元系统中的液相线在三元立体相图中发展为液相面,如 $A'E_1E'E_3$ 液相面即是一个饱和曲面,任何富 A 的三元高温熔体冷却到该液相面上的温度,即开始析出 A 晶体。所以液相面代表了两相平衡状态。$B'E_2E'E_1, C'E_3E'E_2$ 分别是 B, C 二组分的液相面。在三个液相面的上部空间则是熔体的单相区。

三个液相面彼此相交得到三条空间曲线 E_1E', E_2E' 及 E_3E',称为界线。在界线上的液相同时饱和着两种晶相,如 E_1E' 上任一点的液相对 A 和 B 同时饱和,冷却时同时析出 A 晶体和 B 晶体,因此界线代表系统的三相平衡状态,$F=4-P=1$。三个液相面、三条界线相交于 E' 点,E' 点的液相同时对三个组分饱和,冷却时将同时析出 A 晶体、B 晶体和 C 晶体。因此,E' 点是系统的三元低共熔点。在 E' 点系统处于四相平衡状态,自由度 $F=0$,因而是一个三元无变量点。

为了便于实际应用,将立体图向浓度三角形底面投影成平面团(图 7.25(b))。在平

面投影图上,立体图上的空间曲面(液相面)投影为初晶区Ⓐ,Ⓑ,Ⓒ,空间界线投影为平面界线 e_1E,e_2E,e_3E。e_1,e_2,e_3 分别是三个二元低共熔点 E_1,E_2,E_3 在平面上的投影,E 是三元低共熔点 E' 的投影。在平面投影图上表示温度,有如下几种表示方法。

(1)采取等温线表示,如 7.25(b)所示。在立体图上每隔一定温度间隔作平行于浓度三角形底面的等温截面,这些等温截面与液相面相交即得到许多等温线,然后将其投影到底面并在投影线上标上相应的温度值。很明显,液相面越陡,投影平面图上的等温线越密集。因此,投影图上等温线的疏密可以反映出液相面的倾斜程度(图 7.25)。由于等温线使相图图面变得复杂,有些三元相图上是不画的。

(2)在界线上(包括三角形的边上)用箭头表示二元液相线和三元界线的温度下降方向,如图 7.25(b)所示。

(3)对于一些特殊点,如各组分及化合物的熔点,二元、三元无变点的温度也往往直接在图上无变点附近注明。

(4)对于无变量点,其温度也常列表表示。

(5)也可根据分析析晶路程来判断点、线、面上温度的相对高低,对于界线的温度下降方向则往往需要运用后面将要学习的连线规则独立加以判断。

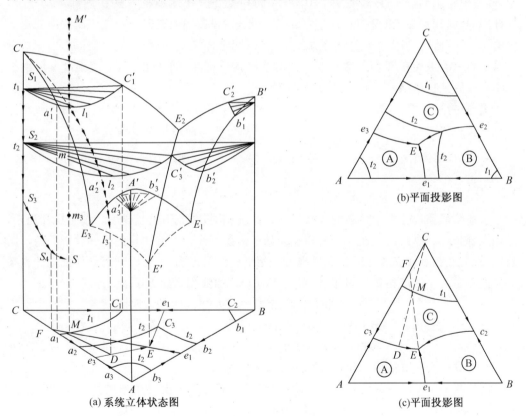

图 7.25 具有一个低共熔点的简单三元系统相图

简单三元系统的析晶路程分析用图 7.25(a)、(c)来讨论。将组成为 M 的高温熔体 M' 冷却,当其沿 $M'M$ 线向下移动到达 C 的液相面上的 l_1 点(l_1 点温度为 t_1,其位于 $a'_1C'_1$ 等温线上),液相开始析出 C 的第一粒晶体,因为固相中只有 C 晶体,固相点的位置处于

CC' 上的 S_1 点。液相点随后将随着温度下降沿着此液相面变化，但液相面上的温度下降方向有许多路线，根据定比例规则（或杠杆规则），当从液相只析出 C 晶体时，留在液相中的 A，B 两组分含量的比例不会改变，所以液相组成必沿着平面投影图上（图 7.25(c)）CM 连线延长线的方向变化（或根据杠杆规则，析出的晶相 C、系统总组成与液相组成必在一条直线上）。在空间图上，就是沿着 l_1l_3 变化。当系统冷却到 t_2 温度时，系统点达到 m_2，液相点到达 l_2，固相点则到达 S_2。根据杠杆规则，系统中的固相量随温度下降不断增加（虽然组成未变，仍为纯 C）。当冷却过程中系统点到达 m_3 时，液相点到达 E_3E' 界线上的 l_3 点（投影图上的 D 点），由于此界线是组分 A 和 C 的液相面的交线，因此从 l_3 液相中将同时析出 C 和 A 晶体，而液相组成必沿着 E_3E' 界线，向三元低共熔点 E' 的方向变化（在投影图上沿平面界线 e_3E 向温度下降的 E 点变化）。在此析晶路程中，固相除了 C 晶相外，还增加了 A 晶体，因而固相点将离开 S_3 向 S_4 点移动（在投影图上离开 C 点向 F 点移动）。当系统冷却到低共熔温度 T_E 时，系统点到达 S 点，液相点到达 E' 点，固相点到达 S_4 点（投影图上的 F 点）。按杠杆规则，这三点必在同一条等温的直线上。此时，从液相中开始同时析出 C，A，B 三种晶体，系统进入四相平衡状态，$F=0$。在这个等温析晶路程中，固相中除了 C，A 晶体又增加了 B 晶体，固相点必离开 S_4 点向三棱柱内部运动，按照杠杆规则，固相点必定沿着 $E'SS_4$ 直线向 S 点推进（投影图上离开 F 点沿 FE 线向三角形内的 M 点运动）。当固相点回到系统点 S（投影图上固相点回到原始配料组成点 M），意味着最后一滴液相在 E' 点结束结晶。此时系统重新获得一个自由度，系统温度又可继续下降。最后获得的结晶产物为晶相 A，B，C。

上面讨论 M 熔体的结晶路程用文字表达冗繁，我们常用平面投影图上固相、液相点位置的变化简明地加以表述（图 7.25(c)）。M 熔体的结晶路程可以表示为

$$M(\text{熔体})\xrightarrow[P=2,F=2]{L\to C}D[C,C+(A)]\xrightarrow[P=3,F=1]{L\to A+C}E(\text{到达})[F,A+C+(B)]$$

$$\xrightarrow[P=4,F=0]{L\to A+B+C}E(\text{消失})[M,A+B+C]$$

上述结晶路程分析中各项的含义与二元系统相同，在此不重复说明。按照杠杆规则，液相点、固相点、总组成点在任何时刻必须处于一条直线。这就使我们能够在析晶的不同阶段，根据液相点或固相点的位置反推另一组成点的位置，也可以利用杠杆规则计算某一温度下系统中的液相量和固相量（图 7.25(c)）。如液相到达 D 点时，有

固相量：液相量 $= CM：CD$

液相量：液固总量（配料量）$= CM：CD$

固相量：液固总量（配料量）$= MD：CD$

2. 生成一个一致熔融二元化合物的三元系统相图

由某两个组分间生成的二元化合物，其组成点必处于浓度三角形的某一条边上。设在 A，B 两组分间生成一个一致熔融化合物 S（图 7.26(a)），其熔点为 S'，S 与 A 的低共熔点为 e'_1，S 与 B 的低共熔点为 e'_2，图 7.26(a) 下部用虚线表示的就是 A-B 二元相图。在 A-B 二元相图上的 $e'_1S'e'_2$ 是化合物 S 的液相线，这条液相线在三元相图上必然会发展出一个 S 的液相面，即 S 初晶区。这个液相面与 A，B，C 的液相面在空间相交，共得五条界线，两个三元低共熔点 E_1 和 E_2。在平面图上 E_1 位于 Ⓐ Ⓢ Ⓒ 三个初晶区的交汇点，与 E_1

点液相平衡的晶相是 A,S,C。E_2 位于 Ⓢ Ⓑ Ⓒ 个初晶区的交汇点,与 E_2 点液相平衡的是 S,B,C 晶相。

一致熔融化合物 S 的组成点位于其初晶区 S 内,这是所有一致熔融二元或一致熔融三元化合物在相图上的特点。由于 S 是一个稳定化合物,它可以与组分 C 形成新的二元系统,从而将 A-B-C 三元系统划分为两个三元分系统 ASC 和 BSC。这两个三元分系统的相图形式与简单三元系统完全相同。显然,如果原始配料点落在 $\triangle ASC$ 内,液相必在 E_1 点结束析晶析晶产物为 A,S,C 晶体;如落在 $\triangle SBC$ 内,则液相在 E_2 点结束析晶,析晶产物为 S,B,C 晶体。

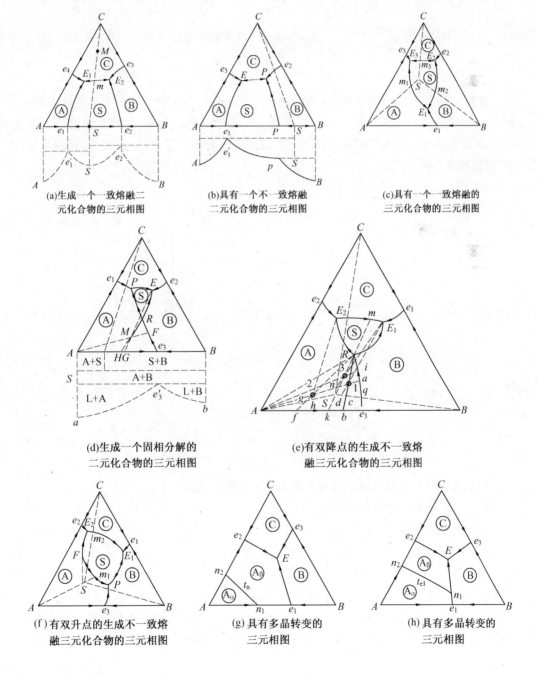

(a)生成一个一致熔融二
元化合物的三元相图

(b)具有一个不一致熔融
二元化合物的三元相图

(c)具有一个一致熔融的
三元化合物的三元相图

(d)生成一个固相分解的
二元化合物的三元相图

(e)有双降点的生成不一致熔
融三元化合物的三元相图

(f)有双升点的生成不一致熔
融三元化合物的三元相图

(g)具有多晶转变的
三元相图

(h)具有多晶转变的
三元相图

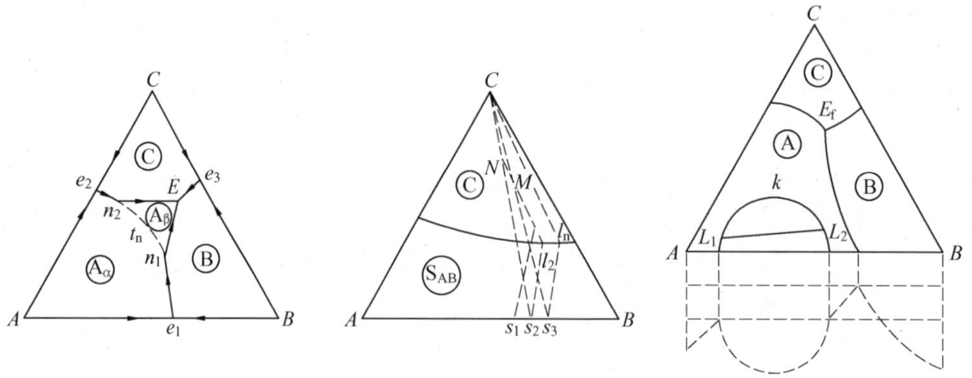

（i）具有多晶转变的
三元相图

（j）形成一个二元连续固
溶体的三元相图

（k）具有液相分层的
三元相图

图 7.26　三元凝聚系统相图基本类型

如同 e_4 是 A-C 二元低共熔点一样，连线 CS 上的 m 点必定是 C-S 二元系统中的低共熔点。而在分三元 A-S-C 的界线仍 mE_1 上，m 必定是整条 E_1E_2 界线上的温度最高点。同时 m 点又是 SC 连线（S-C 二元系统）上的温度最低点。因此，m 点通常称为"马鞍点"或"范雷恩点"（图 7.27）。

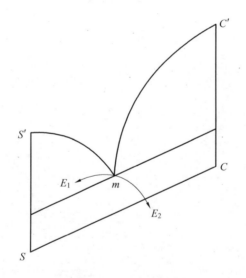

图 7.27　马鞍点示意图

3. 生成一个不一致熔融二元化合物的三元系统相图

图 7.26(b) 是生成一个不一致熔融二元化合物的三元系统相图。A，B 组分间生成一个不一致熔融化合物 S。在 A-B 二元相图中，$e_1'p'$ 是与 S 的平衡液相线，而化合物 S 的组成点不在 $e_1'p'$ 的组成范围内。液相线 $e_1'p'$ 在三元相图中发展为液相面，即 S 初晶区。显然，在三元相图中不一致熔融二元化合物 S 的组成点仍然不在其初晶区范围内。这是所有不一致熔融二元或三元化合物在相图上的特点。

由于 S 是一个高温分解的不稳定化合物，在 A-B 二元中，它不能和组分 A、组分 B 形成分二元系统，在 A-B-C 三元系统中，连线 CS 与图 7.26(a) 中的连线 CS 不同，它不代表一个真正的二元系统，它不能把 A-B-C 三元划分成两个分三元系统。相图中各相区、界线、无变量点的含义见表 7.11。

表 7.11　图 7.26(b)中各点、线、面的含义

点、线、面	性质	相平衡	点、线、面	性质	相平衡
e_1E	共熔线，$P=3$，$F=1$	$L \Leftrightarrow A+S$	e_3E	共熔线，$P=3$，$F=1$	$L \Leftrightarrow A+C$
pP	转熔线，$P=3$，$F=1$	$L+B \Leftrightarrow S$	A 区	A 的初晶区，$P=2$，$F=2$	$L \Leftrightarrow A$
e_2P	共熔线，$P=3$，$F=1$	$L \Leftrightarrow C+B$	B 区	B 的初晶区，$P=2$，$F=2$	$L \Leftrightarrow B$
E	低共熔点，$P=4$，$F=0$	$L_E \Leftrightarrow A+C+S$	C 区	C 的初晶区，$P=2$，$F=2$	$L \Leftrightarrow C$
P	转熔点，$P=4$，$F=0$	$L_P+B \Leftrightarrow S+C$	S 区	S 的初晶区，$P=2$，$F=2$	$L \Leftrightarrow S$

一个复杂的三元相图上往往有许多界线和无变点，只有首先判明这些界线和无变点的性质，才有可能讨论系统中任一配料在加热和冷却过程中发生的相变化。所以，在分析三元相图析晶路程以前，我们首先学习几条十分重要的规则。

（1）连线规则。

连线规则是用来判断界线温度变化方向的。

"将一界线（或其延长线）与相应的连线（或其延长线）相交，其交点是该界线上的温度最高点。"连线与界线相交有三种情况，如图 7.28 所示。SC 为连线，E_1E_2 为相应界线。

所谓"相应的连线"，指与界线上液相平衡的两晶相组成点的连接直线。图 7.26(b)中界线 e_2P 界线与其组成点连线 BC，交于 e_2 点，则 e_2 点是界线上的温度最高点，表示温度下降方向的箭头应指向 P 点。界线 EP 与其相应连线 CS 不直接相交，此时需延长界线使其相交，交点在 P 点右侧，因此，温降箭头应从 P 点指向 E 点。

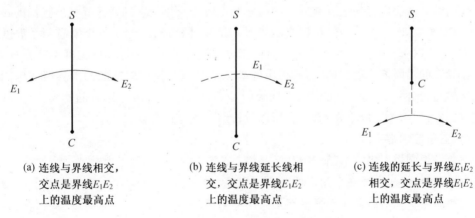

(a) 连线与界线相交，交点是界线E_1E_2上的温度最高点　　(b) 连线与界线延长线相交，交点是界线E_1E_2上的温度最高点　　(c) 连线的延长与界线E_1E_2相交，交点是界线E_1E_2上的温度最高点

图 7.28　连线与界线相交的三种情况

（2）切线规则。

切线规则用于判断三元相图上界线的性质。

"将界线上某一点所做的切线与相应的连线相交，如交点在连线上，则表示界线上该处具有共熔性质；如交点在连线的延长线上，则表示界线上该处具有转熔性质，远离交点的晶相被回吸。"

图 7.26(b)上的界线 e_1E 任一点切线都交于相应连线 AS 上，所以是共熔线。pP

上任一点切线都交于相应连线 BS 的延长线上,所以是一条转熔线,冷却时远离交点的 B 晶体被回吸,析出 S 晶体。图 7.26(f)上的界线 E_2P 上任一点切线与相应的连线 AS 相交有两种情况,在 E_2F 段,交点在连线上,而在 FP 段,交点在 AS 的延长线上。因此,E_2F 段界线具有共熔性质,冷却时从液相中同时析出 A,S 晶体;而 FP 段具有转熔性质,冷却时远离交点的 A 晶体被回吸,析出 S 晶体。F 点是界线上的一个转折点。

为了区别这两类界线,在三元相图上共熔界线的温度下降方向规定用单箭头表示,而转熔界线的温度下降方向则用双箭头表示。

(3)重心规则。

重心规则用于判断无量变点的性质。

"如无量变点处于其相应副三角形的重心位,则该无变点为低共熔点;如无变点处于其相应副三角形的交叉位,则该无变点为单转熔点;如无变点处于其相应副三角形的共轭位,则该无变点为双转熔点。"

所谓相应的副三角形,指与该无变点液相平衡的三个晶相组成点连成的三角形。图 7.26(f)无变点 E_1 处于相应副三角形 $\triangle SBC$ 的重心位,因而是低共熔点。无变量点 P 处于其相应副三角形 $\triangle ABS$ 的交叉位,因此 P 点是一个单转熔点,回吸的晶相是远离 P 点的角顶 A,析出的晶相是 S 和 B。在 P 点发生下列相变化:$L_P+A \rightarrow S+B$。图 7.26(e)中无变量点 R 处于相应的副三角形 $\triangle ABS$ 的共轭位,因而 R 是一个双转熔点。根据重心原理,被回吸的两种晶相是 A 和 B,析出的则是晶相 S。在 R 点发生下列相变化:$L_R+A+B \rightarrow S$。

判断无变点性质,除了上述重心规则,还可以根据界线的温降方向。凡属低共熔点,则三条界线的温降箭头一定都指向它。凡属单转熔点,两条界线的温降箭头指向它,另一条界线的温降箭头则背向它。被回吸的晶相是温降箭头指向它的两条界线所包围的初晶区的晶相(图 7.26(b)中的 P 点,回吸的是晶相 B)。因为从该无变点出发有两个温度升高的方向,所以单转熔点又称双升点。凡属双转熔点,只有一条界线的温降箭头指向它,另两条界线的温降箭头则背向它,所析出的晶体是温降箭头背向它的两条界线所包围的初晶区的晶相(图 7.26(e)中的 R 点,回吸的是 A,B 晶体,析出的是 S 晶体)。因为从该无变点出发,有两个温度下降的方向,所以双转熔点又称双降点。

(4)三角形规则。

三角形规则用于确定结晶产物和结晶终点。

"原始熔体组成点所在三角形的三个顶点表示的物质即为其结晶产物;与这三个物质相应的初晶区所包围的三元无变量点是其结晶结束点。"

根据此规则,凡组成点落在图 7.26(b)上 $\triangle SBC$ 内的配料,其高温熔体析晶过程完成以后所获得的结晶产物是 S,B,C,而液相在 P 点消失。凡组成点落在 $\triangle ASC$ 内的配料,其高温熔体析晶过程完成以后所获得的析晶产物为 A,S,C,液相则在 E 点消失。运用这一规律,我们可以验证对结晶路程的分析是否正确。

图 7.29 是图 7.26(b)中富 B 部分的放大图。图上共列出六个配料点,其析晶路程具有代表性。我们分别讨论其冷却析晶过程。

熔体 1 的析晶路程:

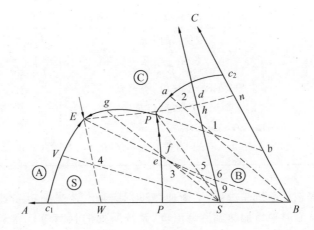

图 7.29　析晶路程分析

$$熔体\ 1\xrightarrow[P=1,F=3]{L}1[B,(B)]\xrightarrow[P=2,F=2]{L\to B}a[B,B+(C)]\xrightarrow[P=3,F=1]{L\to B+C}$$

$$P(到达)[b,B+C+(S)]\xrightarrow[P=4,F=0]{L+B\to S+C}P(消失)[1,S+B+C]$$

熔体 2 的析晶路程:

$$熔体\ 2\xrightarrow[P=1,F=3]{L}2[B,(B)]\xrightarrow[P=2,F=2]{L\to B}a[B,B+(C)]\xrightarrow[P=3,F=1]{L\to B+C}$$

$$P(到达)[n,B+C+(S)]\xrightarrow[P=4,F=0]{L+B\to S+C}P(离开)[d,S+C(B\ 消失)]\xrightarrow[P=3,F=1]{L\to S+C}$$

$$E(到达)[h,B+C+(A)]\xrightarrow[P=4,F=0]{L\to A+S+C}E(消失)[2,A+S+C]$$

熔体 3 的析晶路程:

$$熔体\ 3\xrightarrow[P=1,F=3]{L}3[B,(B)]\xrightarrow[P=2,F=2]{L\to B}e[B,B+(S)]\xrightarrow[P=3,F=1]{L+B\to S}$$

$$f[S,S+(B\ 消失)]\xrightarrow[P=2,F=2]{L\to S(穿相区)}g[S,S+(C)]\xrightarrow[P=3,F=1]{L\to S+A}$$

$$E(到达)[q,S+C+(A)]\xrightarrow[P=4,F=0]{L\to A+S+C}E(消失)[3,A+S+C]$$

熔体 4 的析晶路程:

$$熔体\ 4\xrightarrow[P=1,F=3]{L}4[S,(S)]\xrightarrow[P=2,F=2]{L\to S}V[S,S+(A)]\xrightarrow[P=3,F=1]{L\to A+S}$$

$$E(到达)[W,A+S+(C)]\xrightarrow[P=4,F=0]{L\to A+S+C}E(消失)[4,A+S+C]$$

熔体 5 的析晶路程:

$$熔体\ 5\xrightarrow[P=1,F=3]{L}5[B,(B)]\xrightarrow[P=2,F=2]{L\to B}e[B,B+(S)]\xrightarrow[P=3,F=1]{L+B\to S}(不停留)$$

$$[S,S+(C)]\xrightarrow[P=3,F=1]{L\to S+C}E(到达)[r,S+C+(A)]\xrightarrow[P=4,F=0]{L\to A+S+C}E(消失)[5,A+S+C]$$

熔体 6 的组成刚好在 SC 连线上,最终的析晶产物为晶体 S 和晶体 C,在 P 点析晶结束。其析晶路程请读者自己分析。

从以上析晶过程分析,可得到许多规律性的东西。现总结于表 7.12 中。

表 7.12　不同组成熔体的析晶规律

组成	无变量点的反应	析晶终点	析晶终相
组成在 $\triangle ASC$ 内	$L_E \Leftrightarrow A+S+C$，B 先消失	E	$A+S+C$
组成在 $\triangle BSC$ 内	$L_P+B \Leftrightarrow S+C$，$L_P$ 先消失	P	$B+S+C$
组成在 SC 连线上	$L_P+B \Leftrightarrow S+C$，B 和 L_P 同时消失	P	$S+C$
组成在 pPS 内	$L_E \Leftrightarrow A+S+C$，穿相区，不经过 P 点	E	$A+S+C$
组成在 PS 内	$L_E \Leftrightarrow A+S+C$，在 P 点不停留	E	$A+S+C$

　　上面讨论的都是平衡析晶过程，平衡加热过程应是上述平衡析晶过程的逆过程。从高温平衡冷却和从低温平衡加热到同一温度，系统所处的状态应是完全一样的。在分析了平衡析晶以后，我们再以配料 4 为例说明平衡加热过程。配料 4 处于 $\triangle ASC$ 内，其高温熔体平衡析晶终点是 E 点，因而配料中开始出现液相的温度应是 T_E，此时，A＋S＋C$\Leftrightarrow L_E$（注意：原始配料用的是 A，B，C 三组分，但按热力学平衡状态的要求，在低温下 A，B 已通过固相反应生成化合物 S，B 已耗尽。由于固相反应速度很慢，实际过程往往并非如此。这里讨论的前提是平衡加热），即在 T_E 温度下 A，S，C 晶体不断低共熔生成 E 组成的熔体。由于四相平衡，液相点保持在 E 点不变，固相点则沿 E_4 连线延长线方向变化，当固相点到达 AB 边上的 W 点，表明固相中的 C 晶体已熔完，系统温度可以继续上升。由于系统中此时残留的晶相是 A 和 S，因而液相点不可能沿其他界线变化，只能沿与 A、S 晶相平衡的 e_1E 界线向温升方向的 e_1 点运动。e_1E 是一条共熔界线，升温时发生共熔过程 A＋S$\Leftrightarrow$L，A 和 S 晶体继续融入熔体。当液相点到达 V 点，固相组成从 W 点沿 AS 线变化到 S 点，表明固相中的 A 晶体已全部熔完，系统进入液相与 S 晶体的两相平衡状态。液相点随后将随温度升高，沿 S 的液相面从 V 点向 4 点接近。温度升到液相面上的 4 点温度，液相点与系统点（原始配料点）重合，最后一粒 S 晶体熔完，系统进入高温熔体的单相平衡状态，不难看出，此平衡加热过程是配料 4 熔体的平衡冷却析晶过程的逆过程。

4. 生成一个固相分解的二元化合物的三元系统相图

　　图 7.26(d) 中，A，B 二组分间生成一个固相分解的化合物 S，其分解温度低于 A，B 二组分的低共熔温度，因而不可能从 A，B 二元的液相线 ae_3' 及 be_3' 直接析出 S 晶体。但从二元发展到三元时，液相面温度是下降的，如果降到化合物 S 的分解温度 T_R 以下，则有可能从液相中直接析出 S。图中 S 即为二元化合物 S 在三元中的初晶区。

　　该相图的一个异常特点是系统具有三个无变量点 P，E，R，但只能划出与 P，E 点相应的副三角形。与 R 点液相平衡的三晶相 A，S，B 组成点处于同一直线，不能形成一个相应的副三角形。根据三角形规则，在此系统内任一三元配料只可能在 P 点或 E 点结束结晶，而不能在 R 点结束结晶。根据三条界线温降方向判断，R 点是一个双转熔点，在 R 点发生转熔过程 $L_R+A+B \Leftrightarrow S$。如果分析 M 点结晶路程，可以发现，在 R 点进行上述转熔过程时，实际上液相量并未减少，所发生的变化仅仅是 A 和 B 生成化合物 S（液相起介质作用），R 点因此当然不可能成为析晶终点。像 R 这样的无变量点常被称为过渡点。

　　图 7.26(d) 中 M 熔体在冷却过程中的析晶路程如下：

$$M(\text{熔体}) \xrightarrow[P=1,F=3]{L} M[A,(A)] \xrightarrow[P=2,F=2]{L \to A} F[A,A+(B)] \xrightarrow[P=3,F=1]{L \to A+B}$$

$$R(\text{到达})[H, A+B+(S)] \xrightarrow[P=4, F=0]{L+A+B \to S} R(\text{离开})[H, S+B+(A \text{消失})]$$

$$\xrightarrow[P=3, F=1]{L \to S+B} E(\text{到达})[G, S+B+(C)] \xrightarrow[P=4, F=0]{L \to S+B+C} E(\text{消失})[M, S+B+C]$$

5. 具有一个一致熔融三元化合物的三元系统相图

图 7.26(c) 中的三元化合物 S 的组成点处于其初晶区 S 内,因而是一个一致熔融化合物。由于生成的化合物是一个稳定化合物,连线 SA, SB, SC 都代表一个独立的二元系统,m_1, m_2, m_3 分别是其二元低共熔点。整个系统被三根连线划分成三个简单三元 A-B-S,B-S-C 及 A-S-C,E_1, E_2, E_3 分别是它们的低共熔点。

6. 具有一个不一致熔融三元化合物的三元系统相图

图 7.26(e) 及 (f) 中三元化合物 S 的组成点位于其初晶区 S 以外,因而是一个不一致熔融化合物。在划分成副三角形后,根据重心规则判断,图 7.26(f) 中的 P 点是单转熔点,在 P 点发生转熔过程 $L_P + A \Leftrightarrow B + S$。图 7.26(e) 中的 R 点是一个双转熔点,在 R 点发生的相变化是 $L_R + A + B \Leftrightarrow S$。按照切线规则判断界线性质时,发现图 7.26(f) 上 $E_2 P$ 线具有从共熔性质变为转熔性质的转折点,因而在同一条界线上既有单箭头又有双箭头。

本系统配料的结晶路程可因配料点位置不同而出现多种变化,特别在转熔点的附近区域。图 7.26 (e) 中 1,2,3 点的析晶路程分析如下。

熔体 1 的析晶路程:

$$\text{熔体 } 1 \xrightarrow[P=1, F=3]{L} 1[A, (A)] \xrightarrow[P=2, F=2]{L \to A} a[A, A+(B)] \xrightarrow[P=3, F=1]{L \to A+B}$$

$$R(\text{到达})[b, A+B+(S)] \xrightarrow[P=4, F=0]{L+A+B \to S} R(\text{离开})[c, S+B+(A \text{消失})]$$

$$\xrightarrow[P=3, F=1]{L+B \to S} E_1(\text{到达})[d, S+B+(C)] \xrightarrow[P=4, F=0]{L \to S+B+C} E_1(\text{消失})[1, S+B+C]$$

熔体 2 的析晶路程:

$$\text{熔体 } 2 \xrightarrow[P=1, F=3]{L} 2[A, (A)] \xrightarrow[P=2, F=2]{L \to A} a[A, A+(B)] \xrightarrow[P=3, F=1]{L \to A+B}$$

$$R(\text{到达})[f, A+B+(S)] \xrightarrow[P=4, F=0]{L+A+B \to S} R(\text{消失})[g, A+S+(B \text{消失})]$$

$$\xrightarrow[P=3, F=1]{L+A \to S} E_2(\text{到达})[h, A+S+(C)] \xrightarrow[P=4, F=0]{L \to A+S+C} E_2(\text{消失})[2, A+S+C]$$

熔体 3 的析晶路程:

$$\text{熔体 } 3 \xrightarrow[P=1, F=3]{L} 3[A, (A)] \xrightarrow[P=2, F=2]{L \to A} j[A, A+(B)] \xrightarrow[P=3, F=1]{L \to A+B}$$

$$R(\text{到达})[k, A+B+(S)] \xrightarrow[P=4, F=0]{L+A+B \to S} R(\text{离开})[S, S+(A, B \text{同时消失})]$$

$$\xrightarrow[P=2, F=2]{L \to S(\text{穿相区})} m[S, S+(C)] \xrightarrow[P=3, F=1]{L \to S+C} E_1(\text{到达})[n, S+C+(B)]$$

$$\xrightarrow[P=4, F=0]{L \to S+B+C} E_1(\text{消失})[3, S+B+C]$$

7. 固相具有多晶转变的三元系统相图

图 7.26(g)、(h)、(i) 中的组分 A 高温下的晶型是 α 型,t_n 温度下转变为 β 型。t_n 和 A-B、A-C 两个系统的低共熔点有不同的相对位置,分为三种不同的情况:第一种,$t_n > e_1$,

$t_n > e_2$(图 7.26(g));第二种情况,$t_n < e_1$,$t_n > e_2$(图 7.26(h));第三种情况,$t_n < e_1$,$t_n < e_2$(图 7.26(i))。

显然,三元相图上的晶型转变线与某一等温线是重合的,该等温线表示的温度即晶型转变温度。

8. 形成一个二元连续固溶体的三元系统相图(其他两个均为最简单的二元系统)

这类系统的相图如图 7.26(j)所示。组分 A,B 形成连续固溶体,而 A-C,B-C 则为两个简单二元。在此相图上有一个 C 的初晶区,一个 $S_{A(B)}$ 固溶体的初晶区。从界线液相中同时析出 C 晶体和 $S_{A(B)}$ 固溶体。结线 l_1S_1,l_2S_2,l_nS_n 表示与界线上不同组成液相相平衡的 $S_{A(B)}$ 固溶体的不同组成。由于此相图上只有两个初晶区和一条界线,不可能出现四相平衡,所以相图上没有三元无变点。

M 熔体冷却时首先析出 C 晶体,液相点到达界线上的 l_1 后,从液相中同时析出 C 晶体和 S_1 组成的固溶体。当液相点随温度下降沿界线变化到 l_2 点时,固溶体组成到达 S_2 点,固相总组成点在 l_2M 的延长线与 CS_2 连线的交点 N。当固溶体组成到达 S_n 点,C,M,S_n 三点成一直线时,液相必在 l_n 消失,析晶过程结束。

9. 具有液相分层的三元系统相图

图 7.26(k)中的 A-C,B-C 均为简单二元系统,而 A-B 二元中有液相分层现象。从二元发展为三元时,C 组分的加入使分液范围逐渐缩小,最后在 K 点消失。在分液区内,两个相互平衡的液相组成,由一系列结线表示(如图中的连结线 L_1L_2)。

10. 三组分生成连续固溶体的三元系统相图

这类相图的立体图如图 7.30 所示。立体图被一个凸起的液相面和向下凹的固相面划分为三个空间。液相面以上的空间为液相区;固相面以下的空间为固溶体 S_{ABC} 固相区;两个曲面间所包围的空间则为固溶体 S_{ABC} 固相与液相共存区。

图 7.30 中的 S_1l_1 和 S_nl_n 是固溶体晶相和液相在等温平衡时(组成)的连结线。l_1l_n 是熔体 M 在结晶路程中液相组成沿液相面变化的途径,称为结晶线。S_1S_n 为相应的固溶体组成的变化途径。

图 7.31 为图 7.30 在其底部的投影。其中表示各等温面(t_1,t_2,t_n)与液相面和固相面相交得出的等温液相线(实线)和固相线(虚线),以及组成为 M 的熔体的结晶过程中固液相组成的变化途径。由图 7.31 可以看出,熔体 M 冷却到 t_1 温度时开始析出固溶体,而在 t_n 温度下结晶结束。

下面介绍熔体 M 的结晶路程。当熔体的状态由 M' 点变化到 l_1 点时,从溶液中开始析出组成为 S_1 的固溶体。在图 7.31 中则根据切线规则通过 M 点作切线,与 t_1 固相等温线交于 S_1 点。继续冷却时,液相组成沿曲线 l_1l_n 从 l_1 向 l_n 点,固相组成则沿曲线 S_1S_n 从 S_1 向 S_n 变化。l_1l_n 和 S_1S_n 并不在同一垂直平面上,在图 7.30 中的投影 $M(l_1)l_n$ 和 $S_1M(S_n)$ 就说明了这一点。液相组成在结晶过程中逐渐离开原来的组成,而固溶体 S_{ABC} 的组成则向原始组成靠近。当液相消失时,固溶体的组成点到达 S_n 点(图 7.30 个 t_n 上的 M 点),结晶结束。在熔体 M 的整个结晶过程中,连接 l_1l_n 和 S_1S_n 曲线上各相应点得到的结线,一方面保持其水平状态,同时它的一端沿曲线 l_1l_n,另一端沿曲线 S_1S_n,以 $M'S_n$ 为轴,不停地转动。另外,在析出初晶相的过程中,液相组成的变化,不是像前面所讨论的各种相图那样沿直线进行,而是沿已知的弯曲结晶线变化,如图 7.31 所示。初晶相的组成也同样随温度的变化而沿着另一曲线变化。

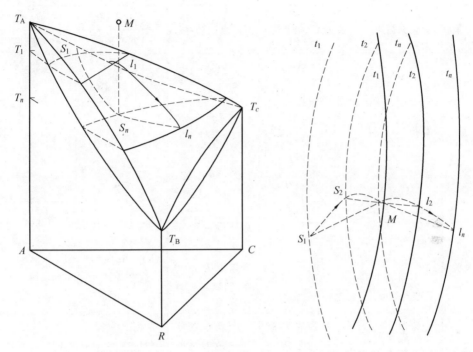

图 7.30　三组分生成连续固溶体的三元系统相图(立体图)　图 7.31　图 7.30 在其底部的投影

7.4.3　分析复杂相图的主要步骤

以上讨论了三元相图的 10 种基本类型、分析方法及主要规律,它是分析复杂相图的基础。有关专业的实际相图,经常包含多种化合物,大多比较复杂。为了看图和用图的方便,经常需要对复杂系统进行基本分析。现将其主要步骤概括如下:

(1)判断化合物的性质。根据化合物组成点是否在其初晶区内,判断化合物性质属一致熔或不一致熔。

(2)划分三角形。按照三角形化的原则和方法划分三角形,使复杂相图简单化。

(3)标出界线上温度下降方向。应用连结线规则(即温度最高点规则)判断或标出界限曲线的温度箭头。

(4)判断界线性质。应用切线规则判断界限曲线的性质:共熔线(标单箭头)或转路线(标双箭头)或有性质转变点的界线。

(5)确定无变量点的性质。根据三元无变量点与其对应三角形的相对位置关系,或者根据汇交无变量点的三条界线上的温度下降方向,来确定无变量点的性质。三元无变量点的类型和判别方法见表 7.13。

(6)分析冷却析晶路程(或加热熔融过程)。按照冷却(或加热)过程的相交规律,选择一些物系点分析析晶(或熔融)路程。必要时根据杠杆规则进行计算和判断。

表 7.13 三元无变量点类型及判别方法

性　质	低共熔点	双升点（单转熔）	双降点（双转熔）	过渡点（化合物分解或形成）	
				双升形	双降形
图例	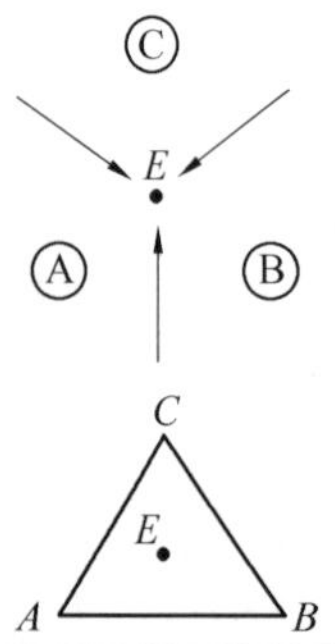	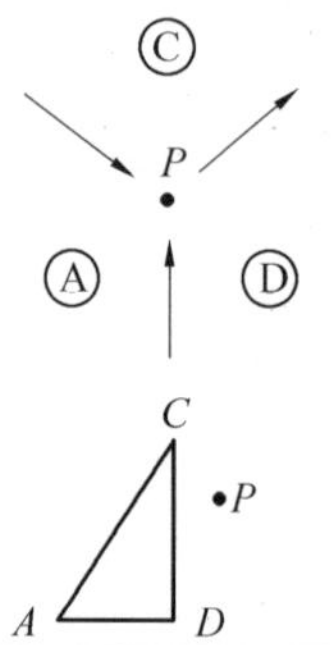	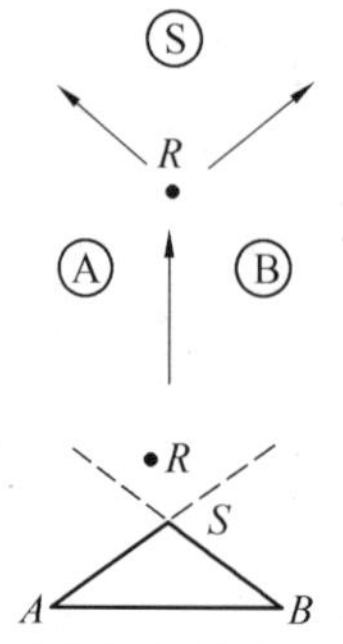	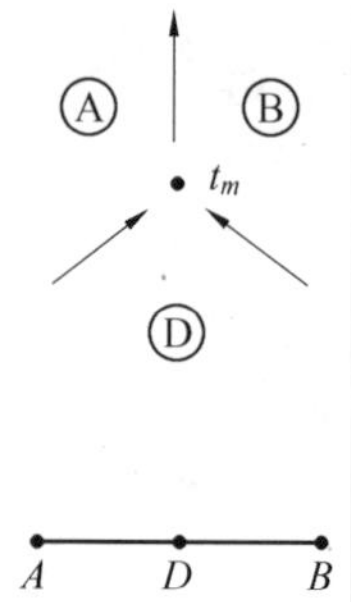	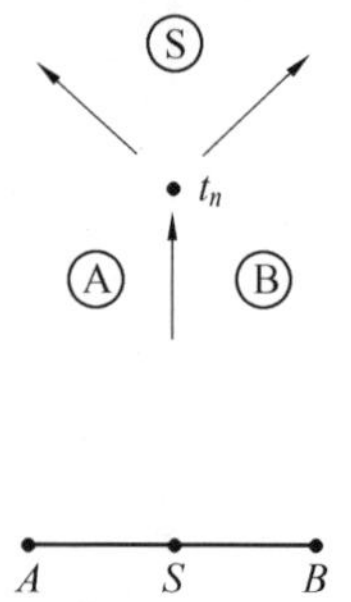
相平衡关系	$L_{(E)} \Leftrightarrow A + B + C$ 三固相共析晶或共熔	$L_{(P)} + A \Leftrightarrow D + C$ 远离 P 点的晶相 (A) 转熔	$L_{(R)} + A + B \Leftrightarrow S$ 远离 R 点的两晶相 $(A+B)$ 转熔	$(L) + A_m B_n \Leftrightarrow mA + nB + (L)$ 化合物 $A_m B_n (D)$ 的分解或形成	
判别方法	E 点在对应分三角形之内构成重心关系	P 点在对应分三角形之外构成相对位置关系	R 点在对应分三角形之外构成共轭位置关系	过渡点无对应三角形,相平衡的三晶相组成点在一条直线上	
是否析晶终点	是	视物系组成点位置而定	同左	否 （只是析晶过程经过点）	

1. CaO-Al$_2$O$_3$-SiO$_2$ 系统

CaO-Al$_2$O$_3$-SiO$_2$ 系统的三元相图图形比较复杂,如图 7.32 所示。我们按如下步骤详细阅读。

(1)首先看系统中生成多少化合物,找出各化合物的初晶区,根据化合组成点与其初晶区的位置关系,判断化合物的性质。本系统共有 10 个二元化合物,其中有四个一致熔融化合物:CS,C$_2$S,C$_{12}$A$_7$,A$_3$S$_2$,六个不一致熔融化合物:C$_3$S$_2$,C$_3$S,C$_3$A,CA,CA$_2$,CA$_6$。两个三元化合物 CAS$_2$(钙长石)及 C$_2$AS(铝方柱石)都是一致熔融的。这些化合物的熔点或分解温度都标在相图上各自的组成点附近。

(2)如果界线上未标明等温线,也未标明界线的温降方向,则需要运用连线规则,首先判明各界线的温度下降方向,再用切线规则判明界线性质。然后,在界线上打上相应的单箭头或双箭头。

(3)运用重心规则判断各无变点性质。如果在判断界线性质时,已经先画出了与各界线相应的连线,则与无变点相应的副三角形已经自然形成;如果先画出与各无变点相应的副三角形,则与各界线相应的连线也会自然形成。

需要注意的是,不能随意在两个组成点间连线或在三个组成点间连副三角形。如 A$_3$S$_2$ 与 CA 组成点间不能连线,因为相图上这两个化合物的初晶区并无共同界线,液相与

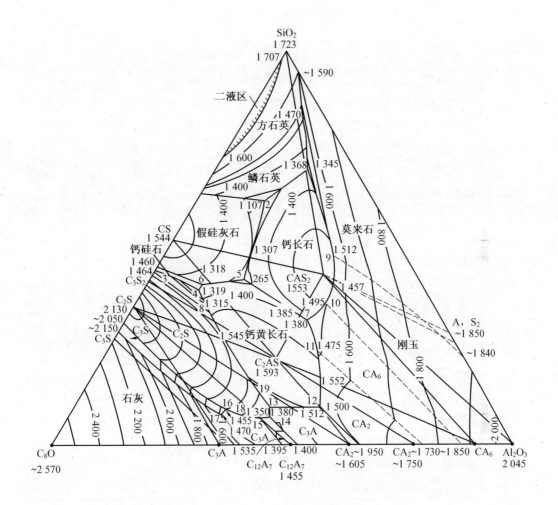

图 7.32 CaO-Al₂O₃-SiO₂ 系统相图

这两个晶相并无平衡共存关系,在 A₂S₂,CA,Al₂O₃ 的组成点间也不能连副三角形,因为相图上不存在这三个初晶区相交的无变点,它们并无共同析晶关系。

三元相图上的无变点必定都处于三个初晶区、三条界线的交点,而不可能出现其他形式,否则是违反相律的。

在一般情况下,有多少个无变点,就可以将系统划分成多少相应的副三角形(有时副三角形的数目可能少于无变点数目)。本系统共有 19 个无变点,除去晶型转变点,整个相图可以划分成 15 个副三角形。在副三角形划分以后,根据配料点所处的位置,运用三角形规则,就可以很容易地预先判断任一配料的结晶产物和结晶终点。

本系统 15 个无变点的性质、温度和组成见表 7.14。

表 7.14 系统中的无变量点及其性质

图中点号	相平衡	平衡性质	平衡温度/℃	质量分数/%		
				CaO	Al$_2$O$_3$	SiO$_2$
1	L⇌鳞石英＋CAS$_2$＋A$_3$S$_2$	低共熔点	1 345	9.8	19.8	70.4
2	L⇌鳞石英＋CAS$_2$＋α-CS	低共熔点	1 170	23.3	14.7	62.0
3	α-CS⇌α'-CS(存在液相及 C$_3$S$_2$)	多晶转变	1 450	53.3	4.2	42.8
4	α'-CS＋L⇌C$_3$S$_2$＋C$_2$AS	单转熔点	1 315	48.2	11.9	39.9
5	L⇌C$_2$AS＋CAS$_2$＋α-CS	低共熔点	1 265	38.0	20.0	42.0
6	L⇌C$_2$AS＋C$_3$S$_2$＋α-CS	低共熔点	1 310	47.2	11.8	41.0
7	L⇌C$_2$AS＋CAS$_2$＋CA$_6$	低共熔点	1 380	29.2	39.0	31.8
8	α-C$_2$S⇌α'-C$_2$S(存在液相及 C$_2$AS)	多晶转变	1 450	49.0	14.4	36.6
9	Al$_2$O$_3$＋L⇌CAS$_2$＋ A$_3$S$_2$	单转熔点	1 512	15.6	36.5	47.0
10	Al$_2$O$_3$＋L⇌CAS$_2$＋ CA$_6$	单转熔点	1 495	23.0	41.0	36.0
11	CA$_2$＋L⇌C$_2$AS＋ CA$_6$	单转熔点	1 475	31.2	44.5	24.3
12	L⇌C$_2$AS＋CA＋CA$_2$	低共熔点	1 500	37.5	53.2	9.3
13	C$_2$AS＋L⇌α'-CS＋CA	单转熔点	1 380	48.3	42.0	9.7
14	L⇌α'-C$_2$S＋CA＋C$_{12}$A$_7$	低共熔点	1 335	49.5	43.7	6.8
15	L⇌α'-C$_2$S＋C$_3$A＋C$_{12}$A$_7$	低共熔点	1 335	52.0	41.2	6.8
16	C$_3$S＋L⇌C$_3$A ＋α-C$_2$S	单转熔点	1 455	58.3	33.0	8.7
17	CaO＋L⇌C$_3$A ＋C$_2$S	单转熔点	1 470	59.7	32.8	7.5
18	α-C$_2$S⇌α'-C$_2$S(存在液相及 C$_3$A)	多晶转变	1 450			
19	α-C$_2$S⇌α'-C$_2$S(存在液相及 C$_2$AS)	多晶转变	1450			

(4)仔细观察相图上是否存在晶型转变,液相分层或形成固溶体等现象。本相图在富硅部分液相有分液区(2L),它是从 CaO-SiO$_2$ 二元的分液区发展而来的。此外,在 SiO$_2$ 初晶区还有一条 1 470 ℃的方石英与鳞石英之间的晶型转变线。

CaO-Al$_2$O$_3$-SiO$_2$ 系统与许多硅酸盐产品有关,其富钙部分相图与硅酸盐水泥生产关系尤为密切。在这一部分相图上(图 7.33),共有三个无变点 h,k,F(表 7.14 中的 17,16,15),h,k 是单转熔点,F 是低共熔点。与这三个无变点相应的副三角形是 CaO-C$_3$A-C$_3$S,C$_3$S-C$_3$A-C$_2$S,C$_2$S-CA-C$_{12}$A$_7$。用切线规则判断,CaO 与 C$_2$S 初晶区的界线在 Z 点从转熔界线变为共熔界线,而 C$_3$S 与 C$_2$S 初晶区的界线则在 Y 点从共熔性质变为转熔性质。在 Yk 段,冷却时,L＋C$_2$S⇌C$_3$S,即 C$_2$S 被回吸,生成 C$_3$S。但到达 k 点,L$_k$＋C$_3$S⇌C$_2$S＋C$_3$A,即 C$_3$S 被回吸,生成 C$_2$S。这个有趣的现象说明,系统从三相平衡进入四相平衡是一种质的飞跃,而不是量的渐变,不能简单地从三相平衡关系类推四相平衡关系。

我们以硅酸盐水泥熟料的典型配料图上的点 3 为例,分析一下结晶过程。将配料 3 加热到高温完全熔融(约为 2 000 ℃),然后平衡冷却析晶,从熔体中首先析出 C$_2$S,液相组成到 C$_2$S-3 连线的延长线变化到 C$_2$S-C$_3$S 界线时,开始从液相中同时析出 C$_2$S 与 C$_3$S。

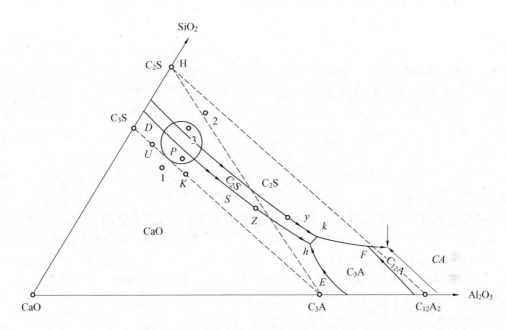

图 7.33　CaO-Al$_2$O$_3$-SiO$_2$ 系统富钙部分相图

液相点随温度下降沿界线变化到 Y 点时,共析晶过程结束,转熔过程开始,C$_2$S 被回吸,析出 C$_3$S。当系统冷却到 k 点温度(1 455 ℃),液相点沿 Yk 界线到达 k 点,系统进入无变量状态,L_k 液相与 C$_3$S 晶体不断反应生成 C$_2$S 与 C$_3$A。由于配料点处于三角形 C$_3$S-C$_2$S-C$_3$A 内,最后 L_k 首先耗尽,结晶过程在 k 点结束。获得的结晶产物是 C$_3$S,C$_2$S,C$_3$A。

下面我们就硅酸盐水泥生产中的配料、烧成及冷却,结合相图加以讨论,以提高利用相图分析实际问题的能力。

(1)硅酸盐水泥的配料。

硅酸盐水泥熟料中含有 C$_3$S,C$_2$S,C$_3$A,C$_4$AF 四种矿物,相应的组成氧化物为 CaO,SiO$_2$,Al$_2$O$_3$,Fe$_2$O$_3$。因为 Fe$_2$O$_3$ 含量较低(2%～5%),可以计入 Al$_2$O$_3$ 考虑,C$_4$AF 则相应计入 C$_2$A,这样可以用 CaO-Al$_2$O$_3$-SiO$_2$ 三元来表示硅酸盐水泥的配料组成。

根据三角形规则,配料点落在何副三角形,最后析晶产物便是这个副三角形三个角顶所表示的三种晶相。图中 1 点配料处于三角形 CaO-C$_3$A-C$_3$S 中,平衡析晶产物中将有游离 CaO。2 点配料处于三角形 C$_2$S-C$_3$A-C$_{12}$A$_7$ 内,平衡析晶产物中将有 C$_{12}$A$_7$,而没有 C$_3$S,前者的水硬活性很差,而后者是水泥中最重要的水硬矿物。因此,这两种配料都不符合硅酸盐水泥熟料矿物组成的要求。硅酸盐水泥生产中熟料的实际组成(质量分数)是 2%～67%CaO,20%～24%SiO$_2$,6.5%～13%(Al$_2$O$_3$+Fe$_2$O$_3$),即在三角形 C$_3$S-C$_3$A-C$_2$S 内的小圆圈内波动。从相平衡的观点看这个配料是合理的,因为最后析晶产物都是水硬性能良好的胶凝矿物。以 C$_3$S-C$_2$S-C$_3$A 作为一个浓度三角形,根据配料点在此三角形中的位置,可以读出平衡析晶时水泥熟料中各矿物的含量。

(2)烧成。

工艺上不可能将配料加热到 2 000 ℃ 左右完全熔融,然后平衡冷却析晶。实际上是采用部分熔融的烧结法生产熟料。因此,熟料矿物的形成并非完全来自液相析晶,固态组分之间的固相反应起着更为重要的作用。为了加速固相反应,液相开始出现的温度及液相量至关重要。如果是非常缓慢的平衡加热,则加热熔融过程应是缓慢冷却平衡析晶的逆过程,且在同一温度下,应具有完全相同的平衡状态。以配料 3 为例,其结晶终点是 k 点,则平衡加热时应在 k 点出现与 C_3S,C_2S,C_2A 平衡的 L_k 液相。但 C_3S 很难通过纯固相反应生成(如果很容易,水泥就不需要在 1 450 ℃ 的高温下烧成了),在 1 200 ℃ 以下组分间通过固相反应生成的是反应速度较快的 $C_{12}A_7$,C_3A,C_2S。因此,液相开始出现的温度并不是 k 点的 1 445 ℃,而是与这三个晶相平衡的 F 点温度 1 335 ℃(事实上,由于工艺配料中含有 Na_2O,K_2O,MgO 等其他氧化物,液相开始出现的温度还要低,约为 1 250 ℃)。F 点是一个低共熔点,加热时 $C_2S+C_3A+C_{12}A_7 \Leftrightarrow L_k$,即 C_3S,C_2A,$C_{12}A_7$ 低共熔形成 F 点液相。当 $C_{12}A_7$ 熔完后,液相组成将沿 F_k 界线变化,升温过程中 C_2S 与 C_3A 继续融入液相,液相量随温度升高不断增加。系统中一旦形成液相,生成 C_3S 的固相反应 $C_2S+CaO \Leftrightarrow C_3S$ 的反应速度将大大增加。从某种意义上说,水泥烧成的核心问题是如何创造良好的动力条件促成熟料中的主要矿物 C_3S 大量生成。$C_{12}A_7$ 是在非平衡加热过程的系统中出现的一个非平衡相,但它的出现降低了液相开始形成温度,对促进热力学平衡相 C_3S 的大量生成是有帮助的。

(3)冷却。

水泥配料达到烧成温度时所获得的液相量为 20%～30%。在随后降温过程中,为了防止 C_3S 分解及 β-C_2S 发生晶型转化,工艺上采取快速冷却措施,因而冷却过程也是不平衡的。这种不平衡的冷却过程可以用下面两种模式加以讨论。

①急冷。此时冷却速度超过熔体的临界冷却速度,液相完全失去析晶能力,全部转变为低温下的玻璃体。

②液相独立析晶。如果冷却速度不是快到使液相完全失去析晶能力,但也不是慢到足以使它能够和系统中其他晶相保持原有相平衡关系,此时液相犹如一个原始配料高温熔体那样独自析晶,重新建立一个新的平衡体系,不受系统中已存在的其他晶相的制约。这种现象特别容易发生在转熔点上的液相,譬如在 k 点,$L_k+C_3S \Leftrightarrow C_2S+C_3A$,生成的 C_2S 和 C_3A 往往包裹在 C_3S 表面,阻止了 L_k 与 C_3S 的进一步反应,此时液相将作为一个原始熔体开始独立析晶,沿 kF 界线析出 C_2S 和 C_3A,到 F 点后又有 $C_{12}A_7$ 析出。因为 k 点在三角形 C_2S-C_3A-$C_{12}A_7$ 内,独立析晶的析晶终点必在与其相应的无变点 F。因此,在发生液相独立析晶时,尽管原始配料点处在三角形 C_3S-C_3A-C_2S 内,其最终获得的产物中可能有四个晶相,除了 C_3S,C_2S,C_3A 外,还可能有 $C_{12}A_7$,这是由过程的非平衡性质造成的。由于冷却时在 k 点发生 $L_k+C_3S \Leftrightarrow C_2S+C_3A$ 的转熔过程,C_3S 要消耗,如在 k 点发生液相独立析晶或急冷成玻璃体,可以阻止这一转熔过程。因此,对某些硅酸盐水泥配料,快速冷却反而可以增加熟料中 C_3S 的含量。

必须指出,所谓急冷成玻璃体或发生液相独立析晶,这不过是非平衡冷却过程的两种理想化了的模式,实际过程很可能比这两种理想模式更复杂,或者二者兼而有之。

在 CaO-Al_2O_3-SiO_2 系统中,各种重要的硅酸盐制品的组成区如图 7.34 所示。

2. K_2O-Al_2O_3-SiO_2 系统

本系统有五个二元化合物及四个三元化合物。在这四个三元化合物的组成中,K_2O 与 Al_2O_3 的比值是相等的,因而它们排列在一条 SiO_2 与二元化合物 $K_2O \cdot Al_2O_3$ 的连线上。三元化合物钾长石 KAS_6(图 7.35 中的 W 点)是一个不一致熔融化合物,其分解温

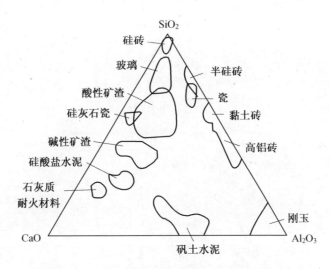

图 7.34 CaO-Al₂O₃-SiO₂ 系统中工艺组成范围

度较低,在 1 150 ℃即分解为 KAS_4 和富硅液相(液相量约为 50％),因而是一种熔剂性矿物。白榴石 KAS_4(图 7.35 中的 X 点)是一致熔融化合物,熔点为 1 686 ℃。钾霞石 KAS_2(图 7.35 中的 Y 点)也是一个一致熔融化合物,熔点为 1 800 ℃。化合物 KAS(图 7.35 中的 Z 点)的性质迄今未明,其初晶区范围尚未能予以确定。K_2O 高温下易于挥发引起实验上的困难,本系统的相图不是完整的,仅给出了 K_2O 含量在 50％以下部分的相图。

图中的 M 点和 E 点是两个不同的无变点。M 点处于莫来石、鳞石英和钾长石三个初晶区的交点,是一个三元无变量点,按照重心规则,它是一个低共熔点(985 ℃)。M 点左侧的 E 点是鳞石英和钾长石初晶区界线与相应连线 SiO₂-W 的交点,是该界线上的温度最高点,也是鳞石英与钾长石的低共熔点(990 ℃)。

本系统与日用陶瓷及普通电瓷生产密切相关。日用陶瓷及普通电瓷一般用新土(高岭土)、长石和石英配料。高岭土的主要矿物组成是高岭石 $Al_2O_3 \cdot 2SiO_2 \cdot 2H_2O$,煅烧脱水后的化学组成为 $Al_2O_3 \cdot 2SiO_2$,称为烧高岭。图 7.36 上的 D 点即为烧高岭的组成点,D 点不是相图上固有的一个二元化合物组成点,而是一个附加的辅助点,用以表示配料中的一种原料的组成。根据重心原理,用高岭土、长石、石英三种原料配制的陶瓷坯料组成点必处于辅助$\triangle QWD$(常被称为配料三角形)内,而在相图上则是处于副$\triangle QW_m$(常被称为产物三角形)内。这就是说,配料经过平衡析晶(或平衡加热)后在制品中获得的晶相应为莫来石、石英和长石。在配料三角形 QWD 中,1-8 连线平行于 QW 边,根据等含量规则,所有处于该线上的配料中烧高岭的含量是相等的。而在产物三角形 QW_m 中,1-8 连线平行于 QW 边,意味着在平衡析晶(或平衡加热)时从 1—8 连线上各配料所获得的产品中莫来石量是相等的。这就是说,产品中莫来石的量取决于配料中的黏土量。莫来石是日用陶瓷中的重要晶相。

如将配料 3 加热到高温完全熔融,平衡析晶时首先析出莫来石,液相点沿 A_3S_2-3 连线延长线方向变化到石英与莫来石初晶区的界线后(图 7.36),从液相中同时析出莫来石与石英,液相沿此界线到达 985 ℃的低共熔点 M 后,同时析出莫来石、石英与长石,析晶

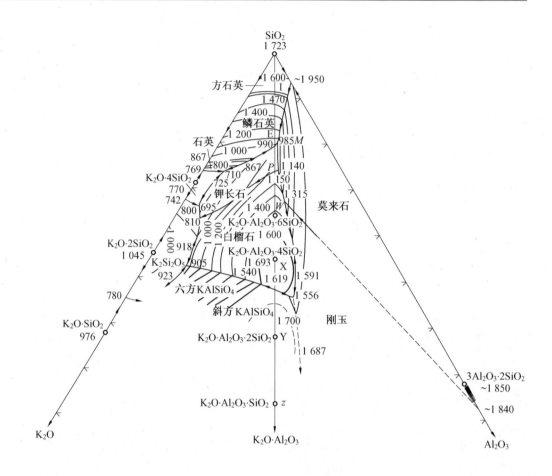

图 7.35 $K_2O\text{-}Al_2O_3\text{-}SiO_2$ 系统相图
（图中温度单位皆为℃，图中略画）

过程在 M 点结束。当将配料 3 平衡加热，长石、石英及通过固相反应生成的莫来石将在 985 ℃下低共熔生成 M 组成的液相，即 $A_3S_2+KAS_6+S\Leftrightarrow L_M$。此时系统处于四相平衡，$F=0$，液相点保持在 M 点不变，固相点则从 M 点沿 M-3 连线延长线方向变化，当固相点到达 Q_m 边上的点 10，意味着固相中的 KAS_6 已首先熔完，固相中保留下来的晶相是莫来石和石英。因消失了一个晶相，系统可继续升温，液相将沿与莫来石和石英平衡的界线向温度升高方向移动，莫来石与石英继续融入液相，固相点则相应从点 10 沿 Q_m 边向 A_3S_2 移动。由于 M 点附近界线上的等温线很紧密，说明此阶段液相组成及液相量随温度升高变化并不急剧，日用瓷的烧成温度大致处于这一区间。当固相点到达 A_3S_2，意味着固相中的石英已完全融入液相。此后液相组成将离开莫来石与石英平衡的界线，沿 A_3S_2-3 连线的延长线进入莫来石初晶区，当液相点回到配料点 3。

最后一粒莫来石晶体熔完。可以看出，上述平衡加热熔融过程是平衡冷却析晶过程的逆过程。

料在 985 ℃下低共熔过程结束时首先消失的晶相取决于配料点的位置。如配料 7，因 M-7 连线的延长线交于 W_m 边的点 15，表明首先熔完的晶相是石英，固相中保留的是莫来石和长石。而在低共熔温度下所获得的最大液相量，根据杠杆规则，应为线段 7-15

与线段 M-15 之比。

日用瓷的实际烧成温度在 1 250 ℃，1 450 ℃，系统中要求形成适宜数量的液相，以保证坯体的良好烧结，液相量不能过少，也不能太多。由于 M 点附近等温线密集，液相量随温度变化不很敏感，使这类瓷的烧成温度范围较宽，工艺上较易掌握。此外，因 M 点及邻近界线均接近 SiO_2 角顶，熔体中的 SiO_2 含量很高，液相黏度大，结晶困难，在冷却时系统中的液相往往形成玻璃相，从而使瓷质呈半透明状。

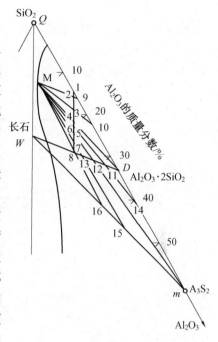

图 7.36　配料三角形与产物三角形

实际工艺配料中不可避免地会含有其他杂质组分，实际生产中的加热和冷却过程不可能是平衡过程，也会出现各种不平衡现象，因此，开始出现液相的温度、液相量以及固液相组成的变化事实上都不会与相图指示的热力学平衡态完全相同。但相图指出了过程变化的方向及限度，对我们分析问题仍然是很有帮助的。譬如，根据配料点的位置，我们有可能大体估计烧成时液相量的多少以及烧成后所获得的制品中的相组成。在图 7.36 上列出的从点 1 到点 8 的八个配料中，只要工艺过程离平衡过程不是太远，则可以预测，配料 1～5 的制品中可能以莫来石、石英和玻璃相为主，配料 6 则以莫来石和玻璃相为主，而配料 7～8 则很可能以莫来石、长石及玻璃相为主。

3. $MgO\text{-}Al_2O_3\text{-}SiO_2$ 系统

图 7.37 是 $MgO\text{-}Al_2O_3\text{-}SiO_2$ 系统相图。本系统共有四个二元化合物 MS，M_2S，MA，A_3S_2 和两个三元化合物 $M_2A_2S_5$（堇青石），$M_4A_5S_2$（假蓝宝石）。堇青石和假蓝宝石都是不一致熔融化合物。堇青石在 1 465 ℃ 分解为莫来石和液相，假蓝宝石则在 1 482 ℃ 分解为尖晶石、莫来石和液相（液相组成即无变点 8 的组成）。

相图上共有九个无变点（表 7.15）。相应的，可将相图划分成九个副三角形。

本系统内各组分氧化物及多数二元化合物熔点都很高，可制成优质耐火材料。但是三元无变点的温度大大下降。因此，不同二元系列的耐火材料不应混合使用，否则会降低液相出现温度和材料耐火度。

副三角形 $SiO_2\text{-}MS\text{-}M_2A_2S_5$ 与镁质陶瓷生产密切相关。镁质陶瓷是一种用于无线电工业的高频瓷料，其介电损耗低。镁质陶瓷以滑石和黏土配料。图 7.38 上画出了经煅烧脱水后的偏高岭土（烧高岭）及偏滑石（烧滑石）的组成点的位置，镁质瓷配料点大致在这两点连线上或其附近区域。L,M,N 各配料以滑石为主，仅加入少量黏土，故称为滑石瓷。其配料点接近 MS 角顶，因而制品中的主要晶相是顽火辉石。如果在配料中增加黏土含量，即把配料点拉向靠近 $M_2A_2S_5$ 一侧（有时在配料中还另加入 Al_2O_3 粉），则瓷坯中将以堇青石为主晶相，这种瓷称为堇青石瓷。在滑石瓷配料中加入 MgO，把配料点移向接近顽火辉石和镁橄榄石初晶区的界线（如图中的 P 点），可以改善瓷料电学性能，制成低损耗滑石瓷。如果加入的 MgO 量足够使坯料组成点到达 M_2S 组成点附近,则将制得以镁橄榄石为主晶相的镁橄榄石瓷。

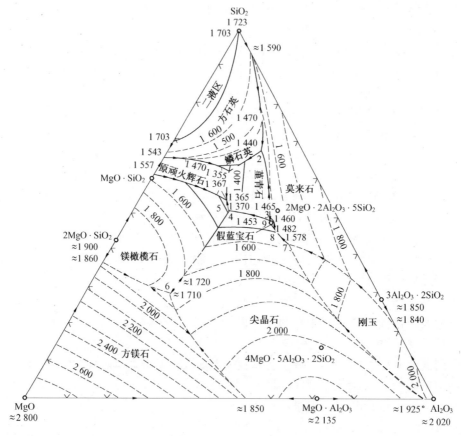

图 7.37 $MgO\text{-}Al_2O_3\text{-}SiO_2$ 系统相图
(图中的温度单位都为℃,图中略画)

表 7.15 $MgO\text{-}Al_2O_3\text{-}SiO_2$ 系统的三元无变量点

图中点号	相平衡	平衡性质	平衡温度/℃	质量分数/%		
				MgO	Al_2O_3	SiO_2
1	$L\Leftrightarrow S+MS+M_2A_2S_5$	低共熔点	1 355	20.5	17.5	62
2	$A_3S_2 + L\Leftrightarrow M_2A_2S + S$	双升点	1 440	9.5	22.5	68
3	$A_3S_2 + L\Leftrightarrow M_2A_2S + M_4A_5S_2$	双升点	1 460	16.5	34.5	49
4	$MA+L\Leftrightarrow M_2A_2S + M_2S$	双升点	1 370	26	23	51
5	$L\Leftrightarrow M_2S+MS+M_2A_2S_5$	低共熔点	1 365	25	21	54
6	$L\Leftrightarrow M_2S+MA+M$	低共熔点	1 710	51.5	20	28.5
7	$A+ L\Leftrightarrow MA + A_3S_2$	双升点	1 578	15	42	43
8	$MA +A_3S_2 + L\Leftrightarrow M_4A_5S_2$	双降点	1 482	17	37	46
9	$M_4A_5S_2 + L\Leftrightarrow M_2A_2S +MA$	双升点	1 453	17.5	33.5	49

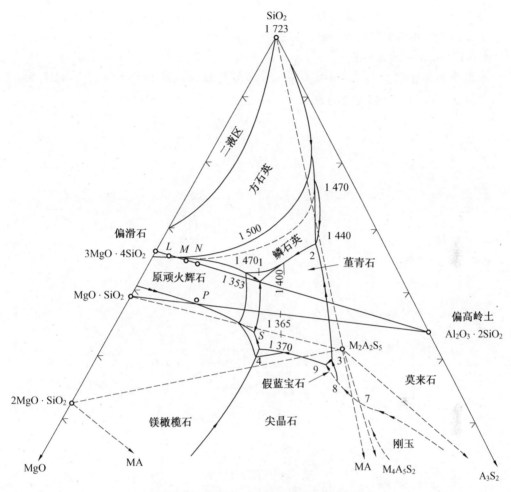

图 7.38　MgO-Al$_2$O$_3$-SiO$_2$ 相图的富硅部分

（图中的温度单位都为℃,图中略画）

　　滑石瓷的烧成温度范围狭窄,这可从相图上得到解释。滑石瓷配料点处于三角形 SiO$_2$-MS-M$_2$A$_2$S$_5$ 内,与此副三角形相应的无变点是点 1,点 1 是一个低共熔点,因此,在平衡加热时,滑石瓷坯料将在点 1 的 1 355 ℃ 出现液相。根据配料点位置(L,M 等)可以判断,低共熔过程结束时消失的晶相是 M$_2$A$_2$S$_5$,其后液相组成将离开点 1 沿与石英和顽火辉石平衡的界线向温度升高的方向变化,相应的固相组成点则可在 SiO$_2$-MS 边上找到。运用杠杆规则,可以计算出任一温度下系统中出现的液相量。在石英与顽火辉石初晶区的界线上画出了 1 400 ℃,1 470 ℃,1 500 ℃ 三条等温线,这些等温线分布宽疏,意味着温度升高时,液相点位置变化迅速,液相量将随温度升高迅速增加。滑石瓷瓷坯在液相量为 35% 时可以充分烧结,但液相量为 45% 时则已过烧变形。根据相图进行的计算表明,L,M 配料(分别含烧高岭土 5%,10%)的烧成温度范围仅 30~40 ℃,而 N 配料(含烧高岭 15%)则在低共熔点 1 355 ℃ 已出现 45% 的液相。因此,在滑石瓷中一般限制黏土用量在 10% 以下。在低损耗滑石瓷及董青石瓷配料中用类似方法计算其液相量随温度的变化,发现它们的烧成温度范围都很窄,工艺上常须加入助烧结剂以改善其烧结性能。

　　在本系统中熔制的玻璃,配料组成位于接近低共熔点 1 及邻近界线区域,因而熔制温度约为 1 355 ℃。由于这种玻璃的析晶倾向大,加入适当促进熔体结晶的成核剂可以制得以堇青石为主要晶相的低热膨胀系数的微晶玻璃材料。

4. Na_2O-CaO-SiO_2 系统

本系统的富硅部分与 Na_2O-CaO-SiO_2 硅酸盐玻璃的生产密切相关。图 7.39 是 SiO_2 含量在 50% 以上的富硅部分相图。

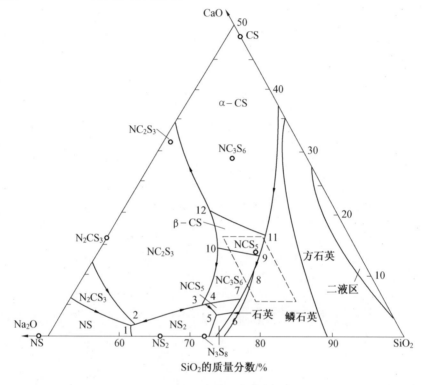

图 7.39 Na_2O-CaO-SiO_2 系统富硅部分相图

Na_2O-CaO-SiO_2 系统富硅部分共有四个二元化合物(NS,NS_2,N_3S_8,CS)及四个三元化合物(N_2CS_3,NC_2S_3,NC_3S_6,NCS_5)。这些化合物的性质和熔点(或分解温度)见表 7.16。

表 7.16 Na_2O-CaO-SiO_2 系统富硅部分化合物

化合物	性质	熔点/℃	化合物	性质	熔点/℃
$Na_2O \cdot SiO_2$(NS)	一致熔融	1 088	$2Na_2O \cdot CaO \cdot 3SiO_2$($N_2CS_3$)	不一致熔融	1 140
$Na_2O \cdot 2SiO_2$(NS_2)	一致熔融	874	$Na_2O \cdot 3CaO \cdot 6SiO_2$($NC_3S_6$)	不一致熔融	1 047
$CaO \cdot SiO_2$(CS)	一致熔融	1 540	$3Na_2O \cdot 8SiO_2$(N_3S_8)	不一致熔融	793
$Na_2O \cdot 2CaO \cdot 3SiO_2$($NC_2S_3$)	一致熔融	1 284	$Na_2O \cdot CaO \cdot 5SiO_2$($NCS_5$)	不一致熔融	827

每个化合物都有其初晶区,加上组分 SiO_2 的初晶区,相图上共有九个初晶区。在 SiO_2 初晶区内有两条表示方石英、鳞石英和石英间多晶转变的晶型转变线和一个分液区。在 CS 初晶区内有一条表示 α-CS 与 β-CS 晶型转化的晶型转变线。相图上共有 12 个无变点,这些无变点的性质、温度和组成见表 7.17。

表 7.17　Na_2O-CaO-SiO_2 系统富硅部分的无变量点的性质

图中点号	相平衡	平衡性质	平衡温度/℃	质量分数/%		
				Na_2O	CaO	SiO_2
1	$L \Leftrightarrow NS+NS_2+N_2CS_3$	低共熔点	821	37.5	1.8	60.7
2	$NC_2S_3 + L \Leftrightarrow NS_2+N_2CS_3$	双升点	827	36.6	2.0	61.4
3	$NC_2S_3 + L \Leftrightarrow NS_2+NC_3S_6$	双升点	785	25.4	5.4	69.2
4	$NC_3S_6 + L \Leftrightarrow NS_2+NCS_5$	双升点	785	25.0	5.4	69.6
5	$L \Leftrightarrow NS_2 + N_3S_8 + NCS_5$	低共熔点	755	24.4	3.6	72.0
6	$L \Leftrightarrow N_3S_8 + NCS_5+S(石英)$	低共熔点	755	22.0	3.8	74.2
7	$L+S(石英)+NC_3S_6 \Leftrightarrow NCS_5$	双降点	827	19.0	6.8	74.2
8	α-石英$\Leftrightarrow \alpha$-鳞石英(存在 L 及 NC_3S_6)	晶型转变	870	18.7	7.0	74.3
9	$L+\beta$-$CS \Leftrightarrow NC_3S_6 + S(石英)$	双升点	1 035	13.7	12.9	73.4
10	$L+\beta$-$CS \Leftrightarrow NC_3S_6 + NC_2S_3$	双升点	1 035	19.0	14.5	66.5
11	α-$CS \Leftrightarrow \beta$-CS(存在 L 及 α-鳞石英)	晶型转变	1 110	14.4	15.6	73.0
12	α-$CS \Leftrightarrow \beta$-CS(存在 L 及 NC_2S_3)	晶型转变	1 110	17.7	16.5	62.8

　　玻璃是一种非晶态的均质体。玻璃中如出现析晶,将会破坏玻璃的均一性,造成玻璃的一种严重缺陷,称为失透。玻璃中的析晶不仅会影响玻璃的透光性,还会影响其机械强度和热稳定性。因此,在选择玻璃的配料方案时,析晶性能是必须加以考虑的一个重要因素,而相图可以帮助我们选择不易析晶的玻璃组成。大量试验结果表明,组成位于低共熔点的熔体比组成位于界线上的熔体析晶能力小,而组成位于界线上的熔体又比组成位于初晶区内的熔体析晶能力小。这是由于组成位于低共熔点或界线上的熔体有几种晶体同时析出的趋势,而不同晶体结构之间的相互干扰,降低了每种晶体的析晶能力。除了析晶能力较小,这些组成的配料熔化温度一般也比较低,这对玻璃的熔制也是有利的。

　　当然,在选择玻璃组成时,除了析晶性能外,还必须综合考虑到玻璃的其他工艺性能和使用性能。各种实用的 Na_2O-CaO-SiO_2 硅酸盐玻璃的化学组成(质量分数)一般波动于下列范围内:12%～18% Na_2O,6%～16% CaO,68%～82% SiO_2,即其组成点位于图7.39 上用虚线画出的平行四边形区域内,而并不在低共熔点 6。这是由于尽管点 6 组成的玻璃析晶能力最小,但其中的氧化钠含量太高(22%),其化学稳定性和强度不能满足使用要求。

　　相图还可以帮助我们分析玻璃生产中产生失透现象的原因。对上述成分的玻璃的析晶能力进行的研究表明,析晶能力最小的玻璃是 Na_2O 与 CaO 含量之和等于 26%,SiO_2含量 74% 的那些玻璃,即配料组成位于 8-9 界线附近的玻璃。这与我们在上面所讨论的玻璃析晶能力的一般规律是一致的。配料中 SiO_2 含量增加,组成点离开界线进入 SiO_2 初晶区,则从熔体中析出鳞石英或方石英的可能性增加;配料中 CaO 含量增加,容易出现硅灰石(CS)析晶;Na_2O 含量增加时,则容易析出失透石(NC_3S_6)晶体。因此,根据对玻璃中失透结石的鉴定,结合相图可以为分析其产生原因及提出改进措施提供一定的理论依据。

　　熔制玻璃时,除了参照相图选择不易析晶而又符合性能要求的配料组成,严格控制工艺条件也是十分重要的。高温熔体在析晶温度范围停留时间过长,或混料不匀而使局部熔体组成偏离配料组成,都容易造成玻璃的析晶。

习　题

　　7.1　从 SiO_2 的多晶转变现象说明硅酸盐制品中为什么经常出现介稳态晶相?

　　7.2　SiO_2 具有很高的熔点,硅酸盐玻璃的熔制温度也很高。现要选择一种氧化物与 SiO_2 在 800 ℃的低温下形成均一的二元氧化物玻璃。需选何种氧化物? 加入量是多少?

　　7.3　具有不一致熔融二元化合物的二元相图(图 7.10(c))在低共熔点量发生如下析晶过程:$L \Leftrightarrow A + C$,已知 E 点的 B 含量为 20%,化合物 C 的 B 含量为 64%。今有 C_1,C_2 两种配料,已知 C_1 中 B 含量是 C_2 中 B 含量的 1.5 倍,且在高温熔融冷却析晶时,从该两配料中析出的初相(即达到低共熔温度前析出的第一种晶体)含量相等。请计算 C_1,C_2 的组成。

　　7.4　已知 A,B 两组分构成具有低共熔点的有限固溶体二元相图(图 7.10(i))。试根据下列实验数据绘制相图的大致形状。A 的熔点为 1 000 ℃,B 的熔点为 700 ℃。含 B 为 0.25 mol 的试样在 500 ℃完全凝固,其中含 0.733 mol 初相。和 0.267 mol($\alpha+\beta$)共生体。含 B 为 0.5 mol 的试样在同一温度下完全凝固,其中含 0.4 mol 初相 α 和0.6 mol($\alpha+\beta$)共生体,而 α 相总量占晶相总量的 50%。实验数据均在达到平衡状态时测定。

　　7.5　在三元系统的浓度三角形上面出下列配料的组成点,并注意其变化规律。

①$w(C(A))=10\%$,$w(C(B))=70\%$,$w(C(C))=20\%$;

②$w(C(A))=10\%$,$w(C(B))=20\%$,$w(C(C))=70\%$;

③$w(C(A))=70\%$,$w(C(B))=20\%$,$w(C(C))=10\%$。

　　今有配料①3 kg,配料②2 kg,配料③5 kg,若将此三配料混合加热至完全熔融,试根据杠杆规则用作图法求熔体的组成。

　　7.6　图 7.26(e)是具有双降升点的生成一个不一致熔融三元化合物的三元相因。请分析1,2,3点的析晶过程的各自特点,并在图中用阴影标出析晶时可能发生穿相区的组成范围。组成点 n 在 SC 连线上,请分析它的析晶路程。

　　7.7　在图 7.40 中,(1)划分副三角形;(2)用箭头标出界线上温度下降的方向及界线的性质;(3)判断化合物 S 的性质;(4)写出各无变量点的性质及反应式;(5)分析 M 点的析晶过程,写出刚到达析晶终点时各晶相的含量。

　　7.8　分析相图(图 7.41)中点 1,2 熔体的析晶路程(注:$S,1,E_1$ 在一条直线上)。

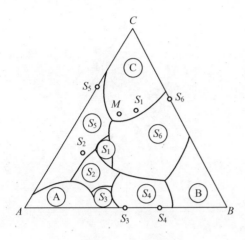

图 7.40　7.7 题图

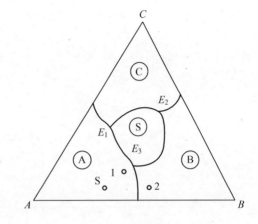

图 7.41　7.8 题图

7.9　在 Na_2O-CaO-SiO_2 相图中，划分出全部的副三角形；判断界线的温度变化方向及界线的性质；写出无变量点的平衡关系式；分析并写出 M 点的析晶路程（M 点在 CS 与 NC_3S_6 连线的延长线上，注意穿相区的情况）。

7.10　一个陶瓷配方，含长石（$K_2O \cdot Al_2O_3 \cdot 6\,SiO_2$）39％，脱水高岭土（$Al_2O_3 \cdot 2SiO_2$）61％，在 1 200 ℃烧成。问：(1)瓷体中存在哪几相？(2)所含各相的质量分数是多少？

7.11　图 7.42 是一个三元相图，根据此图：

(1)判断三元化合物 N 的性质。

(2)标出界线的温度方向及性质。

(3)指出无变量点 K, I, M 的性质，并写出平衡关系式。

(4)分析熔体 1,2 的冷却析晶过程。

7.12　分析 A-B-C 三元相图（图 7.43）：

(1)划分分三角形。

(2)指出界线的性质（共熔界线用单箭头，转熔界线用双箭头）。

(3)指出化合物 S_1 和 S_2 的性质。

(4)说明 E, F, H 点的性质，并列出相变式。

(5)分析 M 点的析晶过程（表明液、固相组成点的变化，并在液相变化的路径中注明各阶段的相变化和自由度数）。

图 7.42 7.11 题图

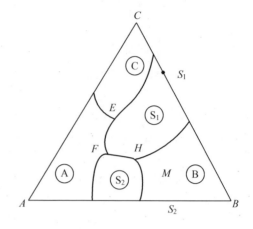

图 7.43 7.12 题图

7.13 根据 K_2O-Al_2O_3-SiO_2 系统相图。如果要使瓷器中仅含有 40% 莫来石晶相及 60% 的玻璃相,原料中应含 K_2O 为多少?若仅从长石中获得,K_2O 原料中长石的配比应是多少?

7.14 根据 Na_2O-CaO-SiO_2 系统相图回答:

(1)组成为 13% Na_2O,13% CaO,74% SiO_2 玻璃配合料将于什么温度熔化?在什么温度完全熔融?

(2)上述组成的玻璃,当加热到 1 050 ℃,1 000 ℃,900 ℃,800 ℃时,可能会析出什么晶体?

(3)NC_2S_6 晶体加热时是否会不一致熔化?将分解出什么晶体?熔化温度如何?

7.15 如果将组成为 13% Na_2O,13% CaO,74% SiO_2 的均质玻璃加热到 1 050 ℃,1 000 ℃,900 ℃ 和 800 ℃。问:可能生成的晶态产物将是什么?试予以解释。

第8章 热力学的应用

热力学是迄今为止发展最为完善和普遍适用的一门理论性学科,在许多领域有广泛的应用。应用热力学理论,通过较少的热力学参数,可在理论上解决有关体系复杂过程发生的方向性和平衡条件,以及伴随该过程体系能量变化等问题,从而避免许多艰巨的,有时甚至在技术上不可能的实验研究。因此,热力学理论及其研究方法对探讨各种无机材料系统的具体过程,如烧成、烧结、腐蚀、水化反应等,具有巨大的指导意义。

8.1 热力学在凝聚态体系中应用的特点

发生于凝聚态系统的一系列物理化学过程,一般均在固相或液相中进行。固相包括晶体和玻璃体,液相包括高温熔体及水溶液。由于系统的多相性以及凝聚相中质点扩散速度很小,因而凝聚态系统中所进行的物理化学过程往往难以达到热力学意义上的平衡,过程的产物也常处于亚稳状态(如玻璃体或胶体状态)。所以将经典热力学理论与方法用于无机非金属材料凝聚系统时,必须充分注意这一理论与方法应用上的特点及局限性。以下将以化学反应为例进行分析,所述内容同样适用于多晶转变、固液相变或结晶等其他物化过程。

8.1.1 化学反应过程的方向性

化学反应是凝聚态系统常见的物理化学过程之一。根据热力学第二定律,在恒温、恒压条件下只做膨胀功的开放体系,化学反应过程可沿吉布斯自由能减少的方向自发进行,其判据为

$$\Delta G_{T,P} \leqslant 0 \tag{8.1}$$

当反应自由能减少并趋于零时,过程趋于平衡并有反应平衡常数为

$$K^{\theta} = \exp\left(-\frac{\Delta G^{\theta}}{RT}\right) \tag{8.2}$$

但在无机非金属材料系统中由于多数反应过程在偏离平衡的状态下发生与进行,故平衡常数不再具有原来的物理化学意义,探讨反应发生的方向性问题更有实际意义。对于纯固相间的化学反应,只要系统 $\Delta G_{T,P} < 0$,且有充分的反应动力学条件,反应可逐渐进行到底,而无须考虑从反应平衡常数的计算中得到反应平衡浓度及反应产率。此时反应自由能 $\Delta G_{T,P}$ 将完全由反应相关的物质生成自由能 $\Delta G^{\theta}_{T,P}$ 决定。例如化学反应

$$n_A A + n_B B \Longrightarrow n_C C + n_D D$$

其反应自由能 $\Delta G_{T,P}$ 为

$$\Delta G_{T,P} = \Delta G^{\theta}_{T,P} = \sum_i (n_i \Delta G_{i\ T,P})_{生成物} - \sum_i (n_i \Delta G_{i\ T,P})_{反应物} \tag{8.3}$$

对于有气相或液相参与的固相反应,在计算反应自由能 $\Delta G_{T,P}$ 时,必须考虑气相或液相中与反应有关物质的活度。此时反应自由能计算式为

$$\Delta G_{T,P} = \Delta G^{\theta}_{T,P} + RT\ln \frac{a_C^{n_C} \cdot a_D^{n_D}}{a_A^{n_A} \cdot a_B^{n_B}} \tag{8.4}$$

式中，a_i 为反应中第 i 种物质的活度。

8.1.2　过程产物的稳定性和生成序

对于组成计量已经确定并可能生成多种中间产物和最终产物的固相反应体系，应用热力学的基本原理估测固相反应发生顺序及最终产物的种类是热力学理论应用于解决实际问题的重要内容。

假设一固相反应体系在一定的热力学条件下，可能生成一系列相对于反应自由能 ΔG_i 的反应产物 A_i（$\Delta G_i < 0$）。若按其反应自由能 ΔG_i 依次从小到大排列：ΔG_1，ΔG_2，$\cdots$，ΔG_n，则可得一相应反应产物序列 A_1，A_2，$\cdots$，A_n。根据能量最低原理可知，反应产物的热力学稳定性完全取决于 ΔG_i 在序列中的位置。反应自由能越低，相应的反应生成物热力学稳定性越高。考虑动力学因素，反应产物的生成序列并不完全等同于产物稳定序列。产物 A_i 的生成序与产物稳定序间关系可存在三种情况：

1. 与稳定序正向一致

随着 ΔG 的下降，反应生成速度增大。即反应生成速率最小的产物其热力学稳定性会最小（产物为 A_n），而反应生成速率最大的产物，其热力学稳定性也最大（产物为 A_1）。此时热力学稳定性最大的反应产物有最大的生成速度。热力学稳定序和动力学生成序完全一致。在这种情况下反应初始产物与最终产物均是 A_1，这就是所谓的米德洛夫－别托杨（Мледлов－Летроян）规则。

2. 与稳定序反向一致

随着 ΔG 的下降，反应生成速率下降。即反应生成速率最大的产物其热力学稳定性最小，而最大稳定性的产物有最小的生成速率。热力学稳定性与动力学生成序完全相反。显然在这种情况下，反应体系最先出现的反应物是生成速率最大、稳定性最小的 A_n，进而较不稳定的产物将依 ΔG 下降的方向逐渐向较稳定的产物转化。最终所能得到的产物种类与相对含量将取决于转化反应的动力学特征。仅当具备良好的动力学条件下，最终反应产物为最小的 A_1，这便是所谓的奥斯特瓦德（Ostward）规则。

3. 反应产物热力学稳定序与动力学生成序间毫无规律性的关系

此时产物生成次序完全取决于动力学条件。生成速率最大的产物将首先生成，而最终能否得到自由能 ΔG 最小的 A_1 产物，则完全依赖于反应系统的动力学条件。

8.1.3　经典热力学应用的局限性

以化学反应、物相转变、质量输运以及能量传递等为总和的无机非金属材料反应过程往往是一个发生于多相之间复杂的多阶段的非平衡的热力学过程。因此，用经典热力学理论计算过程自由能差 ΔG，并将其作为过程进行方向的判据或推动力的度量，仅在决定过程相对速度时有一定的比较意义。一般情况下，各种过程进行的实际速度与过程自由能差 ΔG 不存在确定的关系。甚至热力学上认为可以发生的过程，事实上能否发生和如何进行都将决定于体系的动力学因素。

此外，过程自由能变化 ΔG 常基于原始热力学数据的计算而得到。因此，原始热力学数据的精确度对热力学计算结果,以及由此对过程能否进行和过程产物的稳定性做出判断上将产生影响。

8.2 无机材料热化学

在热力学中常遇到一些术语或概念,对理解与运用热力学是十分有用的。以下简单介绍一些热力学相关术语。

8.2.1 比热容

在没有物态变化和化学组成变化的情况下,物质温度升高 1 K 所吸收的热量称为该物质的热容。1 kg 物质的热容称为比热容,单位是 $J/(kg \cdot K)$;1 mol 物质的热容称为摩尔热容,单位 $J/(mol \cdot K)$。

物质温度由 T_1 升至 T_2,吸收热量 Q,则平均热容 $\overline{C}$ 为

$$\overline{C} = \frac{Q}{T_2 - T_1} \tag{8.5}$$

在不同的温度范围内,$\overline{C}$ 值也不相同。物质在某一定温度时,若温度升高 dT,吸热 δQ,则该物质的热容 C 为

$$C = \frac{\delta Q}{dT} \tag{8.6}$$

热容的数值与过程有关,根据过程条件可分为质量定容热容(c_V)与质量定压热容(c_p)两种。

恒容过程:
$$c_V = \left(\frac{\delta Q}{dT}\right)_V = \left(\frac{\partial U}{\partial T}\right)_V \tag{8.7}$$

恒压过程:
$$c_p = \left(\frac{\delta Q}{dT}\right)_p = \left(\frac{\partial H}{\partial T}\right)_p \tag{8.8}$$

利用热容可计算在特定条件下系统所吸收的热量。对于 n mol 质量,

恒容过程:
$$Q_V = \Delta U = \int_{U_1}^{U_2} dU = \int_{T_1}^{T_2} n c_V dT \tag{8.9}$$

恒压过程:
$$Q_p = \Delta H = \int_{H_1}^{H_2} dH = \int_{T_1}^{T_2} n c_p dT \tag{8.10}$$

由于在恒压下测定物质的热容比较方便,且较准确,因此通常工具书中所列热容为质量定压热容。现在已经实验测定积累了许多物质的比定压热容的经验式:

$$c_p = a + bT + cT^2 \quad \text{或} \quad c_p = a + bT + c'T^{-2} \tag{8.11}$$

式中,a, b, c, c' 这些常数可从相关热力学工具书中查询。但是要注意每个经验公式的使用温度范围。

一般固体化合物的可以近似用柯普(Kopp)定律来计算。即固体化合物的摩尔热容等于其所含元素的原子热容的总和。例如 $CaCO_3$ 的热容为

$$c_{CaCO_3}/[J \cdot (mol \cdot K)^{-1}] = c_{Ca} + c_C + 3c_O = 25.94 + 7.53 + 3 \times 16.74 = 83.69$$

$$(8.12)$$

而在 25 ℃时由实验测得 $CaCO_3$ 的热容为 82.0 J/(mol·K)，两者相近。

一般氧化物和硅酸盐在 300 ℃以上的比热容可用下式近似地计算：

$$C = \frac{2.5n}{M} \times 10^4 (J/kg \cdot K) \qquad (8.13)$$

式中，n 为化合物的原子数；M 为化合物相对分子质量。

耐火材料、炉渣、陶瓷与玻璃等的热容，可由各组元的热容按加和性近似地计算：

$$C = \frac{\sum c_i [i\%]}{100} \qquad (8.14)$$

式中，$[i\%]$ 为 i 组分的百分含量；c_i 为 i 组分的热容。

被加热物体升温速度的快慢及所需热量与其热容大小有关。利用热容-温度曲线，可以确定晶型转变温度。晶型转变时物质的热容发生改变，曲线就不连续而中断。

8.2.2 热效应

当系统在恒温过程中只做膨胀功，而不做其他功时，系统所吸收或放出的热量，称为该过程的热效应。恒容下系统所吸收或放出的热量，称为恒容热效应（Q_V）；恒压下系统所吸收或放出的热量，称为恒压热效应（Q_p）。根据式（8.9）和（8.10）可知，恒容反应热 Q_V 等于化学反应内能的变化 ΔU，恒压反应热 Q_p 等于化学反应焓的变化 ΔH。

它可以通过实验测定，也可以利用有关数据按盖斯（Hess）定律进行计算，即热效应值取决于反应的初始状态与最终状态，与过程的途径无关。

例如，已知 25 ℃时下列反应的反应热为

$$2Ca(s) + O_2(g) == 2CaO(s) \qquad \Delta H_1 = -1271.00 \text{ kJ}$$
$$Si(s) + O_2(g) == SiO_2(s) \qquad \Delta H_2 = -911.07 \text{ kJ}$$
$$2CaO(s) + SiO_2(s) == 2CaO \cdot SiO_2(s) \qquad \Delta H_3 = -147.67 \text{ kJ}$$

求　　$2Ca(s) + Si(s) + 2O_2(g) == 2CaO \cdot SiO_2(s) \qquad \Delta H = ?$

根据盖斯定律：

$$\begin{array}{ccc} 2Ca+Si+2O_2 & \xrightarrow{\Delta H} & 2CaO \cdot SiO_2 \\ {\scriptstyle \Delta H_1}\downarrow \quad \downarrow{\scriptstyle \Delta H_2} & & \uparrow \\ 2CaO+SiO_2 & \xrightarrow{\quad \Delta H_3 \quad} & \end{array}$$

所以　　　　　　　$\Delta H = \Delta H_1 + \Delta H_2 + \Delta H_3 = -2\,329.74 \text{ kJ}$

不同的温度下进行的反应产生的热效应不同，可用基尔霍夫（Kirchhoff）公式表征热效应与温度的关系，即

$$\frac{d(\Delta H)}{dT} = \Delta c_p \qquad (8.15)$$

或　　　　　　　　$$\Delta H_{T_2} = \Delta H_{T_1} + \int_{T_1}^{T_2} \Delta c_p dT \qquad (8.16)$$

式中　　　　　　　$$\Delta c_p = \sum (c_p)_{产物} - \sum (c_p)_{反应物}$$

根据式（8.16），就可以从某一温度 T_1 时的热效应 ΔH_{T_1}，计算其他温度 T_2 时的热效

应 ΔH_{T_2}。

8.2.3 生成热

在某温度下,由处于稳定状态的单质生成 1 mol 化合物时的反应热称为该化合物的摩尔生成热或摩尔生成焓。若单质和化合物均处于在标准压力 P^θ(101.325 kPa)下,则其生成热称为标准摩尔生成热或标准摩尔生成焓,用符号 $\Delta_f H_m^\theta$ 表示。在 298 K 下测得的值,就称为该化合物的标准生成热,以 $\Delta_f H_{m,298}^\theta$ 表示。例如为 298 K 时,反应

$$Si(s) + O_2(g) \longrightarrow SiO_2(玻璃) \qquad \Delta_f H_{m,298}^\theta = -903.53 \text{ kJ/mol}$$

$$2Ca(s) + Si(s) + 2O_{2(g)} \longrightarrow \beta\text{-}Ca_2SiO_4(s) \qquad \Delta_f H_{m,298}^\theta = -2\,308.48 \text{ kJ/mol}$$

硅酸盐的生成热,常由氧化物生成硅酸盐的热效应来表示。例如

$$2CaO(s) + SiO_2(\beta\text{-}石英) \longrightarrow \beta-2CaO \cdot SiO_2(s) \qquad \Delta_f H_{m,298}^\theta = -126.41 \text{ kJ/mol}$$

$$3CaO(s) + SiO_2(\beta\text{-}石英) \longrightarrow 3CaO \cdot SiO_2(s) \qquad \Delta_f H_{m,298}^\theta = -112.97 \text{ kJ/mol}$$

表 8.1 列出了几种硅酸盐的生成热。由于硅酸盐的生成热有两种表示方法,使用数据时要加以注意。

表 8.1　一些硅酸盐的生成热($-\Delta_f H_{m,298}^\theta$,kJ/mol)

物质	由单质生成	由氧化物生成 (SiO₂ 用 β-石英)	物质	由单质生成	由氧化物生成 (SiO₂ 用 β-石英)
β-CS	1 635.73	89.18	c₃S	2 968.34	112.97
α-CS	1 630.71	84.16	M₂S	2 176.94	63.22
β-c₂S	2 308.48	126.41			

利用化合物的标准生成热可以计算各种反应的标准反应热。由盖斯定律可得出利用生成热计算反应热效的一般公式为

$$\Delta_f H_{m,298}^\theta = \sum (\Delta_f H_{m,298}^\theta)_{(产物)} - \sum (\Delta_f H_{m,298}^\theta)_{(反应物)} \qquad (8.17)$$

8.2.4 溶解热与水化热

1. 溶解热

许多无机非金属材料从单质直接生成相当困难,故其生成热很难直接测量,其他一些热效应,如熔化热、水化热、晶型转变热等实验测量复杂,常利用溶解热来间接计算。

1 mol 物质完全溶解在某种溶剂中的热效应,称为该物质的溶解热(L)。溶解热是对某一定数量的溶剂而言的。硅酸盐的溶解热常用 20%~40% HF 作溶剂,铝酸盐用硝酸溶液溶解,铁铝酸四钙则可用盐酸溶液来溶解。溶剂的性质和数量要保证反应物与产物的完全溶解,且反应物与产物生成的溶液必须完全相同。溶解热也与温度和压力有关。习惯上指的是 25 ℃和 101.325 kPa 下的溶解热。

例如,从原始物质和最终产物的溶解热之差,即可求得反应的热效应。采用 20% HF

溶液,可由 2MgO 与 SiO_2 及 Mg_2SiO_4 的溶解热来求得反应:

$$2MgO(s) + SiO_2(s) = Mg_2SiO_4(s)$$

其图解如图 8.1 所示。

根据盖斯定律:

$$\Delta H + L_{M_2S} = 2L_M + L_S$$

$$\Delta H = 2L_M + L_S - L_{M_2S}$$

写成一般式则为

$$\Delta H = \sum L_{氧化物} - L_{硅酸盐} \tag{8.18}$$

式中,ΔH 为氧化物形成硅酸盐的反应热;$\sum L_{氧化物}$ 为氧化物溶解热的总和;$L_{硅酸盐}$ 为硅酸盐的溶解热。

例 8.1 由实验测得 25 ℃时,$CaO(s)$,SiO_2(石英)与 β-$2CaO \cdot SiO_2$ 在含 HF 的水溶液中的溶解热分别为 196.9 kJ/mol,134.9 kJ/mol,405.4 kJ/mol。求反应

$$2CaO(s) + SiO_2(石英) = \beta - 2CaO \cdot SiO_2$$

在 298 K 时的反应热。

解 反应在 25 ℃时的反应热为

$$\Delta H^{\theta}/(kJ \cdot mol^{-1}) = 2 \times 196.9 + 134.9 - 405.4 = 123.3$$

由于酸的浓度和组成比例对溶解热的影响较大,所以,在不同浓度、不同组成以及不同温度的酸中所产生的溶解热,不可以进行比较。表 8.2 列出一些硅酸盐和氧化物的溶解热。

表 8.2 一些硅酸盐和氧化物的溶解热

物 质	溶解热		物 质	溶解热	
	J/g	kJ/mol		J/g	kJ/mol
CaO	3 512.89	197.00	γ-$2CaO \cdot SiO_2$	2 330.48	401.37
SiO_2(石英)	2 247.58	134.99	β-$2CaO \cdot SiO_2$	2 355.61	—
α-Al_2O_3	2 729.92	278.44	$3CaO \cdot SiO_2$	2 651.63	479.75
γ-Al_2O_3	3 050.23	311.09	$3CaO \cdot Al_2O_3$	3 278.00	885.63
Fe_2O_3	946.26	151.23	$4CaO \cdot Al_2O_3 \cdot Fe_2O_3$	2 464.05	1 197.27

2. 水化热

水硬性矿物与水作用形成含水结晶物,并发生硬化时所放出的热量,称为水化热或硬化热。水化热直接测定比较复杂,且水化作用进行较慢,所以常利用这些矿物无水时与完全水化时的溶解热法间接测定。即测定水化前反应物与水化产物的溶解热,两者之差就是该物质的水化热。

在水硬性矿物中,已知铝酸三钙($3CaO \cdot Al_2O_3$)水化时放热最多,其水化热为 866~1 372 J/g,而硅酸三钙($3CaO \cdot SiO_2$)完全水化时的水化热为 489.5~570 J/g。水化热过大会在制品内引起内应力,从而使制品产生裂纹。水化热是水泥的主要性能指标之一,其在水化过程中要考虑放热数量放热速度。如果放热速度非常快,大体积混凝土就会产生

裂缝,严重地损害混凝土的结构,影响混凝土的寿命,从而影响建筑物的质量。

8.2.5 相变热

相变热指物质发生相变时需要吸收或放出的热量,包括晶型转变热、熔化热、结晶热、汽化热、升华热等。

1. 晶型转变热

物质由一种晶型转变为另一种晶型所需的热量,称为晶型转变热。晶型转变热可以用两种晶型的溶解热之差来测定。但是,在某些物质的晶型转变中,某一种晶型在标准温度时不稳定,如 α-石英⇔β-石英,在标准温度下得不到 α-石英,就不能应用这种方法,而是利用两种晶型的热容-温度的函数关系来测定。由式(8.8)得

$$H_\alpha = \int c_{p,\alpha} \mathrm{d}T \tag{8.19}$$

$$H_\beta = \int c_{p,\beta} \mathrm{d}T \tag{8.20}$$

式中,$c_{p,\alpha}$ 与 $c_{p,\beta}$ 分别为 α 与 β 晶型的摩尔热容;H_α 与 H_β 分别为 α 与 β 晶型的热焓。

由(8.19)及(8.20)式作 H-T 曲线,如图 8.2 所示。由图可见,在转变温度 T_{tr} 时,由一种晶型的热容变为另一种晶型的热容,热容发生了突变,热焓也就发生突变。在 T_{tr} 时,α 与 β 晶型两条曲线的纵坐标之差,表示热焓的变化,即晶型转变热 ΔH_{tr}:

$$\Delta H_{tr} = H_\alpha - H_\beta = T_{tr}(c_{p,\alpha} - c_{p,\beta}) \tag{8.21}$$

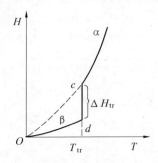

图 8.2　多晶转变的热焓-温度曲线

2. 熔化热与结晶热

在标准大气压下,物质熔化时所吸收的热量称为熔化热。反之,物质在结晶时所放出的热量称为结晶热。在熔点或凝固点,物质的熔化热与结晶热在数值上相等。许多物质直接测定熔化热与结晶热是比较困难的。通常用物质在晶态和玻璃态的溶解热来间接计算。

在室温 T_1 时用溶解热法得到物质的熔化热 $\Delta H_{M,T_1}$ 后,再应用基尔霍夫公式计算在熔点 T_m 时的熔化热 $\Delta H_{M,T_m}$,即

$$\Delta H_{M,T_m} = \Delta H_{M,T_1} + \int_{T_1}^{T_m} \Delta c_p \mathrm{d}T \tag{8.22}$$

表 8.3 列出一些物质的熔化热。

表 8.3 一些物质的熔化热

物　质	$T_{熔}/K$	$\Delta H_{熔}^{\theta}/(kJ \cdot mol^{-1})$	物　质	$T_{熔}/K$	$\Delta H_{熔}^{\theta}/(kJ \cdot mol^{-1})$
B_2O_3	723	23.03	KNO_3	611	11.72
$2CaO \cdot Al_2O_3$	1 585	100.86	Na_2CO_3	1 123	30.57
$2CaO \cdot Al_2O_3 \cdot SiO_2$(钙长石)	1 823	123.10	SiO_2	1 986	9.21
$CaO \cdot SiO_2$	1 813	59.87			

8.3 热力学应用计算方法

用热力学原理分析物质物理化学反应过程发生的方向或判断过程产物稳定性,最终都归结到系统自由能变化 ΔG 的计算。根据计算所基于的热力学函数不同,计算方法可分为经典法和 Φ 函数法。

8.3.1 经典法

经典法计算反应过程 ΔG 是从基本热力学函数关系出发,运用基本热力学数据而完成的。根据所能够取得的热力学基础数据的情况可分为两种情况处理。

当已知在标准条件下反应物与生成物从元素出发的生成热 ΔH_{298}^{θ},生成自由能 ΔG_{298}^{θ} 以及反应物与产物的热容温度关系式 $c_p = a + bT + cT^{-2}$ 中各系数时,则计算任何温度下反应自由能变化可根据吉布斯-赫姆霍兹(Gibbs-Helmhoptz)关系式进行:

$$\left[\partial \left(\frac{\Delta_r G^{\theta}}{T} \right) / \partial T \right]_p = -\Delta_r H^{\theta}/T^2 \tag{8.23}$$

根据基尔霍夫公式有

$$\Delta_r H^{\theta} = \Delta_r H_{,298}^{\theta} + \int_{298}^{T} \Delta c_p dT \tag{8.24}$$

和反应热容变化关系为

$$\Delta c_p = \Delta a + \Delta bT + \Delta cT^{-2} \tag{8.25}$$

可积分求得

$$\Delta_r H^{\theta} = \Delta H_0 + \Delta aT + \frac{1}{2}\Delta bT^2 - \Delta cT^{-1} \tag{8.26a}$$

式中,ΔH_0 为积分常数、根据标准状态下进行的反应可确定为

$$\Delta H_0 = \Delta_r H_{298}^{\theta} - 298\Delta a - \frac{298^2 \Delta b}{2} + \frac{\Delta c}{298} \tag{8.26b}$$

将式(8.24)代入式(8.23)并积分,便可得任何温度下反应自由能变化 $\Delta_r G^{\theta}$ 的一般计算公式为

$$\Delta_r G^{\theta} = \Delta H_0 - \Delta aT\ln T - \frac{1}{2}\Delta bT^2 - \frac{1}{2}\Delta cT^{-1} + yT \tag{8.27a}$$

$$y = \frac{\Delta_r G_{298}^{\theta} - \Delta H_0}{298} + \Delta a\ln 298 + \frac{1}{2}\Delta b \cdot 298 + \frac{1}{2}\Delta c(298)^{-2} \tag{8.27b}$$

显然,在式(8.26b)、(8.27b)中代入标准状态下反应热 $\Delta_r H_{298}^{\theta}$,反应自由能 $\Delta_r G_{298}^{\theta}$ 和

反应等压热容各温度项系数 Δa，Δb 和 Δc 便可由式(8.27a)得到反应自由能 $\Delta_r G^\theta$ 与温度的函数关系。

经典法计算反应自由能变化遇到的第二种情况是已知反应物和产物标准熵 S_{298}^θ，而不是从元素出发的生成自由能 $\Delta_r G_{298}^\theta$（其他条件同上）。此时可首先根据等温等压条件下热力学第二定律首先计算标况下反应自由能变化 $\Delta_r G_{298}^\theta$：

$$\Delta_r G_{298}^\theta = \Delta_r H_{298}^\theta - 298\Delta_r S_{298}^\theta \tag{8.28}$$

然后如同第一种情况一样，依据式(8.26b)、(8.27a)计算反应 $\Delta_r G^\theta$。由此可见，经典法计算反应 $\Delta_r G^\theta$ 一般有如下具体步骤所遵循：

(1)由有关数据手册，索取原始热力学基本数据：反应物和生成物的 ΔH_{298}^θ、ΔG_{298}^θ（或 S_{298}^θ）以及热容关系式中的各项温度系数 a,b,c。

(2)计算标况下(298 K)反应热 $\Delta_r H_{298}^\theta$，反应自由能变化 $\Delta_r G_{298}^\theta$ 或反应熵变 $\Delta_r S_{298}^\theta$，以及反应热容变化 Δc_p 中各温度系数 $\Delta a,\Delta b,\Delta c$。

(3)将 $\Delta_r H_{298}^\theta,\Delta a,\Delta b$ 以及 Δc 分别代入式(8.26b)各项，计算积分常数 ΔH_0。

(4)将 $\Delta_r G_{298}^\theta,\Delta a,\Delta b$ 以及 Δc 分别代入式(8.27b)各项，计算积分常数 y。或先由 $\Delta_r H_{298}^\theta$ 和 $\Delta_r S_{298}^\theta$ 依式(8.28)计算 $\Delta_r G_{298}^\theta$，然后依式(8.27b)计算 y。

(5)将 $\Delta H_0,y,\Delta a,\Delta b$ 以及 Δc 代入式(8.27a)得 $\Delta_r G^\theta \sim T$ 函数关系式。

从基本热力学函数关系式出发准确计算反应自由能变化 $\Delta_r G^\theta$ 的过程中包含繁琐而费时的计算工作，尤其是当反应体系在所研究的温度范围内存在相变（如多晶转变、熔融等现象）时，反应 $\Delta_r G^\theta$ 计算应在由相变温度点所分割的不同温度区间内不同反应热容系数（$\Delta a,\Delta b$ 和 Δc）进行分段计算的情况下，计算量巨大，故而使热力学方法得不到普遍的应用。为避免繁复的运算，人们常假设的质量定压热容 Δc_p 不随温度变化而为一常数（即 $\Delta c_p = c$）以达到简化 $\Delta_r G^\theta$ 的计算过程。由此可以容易推得，反应 $\Delta_r G^\theta$ 与温度 T 有如下简捷的函数关系：

$$\Delta_r G^\theta = \Delta_r H_{298}^\theta - T\Delta_r S_{298}^\theta + \Delta c_p T\left(\ln\frac{298}{T} + 1 - \frac{298}{T}\right) \tag{8.29}$$

显然，当反应前后物质的等压热容不变时，即 $\Delta_r G^\theta$，反应 $\Delta_r G^\theta$ 与温度 T 函数关系将进一步简化成

$$\Delta_r G^0 = \Delta_r H_{298}^0 - T\Delta_r S_{298}^0 \tag{8.30}$$

然而，必须指出计算过程的简化虽然减少了计算工作量，但这必然降低了计算结果的可靠性。尤其是对于那些热容随温度变化明显，反应后物质热容变化量大的反应体系，上述的简化假设往往给计算结果带来很大的误差，甚至失去意义，故而应谨慎用之。

8.3.2 Φ 函数法

Φ 函数法是基于 1955 年 Margrave 提出的热力学势函数 Φ 一概念而建立起来的一种计算方法。热力学势函数是热力学基本函数的一种组合，其定义为

$$\Phi_T \equiv -\frac{G_T^\theta - H_{T_0}^\theta}{T} \tag{8.31}$$

式中，G_T^θ 为物质于 T 温度下的标准自由能；$H_{T_0}^\theta$ 为物质在某一参考温度 T_0 下的热焓。若取 $T_0 = 298$ K，则式(8.31)可写成

$$\Phi'_T \equiv -\frac{G_T^\theta - H_{298}^\theta}{T} \tag{8.32}$$

由于热力学基本函数 G 和 H 都是状态函数，G 函数在相变点具有连续性，所以 Φ'_T 也是一连续的状态函数，故而对于每种物质有形成热力学势 $\Delta\Phi'_T$，即

$$\Delta\Phi'_T \equiv -\frac{\Delta G_T^\theta - \Delta H_{298}^\theta}{T} \tag{8.33}$$

对于任一反应过程有

$$\Delta_r\Phi'_T \equiv -\frac{\Delta_r G_T^\theta - \Delta_r H_{298}^\theta}{T} \tag{8.34}$$

于是由式(8.34)可推得反应自由能变化 $\Delta_r G_T^\theta$ 为

$$\Delta_r G_T^\theta = \Delta_r H_{298}^\theta - T\Delta_r\Phi'_T \tag{8.35}$$

式中，$\Delta_r\Phi'_T$ 为反应势函数变化。可如同其他反应热力学状态函数变化计算一样依下式进行：

$$\Delta_r\Phi'_T = \sum_i (\Delta_r\Phi')_{生成物} - \sum_i (\Delta_r\Phi')_{反应物} \tag{8.36}$$

若可方便取得各种物质(化合物)在各温度下的 $\Delta_r\Phi'_T$ 数值，依式(8.35)和(8.36)计算相应温度下反应能变化 $\Delta_r G_T^\theta$ 就比较容易了。

我国学者叶大伦已依式(8.33)为基本关系式计算出 1 233 种常见无机物热力学势函数在不同温度的数值，为用势函数法计算反应自由能 $\Delta_r G_T^\theta$ 提供了必不可少的数据。综上所述，Φ 函数计算反应 $\Delta_r G^\theta$ 可依如下具体步骤进行：

(1)查出与反应有关物质(从元素出发的)标准生成热 ΔH_{298}^θ，不同温度下物质的 $\Delta\Phi'$。

(2)计算标况下反应 $\Delta_r H_{298}^\theta$ 和依式(8.35)计算反应 $\Delta\Phi'_T$。

(3)依式(8.35)计算不同温度下反应 $\Delta_r G_T^\theta$。

8.3.3 ΔG 计算法举例

下面根据已知的热化学数据分别用经典法和 Φ 函数法对水泥生产工艺过程中重要分解反应：

$$CaCO_3(s) \longrightarrow CaO(s) + CO_2(g)$$

作反应自由能 $\Delta_r G^\theta$ 实例计算，并分析其分解温度和分解压力间的关系。

1. 经典计算法

(1)用《实用无机物热力学数据手册》可查出反应各物质热化学数据并列于表 8.4 中。

表 8.4 参与 $CaCO_3$ 分解反应的各化合物热化学数据

化合物	$\Delta H_{298}^\theta /$ (kJ $\cdot$ mol^{-1})	$S_{298}^\theta /$ [J $\cdot$ (K $\cdot$ mol^{-1})]	$c_p = a + bT + cT^{-2}/$[J $\cdot$ (K $\cdot$ mol^{-1})]		
			a	$b\times10^3$	$c\times10^{-5}$
$CaCO_3$方解石	−1207.53	88.76	104.59	21.94	−25.96
CaO(s)	−634.74	39.78	49.66	4.52	−6.95
CO_2(g)	−393.79	213.79	44.21	9.04	−8.54

(2)计算 298 K 反应 $\Delta_r H_{298}^\theta$，$\Delta_r S_{298}^\theta$，$\Delta_r G_{298}^\theta$ 及 Δa，Δb，Δc。

$$\Delta_r H_{298}^\theta/(\text{kJ}\cdot\text{mol}^{-1})=-634.74-393.78+1207.53=179.01$$

$$\Delta_r S_{298}^\theta/(\text{kJ}\cdot\text{mol}^{-1})=39.78+213.79-88.76=164.81$$

$$\Delta_r G_{298}^\theta/(\text{kJ}\cdot\text{mol}^{-1})=179.01-298\times164.81\times10^{-3}=129.90$$

$$\Delta a=49.66+44.21-104.59=-10.72$$

$$\Delta b=(4.52+9.04-21.94)\times10^{-3}=-8.38\times10^{-3}$$

$$\Delta c=(-6.95-8.54+25.96)\times10^5=10.47\times10^5$$

(3)计算积分常数 ΔH_0 和 y。

$$\Delta H_0/(\text{kJ}\cdot\text{mol}^{-1})=179.01+3.21+0.372+3.51=186.10$$

$$y=(129.90-186.10)/298-10.72\times10^{-3}\ln 298-8.38\times10^{-6}\times298/2+$$
$$10.47\times10^2/(2\times298^2)=-0.239\,12$$

(4)建立反应自由能温度关系式。

$$\Delta_r G^\theta=186.10+10.76\times10^{-3}T\ln T+4.187\times10^{-6}T^2-5.23\times10^2T^{-1}-0.239T$$

(5)计算温度区间 800~1 400 K 范围内的 $\Delta_r G^\theta$ 结果如下(表 8.5)：

表 8.5　计算温度区间 800~1 400 K 范围内的 $\Delta_r G^\theta$

T/K	800	900	1 000	1 100	1 200	1 300	1 400
$\Delta_r G^\theta/(\text{kJ}\cdot\text{mol}^{-1})$	49.36	33.95	18.72	3.68	−11.20	−25.91	−40.45

(6)用图解法求解 $\Delta_r G^\theta=0$ 温度条件。

由图 8.3 可以得到当 $T=1\,123$ K(850 ℃)时 $\Delta_r G^\theta=0$，这意味着处于标准状态下的 $CaCO_3$ 分解体系，当温度升至 1 123 K 时，$CaCO_3$ 开始分解，相应的温度定义为 $CaCO_3$ 分解温度 T_d。

但是，实际上由于空气中 CO_2 分压远低于 100 kPa，故与空气接触的 $CaCO_3$ 起始分解温度（当 $CaCO_3$ 分解压与空气中 CO_2 分压相等的温度点）则低于 850 ℃。

(7)确定 $CaCO_3$ 分解压 p_{CO_2} 与温度关系。

由于 $CaCO_3$ 分解反应是一有气相参与的固相反应，故实际反应自由能应依式(7.4)计算，故有

$$\Delta_r G=\Delta_r G^\theta+RT\ln p_{CO_2}$$

随着体系温度的升高，实际反应自由能变化逐渐减少。当 $\Delta_r G^\theta=0$ 时，$CaCO_3$ 开始分解，并具有分解压 p_{CO_2}，即

$$\ln p_{CO_2}=-\frac{\Delta_r G^\theta}{RT}$$

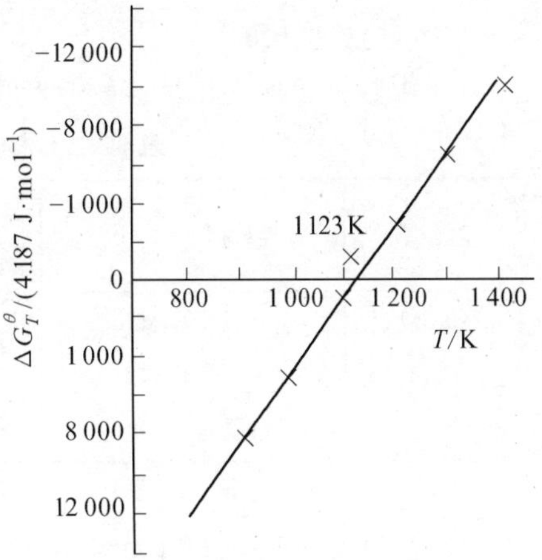

图 8.3　方解石分解反应的 ΔG_T^θ 与温度的关系

代入 $\Delta_r G^\theta\sim T$ 关系式，便可得 $CaCO_3$ 分解压 p_{CO_2} 与温度的解析式为

$$\ln p_{CO_2}=-22.38\times10^3T^{-1}-1.29\ln T-0.50\times10^{-3}T+0.63\times10^5T^{-2}+29.47$$

由此可算得任何温度下 $CaCO_3$ 的分解压。例如：

$$当 T = 1\ 000\ K\ 时，\quad p_{CO_2} = 10.69\ kPa$$
$$当 T = 1\ 200\ K\ 时，\quad p_{CO_2} = 310.87\ kPa$$

可以看出 $CaCO_3$ 分解压随温度升高而急剧增大。分解压越高，分解反应推动力越大。当分解压 $p_{CO_2} > 100\ kPa$ 时；$CaCO_3$ 可发生激烈分解。实验表明 $CaCO_3$ 分解动力学与热力学分析结果是完全一致的。图 8.4 中曲线 1 表示 $CaCO_3$ 于不同温度下分解压；曲线 2 表示由实验测定的 $CaCO_3$ 分解速度常数 K_t，两者在整个温度区域内达到完全的吻合。

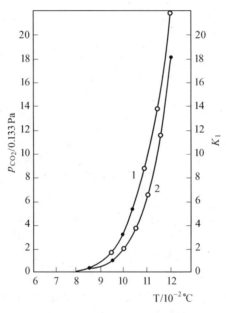

图 8.4　不同温度下 $CaCO_3$ 分解压和分解速率常数

2. Φ 函数法计算

(1)由数据手册查出反应物与产物的 ΔH_{298}^{θ} 和各温度的 Φ'_T，并列于表 8.6 中。

表 8.6　$CaCO_3$，CaO 及 CO_2 的热力学数据

化合物	$\Delta H_{298}^{\theta}/[kJ \cdot mol^{-1}]$	$\Phi'_T/(J \cdot (mol \cdot K)^{-1})$					
		800 K	900 K	1 000 K	1 100 K	1 200 K	1 300 K
CaCO	−1 207.53	124.5	132.7	140.3	147.8	155.1	—
CaO	−634.74	56.9	60.9	64.3	67.7	70.9	74.1
CO_2	−393.79	229.3	232.8	236.2	239.5	242.6	245.5

(2)计算反应热 $\Delta_r H_{298}^{\theta}$ 及各温度下反应 $\Delta\Phi'_T$：

$$\Delta_r H_{298}^{\theta}/(kJ \cdot mol^{-1}) = -634.74 - 393.79 + 1207.53 = 179.01$$

$$\Phi'_{800}/[J \cdot (mol \cdot K)^{-1}] = 56.86 + 229.32 - 124.52 = 161.66$$

$$\Phi'_{900}/[J \cdot (mol \cdot K)^{-1}] = 60.90 + 232.84 - 132.68 = 160.78$$

$$\Phi'_{1\ 100}/[J \cdot (mol \cdot K)^{-1}] = 64.27 + 236.19 - 140.31 = 160.15$$

$$\Phi'_{1\ 100}/[J \cdot (mol \cdot K)^{-1}] = 67.70 + 239.45 - 147.80 = 159.36$$

$$\Delta_r G_T^\theta/(\text{kJ} \cdot \text{mol}^{-1}) = 70.97 + 242.55 - 154.92 = 158.60$$

（3）依下式计算各相应温度下 $\Delta_r G_T^\theta$ 的结果见 8.7。

$$\Delta_r G_T^\theta = \Delta_r H_{298}^\theta - T\Delta\Phi'_T$$

表 8.7　各相应温度下 $\Delta_r G_T^\theta$ 的结果

T/K	800	900	1 000	1 100	1 200
$\Delta_r G_T^\theta/(\text{kJ} \cdot \text{mol}^{-1})$	49.67	34.29	18.84	3.70	-11.13

（4）作 $\Delta_r G_T^\theta \sim T$ 图，可求得当 $\Delta_r G_T^\theta = 0$ 时，$T_A = 1\,126\text{K}(853\ ℃)$。此值与经典法计算所得数值（$T = 850\ ℃$）极为接近。

比较计算反应 $\Delta_r G^\theta$ 整个过程，可以看出：Φ 函数法计算过程简单，数据精度与经典法相同。但是经典法可将反应自由能 $\Delta_r G^\theta$ 的关于温度 T 的解析式给出，这有利于进一步的推演处理，而 Φ 函数法只能用列表的方法给出某些温度下的 $\Delta_r G^\theta$ 数值。但是，在 Φ 函数法中可采用如下 $\Delta_r G^\theta$ 与温度的近似表达式：

$$\Delta_r G^\theta = \Delta_r H_{298}^\theta - T\Delta\Phi'_{\text{平均}}$$

式中，$\Delta\Phi'_{\text{平均}}$ 是某一温度区间内数个 $\Delta\Phi'_T$ 的算术平均值。显然区间越小，$\Delta\Phi'_T$ 随温度变化越小，上式近似精度越高。例如，$CaCO_3$ 分解反应在 800～1 200 K 区间的 $\Delta\Phi'_{\text{平均}}$ 为

$$\Delta\Phi'_{\text{平均}}/[\text{J} \cdot (\text{mol} \cdot \text{K})^{-1}] = (\Delta\Phi'_{800} + \Delta\Phi'_{900} + \cdots + \Delta\Phi'_{1000})/5 =$$
$$(161.66 + 160.78 + 160.15 + 159.36 + 158.60)/5 =$$
$$159.85$$

因此，$CaCO_3$ 分解反应在 800～1 200 K 范围内，$\Delta_r G^\theta$ 可近似地表示为

$$\Delta_r G^\theta = 178.99 - 0.16T$$

令 $\Delta_r G^\theta = 0$，得

$$T_d = 178.99/0.16 = 1\,120\ \text{K}$$

这一求解结果与前面的作图法得到的精度相同。

8.4　热力学应用实例

8.4.1　纯固相参与的固相反应

从简单的氧化物通过高温煅烧合成所需要的无机化合物是许多无机非金属材料生产的基本环节之一。根据热力学的基本原理，对材料系统做热力学分析，可以了解材料系统可能出现的化合物间的热力学关系，从而有助于寻找合理的工艺参数和合成途径。

CaO-SiO_2 系统中的固相反应是硅酸盐水泥生产和玻璃工艺过程中所涉及的重要反应系统，在 CaO-SiO_2 系统中存在如下化学反应：

（1）$CaO + SiO_2 \Longrightarrow CaO \cdot SiO_2$ （偏硅酸钙）。

（2）$3CaO + 2SiO_2 \Longrightarrow 3CaO \cdot 2SiO_2$ （二硅酸三钙）。

（3）$2CaO + SiO_2 \Longrightarrow 2CaO \cdot SiO_2$ （硅酸二钙）。

（4）$3CaO + SiO_2 =\!=\!= 3CaO \cdot SiO_2$ （硅酸三钙）。

由《实用无机物热力学数据手册》可查得以上化学反应所涉及物质的热力学数据列于表 8.8 中。

表 8.8　CaO-SiO₂ 系统有关化合物热力学数据

物质	ΔH_{298}^{θ} /(kJ·mol⁻¹)	$\Delta \Phi'_T$/[J·(mol·K⁻¹)⁻¹] 温度/K									
		900	1 000	1 100	1 200	1 300	1 400	1 500	1 600	1 700	1 800
$CaO \cdot SiO_2$	−1 584.2	126.9	135.0	142.7	150.0	157.1	163.8	195.5	176.9	183.2	189.2
$3CaO \cdot 2SiO_2$	−3 827.0	318.0	337.3	355.8	373.5	300.5	406.8	422.4	437.4	451.9	465.8
$2CaO \cdot SiO_2$	−2 256.8	186.8	198.9	210.7	222.0	232.8	243.1	253.0	262.6	271.7	280.7
$3CaO \cdot SiO_2$	−2 881.1	256.4	272.0	287.0	301.3	315.0	328.2	340.8	353.0	364.7	376.0
CaO	−634.8	60.6	64.3	67.7	83.5	74.1	77.1	79.9	82.7	85.3	87.8
α-石英	−911.5	66.1	70.7	75.2							
α-鳞石英					81.2	85.1	88.9	92.5	96.0	99.3	102.5

按式（8.35）和（8.36）对各反应进行热力学 Φ 函数法的 $\Delta_r G^{\theta}(T)$ 计算，所得结果列于表 8.9 及图 8.5(a) 中。

表 8.9　CaO-SiO₂ 系统中各反应 −$\Delta_r G^{\theta}$ 与 T 关系

温度/K　−$\Delta_r G^{\theta}$ /(kJ·mol⁻¹)	900	1 000	1 100	1 200	1 300	1 400	1 500	1 600	1 700	1 800
（1）	39.3	39.1	38.8	36.5	36.3	36.1	36.0	36.4	36.8	37.1
（2）	103.3	102.8	102.4	97.6	97.1	96.6	96.1	95.7	95.3	94.8
（3）	75.3	75.4	75.9	74.4	75.0	75.8	76.7	77.8	78.9	80.4
（4）	72.9	73.8	74.9	73.9	75.2	76.3	78.1	19.7	81.4	83.3

表 8.9 所列数据是基于各反应式化学计量配比考虑的。实际生产工艺中，反应系统的原料组成配比一经选定，对各个反应都是相同的。所以，研究不同给定原料配比条件下各反应自由能 $\Delta_r G^{\theta}$ 与温度间关系将更有实际意义。现选择 $CaO/SiO_2 = 1, 1.5, 2, 3$ 等数值进行讨论。不难看出，原料配比改变后，反应自由能的计算只需根据表 8.8 所列数据做简单处理就可以完成。例如 $n(CaO)/n(SiO_2) = 1$ 时 $3CaO \cdot 2SiO_2$ 生成的反应式为

$$CaO + SiO_2 =\!=\!= 1/3(3CaO \cdot 2SiO_3) + 1/3SiO_2$$

可见，此时单位式量 CaO 与单位式量 SiO₂ 反应仅能生成 1/3 式量的 $3CaO \cdot 2SiO_2$，故相应的反应自由能仅为生成单位式量 $3CaO \cdot 2SiO_2$ 的 1/3。因此，欲得反应（2）当 $n(CaO)/n(SiO_2) = 1$ 时，各温度下 $\Delta_r G^{\theta}(T)$ 只需将表 8.9 中反应（2）的相应温度下自由能数据乘以 1/3。对于其他各反应和配比完全可以依此类推。

表 8.10 及图 8.5 中给出了 $n(CaO)/n(SiO_2) = 1, 1.5, 2, 3$ 等数值时，各反应自由能变化与温度的关系。由此可以看出，当温度足够高时，CaO-SiO₂ 系统的四种化合物均有

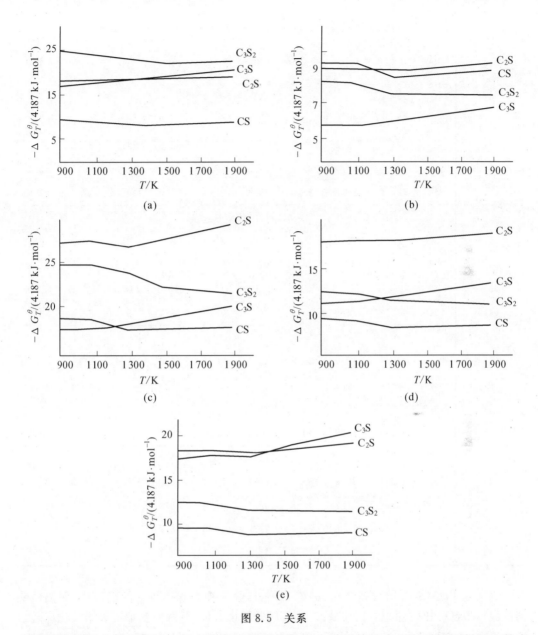

图 8.5 关系

自发形成的热力学可能性。但它的各自形成趋势大小随系统温度以及系统原料配比的变化而改变。

当系统 $n(CaO)/n(SiO_2)=1$ 时，硅酸钙、偏硅酸钙在整个温度范围内均表现出较大的形成趋势，其次为二硅酸钙，而硅酸三钙形成势最低。随着系统 CaO 与 SiO_2 的摩尔比增加（如 $n(CaO)/n(SiO_2)=1.5,2$ 时）硅酸二钙、二硅酸三钙形成热力学势急剧增大，同时硅酸三钙形成势也大幅度增大，致使偏硅酸钙形成势最低。尤其值得注意的是，当系统 CaO 与 SiO_2 的摩尔比在此范围内变化时，在水泥熟料矿物体系中具有重要意义的硅酸二钙和硅酸三钙在整个温度范围内，前者始终具有较大的稳定性。这意味着在这种情况下，即使良好的动力学条件，也不可能通过氧化钙和硅酸二钙直接化合而合成硅酸三钙。

表 8.10 原始配比不同时 $CaO\text{-}SiO_2$ 系统中各反应$-\Delta_r G^\theta$ 与 T 的关系

$-\Delta_r G^\theta$ /(kJ·mol^{-1}) \\ T/K	900	1 000	1 100	1 200	1 300	1 400	1 500	1 600	1 700	1 800
\multicolumn{11}{c}{$n(CaO)/n(SiO_2)=1$}										
(1)	39.3	39.1	38.9	36.5	36.3	36.1	36.0	36.6	36.8	37.1
(2)	34.4	34.3	34.2	32.5	32.4	32.2	32.0	31.9	31.8	31.6
(3)	37.6	37.7	37.9	37.2	37.5	37.9	38.4	38.9	39.5	40.2
(4)	24.7	24.6	24.9	35.9	25.1	25.4	26.0	14.0	27.1	27.8
\multicolumn{11}{c}{$n(CaO)/n(SiO_2)=1.5$}										
(1)	78.5	78.1	77.8	73.1	72.6	72.2	72.1	72.7	73.5	74.1
(2)	103.3	102.8	102.4	106.8	97.0	96.6	96.1	95.6	95.5	94.8
(3)	112.9	113.1	113.9	111.6	112.5	71.9	115.1	116.7	118.4	120.6
(4)	72.9	73.8	74.9	73.9	76.2	76.3	78.1	79.7	81.4	83.3
\multicolumn{11}{c}{$n(CaO)/n(SiO_2)=2$}										
(1)	39.3	39.1	38.9	36.5	36.3	36.1	36.0	36.4	36.8	37.1
(2)	51.7	51.4	51.2	48.9	48.5	48.3	48.0	47.8	47.6	47.4
(3)	75.3	75.4	75.9	74.4	75.0	75.8	76.7	77.8	78.9	80.4
(4)	47.1	47.6	48.2	49.3	50.1	50.9	52.0	53.1	54.3	55.5
\multicolumn{11}{c}{$n(CaO)/n(SiO_2)=3$}										
(1)	39.3	39.1	38.9	36.5	36.3	36.1	36.0	36.4	36.8	37.1
(2)	51.7	51.4	51.2	48.8	48.5	48.3	48.0	47.8	47.6	47.4
(3)	75.3	75.4	75.9	74.4	75.0	75.8	76.7	77.8	78.9	80.4
(4)	72.9	73.8	74.6	73.9	75.2	76.2	78.1	79.7	81.4	83.3

当系统 CaO/SiO_2 增加到 3 时,硅酸二钙、硅酸三钙表现出较大的形成势,而偏硅酸钙形成势最低。比较硅酸二钙与硅酸三钙,随着温度升高,硅酸三钙形成势增长比硅酸二钙快很多,并当温度大于 1 300 K 后,硅酸三钙形成势超过硅酸二钙。这一结果与 $CaO\text{-}SiO_2$ 系统平衡相图的实测结果,在性质上是极为符合的。实验表明当温度低于 1 250 ℃时,硅酸三钙为一不稳定化合物,在动力学条件满足的条件下它将分解为硅酸二钙与氧化钙;而当温度高于 1 250 ℃直至 2 150 ℃,硅酸三钙为一稳定化合物。显然,热力学的计算结果反映了这两种化合物间的平衡关系。当温度低于 1 300 K 时,硅酸三钙因稳定性低于硅酸二钙而将发生自发分解,生成硅酸二钙和氧化钙。但是实际硅酸盐水泥矿物系统中硅酸三钙的大量存在并能在水泥水化和强度发展过程中起重要作用,则正是由于水泥生产过程中水泥熟料的快速冷却,阻止了硅酸三钙的分解以及常温下硅酸三钙的热力学不稳定性所决定的。此外在高温下,硅酸三钙热力学生成势超过硅酸二钙这一计算结果,在理论上表明在良好的动力学条件下,通过固相反应可以合成足够纯的硅酸三钙。

纯固相反应的另一例子是与镁质耐火材料(如方镁石砖、镁橄榄石砖)及镁质陶瓷生产密切相关的 MgO-SiO_2 系统。实验表明该系统存在的固相反应为:

(1) $MgO + SiO_2 \Longrightarrow MgO \cdot SiO_2$ (顽火辉石)。

(2) $2MgO + SiO_2 \Longrightarrow 2MgO \cdot SiO_2$ (镁橄榄石)。

由《实用无机物热力学数据手册》可查得有关物质热力学数据列于表 8.11 中。

表 8.11　有关物质热力学数据

物质	$\Delta H_{298}^{\theta}/$ $(kJ \cdot mol^{-1})$	$\Phi'_T/[J \cdot (mol \cdot K)^{-1}]$										
		600	700	800	900	1 000	1 100	1 200	1 300	1 400	1 500	1 600
$MgO \cdot SiO_2$	−1 550.0	85.9	94.1	102.3	10.2	117.8	125.2	132.4	139.2	145.7	152.1	158.2
$2MgO \cdot SiO_2$	−2 178.5	121.4	133.9	145.9	157.5	168.7	179.5	189.8/	199.6	209.1	218.2	226.9
MgO	−61.7	35.3	38.9	42.6	46.1	49.5	52.8	55.9	58.8	61.6	64.3	66.9
α-石英	−911.5	51.8	56.5	61.3	66.1	70.7	75.2					
α-鳞石英								81.2	85.1	88.9	92.5	96.0

由式(8.35)计算可得上述两反应的 $\Delta_r G_T^{\theta}$ 各值见表 8.12。

表 8.12　MgO-SiO_2 系统固相反应 −$\Delta_r G^{\theta} \sim T$ 的关系

反应 ＼温度	$-\Delta_r G^{\theta}(T)/(kJ \cdot mol^{-1})$										
	600	700	800	900	1 000	1 100	1 200	1 300	1 400	1 500	1 600
(1)	35.0	35.9	35.5	35.0	34.4	33.9	31.3	30.7	30.2	29.7	29.3
(2)	63.4	63.3	63.1	62.8	62.6	62.4	59.5	59.6	59.4	59.2	59.2

考虑 MgO-SiO_2 系统的原料配比为 $MgO/SiO_2 = 1,2$,于是可在表 8.10 基础之上得出当原始物料配比不同时,系统化学反应的自由能变化与温度的关系见表 8.13。

表 8.13　原始配比不同时 MgO-SiO_2 系统固相反应 −$\Delta_r G^{\theta} \sim T$ 的关系

反应 ＼温度	$-\Delta_r G^{\theta}(T)/(kJ \cdot mol^{-1})$										
	600	700	800	900	1 000	1 100	1 200	1 300	1 400	1 500	1 600
	$n(Mg)/n(SiO_2) = 1$										
(1)	35.0	35.9	35.5	35.0	34.4	33.9	31.3	30.7	30.2	29.7	29.3
(2)	31.7	31.7	31.6	31.4	31.3	31.2	30.0	29.8	29.7	29.6	29.6
	$n(Mg)/n(SiO_2) = 2$										
(1)	35.0	35.9	35.5	35.0	34.4	33.9	31.3	30.7	30.2	29.7	29.3
(2)	63.4	63.3	63.1	62.8	62.6	62.4	59.5	59.6	59.4	59.2	59.2

由计算结果可以看出,对于 MgO-SiO_2 系统,系统原料配比在整个温度范围内决定了哪一种化合物的生成为主要的。当原始配料比 $n(MgO)/n(SiO_2) = 1$ 时,顽火辉石的生成具有较大的趋势;而当 $n(MgO)/n(SiO_2) = 2$ 时,镁橄榄石生成势则远大于顽火辉石。因此欲获得一定比例的镁橄榄石和顽火辉石,选择合适的原始物料配比是非常重要的。

从表 8.13 数据中还可发现,升高温度在热力学意义上并不利于顽火辉石和镁橄榄石的生成,而仅是反应动力学所要求的。所以在合成工艺条件的选择上,寻找合适的反应温度以保证足够的热力学生成势,同时又满足反应的动力学条件也是具有重要意义的。

8.4.2 伴有熔体参与的固相反应

硅酸盐材料的高温过程常出现伴有熔体与的固相反应,如水泥熟料的烧成、耐火材料的烧结或高温熔体与容器材料的化学作用等。在这种情况下,在热力学计算中应考虑熔体参与反应组成的活度影响。

(1)用热力学方法分析用刚玉坩埚熔制纯镍熔体的可能性。高温(1 800 K)镍熔体与刚玉存在如下反应:

$$\frac{1}{3}Al_2O_3(s) + Ni(l) = NiO(s) + \frac{2}{3}Al(l) \quad (1\ 800\ K)$$

由《实用无机物热力学数据手册》得有关物质热力学数据,见表 8.14。

表 8.14 有关物质热力学数据

	Ni(l)	$Al_2O_3(s)$	NiO(s)	Al(l)
$\Delta H^\theta_{298}/(kJ \cdot mol^{-1})$	0	−1674.8	−240.8	0
$\Phi'_{1\ 800}/[J \cdot (mol \cdot K)^{-1}]$	58.6	53.60	90.10	61.05

根据式(8.35)计算反应 $\Delta_r G^\theta_T$,即

$$\Delta_r G^\theta_{1\ 800}/(kJ \cdot mol^{-1}) = \left(-240.8 + \frac{1}{3} \times 1\ 674.8\right) -$$
$$1\ 800 \times 10^{-3} \times \left(\frac{2}{3} \times 61.05 + 90.1 - 58.6 - \frac{1}{3} \times 53.6\right) =$$
$$219.67$$

由式(8.4)得

$$\Delta_r G_{1\ 800} = \Delta G^\theta_{1\ 800} + RT\ln \frac{a_{Al}^{2/3}}{a_{Ni}}$$

考虑实际熔体中:$X_{Al} + X_{Ni} = 1$,并有 $X_{Ni} = 1$,故可将熔体当作理想溶液处理:

$$\Delta_r G_{1\ 800} = \Delta G^\theta_{1\ 800} + \frac{2}{3}RT\ln X_{Al} =$$
$$219.67 + 5.54 \times 10^{-3}\ T\ln X_{Al}$$

当铝被镍还原并熔于镍熔体中,达最大限度(即反应达到平衡)时,$\Delta G^\theta_{1\ 800} = 0$。故有

$$(X_{Al})_{max} = \exp\left\{\frac{-219.67}{5.54 \times 10^{-3} \times 1\ 800}\right\} = 2.71 \times 10^{-10}$$

由此可见,当用刚玉坩埚作熔炼纯镍的容器,于 1 800 K 温度下金属铝溶于镍熔体中的最大浓度仅为 $(X_{Al})_{max} = 2.71 \times 10^{-10}$,有理由肯定刚玉坩埚可用作熔融高纯度镍的容器。

(2)如组分 $PbO-SiO_2$ 玻璃的熔制过程中,常因存在还原气氛而使铅被还原,致使玻璃失透。现考察 PbO 的质量分数为 87% 的玻璃 1 323 K 熔制时,熔炉中不使铅被还原的气氛应怎样控制。

实验表明 PbO-SiO$_2$ 系统二元熔体中组分活度与组分含量间的关系如图 8.6 所示。不难算得当玻璃中 PbO 质量分数为 87% 时，其摩尔分数 $x_{PbO} = 0.65$，相应活度值为 $a_{PbO} = 0.19$。

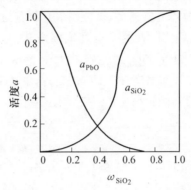

图 8.6 PbO-SiO$_2$ 熔体的活度与 SiO$_2$ 质量分数的关系

设铅玻璃中铅的还原反应依下述方式进行：

$$PbO(玻璃熔体中) + CO(g) = Pb(s) + CO_2(l)$$

查手册得有关物质热力学数据为：

表 8.15

	PbO(l)	CO(g)	Pb(s)	CO$_2$(l)
$\Delta H^{\theta}_{298}/(kJ \cdot mol^{-1})$	-219.44	-110.62	0	-393.79
$\Phi'_{1\,800}/[J \cdot (mol \cdot K)^{-1}]$	105.39	219.48	89.56	264.20

根据式(8.35)计算得

$$\Delta_r G^{\theta}_{1\,323}/(kJ \cdot mol^{-1}) = -63.74 - 1\,323 \times 0.011 = -78.16$$

由式(8.4)得

$$\Delta_r G_{1\,323} = \Delta G^{\theta}_{1\,323} + RT \ln \frac{p_{CO_2}}{a_{PbO} \cdot p_{CO}}$$

为使还原反应于 1 323 K 不自发进行，要求 $\Delta_r G_{1\,323} \geqslant 0$，故

$$\frac{p_{CO_2}}{p_{CO}} \geqslant a_{PbO} \cdot \exp\left\{\frac{-\Delta_r G^{\theta}_{1\,323}}{RT}\right\} \geqslant 0.19 \exp\left\{\frac{78.16}{8.31 \times 10^{-3} \times 1\,323}\right\} = 231.05$$

因此，为使铅玻璃熔制过程中，铅不被还原，需严格控制 $\frac{p_{CO_2}}{p_{CO}}$ 比。仅当 $\left(\frac{p_{CO_2}}{p_{CO}}\right) \geqslant$ 231.05，铅还原反应方能得到抑制，若考虑熔炉气氛中，$p_{CO_2} = 0.2$ atm(即 20 265 Pa)，则 p_{CO} 应控制小于 8.6×10^{-4} atm(即 88.15 Pa)。

8.4.3 金属氧化物的高温稳定性

利用热力学的知识判断各种金属氧化物于不同气氛环境中的稳定性是从事无机材料研制生产和使用过程中经常遇到的问题。在实际应用中，往往将各种金属氧化物的稳定性问题归结为不同的氧化还原反应，并为简单起见，将参与反应的 O$_2$ 以 1 mol 基准来计

算反应的 ΔG^θ，用图线的方式汇集各种氧化物标准生成自由能与温度的函数关系，如图 8.7 所示。

利用氧化物标准生成 $\Delta G^\theta\text{-}T$ 图（图 8.6），可以方便地比较各种金属氧化物的热力学稳定性。显然，其标准生成 ΔG^θ 负值越大，该金属氧化物稳定性越高。

例如，从 $\Delta G^\theta\text{-}T$ 图中可以看到，在整个温度范围内 TiO_2 生成 $\Delta G^\theta\text{-}T$ 图线处于 MnO 生成 $\Delta G^\theta\text{-}T$ 图线下方。这意味着 TiO_2 的稳定性大于 MnO，或当金属 Ti 与 MnO 接触时，Ti 可使 MnO 得到还原。如当温度 $T=1\,000\ ℃$ 时，由 $\Delta G^\theta-T$ 图可查得：

$$Ti(s)+O_2(g)\!=\!\!=\!\!TiO_2(s) \qquad \Delta G^\theta_{1\,000}=-674.11\ kJ$$

$$-\quad 2MnO(s)\!=\!\!=\!\!2Mn(s)+O_2(g) \qquad \Delta G^\theta_{1\,000}=-586.18\ kJ$$

$$Ti(s)+2MnO(s)\!=\!\!=\!\!2Mn(s)+TiO_2(s) \qquad \Delta G^\theta_{1000}=-87.93\ kJ$$

此反应的标准自由焓变化为 $\Delta G^\theta_{1\,000}=-87.93\ kJ$，故纯金属钛可以还原 MnO。

同理，比较 TiO_2 和 Al_2O_3 标准生成 $\Delta G^\theta\text{-}T$ 图线的相对位置，可以推得，纯金属钛不能使 Al_2O_3 还原。因为 Al_2O_3 生成 $\Delta G^\theta\text{-}T$ 图线位于 TiO_2 的生成 $\Delta G^\theta\text{-}T$ 图线下方。当温度 $T=1\,000\ ℃$ 时，可查得：

$$Ti(s)+O_2(g)\!=\!\!=\!\!TiO_2(s) \qquad \Delta G^\theta_{1\,000}=-674.11\ kJ$$

$$-\quad \frac{4}{3}Al(s)+O_2(g)\!=\!\!=\!\!\frac{2}{3}Al_2O_3(s) \qquad \Delta G^\theta_{1\,000}=-845.77\ kJ$$

$$Ti(s)+\frac{2}{3}Al_2O_3(s)\!=\!\!=\!\!\frac{4}{3}Al(s)+TiO_2(s) \qquad \Delta G^\theta_{1\,000}=171.66\ kJ$$

由于 $Ti(s)$ 还原 Al_2O_3 反应 $\Delta G^\theta_{1\,000}=171.67\ kJ>0$，故该反应不会发生。但其相应的逆反应 $\Delta G^\theta_{1\,000}=-171.67\ kJ<0$，这意味着金属 Al 能使 TiO_2 还原为 Ti。因此，在 $T=1\,000\ ℃$ 时，TiO_2 的稳定性高于 MnO，但低于 Al_2O_3。

由图 8.7 可见，CaO 具有最高的热力学稳定性，其次为 MgO 和 Al_2O_3。它们的标准生成的自由能 ΔG^θ 负值都在 $1\,045.8\ kJ$ 以上。因此它们也都是耐高温的稳定氧化物。此外，从图中还可看出，CO 具有特殊的 $\Delta G^\theta-T$ 关系，它的热力学稳定性随温度的升高而增加。这说明在足够高的温度下，任何金属氧化物都可被 C 还原。

利用氧化物标准生成 $\Delta G^\theta-T$ 图，还可以获得在任一温度下纯金属与其氧化物呈平衡时有关气相的知识。在 $\Delta G^\theta-T$ 图中考虑三种反应类型，如以钛的反应为例，有

$$(1)\ Ti(s)+2CO_2(g)=TiO_2(s)+2CO(g) \qquad K=(p_{CO}/p_{CO_2})^2$$

$$(2)\ Ti(s)+2H_2O(g)=TiO_2(s)+2H_2(g) \qquad K=(p_{H_2}/p_{H_2O})^2$$

$$(3)\ Ti(s)+O_2(g)=TiO_2(s) \qquad K=1/p_{O_2}$$

上述反应式右端 K 分别为各反应的平衡常数。其 $\dfrac{p_{CO}}{p_{CO_2}}$，$\dfrac{p_{H_2}}{p_{H_2O}}$ 和 $\dfrac{1}{p_{O_2}}$ 值可在 $\Delta G^\theta\text{-}T$ 图右端和底部 $\dfrac{p_{CO}}{p_{CO_2}}$，$\dfrac{p_{H_2}}{p_{H_2O}}$ 以及 p_{O_2} 坐标轴中查出。以反应（3）为例，其方法为：从左端竖线上标有"0"的点作在某温度下钛氧化物的 ΔG^θ 值的连线，再延长交于 p_{O_2} 坐标，此交点即为反应（3）氧的平衡分压 p_{O_2}。同理，对于反应（2）和反应（1）只需将连线的起点分别从左边

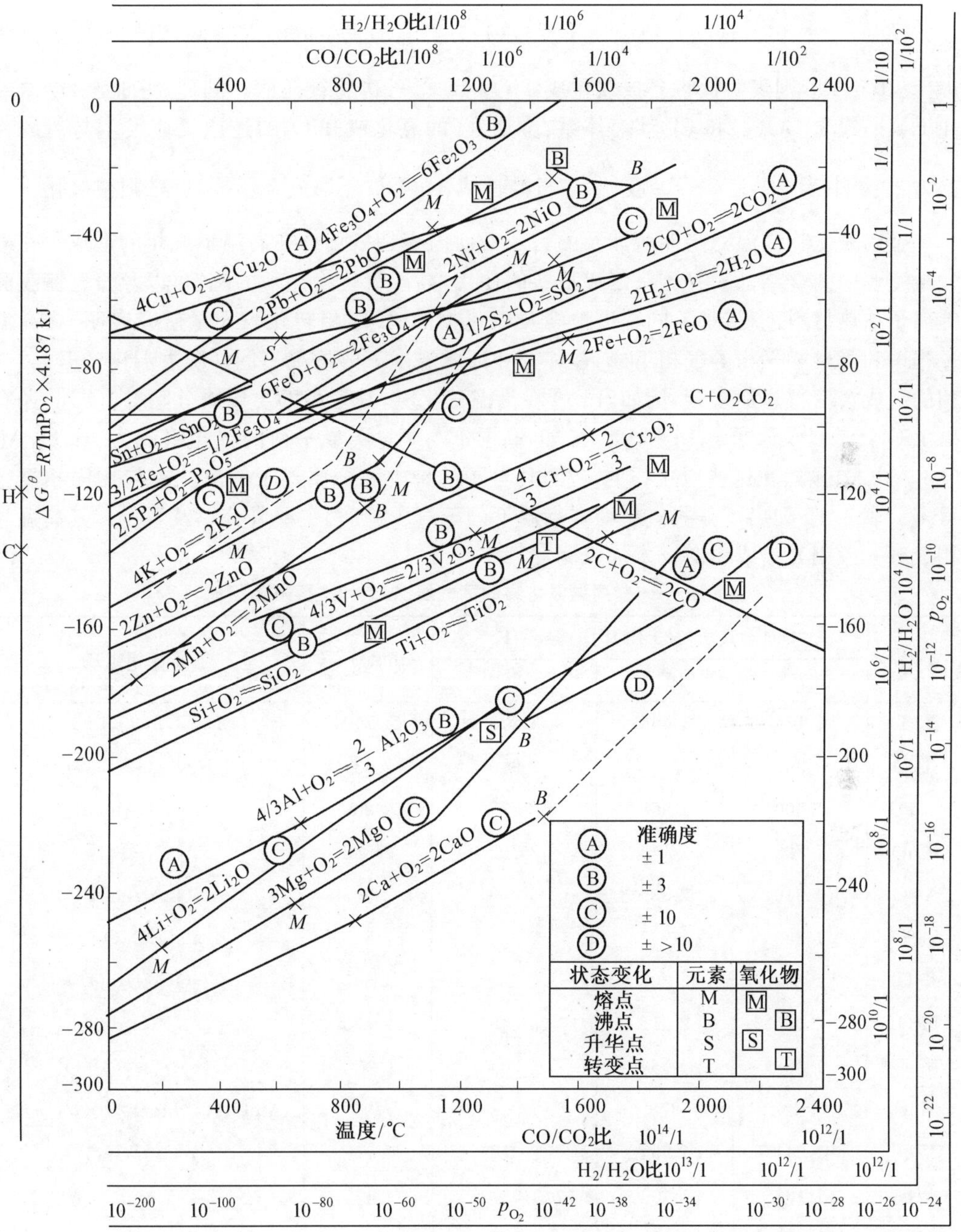

图 8.7 氧化物的标准生成 $\Delta G^{\theta} - T$ 图

竖线上标有"H"和"C"的点作出,延长交于 $\dfrac{p_{CO}}{p_{CO_2}}$ 和 $\dfrac{p_{H_2}}{p_{H_2O}}$ 坐标,即得平衡时 $\dfrac{p_{CO}}{p_{CO_2}}$ 和 $\dfrac{p_{H_2}}{p_{H_2O}}$ 比值。

现假如温度 $T = 1\,600\ ℃$。根据上述方法可查得 $p_{O_2} \approx 1.01 \times 10^{-16}\ \text{Pa}$,$\dfrac{p_{CO}}{p_{CO_2}} = 4 \times$

10^4 以及 $\dfrac{p_{H_2}}{p_{H_2O}}=10^4$。这些比值表明了反应(1)、(2)、(3)发生的临界条件,当气氛中氧分压 $p_{O_2}>10^{-16}\,Pa$,则表明钛将会被氧化成 TiO_2,反之 TiO_2 将被还原。同理,对于含 $H_2O(g)$ 和 $H_2(g)$ 或含 $CO(g)$ 和 $CO_2(g)$ 体系,金属 Ti 的氧化或 TiO_2 的还原反应发生与否的判据为:气氛中当 $\dfrac{p_{CO}}{p_{CO_2}}>4\times10^4$ 或 $\dfrac{p_{H_2}}{p_{H_2O}}>10^4$ 时,TiO_2 可被还原成金属钛,反之则被氧化。

金属氧化物高温稳定性所涉及的另一方面内容是氧化物在高温下气相的形成。在硅酸盐工业中的烧结、固相反应、耐火材料的使用,高温氧化物晶须的制造,以及蒸气镀膜和等离子加热材料过程,都不同程度地涉及氧化物的固-气相转化。大量研究表明,在高温过程中和凝聚相平衡的气相组成,往往与在通常温度下的情况不同。随着温度的升高,气相的组成会变得愈加复杂,例如,Li_2O 在高温气化时,其气相的主要成分除 Li_2O 外,还有以 LiO 分子以及原子态 Li 和 O。又如,高温下与 Al_2O_3 成平衡的气相组成为 Al,O,Al_2O 和 AlO。显然在这些氧化物的气相里,分子的种类和金属离子的氧化态均比固相复杂得多。表 8.16 列出了一些氧化物在高温下的蒸汽压、气相主要成分以及熔点。其高温气相成分一般用光谱或质谱技术加以测定。

表 8.16 一些高温氧化物的蒸气压、熔点和主要气相组成

氧化物	不同蒸汽压(133 Pa)时的温度/K			熔点/℃	主要气相组成
	10^{-6}	10^{-3}	1		
Li_2O	1 175	1 466	1 825	(1 700)	Li,O,Li_2O,LiO
BeO	1 862	2 300	2 950	2 530	Be,O,BeO,$(BeO)_n$
MgO	1 600	1 968	2 535	2 800	Mg,O,MgO
CaO	1 728	2 148	2 795	2 580	Ca,O
Al_2O_3	1 910	2 339	3 009	2 015	Al,O,Al_2O,AlO
La_2O_3	1 820	2 239	2 754	2 315	LaO,O,O_2
TiO_2	1 800	2 203	2 825	1 640	TiO,TiO_2,O_2
ZrO_2	2 060	2 512	(3 048)	2 700	ZrO_2
MoO_2	1 368	1 654	2 004	—	MoO_3,MoO_2,$(MoO_3)_2$
MoO_3	762	878	1 038	795	$(MoO_3)_3$,$(MoO_3)_4$,$(MoO_3)_5$
WO_2	1 641	1 954	(2 317)	—	WO_2,WO_3
WO_3	1 138	1 409	(1 531)	1 473	$(WO_3)_3$,$(WO_3)_4$,$(WO_3)_5$
UO_2	1 754	2 165	2 786	2 176	UO_2
FeO	1 314	1 774	2 239	1 420	Fe,O

应该指出,在高温下固态物质的汽化及其气相组成的复杂性,不仅仅局限于金属氧化物。事实表明,许多金属的碳化物、硼化物和氮化物均有同样的性质。例如,SiC 高温汽化时除分解成原子态 Si 和 C 外,还有 SiC_2,Si_2C,Si_2C_3 和 Si_4C 等分子。

那么为什么在高温过程中固态氧化物会发生汽化,并在气相中有这种异常的分子状态稳定存在呢?从热力学角度理解,主要是在通常温度条件下,在 $\Delta G=\Delta H-T\Delta S$ 式中,

第一项 ΔH 的大小对过程的发生与否起决定性作用。但随着温度的升高，$T\Delta S$ 项会变得愈加重要，尤其是固态物质气化后，其结构熵变 ΔS 很大。因此在高温时，往往使 $T\Delta S$ 项远超过 ΔH，从而导致氧化物的高温气化和一些异常分子状态在高温下稳定存在的可能。图 8.8 给出了一些气态氧化物生成自由能随温度的变化关系，图中清楚地表明 Al_2O，AlO，SiO 及 ZrO 在高温时是稳定的。

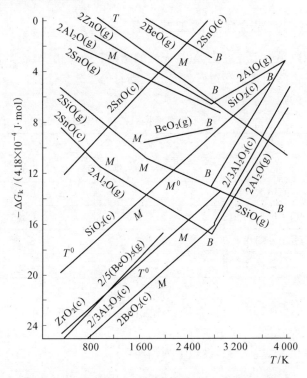

图 8.8　气态氧化物的生成自由能（以 mol O_2 计算）

(c)—凝聚相（液或固）；(g)—气相；B—金属的沸点；

M,M^0—金属及氧化物的熔点；T,T^0—金属及氧化物的转变点

利用图 8.8 中气态氧化物生成自由能与温度的关系曲线，可计算高温下与固态氧化物达到平衡的气相中有关氧化物的蒸汽压。现以 SiO_2 高温气化为例计算 $T=1\,800$ K 时 SiO 的蒸汽压 p_{SiO} 为

$$SiO_2(s) =\!\!= SiO(g)+\frac{1}{2}O_2(g)$$

为此，构制如下反应过程，并利用图 7.8 中数据可容易算得 SiO_2 气化反应标准自由能变化，有

$$Si(s)+\frac{1}{2}O_2(g)=SiO(s) \qquad \Delta G_1^0=-237.47\ kJ$$

$$-\quad Si(s)+O_2(g)=SiO_2(s) \qquad \Delta G_2^0=-569.43\ kJ$$

$$SiO_2(s)=SiO(s)+\frac{1}{2}O_2(g) \qquad \Delta G_3^0=\Delta G_1^0-\Delta G_2^0=334.96\ kJ$$

因反应 $\qquad \Delta G^\theta=-RT\ln K_p=-RT\ln(p_{SiO}\cdot p_{O_2}^{1/2})$

并考虑在中性条件下有 $p_{SiO} = 2p_{O_2}$，所以有

$$p_{SiO} = \exp\left[\frac{2\ln\sqrt{2}}{3}\left(1 - \frac{\Delta G_3^\theta}{RT\ln\sqrt{2}}\right)\right]$$

代入 ΔG_3^θ 值得 $T = 1\ 800$ K 时，气相分压为

$$p_{SiO} = 4.2 \times 10^{-2} \text{Pa}$$

8.4.4 石墨转变成金刚石的工艺条件

金刚石在工业应用中十分广泛，但是天然的金刚石数量稀少，需要大量的人工合成金刚石。下面利用热力学计算来探讨石墨变成金刚石的工艺条件。

石墨与金刚石的热力学数据见表 8.17。

表 8.17 石墨与金刚石的热力学数据

热力学数据	C(石墨)——→ C(金刚石)	
$\Delta G_{298}^\theta/(\text{J} \cdot \text{mol}^{-1})$	0	2 866
$S_{298}^\theta/[\text{J} \cdot (\text{mol} \cdot \text{K})^{-1}]$	5.7	2.45
$\Delta H_{298}^\theta/(\text{J} \cdot \text{mol}^{-1})$	0	1 895
$c_p/[\text{J} \cdot (\text{mol} \cdot \text{K})^{-1}]$	8.66	6.07
密度/$(\text{g} \cdot \text{mm}^{-3})$	2.26	3.51

在标准状态下，当为 298 K 时，石墨合成金刚石的反应的 $\Delta G_{298}^\theta = 2\ 866$ J > 0，反应不能自发进行，即稳定晶型的石墨不能自发转变为金刚石。由热力学理论可知，改变压力可使反应的自由能发生改变。于是，设想下列途经：

C(石墨，298 K，10^5 Pa) $\xrightarrow{\Delta G_{298}^\theta}$ C(金刚石，298 K，10^5 Pa)

$\Delta G_1 \downarrow$ $\qquad\qquad\qquad\qquad\qquad\qquad\qquad$ $\downarrow \Delta G_2$

C(石墨，298 K，P_x) $\xrightarrow{\Delta G_{298}^{P_x}}$ C(金刚石，298 K，P_x)

当 $\Delta G_{298}^{P_x} < 0$ 时，石墨即可转变为金刚石。利用状态函数法的特点，有

$$\Delta G_{298}^{P_x} = -\Delta G_1 + \Delta G_{298}^\theta + \Delta G_2 < 0$$

由热力学方程可知：

$$\Delta G_1 = \int_1^{P_x} V_{石墨}\,\mathrm{d}P$$

$$\Delta G_2 = \int_1^{P_x} V_{金刚石}\,\mathrm{d}P$$

因此不等式变为

$$-\int_1^{P_x}\frac{12}{2.26}\times 10^{-3}\,\mathrm{d}P + 2\ 866 + \int_1^{P_x}\frac{12}{3.51}\times 10^{-3}\,\mathrm{d}P < 0$$

在压力变化时，近似认为石墨与金刚石的体积保持不变，由上式解得

$$P_x > 1.49 \times 10^9 \text{ Pa}$$

由此可见,在 298 K 时,当压力高于 1.49×10^9 Pa 时,石墨才能转变为金刚石。但是在此工艺下,转变的速度很慢。为加快转换速度,需采取高温,如在 1 573 K 以上的高温。但是在 1 573 K,10^5 Pa 时,其反应熵是否小于零呢? 需进行以下计算。

因为:$\Delta H_T^\theta = \Delta H_{298}^\theta + \int_{298}^T \Delta c_p \mathrm{d}T = 1\,895 + \int_{298}^T (6.07 - 8.66)\mathrm{d}T = 2\,670.57 - 2.60T$

$$\Delta S_T^\theta = \Delta S_{298}^\theta + \int_{298}^T \frac{\Delta c_p}{T}\mathrm{d}T = 1\,895 + \int_{298}^T \frac{6.07 - 8.66}{T}\mathrm{d}T = 11.51 - 2.60\ln T$$

所以

$$\Delta G_T^\theta = \Delta H_T^\theta - T\Delta S_T^\theta = (2\,670.57 - 2.60T) - T(11.51 - 2.60\ln T) =$$
$$2\,670.57 - 14.11T + 2.60T\ln T$$

当 $T = 1\,573$ K 时,有

$$\Delta G_{1573}^\theta = 2\,670.57 - 14.11 \times 1\,573 + 2.60 \times 1\,573 \times \ln 1\,573 = 10\,579.49 \text{ J}$$

计算结果表明,在 1 573 K,10^5 Pa 时,石墨不能转换为金刚石,因此再考虑改变压力,设想如下途经:

C(石墨, 1 573 K, 10^5 Pa) $\xrightarrow{\Delta G_{1573}^\theta}$ C(金刚石, 1 573 K, 10^5 Pa)

$\Delta G_3 \downarrow \qquad\qquad\qquad\qquad\qquad\qquad \downarrow \Delta G_4$

C(石墨, 1 573 K, P_y) $\xrightarrow{\Delta G_{1573}^{P_y}}$ C(金刚石, 1 573 K, P_y)

则有

$$\Delta G_{1573}^P = -\Delta G_3 + \Delta G_{1573}^\theta + \Delta G_4 < 0$$

式中

$$\Delta G_3 = \int_1^{P_y} V_{石墨} \mathrm{d}P$$

$$\Delta G_4 = \int_1^{P_y} V_{金刚石} \mathrm{d}P$$

因此

$$-\int_1^{P_y} \frac{12}{2.26} \times 10^{-3}\mathrm{d}P + 10\,579.49 + \int_1^{P_y} \frac{12}{3.51} \times 10^{-3}\mathrm{d}P < 0$$

解得

$$P_y > 5.43 \times 10^9 \text{ Pa}$$

计算表明,采用 1 573 K 高温时,压力须采用 5.43×10^9 Pa 以上,石墨才能转变为金刚石。根据以上计算结果,某单位制取金刚石的工艺条件:温度为 1 573～1 673 K,压力为 6.0×10^9～7.0×10^9 Pa,获得满意效果。

热力学计算可为新材料的研制工艺提供理论指导,如以六方氮化硼为原料,在 1 773～2 273 K 高温和 6.0～7.0×10^9 Pa 高压的条件下,以碱金属为催化剂可制取性能优异,应用广泛的立方氮化硼。因此,以热力学数据为基础,用上述类似方法,可确定新材料的制取工艺,从而减少大量的试验任务,节省成本。

习 题

8.1 计算氧化铝 Al_2O_3 在下述各个温度的热力学势函数 Φ_T 的值:298 K,400 K,

600 K，800 K，1 000 K，1 200 K，1 400 K，1 600 K。

8.2　已知气态的 H_2O 的生成热 $\Delta H_{298}^0 = -242.6$ kJ/mol，绝对熵 $S_{298}^0 = 188.4$ J/(mol·K)。计算 $H_2O(g)$ 的生成自由能 ΔG_{298}^0。（已知 H_2 的 $S_{298}^0 = 31.21$ J/(mol·K)，O_2 的 $S_{298}^0 = 205.16$ J/K·mol）

8.3　硅酸盐的生成热、溶解热、熔化热、晶型转变热、水化热对耐火材料有什么意义？

8.4　分别应用热力学经典法和热力学势函数 Φ'_T 法，求算菱镁矿（$MgCO_3$）的理论分解温度。并比较两种方法计算的准确性及各自的优点。

8.5　已知物质相对热函的计算式

$$H_T^0 - H_{298}^0 = aT + bT^2 + cT^{-1} + d$$

石英（SiO_2）的两种变体的有关系数值见表 8.18。

表 8.18　石英（SiO_2）的两种变体的有关系数值

	a	b	c	d	温度范围
β-SiO_2	43.92	19.39×10^{-3}	9.67×10^5	$-18\ 054$	298～847 K
α-SiO_2	58.95	5.02×10^{-3}	0	$-18\ 611$	847～1 666 K

已知低温型变体 β-石英的生成热 $\Delta H_{298}^0 = 911.5$ kJ/mol。求高温型变体 α-石英的生成热。

8.6　按热力学计算 $Ca(OH)_2$ 的脱水温度时多少？实测的脱水温度为 823 K，计算值与实测值的误差是多少？

8.7　石英玻璃反玻璃化过程有以下反应：

(1)SiO_2（玻璃）→SiO_2（石英）。

(2)SiO_2（玻璃）→SiO_2（方石英）。

(3)SiO_2（玻璃）→SiO_2（鳞石英）。

计算各反应的 ΔG_T^0 在 298～1 000 K 区间内的变化值，并作 $\Delta G_T^0 - T$ 系统图，从热力学的观点分析石英玻璃反玻璃化反应。石英玻璃反玻璃化的最初生成物事实上是方石英，这与热力学计算结果事都矛盾，为什么？

8.8　由氧化铝粉与石英粉，以 Al_2O_3 与 SiO_2 配比为 3：2 混合成原始料来合成莫来石 $3Al_2O_3 \cdot 2SiO_2$，应在固相反应形式下进行，应将系统加温到多少合适？

8.9　碳酸钙的加热分解：$CaCO_3 \longrightarrow CaO + CO_2$。试用热力学势函数法求分解反应的 ΔG_T^b 及分解温度？

8.10　试用热力学的方法从理论上分析 $LiCO_3$ 的分解温度？

8.11　氮化硅粉可用于制造性能极好的氮化硅陶瓷，由硅粉与氮气在 1 623 K 剧烈反应而生成氮化硅粉，试计算硅粉氮化时的热效应？

8.12　计算固体 SiC 在 2 000 K 下是否具有显著的挥发？SiC 在 2 000 K 时，可能出现如下四种情况：

$$SiC(s) = Si(g) + C(g)$$
$$SiC(s) = Si(g) + C(s)$$
$$SiC(s) = Si(l) + C(g)$$

$$SiC(s) = Si(l) + C(l)$$

8.13 SiC 是高温导体、金属陶瓷、磨料等不可缺少的原料,以硅石和焦炭为原料制备碳化硅,反应方程:$SiO_2 + C \overline{} SiC + 2CO$。试用 $\Delta G^b = \Delta H^b - T \Delta S^b$ 的方法计算 ΔG^b 及平衡常数,从理论上分析该反应在什么温度下才能进行?

8.14 Al_2O_3 转变为 α-Al_2O_3 的多晶转变温度为 1 273 K,试计算 α-Al_2O_3 和 γ-Al_2O_3 在转变点(1 273 K)的 $\Phi_T{}'$ 值,并分析计算结果说明什么?

8.15 白云石($CaMg[CO_3]_2$)分解反应有下述四种可能:

(1)$(Ca,Mg)(CO_3) \overline{} CaO + MgO + 2CO_2$

(2)$(Ca,Mg)(CO_3) \overline{} MgO + CO_2 + CaCO_3$

(3)$(Ca,Mg)(CO_3) \overline{} CaO + CO_2 + MgCO_3$

(4)$(Ca,Mg)(CO_3) \overline{} MgCO_3 + CaCO_3$

根据热力学数据(或热化学数据),计算在 25~800 ℃温度区间内的上述四种反应的自由能的变化,以此分析四种可能发生的反应中,实际发生分解过程的是哪个反应?

第9章 相变过程

第8章讨论了材料的相图,它表示平衡状态时系统内存在的各种相、相的组成及含量。当改变温度、压力或组成时,系统中的相平衡状态就要发生变化,这就是本章所要讨论的相变。相变在无机非金属材料中十分重要,如陶瓷、耐火材料的烧成和重结晶,或引入矿化剂控制其晶型转化;玻璃中防止失透或控制结晶来制造各种微晶玻璃;单晶、多晶和晶须中采用的液相或气相外延生长;瓷釉和搪瓷的熔融和析晶以及新型铁电材料中由自发极化产生的压电、热释电、电光效应等都归之为相变过程。相变过程中涉及的基本理论对控制材料结构与性能和制定合理工艺过程是极为重要的。

9.1 相变级数与类型

9.1.1 相变的级数

伴随着相变的发生,自由能的 $n{-}l$ 次微分连续,而 n 次微分不连续,则称为 n 级相转移 (phase transformation 或 phase transition),简称相变。几乎所有伴随着晶体结构变化的固态相变都是一级相变。自由能对温度的一次微分在相变点处不连续,而磁性转变或有序-无序转变的自由能对温度的一次微分在相变点处连续,但二次微分不连续。图9.1给出一级相变的相变点及二级相变的相变点处热力学参数的变化。

从热力学观点看,两相能够共存的条件是化学势相等。此时的温度和压力分别称为临界温度和临界压力。根据临界温度、临界压力时化学势各阶导数的连续性,相变分为一级相变与二级相变等。

(1)一级相变。

在临界温度、临界压力时,两相化学势相等,但化学势的一级偏导数不相等的相变,即

$$\mu_1 = \mu_2, \left(\frac{\partial \mu_1}{\partial T}\right)_p \neq \left(\frac{\partial \mu_2}{\partial T}\right)_p, \left(\frac{\partial \mu_1}{\partial P}\right)_T \neq \left(\frac{\partial \mu_2}{\partial P}\right)_T \tag{9.1}$$

由于 $\left(\frac{\partial \mu}{\partial T}\right)_p = -S; \left(\frac{\partial \mu}{\partial P}\right)_T = V$,也即发生一级相变时 $S_1 \neq S_2; V_1 \neq V_2$,因此在一级相变时熵($S$)和体积($V$)有不连续变化,如图9.1所示。即发生一级相变时有相变潜热,并伴随有体积改变。晶体的熔化、升华,液体的凝固、汽化,气体的凝聚以及晶体中大多数晶型转变都属一级相变,这是一种最普遍的相变类型。

(2)二级相变。

相变时两相化学势及其一级偏导数相等,而二级偏导数不相等的相变。

$$\mu_1 = \mu_2$$

$$\left(\frac{\partial \mu_1}{\partial T}\right)_p = \left(\frac{\partial \mu_2}{\partial T}\right)_p; \left(\frac{\partial \mu_1}{\partial P}\right)_T = \left(\frac{\partial \mu_2}{\partial P}\right)_T \tag{9.2}$$

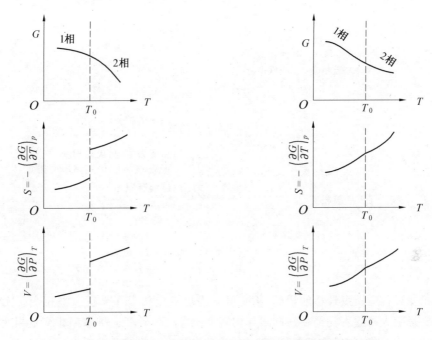

图 9.1 一级相变、二级相变时两相的自由能、熵及体积的变化

$$\left(\frac{\partial^2 \mu_1}{\partial T^2}\right)_p \neq \left(\frac{\partial^2 \mu_2}{\partial T^2}\right)_p ; \left(\frac{\partial^2 \mu_1}{\partial P^2}\right)_T \neq \left(\frac{\partial^2 \mu_2}{\partial P^2}\right)_T ; \left(\frac{\partial^2 \mu_1}{\partial T \partial P}\right) \neq \left(\frac{\partial^2 \mu_2}{\partial T \partial P}\right)$$

由于
$$\left(\frac{\partial^2 \mu}{\partial T^2}\right)_p = -\frac{c_p}{T}, \left(\frac{\partial^2 \mu}{\partial P^2}\right)_T = -V\beta, \frac{\partial^2 \mu}{\partial T \partial P} = V\alpha$$

式中 c_p——质量定容热容;

$\beta = -\frac{1}{V}\left(\frac{\partial V}{\partial T}\right)_T$——材料等温压缩系数;

$\alpha = -\frac{1}{V}\left(\frac{\partial V}{\partial T}\right)_p$——材料等压体膨胀系数。

式(9.2)用一组数学式也可写成:
$$\mu_1 = \mu_2, S_1 = S_2, V_1 = V_2, c_{p1} \neq c_{p2}, \beta_1 \neq \beta_2, \alpha_1 \neq \alpha_2 \tag{9.3}$$

式(9.3)表明:二级相变时两相化学势、熵和体积相等,但热容、热膨胀系数、压缩系数却不相等,即无相变潜热,没有体积的不连续变化,而只有热容量、热膨胀系数和压缩系数的不连续变化。由于这类相变中热容随温度的变化在相变温度 T_0 时趋于无穷大,因此可根据 c_p-T 曲线具有 λ 形状而称二级相变为 λ 相变,其相变点可称 λ 点或居里点。一般合金的有序-无序转变、铁磁性-顺磁性转变、超导态转变等均属于二级相变,液相-玻璃态转变近似为二级相变。

9.1.2 相变的类型

由于相变所涉及新旧相能量变化、原子迁移、成核方式、晶相结构等的复杂性,很难用一种分类法描述。现介绍陶瓷材料相变综合分类概况,见表 9.1。

表 9.1

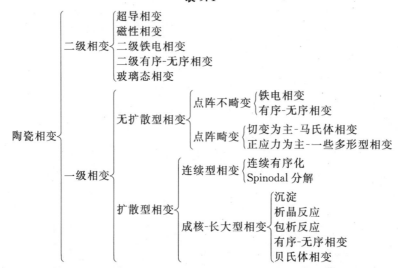

按相变过程中质点迁移的情况,相变可分为扩散型相变和无扩散型相变。无扩散型相变主要是绝大多数陶瓷都存在同素异构转变及马氏体转变。扩散型相变是相变时不仅有晶体结构的变化,而且还有成分的变化,如过饱和固溶体的时效析出、调幅分解、玻璃的相分离等。

9.2 重构型相变与位移型相变

在第 2 章中讨论的晶体结构,都与化学组成有关。一般情况下,不同的化学组成就形成不同的晶体结构,这是遵循哥希密特结晶化学定律的。这些都是晶体结构自身的内在因素决定的,没有考虑外界环境的影响。然而,外界环境也是决定晶体结构特征的重要因素,有些物质,结晶时的热力学条件不同,晶体结构就不可能相同,这是常见的现象。例如金刚石和石墨,化学成分都是碳,但两者晶体结构差异很大。

这种相同化学组成,在不同的热力学条件下(温度、压力、pH 值等)却结晶成为两种以上不同结构的晶体的现象,称为同质多晶现象,或称同质异构、同质多象。由此产生的化学组成上的相同,而结构上不同的晶体称为同质异构体,或称同质异构变体,或同质多象变体。这种变体在书写上常在名称或化学式前面标一希腊字母前缀,如 α,β,γ 等,以示区别,也有用高温型和低温型来称谓的。每种变体都有自己存在的温度范围,当热力学条件改变时,又产生了新的变体,可以互相转变。同质异构现象在自然界普遍存在,一些材料的主要同质异构现象见表 9.2。每种变体都有自己的热力学稳定范围,因此,当外界条件改变到一定程度时,各种变体之间就可能发生结构转变,从一种变体转变成为另一种变体,这种现象称为同素异构转变(allotropic transition)。对于多数陶瓷材料而言,这种多晶转变主要通过改变温度条件来实现。

表 9.2　一些材料的主要同质异构现象

材料	结构型		可能出现区域	晶系	密度 /(g·cm⁻³)
SiO₂	高温型	方石英	1 723 ℃以下到低温型转变区	立方	2.21
		鳞石英	1 170 ℃以下到低温型转变区	六方	2.31
		石英	173~897 ℃	六方	2.65
	低温型	方石英	200~275 ℃以下	四方	2.30
		鳞石英	130~160 ℃以下	单斜	2.26
		石英	273 ℃	龚形	2.65
Al₂O₂	α-Al₂O₂		现有温度	菱形	4.00
	γAl₂O₂		列稳定,1 000 ℃以上转变成 α-Al₂O₂	立方	3.67
ZrO₂	高温型		>1 000 ℃	四方	5.73
	低温型		<1 000 ℃	单余	5.49
TiO₂	合红石		所有温度	四方	4.2~4.3
	锐钛厂		<915 ℃	四方	3.9~4.0
	板钛厂		<650 ℃	正交	5.49
MgSiO₃	顽火辉石		高温	正交	3.18
	原顽火辉石		高钛温均存在	正交	3.18
	斜顽火辉石		<700 ℃	单斜	3.28

根据多晶转变前后晶体结构的变化程度和转变速度,可以将多晶转变分为位移性转变和重建性转变两类。

(1) 位移性转变(displacive transition)。

位移性转变又称高低温转变,这种转变不打开原来质点的键,也不改变原子最近邻的配位数,仅仅使结构发生畸变,原子从原来位置发生稍微位移,使次级配位有所改变,如图 9.2 所示。这种转变所需能量较低,转变速度快,并且在一个确定的温度下完成。例如,α-石英与 β-石英,α-方石英与 β-方石英以及 α-鳞石英、β-鳞石英与 γ-鳞石英之间所发生的转变都是位移性转变。在具有位移性转变的硅酸盐矿物的变体中,高温型变体常常具有较高的对称性、较疏松的结构,表现出较大比容、热容和较高的熵。低温性是高温性的衍生结构。

(2) 重建性转变(reconstructive transition)。

这种转变破坏原有原子间化学键,改变原子最邻近配位数,使晶体结构完全。这种转变所需的能量较高,转变速度较慢,从动力学来说,甚至有的重建相变趋于无限期的,故这类转变往往进行的不彻底。如果冷却速度较快,高温性变体经常以介稳状态保留到低温而不发生相变,α-石英、α-鳞石英与 α-方石英之间的转变属于重建性转变。

根据多晶转变的方向可以分为可逆转变与不可逆转变两类。可逆转变又称双向转变,指在一定温度下,同质多晶变体可以相互转变,即当温度高于或低于转变点时,两种变体可以反复瞬时转变,位移性转变都属于可逆转变。不可逆转变又称单向转变,指在转变

温度下,一种变体可以转变为另一种变体,而反向转变却几乎不可能。少数重建性转变是
不可逆转变。例如,α-石英在温度超过 870 ℃并有矿化剂存在时,可逆变成 α-鳞石英。但
α-鳞石英冷却到 870 ℃以下却不转变为 α-石英,而转变为 β-鳞石英、γ-鳞石英。又如,
β-c$_2$S(β-2CaO · SiO$_2$)在 500 ℃以下可以转变成 γ-c$_2$S。但重新升温后,γ-c$_2$S 却不能转变
为 β-c$_2$S,需要现在较高温度下转变成 α-c$_2$S,然后通过快速冷却才能再变成 β-c$_2$S。在陶
瓷材料制备过程中,利用多晶转变的不可逆性,可以得到一些有用的介稳晶体。

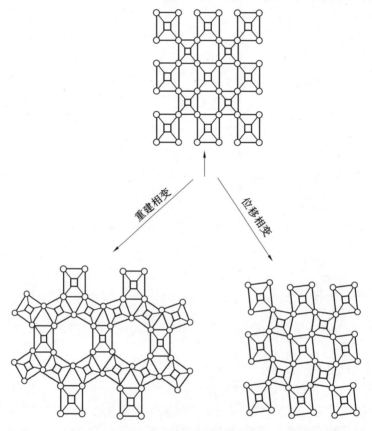

图 9.2 两种无扩散相变模型

　　同质异构转变在生产和制品使用中有着非常重要的意义。同质异构转变都不同程度
地伴随有体积效应,人们有时候要利用这种体积效应对生产有利的一面,如生产刚玉制品
引入少量 ZrO$_2$ 就是利用它在相变过程中的体积效应会产生增韧作用;有时还要设法抑制
其不利的一面,制得预期结构的制品,如在硅质耐火制品的生产中,为获得相变过程体积
效应最小的鳞石英,通过加入少量矿化剂如铁鳞和石灰的办法,在高温下形成液相,先溶
解石英,而后析出鳞石英,形成以鳞石英晶型为主的较理想的结构,这是制造硅砖的核心
问题。生产和使用中这方面的例子还有许多。

9.3　马氏体相变

　　马氏体(martensite)是在钢淬火时得到的一种高硬度产物的名称,马氏体转变是固

态相变的基本形式之一,马氏体相变不仅发生在金属中,在无机非金属材料中也有出现。如 ZrO_2 系统中由四方型变成单斜型,钙钛矿结构型的 $BaTiO_3$,$PbTiO_3$ 等由高温顺电性立方相→低温铁电正方相的转变,$KTa_{0.65}Nb_{0.35}O(KTN)$ 等材料中的相变均属此例。

一个晶体在外加应力的作用下通过晶体的一个分立体积的剪切作用以极迅速的速率而进行相变称为马氏体转变(martensite transformation)。这种转变在热力学和动力学上都有其特点,但最主要的特征是在结晶学上,现简述这种相变的主要特征。

1. 结晶学特征

图 9.3 所示(a)为一四方形的母相-奥氏体块,(b)是从母相中形成马氏体示意图。其中 $A_1B_1c_1D_1$-$A_2B_2c_2D_2$ 由母相奥氏体转变为 $A_2B_2c_2D_2$-$A_1'B_1'c_1'D_1'$ 马氏体。$A_2B_2c_2D_2$ 和 $A_1'B_1'c_1'D_1'$ 两个平面在相变前、后保持既不扭曲变形也不旋转的状态,这两个把母相奥氏体和转变相马氏体之间连接起来的平面称为习性平面。马氏体是沿母相的习性平面生长并与奥氏体母相保持一定的关系。

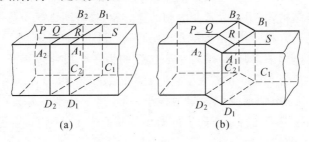

图 9.3 马氏体相变示意图

2. 马氏体相变特性

(1)伴随相变的宏观变形——浮凸效应。马氏体转变时的习性平面变形,在抛光的表面上产生浮凸或倾动,并使周围基体发生畸变。若预先在抛光的表面上划有直线刻痕,发生马氏体相变之后,由于倾动使直线刻痕发生位移,并在相界面处转折,变成连续的折线。检查马氏体相变的重要结晶学特征是相变后存在习性平面和晶面的定向关系。

(2)马氏体相变时不发生扩散,是一种无扩散转变,并且马氏体在化学组成上与母体完全相同。在相变时,母相中原子的位置是对称改变的,并且改变的距离小于晶格中原子之间的间隔。这和成核-生长机理有着明显的差别。

马氏体相变是点阵有规律的重组,其中原子并不调换位置,而只变更其相对位置,其相对位移不超过原子间距,因而它是无扩散性的位移式相变。

(3)马氏体相变往往以非常高的速度进行,有时高达声速。在一个很宽的程度范围内,转变的动力学与温度无关;但是相变可因所受应力或应变而被加强或抑制。

(4)马氏体相变没有一个特定的温度,而是在一个温度范围内进行的。在母相冷却时,奥氏体开始转变为马氏体的温度称为马氏体开始形成温度,以 M_s 表示;完成马氏体转变的温度称为马氏体转变终了温度,以 M_f 表示。

陶瓷中较经典的马氏体相变为 ZrO_2 中的四方相(t 相)→单斜相(m 相)转变,它是通过无扩散剪切变形实现的,这一转变速度很快,并伴随 7%~9% 的体积收缩。它具有以下特征:① 无扩散位移切变型;② 产生表面浮凸效应;③ 相变产物单斜相(m-ZrO_2)的亚结构为孪晶,有时伴有位错;④ 在冷却时存在马氏体相变开始点(M_s),并且在加热冷却时有热滞;⑤母相(t)与新相(m)之间有确定的晶体学位向关系:$(100)_m /\!/ (110)_t$,$[010]_m / [001]_t$;⑥新相惯习面为:透镜片状马氏体为$(671)_m$或$(761)_m$,板条状马氏体为$(100)_m$;⑦具有变温转变和等温转变特征。

9.4 $BaTiO_3$介电陶瓷中的相变

以$BaTiO_3$为代表的各种介电陶瓷,有其特有的相变行为。在介电陶瓷的相变中,只产生晶体结构微小的变化,且常常使用"结构相变"这一用语。这类相变分为:位移型相变和有序无序(OD)型相变,其代表性物质分别为$BaTiO_3$及$NaNO_2$。位移型结构相变靠离子的自发位移(spontaneous displacement)产生,而OD型相变是由于晶体中存在可能反转的永久偶极子。多数介电陶瓷的铁弹铁电相变都属于位移型相变的范畴。

图9.4为$BaTiO_3$的介电率与温度及晶体结构的变化关系。$BaTiO_3$在图中所示温度范围内有四种晶体结构,其中作为常介电相的立方相,具有图2.5.1节中钙钛矿结构。其他三种强介电相的正方相、斜方相及菱方相,分别在其$[001]$,$[110]$及$[111]$方向上产生自发极化。这些强介电相中,钙钛矿结构中心位置的为一个尺寸较小的Ti^{4+}离子占据,钛氧离子间的中心距离为0.205 nm,大于它们的半径之和0.195 nm。因此,Ti^{4+}离子的位移在小于等于0.005 nm时所受到的阻力很小,Ti^{4+}离子分别在各自极化方向上产生微小的位移。这种由于离子在特定方向上的微小位移而产生的相变,会引起晶体对称性的变化,这是结构相变的特点之一。

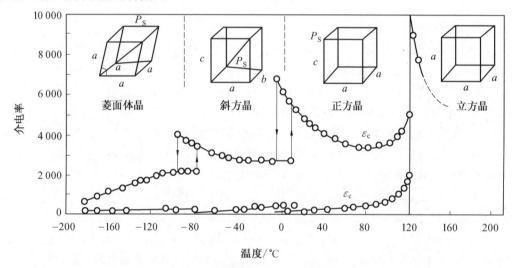

图9.4 $BaTiO_3$的介电率与温度及晶体结构的关系

很多铁电现象都能从相变理论中得到解释,其中最重要的是自发极化的产生及其变化。在相变过程中某些力学、电学、热学参数发生突变。目前铁电体已成为能把机、电、光、热性质都联系起来的重要材料。通过相变产生的自发极化随着各种外界因素又产生了各种新效应。例如,随压力变化导致压电效应;随温度变化导致热释电效应;随电场变化导致电光效应等,所以自发极化又是铁电材料相变的研究中心。

在理想晶体中,原子周期性地排列在规则的位置上,但由于温度等外界条件的影响,往往使原子在结构中不同种类位置间发生交换,导致一部分原子处于"错位"上。这种无序类似于已讨论过的结构不完整性。它提高了结构能,增加了无规则性或熵。一种在低温下有序,在高温下无序的有序-无序转变,是由于温度升高而产生。有序-无序转变和高-低温的同质多象转变之间有某些相似性,但也有区别。

一般用有序参数 ξ 来表示材料中有序与无序的程度,完全有序时 $\xi=1$,完全无序时 $\xi=0$。

$$\xi=\frac{R-\omega}{R+\omega} \tag{9.4}$$

式中,R 为原子占据应该占据的位置数;ω 为原子占据不应占据的位置数;$R+\omega$ 为该原子的总数。有序参数包括远程有序参数与近程有序参数;如为后者时,将 ω 理解为原子 A 最近邻原子 B 的位置被错占的位置数即可。

利用 ξ 可以衡量低对称相与高对称相的原子位置与方向间的偏离程度。有序参数可以用于检查磁性体(铁磁-顺磁体)、介电体(铁电体-顺电体)的相变。

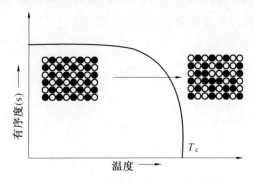

图 9.5 无序度与温度的关系(在临界温度以下达完全无序)

有序-无序转变在金属中是普遍的,但在离子晶体材料中,阳离子、阴离子位置的互换在能量上是不利的,一般不会发生。而在尖晶石结构的材料中常有这种转变发生。在尖晶石结构中阳离子可以处在八面体空隙位置,也可占据四面体空隙。如磁铁矿 Fe_3O_4 在室温时 Fe^{3+},Fe^{2+} 是无序排列的,当低于 120 K 时发生无序→有序相变,Fe^{2+} 和 Fe^{3+} 有序排列在八面体和四面体的位置上。几乎在所有具有尖晶石结构的铁氧体中已经发现:高温时阳离子是无序的,低温时稳定的平衡态是有序的。有序度随温度的变化符合图 9.5 所示的关系。T_c 称为居里温度,随着结构上的有序-无序转变,铁氧体由有磁性而转变为无铁磁性。

9.5 过饱和固溶体中的析出

将过饱和固溶体加温到高温双相区进行热处理时,固相中扩散析出第二相粒子而得到双相组织,这种析出分为在母相晶粒内均匀形核的均匀析出和在表面、晶界及位错等缺陷上优先形核的非均匀析出。

固-固相变时,如果母相与新生相的比体积一样,即界面无失配、晶格无应变,则成核时材料总的自由能变化仍可用固-液相变中的式(9.5)表示。

当一个熔体(熔液)冷却发生相转变时,则系统由一相变成两相,这就使体系在能量上出现两个变化。一是系统中一部分原子(离子)从高自由能状态(无序的液态)转变为低自由能的另一状态(有序的晶态),这就使系统的自由能减少(ΔG_1);二是由于产生新相,形成了新的界面(如固-液界面),这就需要做功,从而使系统的自由能增加(ΔG_2)。因此系统在整个相变过程中自由能的变化(ΔG)应为此两项的代数和,即

$$\Delta G = \Delta G_1 + \Delta G_2 = V\Delta G_V + A\gamma \tag{9.5}$$

式中,V 为新相的体积;ΔG_V 为单位体积中旧相和新相之间的自由能之差($G_{液} - G_{固}$);A 为新相总表面积;γ 为新相界面能。

但大多数固-固相变都伴随有体积的变化,产生晶格应变,此时应在式(9.5)中增加一应变能 W,即

$$\Delta G = V\Delta G_V + A\gamma + W \tag{9.6}$$

固体材料中的晶界、位错与杂质等也会显著影响成核速率。新相晶核在晶界上形成时相变势垒要低于其均相成核时的相变势垒。当新相晶核在两晶粒交界处、三晶粒交界处与四晶粒交界处形成时,其几何构态如图 9.6 所示。

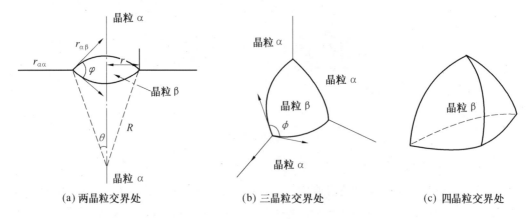

(a) 两晶粒交界处　　　　　(b) 三晶粒交界处　　　　　(c) 四晶粒交界处

图 9.6　晶界处成核示意图

对于如图 9.6(a)所示的在两晶粒 α 交界处形成晶界相晶核 β,β 为双球冠形,这两个双球冠是两个半径为 R 的球体的一部分。设晶核 β 的底面半径为 r,晶粒 α 之间的晶界能为 $\gamma_{\alpha\alpha}$、晶粒 α 与晶粒 β 之间的界面能为 $\gamma_{\alpha\beta}$,晶粒与晶粒的两面角为 ϕ($\phi = 2\theta$),如果忽略应变能,则一个晶核 β 形成时自由能的变化为

$$\Delta G_{2gr} = -V\Delta G_V + A_{\alpha\beta}\gamma_{\alpha\beta} - A_{\alpha\alpha}\gamma_{\alpha\alpha} \tag{9.7}$$

式中,V 为晶核 β 的体积;$A_{\alpha\beta}$ 为 α 与 β 之间的界面面积;$A_{\alpha\alpha}$ 为被晶核 β 占据的原晶界面积,它们的值分别为

$$V = 2\pi R \frac{2 - 3\cos\theta + \cos^3\theta}{3} \tag{9.8}$$

$$A_{\alpha\beta} = 4\pi R(1 - \cos\theta) \tag{9.9}$$

$$A_{\alpha\alpha} = \pi R^2(1 - \cos^2\theta) \tag{9.10}$$

而 $\gamma_{\alpha\alpha}$ 与 $\gamma_{\alpha\beta}$ 的关系为

$$\gamma_{\alpha\alpha} = 2\gamma_{\alpha\beta}\cos\frac{\varphi}{2} = 2\gamma_{\alpha\beta}\cos\theta$$

将上述几式代入式(9.7)，并求极值，得

$$R_{2gr}^* = -\frac{2\gamma_{\alpha\beta}}{\Delta G_V} \tag{9.11}$$

$$\Delta G_{2gr}^* = \frac{16\pi\gamma_{\alpha\beta}^3}{3(\Delta G_V)2} \cdot \frac{(2+\cos\theta)(1-\cos\theta)^2}{2} \tag{9.12}$$

均相成核时的相变势垒为 $\Delta G^* = \frac{16\pi\gamma_{\alpha\beta}^3}{3(\Delta G_V)^2}$，故有

$$\frac{\Delta G_{2gr}^*}{\Delta G} = \frac{(2+\cos\theta)(1-\cos\theta)^2}{2} \tag{9.13}$$

式中，$\theta = \varphi/2$，θ 值为 $0\sim\pi/2$，$\cos\theta$ 值为 $1\sim0$，$\Delta G_{2gr}^*/\Delta G^*$ 值为 $0\sim1$，即 $\Delta G_{2gr}^* \leqslant \Delta G^*$。因此，在两晶粒交界处成核的势垒低于均相成核的势垒。

类似的，三晶粒交界处成核(图 9.6(b))的势垒 G_{3gr}^* 和四晶粒交界处成核(图 9.6(c))的势垒 G_{4gr}^* 与均相成核时的势垒低于均相成核时的相变势垒 ΔG^* 有如下关系：

$$\frac{\Delta G_{3gr}^*}{\Delta G^*} = \frac{3}{2\pi}\left[\pi - 2\arcsin\left(\frac{1}{2}\csc\theta\right) + \frac{1}{3}\cos^2\theta(4\sin^2\theta-1)^{1/2} - \arccos\left(\frac{\cot\theta}{\sqrt{3}}\right)\cos\theta(3-\cos^2\theta)\right]$$

$$\frac{\Delta G_{4gr}^*}{\Delta G^*} = \frac{3}{4\pi}\left(8\left(\frac{\pi}{3} - \arccos\frac{\sqrt{2}-\cos\theta(3-c^2)^{1/2}}{c\sin\theta} + c\cos\theta\left((4\sin^2\theta-c^2)^{1/2} - \frac{c^2}{\sqrt{2}}\right) - \right.$$

$$\left. 4\cos\theta(3-\cos^2\theta)\right)\arccos\left(\frac{c}{2\sin\theta}\right)\right)$$

式中

$$c = \frac{2}{3}\left[\sqrt{2}(4\sin^2\theta-1)^{1/2} - \cos\theta\right]$$

将 θ 值代入以上几式，可计算得到($\theta < \pi/2$)

$$\Delta G_{4gr}^* < \Delta G_{3gr}^* < \Delta G_{2gr}^* < \Delta G^*$$

因此，晶界上成核的势垒较低，有利于新晶核的形成。

9.6 玻璃中的分相

长期以来，人们都认为玻璃是均匀的单相物质。随着结构分析技术的发展，积累了越来越多的关于玻璃内部不均匀性的资料。例如，分相现象首先在硼硅酸盐玻璃中发现，用 75%SiO_2(摩尔分数)、20%B_2O_3(摩尔分数)和 5%Na_2O(摩尔分数)熔融并形成玻璃，在 $500\sim600$ ℃范围内进行热处理，结果使玻璃分成两个截然不同的相。一相几乎是纯 SiO_2，而另一相富含 Na_2O 和 B_2O_3。这种玻璃经酸处理除去 Na_2O 和 B_2O_3 后，可以制得包含 $4\sim15$ nm 微孔的纯 SiO_2 多孔玻璃。目前已发现 $30\sim100$ nm 亚微观结构是很多玻璃系统的特征，并已在硅酸盐、硼酸盐、硫族化合物和熔盐玻璃中观察到这种结构。因此，分相是玻璃形成过程中的普遍现象，它对玻璃结构和性质有重大影响。

分相现象对玻璃影响的有利方面是：可以利用分相制成多孔高硅氧玻璃，也可利用微分相所起的异相成核和富集析晶组成的作用，制成微晶玻璃、感光玻璃和光色玻璃等新材料；但分相区通常存在于高硼高硅区，正是处于玻璃形成区，故分相将引起玻璃失透，对光学玻璃和其他含硼硅量较高的玻璃是个严重的威胁。

9.6.1 液相的不混溶现象

一个均匀的玻璃相在一定的温度和组成范围内有可能分成两个互不溶解或部分溶解的玻璃相(或液相),并相互共存的现象称为玻璃的分相(glass phase separation)(或称液相不混溶现象)。在硅酸盐或硼酸盐系统中,发现在液相线以上或以下有两类液相的不混溶区。

如在 MgO-SiO$_2$ 系统中,液相线以上出现的相分离现象如图 9.7 所示。在 T_1 温度时,任何组成都是均匀熔体。在 T_2 温度时,原始组成 c_0 分为 C_α 和 C_β 两个熔融相。

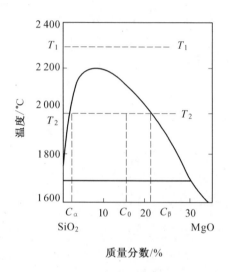

图 9.7 MgO-SiO$_2$ 系统相图中,富 SiO$_2$ 部分的不混溶区

常见的另一类液-液不混溶区是出现在 S 形液相线以下。如 Na$_2$O,Li$_2$O,K$_2$O 和 SiO$_2$ 的二元系统。图 9.8(b)为 Na$_2$O 和 SiO$_2$ 二元统液相线以下的分相区,在 T_K 温度以上(图中约 850 ℃),任何组成都是单一均匀的液相,在 T_K 温度以下该区又分为两部分。

(1)亚稳定区(成核-生长区),图中有剖面线的区域①区。如系统组成点落在该区域的 c_1 点,在 T_1 温度时不混溶的第二相(富 SiO$_2$ 相)通过成核-生长而从母液(富 Na$_2$O 相)中析出。颗粒状的富 SiO$_2$ 相在母液中是不连续的。颗粒尺寸为 3~15 nm,其亚微观结构示意图如图 9.8(c)所示。若组成点落在该区 c_3 点,在温度 T_1 时,同样通过成核-生长从富 SiO$_2$ 的母液中析出富 Na$_2$O 的第二相。

(2)不稳区(Spinodale)。当组成点落在②区,如图 9.8 所示的 c_2 点时,在温度 T_1 时熔体迅速分为两个不混溶的液相。相的分离不是通过成核-生长,而是通过浓度的波形起伏,相界面开始时是弥散的,但逐渐出现明显的界面轮廓。在此时间内相的成分在不断变化,直至达到平衡值为止。析出的第二相(富 Na$_2$O 相)在母液中互相贯通、连续,并与母液交织而成为两种成分不同的玻璃。其亚微观结构示意图如图 9.8(c)所示。

两种不混溶区的浓度剖面示意图如图 9.9 所示。图 9.9(a)表示亚稳区内第二相成核-生长的浓度变化。若分相时母液平均浓度为 C_0,第二相浓度为 C'_a,成核-生长时,由于核的形成,使局部地区由平均浓度 c_0 降至 C_a,同时出现一个浓度为 C'_a 的"核胚",这是一种由高浓度 c_0 向低浓度 C_a 的正扩散,这种扩散的结果导致核胚粗化直至最后"晶体"

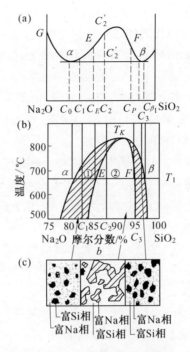

图 9.8 Na$_2$O-SiO$_2$ 系统的分相区

长大。这种分相的特点是起始时浓度变化程度大，而涉及的空间范围小，分相自始至终第二相成分不随时间而变化。分相析出的第二相始终有显著的界面，但它是玻璃而不是晶体。图 9.9(b)表示不稳分解时第二相浓度变化。相变开始时浓度变化程度很小，但空间范围很大，它是发生在平均浓度 c_0 的母相中瞬间的浓度波形起伏。相变早期类似组成波的生长，出现浓度低处 c_0 向浓度高处 C'_a 的负扩散(爬坡扩散)。第二相浓度随时间而持续变化直至达到平衡成分。

从相平衡角度考虑，相图上平衡状态下析出的固态都是晶体，而在不混溶区中析出富 Na$_2$O 或富 SiO$_2$ 的非晶态固体，严格地说不应该用相图表示，因为析出产物不是处于平衡状态。为了示意液相线以下的不混溶区，一般在相图用虚线画出分相区。

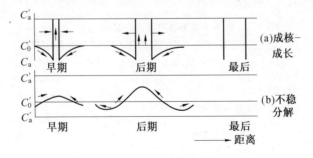

图 9.9 浓度剖面示意图

液相线以下不混溶区的确切位置可以从一系列热力学活度数据根据自由能-组成的关系式推算出来。图 9.8(a)即为 Na$_2$O-SiO$_2$ 二元系统在温度 T_1 时的自由能(G)-组成(C)曲线。曲线由两条正曲率曲线和一条负曲率曲线组成。G-C 曲线存在一条公切线

αβ。根据吉布斯自由能-组成曲线建立相图的两条基本原理：①在温度、压力和组成不变的条件下，具有最小 Gibbs 自由能的状态是最稳定的；②当两相平衡时，两相的自由能-组成曲线上具有公切线，切线上的切点分别表示两平衡相的成分。现分析图9.8(a)G-C 曲线各部分如下：

(1)当组成落在 75%（摩尔分数）SiO_2 与 C_a 之间，由于 $(\partial^2 G/\partial C^2)_{T,P}>0$，存在富 Na_2O 单相均匀熔体，在热力学上有最低的自由能。同理，当组成在 C_β 与 100%（摩尔分数）SiO_2 之间时，富 SiO_2 相均匀熔体单相是稳定的。

(2)组成在 $c_a \rightarrow c_E$ 之间，虽然 $(\partial^2 G/\partial C^2)_{T,P}>0$，但由于有 αβ 公切线存在。这时分成 c_a 和 c_β 两相比均匀单相有更低的自由能。因此分相比单相更稳定。如组成点在 c_1，则富 SiO_2 相（成分为 c_a）自母液富 Na_2O 相（成分为 c_a）中析出。两相的组成分别在 c_a 和 c_β 上读得，两相的比例由 c_1 在公切线 αβ 上的位置，根据杠杆规则读得。

(3)当组成在 E 点和 F 点。这是两条正曲率曲线与负曲率曲线相交的点，称为拐点。用数学式表示为 $(\partial^2 G/\partial C^2)_{T,P}=0$。即组成发生起伏时系统的化学位不发生变化，此点为亚稳和不稳分相区的转折点。

(4)组成在 $c_E \rightarrow c_F$ 之间，由于 $(\partial^2 G/\partial C^2)_{T,P}<0$，因此是热力学不稳定区。当组成落在 c_2 时，由于 $G'_{c_2} \gg G''_{c_2}$，能量上差异很大，分相动力学障碍小，分相很易进行。

由以上分析可知，一个均一相对于组成微小起伏的稳定性或亚稳性的必要条件之一是相应的化学位随组分的变化应该是正值，至少为零。$(\partial^2 G/\partial C^2)_{T,P} \geqslant 0$ 可以作为一种判据来判断由于过冷所形成的液相（熔融体）对分相是亚稳的还是不稳的。当 $(\partial^2 G/\partial C^2)_{T,P}>0$ 时，系统对微小的组成起伏是亚稳的，分相如同析晶中的成核生长，需要克服一定的成核位垒才能形成稳定的核；而后新相再得到扩大。如果系统不足以提供此位垒，系统不分相而呈亚稳态。当 $(\partial^2 G/\partial C^2)_{T,P}<0$ 时，系统对微小的组成起伏是不稳定的。组成起伏由小逐渐增大，初期新相界面弥散，因而不需要克服任何位垒，分相是必然发生的。

如果将 T_K 温度以下，每个温度的自由能-组成曲线的各个切点轨迹相连即得出亚稳分相区的范围。若把各个曲线的拐点轨迹相连即得不稳分相区的范围。表 9.3 比较了亚稳和不稳分相的特点。

表 9.3 亚稳和不稳分解比较

	亚稳	不稳
热力学	$(\partial^2 G/\partial C^2)_{T,P}>0$	$(\partial^2 G/\partial C^2)_{T,P}<0$
成分	第二相组成不随时间变化	第二相组成随时间而连续向两个极端组成变化，直至达到平衡组成
形貌	第二相分离成孤立的球形颗粒	第二相分离成有高度连续性的非球形颗粒
有序	颗粒尺寸和位置在母液中是无序的	第二相分布在尺寸上和间距上均有规则
界面	在分相开始界面有突变	分相开始界面是弥散的，逐渐明显
能量	分相需要位垒	不存在位垒
扩散	正扩散	负扩散
时间	分相所需时间长，动力学障碍大	分相所需时间极短，动力学障碍小

分相的热力学理论和动力学在本书不做介绍。玻璃分相的热力学和动力学的分析只是从物质微观结构的宏观属性来研究分相现象。虽然热力学理论逻辑性强、简捷并带有普遍性；动力学观点包含大量实验依据，能符合实际过程，但它们无法从玻璃结构中不同质点的排列状态以及相互作用的化学键强度和性质去深入了解玻璃分相的原因。

9.6.2 分相的结晶化学观点

硅酸盐熔体的原子键大多是离子性的，相互间的作用程度与静电键能 E 的大小有关。$E = Z_1 Z_2 e^2 / R_{12}$，其中 Z_1，Z_2 是离子 1 和 2 的电价；e 是电荷；R_{12} 是离子 1 和 2 之间的距离。例如，玻璃熔体中 Si—O 间键能较大，而 Na—O 间键能相对较弱，如果除 Si—O 键以外的第二类氧化物的键能也相当高，就易导致不混溶，故分相结构决定于二者之间键的竞争。即如果另外的正离子 R 在熔体中与氧形成强键，以至氧很难被硅夺去，在熔体中就表现为独立的离子聚集体，这样就出现了两个液相共存，一个是含少量 Si 的富 R-O 相，另一个是含少量 R 的富 Si-O 相，导致熔体的不混溶。

对于氧化物系统，静电键能公式可简化为离子电势 Z/r，随着第二类氧化物中正离子的离子电势 Z/r 的增加，不混溶的范围逐渐增加。如 Sr^{2+}，Ca^{2+}，Mg^{2+} 的 Z/r 较大，故 RO-SiO$_2$ 系统的熔体易产生分相，而 K^+，Cs^+，Li^+ 的 Z/r 较小，R$_2$O-SiO$_2$ 系统不易分相，对于同属于 R$_2$O-SiO$_2$ 系统的碱金属氧化物，由于 Li^+ 的半径较小而 Z/r 较大，故含锂的硅酸盐熔体易产生分相。同样，也可用静电键强度 $Z/C.N.$（离子电荷/配位数）来比较玻璃的不混溶性，键强较小的网络改变体形成完全混溶系统，而键强较高的网络形成体具有不混溶性。

Vogel 根据对玻璃分相的大量实验结果得出了如下结论：

(1)包含简单组成（SiO$_2$，B$_2$O$_3$，P$_2$O$_5$，BeF$_2$，GeO$_2$ 等），即只含有玻璃形成体的玻璃熔体只形成均匀的玻璃，不发生分相。

(2)成分对应于一定的稳定化合物的玻璃形成熔体，即只含有一种简单结构单元组分的玻璃熔体将形成均匀的玻璃，不发生分相。

(3)所有在两个稳定化合物成分之间的玻璃熔体都或多或少地趋于分相，这种趋势主要取决于熔体中正离子场强之差，不同组成微相间的界面能以及不同结构单元所占有的体积。

(4)根据它们在总体积中所占的分数，两个初相中的任何一个都可以是液滴相或基体相，只要熔体具有相等的过冷程度，在达到最大分相时都可形成连通结构。

(5)二元系统的微相成分趋向于稳定的化合物，趋向的程度取决于过冷度或结构单元的稳定性，故分别取决于化学键。

(6)在分相玻璃系统中，所加低浓度的组分（第三元素）在其存在的微相中的分布不是统计均匀的。根据过冷度，所加组分差不多 100% 富集在微相中。

9.6.3 熔体分相范围

1. 二元系统

当碱金属和碱土金属氧化物等网络改变体加入到 SiO$_2$ 或 B$_2$O$_3$ 玻璃中时，往往发生分相现象。对于 R$_2$O-Li$_2$O 中，Li$_2$O 在摩尔分数约为 31% 下分相，不稳分解温度 $T_K =$

1 000 ℃(在 Li_2O 摩尔分数约为 10％处)；Na_2O-SiO_2 中，Na_2O 在摩尔分数约为 20％下分相，不稳分解温度 T_K＝850 ℃(在 Na_2O 摩尔分数约为 8％处)；K_2O-SiO_2 中，分相程度很低；Rb_2O-SiO_2 及 Cs_2O-SiO_2 中，则未见分相。对于 RO-SiO_2 系统，MgO，FeO，ZnO，CaO，SrO，BaO 等加入 SiO_2 时都发现有不混溶区，如 MgO-SiO_2 的 T_K＝2 200 ℃；CaO-SiO_2 的 T_K＝2 110 ℃；SrO-SiO_2 的 T_K＝1 900 ℃，以上系统 T_K 均高于液相温度，形成稳定不混溶区。只有 BaO-SiO_2 的不混溶区是介稳的，其 T_K＝1 460 ℃。

2. 三元系统

二元系统中加入第三组分后，如果第三组分能提高混溶温度，则能助长分相；如果第三组分能提高系统黏度，则有抑制分相的倾向。

第三组分对 R_2O-SiO_2 二元系统分相的影响，按以下顺序抑制分相：Li_2O＜Na_2O＜K_2O＜Rb_2O＜Cs_2O，使熔点 T_m 降低越多，抑制分相的效果越大，如 Na_2O-SiO_2 系统中，若以 Li_2O 置换 Na_2O，使 T_m 上升，分相倾向也增大。

另外，P_2O_5 促进分相，Al_2O_3，ZrO_2，PbO，MgO 则抑制分相。少量 B_2O_3 加入能抑制分相，但加入量增加后则促进分相。

9.6.4 分相对玻璃性质的影响

玻璃分相对玻璃性质有重要的作用。分相对具有迁移特性的性能如黏度、电阻、化学稳定性、玻璃转化温度等的影响较为敏感，这些性能都与氧化物玻璃的相分离及其分相形貌有很大关系。当分相形貌为球形液滴状时，则整个玻璃呈现较低的黏度、低的电阻或化学不稳定。而当分散的液滴相逐渐过渡到连通相时，玻璃的性能就逐渐转变为高黏度、高电阻或化学稳定。分相对具有加和特性的性能如密度、折射率、热膨胀系数、弹性模量及强度的影响并不敏感，也不像前一类那样有一个简单的规律。

分相对玻璃析晶的影响较大。分相主要通过以下几个方面影响玻璃的析晶：①玻璃分相增加了相之间的界面，而析晶过程中的成核总是优先产生于相的界面上，故分相为成核提供了界面；②分相导致两相之中的某一相具有比分相前的均匀相明显大的原子迁移率，这种高的迁移率能够促进析晶；③分相使加入的成核剂组分富集在两相中的一相，因而起晶核作用。

此外，分相对玻璃着色也有重要影响。对于含有过渡金属元素(如 Fe，Co，Ni，Cu 等)的玻璃，在分相过程中，过渡金属元素几乎都富集在分相产生的微相液滴中，而不是在基体玻璃中。过渡金属元素这种有选择的富集特性，对颜色玻璃、激光玻璃、光敏玻璃、光色玻璃的制备都有重要意义。陶瓷铁红釉大红花，就是利用铁在玻璃分相过程中有选择的富集形成的。

9.7 气相-固相(液相)转变

传统的陶瓷材料，通常采用烧结(如陶瓷)、熔融(如玻璃)等方法来制备，但随着新材料制备的要求越来越高，直接用气相的凝聚或沉积的方法来制备材料已越来越得到广泛应用。气相中各组分能够充分、均匀地混合，制备的材料组分均匀，易于掺杂，制备温度低，适合大尺寸薄膜的制备，并能在形状不规则的衬底上生长薄膜，故在某些材料的制备中,气相沉积的方法具有无可替代的作用。基于气相-固相转变的薄膜制备方法分为物理气相沉积和化学气相沉积两大类,其中,分子束外延(MBE)、激光脉冲沉积(PLD)、溅射(sputtering)和金属有机物化学气相沉积(MOCVD)等技术在实际应用中有重要意义。另外,固-气的蒸发损失(如玻璃、耐火材料在还原气氛中的 SiO_2 蒸发)等也很有研究价值。

9.7.1 凝聚和蒸发平衡

固体质点之间具有很大的作用力,故原子须具备一定动能才能克服原子间作用力离开固体表面而蒸发,同时,固体表面的蒸汽相原子也能落回固体表面产生和蒸发相反的凝聚过程,在一定条件下,这两个过程将达到动态平衡。

1. 固相和其蒸汽相平衡压力 P_e 的动力学关系

根据牛顿第二定律 $F = d(MV)/dt$,简单的气体动力学理论,平均速度 $V = (3KT/M)^{1/2}$,式中,T 为温度;M 为相对分子质量;K 为玻耳兹曼常数。从一个壁反射回来的粒子动量变化为 $+MV-(-MV)=2MV$,可推导出颗粒流为

$$J = \frac{1}{2}(3MKT)^{-1/2}P \qquad (9.14)$$

式中,J 的单位为分子数/$(cm^2 \cdot s)$。而更严格的推导可得

$$J = (2\pi MRT)^{-1/2}P_e = \chi P_e \qquad (9.15)$$

式中,$\chi = (2\pi MRT)^{-1/2}$。

在动态平衡下,一种是从固相蒸发进入气相的颗粒流 J_v,一种是从气相凝聚到固相的颗粒流 J_c,一般,$J = 10^{18}$ 分子数/$(cm^2 \cdot s)$,在这个数量积时两种颗粒流互不干扰。

如果气体压力是 P,而且在来到固体表面的原子中有部分原子(假设为 $1-\beta$)并不凝聚到固体表面而重新回到气相(可考虑为凝聚效率),则在压力 P 下,凝聚原子流的数量为 $J_1 = \beta\chi P$。而如果固相的一部分凝聚原子在其本身的平衡蒸汽压 P_e 下又蒸发回气相,则蒸发的原子流 $J_2 = \beta\chi P_e$。当 $P > P_e$ 时,凝聚的原子数大于蒸发的原子数,则净凝聚的原子数是

$$\Delta J = J_1 - J_2 - \beta\chi P - \beta\chi P_e = \beta\chi(p-P_e) \qquad (9.16)$$

但也不是所有被吸附在晶体(固体)上的原子(凝聚的原子)都能结合到晶体上,故有

$$\Delta J = \varepsilon\chi(P-P_e), \alpha \leqslant \beta$$

表示吸附原子结合到晶体上的比率,其大小决定于气-固界面的完整性。

有时,两种颗粒流速可用以下式子直接表示:

$$J_v = \alpha_v\chi(P-P_e) \qquad (9.17)$$

$$J_c = \alpha_c\chi(P-P_e) \qquad (9.18)$$

式中,α_v 为蒸发系数;α_c 为凝聚系数,可由实验测定。

2. 蒸发与凝聚步骤

蒸发与凝聚过程的步骤反方向进行,可根据阶台-凸起-扭角模型来阐明,如图9.10所示。表面吸附原子大致根据四个步骤进行蒸发:①原子沿扭角位置逸出,沿凸起移动;②原子从凸起脱出,变成表面吸附原子;③吸附原子沿表面扩散到阶台;④由表面进入气相(解吸作用)。第四阶段是决定蒸发速率的重要步骤。凝聚时,上述步骤反方向进行。凝

聚和蒸发速率取决于实际压力 P 和平衡压力 P_e 的差值 ΔP。

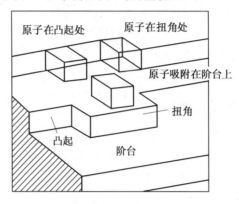

图 9.10　阶台-凸起-扭角示意图

9.7.2　蒸发

固体或液体材料中蒸发主要用来获得原子或分子颗粒流,使其沉积在一些固体基质上,如硅的蒸发。在半导体工艺中,使硅在真空中达到一定的蒸发速率,蒸汽压必须达到 10^{-5} atm(1 atm＝100 kPa)左右,故须将硅加热到熔点(1 410 ℃)以上,通常是 1 558 ℃,达到有效蒸发后,蒸发速率是 7×10^{-5} g/(cm^2 · s)。同样,如果用化学蒸发,也能达到物理蒸发的同样效果,在化学蒸发中借化学反应,化学蒸汽将原子从材料表面逸出,如钼和硅的蒸发。

$$Mo(s)+3/2O_2(g)\longrightarrow MoO_3(g)$$
$$SiCl_4(g)+Si(s)\longrightarrow 2SiCl_2(g)$$

蒸发速率可用不同方法控制。采用高温和保持 $\alpha_v=1$ 能提高蒸发速率。通常比较困难的倒是要在高温操作时减小蒸发,引入杂质可以降低 α_v,有时可以降低几个数量级。例如,灯泡中以 N_2 代替真空可以阻止钨丝蒸发,α_v 从 1 减到 10^{-3}。少数材料自身能抑制蒸发(如磷),其蒸汽中含有多聚物 P_4,α_v 降低到 10^{-4}。

9.7.3　凝聚

1. 物理凝聚

当蒸汽温度低于物质熔点及系统压力比固体饱和蒸汽压大时,可从蒸汽相直接析出固相,但在许多情况下,晶体从气相生长时,会出现液相的过渡层。蒸汽相转变为固相时,若推动力 ΔP 很大,则 $\alpha_c=1$,蒸汽相转变为固相表现为在固体表面上简单的叠加原子。若推动力小,则基体上会产生新相的核化过程,达到临界晶核后,原子再自发结合上去,使凝聚相逐渐长大。当纯物质气→固转变的推动力增加时,核化步骤也将产生变化,如图9.11 所示。若要定量描述气→固转变的推动力,可将热力学基本公式 $G_i=G_i^0+RT\ln\dfrac{P_e}{P}$ 中的活度 a_i 用压力 P 代入,则当蒸汽压 P 变到固体蒸汽压 P_e(温度 T)时,摩尔自由能的变化为

$$\Delta G=RT\ln P_e-RT\ln P=RT\ln\frac{P_e}{P} \tag{9.19}$$

则单位体积推动力为

$$\Delta G_V = \frac{RT}{V} \ln \frac{P_e}{P} \tag{9.20}$$

式中,V 为固体的摩尔体积;P/P_e 为过饱和率。

对于如图 9.11(b)所示的具有半球帽异相的晶核,从气相转变为固相的总推动力为

$$\Delta G_b = \frac{4}{3} \pi r^3 f(\theta) \Delta G_V \tag{9.21}$$

而

$$f(\theta) = \frac{(2 + \cos \theta)(1 - \cos \theta)^2}{4} \tag{9.22}$$

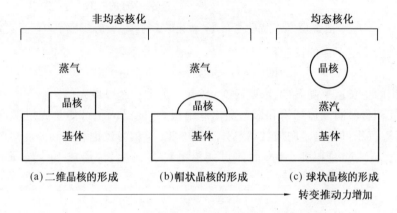

图 9.11 气-固转变推动力增加时,核化机理的变化

再考虑形成半径为 r 的帽状晶核的表面能,则仍可得到与液-固相变中异相核化的表示式相同的关系式,即

$$\Delta G^* = \frac{16 \pi \gamma^3}{3 (\Delta G_V)^2} f(\theta) \tag{9.23}$$

形成三种不同形状晶核所需活化能如图 9.12 所示。而临界晶核形成速率为

$$J^* = \omega n^* \tag{9.24}$$

式中,ω 为每秒内加于已知晶胚的原子数目;n^* 为临界晶核平衡浓度,即

$$n^* = n \exp\left(-\frac{\Delta G^*}{KT}\right) \tag{9.25}$$

式中,n 为气相中原子浓度。

显然,ΔG^* 与 ΔG_V^2 成反比,而 ΔG_V 与过饱和度 P/P_e 呈对数关系,故 P/P_e 稍有变化,对过程影响很大。

2. 化学凝聚

物理蒸汽凝聚机理也适用于化学蒸汽沉积。如 $SiCl_4$ 在 H_2 中加热到足够高温度,可使反应活化而得到硅薄膜沉积。

$$SiCl_4(g) + H_2(g) \longrightarrow Si(s) + 4HCl(g)$$

化学沉积与物理沉积的主要区别在于硅的物理蒸发要求较高的温度;温度高时,硅蒸汽较活泼,常在室温的基体上直接沉积而成。硅的化学沉积是 $SiCl_4$ 的稳定化合物在较低温度就能自发反应而形成硅蒸汽,其蒸发的产物能储藏,且控制气相很方便。反应速度不仅由温度控制,而且也由蒸汽组成决定。增加气相浓度将增大初始的沉积速率,但 $SiCl_4$

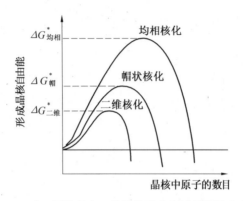

图 9.12 气-固转变中三种核化形成临界晶核的自由能

浓度高时也会发生下面的反应:

$$SiCl_4(g) + Si(s) \longrightarrow 2SiCl_2(g)$$

故沉积的生长速率随 $SiCl_4$ 浓度而变化,有一个生长速率最大值。

蒸汽沉积材料的晶体结构和形态变化范围很大,低温沉积可能是无定形或小的不完整颗粒,高温沉积可能是定向或柱状晶体。图 9.13 所示为过饱和度和温度对沉积材料晶体形态的影响。过饱和度小时,晶体可能沿一维方向生长,形成 SiC 晶须和针状 SiC 晶体。

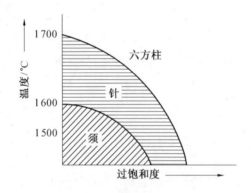

图 9.13 $SiCl_4$ 在 H_2 气相中作用于石墨所得单晶

习 题

9.1 当一个球形晶核在液态中形成时,其自由能的变化 $\Delta G = 4\pi r^2 \gamma + 4/3\pi r^3 \Delta G_V$。式中,$r$ 为球形晶核的半径;γ 为液态中晶核的表面能;ΔG_V 为单位体积晶核形成时释放的体积自由能,求临界半径 r_K 和临界核化自由能 ΔG_K。

9.2 如果液态中形成一个边长为 a 的立方体晶核时,其自由能 ΔG 将写成什么形式? 求出此时晶核的临界立方体边长 a_K 和临界核化自由能 ΔG_K。并与 9.2 题比较,哪一种形状的 ΔG 大? 为什么?

9.3 在析晶相变时,若固相分子体积为 v,试求在临界球形粒子中新相分子数 i 应为何值?

9.4 由 A 向 B 转变的相变中,单位体积自由能变化 ΔG_V 在 1 000 ℃ 时为 -419 kJ/mol;在 900 ℃ 时为 $-2\,093$ kJ/mol,设 A-B 间界面能为 0.5 N/m,求:(1)在 900 ℃ 和 1 000 ℃ 时的临界半径;(2)在 1 000 ℃ 进行相变时所需的能量。

9.5 使用图例说明过冷度对核化、晶化速率、析晶范围、析晶数量和晶粒尺寸等的影响。

9.6 某物质从熔体析晶,当时间分别为 1 s 和 5 s 时,测得晶相的体积分数分别为 0.1% 与 11.8%,试用式(9.32)计算 Avrami 指数及速率常数 K,并判断可能的相变机构。

9.7 如果直径为 20 μm 的液滴,测得成核速率 $I_V = 10^{-1}$ 个/(s·cm³),如果锗能够过冷 227 ℃,试计算锗的晶-液表面能?($T_m = 1\,231$ K,$\Delta H = 34.8$ kJ/mol,$\rho = 5.35$ g/cm³)

9.8 下列多晶转变中,哪一个转变需要的激活能最少?哪一个最多?为什么?(两组分别讨论之)

(1) bccFe→fccFe;石墨→金刚石;立方 $BaTiO_3$→四方 $BaTiO_3$。

(2) α-石英→α-鳞石英;α-石英→β-石英。

9.9 试讨论 SiO_2 相变对含 SiO_2 材料的制备工艺过程和所得材料的性能或使用范围的影响:(1)SiO_2 砖;(2)普通砖。

9.10 两种玻璃在结晶时,成核速率和生长速率与温度的关系如图 9.14 所示。(1)哪种玻璃可以形成玻璃陶瓷?为什么?(2)列出能得到良好力学性能的热处理工序,并说明理由。

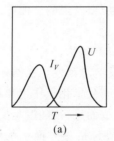
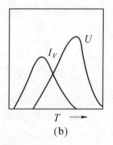

(a) (b)

图 9.14 10 题图

第 10 章 固相反应

固相反应在固体材料的高温过程中是一个普遍的物理化学现象,是无机非金属材料生产所涉及的基础过程之一。

10.1 固相反应机理

10.1.1 固相反应的特点

广义地讲,凡是有固相参与的化学反应都可称为固相反应,如固体的热分解、氧化以及固体与固体、固体与液体之间的化学反应等都属于固相反应范畴之内。但在狭义上,固相反应常指固体与固体间发生化学反应生成新的固相产物的过程。总之,固相反应是固体参与直接化学反应并起化学变化,同时至少在固体内部或外部的一个过程中起控制作用的反应。这时,控制速度不仅限于化学反应,还包括扩散等物质迁移和传热等过程。可见,固相反应除固体间的反应外还包括有气、液相参与的反应。例如,金属氧化、碳酸盐、硝酸盐和草酸盐等的热分解、黏土矿物的脱水反应以及煤的干馏等反应均属于固相反应,并具有如下一些共同的特点。

(1) 首先,固体质点(原子、离子或分子)间具有很大的作用键力,故固态物质的反应活性通常较低,速度较慢。在多数情况下,固相反应总是发生在两种组分界面上的非均相反应。因此,参与反应的固相相互接触是反应物间发生化学作用和物质输送的先决条件。对于粒状物料,反应首先是通过颗粒间的接触点或面进行,随后是反应物通过产物层进行扩散迁移,使反应得以继续,因此,固相反应一般包括相界面上的反应和物质迁移两个过程。

(2) 在低温时,固体在化学上一般是不活泼的,因而固相反应通常需在高温下进行;而且由于反应发生在非均一系统,于是传热和传质过程都对反应速度有重要影响;而伴随反应的进行,反应物和产物的物理化学性质将会发生变化,并导致固体内部温度和反应物浓度分布及其物性的变化,这都可能对传热、传质和化学反应过程产生影响。

(3) 固相反应开始温度常远低于反应物的熔点或系统低共熔温度。这一温度与反应物内部开始呈现显著扩散作用的温度相一致,此称为泰曼温度或烧结开始温度。不同物质的泰曼温度与其熔点 T_m 之间存在着一定的关系。例如,金属为 $0.3 \sim 0.4 T_m$,盐类和硅酸盐则分别为 $0.57 T_m$ 和 $0.8 \sim 0.9 T_m$。此外当反应物之一存在有多晶转变时,则此转变温度也往往是反应开始变得显著的温度,这一规律常称为海德华定律。

(4) 固态物质间的反应可以直接进行的,气相或液相没有或不起重要作用。在固相反应中,反应物可转为气相和液相,然后通过颗粒外部扩散到另一固相的非接触表面上进行反应;指出了气相或液相也可能对固相反应过程起重要作用,这种作用取决于反应物的挥发性和系统的低共熔温度。

10.1.2 固相反应的类型

对于众多的固相反应,为了便于研究,常将固相反应依参加反应物质聚集状态、反应的性质或反应进行的机理进行分类。

根据反应物质状态可分为:

(1) 纯固相反应。即反应物和生成物都是固体,没有液体和气体参加,反应式可以写为

$$A(s) + B(s) \longrightarrow AB(s)$$

(2) 有液相参与的反应。在固相反应中,液相可来自反应物的熔化 $A(s) \longrightarrow A(l)$,反应物与反应物生成的低共熔物 $A(s) + B(s) \longrightarrow (A+B)(l)$,$A(s) + B(s) \longrightarrow (A+AB)(l)$ 或 $(A+B+AB)(l)$。例如,硫和银反应生成硫化银,就是通过液相进行的,硫首先熔化 $S(s) \longrightarrow S(l)$,液态硫与银反应生成硫化银 $S(l) + 2Ag(s) \longrightarrow Ag_2S(s)$。

(3) 有气体参与的反应。在固相反应中,如有一个反应物升华 $A(s) \longrightarrow A(g)$ 或分解 $AB(s) \longrightarrow A(g) + B(s)$ 或反应物与第三组分反应都可能出现气体 $A(s) + C(g) \longrightarrow AC(g)$。普遍反应式为 $A(s) \longrightarrow A(g)$,$A(g) + B(s) \longrightarrow AB(s)$。在实际的固相反应中,通常是三种形式的各种组合。

根据反应的性质划分,分为氧化反应、还原反应、加成反应、置换反应和分解反应,见表 10.1。此外还可按反应机理划分为扩散控制过程、化学反应速度控制过程、晶核成核速率控制过程和升华控制过程等。

表 10.1 固相反应依性质分类

名称	反应式	例子
氧化反应	$A(s) + B(g) \longrightarrow AB(s)$	$2Zn + O_2 \longrightarrow 2ZnO$
还原反应	$AB(s) + C(g) \longrightarrow A(s) + BC(g)$	$Cr_2O_3 + 3H_2 \longrightarrow 2Cr + 3H_2O$
加成反应	$A(s) + B(s) \longrightarrow AB(s)$	$MgO + Al_2O_3 \longrightarrow MgAl_2O_4$
置换反应	$A(s) + BC(s) \longrightarrow AC(s) + B(s)$	$Cu + AgCl \longrightarrow CuCl + Ag$
	$AC(s) + BD(s) \longrightarrow AD(s) + BC(s)$	$AgCl + NaI \longrightarrow AgI + NaCl$
分解反应	$AB(s) \longrightarrow A(s) + B(g)$	$MgCO_3 \longrightarrow MgO + CO_2 \uparrow$

显然,分类的研究方法往往强调了问题的某一个方面,以寻找其内部规律性的东西,实际上不同性质的反应,其反应机理可以相同也可以不同,甚至不同的外部条件也可导致反应机理的改变,因此,欲真正了解固相反应所遵循的规律,在分类研究的基础上应进一步对结果进行综合分析。

10.1.3 固相反应的机理

从热力学的观点看,系统自由焓的下降就是促使一个反应自发进行的推动力,固相反应也不例外。为了理解方便,可以将其分成三类:①反应物通过固相产物层扩散到相界面,然后在相界面上进行化学反应,这一类反应有加成反应、置换反应和金属氧化;②通过一个流体相传输的反应,这一类反应有气相沉积、耐火材料腐蚀及汽化;③反应基本上在

一个固相内进行,这类反应主要有热分解和在晶体中的沉淀。

固相反应绝大多数是在等温等压下进行的,故可用 ΔG 来判别反应进行的方向及其限度。可能发生的几个反应生成几个变体(A_1,A_2,A_3,…,A_n),若相应的自由焓变化值大小的顺序为 $\Delta G_1 < \Delta G_2 < \Delta G_3 < \Delta G_4 < … < \Delta G_n$,则最终产物将是 ΔG 最小的变体,即 A_1 相。但当 ΔG_2,ΔG_3,ΔG_n 都是负值时,则生成这些相的反应均可进行,而且生成这些相的实际顺序并不完全由 ΔG 值的相对大小决定,而是和动力学(即反应速度)有关。在这种条件下,反应速度越大,反应进行的可能也越大。

反应物和生成物都是固相的纯固相反应,总是向放热的方向进行,直到反应物之一耗完为止,出现平衡的可能性很小,只在特定的条件下才有可能。这种纯固相反应,其反应的熵变小到可认为忽略不计,则 $T\Delta S \rightarrow 0$,因此 $\Delta G \approx \Delta H$。所以,没有液相或气相参与的固相反应,只有 $\Delta H < 0$,即放热反应才能进行,这称为范特霍夫规则。如果过程中放出气体或有液体参加,由于 ΔS 很大,这个原则就不适用。

要使 ΔG 趋向于零,有下列几种情况:

(1)纯固相反应中反应产物的生成热很小时,ΔH 很小,使得差值($\Delta H - T\Delta S$)$\rightarrow 0$。

(2)当各相能够相互溶解,生成混合晶体或者固溶体、玻璃体时,均能导致 ΔS 增大,促使 $\Delta G \rightarrow 0$。

(3)当反应物和生成物的总热容差很大时,熵变就变得大起来,因为 $\Delta S_r = \int_0^T \frac{\Delta c_p}{T} \mathrm{d}T$,促使 $\Delta G \rightarrow 0$。

(4)当反应中有液相或气相参加时,ΔS 可能会达到一个相当大的值,特别在高温时,因为 $T\Delta S$ 项增大,使得 $T\Delta S \rightarrow \Delta H$,即($\Delta H - T\Delta S$)$\rightarrow 0$。

一般认为,为了在固相之间进行反应,放出的热大于 4.184 kJ/mol 就够了。在晶体混合物中许多反应的产物生成热相当大,大多数硅酸盐反应测得的反应热为每摩尔几十到几百千卡(1 cal=4.184 J)。因此,从热力学观点看,没有气相或液相参与的固相反应,会随着放热反应而进行到底。实际上,由于固体之间反应主要是通过扩散进行,如果接触不良,反应就不能进行到底,即反应会受到动力学因素的限制。

在反应过程中,系统处于更加无序的状态,它的熵必然增大。当温度上升时,熵项 $T\Delta S$ 总是起着促进反应向着增大液相数量或放出气体的方向进行。例如,高温下碳的燃烧优先向如下反应方向进行:$2C + O_2 = 2CO$,虽然在任何温度下存在着 $C + O_2 = CO_2$ 的反应,而且其反应热比前者大得多。高于 700～750 ℃ 的反应 $C + CO_2 = 2CO$,虽然伴随着很大的吸热效应,反应还是能自动地往右边进行,这是因为系统中气态分子增加时,熵增大,导致 $T\Delta S$ 的乘积超过反应的吸热效应值,因此,当固相反应中有气体或液相参与时,范特霍夫规则就不适用了。

各种物质的标准生成热 ΔH^{θ} 和标准生成熵 ΔS^{θ} 几乎与温度无关。因此,ΔG^{θ} 基本上与 T 成比例,其比例系数等于 ΔS^{θ}。当金属被氧化生成金属氧化物时,反应的结果使气体数量减少,$\Delta S^{\theta} < 0$,这时 ΔG^{θ} 随着温度的上升而增大,如 $Ti + O_2 = TiO_2$ 反应。当气体的数量没有增加,$\Delta S \approx 0$,在 $\Delta G^{\theta} \sim T$ 关系中出现水平直线,如碳的燃烧反应 $C + O_2 = CO_2$。对于 $2C + O_2 = 2CO$ 的反应,由于气体量大,$\Delta S > 0$,随着温度的上升,ΔG 是直线下降的,因此温度升高对之是有利的。

当反应物和产物都是固体时，$\Delta S \approx 0$，$T\Delta S \approx 0$，则 $\Delta G^0 \approx \Delta H^0$，$\Delta G$ 与温度无关，故在 $\Delta G \sim T$ 图中是一条平行于 T 轴的水平线。

10.2 固相反应动力学

固相反应的基本特点在于反应通常是由几个简单的物理化学过程，如化学反应、扩散、熔融、升华等步骤构成。因此，整个反应的速度将受到其所涉及的各动力学阶段所进行速度的影响。

10.2.1 固相反应一般动力学关系

图 10.1 描述了物质 A 和 B 进行化学反应生成 C 的一种反应历程。反应一开始是反应物颗粒之间的混合接触，并在表面发生化学反应形成细薄且含大量结构缺陷的新相，随后发生产物新相的结构调整和晶体生长。当在两反应颗粒间所形成的产物层达到一定厚度后，进一步的反应将依赖于一种或几种反应物通过产物层的扩散而得以进行，这种物质的输运过程可能通过晶体晶格内部、表面、晶界、位错或晶体裂缝进行。

当然对于广义的固相反应，由于反应体系存在气相或液相，故而进一步反应所需要的传质过程往往可在气相或液相中发生。此时气相或液相的存在可能对固相反应起到重要作用。由此可以认为固相反应是固体直接参与化学作用并起化学变化，同时至少在固体内部或外部的某一过程起着控制作用的反应。显然此时控制反应速度的不仅限于化学反应本身，反应新相晶格缺陷调整速率、晶粒生长速率以及反应体系中物质和能量的输送速率都将影响着反应速度。显然所有环节中速度最慢的一环，将对整体反应速度有着决定性的影响。

现以金属氧化过程为例，建立整体反应速度与各阶段反应速度间的定量关系。设反应依图 10.2 所示模式进行，其反应方程式为

$$M(s) + 1/2O_2(s) \longrightarrow MO(s)$$

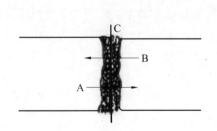
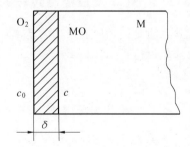
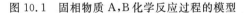

图 10.1 固相物质 A, B 化学反应过程的模型   图 10.2 金属 M 表面氧化反应模型

反应经 t 时间后，金属 M 表面已形成厚度为 δ 的产物层 MO。进一步的反应将由氧气 O_2 通过产物层 MO 扩散到 M-MO 界面和金属氧化两个过程所组成。根据化学反应动力学一般原理和扩散第一定律，单位面积界面上金属氧化速度 v_R 和氧气扩散速度 v_D，分别有如下关系：

$$v_R = Kc, v_D = D \frac{\mathrm{d}c}{\mathrm{d}x}\Big|_{x=\delta} \tag{10.1}$$

式中，K 为化学反应速率常数；c 为界面处氧气浓度；D 为氧气在产物层中的扩散系数。显然，当整个反应过程达到稳定时整体反应速率 v 为

$$v = v_R = v_D$$

由 $Kc = D \frac{\mathrm{d}c}{\mathrm{d}x}\Big|_{x=\delta} = D \frac{c_0 - c}{\delta}$ 得界面氧浓度为

$$c = c_0 / \left(1 + \frac{K\delta}{D}\right)$$

故

$$\frac{1}{v} = \frac{1}{Kc_0} + \frac{1}{Dc_0/\delta} \tag{10.2}$$

由此可见，由扩散和化学反应构成的固相反应过程其整体反应速率的倒数为扩散最大速率的倒数和化学反应最大速率的倒数之和。若将反应速率的倒数理解成反应的阻力，则式(10.2)将具有串联电路欧姆定律相似的形式：反应的总阻力等于各环节分阻力之和。反应过程与电路的这一类同对于研究复杂反应过程有着很大的方便。例如，当固相反应不仅包括化学反应、物质扩散，还包括结晶、熔融、升华等物理化学过程，且当这些单元过程间又以串联模式依次进行时，那么固相反应的总速率应为

$$v = 1 / \left(\frac{1}{v_{1\max}} + \frac{1}{v_{2\max}} + \frac{1}{v_{3\max}} + \cdots + \frac{1}{v_{n\max}}\right) \tag{10.3}$$

式中，$v_{1\max}, v_{2\max}, v_{3\max}, \cdots, v_{n\max}$ 分别代表构成反应过程各环节的最大可能速率。

因此，为了确定过程总的动力学速率，确定整个过程中各个基本步骤的具体动力学关系是应首先予以解决的问题；但是对实际的固相反应过程，掌握所有反应环节的具体动力学关系往往十分困难，故要抓住问题的主要矛盾才能使问题比较容易地得到解决。例如，若在固相反应环节中，物质扩散速率较其他各环节都慢得多，则由式(10.3)可知反应阻力主要来源于扩散过程。此时，若其他各项反应阻力较扩散项是一小量并可忽略不计时，则总反应速率将几乎完全受控于扩散速率。

10.2.2　化学反应控制过程的反应动力学

化学反应是固相反应过程的基本环节。根据物理化学原理，对于二元均相反应系统化学反应依反应式 $m\mathrm{A} + n\mathrm{B} \longrightarrow p\mathrm{C}$ 进行，则化学反应速率的一般表达式为

$$v_R = \frac{\mathrm{d}c_C}{\mathrm{d}t} = Kc_A^m c_B^n \tag{10.4}$$

式中，c_A, c_B, c_C 分别代表反应物 A，B 和 C 的浓度；K 为反应速率常数。K 与温度间存在阿累尼乌斯关系：$K = K_0 \exp\left(\frac{-\Delta G_R}{RT}\right)$，式中，$K_0$ 为常数；ΔG_R 为反应活化能。

然而，对于非均相的固相反应，式(10.4)不能直接用于描述化学反应动力学关系。这是因为对于大多数固相反应，浓度的概念已失去应有的意义；其次，多数固相反应以固相反应物间的机械接触为基本条件。因此，在固相反应中将引入转化率 G 的概念以取代式(11.4)中的浓度，同时考虑反应过程中反应物间的接触面积。

所谓转化率是指参与反应的一种反应物，在反应过程中被反应了的体积分数。设反应物颗粒呈球状，半径为 R_0，经 t 时间反应后，反应物颗粒外层 x 厚度已被反应，则定义

转化率 G 为

$$G = \frac{R_0^3 - (R_0 - x)^3}{R_0^3} = 1 - \left(1 - \frac{x}{R}\right)^3 \tag{10.5}$$

根据式(10.4)的含义,固相化学反应中动力学一般方程式可写成

$$\frac{dG}{dt} = KF(1 - G)^n \tag{10.6}$$

式中,n 为反应级数;K 为反应速率常数;F 为反应截面。当反应物颗粒为球形时,$F = 4\pi R_0^2 (1 - G)^{2/3}$。不难看出式(10.6)与式(10.4)具有完全类同的形式和含义。在式(10.4)中浓度 c 既反映了反应物的多寡,又反映了反应物之中接触或碰撞的概率,而这两个因素在式(10.6)中则通过反应截面 F 和剩余转化率$(1 - G)$得到了充分的反映。考虑一级反应,由式(10.6)则有动力学方程式

$$\frac{dG}{dt} = KF(1 - G) \tag{10.7}$$

当反应物颗粒为球形时,有

$$\frac{dG}{dt} = 4K\pi R_0^2 (1 - G)^{2/3} \cdot (1 - G) = K_1 (1 - G)^{5/3} \tag{10.8a}$$

若反应截面在反应过程中不变(如金属平板的氧化过程),则有

$$\frac{dG}{dt} = K'_1 (1 - G) \tag{10.8b}$$

积分式(10.8a)和式(10.8b),并考虑到初始条件 $t = 0$,$G = 0$,得反应截面分别依球形和平板模型变化时,固相反应转化率或反应度与时间的函数关系为

$$F_1(G) = [(1 - G)^{-2/3} - 1] = K_1 t \tag{10.9a}$$

$$F'_1(G) = \ln(1 - G) = -K'_1 t \tag{10.9b}$$

碳酸钠(Na_2CO_3)和二氧化硅(SiO_2)在 740 ℃下进行固相反应,即

$$Na_2CO_3(s) + SiO_2(s) \longrightarrow Na_2O \cdot SiO_2(s) + CO_2(s)$$

当颗粒 $R_0 = 36\ \mu m$,并加入少许 NaCl 作溶剂时,整个反应动力学过程完全符合式(10.9a)关系,如图 10.3 所示。这说明该反应体系于该反应条件下,反应总速率为化学反应动力学过程所控制,而扩散的阻力已小到可以忽略不计,且反应属于一级化学反应。

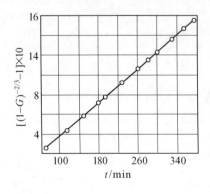

图 10.3   在 NaCl 参与反应 $Na_2CO_3 + SiO_2 \longrightarrow Na_2SiO_3 + CO_2$ 的动力学曲线($T = 740$ ℃)

10.2.3　扩散控制过程的反应动力学

固相反应一般都伴随着物质的迁移。由于在固相结构内部扩散速率通常较为缓慢，因而在多数情况下，扩散速率控制着整个反应的总速率。由于反应截面变化的复杂性，扩散控制的反应动力学方程也将不同。在众多的反应动力学方程式中，基于平行板模型和球体模型所导出的杨德尔(Jander)和金斯特林格(Ginsterlinger)方程式具有一定的代表性。

1. 杨德尔方程

如图 10.4(a)所示，设反应物 A 和 B 以平板模式相互接触反应和扩散，并形成厚度为 x 的产物 AB 层，随后物质 A 通过 AB 层扩散到 B-AB 界面继续与 B 反应。若界面化学反应速率远大于扩散速率，则可认为固相反应总速率由扩散过程控制。

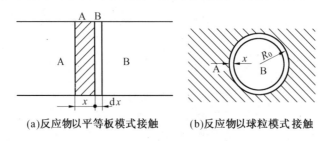

(a)反应物以平等板模式接触　　(b)反应物以球粒模式接触

图 10.4　固相反应杨德尔模型

设 t 到 $t+\mathrm{d}t$ 时间内通过 AB 层单位截面的 A 物质量为 $\mathrm{d}m$。显然，在反应过程中的任一时刻，反应界面 B-AB 处 A 物质浓度为零。而界面 A-AB 处 A 物质浓度为 c_0。由扩散第一定律得

$$\frac{\mathrm{d}m}{\mathrm{d}t}=D\left(\frac{\mathrm{d}c}{\mathrm{d}x}\right)_{x=\xi}$$

设反应物 AB 的密度为，相对分子质量为 M，则 $\mathrm{d}m=\dfrac{\rho\,\mathrm{d}x}{\mu}$；又考虑扩散属稳定扩散，因此有

$$\left(\frac{\mathrm{d}c}{\mathrm{d}x}\right)_{x=\xi}=\frac{c_0}{x},\ \frac{\mathrm{d}x}{\mathrm{d}t}=\frac{\mu Dc_0}{\rho x} \tag{10.10}$$

积分式(10.10)并考虑边界条件 $t=0,x=0$，得

$$x^2=\frac{2\mu Dc_0}{\rho}t=Kt \tag{10.11}$$

式(10.11)说明，反应物以平行板模式接触时，反应产物层厚度与时间的平方根成正比。由于式(10.11)存在二次方关系，故常称之为抛物线速率方程式。

考虑实际情况中固相反应通常以粉状物料为原料。为此杨德尔假设：①反应物 B 是半径为 R_0 的等径球粒；②反应物 A 是扩散相，即 A 成分总是包围着 B 的颗粒，而且 A，B 与产物是完全接触，反应自球面向中心进行，如图 10.4(b)所示。于是由式(10.5)得

$$x=R_0\left[1-(1-G)^{1/3}\right]$$

将上式代入式(10.11)得杨德尔方程积分式为

$$x^2=R_0^2\left[1-(1-G)^{1/3}\right]^2=Kt \tag{10.12a}$$

或
$$F_J(G) = [1-(1-G)^{1/3}]^2 = \frac{K}{R^2}t = K_J t \qquad (10.12\text{b})$$

对式(10.12b)微分得杨德尔方程微分式为

$$\frac{\mathrm{d}G}{\mathrm{d}t} = K_J \frac{(1-G)^{2/3}}{1-(1-G)^{1/3}} \qquad (10.13)$$

杨德尔方程作为一个较经典的固相反应动力学方程已被广泛地接受,但仔细分析杨德尔方程推导过程可以发现,将圆球模型的转化率公式(10.5)代入平板模型的抛物线速率方程的积分式(10.11),就限制了杨德尔方程只能用于反应转化率较小(或 $\frac{x}{R_0}$ 比值很小)和反应截面 F 可近似地看成常数的反应初期。

杨德尔方程在反应初期的正确性在许多固相反应的实例中都得到证实。图10.5和图10.6分别表示反应 $BaCO_3 + SiO_2 \longrightarrow BaSiO_3 + CO_2$ 和 $ZnO + Fe_2O_3 \longrightarrow ZnFe_2O_4$,在不同温度下 $F_J(G)\text{-}t$ 关系。显然温度的变化所引起直线斜率的变化完全由反应速率常数 K_J 变化所致。由此变化可求得反应的活化能

$$\Delta G_R = \frac{RT_1 T_2}{T_2 - T_1} \ln \frac{K_J(T_2)}{K_J(T_1)} \qquad (10.14)$$

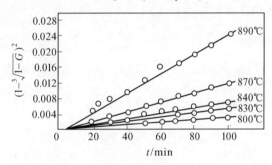

图10.5 在不同温度下 $BaCO_3 + SiO_2 \longrightarrow BaSiO_3 + CO_2$ 的反应动力学曲线

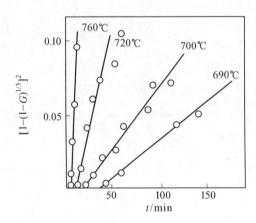

图10.6 在不同温度下 $ZnO + Fe_2O_3 \longrightarrow ZnFe_2O_4$ 的反应动力学曲线

2. 金斯特林格方程

金斯特林格针对杨德尔方程只能适用于转化率较小的情况,考虑在反应过程中反应截面随反应进程变化这一事实,认为实际反应开始以后生成的产物层是一个厚度逐渐增

加的球壳面而不是一个平面。

为此,金斯特林格提出了如图 10.7 所示的反应扩散模型。当反应物 A 和 B 混合均匀后,若 A 熔点低于 B 的熔点,A 可以通过表面扩散或通过气相扩散而布满整个 B 颗粒的表面。在产物层 AB 生成之后,反应物 A 在产物层中扩散速率远大于 B 的扩散速率,且在 AB-B 界面上,由于化学反应速率远大于扩散速率,扩散到该处的反应物 A 可迅速与 B 反应生成 AB,因而 AB-B 界面上 A 的浓度可恒为零;但在整个反应过程中,反应生成物球壳外壁(即 A 界面)上扩散相 A 浓度恒为 c_0,故整个反应速率完全由 A 在生成物球壳 AB 中的扩散速率所决定。设单位时间内通过 $4\pi r^2$ 球面扩散入产物层 AB 中 A 的量为 $\mathrm{d}m_A/\mathrm{d}t$,由扩散第一定律有

$$\frac{\mathrm{d}m_A}{\mathrm{d}t} = D4\pi r^2 \left(\frac{\partial c}{\partial r}\right)_{r=R-x} = M(x) \tag{10.15}$$

假设这是稳定扩散过程,因而单位时间内将有相同数量的 A 扩散通过任一指定的 r 球面,其量为 $M(x)$。若反应生成物 AB 密度为 C_0,相对分子质量为 μ,AB 中 A 的分子数为 n,令 $\rho n/\mu = \varepsilon$。这时产物层 $4\pi r^2 \mathrm{d}x$ 体积中积聚 A 的量为

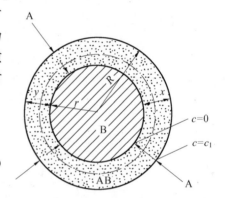

图 10.7　金斯特林格反应模型

$$4\pi r^2 \mathrm{d}x \cdot \varepsilon = D4\pi r^2 \left(\frac{\partial c}{\partial r}\right)_{r=R-x} \mathrm{d}t$$

所以

$$\frac{\mathrm{d}x}{\mathrm{d}t} = \frac{D}{\varepsilon}\left(\frac{\partial c}{\partial r}\right)_{r=R-x} \tag{10.16}$$

由式(10.15)移项并积分得

$$\left(\frac{\partial c}{\partial r}\right)_{r=R-x} = \frac{c_0 R(R-x)}{r^2 x} \tag{10.17}$$

将式(10.17)代入式(10.16),令 $K_0 = \dfrac{D}{\varepsilon c_0}$ 得

$$\frac{\mathrm{d}x}{\mathrm{d}t} = K_0 \frac{R}{x(R-x)} \tag{10.18a}$$

积分式(10.18a)得

$$x^2 \left(1 - \frac{2}{3}\frac{x}{R}\right) = 2K_0 t \tag{10.18b}$$

将球形颗粒转化率关系式(10.5)代入式(10.18),并经整理即可得出转化率 G 表示的金斯特林格动力学方程的积分式和微分式为

$$F_K(G) = 1 - \frac{2}{3}G - (1-G)^{2/3} = \frac{2DMc_0}{R_0^2 \rho n} \cdot t = K_K t \tag{10.19}$$

$$\frac{\mathrm{d}G}{\mathrm{d}t} = K'_K \frac{(1-G)^{1/3}}{1-(1-G)^{1/3}} \tag{10.20}$$

式中,$K'_K = \dfrac{1}{3}K_K$,称为金斯特林格动力学方程速率常数。

大量实验研究表明,金斯特林格方程比杨德尔方程能适用于更大的反应程度。例如,碳酸钠与二氧化硅在 820 ℃下的固相反应,测定不同反应时间的二氧化硅转化率 G 得表 10.2 所列的实验数据。根据金斯特林格方程拟合实验结果,在转化率从 0.245 8 变到

0.615 6区间内，$F_K(G)$关于t有相当好的线性关系，其速率常数K_K恒等于1.83；但若以杨德尔方程处理实验结果，$F_J(G)$与t的线性关系较差，速率常数K_K值从1.81偏离到2.25。图10.8给出了这一实验结果图线。

表 10.2　二氧化硅－碳酸钠反应动力学数据($R_0 = 0.036$ mm，$T = 820$ ℃)

时间/min	SiO_2的转化率	$K_K \times 10^4$	$K_J \times 10^4$
41.5	0.245 8	1.83	1.81
49.0	0.266 6	1.83	1.96
77.0	0.328 0	1.83	2.00
99.5	0.368 6	1.83	2.02
168.0	0.464 0	1.83	2.10
193.0	0.492 0	1.83	2.12
222.0	0.519 6	1.83	2.14
263.5	0.560 0	1.83	2.18
296.0	0.587 6	1.83	2.20
312.0	0.601 0	1.83	2.24
332.0	0.615 6	1.83	2.25

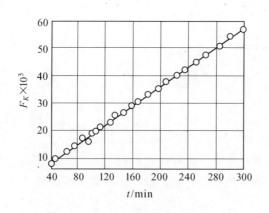

图 10.8　二氧化硅和碳酸钠的反应动力学

此外，金斯特林格方程式有较好的普遍性，从其方程本身可以得到进一步的说明。

令 $\xi = \dfrac{x}{R}$，由式(10.18a)得

$$\frac{dx}{dt} = K\frac{R_0}{(R_0-x)x} = \frac{K}{R_0}\frac{1}{\xi(1-\xi)} = \frac{K'}{\xi(1-\xi)} \tag{10.21}$$

作$\dfrac{1}{K'}\dfrac{dx}{dt}$-$\xi$关系曲线(图10.9)，得产物层增厚速率$\dfrac{dx}{dt}$随$\xi$变化规律。

当ξ很小即转化率很低时，$\dfrac{dx}{dt} = \dfrac{K}{x}$，方程转为抛物线速率方程。此时金斯特林格方

程等价于杨德尔方程。随着 ξ 增大，$\dfrac{\mathrm{d}x}{\mathrm{d}t}$ 很快下降并经历一最小值（$\xi=0.5$）后逐渐上升。

当 $\xi \to l$（或 $\xi \to 0$）时，$\dfrac{\mathrm{d}x}{\mathrm{d}t} \to \infty$，这说明在反应的初期或终期扩散速率极快，故而反应进入化学反应动力学范围，其速率由化学反应速率控制。

比较式（10.14）和式（10.20），令 $Q=\left(\dfrac{\mathrm{d}G}{\mathrm{d}t}\right)_K \Big/ \left(\dfrac{\mathrm{d}G}{\mathrm{d}t}\right)_J$，得

$$Q=\frac{K_K}{K_J}\frac{(1-G)^{1/3}}{(1-G)^{2/3}}=K(1-G)^{-1/3}$$

依上式作关于转化率 G 的曲线（图 10.10）。由图可见，当 G 值较小时，$Q=1$，这说明两方程一致。随着 G 逐渐增加，Q 值不断增大，尤其到反应后期，Q 值随 G 陡然上升，这意味着两方程偏差越来越大。因此，如果说金斯特林格方程能够描述转化率很大情况下的固相反应，那么杨德尔方程只能在转化率较小时才适用。

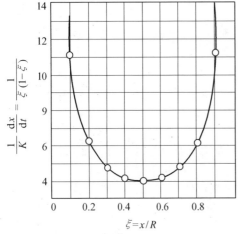

图 10.9　反应产物增厚速率与 ξ 的关系

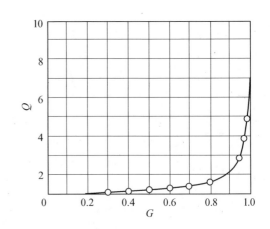

图 10.10　金斯特林格方程与杨德方程比较

然而，金斯待林格方程并非对所有扩散控制的固相反应都能适用。由以上推导可以看出，杨德尔方程和金斯特林格方程均以稳定扩散为基本假设，它们之间所不同的仅在于其几何模型的差别。

因此，不同颗粒形状的反应物必然对应着不同形式的动力学方程。例如，对于半径为 R 的圆柱状颗粒，当反应物沿圆柱表面形成的产物层扩散的过程起控制作用时，其反应动力学过程符合依轴对称稳定扩散模式推得的动力学方程式，即

$$F_0(G)=(1-G)\ln(1-G)+G=Kt \tag{10.22}$$

另外，金斯特林格动力学方程中没有考虑反应物与生成物密度不同所带来的体积效应。实际上由于反应物与生成物密度差异，扩散相 A 在生成物 C 中扩散路程并非 $R_0 \to r$，而是 $r_0 \to r$（此处 $r_0 \neq R_0$，为未反应的 B 加上产物层厚的临时半径），并且 $|R_0-r_0|$ 随着反应进一步进行而增大。为此卡特（Carter）对金斯特林格方程进行了修正，得卡特动力学方程式为

$$F_{ca}(G)=[1+(Z-1)G]^{2/3}+(Z-1)(1-G)^{2/3}=Z+2(1-Z)Kt \tag{10.23}$$

式中，Z 为消耗单位体积 B 组分所生成产物 C 组分的体积。

卡特将该方程用于镍球氧化过程的动力学数据处理，发现一直进行到 100% 方程仍然与事实结果符合得很好，如图 10.11 所示。H. O. Schmalyrieel 也在 ZnO 与 Al_2O_3 反应生成 $ZnAl_2O_4$ 实验中，证实卡特方程在反应度为 100% 时仍然有效。

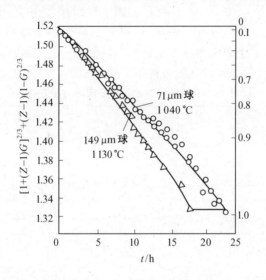

图 10.11　在空气中镍球氧化的 $[1+(Z-1)G]^{2/3}+(Z-1)(1-G)^{2/3}$ 对 t 的关系

3. 过渡范围

固相反应动力学关系是与反应机理和条件密切相关的，因此，必须首先确定反应为哪一过程所控制。但是，当整个反应中各种过程的速度可以相比拟而不能忽略时，情况就变得复杂了，较难用一个简单方程来描述，只能按不同情况采用一些近似关系表达。例如，当化学反应速度和扩散速度都不可忽略时，可用泰曼的经验关系估计有

$$\frac{\mathrm{d}x}{\mathrm{d}t}=\frac{K'_{10}}{t} \tag{10.24}$$

积分得
$$x=K_{10}\ln t \tag{10.25}$$

式中，K'_{10}，K_{10} 是速度常数，与温度、扩散系数和颗粒接触条件有关。

以上讨论了一些重要的固相反应动力学关系，归纳列于表 10.3 中。如上所述，每个动力学方程都仅适用于某一定条件和范围，因此，要正确地应用这些关系，首先必须确定和判断反应所属的范围和类型。以上所述的各种动力学关系的积分形式均可用 $F(G)=Kt$ 通式表示，式中 $K=K'/R_0^2$。为便于分析比较，也可将这些方程归纳成 $F(G)=A(t/t_{0.5})$ 的形式，式中 $t_{0.5}$ 是对应于 $G=0.5$ 的反应时间（半衰期）；A 是与 $F(G)$ 形式有关的计算常数，例如

$$F_{6(G)}=1-\frac{2}{3}G-(1-G)^{2/3}=K_6t \tag{10.26}$$

当 $G=0.5$，$t=t_{0.5}$ 时，代入式(10.26)得

$$F_{6(0.5)}=0.036\,7=K_6t_{0.5}=\frac{K'}{R_0^2}t_{0.5} \tag{10.27}$$

两式结合得

$$F_{6(G)} = 1 - \frac{2}{3}G - (1-G)^{2/3} = K_6 t = 0.036\ 7\left(\frac{t}{t_{0.5}}\right) \qquad (10.28)$$

　　以此求得各不同动力学方程中相应的 A 值（表 10.3），并以 G 对 $t/t_{0.5}$ 分别作图 10.12。对照此图与表 10.3 可见，各种动力学方程的 $G\text{-}t/t_{0.5}$ 曲线可明显地分为两组：第一组是属扩散控制的 $F_{4(G)}$，$F_{5(G)}$，$F_{6(G)}$ 和 $F_{7(G)}$ 四个方程；第二组是属界面化学反应控制的 $F_{0(G)}$，$F_{1(G)}$，$F_{2(G)}$ 和 $F_{3(G)}$ 四个方程。由此，可以通过实验测定做出 $G-t/t_{0.5}$ 曲线加以比较，以确定反应所属的类型和机理。若要进一步区别同一控制范围内的不同动力学方程，则有赖于较精确的实验数据和较高的转化率。

表 10.3　部分重要的固相反应动力学方程

控制范围	反应类别	动力学方程的积分式	A 值	对应于图 10.12 的曲线
界面化学反应控制范围	零级反应（球形颗粒）	$F_{0\langle G\rangle} = 1 - (1-G)^{\frac{1}{3}} = K_0 t = 0.206\ 3\,(t/t_{0.5})$	0.206 3	7
	零级反应（圆柱形颗粒）	$F_{1\langle G\rangle} = 1 - (1-G)^{\frac{1}{2}} = K_1 t = 0.292\ 9\,(t/t_{0.5})$	0.292 9	6
	零级反应（平板试样）	$F_{2\langle G\rangle} = G = K_2 t = 0.5\,(t/t_{0.5})$	0.500 0	5
	一级反应（球形颗粒）	$F'_{3\langle G\rangle} = \ln(1-G) = -K_3 t = 0.693\ 1\,(t/t_{0.5})$	0.693 1	9
扩散控制范围	抛物线速度方程（平板试样）	$F_{4\langle G\rangle} = G^2 = K'_4 t = (K_4/x^2)t = 0.25\,(t/t_{0.5})$	0.250 0	1
	对圆柱试样	$F_{7\langle G\rangle} = (1-G)\ln(1-G) + G = K_7 t = 0.153\ 4\,(t/t_{0.5})$	0.153 4	2
	杨德尔方程（球形试样）	$F_{5\langle G\rangle} = \left[1 - (1-G)^{\frac{1}{3}}\right]^2 = K_5 t = 0.042\ 6\,(t/t_{0.5})$	0.042 6	3
	金斯特林格方程（球形试样）	$F_{6\langle G\rangle} = 1 - \frac{2}{3}G - (1-G)^{\frac{2}{3}} = K_6 t = 0.036\ 7\,(t/t_{0.5})$	0.036 7	4

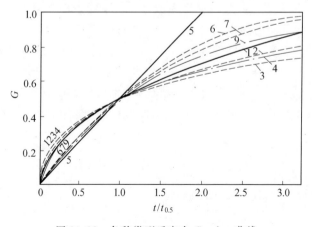

图 10.12　各种类型反应中 $G\text{-}t/t_{0.5}$ 曲线

10.3 影响固相反应的因素

由于固相反应过程涉及相界面的化学反应和相内部或外部的物质输运等若干环节，因此，除反应物的化学组成、特性和结构状态以及温度、压力等因素外，其他可能影响晶格活化，促进物质内外传输作用的因素均会对反应起影响作用。

10.3.1 反应物化学组成与结构

反应物化学组成与结构是影响固相反应的内因，是决定反应方向和反应速率的重要因素。从热力学角度看，在一定温度、压力条件下，反应可能进行的方向是自由能减少（$\Delta G < 0$）的方向，而且 ΔG 的负值越大，反应的热力学推动力也越大。从结构的观点看，反应物的结构状态、质点间的化学键性质以及各种缺陷的多少都将对反应速率产生影响。事实表明，同组成反应物的结晶状态、晶型由于其热历史不同会出现很大的差别，从而影响到这种物质的反应活性。

（1）与反应物晶格活性及晶格类型等有关。一般晶格能大结构紧密的晶体是比较稳定的，其质点可动性较小。例如：γ-Al_2O_3 与 α-Al_2O_3 这两种变体，由于 γ-Al_2O_3 的结构比较松弛，密度为 $3.47 \sim 3.60$ g/cm^3；而 α-Al_2O_3 结构较紧密，密度为 3.96 g/cm^3，晶格能也较大，约为 16 757 kJ/mol。所以二者与 MgO 合成尖晶石时，开始反应温度不同，开始温度相差 220 ℃ 左右。由此可见，凡是能促进反应物晶格活化的因素，均可促进固相反应的进行。

（2）反应物分解生成的新生态晶格，具有很高活性，对固相反应是有利的。在固相反应中，发现同样一个反应由于原料处理的热历史不同，它们的反应能力有很大差别。例如，$Al_2O_3 + CoO \longrightarrow CoAl_2O_4$ 反应，用轻烧 Al_2O_3 和用较高温度死烧 Al_2O_3 作原料相比较，其反应速度相差近十倍。

采用热分解反应和脱水反应，形成具有较大比表面积和晶格缺陷的初生态或无定形物质等措施，可以提高反应活性，这也是促进固相反应进行的一个有效手段。例如，合成铬镁尖晶石时，采用不同的原料，反应速度不同。图 10.13 给出相应反应过程中，合成或天然的铬铁矿与 $MgCO_3$（图中曲线 1 和 2）以及与烧结 MgO（曲线 3 和 4）间的反应速度与温度的变化曲线。结果表明，当与 $MgCO_3$ 反应时，新生态的 MgO 与铬铁矿的反应非常活跃，反应产物（合成尖晶石 $MgO \cdot Cr_2O_3$）量较高，其反应过程按如下两式进行：

$$MgCO_3 \longrightarrow MgO + CO_2$$

$$FeO \cdot Cr_2O_3 + MgO \longrightarrow MgO \cdot Cr_2O_3 + FeO$$

相反的，当选用 MgO 作为原料时，由于 MgO 已结晶良好，晶格活性低，相应的固相反应产物则大大减少。

同理，在生产水泥熟料时，CaO 组分是以 $CaCO_3$ 形式加入的，由于煅烧时 $CaCO_3$ 分解产生新生态 CaO，具有很高的活性，对固相反应的进行比较有利。

（3）反应物具有多晶转变时也可以促进固相反应的进行。因为发生多晶转变时，晶体由一种结构类型转变为另一种结构类型，原来稳定的结构被破坏，晶格中基元的位置发生重排，此时基元间的结合力大大削弱，处于一种活化状态。实验证明，反应物多晶转变温

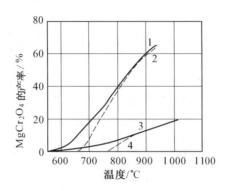

图 10.13 不同原料合成尖晶石时,尖晶石生成量

度往往是反应急速进行的温度。例如,SiO_2 与 Co_2O_3 反应中,当温度低于 900 ℃时,反应进行很慢,Co_2O_3 的转化率为 2%;当反应到 900 ℃时,由于存在石英 $\xrightarrow{870\ ℃}$ 鳞石英的多晶转变,使反应速度大大加快,Co_2O_3 的转化率突增至 19%。又如,在 Fe_2O_3 与 SiO_2 的反应中,在石英多晶转变温度下,如在 573 ℃和 870 ℃附近,反应速度大大加快,反应产物数量大大增加。

(4)加入活化剂,使其与反应物或反应物之一形成固溶体。由于固溶体的形成往往引起晶格的扭曲和变形,产生缺陷(这是由外来杂质质点造成的晶格缺陷),使一些质点处于不平衡位置,具有较大的能量,比较容易发生移动,使晶格相对活化。

因此,在生产实践中往往可以利用多晶转变、热分解和脱水反应等过程引起的晶格活化效应来选择反应原料和设计反应工艺条件以达到高的生产效率。

其次,在同一反应系统中,固相反应速率还与各反应物间的比例有关。颗粒尺寸相同的 A 和 B 反应形成产物 AB,若改变 A 与 B 的比例,就会影响到反应物表面积和反应截面积的大小,从而改变产物层的厚度和影响反应速率。例如,增加反应混合物中"遮盖"物的含量,则反应物接触机会和反应截面就会增加,产物层变薄,相应的反应速率就会增加。

10.3.2 反应物颗粒尺寸与分布

反应物颗粒尺寸对反应速率的影响,首先在杨德尔、金斯特林格动力学方程式中明显的得到反映。反应速率常数 K 值反比于颗粒半径平方,因此,在其他条件不变的情况下反应速率受到颗粒尺寸大小的强烈影响。图 10.14 表示出不同颗粒尺寸对 $CaCO_3$ 和 MoO_3 在 600 ℃反应生成 $CaMoO_4$ 的影响,比较曲线 1 和 2 可以看出颗粒尺寸的微小差别对反应速率的显著影响。

另一方面,颗粒尺寸大小对反应速率的影响是通过改变反应界面和扩散截面以及改变颗粒表面结构等效应来完成的,颗粒尺寸越小,反应体系比表面积越大,反应界面和扩散界面也相应增加,因此反应速率增大;同时按威尔表面学说,随颗粒尺寸减小,键强分布曲线变平,弱键比例增加,故而使反应和扩散能力增强。

应该指出,同一反应体系由于物料颗粒尺寸不同,其反应机理也可能会发生变化,而属不同动力学范围控制。例如,前面提及的 $CaCO_3$ 和 MoO_3 反应,当取等分子比并在较高温度(600 ℃)下反应时,若 $CaCO_3$ 颗粒大于 MoO_3,则反应由扩散控制,反应速率随 $CaCO_3$ 颗粒度减少而加速;倘若 $CaCO_3$ 颗粒尺寸减少到小于 MoO_3 并且体系中存在过量

的 $CaCO_3$ 时,则由于产物层变薄,扩散阻力减少,反应内 MoO_3 的升华过程所控制,并随 MoO_3 粒径减少而加强。图 10.15 给出了 $CaCO_3$ 与 MoO_3 反应受 MoO_3 升华所控制的动力学情况,其动力学规律符合由布特尼柯夫和金斯特林格推导的升华控制动力学方程:

$$F(G)=1-(1-G)^{2/3}=Kt \tag{10.29}$$

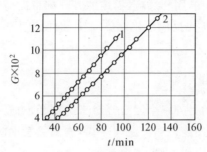

图 10.14 碳酸钙与氧化钼固相反应动力学曲线

$n(MoO_3):n(CaCO_3)=1:1;r(MoO_3)=0.036\ mm;$

$1—r(CaCO_3)=0.13\ mm;T=600\ ℃;$

$2—r(CaCO_3)=0.135\ mm,T=600\ ℃$

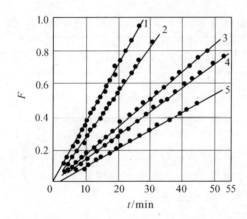

图 10.15 碳酸钙与氧化钼固相反应(升华控制)动力学曲线

$n(CaCO_3):n(MoO)=15;r(CaCO_3)=30\ \mu m;T=620\ ℃$

$1—r(MoO_3)=52\ \mu m;2—r(MoO_3)=64\ \mu m;$

$3—r(MoO_3)=119\ \mu m;4—r(MoO_3)=130\ \mu m;$

$5—r(MoO_3)=153\ \mu m$

反应物料粒径的分布对反应速率的影响同样是重要的。理论分析表明,由于物料颗粒大小以平方关系影响着反应速率,颗粒尺寸分布越是集中,对反应速率越是有利,因此缩小颗粒尺寸分布范围,以避免少量较大尺寸的颗粒存在而显著延缓反应进程是生产工艺在减少颗粒尺寸的同时应注意的另一问题。

10.3.3 反应温度

温度是影响固相反应速率的重要外部条件之一。一般可以认为温度升高均有利于反应进行。这是因为温度升高,固体结构中质点热振动动能增大、反应能力和扩散能力均得到增强。对于化学反应，其速率常数 $K = A\exp\left(-\dfrac{\Delta G}{RT}\right)$，式中 ΔG_R 为化学反应活化能；是与质点活化机构相关的指前因子。对于扩散，其扩散系数 $D = D_0\exp\left(-\dfrac{Q}{RT}\right)$，因此无论是扩散控制或化学反应控制的固相反应，温度的升高都将提高扩散系数或反应速率常数；而且由于扩散活化能 Q 通常比反应活化能 ΔG_R 小，而使温度的变化对化学反应的影响远大于对扩散的影响。

10.3.4　压力和气氛

压力是影响固相反应的另外一个因素。对于纯固相反应，压力的提高可显著地改善粉料颗粒之间的接触状态，如缩短颗粒之间距离，增加接触面积等可提高固相反应速率；但对于有液相、气相参与的固相反应，扩散过程主要不是通过固相粒子直接接触进行的；因此提高压力有时并不表现出积极作用，甚至会适得其反。例如，黏土矿物脱水反应和伴有气相产物的热分解反应以及某些由升华控制的固相反应等，增加压力会使反应速率下降。由表 10.4 所列数据可见随着水蒸气压的增高，高岭土的脱水温度和活化能明显提高，脱水速度降低。

表 10.4　不同水蒸气压力下高岭土的脱水活化能

水蒸气压力 P/Pa	温度 $T/℃$	活化能 $/(\text{kJ}\cdot\text{mol}^{-1})$	水蒸汽压力 P/Pa	温度 $T/℃$	活化能 $/(\text{kJ}\cdot\text{mol}^{-1})$
<0.1	390~450	214	1867	450~480	377
613	435~475	352	6265	470~495	469

此外，气氛对固相反应也有重要影响。它可以通过改变固体吸附特性而影响表面反应活性。对于一系列能形成非化学计量的化合物如 ZnO，CuO 等，气氛可直接影响晶体表面缺陷的浓度、扩散机构和扩散速率。

10.3.5　固相反应路径

以弛豫铁电体钙钛矿结构相合成为例进行说明。铌镁酸铅（$Pb(Mg_{1/3}Nb_{2/3})O_3$，简称 PMN）类化合物，是 20 世纪 60 年代发展起来的一类弱铁电特性的 ABO_3 型复合钙钛矿结构铁电弛豫体，其突出优点是具有高压电常数、高介电常数、大机电耦合系数、较高的工作温度，并且可以承受较高的压力，尤其压电性能比普通的压电材料要大 10 倍左右。在室温条件下的相对介电常数在 12 000 以上。由于该类化合物的离子键特性较弱，其容差因子较小，其钙钛矿结构不稳定，在制备这类陶瓷的过程中，往往难以避免有焦绿石杂相的存在，引起所得材料的介电和压电性能不理想。探索与研究性能稳定，物相单一的铅基压电陶瓷材料是目前功能陶瓷材料研究的热点问题之一。

从热力学角度讲，钙钛矿相的稳定性比焦绿石相低，采用传统氧化物高温固相一步法合成时容易生成焦绿石相成分。即采用原料 Pb_3O_4，Nb_2O_5 和 MgO，一次合成首先得到的是焦烧绿石相 $Pb_3Nb_4O_{13}$，氧化镁 MgO 开始时没有参与反应，即 $2Pb_3O_4 + 4Nb_2O_5 + (MgO) \longrightarrow 2Pb_3Nb_4O_{13} + O_2\uparrow$，焦绿石相继续与未反应的 Pb_3O_4 和 MgO 反应，即

$2Pb_3Nb_4O_{13}+2Pb_3O_4+4MgO \longrightarrow 12Pb(Mg_{1/3}Nb_{2/3})O_3$，但烧焦绿石相在这种一次固相合成反应中不能消耗完全，产生大量残存。

而对于二次合成技术，情况就不同了。其反应过程可以描述为：$Nb_2O_5+MgO \longrightarrow MgNb_2O_6$，$MgNb_2O_6+Pb_3O_4 \longrightarrow 3Pb(Mg_{1/3}Nb_{2/3})O_3+\frac{1}{2}O_2 \uparrow$，经两步法高温合成，XRD 检测材料中未发现焦绿石相成分。说明这两种高温固相反应过程的反应机理完全不同，设计合理的固相反应路径，直接影响到合成材料的成功与否。

10.3.6　矿化剂

在固相反应体系中，少量非反应物或某些可能存在于原料中的杂质常会对反应产生特殊的作用，这些物质被称为矿化剂。它们在反应过程中不与反应物或反应产物起化学反应，但它们以不同的方式和程度影响着反应的某些环节。实验表明矿化剂可以产生如下作用：①改变反应机构降低反应活化能；②影响晶核的生成速率，③影响结晶速率及晶格结构；④降低体系共熔点，改善液相性质。例如，在 Na_2CO_3 和 Fe_2O_3 反应体系中加入 NaCl，可使反应转化率提高 1.5～1.6 倍，而且颗粒尺寸越大，这种矿化效果越明显。又如，在硅砖中加入 1％～3％氧化铁与石灰乳［$Fe_2O_3/Ca(OH)_2$］作为矿化剂，能使其大部分 α-石英不断熔解析出 α-鳞石英，从而促使 α-石英向鳞石英转化。促进反应的原因之一是，其在高温下与石英反应形成少量液相，而石英在液相中得溶解度大，它将不断从溶液中析出。如不加活化剂，石英在干转化的情况下，将转变成方石英，对产品性能将是不利的。关于矿化剂的一般矿化机理是复杂多样的，可因反应体系的不同而完全不同，但可以认为矿化剂总是以某种方式参与到固相反应过程中。

以上从物理化学角度对影响固相反应速率的诸因素进行了分析讨论，但必须指出，实际生产科研过程中遇到的各种影响因素可能会更多更复杂。对于工业性的固相反应除了有物理化学因素外，还有工程方面的因素。例如，水泥工业中的碳酸钙分解速率，一方面受到物理化学基本规律的影响，另一方面与工程上的换热传质效率有关。在相同温度下，普通旋窑中的分解率要低于窑外分解炉中的分解率，这是因为在分解炉中处于悬浮状态的碳酸钙颗粒在传质换热条件上比普通旋窑中好得多，因此从反应工程的角度考虑传质传热效率对固相反应的影响具有同样的重要性，尤其是硅酸盐材料生产通常都要求高温条件，此时传热速率对反应进行的影响极为显著。例如，把石英砂压成直径为 50 mm 的球，以约 8 ℃/min 的速度进行加热使之进行 β→α 相变，约需 75 min 完成；而在同样加热速度下，用相同直径的石英单晶球做实验，则相变所需时间仅为 13 min。产生这种差异的原因除两者的传热系数不同外［单晶体约为 5.23 W/(m²·K)，而石英砂球约为 0.58 W/(m²·K)］，还由于石英单晶是透辐射的，其传热方式不同于石英砂球，即不是传导机构连续传热，而是可以直接进行透射传热，因此相变反应不是在依序向球心推进的界面上进行，而是在具有一定厚度范围内以至于在整个体积内同时进行，从而大大加速了相变反应的速率。

习　题

10.1　纯固相反应在热力学上有何特点？为何固相反应有气体或液体参加时，范特霍夫规则就不适用了?

10.2 MoO_3 和 $CaCO_3$ 反应时,反应机理受到 $CaCO_3$ 颗粒大小的影响。当 $n(MoO_3)$:$n(CaCO_3)=1:1$,$r(MoO_3)=0.036$ mm,$r(CaCO_3)=0.13$ mm 时,反应是扩散控制的;当 $n(CaCO_3):n(MoO)=15$,$r(CaCO_3)<0.03$ mm 时,反应是升华控制的,试解释这种现象。

10.3 试比较杨德尔方程、金斯特林格方程和卡特方程的优缺点及其适用条件。

10.4 如果要合成镁铝尖晶石,可提供选择的原料为 $MgCO_3$,$Mg(OH)_2$,$Al_2O_3 \cdot 3H_2O$,$\gamma\text{-}Al_2O_3$,$\alpha\text{-}Al_2O_3$。从提高反应速率的角度出发,选择什么原料较好?说明原因。

10.5 当测量氧化铝—水化物的分解速率时,发现在等温实验期间,质量损失随时间线性增加到 50% 左右。超过 50% 时,质量损失的速率就小于线性规律。线性等温速率随温度指数地增加,温度从 451 ℃ 提到 493 ℃ 时速率增大 10 倍。试计算激活能,并指出这是一个扩散控制的反应、一级反应还是界面控制的反应。

10.6 当通过产物层的扩散控制速率时,试考虑从 NiO 和 Cr_2O_3 的球形颗粒形成 $NiCr_2O_4$ 的问题。(1)认真绘出假定的几何形状示意图并推导出过程中早期的形成速率关系。(2)在颗粒上形成产物层后,是什么控制着反应?(3)在 1 300 ℃,$NiCr_2O_4$ 中 $D_{Cr}>D_{Ni}>D_0$,试问哪一个控制着 $NiCr_2O_4$ 的形成速率?为什么?

10.7 由 MgO 和 Al_2O_3 固相反应生成 $MgAl_2O_4$,试问:(1)反应时什么离子是扩散离子?请写出界面反应方程。(2)当用 MgO:Al_2O_3(分子数比)$=1:n$ 进行反应时,在 1 415 ℃ 测得尖晶石厚度为 340 μm,分离比为 3.4,试求 n 值。(3)已知 1 415 ℃ 和 1 595 ℃ 时,生成 $MgAl_2O_4$ 的反应速率常数分别为 1.4×10^{-9} cm^2/s 和 1.4×10^{-3} cm^2/s,试求反应活化能。

10.8 固体内的同质多晶转变导致的小尺寸(细晶粒的)或大尺寸(粗晶粒的)多晶材料,取决于成核率与晶体生长速率。(1)试问这些速率如何变化才能产生细晶柱或粗晶粒产品?(2)试对每个晶粒给出时间与尺寸的曲线,对比说明细晶粒长大与粗晶粒长大。在时间坐标抽上以转变的时刻为时间起点。

10.9 为观察尖晶石的形成,用过量的 MgO 微粉包围 1 μm 的 Al_2O_3 球形颗粒。在固定温度实验中的第 1 小时内有 20% 的 Al_2O_3 反应形成尖晶石,试根据杨德尔方程和金斯特林方程计算完全反应的时间。

10.10 假定 MgO 和 Al_2O_3 固相反应生成 $MgAl_2O_4$ 由扩散过程控制,其活化能为 210 kJ/mol,且在 1 400 ℃,1 h 内反应完成 10%,问 1 500 ℃,1 h 内反应进行到什么程度?1 500 ℃,4 h 又如何?

10.11 设固相反应 $CaO+SiO_2 \longrightarrow 2CaO \cdot SiO_2$ 符合杨德尔方程,并测得不同温度下得反应速率常数 K 见表 10.5,求该反应的活化能.(气体常数 $R=1.987$ cal $\cdot$ mol^{-1} $\cdot$ $℃^{-1}$)

表 10.5 速率常数 K

反应温度 / ℃	K 值
800	6.1×10^{-4}
1 200	4.1×10^{-4}
1 400	3.1×10^{-4}

10.12　平均粒径为 1 μm 的 MgO 粉粒与 Al_2O_3 粉粒以 1：1 摩尔比配料并均匀混合。将原料在 1 300 ℃恒温 3 600 h 后,由 0.3 mol 的粉粒发生反应生成 $MgAl_2O_4$,该固相反应为扩散控制的反应。试求 300 h 后,反应完成的摩尔分数以及反应全部完成所需的时间。

10.13　若由 MgO 和 Al_2O_3 球形颗粒之间反应生成 $MgAl_2O_4$,是通过产物层的扩散进行的。

(1)画出其反应的几何图形,并推导出反应的初期的速度方程。

(2)若在 1 300 ℃时 $D_{Al}{}^{3+}>D_{Mg}{}^{2+}$。$O^{2-}$ 离子基本不动,那么哪一种离子的扩散控制着 $MgAl_2O_4$ 的生成? 为什么?

10.14　镍在 0.1 大气压的氧气中氧化,测得其质量增量($\mu g/cm^2$)见表 10.6。

表 10.6　镍在 0.1 大气压的氧气中氧化的质量增量

温度	时间				温度	时间			
	1 h	2 h	3 h	4 h		1 h	2 h	3 h	4 h
550 ℃	9	13	15	20	650 ℃	29	41	50	65
600 ℃	17	23	29	36	700 ℃	56	75	88	106

(1)导出合适的反应速度方程;(2)计算其活化能。

10.15　由 Al_2O_3 和 SiO_2 粉末反应生成莫来石,过程由扩散控制,如何证明这一点? 已知扩散活化能为 209 kJ/mol,1 400 ℃,1 h 内反应完成 10%,问 1 500 ℃,1 h 内反应进行到什么程度? 1 500 ℃,4 h 反应完成多少?(应用杨德尔方程计算)

10.16　简述锆钛酸铅的生成过程。说明看不到 PZ 生成的原因。

10.17　(1)在合成 PZT 时,成型压力是大一点好,还是小一点好,或不成型好? 请说明原因。(2)一般氧化物陶瓷工艺中预烧都要预先加压成型,而玻璃合成工艺中却不必成型,这是何故?

第 11 章　陶瓷的烧结

烧结是把粉状物料转变为致密体,是一种传统的工艺过程,人们很早就利用这个工艺来生产陶瓷、粉末冶金、耐火材料、超高温材料等。从古代的秦砖汉瓦到现代的精细陶瓷,无一例外均使用烧结工艺获得制品。当原料配方、粉体粒度、成型等工序完成以后,烧结是使材料获得预期的显微结构以使材料性能充分发挥的关键工序。

一般说来,粉体经过成型后,通过烧结得到的致密体是一种多晶材料,其显微结构由晶体、玻璃体和气孔组成。烧结过程直接影响显微结构中晶体尺寸和分布、气孔尺寸及晶界形状和分布。无机材料的性能不仅与材料组成(化学组成和矿物组成)有关,还与材料的显微结构有密切关系。

本章重点讨论粉末烧结过程的现象和机理,介绍烧结的各种因素对控制和改进材料的性能的影响。

11.1　烧结概论

11.1.1　烧结的定义

粉料成型后形成具有一定外形的坯体,坯体内一般包含气体(35%～60%),而颗粒之间只有点接触,在高温下发生的主要变化是:颗粒间接触面积扩大;颗粒聚集;颗粒中心距逼近,逐渐形成晶界;气孔形状变化,体积缩小,从连通的气孔变成各自孤立的气孔并逐渐缩小,以至最后大部分甚至全部气孔从晶体中排除(图 11.1)。这就是烧结所包含的主要物理过程。这些物理过程随烧结温度的升高而逐渐推进。

烧结体宏观上出现体积收缩、致密度提高和强度增加,因此烧结程度可以用坯体收缩率、气孔率、吸水率或烧结体密度与理论密度之比(相对密度)等指标来表示。同时,粉末压块的性质也随这些物理过程的进展而出现坯体收缩、气孔率下降、致密度提高、强度增加、电阻率下降等变化,如图 11.2 所示。

宏观定义:粉体原料经过成型、加热到低于熔点的温度,发生固结、气孔率下降、收缩加大、致密度提高、晶粒增大,变成坚硬的烧结体,这个现象称为烧结。

微观定义:固态中分子(或原子)间存在相互吸引,通过加热使质点获得足够的能量进行迁移,使粉末体产生颗粒黏结,产生强度并导致致密化和再结晶的过程称为烧结。

11.1.2　与烧结有关的概念

1.烧成

在多相系统内产生一系列物理和化学变化,如脱水、坯体内气体分解、多相反应和熔融、溶解、烧结等。烧成是在一定的温度范围内烧制成致密体的过程。

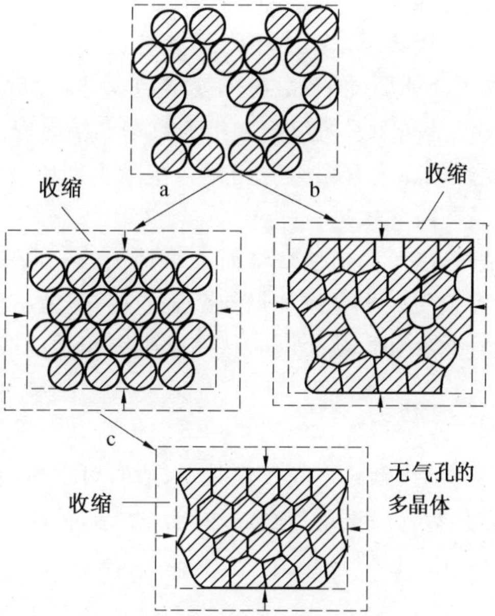

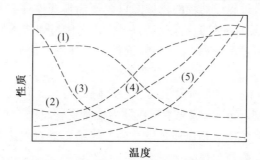

图 11.1 烧结现象示意图

a—颗粒聚集;b—开口堆积体中颗粒中心逼近;c—封闭堆积体中颗粒中心逼近

图 11.2 烧结温度对气孔率(1)、密度(2)、电阻(3)、强度(4)、晶粒尺寸(5)的影响

2. 烧结

烧结指粉料经加热而致密化的简单物理过程,不包括化学变化。烧结仅仅是烧成过程的一个重要部分。烧结是在低于固态物质的熔融温度下进行的。

3. 熔融

熔融指固体融化成熔体过程。烧结和熔融这两个过程都是由原子热振动而引起的,但熔融时全部组元都转变为液相,而烧结时至少有一组元是处于固态。

4. 烧结温度(T_s)和熔点(T_m)关系

金属粉末 $T_s \approx (0.3 \sim 0.4) T_m$;盐类 $T_s \approx 0.57 T_m$;硅酸盐 $T_s \approx 0.8 \sim 0.9 T_m$。

5. 烧结与固相反应的区别

相同点:这两个过程均在低于材料熔点或熔融温度之下进行的,并且在过程的自始至终都至少有一相是固态。

不同点:固相反应发生化学反应。在固相反应中必须至少有两组元参加,如 A 和 B,

最后生成化合物 AB。AB 的结构与性能不同于 A 与 B。

烧结不发生化学反应。烧结可以只有单组元参与，也可以两组元参与，但两组元并不发生化学反应，仅仅是在表面能驱动下，由粉体变成致密体。烧结体除可见的收缩外，微观晶相组成并未变化，仅仅是晶相显微组织上排列致密和结晶程度更完善。当然，随着粉末体变为致密体，物理性能也随之有相应的变化。实际生产中往往不可能是纯物质的烧结，烧结、固相反应往往是同时穿插进行的。

例如，纯氧化铝烧结时，除了为促使烧结而人为地加入一些添加剂外，往往"纯"原料氧化铝中还或多或少含有杂质。少量添加剂与杂质的存在，就出现了烧结的第二组元；甚至第三组元，因此固态物质烧结时，就会同时伴随发生固相反应或局部熔融出现液相。

11.1.3 烧结过程推动力

粉末状物料经压制成型后，颗粒之间仅仅是点接触，可以不通过化学反应而紧密结合成坚硬的物体，这一过程必然有一推动力在起作用。烧结过程推动力是能量差、压力差和空位差。

1. 能量差

粉状物料的表面能与多晶烧结体的晶界能之差称为能量差，粉状物料的表面能大于多晶烧结体的晶界能，这就是烧结的推动力。

粉料在粉碎与研磨过程中消耗的机械能以表面能形式储存在粉体中，又由于粉碎引起晶格缺陷，表面积大而使粉体具有较高的活性，粉末体与烧结体相比是处在能量不稳定状态。任何系统降低能量是一种自发趋势，近代烧结理论的研究认为，粉体经烧结后，晶界能取代了表面能，这是多晶材料稳定存在的原因。

粒度为 1 μm 的材料烧结时所发生的自由能降低约 8.3 J/g。而 α-石英转变为 β-石英时能量变化为 1.7 kJ/mol，一般化学反应前后能量变化超过 200 kJ/mol。因此烧结推动力与相变和化学反应的能量相比还是极小的。烧结不能自发进行，必须对粉体加以高温才能促使粉末体转变为烧结体。

常用 γ_{GB} 晶界能和 γ_{SV} 表面能之比来衡量烧结的难易，某材料 γ_{GB}/γ_{SV} 越小越容易烧结，反之难烧结。为了促进烧结，必须使 $\gamma_{SV} > \gamma_{GB}$。一般 Al_2O_3 粉的表面能约为 $1 J/m^2$，而晶界能为 $0.4 J/m^2$，两者之差较大，比较易烧结。而一些共价键化合物如 Si_3N_4，SiC，AlN 等，它们的 γ_{GB}/γ_{SV} 比值高，烧结推动力小，因而不易烧结。清洁的 Si_3N_4 粉末 γ_{SV} 为 $1.8 J/m^2$，但它极易在空气中被氧污染而使 γ_{SV} 降低；同时由于共价键材料原子之间强烈的方向性而使 γ_{GB} 增高。固体表面能一般不等于表面张力，但当界面上原子排列是无序的或在高温下烧结时，这两者仍可当作数值相同来对待。

2. 压力差

颗粒弯曲的表面上存在压力差。粉末体紧密堆积以后，颗粒间仍有很多细小气孔通过，在这些弯曲的表面上由于表面张力的作用而造成的压力差为

$$\Delta P = 2\gamma/r \tag{11.1}$$

式中，γ 为粉末体表面张力；r 为粉末球形半径。

若为非球形曲面，可用两个主曲率 r_1 和 r_2 表示

$$\Delta P = \gamma \left(\frac{1}{r_1} + \frac{1}{r_2} \right) \tag{11.2}$$

以上两个公式表明,弯曲表面上的附加压力与球形颗粒(或曲面)曲率半径成反比,与粉料表面张力成正比。由此可见,粉料越细,由曲率而引起的烧结动力越大。

若 Cu 粉颗粒,其半径 $r = 10^{-4}$ cm,表面张力 $\gamma = 1.5$ N/m,由式(11.2)可以算得 $\Delta P = 2\gamma / r = 3 \times 10^6$ J/m。由此可引起体系每摩尔自由能变化为

$$\Delta G = V\Delta P = 7.1 \text{ cm}^3/\text{mol} \times 3 \times 10^6 \text{J/m} = 21.3 \text{ J/mol}$$

由此可见,烧结中由于表面能而引起的推动力还是很小的。

3. 空位差

颗粒表面上的空位浓度与内部的浓度差之差称为空位差。颗粒表面上的空位浓度一般比内部空位浓度为大,二者之差可以描述为

$$\Delta c = \frac{\gamma \delta^3}{\rho RT} c_0 \tag{11.3}$$

式中,Δc 为颗粒内部与表面的空位差;γ 为表面能;δ^3 为空位体积;ρ 为曲率半径;c_0 为平表面的空位浓度。这一浓度差导致内部质点向表面扩散,推动质点迁移,可以加速烧结。

11.1.4 烧结模型

烧结是一个古老的工艺过程,但关于烧结现象及其机理的研究还是从 1922 年才开始的。1949 年,库津斯基(G. C. Kuczynski)提出孤立的两个颗粒或颗粒与平板的烧结模型,为研究烧结机理开拓了新的方法。双球模型便于测定原子的迁移量,从而更易于定量地掌握烧结过程并为进一步研究物质迁移的各种机理奠定基础。库津斯基提出粉末压块是由等径球体作为模型。随着烧结的进行,各接触点处开始形成颈部,并逐渐扩大,最后烧结成一个整体。由于各颈部所处的环境和几何条件相同,所以只需确定两个颗粒形成的颈部的成长速率就基本代表了整个烧结初期的动力学关系。

在烧结时,由于传质机理各异而引起颈部增长的方式不同,因此双球模型的中心距可以有两种情况:一种是中心距不变,如图 11.3(a)所示;另一种是中心距缩短,如图 11.3(b)所示。图 11.3 介绍了三种模型,并列出由简单几何关系计算得到的颈部曲率半径 ρ、颈部体积 V、颈部表面积 A 与颗粒半径 r 和接触颈部半径 x 之间的关系(假设烧结初期 r 变化很小,$x \gg \rho$)。

描述烧结程度或速率一般用颈部生长率 x/r 和烧结收缩率 $\Delta L/L_0$ 来表示,因实际测量 x/r 比较困难,故常用烧结收缩率 $\Delta L/L_0$ 来表示烧结速率。对于模型(a)虽然存在颈部生长率 x/r,但烧结收缩率 $\Delta L/L_0 = 0$;对于模型(b),烧结时两球靠近,中心距缩短,设两球中心之间缩短的距离为 ΔL,如图 11.4 所示,则

$$\frac{\Delta L}{L_0} = \frac{r - (r + \rho)\cos \varphi}{r} \tag{11.4}$$

式中,L_0 为两球初始时的中心距离。烧结初期很小,则式(11.4)变为

$$\frac{\Delta L}{L_0} = \frac{r - r - \rho}{r} = -\frac{\rho}{r} = -\frac{x^2}{4r^2} \tag{11.5}$$

式中的负号表示 $\Delta L/L_0$ 是一个收缩过程,所以式(11.5)可写成

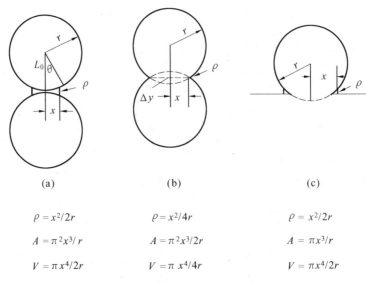

$$\rho = x^2/2r \qquad\qquad \rho = x^2/4r \qquad\qquad \rho = x^2/2r$$

$$A = \pi^2 x^3/r \qquad\qquad A = \pi^2 x^3/2r \qquad\qquad A = \pi x^3/r$$

$$V = \pi x^4/2r \qquad\qquad V = \pi x^4/4r \qquad\qquad V = \pi x^4/2r$$

图 11.3　烧结模型

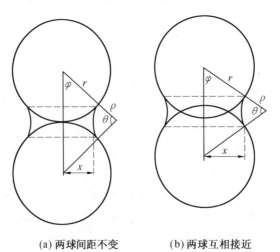

(a) 两球间距不变　　　　(b) 两球互相接近

图 11.4　两球颈部生长示意图

$$\frac{\Delta L}{L_0} = -\frac{x^2}{4r^2} \tag{11.6}$$

　　以上三个模型对烧结初期一般是适用的,但随烧结的进行,球形颗粒逐渐变形,因此在烧结中、后期应采用其他模型。

11.2　固相烧结

　　单一粉末体的烧结常常属于典型的固相烧结,没有液相参与。固相烧结的主要传质方式有蒸发-凝聚传质、扩散传质和塑性流变。下面仅介绍前两种。

11.2.1 蒸发-凝聚传质

固体颗粒表面曲率不同,在高温时必然在系统的不同部位有不同的蒸汽压。质点通过蒸发,再凝聚实现质点的迁移,促进烧结。这种传质过程仅仅在高温下蒸汽压较大的系统内进行,如氧化铅、氧化铍和氧化铁的烧结。这是烧结中定量计算最简单的一种传质方式,也是了解复杂烧结过程的基础。

蒸发-凝聚传质采用的模型如图 11.5 所示。在球形颗粒表面有正曲率半径,而在两个颗粒连接处有一个小的负曲率半径的颈部,根据开尔文公式(11.7)可以得出,物质将从蒸汽压高的凸形颗粒表面蒸发,通过气相传递而凝聚到蒸汽压低的凹形颈部,从而使颈部逐渐被填充。

$$\ln P_1/P_0 = \frac{\gamma M}{dRT}\left(\frac{1}{\rho}+\frac{1}{x}\right) \tag{11.7}$$

式中,P_1 为曲率半径为 ρ 处的蒸汽压;P_0 为球形颗粒表面蒸汽压;γ 为表面张力;d 为密度。

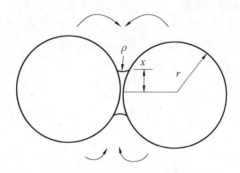

图 11.5　蒸发-凝聚传质模型

式(11.7)反映了蒸发-凝聚传质产生的原因(曲率半径差别)和条件(颗粒足够小时压差才显著),同时也反映了颗粒曲率半径与相对蒸汽压差的定量关系。只有当颗粒半径在 10 μm 以下,蒸汽压差才较明显地表现出来。而约在 5 μm 以下时,由曲率半径差异而引起的压差已十分显著,因此一般粉末烧结过程较合适的粒度至少为 10 μm。

在式(11.7)中,由于压力差 $P_0 - P_1$ 是很小的,由高等数学可知,当 y 充分小时,$\ln(1+y)\approx y$,所以

$$\ln \frac{P_1}{P_0}=\ln\left(l+\frac{\Delta P}{P_0}\right)\approx\frac{\Delta P}{P_0}$$

又由于 $x \gg \rho$,所以式(12.7)又可写成

$$\Delta P = \frac{M\gamma P_0}{dRT}\cdot\frac{1}{\rho} \tag{11.8}$$

式中,ΔP 为负曲率半径颈部和接近于平面的颗粒表面上的饱和蒸汽压之间的压差。

根据气体分子运动论可以推出物质在单位面积上凝聚速率正比于平衡气压和大气压差的朗格缪尔(Langmuir)公式,即

$$U_m = \alpha\left(\frac{M}{2\pi RT}\right)^{1/2}\cdot\Delta P \tag{11.9}$$

式中,U_m为凝聚速率,g/(cm² · s);α为调节系数,其值接近于1。

当凝聚速率等于颈部体积增加时,即有

$$U_m \cdot \frac{A}{d} = \frac{dV}{dt} \tag{11.10}$$

在烧结模型图11.3(a)中,相应的颈部曲率半径 ρ、颈部表面积 A 和体积 V 代入式(11.10),并将式(11.9)代入式(11.10),得

$$\frac{\gamma M P_0}{d\rho RT}\left(\frac{M}{2\pi RT}\right)^{1/2} \cdot \frac{\pi x^3}{r} \cdot \frac{1}{d} = \frac{d\left(\frac{\pi x^4}{2r}\right)}{dx}\frac{dx}{dt} \tag{11.11}$$

将式(11.11)移项并积分,可以得到球形颗粒接触面积颈部生长速率关系式为

$$\frac{x}{r} = \left[\frac{3\sqrt{\pi}\,\gamma M^{3/2} P_0}{\sqrt{2}\,R^{3/2} T^{3/2} d^2}\right]^{1/3} r^{-2/3} \cdot t^{1/3} \tag{11.12}$$

此方程得出了颈部半径 x 和影响生长速率的其他变量(r, P_0, t)之间的相互关系。

从方程(11.12)可见,接触颈部的生长 x/r 随时间 t 的 1/3 次方而变化。在烧结初期可以观察到这样的速率规律,如图 11.6(b)所示,可见颈部增长只在开始时比较显著,随着烧结的进行,颈部增长很快就停止了,因此对这类传质过程用延长烧结时间不能达到促进烧结的效果。从工艺控制考虑,两个重要的变量是原料起始粒度 r 和烧结温度 T。粉末的起始粒度越小,烧结速率越大。由于蒸汽压(P_0)随温度而呈指数地增加,因而提高温度对烧结有利。

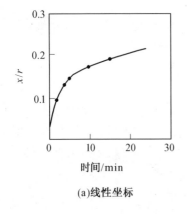
(a)线性坐标

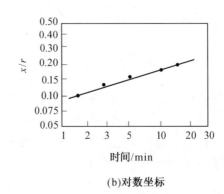
(b)对数坐标

图 11.6　氯化钠在 750 ℃时球形颗粒之间颈部生长

蒸发-凝聚传质的特点是烧结时颈部区域扩大,球的形状改变为椭圆,气孔形状改变,但球与球之间的中心距不变,也就是在这种传质过程中坯体不发生收缩。气孔形状的变化对坯体一些宏观性质有可观的影响,但不影响坯体密度。气相传质过程要求把物质加热到可以产生足够蒸汽压的温度。对于几微米的粉末体,要求蒸汽压最低为 10^{-1} Pa 才能看出传质的效果。而烧结氧化物材料往往达不到这样高的蒸汽压,如 Al_2O_3 在 1 200 ℃时蒸汽压只有 10^{-41} Pa,因而一般硅酸盐材料的烧结中这种传质方式并不多见。但有研究报道,ZnO 在 1 100 ℃以上烧结和 TiO_2 在 1 300～1 350 ℃烧结时,发现符合式(11.12)的烧结速率方程。

11.2.2 扩散传质

在大多数固体材料中,由于高温下蒸汽压低,则传质更易通过固态内质点扩散过程来进行。

1. 颈部应力分析

假定晶体是各向同性的,图 11.7 表示两个球形颗粒的接触颈部,从其上取一个弯曲的曲颈基元 $ABCD$,ρ 和 x 为两个主曲率半径。假设指向接触面颈部中心的曲率半径 x 具有正号,而颈部曲率半径 ρ 为负号。又假设 x 与 ρ 各自间的夹角均为 θ,作用在曲颈基元上的表面张力 $\boldsymbol{F}_x$ 和 $\boldsymbol{F}_\rho$ 可以通过表面张力的定义来计算。由图 11.7 可见:

$$\boldsymbol{F}_x = \gamma \overrightarrow{AD} = \gamma \overrightarrow{BC}, \boldsymbol{F}_\rho = -\gamma \overrightarrow{AB} = -\gamma \overrightarrow{DC}$$

$$\overrightarrow{AD} = \overrightarrow{BC} = 2\rho\sin\frac{\theta}{2} = 2\rho \cdot \frac{\theta}{2} = \rho\theta, \overrightarrow{AB} = \overrightarrow{DC} = x \cdot \theta$$

由于 θ 很小,$\sin\theta = \theta$,因而得

$$\overline{\boldsymbol{F}}_x = \gamma\rho\theta; \boldsymbol{F}_\rho = -\gamma x\theta$$

作用在垂直于 $ABCD$ 元上的力 $\boldsymbol{F}$ 为

$$\boldsymbol{F} = 2\left(\boldsymbol{F}_x\sin\frac{\theta}{2} + \boldsymbol{F}_\rho\sin\frac{\theta}{2}\right)$$

将 $\boldsymbol{F}_x$ 和 $\boldsymbol{F}_\rho$ 代入上式,并考虑 $\sin\frac{\theta}{2} \approx \frac{\theta}{2}$,可得

$$\boldsymbol{F} = \gamma\theta^2(\rho - x)$$

力除以其作用面积即得应力。$ABCD$ 元的面积 $= \overline{AB} \times \overline{BC} = \rho\theta \cdot x\theta = \rho x\theta^2$。作用在面积元上的应力 σ 为

$$\sigma = \boldsymbol{F}/A = \frac{\gamma\theta^2(\rho - x)}{x\rho\theta^2} = \gamma\left(\frac{1}{x} - \frac{1}{\rho}\right)$$

因为 $x \gg \rho$,所以

$$\sigma \approx -\frac{\gamma}{\rho} \tag{11.13}$$

式(11.13)表明:作用在颈部的应力主要由 $\boldsymbol{F}_\rho$ 产生,$\boldsymbol{F}_x$ 可以忽略不计。从图 11.7 与式(11.13)可见 σ_ρ 是张应力。两个相互接触的晶粒系统处于平衡,如果将两晶粒看作弹性球模型,根据应力分布分析可以预料,颈部的张应力 σ_ρ 由两个晶粒接触中心处的同样大小的压应力 σ_z 平衡,这种应力分布如图 11.8 示。

若有两颗粒直径均为 $2~\mu m$,接触颈部半径 x 为 $0.2~\mu m$,此时颈部表面的曲率半径 ρ 为 $0.01 \sim 0.001~\mu m$。若表面张力为 $72~J/cm^2$。由式(11.13)可计算得 σ_ρ。

综上分析可知,应力分布如下:无应力区,即球体内部;压应力区,两球接触的中心部位承受应力 σ_Z;张应力区,颈部承受张应力 σ_ρ,如图 11.8 所示。

在烧结前的粉末体如果是由同径颗粒堆积而成的理想紧密堆积,颗粒接触点上最大压应力相当于外加一个静压力。在真实系统中,由于球体尺寸不一、颈部形状不规则、堆积方式不相同等原因,使接触点上应力分布产生局部剪应力。因此在剪应力作用下可能出现晶粒彼此沿晶界剪切滑移,滑移方向由不平衡的剪应力方向而定。烧结开始阶段,在这种局部剪应力和流体静压力的影响下,颗粒间出现重新排列,从而使坯体堆积密度提

高,气孔率降低,但晶粒形状没有变化,颗粒重排不可能导致气孔完全消除。

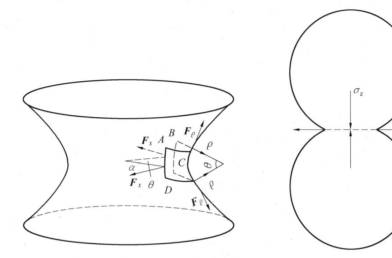

图 11.7　作用在颈部弯曲表面上的力　　　图 11.8　作用在颈表面的最大应力

2. 颈部空位浓度分析

在扩散传质中要达到颗粒中心距离缩短必须有物质向气孔迁移,气孔作为空位源,空位进行反向迁移。颗粒点接触处的应力促使扩散传质中物质的定向迁移。下面通过晶粒内不同部位空位浓度的计算来说明晶粒中心靠近的机理。

在无应力的晶体内,空位浓度 c_0 是温度的函数,可写作

$$c_0 = \frac{n_0}{N}\exp\left(-\frac{E_V}{kT}\right) \tag{11.14}$$

式中,N 为晶体内原子总数;n_0 为晶体内空位数;E_V 为空位生成能。

颗粒接触的颈部受到张应力,而颗粒接触中心处受到压应力。由于颗粒间不同部位所受的应力不同,不同部位形成空位所做的功也有差别。

在颈部区域和颗粒接触区域由于有张应力和压应力的存在,而使空位形成所做的附加功为

$$E_t = -\frac{\gamma}{\rho}\Omega = -\sigma\Omega \ , \ E_n = \frac{\gamma}{\rho}\Omega = \sigma\Omega \tag{11.15}$$

式中,E_t,E_n 分别为颈部受张应力和压应力时,形成体积为 Ω 空位所做的附加功。

在颗粒内部未受应力区域形成空位所做功为 E_V。因此在颈部或接触点区域形成一个空位作功 E'_V 为

$$E'_V = E_V \pm \sigma\Omega \tag{11.16}$$

在压应力区(接触点):　　　　　$E'_V = E_V + \sigma\Omega$

张应力区(颈表面):　　　　　$E'_V = E_V - \sigma\Omega$

由式(11.16)可见,在不同部位形成一个空位所做的功的大小次序为:张应力区＜无应力区＜压应力区。由于空位形成功不同,因而不同区域引起空位浓度差异。

若 $[c_n]$,$[c_0]$,$[c_t]$ 分别代表压应力区、无应力区和张应力区的空位浓度,则

$$[c_n] = \exp\left(-\frac{E'_V}{kT}\right) = \exp\left(-\frac{E_V + \sigma\Omega}{kT}\right) = [c_0]\exp\left(-\frac{\sigma\Omega}{kT}\right)$$

若 $\sigma\Omega/kT \ll 1$,当 $x \to 0$ 时,则

$$e^{-x} = 1 - x + \frac{x^2}{2!} - \frac{x^3}{3!} + \frac{x^4}{4!}$$

则

$$\exp\left(-\frac{\sigma\Omega}{kT}\right) = 1 - \frac{\sigma\Omega}{kT}$$

$$[c_n] = [c_0]\left(1 - \frac{\sigma\Omega}{kT}\right) \tag{11.17}$$

$$[c_t] = [c_0]\left(1 + \frac{\sigma\Omega}{kT}\right) \tag{11.18}$$

由式(11.17)和式(11.18),可以得到表面与接触中心处之间空位浓度的最大差值 $\Delta_1[c]$ 为

$$\Delta_1[c] = [c_t] - [c_n] - 2[c_0]\frac{\sigma\Omega}{kT} \tag{11.19}$$

由式(11.18)可以得到颈表面与颗粒内部(没有应力区域)之间,空位浓度差值 $\Delta_2[c]$ 为

$$\Delta_2[c] = [c_t] - [c_n] - 2[c_0]\frac{\sigma\Omega}{kT} \tag{11.20}$$

由以上计算可见,$[c_t] > [c_0] > [c_n]$ 和 $\Delta_1[c] > \Delta_2[c]$。这表明颗粒不同部位空位浓度不同,颈表面张应力区空位浓度大于晶粒内部,受压应力的颗粒接触中心空位浓度最低。空位浓度差是自颈到颗粒接触点大于颈至颗粒内部。系统内不同部位空位浓度的差异对扩散时空位的漂移方向是十分重要的。扩散首先从空位浓度最大部位(颈表面)向空位浓度最低的部位(颗粒接触点)进行。其次是颈部向颗粒内部扩散。空位扩散即原子或离子的反向扩散。因此,扩散传质时,原子或离子由颗粒接触点向颈部迁移,达到气孔充填的结果。

3. 扩散传质分析

图 11.9 为扩散传质途径。从图中可以看到,扩散可以沿颗粒表面进行,也可以沿着两颗粒之间的界面进行或在晶粒内部进行,分别称为表面扩散、界面扩散和体积扩散。不论扩散途径如何,扩散的终点是颈部。烧结初期物质迁移路线见表 11.1。

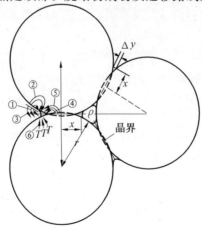

图 11.9 烧结初期物质的迁移路线(箭头表示物质扩散方向)

表 11.1　烧结初期物质迁移路线

编号	迁移线路	迁移开始点	迁移结束点	编号	迁移线路	迁移开始点	迁移结束点
①	表面扩散	表面	颈	④	晶界扩散	晶界	颈
②	晶格扩散	表面	颈	⑤	晶格扩散	晶界	颈
③	气相扩散	表面	颈	⑥	晶格扩散	位错	颈

当晶格内结构基元(原子或离子)移至颈部,原来结构基元所占位置成为新的空位,晶格内其他结构基元补充新出现的空位,就这样以"接力"方式物质向内部传递而空位向外部转移。空位在扩散传质中可以在以下三个部位消失:自由表面、内界面(晶界)和位错。随着烧结进行,晶界上的原子(或离子)活动频繁,排列很不规则,因此晶格内空位一旦移动到晶界上,结构基元的排列只需稍加调整空位就易消失。随着颈部填充和颗粒接触点处结构基元的迁移出现了气孔的缩小和颗粒中心距逼近。表现在宏观上则气孔率下降和坯体的收缩。

4. 扩散传质的三个阶段

扩散传质过程按烧结温度及扩散进行的程度可分为烧结初期、中期和后期三个阶段。

(1)初期阶段。

在烧结初期,表面扩散的作用较显著。表面扩散开始的温度远低于体积扩散。例如,Al_2O_3 的体积扩散约在 900 ℃开始(即 $0.5T_m$),表面扩散约 330 ℃(即 $0.26T_m$)。烧结初期坯体内有大量连通气孔,表面扩散使颈部充填(此阶段 $x/r < 0.3$),促使孔隙表面光滑和气孔球化形。由于表面扩散对孔隙的消失和烧结体的收缩无显著影响,因而这阶段坯体的气孔率大,收缩在 1% 左右。

由式(11.20)得知颈部与晶粒内部空位的浓度差为

$$\Delta_2 c = [c_0]\sigma\Omega$$

将 $\sigma = \gamma/\rho$ 代入上式得

$$\Delta c = [c_0]\gamma\frac{\Omega}{\rho} \tag{11.21}$$

在此空位浓度差下,每秒内从每厘米周长上扩散离开颈部的空位扩散流量 J,可以用图解法确定并由下式给出:

$$J = 4D_V\Delta c \tag{11.22}$$

式中,D_V 为空位扩散系数,假如 D^* 为自扩散系数,则

$$D_V = \frac{D^*}{\Omega c_0}$$

颈部总长度为 $2\pi x$,每秒钟颈部周长上扩散出去的总体积为 $J \cdot 2\pi x \cdot \Omega$,由于空位扩散速度等于颈部体积增长的速度,即

$$J \cdot 2\pi x \cdot \Omega = \frac{dV}{dx} \tag{11.23}$$

将式(11.21)、(11.22)、(11.12)代入式(11.23),然后积分得

$$\frac{x}{r} = \left(\frac{160\gamma\Omega D^*}{kT}\right)^{1/5} r^{-3/5} t^{1/5} \tag{11.24}$$

在扩散传质时除颗粒间接触面积增加外，颗粒中心距逼近的速率为

$$\frac{\mathrm{d}(2\rho)}{\mathrm{d}t}=\frac{\mathrm{d}(x^2/2r)}{\mathrm{d}t}$$

计算后得

$$\frac{\Delta V}{V}=3\,\frac{\Delta L}{L}=3\left(\frac{5\gamma\Omega D^*}{kT}\right)^{2/5}r^{-6/5}t^{2/5} \tag{11.25}$$

式(11.24)和式(11.25)是扩散传质初期动力学公式。

在以扩散传质为主的初期烧结中，影响因素主要有以下几方面：

① 烧结时间。由于接触颈部半径(x/r)与时间 1/5 次方成正比，颗粒中心距逼近与时间 2/5 次方成正比。即致密化速率随时间增长而稳定下降，并产生一个明显的终点密度。从扩散传质机理可知，随细颈部扩大，曲率半径增大，传质的推动力-空位浓度差逐渐减小。因此以扩散传质为主要传质手段的烧结，用延长烧结时间来达到坯体致密化的目的是不妥当的。对这一类烧结宜采用较短的保温时间，如 99.99％的 Al_2O_3 瓷保温时间为 1～2 h，不宜过长。

② 原料的起始粒度。由式(11.24)可见，$x/r\propto r^{-3/5}$，即颈部增长约与粒度 3/5 方成反比。大颗粒原料在很长时间内也不能充分烧结(x/r 始终小于 0.1)，而小颗粒原料在同样时间内致密化速率很高($x/r\rightarrow 0.4$)。因此在扩散传质的烧结过程中，起始粒度的控制是相当重要的。

③温度对烧结过程有决定性的作用。由式(11.24)和式(11.25)，温度(T)出现在分母上，似乎温度升高，$\Delta L/L$，x/r 会减小。但实际上温度升高，自扩散系数 $D^*=D_0\exp(-Q/RT)$，扩散系数 D^* 明显增大，因此升高温度必然加快烧结的进行。

如果将式(11.24)和式(11.25)中各项可以测定的常数归纳起来，可以写成

$$Y^p=Kt \tag{11.26}$$

式中，Y 为烧结收缩率 $\Delta L/L$；K 为烧结速率常数；当温度不变时，界面张力 γ、扩散系数 D^* 等均为常数；在此式中颗粒半径 r 也归入 K 中；t 为烧结时间。将式(11.26)取对数得

$$\log Y=\frac{1}{p}\log\,t+k' \tag{11.27}$$

用收缩率 Y 的对数和时间对数作图，应得一条直线，其截距为 k'(截距随烧结温度升高而增加)，而斜率为 $1/p$(斜率不随温度变化)。

烧结速率常数和温度关系和化学反应速率常数与温度关系一样，也服从阿仑尼乌斯方程，即

$$\ln K=\frac{A-Q}{RT} \tag{11.28}$$

式中，Q 为相应的烧结过程激活能；A 为常数。在烧结实验中通过式(11.28)可以求得 Al_2O_3 烧结的扩散激活能为 690 kJ/mol。

在以扩散传质为主的烧结过程中，除体积扩散外，质点还可以沿表面、界面或位错等处进行多种途径的扩散。这样相应的烧结动力学公式也不相同。库钦斯基综合各种烧结过程的典型方程为

$$\left(\frac{x}{r}\right)^n=\frac{F_T}{r^m}t \tag{11.29}$$

式中，F_T为温度的函数。在不同烧结机构中，包含不同的物理常数。例如，扩散系数、饱和蒸汽压、黏滞系数和表面张力等，这些常数均与温度有关。各种烧结机制的区别反映在指数 m 与 n 的不同上，其值见表 11.2。

表 11.2　式(11.29)中的指数

传质方式	黏性流动	蒸发-凝聚	体积扩散	晶界扩散	表面扩散
m	1	1	3	2	3
n	2	3	5	6	7

(2)中期阶段。

烧结进入中期，颗粒开始黏结，颈部扩大，气孔由不规则形状逐渐变成由三个颗粒包围的圆柱形管道，气孔相互连通，晶界开始移动，晶粒正常生长。这一阶段以晶界和晶格扩散为主。坯体气孔率降低为 5%，收缩达 80%～90%。

经过初期烧结后，由于颈部生长使球形颗粒逐渐变成多面体形。此时晶粒分布及空间堆积方式等均很复杂，使定量描述更为困难。科布尔(Coble)提出一个简单的多面体模型。他假设烧结体此时由众多个十四面体堆积而成的。十四面体顶点是四个晶粒交汇点，每个边是三个晶粒交界线，它相当于圆柱形气孔通道，成为烧结时的空位源。空位从圆柱形空隙向晶粒接触面扩散，而原子反向扩散使坯体致密。

Coble 根据十四面体模型确定烧结中期坯体气孔率(P_c)随烧结时间(t)变化的关系式：

$$P_c = \frac{10\pi D^* \Omega \gamma}{KTL^3}(t_f - t) \tag{11.30}$$

式中，L 为圆柱形空隙的长度；t 为烧结时间；t_f 为烧结进入中期的时间。由式(11.30)可见，烧结中期气孔率与时间 t 成一次方关系，因而烧结中期致密化速率较快。

(3)后期阶段。

烧结进入后期，气孔已完全孤立，气孔位于四个晶粒包围的顶点。晶粒已明显长大。坯体收缩达 90%～100%。

由十四面体模型来看，气孔已由圆柱形孔道收缩成位于十四面体的 24 个顶点处的孤立气孔。根据此模型，Coble 导出后期孔隙率为

$$P_t = \frac{6\pi D \cdot \gamma \Omega}{\sqrt{2} KTL^3}(t_f - t) \tag{11.31}$$

式(11.31)表明，烧结中期和后期并无显著差异，当温度和晶粒尺寸不变时，气孔率随烧结时间而线性地减少。烧结后期坯体密度与时间近似呈直线关系。

11.3　液相烧结

11.3.1　液相烧结的特点

凡有液相参加的烧结过程称为液相烧结。

由于粉末中总含有少量杂质，因而大多数材料在烧结中都会或多或少地出现液相。

即使在没有杂质的纯固相系统中,高温下还会出现"接触"熔融现象。因而纯粹的固相烧结实际上不易实现。在无机材料制造过程中,液相烧结的应用范围很广泛。如长石质瓷、水泥熟料、高温材料(如氮化物、碳化物)等都采用液相烧结。

液相烧结与固相烧结的共同点是烧结的推动力都是表面能。烧结过程也是由颗粒重排、气孔充填和晶粒生长等阶段组成。不同点是由于流动传质速率比扩散传质快,因而液相烧结致密化速率高,可使坯体在比固相烧结温度低得多的情况下获得致密的烧结体。此外,液相烧结过程的速率与液相数量、液相性质(如黏度和表面张力等)、液相与固相润湿情况、固相在液相中的溶解度等有密切的关系。因此,影响液相烧结的因素比固相烧结更为复杂,为定量研究带来困难。液相烧结根据液相数量及液相性质可分为两类三种情况,见表 11.3,表中 θ_{LS} 为固液润湿角;C 为固相在液相中的溶解度。

表 11.3　液相烧结类型

类　型	条　件	液相数量(摩尔分数)	烧结模型	传质方式
I	$\theta_{LS}>90°,C=0$	0.01%～0.5%	双球	扩散
II	$\theta_{LS}<90°,C>0$	少	Kingery[①]	溶解－沉淀
		多	LSW[②]	

①Kingery(金格尔)液相烧结模型,在液相量较少时,溶解-沉淀传质过程发生在晶粒接触界面处溶解,通过液相传递扩散到球形晶粒自由表面上沉积。

②LSW (lifshitz-slyozow-wagner)模型:当坯体内有大量液相而且晶粒大小不等时,由于晶粒间曲率差异致使小晶粒溶解通过液相传质到大晶粒上沉积。

11.3.2　流动传质

1. 黏性流动

(1)黏性流动传质。

在液相烧结时,由于高温下黏性液体(熔融体)出现牛顿型流动而产生的传质称为黏性流动传质(或黏性蠕变传质)。在高温下依靠黏性液体流动而致密化是大多数硅酸盐材料烧结的主要传质过程。

黏性蠕变是通过黏度系数(η)把黏性蠕变速率与应力联系起来,即

$$\varepsilon = \frac{\sigma}{\eta} \tag{11.32}$$

式中,ε 为黏性蠕变速率;σ 为应力。由计算可得烧结系统的宏观黏度系数 $\eta = KTd^2/(8D^*\Omega)$,其中 d 为晶粒尺寸,因而 ε 写作

$$\varepsilon = 8\frac{D^*\Omega\sigma}{KTd^2} \tag{11.33}$$

对于无机材料粉体的烧结,将典型数据代入上式($T=2\,000$ K,$D^*=10^{-9}$ cm²/s,$\Omega=1\times10^{-24}$ cm³)可以发现,当扩散路程分别为 0.01 μm,0.1 μm,1 μm 和 10 μm 时,对应的宏观黏度分别为 10^8 dPa·s,10^{10} dPa·s,10^{13} dPa·s 和 10^{14} dPa·s,而烧结时宏观黏度系数的数量级为 $10^8 \sim 10^9$ dPa·s,由此推测在烧结时黏性蠕变传质起决定性作用的仅是限于路程为 0.01～0.1 μm 数量级的扩散,即通常限于晶界区域或位错区域,尤其是在无外

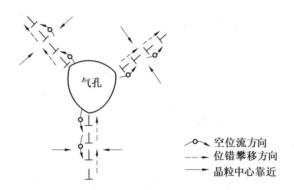

图 11.10　空位通过对称晶界上的刃型位错攀移而湮没

力作用下,烧结晶态物质形变只限于局部区域。如图 11.10 所示,黏性蠕变使空位通过对称晶界上的刃型位错攀移而湮没。然而当烧结体内出现液相时,由于液相中扩散系数比结晶体中大几个数量级,因而整排原子的移动甚至整个颗粒的形变也是能发生的。

（2）黏性流动初期。

在高温下物质的黏性流动可以分为两个阶段。首先是相邻颗粒接触面增大,颗粒黏结直至孔隙封闭,然后封闭气孔的黏性压紧,残留闭气孔逐渐缩小。

弗伦克尔导出黏性流动初期颈部增长公式为

$$\frac{x}{r}=\left(\frac{3\gamma}{2\eta}\right)^{\frac{1}{2}}r^{-\frac{1}{2}}t^{\frac{1}{2}} \tag{11.34}$$

式中,r 为颗粒半径;x 为颈部半径;η 为液体黏度;γ 为液-气表面张力;t 为烧结时间。

由颗粒间中心距逼近而引起的收缩是

$$\frac{\Delta V}{V}=\frac{3\Delta L}{L}=\frac{9\gamma}{4\eta r}t \tag{11.35}$$

式(11.35)说明收缩率正比于表面张力,反比于黏度和颗粒尺寸。

（3）黏性流动全过程的烧结速率公式。

随着烧结进行,坯体中的小气孔经过长时间烧结后,会逐渐缩小形成半径为 r 的封闭气孔。这时,每个闭口气孔内部有一个负压力等于 $-2\gamma/r$,相当于作用在压块外面使其致密的一个相等的正压。麦肯基(J. K. Machenzie)等推导了带有相等尺寸的孤立气孔的黏性流动坯体内的收缩率关系式。设 θ 为相对密度,即体积密度/理论密度,n 为单位体积内气孔的数目。n 与气孔尺寸 r_0 及 θ 有以下关系:

$$n\frac{4}{3}\pi r_0^3=\frac{气孔体积}{固体体积}=\frac{总体积-固体体积}{固体体积}=\frac{总体积}{固体体积}-1=$$

$$\frac{总质量}{体积密度}\cdot\frac{密度}{总质量}-1=\frac{1}{\theta}-1=\frac{1-\theta}{\theta} \tag{11.36}$$

$$n^{\frac{1}{3}}=\left(\frac{1-\theta}{\theta}\right)^{\frac{1}{3}}\left(\frac{3}{4\pi}\right)^{\frac{1}{3}}\frac{1}{r_0} \tag{11.37}$$

由此可以得出此阶段烧结时相对密度变化速率为

$$\frac{\mathrm{d}\theta}{\mathrm{d}t}=\frac{3}{2}\left(\frac{4\pi}{3}\right)^{\frac{1}{3}}n^{\frac{1}{3}}\frac{\gamma}{r\eta}(1-\theta)^{\frac{2}{3}}\theta^{\frac{1}{3}} \tag{11.38}$$

将式(11.36)代入式(11.38),并取 $0.41r=r_0$ 得

$$\frac{\mathrm{d}\theta}{\mathrm{d}t}=\frac{3}{2}\frac{\gamma}{r\eta}(1-\theta) \tag{11.39}$$

式(11.39)是适合黏性流动传质全过程的烧结速率公式。此式表明黏度越小,颗粒半径 r 越小,烧结就越快。图 11.11 是钠钙硅酸盐玻璃在不同温度下相对密度和时间的关系,图中实线是由式(11.39)计算而得。起始烧结速率用虚线表示,它们是由式(11.35)计算而得。由图 11.11 可见,随温度升高,因黏度降低而导致致密化速率迅速提高。图中圆点是实验结果,与实线很吻合,说明式(11.39)是能用于黏性流动的致密化过程。

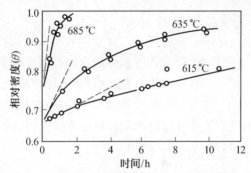

图 11.11 钠钙硅酸盐玻璃在不同温度下的致密化

由黏性流动传质动力学公式可以看出,决定烧结速率的三个主要参数是:颗粒起始粒径、黏度和表面张力。颗粒尺寸从 $10\ \mu m$ 减小至 $1\ \mu m$,烧结速率增大 10 倍。黏度和黏度随温度的迅速变化是需要控制的最重要因素。一个典型钠钙硅玻璃,若温度变化 $100\ ℃$,黏度约变化 1 000 倍。如果某坯体烧结速率太低,可以采用加入液相黏度较低的组分来提高。对于常见的硅酸盐玻璃,其表面张力不会因组分变化而有很大的改变。

2. 塑性流动

当坯体中液相含量很少时,高温下流动传质不能看成是纯牛顿型流动,而是属于塑性流动型。即只有作用力超过屈服值(f)时,流动速率才与作用的剪应力成正比。此时式(11.39)改变为

$$\frac{\mathrm{d}\theta}{\mathrm{d}t}=\frac{3\gamma}{2\eta}\frac{1}{r}(1-\theta)\left[1-\frac{f_r}{\sqrt{2}\gamma}\ln\left(\frac{1}{1-\theta}\right)\right] \tag{11.40}$$

式中,η 为作用力超过 f 时液体的黏度;r 为颗粒原始半径。f 值越大,烧结速率越低。当屈服值 $f=0$ 时,式(11.40)即为式(11.39)。当方括号中的数值为零时,$\mathrm{d}\theta/\mathrm{d}t$ 也趋于零。此时即为终点密度。为了尽可能达到致密烧结,应选择最小的 r,η 和较大的 γ。

在固相烧结中也存在塑性流动,在烧结早期,表面张力较大,塑性流动可以靠位错的运动来实现;而烧结后期,在低应力作用下靠空位自扩散而形成黏性蠕变,高温下发生的蠕变是以位错的滑移或攀移来完成的。塑性流动机理目前应用在热压烧结的动力学过程是很成功的。

11.3.3 溶解-沉淀传质

1. 溶解-沉淀传质的概念、发生条件和推动力

在有固、液两相的烧结中,当固相在液相中有可溶性,这时烧结传质过程就由部分固相溶解而在另一部分固相上沉积,直至晶粒长大和获得致密的烧结体。发生溶解-沉淀

传质的条件有：①显著数量的液相；②固相在液相内有显著的可溶性；③液相润湿固相。

溶解-沉淀传质过程的推动力仍是颗粒的表面能，只是由于液相润湿固相，每个颗粒之间的空间都组成一系列毛细管，表面张力以毛细管力的方式使颗粒拉紧，毛细管中的熔体起着把分散在其中的固态颗粒结合起来的作用。微米级颗粒之间有 $0.1\sim1\ \mu m$ 直径的毛细管，如果其中充满硅酸盐液相，毛细管压力达 $1.23\sim12.3\ MPa$。可见，毛细管压力所造成的烧结推动力是很大的。

2. 溶解-沉淀传质过程

（1）过程 1——颗粒重排。

随烧结温度升高，出现足够数量的液相。分散在液相中的固体颗粒在毛细管力作用下，颗粒相对移动，发生重新排列，颗粒的堆积更紧密。被薄的液膜分开的颗粒之间搭桥，在那些点接触处有高的局部应力，导致塑性变形和蠕变，促进颗粒进一步重排。

颗粒在毛细管力作用下，通过黏性流动或在一些颗粒间接触点上由于局部应力的作用而进行重新排列，结果得到了更紧密的堆积。在这阶段可粗略地认为，致密化速率与黏性流动相应，线收缩与时间约略地呈线性关系。

$$\frac{\Delta L}{L_0} \propto t^{1+x} \tag{11.41}$$

式中，指数 $1+x$ 的意义是约大于 1，这是考虑到烧结进行时，被包裹的小尺寸气孔减小，作为烧结推动力的毛细管压力增大，所以略大于 1。

颗粒重排对坯体致密度的影响取决于液体的数量。如果液相数量不足，则液相既不能完全包围颗粒，也不能填充粒子间空隙。当液相由甲处流到乙处后，在甲处留下空隙，这时能产生颗粒重排但不足以消除气孔。当液相数量超过颗粒边界薄层变形所需的量时，在重排完成后、固体颗粒占总体积的 $60\%\sim70\%$，多余液相可以进一步通过流动传质、溶解-沉淀传质达到填充气孔的目的。这样可使坯体在这一阶段的烧结收缩率达总收缩率的 60% 以上。图 11.12 表示液相含量与坯体气孔率的关系。

颗粒重排促进致密化的效果还与固-液两面角及固-液润湿性有关。当两面角越大，熔体对固体的润湿性越差时，对致密化越是不利。

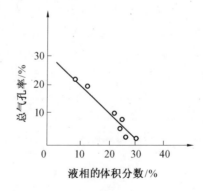

图 11.12 黏土煅烧时液相的体积分数和气孔率的关系

（2）过程 2——溶解-沉淀。

由于较小的颗粒或颗粒接触点处溶解，通过液相传质在较大的颗粒或颗粒的自由表面上沉积,从而出现晶粒长大和晶粒形状的变化,同时颗粒不断进行重排而致密化。

溶解-沉淀传质根据液相数量不同可以有金格尔(Kingery)模型(颗粒在接触点处溶解到自由表面上沉积)或 LSW 模型(小晶粒溶解至大晶粒处沉淀)。其原理都是由于颗粒接触点处(或小晶粒)在液相中的溶解度大于自由表面(或大晶粒)处的溶解度。这样就在两个对应部位上产生化学位梯度 $\Delta\mu$。$\Delta\mu = RT\ln a/a_0$,其中 a 为凸面处(或小晶粒处)离子活度;a_0 为平面(或大晶粒)离子活度。化学位梯度使物质发生迁移,通过液相传递而导致晶粒生长和坯体致密化。

金格尔运用与固相烧结动力学公式类似的方法并做了合理的分析导出溶解-沉淀过程收缩率为(按图 11.3(b)所示模型):

$$\frac{\Delta L}{L} = \frac{\Delta\rho}{r} = \left(\frac{K\gamma_{LV}\delta Dc_0 V_0}{RT}\right)^{1/3} r^{-4/3} t^{1/3} \tag{11.42}$$

式中,$\Delta\rho$ 为中心距收缩的距离;K 为常数;γ_{LV} 为液-气表面张力;D 为被溶解物质在液相中的扩散系数;δ 为颗粒间液膜厚度;c_0 为固相在液相中的溶解度;V_0 为液相体积;r 为颗粒起始粒度;t 为烧结时间。

式(11.42)中 γ_{LV}、δ、D、c_0、V_0 均是与温度有关的物理量,因此当烧结温度和起始粒度固定以后,上式可写为

$$\frac{\Delta L}{L} = K\gamma^{-\frac{4}{3}} t^{1/3} \tag{11.43}$$

由式(11.42)、式(11.43)可以看出溶解-沉淀致密化速率约略与时间 t 的 1/3 次方成正比。影响溶解-沉淀传质过程的因素还有颗粒起始粒度、粉末特性(溶解度、润湿性)、液相数量、烧结温度等。由于固相在液相中的溶解度、扩散系数以及固液润湿性等目前几乎没有确切数值可以利用,因此液相烧结的研究远比固相烧结更为复杂。

图 11.13 列出 MgO+2%(质量分数)高岭土在 1 730 ℃时测得的 $\log \Delta L/L \sim \log t$ 关系图。由图可以明显看出液相烧结三个不同的传质阶段。开始阶段直线斜率约为 1,符合颗粒重排过程,即方程(11.41);第二阶段:直线斜率约为 1/3,符合方程(11.42),即为溶解-沉淀传质过程;最后阶段曲线趋于水平,说明致密化速率更缓慢,坯体已接近终点密度。此时在高温反应产生的气泡包入液相形成封闭气孔,只有依靠扩散传质充填气孔。若气孔内气体不溶入液相,则随着烧结温度升高,气泡内气压增高,抵消了表面张力的作用,烧结就停止了。

从图 11.13 中还可以看出,在这类烧结中,起始粒度对促进烧结有显著作用。图中粒度是 $A>B>C$,而 $\Delta L/L$ 是 $C<B<A$。在溶解-沉淀传质中,金格尔模型与 LSW 模型两种机理在烧结速率上的差异为

$$\left(\frac{dV}{dt}\right)_K : \left(\frac{dV}{dt}\right)_{LSW} = \left(\frac{\delta}{h}\right) : 1$$

式中,δ 为两颗粒间液膜厚度,一般估计约为 10^{-3} μm;h 为两颗粒中心相互接近程度,h 随烧结进行很快达到和超过 1 μm,因此 LSW 机理烧结速率往往比金格尔机理大几个数量级。

11.3.4 各种传质机理分析比较

本章分别讨论了四种烧结传质过程,在实际的固相或液相烧结中,这四种传质过程可

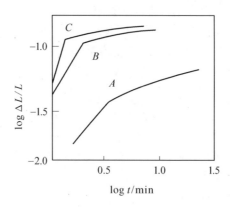

图 11.13　MgO＋2％（质量分数）高岭土在 1 730 ℃下烧结的情况
（烧结前 MgO 粒度：$A=3\ \mu m$；$B=1\ \mu m$；$C=0.52\ \mu m$）

以单独进行或几种传质同时进行。但每种传质的产生都有其特有的条件。现用表 11.4 对各种传质进行综合比较。

表 11.4　各种传质产生原因、条件、特点等综合比较

传质方式	蒸发-凝聚	扩散	流动	溶解-沉淀
原因	压力差 ΔP	空位浓度差 ΔC	应力—应变	溶解度差 ΔC
条件	$\Delta P>1$ Pa $r<10\ \mu m$	空位浓度 $\Delta c_0>\dfrac{n_0}{N}$ $r<5\ \mu m$	黏性流动 η 小 塑性流动 $\tau>f$	1.可观的液相量 2.固相在液相中溶解度大 3.固-液润湿
特点	1. 凸面蒸发—凹面凝聚 2.$\dfrac{\Delta L}{L}=0$	1. 空位与结构基元相对扩散 2. 中心距缩短	1.流动同时引起颗粒重排 2.$\dfrac{\Delta L}{L}\propto t$ 致密化速率最高	1.接触点溶解到平面上沉积，小晶粒处溶解到大晶粒沉积 2.传质同时又是晶粒生长过程
公式	$\dfrac{x}{r}=Kr^{-2/3}t^{1/3}$	$\dfrac{x}{r}=Kr^{-3/5}t^{1/5}$ $\dfrac{\Delta L}{L}=Kr^{-6/5}t^{2/5}$	$\dfrac{\Delta L}{L}=\dfrac{3}{2}\dfrac{\gamma}{\eta r}t$ $\dfrac{\mathrm{d}\theta}{\mathrm{d}t}=\dfrac{K(1-\theta)}{r}$	$\dfrac{\Delta L}{L}=Kr^{-4/3}t^{1/3}$ $\dfrac{x}{r}=Kr^{-2/3}t^{1/6}$
工艺控制	温度（蒸汽压） 粒度	温度（扩散系数） 粒度	黏度 粒度	粒度 温度（溶解度） 黏度 液相数量

　　从固相烧结和有液相参与的烧结过程传质机理的讨论可以看出，烧结无疑是一个很复杂的过程。前面的讨论主要是限于单元纯固相烧结或纯液相烧结，并假定在高温下不发生固相反应，纯固相烧结时不出现液相，此外在做烧结动力学分析时是以十分简单的两

颗粒圆球模型为基础。这样就把问题简化了许多。这对于纯固相烧结的氧化物材料和纯液相烧结的玻璃料来说,情况还是比较接近的。从科学的观点看,把复杂的问题做这样的分解与简化,以求得比较接近的定量了解是必要的;但从制造材料的角度看,问题常常要复杂得多,就以固相烧结而论,实际上经常是几种可能的传质机理在互相起作用,有时是一种机理起主导作用,有时则是几种机理同时出现,有时条件改变了,传质方式也随之变化。例如,BeO 材料的烧结,气氛中的水汽就是一个重要的因素。在干燥气氛中,扩散是主导的传质方式。当气氛中水气分压很高时,则蒸发-凝聚变为传质主导方式。

又如,长石瓷或滑石瓷都是有液相参与的烧结,随着烧结进行,往往是几种传质交替发生的,图 11.14 所示为致密化与烧结时间的关系。图中表示坯体分别由流动、溶解-沉淀和扩散传质而导致致密化。

再如,氧化钛的烧结,TiO_2 在真空中的烧结得出符合体积扩散传质的结果,氧空位的扩散是控制因素。但将氧化钛在空气和湿氢条件下烧结,则得出与塑性流动传质相符的结果,大量空位产生位错从而导致塑性流动。事实上空位扩散和晶体内塑性流动并不是没有联系的。塑性流动是位错运动的结果,而一整排原子的运动(位错运动)可能同样会导致缺陷的消除。处于晶界上的气孔,在剪切应力下也可能通过两个晶粒的相对滑移,在晶界上吸收空位(来自气孔表面)而把气孔消除,从而使这两个机理又能在某种程度上协调起来。

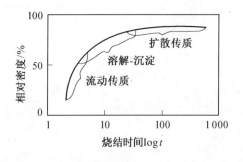

图 11.14 液相烧结的致密化过程

总之,烧结体在高温下的变化是很复杂的,影响烧结体致密化的因素也是众多的。产生典型的传质方式都是有一定条件的,因此必须对烧结全过程的各个方面(原料、粒度、粒度分布、杂质、成型条件、烧结气氛、温度、时间等)都有充分的了解,才能真正掌握和控制整个烧结过程。

11.4 晶粒生长与二次再结晶

晶粒生长和再结晶往往与烧结中、后期的传质过程是同时进行的高温动力学过程。

晶粒生长:无应变的材料在热处理时,平均晶粒尺寸在不改变其分布的情况下,连续增大的过程。

初次再结晶:在已发生塑性形变的基质中出现新生的无应变晶粒的成核和长大过程。

二次再结晶:少数巨大晶粒在细晶消耗时成核长大的过程。

11.4.1 晶粒生长

在烧结的中、后期,细晶粒要逐渐长大,而一些晶粒生长过程也是另一部分晶粒缩小或消灭的过程。其结果是平均晶粒尺寸都增长了。这种晶粒长大并不是小晶粒的相互黏结,而是晶界移动的结果。晶界两侧物质的自由焓之差是使界面向曲率中心移动的驱动力。小晶粒生长为大晶粒,则使界面面积和界面能降低。晶粒尺寸由 1 μm 变化到 1 cm,对应的能量变化为 0.42~21 J/g。

1. 界面能与晶界移动

图 11.15(a)表示两个晶粒之间的晶界结构,弯曲晶界两边各为一晶粒,小圆代表各个晶粒中的原子。对凸面晶粒表面 A 处与凹面晶粒的 B 处而言,曲率较大的 A 点自由能高于曲率小的 B 点。位于 A 点晶粒内的原子必然有向能量低的位置跃迁的自发趋势。当 A 点原子到达 B 点并释放出 ΔG^*(图 11.15(b))的能量后就稳定在 B 晶粒内。如果这种跃迁不断发生,则晶界就向着 A 晶粒曲率中心不断推移,导致 B 晶粒长大而 A 晶粒缩小,直至晶界平直化,界面两侧自由能相等为止。由此可见,晶粒生长是晶界移动的结果,而不是简单的小晶粒之间的黏结。晶粒生长取决于晶界移动的速率。

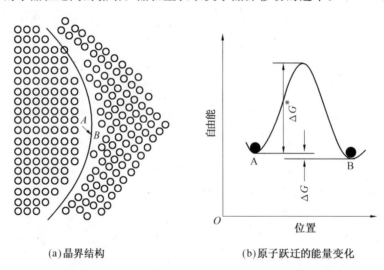

(a)晶界结构   (b)原子跃迁的能量变化

图 11.15 晶界结构

由许多颗粒组成的多晶体界面移动情况如图 11.16 所示。从图 11.16 看出大多数晶界都是弯曲的。从晶粒中心往外看,大于六条边时边界向内凹,由于凸面界面能大于凹面界面能,因此晶界向凸面曲率中心移动。结果小于六条边的晶粒缩小,甚至消失,而大于六条边的晶粒长大。总的结果是平均晶粒增长。

2. 晶界移动的速率

晶粒生长取决于晶界移动的速率。如图 11.15(a)中,A,B 晶粒之间由于曲率不同而产生的压力差为

$$\Delta P = \gamma \left(\frac{1}{r_1} + \frac{1}{r_2} \right)$$

式中,γ 为表面张力;r_1,r_2 为曲面的主曲率半径。

由热力学可知,当系统只做膨胀功时,有

$$\Delta G = -S\Delta T + V\Delta P$$

当温度不变时,有

$$\Delta G = V\Delta P = \gamma \bar{V}\left(\frac{1}{r_1} + \frac{1}{r_2}\right)$$

式中,ΔG 为跨越一个弯曲界面的自由能变化;$\bar{V}$ 为摩尔体积。

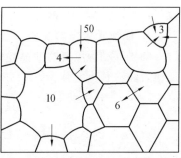

图 11.16 多晶坯体中晶粒增长示意图

粒界移动速率还与原子跃过晶界的速率有关。原子由 $A \to B$ 的频率 f 为原子振动频率(v)与获得 ΔG^* 能量的粒子的概率(P)的乘积为

$$f = Pv = v\exp\left(\frac{\Delta G^*}{RT}\right)$$

由于可跃迁的原子的能量是量子化的,即 $E = hv$,一个原子平均振动能量 $E = kT$,所以

$$v = \frac{E}{h} = \frac{kT}{h} = \frac{RT}{Nh}$$

式中,h 为普朗克常数;k 为玻耳兹曼常数;R 为气体常数;N 为阿伏加德罗常数。因此,原子由 $A \to B$ 跳跃频率为

$$f_{AB} = \frac{RT}{Nh}\exp\left(\frac{-\Delta G^*}{RT}\right)$$

原子由 $B \to A$ 跳跃频率:

$$f_{BA} = \frac{RT}{Nh}\exp\left[-\frac{(\Delta G^* + \Delta G)}{RT}\right]$$

粒界移动速率 $v = \lambda f$,λ 为每次跃迁的距离。

$$v = \lambda(f_{AB} - f_{BA}) = \frac{RT}{Nh}\lambda\exp\left(-\frac{\Delta G^*}{RT}\right)\left[1 - \exp\left(-\frac{\Delta G}{RT}\right)\right]$$

因为 $1 - \exp\left(-\dfrac{\Delta G}{RT}\right) \approx \dfrac{\Delta G}{RT}$;式中 $\Delta G = \gamma \bar{V}\left(\dfrac{1}{r_1} + \dfrac{1}{r_2}\right)$ 和 $\Delta G^* = \Delta H^* - T\Delta S^*$,所以

$$v = \frac{RT}{Nh}\lambda\left[\frac{\gamma \bar{V}}{RT}\left(\frac{1}{r_1} + \frac{1}{r_2}\right)\right]\exp\frac{\Delta S^*}{R}\left(-\frac{\Delta H^*}{RT}\right) \tag{11.44}$$

由式(11.44)得出晶粒生长速率随温度成指数规律增加。因此,晶界移动的速率是与晶界曲率及系统的温度有关。温度越高,曲率半径越小,晶界向其曲率中心移动的速率也越快。

3. 晶粒长大的几何学原则

(1)晶界上有晶界能的作用,因此晶粒形成一个在几何学上与肥皂泡沫相似的二维阵列。

(2)晶粒边界如果都具有基本上相同的表面张力,则界面间交角成 120°,晶粒呈正六边形。实际多晶系统中多数晶粒间界面能不等,因此从一个三界汇合点延伸至另一个三界汇合点的晶界都具有一定曲率,表面张力将使晶界移向其曲率中心。

(3)在晶界上的第二相夹杂物(杂质或气泡),如果它们在烧结温度下不与主晶相形成

液相,则将阻碍晶界移动。

4. 晶粒长大平均速率

晶界移动速度与弯曲晶界的半径成反比,因而晶粒长大的平均速度与晶粒的直径成反比。晶粒长大定律为

$$\frac{\mathrm{d}D}{\mathrm{d}t}=\frac{K}{D}$$

式中,D 为时间 t 时的晶粒直径;K 为常数。积分后得

$$D^2-D_0^2=Kt \tag{11.45}$$

式中,D_0 为时间 $t=0$ 时的晶粒平均尺寸。当达到晶粒生长后期,$D\gg D_0$,此时式(11.45)为 $D=Kt^{1/2}$。用 $\log D$ 对 $\log t$ 作图得到直线,其斜率为 $1/2$。然而一些氧化物材料的晶粒生长实验表明,直线的斜率常常在 $1/2\sim1/3$,且经常还更接近 $1/3$。其主要原因是晶界移动时遇到杂质或气孔而限制了晶粒的生长。

5. 晶粒生长影响因素

(1) 夹杂物如杂质、气孔等的阻碍作用。

经过相当长时间的烧结后,应当从多晶材料烧结成一个单晶。但实际上由于存在第二相夹杂物如杂质、气孔等的阻碍作用,使晶粒长大受到阻止。晶界移动时遇到夹杂物时形成的变化如图11.17所示。晶界为了通过夹杂物,界面能就被降低,降低的量正比于夹杂物的横截面积。通过障碍以后,弥补界面又要付出能量,结果使界面继续前进能力减弱,界面变得平直、晶粒生长就逐渐停止了。

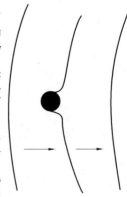

图 11.17 界面通过夹杂物时形状的变化

随着烧结的进行,气孔往往位于晶界上或三个晶粒交汇点上。气孔在晶界上是随晶界移动还是阻止晶界移动,这与晶界曲率有关,也与气孔直径、数量、气孔作为空位源向晶界扩散的速度、气孔内气体压力大小、包围气孔的晶粒数等因素有关。当气孔汇集在晶界上时,晶界移动会出现的情况如图 11.18 所示。在烧结初期,晶界上气孔数目很多,气孔牵制了晶界的移动。如果晶界移动速率为 v_b,气孔移动速率为 v_p,此时气孔阻止晶界移动,因而 $v_b=0$(图 11.18(a))。烧结中、后期,温度控制适当,气孔逐渐减少,可以出现 $v_b=v_p$,此时晶界带动气孔以正常速度移动,使气孔保持在晶界上,如图 11.18(b)所示,气孔可以利用晶界作为空位传递的快速通道而迅速汇集或消失。图 11.19 说明气孔随晶界移动而聚集在三晶粒交汇点的情况。

当烧结达到 $v_b=v_p$ 时,烧结过程已接近完成。严格控制温度是十分重要的。继续维持 $v_b=v_p$,气孔易迅速排除而实现致密化,如图 11.20 所示。此时烧结体应适当保温,如果再继续升高温度,由于晶界移动速率随温度而呈指数增加,必然导致 $v_b\gg v_p$,晶界越过气孔而向曲率中心移动,一旦气孔包入晶体内部(图 11.20),只能通过体积扩散来排除,这是十分困难的。在烧结初期,当晶界曲率很大和晶界迁移驱动力也大时,气孔常常被遗留在晶体内,结果在个别大晶粒中心会留下小气孔群。烧结后期,若局部温度过高,则可能以个别大晶粒为核出现二次再结晶。由于晶界移动太快,也会把气孔包入晶粒内,晶粒内的气孔不仅使坯体难以致密化,而且还会严重影响材料的各种性能,因此,烧结中控制

晶界的移动速率是十分重要的。

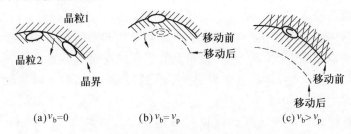

图 11.18 晶界移动遇到气孔时的情况

→晶界移动方向;——→气孔移动方向;v_b—晶界移动速度;v_p—气孔移动速度

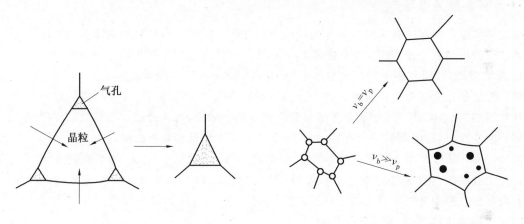

图 11.19 气孔在三晶粒交汇点聚集　　　　图 11.20 晶界移动与坯体致密化关系

气孔在烧结过程中能否排除,除了与晶界移动速率有关外,还与气孔内压力的大小有关。随着烧结的进行,气孔逐渐缩小,而气孔内的气压不断增高,当气压增加至 $2\gamma/r$ 时,即气孔内气压等于烧结推动力,此时烧结就停止了。如果继续升高温度,气孔内气压大于 $2\gamma/r$,这时气孔不仅不能缩小反而膨胀,对致密化不利。烧结如果不采取特殊措施是不可能达到坯体完全致密化的。如要获得接近理论密度的制品,必须采用气氛或真空烧结或热压烧结等方法。

（2）晶界上液相的影响。

约束晶粒生长的另一个因素是有少量液相出现在晶界上。少量液相使晶界上形成两个新的固-液界面,从而界面移动的推动力降低和扩散距离增加。因此少量液相可以起到抑制晶粒长大的作用。例如,95%（质量分数）Al_2O_3 中加入少量石英、黏土,使之产生少量硅酸盐液相,阻止晶粒异常生长。但当坯体中有大量液相时,可以促进晶粒生长和出现二次再结晶。

（3）晶粒生长极限尺寸。

在晶粒正常生长过程中,由于夹杂物对晶界移动的牵制而使晶粒大小不能超过某一极限尺寸。晶粒正常生长时的极限尺寸 D_1 由式(11.46)决定:

$$D_1 \propto \frac{d}{f} \tag{11.46}$$

式中,d 为夹杂物或气孔的平均直径;f 为夹杂物或气孔的体积分数。D_1 在烧结过程中是

随 d 和 f 的改变而变化。当 f 越大时，D_1 将越小。当 f 一定时，d 越大，则晶界移动时与夹杂物相遇的机会越小，于是晶粒长大而形成的平均晶粒尺寸就越大。烧结初期，坯体内有许多小而数量多的气孔，因而 f 相当大。此时晶粒的起始尺寸 D_0 总大于 D_1，这时晶粒不会长大。随着烧结的进行，小气孔不断沿晶界聚集或排除，d 由小变大，f 由大变小，D_1 也随之增大，当 $D_1 > D_0$ 时，晶粒开始均匀生长。烧结后期，一般可以假定气孔的尺寸为晶粒初期平均尺寸的 $1/10$，$f = d/D_1 = d/10d = 0.1$。这就表示烧结达到气孔体积分数为 10% 时，晶粒长大就停止了。这也是普通烧结中坯体终点密度低于理论密度的原因。

11.4.2　初次再结晶

初次再结晶是指在已发生塑性形变的基质中出现新生的无应变晶粒的成核和长大过程。此过程的推动力是基质塑性变形所增加的能量。储存在形变基质中的能量为 $0.5 \sim 1\ \mathrm{cal/g}$ 的数量级，该值与熔融热相比是很小的，但它足以使晶界移动和晶粒长大。

初次再结晶在金属中特别重要。对于硅酸盐材料在加工中塑性变形虽较小，但对一些软性材料如 NaCl，CaF_2 等，变形和再结晶是会发生的。另外，由于硅酸盐原料烧结前都要破碎研磨成粉料，这时颗粒内常有残余应变，烧结时也会出现初次再结晶现象。

例如，NaCl 晶体在 $400\ ℃$ 受力（$4\,000\ \mathrm{g/mm^2}$）变形后，在 $470\ ℃$ 退火，可观察到在棱角上首先生成晶核，然后晶核长大。图 11.21 是受力后的 NaCl 晶体在 $470\ ℃$ 退火时的晶粒长大情况。图中开始一段为诱导期 t_0，它相当于不稳定的核坯长大成稳定晶核所需要的时间。按照成核理论，其成核速率为

$$\frac{\mathrm{d}N}{\mathrm{d}t} = N_0 \exp\left(-\frac{\Delta G_N}{KT}\right) \tag{11.47}$$

式中，N_0 为常数；ΔG_N 为成核活化能。因此，诱导期 t_0 与成核速率及退火温度有关，温度升高，t_0 减小。

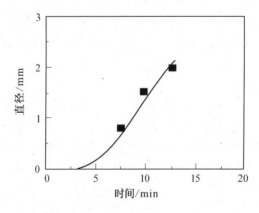

图 11.21　在 $400\ ℃$ 受应力作用的 NaCl 晶体，置于 $470\ ℃$ 再结晶情况

晶粒长大时，质点通过晶粒界面的扩散跃迁，故晶粒生长速度 U 和温度的关系为

$$u = u_0 \exp\left(-\frac{E_u}{RT}\right) \tag{11.48}$$

式中，E_u 为活化能。若晶粒长大而不相互碰接，则晶粒长大速度 u 是恒定的，于是晶粒尺

寸 d 随时间 t 的变化为

$$d = u(t - t_0) \tag{11.49}$$

因此,最终晶粒的大小取决于成核和长大的相对速率。由于两者都与温度密切相关,故总的结晶速率随温度而迅速变化。提高再结晶温度,最终的晶粒尺寸增加,这时因为晶粒长大速率比成核速率增加得更快。

11.4.3 二次再结晶

1. 二次再结晶的概念

二次再结晶指在细晶消耗时,成核长大形成少数巨大晶粒的过程。

当正常的晶粒生长由于夹杂物或气孔等的阻碍作用停止以后,如果在均匀基相中有若干大晶粒,这个晶粒的边界比邻近晶粒的边界多,晶界曲率也较大,以至于晶界可以越过气孔或夹杂物而进一步向邻近小晶粒曲率中心推进,而使大晶粒成为二次再结晶的核心,不断吞并周围小晶粒而加速长大,直至与邻近大晶粒接触为止。

2. 二次再结晶的推动力

二次再结晶的推动力是大晶粒晶面与邻近高表面能和小曲率半径的晶面相比有较低的表面能,在表面能的驱动下,大晶粒界面向曲率半径小的晶粒中心推进,以致造成大晶粒进一步长大与小晶粒的消失。

3. 晶粒生长与二次再结晶的区别

晶粒生长与二次再结晶的区别在于前者是坯体内晶粒尺寸均匀地生长,服从式(11.45);而二次再结晶是个别晶粒异常生长,不服从式(11.45)。晶粒生长是平均尺寸增长,不存在晶核,界面处于平衡状态,界面上无应力。二次再结晶的大晶粒界面上有应力存在。晶粒生长时气孔都维持在晶界上或晶界交汇处,二次再结晶时气孔被包裹到晶粒内部。

4. 二次再结晶的影响因素

(1) 晶粒晶界数。

大晶粒的长大速率开始取决于晶粒的边缘数。在细晶粒基相中,少数晶粒比平均晶粒尺寸大,这些大晶粒成为二次再结晶的晶核。如果坯体中原始晶粒尺寸是均匀的,在烧结时,晶粒长大按式(11.45)进行,直至达到式(11.46)的极限尺寸为止。此时烧结体中每个晶粒的晶界数为3~7或3~8个。晶界弯曲率都不大,不能使晶界越过夹杂物运动,直至晶粒生长停止。如果烧结体中有晶界数大于10的大晶粒,当长大达到某一程度时,大晶粒直径(d_g)远大于基质晶粒直径(d_m),即 $d_g \gg d_m$,大晶粒长大的驱动力随着晶粒长大而增加,晶界移动时快速扫过气孔,在短时间内小晶粒为大晶粒所吞并,而生成含有封闭气孔的大晶粒,这就导致不连续的晶粒生长。

(2) 起始物料颗粒的大小。

当由细粉料制成多晶体时,则二次再结晶的程度取决于起始粉料颗粒的大小。粗的起始粉料相对的晶粒长大要小得多,图11.22为BeO晶粒相对生长率与原始粒度的关系,由图可推算出:当起始粒度为 $2~\mu m$,二次再结晶后晶粒尺寸为 $60~\mu m$;而当起始粒度为 $10~\mu m$,二次再结晶后晶粒尺寸约为 $30~\mu m$。

(3) 工艺因素。

　　从工艺控制考虑,造成二次再结晶的原因主要是原始粒度不均匀、烧结温度偏高和烧结速率太快,其他还有坯体成型压力不均匀,局部有不均匀液相等。图 11.23 表明原始颗粒尺寸分布对烧结后多晶结构的影响。在原始粉料很细的基质中夹杂个别粗颗粒,最终晶粒尺寸比原始粉料粗而均匀的坯体要粗大得多。

　　为避免气孔封闭在晶粒内,避免晶粒异常生长,应防止致密化速率太快。在烧结体达到一定的体积密度以前,应该用控制温度来抑制晶界移动速率。

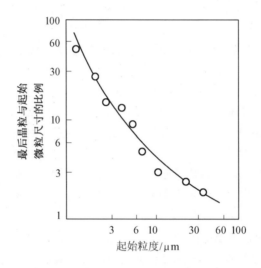

图 11.22　BeO 在 2 000 ℃下保温 0.5 h 晶粒生长率与原始粒度的关系

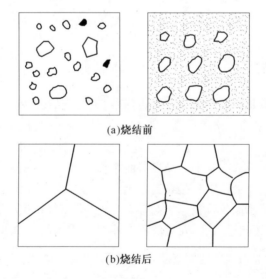

图 11.23　粉料粒度分布对多晶结构的影响

5. 控制二次再结晶的方法

　　防止二次再结晶的最好方法是引入适当的添加剂,它能抑制晶界迁移,有效地加速气孔的排除。如 MgO 加入 Al_2O_3 中可制成达理论密度的制品。当采用晶界迁移抑制剂时,晶粒生长公式(11.45)应写成以下形式:

$$G^3 - G_0^3 = Kt \qquad (11.50)$$

烧结体中出现二次再结晶,由于大晶粒受到周围晶界应力的作用或由于本身易产生缺陷,结果常在大晶粒内出现隐裂纹,导致材料机、电性能恶化,因而工艺上需采取适当措施防止其发生。但在硬磁铁氧体 $BaF_{12}O_{19}$ 烧结中,在形成择优取向方面利用二次再结晶是有益的。在成型时通过高强磁场的作用,使颗粒取向,烧结时控制大晶粒为二次再结晶的核,从而得到高度取向、高磁导率的材料。

6. 晶界在烧结中的应用

晶界是多晶体中不同晶粒之间的交界面,据估计晶界宽度为 $5 \sim 60$ nm。晶界上原子排列疏松混乱,在烧结传质和晶粒生长过程中晶界对坯体致密化起着十分重要的作用。

晶界是气孔(空位源)通向烧结体外的主要扩散通道。如图 11.24 所示,在烧结过程中坯体内空位流与原子流利用晶界做相对扩散,空位经过无数个晶界传递最后排出表面,同时导致坯体的收缩。接近晶界的空位最易扩散至晶界,并于晶界上消失。

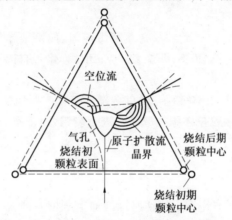

图 11.24 气孔在晶界上排除和收缩模型

在离子晶体中,阴、阳离子必须同时扩散才能导致物质的传递与烧结。一般来说,阴离子体积大,扩散总比阳离子慢。烧结速率一般由阴离子扩散速率控制。实验表明,在氧化铝中 O^{2-} 离子在 $20 \sim 30$ μm 多晶体中自扩散系数比在单晶体中约大两个数量级,而 Al^{3+} 自扩散系数则与晶粒尺寸无关。Coble 等提出在晶粒尺寸很小的多晶体中,O^{2-} 离子依靠晶界区域所提供的通道而大大加速其扩散速度,并有可能 Al^{3+} 离子的体积扩散成为控制因素。

晶界上溶质的偏聚可以延缓晶界的移动,加速坯体致密化。为了从坯体中完全排除气孔获得致密烧结体,空位扩散必须在晶界上保持相当高的速率。只有通过抑制晶界的移动才能使气孔在烧结时终都保持在晶界上,避免晶粒的不连续生长。利用溶质易在晶界上偏析的特征,在坯体中添加少量溶质(烧结助剂),就能达到抑制晶界移动的目的。

晶界对扩散传质烧结过程是有利的。在多晶体中晶界阻碍位错滑移,因而对位错滑移传质不利。

11.5 影响烧结的因素

11.5.1 原始粉料的粒度

无论在固态或液态的烧结中,细颗粒由于增加了烧结的推动力,缩短了原子扩散距离和提高颗粒在液相中的溶解度而导致烧结过程的加速。如果烧结速率与起始粒度的 1/3 次方成比例,从理论上计算,当起始粒度从 $2\ \mu m$ 缩小到 $0.5\ \mu m$,烧结速率增加 64 倍。这个结果相当于粒径小的粉料烧结温度降低 150~300 ℃。

有资料报道当 MgO 的起始粒度为 $20\ \mu m$ 以上时,即使在 1 400 ℃保持很长时间,仅能达相对密度 70% 而不能进一步致密化;若粒径在 $20\ \mu m$ 以下,温度为 1 100 ℃或粒径在 $1\ \mu m$ 以下,温度为 1 000 ℃时,烧结速度很快;如果粒径在 $0.1\ \mu m$ 以下时,其烧结速率与热压烧结相差无几。

从防止二次再结晶考虑,起始粒径必须细而均匀,如果细颗粒内有少量大颗粒存在,则易发生晶粒异常生长而不利烧结。一般氧化物材料最适宜的粉末粒度为 $0.05\sim0.5\ \mu m$。

原料粉末的粒度不同,烧结机理有时也会发生变化。例如 AlN 烧结,据报道:当粒度为 $0.78\sim4.4\ \mu m$ 时,粗颗粒按体积扩散机理进行烧结,而细颗粒则按晶界扩散或表面扩散机理进行烧结。

11.5.2 物料活性

烧结是通过在表面张力作用下的物质迁移而实现的。高温氧化物较难烧结,主要原因就是它们具有较大的晶格能和较稳定的结构状态,质点迁移需要较高的活化能,因此提高活性有利于烧结进行;其中通过降低物料粒度来提高活性是一个常用的方法;但单纯靠机械粉碎来提高物料粒度是有限的,而且能耗太高,故也用化学方法来提高物料活性和加速烧结。如利用草酸镍在 450 ℃轻烧制成的活性 NiO 很容易制得致密的烧结体,其烧结致密化时所需的活化能仅为非活性 NiO 的 1/3。

活性氧化物通常用其相应的盐类热分解制成,采用不同形式的母盐以及热分解条件,对所得的氧化物活性有重要影响。如在 300~400 ℃低温分解 $Mg(OH)_2$ 制得的 MgO,比高温分解制得的具有更高的热容量、溶解度,并呈现很高的烧结活性。

11.5.3 外加剂

在固相烧结中,少量外加剂(烧结助剂)可与主晶相形成固溶体促进缺陷增加;在液相烧结中,外加剂能改变液相的性质(如黏度、组成等),因而都能起促进烧结的作用。外加剂在烧结体中的作用现分述如下。

1. 外加剂与烧结主体形成固溶体

当外加剂与烧结主体的离子大小、晶格类型及电价数接近时,它们能互溶形成固溶体,致使主晶相晶格畸变,缺陷增加,便于结构基元移动而促进烧结。一般来说,它们之间形成有限置换型固溶体比形成连续固溶体更有助于促进烧结。外加剂离子的电价和半径与烧结主体离子的电价、半径相差越大,使晶格畸变程度增加,促进烧结的作用也越明显。例如 Al_2O_3 烧结时,加入 3%(质量分数)Cr_2O_3 形成连续固溶体可以在 1 860 ℃烧结,而加入 1%~2%(质量分数)TiO_2 只需在 1 600 ℃左右就能致密化。

2. 外加剂与烧结主体形成液相

外加剂与烧结体的某些组分生成液相,由于液相中扩散传质阻力小、流动传质速度快,因而降低了烧结温度,提高了坯体的致密度。例如在制造 95%(质量分数)Al_2O_3 材料时,一般加入 CaO,SiO_2,在 $w(CaO):w(SiO_2)=1$ 时,由于生成 CaO-Al_2O_3-SiO_2 液相,而使材料在 1 540 ℃即能烧结。

3. 外加剂与烧结主体形成化合物

在烧结透明的 Al_2O_3 制品时,为抑制二次再结晶,消除晶界上的气孔,一般加入 MgO 或 MgF_2。高温下形成镁铝尖晶石($MgAl_2O_4$)而包裹在 Al_2O_3 晶粒表面,抑制晶界移动速率,充分排除晶界上的气孔,对促进坯体致密化有显著作用。

4. 外加剂阻止多晶转变

ZrO_2 由于有多晶转变,体积变化较大而使烧结发生困难。当加入 5%(质量分数)CaO 以后,Ca^{2+} 离子进入晶格置换 Zr^{4+} 离子,由于电价不等而生成阴离子缺位固溶体,同时抑制晶型转变,使致密化易于进行。

5. 外加剂起扩大烧结范围的作用

加入适当外加剂能扩大烧结温度范围,给工艺控制带来方便。锆钛酸铅材料的烧结范围只有 20~40 ℃,如加适量 La_2O_3 和 Nb_2O_3 后,烧结范围可扩大到 80 ℃。

必须指出的是,外加剂只有加入量适当时才能促进烧结,如不恰当地选择外加剂或加入量过多,反而会阻碍烧结。因为过多的外加剂会妨碍烧结相颗粒的直接接触,影响传质过程的进行。Al_2O_3 烧结时外加剂种类和数量对烧结活化能的影响较大。加入 2%(质量分数)MgO 使 Al_2O_3 烧结活化能降低到 398 kJ/mol,比纯 Al_2O_3 活化能 502 kJ/mol 低,因而促进烧结过程;而加入 5%(质量分数)MgO 时,烧结活化能升高到 545 kJ/mol,则起抑制烧结的作用。烧结加入何种外加剂,加入量多少较合适,尚不能完全从理论上解释或计算,还要通过试验来决定。

11.5.4 烧结温度和保温时间

在晶体中晶格能越大,离子结合也越牢固,离子的扩散也越困难,所需烧结温度也就越高。各种晶体键合情况不同,因此烧结温度也相差很大,即使对同一种晶体烧结温度也不是一个固定不变的值。提高烧结温度无论对固相扩散或对溶解-沉淀等传质都是有利的;但是单纯提高烧结温度不仅浪费燃料,很不经济,而且还会导致二次再结晶而使制品性能恶化。在有液相的烧结中,温度过高则会使液相量增加,黏度下降,使制品变形,因此不同制品的烧结温度必须通过仔细试验来确定。

由烧结机理可知,只有体积扩散导致坯体致密化,表面扩散只能改变气孔形状而不能引起颗粒中心距的逼近,因此不出现致密化过程。图 11.25 表示表面扩散、体积扩散与温度的关系。在烧结高温阶段主要以体积扩散为主,而在低温阶段以表面扩散为主。如果材料的烧结在低温时间较长,不仅不引起致密化,反而会因表面扩散改变了气孔的形状而给制品性能带来损害,因此从理论上分析应尽可能快地从低温升到高温以创造体积扩散

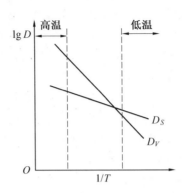

图 11.25 扩散系数与温度关系

D_S—表面扩散系数； D_V—体积扩散系数

的条件。高温短时间烧结是制造致密陶瓷材料的好方法,但还要结合考虑材料的传热系数、二次再结晶温度、扩散系数等各种因素,合理制订烧结温度。

11.5.5 盐类的选择及其煅烧条件

在通常条件下,原始配料均以盐类形式加入,经过加热后以氧化物形式发生烧结。盐类具有层状结构,当将其分解时,这种结构往往不能完全破坏,原料盐类与生成物之间若保持结构上的关联性,那么盐类的种类、分解温度和时间将影响烧结氧化物的结构缺陷和内部应变,从而影响烧结速率与性能。

1. 煅烧条件

关于盐类的分解温度与生成氧化物性质之间的关系有大量研究报道。例如 $Mg(OH)_2$ 分解温度与生成的 MgO 的性质关系,由图 11.26 可见,低温下煅烧所得的 MgO,其晶格常数较大,结构缺陷较多,随着煅烧温度升高,结晶性较好,烧结温度相应提高。图 11.27 表明,随 $Mg(OH)_2$ 煅烧温度的变化,烧结表观活化能 E 及频率因子 A 也随

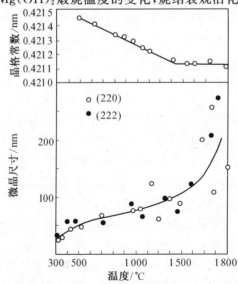

图 11.26 $Mg(OH)_2$ 的煅烧温度与生成 MgO 的晶格常数及微晶尺寸的关系

之发生变化。实验结果显示在 900 ℃煅烧的 Mg(OH)₂所得的烧结活化能最小,烧结活性较高。可以认为,煅烧温度越高,烧结活性越低的原因是由于 MgO 的结晶良好,活化能增高所造成的。

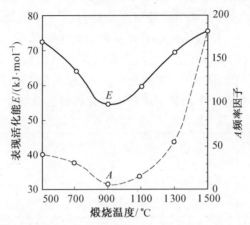

图 11.27 Mg(OH)₂的煅烧温度与所得 MgO 相对于扩散烧结的表观活化能和频率因子之间的关系

2. 盐类的选择

从表 11.5 中所列数据可以看出,随着原料盐的种类不同,所制得的 MgO 烧结性能有明显差别,由碱式碳酸镁、醋酸镁、草酸镁、氢氧化镁制得的 MgO,其烧结体可以分别达到理论密度的 82%～93%,而由氯化镁、硝酸镁、硫酸镁等制得的 MgO,在同样条件下烧结,仅能达到理论密度的 50%～66%,如果对煅烧获得的 MgO 性质进行比较,则可看出,用能够生成粒度小、晶格常数较大、微晶较小、结构松弛的 MgO 的原料盐来获得活性 MgO,其烧结性良好;反之,用生成结晶性较高,粒度大的 MgO 的原料盐来制备 MgO,其烧结性差。

表 11.5 镁化合物分解条件与性能的 MgO 关系

镁化合物	最佳温度/℃	颗粒尺寸/nm	所得 MgO/nm		1 400 ℃ 3 h 烧结体	
			晶格常数	微晶尺寸	体积密度/(g·cm⁻³)	理论值/%
碱式碳酸镁	900	50～60	0.421 2	50	3.33	93
醋酸镁	900	50～60	0.421 2	60	3.09	87
草酸镁	700	20～30	0.421 6	25	3.03	85
氢氧化镁	900	50～60	0.421 3	60	2.92	82
氯化镁	900	200	0.421 1	80	2.36	66
硝酸镁	700	600	0.421 1	90	2.03	58
硫酸镁	1 200～1 500	106	0.421 1	30	1.76	50

11.5.6 气氛的影响

烧结气氛一般分为氧化、还原和中性三种,在烧结中气氛的影响是很复杂的。

一般来说,在由扩散控制的氧化物烧结中,气氛的影响与扩散控制因素有关,与气孔内气体的扩散和溶解能力有关。例如,Al_2O_3材料是由阴离子(O^{2-})扩散速率控制烧结过程,当它在还原气氛中烧结时,晶体中的氧从表面脱离,从而在晶格表面产生很多氧离子空位,使O^{2-}扩散系数增大导致烧结过程加速。表11.6是不同气氛下$\alpha\text{-}Al_2O_3$中O^{2-}离子扩散系数和温度的关系。用透明氧化铝制造的钠光灯管必须在氢气炉内烧结,就是利用加速O^{2-}扩散,使气孔内气体在还原气氛下易于逸出的原理来使材料致密从而提高透光度。若氧化物的烧结是由阳离子扩散速率控制,则在氧化气氛中烧结,表面积聚了大量氧,使阳离子空位增加,则有利于阳离子扩散的加速而促进烧结。

表 11.6　不同气氛下 $\alpha\text{-}Al_2O_3$ 中 O^{2-} 离子扩散系数与温度的关系

温度/℃ 气氛	1 400	1 450	1 500	1 550	1 600
氢气	8.09×10^{-12}	2.36×10^{-11}	7.11×10^{-11}	2.51×10^{-10}	7.5×10^{-10}
空气		2.97×10^{-12}	2.7×10^{-11}	1.97×10^{-10}	4.9×10^{-10}

进入封闭气孔内气体的原子尺寸越小越易于扩散。气孔消除也越容易。如像氩或氮那样的大分子气体,在氧化物晶格内不易自由扩散最终残留在坯体中。但若像氢或氦那样的小分子气体,扩散性强,可以在晶格内自由扩散,因而烧结与这些气体的存在无关。

当样品中含有铅、锂、铋等易挥发物质时,控制烧结时的气氛更为重要,如锆钛酸铅材料烧结时,必须要控制一定分压的铅气氛,以抑制坯体中铅的大量逸出,并保持坯体严格的化学组成,否则将影响材料的性能。

关于烧结气氛的影响常会出现不同的结论。这与材料组成、烧结条件、外加剂种类和数量等因素有关,必须根据具体情况慎重选择。

11.5.7　成型压力

粉料成型时必须加一定的压力,除了使其具有一定形状和一定强度外,同时也给烧结创造了颗粒间紧密接触的条件,使烧结时扩散阻力减小。一般来说,成型压力越大,颗粒间接触越紧密,对烧结越有利。但若压力过大使粉料超过塑性变形限度,就会发生脆性断裂。适当的成型压力可以提高生坯的密度,而生坯的密度与烧结体的致密化程度有正比关系。

11.5.8　烧结外压力的影响

在烧结的同时加上一定的外压力称为热压烧结。普通烧结(无压烧结)的制品一般还存在小于5%的气孔。这是因为一方面随着气孔的收缩,气孔中的气压逐渐增大而抵消了作为推动力的界面能的作用;另一方面封闭气孔只能由晶格内扩散物质填充。为了克服这两个弱点而制备高致密度的材料,可以采用热压烧结。采用热压后制品密度可达理论密度的99%甚至100%。

以共价键结合为主的材料如碳化物、硼化物、氮化物等,由于它们在烧结温度下有高的分解压力和低的原子迁移率,用无压烧结是很难使其致密化。例如BN粉末,用等静压在200 MPa压力下成型后,在2 500 ℃下无压烧结相对密度为0.66,而采用压力为

25 MPa在1 700 ℃下热压烧结能制得相对密度为0.97的BN材料。由此可见,热压烧结对提高材料的致密度和降低烧结温度有显著的效果。一般无机非金属材料烧结温度 $T_s=0.8\sim0.7T_m$,而热压烧结温度 $T_{HP}=0.5\sim0.6\ T_m$,T_{HP} 还与压力有关。如 MgO 的熔点为2 800 ℃,用0.05 μm 的 MgO 在140 MPa 压力下仅在800 ℃就能烧结,此时 T_{HP} 约为 $0.33T_m$。

1954 年默瑞(Murry)等从塑性流动的烧结理论出发,认为热压与烧结后期封闭气孔缩小的致密化阶段相似,所不同的是闭孔表面受的力在烧结中为 $\frac{2\gamma}{r}$;而热压时又有一个外压力 P,这时闭孔受到的压力为 $P+\frac{2\gamma}{r}$,这个压力 P 是以静水压方式施加到气孔的表面上的,此时压块受到的压力为 $\frac{\gamma}{r}+\frac{P}{2}$ 或 $\frac{\gamma}{r}\left(1+\frac{Pr}{2\gamma}\right)$,用此式取代(11.40)中 $\frac{\gamma}{r}$ 项,得

$$\frac{d\theta}{dt}=\frac{3\gamma}{2\eta r}\left(1+\frac{Pr}{2\gamma}\right)\cdot(1-\theta)\cdot\left[1-\frac{fr}{\sqrt{2}\left(1-\frac{Pr}{2\gamma}\right)}\ln\left(\frac{1}{1-\theta}\right)\right] \tag{11.51}$$

式(11.51)即是热压烧结时致密化速率方程。

实际应用对材料提出各种苛刻的要求,而热压烧结在制造无气孔多晶透明无机材料方面以及控制材料显微结构上与无压烧结相比,有不可比拟的优越性,因此热压烧结的适用范围也越来越广泛。

影响烧结因素除了以上六点以外,还有生坯内粉料的堆积程度、加热速度、保温时间、粉料的粒度分布等。影响烧结的因素很多,而且相互之间的关系也较复杂,在研究烧结时如果不充分考虑这众多因素,并给予恰当地运用,就不能获得具有重复性和高致密度的制品,并进一步对烧结体的显微结构和机、电、光、热等性质产生显著的影响。要获得一个好的烧结材料,必须对原料粉末的尺寸、形状、结构和其他物性有充分的了解,对工艺制度控制与材料显微结构形成相互联系进行综合考察,只有这样才能真正理解烧结过程。

习　题

11.1　烧结的模型有哪几种? 各适用于哪些典型传质过程?

11.2　晶界遇到夹杂物时会出现几种情况? 从实现致密化目的考虑,晶界应如何移动? 怎样控制?

11.3　在烧结时,晶粒生长能促进坯体致密化吗? 晶粒生长会影响烧结速率吗? 试说明之。

11.4　下列过程中,哪些能使烧结强度增加,而不产生致密化过程? 试说明理由。(1)蒸发—凝聚;(2)体积扩散;(3)黏性流动;(4)晶界扩散;(5)表面扩散;(6)溶解-沉淀。

11.5　叙述烧结的推动力。它可凭哪些方式推动物质的迁移? 各适用于何种烧结机理?

11.6　影响烧结的因素有哪些? 最易控制的因素是哪几个?

11.7　烧结体内的晶粒的大小对烧结体的宏观性质有什么影响? 怎样控制晶粒尺寸?

11.8 设有粉料粒度为 $5~\mu m$,若经 $2~h$ 烧结后,$x/r=0.1$。如果不考虑晶粒生长,若烧结至 $x/r=0.2$,并分别通过蒸发-凝聚、体积扩散、黏性流动、溶解-沉淀传质,各需多少时间?若烧结 $8~h$,各个传质过程的颈部增长 x/r 又是多少?

11.9 如上题粉料粒度改为 $16~\mu m$,烧结至 $x/r=0.2$,各传质需多少时间?若烧结时间为 $8~h$,各个过程的 x/r 又是多少?从两题的计算结果,讨论粒度与烧结时间对四种传质过程的影响程度。

11.10 在制造透明 Al_2O_3 材料时,原始粉料粒度为 $2~\mu m$,烧结至最高温度保温 $0.5~h$,测得晶粒尺寸 $10~\mu m$,试问若保温时间为 $2~h$,晶粒尺寸多大?为抑制晶粒生长加入 $0.1\%MgO$,此时若保温时间为 $2~h$,晶粒尺寸又有多大?

11.11 为了减少烧结收缩,可把直径 $1~\mu m$ 的细颗粒(约30%)和直径 $50~\mu m$ 的粗颗粒进行充分混合,试问此压块的收缩速率如何?如将 $1~\mu m$ 和 $50~\mu m$ 以及两种粒径混合料制成的烧结体的 $\log \Delta L/L$ 和 $\log t$ 的曲分别绘入适当位置,将得出什么结果?

11.12 烧结体内的气孔的来源有哪些?在烧结过程中如何排除?

11.13 一陶瓷体的真密度为 $5.41~g/cm^3$,一块质量差的烧结样品干重 $3.79~g$,当被水饱和时质量为 $3.84~g$,饱和样品悬浮在水中的质量为 $3.08~g$。问:(1)其真体积为多少?(2)其毛体积(总体积)为多少?(3)表观(开孔)孔隙率为多少?(4)总孔隙率为多少?

11.14 为了促进 Si_3N_4 材料在 $1~800~℃$ 左右烧结,常在配料中加入 $3\%MgO$ 和 2% Y_2O_3,测得 $\lg \Delta L/L$-$\lg t$ 关系图由三段斜率各异的直线组成,试预计 Si_3N_4 是属于哪种传质机制促进坯体致密化?这三种斜率各应为多少?说明理由。

11.15 $BaTiO_3$ 材料在 $750\sim794~℃$ 烧结速率增加了 10 倍,试判断与 $750~℃$ 相比,烧结速率增加 100 倍时温度是多少?($BaTiO_3$ 属扩散传质烧结机制)计算 $BaTiO_3$ 烧结活化能。

11.16 某氧化物粉末的表面能是 $1~000~erg/cm^2$,烧结后晶界能是 $550~erg/cm^2$,若用粒径为 $1~\mu m$ 的粉料(假设为方体)压成 $1~cm^3$ 的压块进行烧结,试计算烧结时的推动力。

11.17 假如直径为 $5~\mu m$ 的气孔封闭在表面张力为 $280~dyn/cm^2$ 的玻璃内,气孔内氮气压力是 $0.8~atm$,当气体压力与表面张力产生的负压平衡时,气孔尺寸是多少?

11.18 在 $1~500~℃$,MgO 正常的晶粒长大期间,观察到晶体在 $1~h$ 内从直径从 $1~\mu m$ 长大到 $10~\mu m$,在此条件下,要得到直径为 $20~\mu m$ 的晶粒,需烧结多长时间?如已知晶界扩散活化能为 $60~kcal/mol$,试计算在 $1~600~℃$ 下 $4~h$ 后晶粒的大小,为抑制晶粒长大,加入少量杂质,在 $1~600~℃$ 下保温 $4~h$,晶粒大小又是多少?

11.19 假定 $NiCr_2O_4$ 的表面能为 $600~erg/cm^2$,由半径 $0.5~\mu m$ 的 NiO 和 Cr_2O_3 粉末合成尖晶石。在 $1~200~℃$ 和 $1~400~℃$ 时,Ni^{2+} 和 Cr^{3+} 离子扩散系数分别为:Ni^{2+} 在 NiO 中 $D_{1~473}=1\times10^{-12}~cm^2/s$;$D_{1~673}=3\times10^{-10}~cm^2/s$;$Cr^{3+}$ 在 Cr_2O_3 中 $D_{1~473}=17\times10^{-11}$ cm^2/s;$D_{1~673}=10^{-9}~cm^2/s$;求在 $1~200~℃$ 和 $1~400~℃$ 烧结时,开始 $1~h$ 的线收缩率是多少?(假定扩散离子的半径为 $0.059~nm$)

11.20 在 $1~500~℃$ Al_2O_3 正常晶粒生长期间,观察到晶体在 $1~h$ 内从 $0.5~\mu m$ 直径长大到 $10~\mu m$,如已知晶界扩散活化能为 $335~kJ/mol$,试预测在 $1~700~℃$ 下保温 $4~h$ 后,晶粒尺寸是多少?你估计加入 $0.5\%MgO$ 杂质对 Al_2O_3 晶粒生长速度会有什么影响?再与上面相同条件下烧结,会有什么结果,为什么?

11.21 (1)烧结 MgO 时加入少量 FeO,在氢气氛和氧分压低时都不能促进烧结,只有在氧分压高的气氛下才促进烧结;(2)烧结 Al_2O_3 时,氢气易促进致密化而氮气妨碍致密化。试分析其原因。

11.22 磁性氧化物材料被认为是遵循正常晶粒长大方程。当颗粒尺寸增大超出 1 μm 的平均尺寸时,则磁性和强度等性质就变坏,未烧结前的原始颗粒大小为 0.1 μm。烧结 30 min 使晶粒尺寸长大为原来的 3 倍。且大坯件翘曲,生产车间主任打算增加烧结时间。你想推荐的最长时间是多少?

11.23 若固-气界面能为 0.1 J/m^2,如果用直径为 1 μm 的粒子组成压块的体积为 1 cm^3,试计算由烧结推动力而产生的能量是多少?

11.24 已知 Al_2O_3 的理论密度是 3.99 g/cm^3。有一块烧结 Al_2O_3 试样,欲知其烧后达到的体积密度,可采取何种方法测定? 若测出实际体积密度为 3.88 g/cm^3,试问气孔率为多少?

11.25 在 1 773 K,MgO 正常的晶粒长大期间,观察到晶体在 1 h 内从 1 μm 直径长大到 10 μm,如已知晶界扩散能为 60×4.183 kcal/mol,试预测在 1 873 K 下 4 h 后晶粒的大小,试估计杂质对 MgO 晶粒生长速率会有什么影响? 为什么?

11.26 某一磁性铁氧体,其最终尺寸应为 15.8 mm,烧结时体积收缩为 33.1%(以未烧结前尺寸为基数),试问粉末制品的最初尺寸应为多大?

11.27 在氢气中,加 MgO 的氧化铝能烧结到近似于理论密度,这时可使氧化铝陶瓷对可见光是透明的,实际上,Al_2O_3 透明陶瓷不是透明的而是半透明的。因为 α-氧化铝的晶体结构是六方晶系,可用它来装钠蒸汽(在烧过大气压的压力下)作为路灯。这种用途的另外一个候选材料是 CaO,它是立方晶系。假如烧结到理论密度,可以成为透明。如果试图通过烧结使 CaO 达到透明,试制订方案。

11.28 石英砂(直径约为 1.0 mm)和石英粉(约为 0.01 mm)若紧密堆积后,前者体积密度 1.6 g/cm^3,后者为 1.5 g/cm^3。(1)如何将两者混合使用才有最大堆积密度? (2)最大堆积系数是多少? (3)烧结后体积密度为 2.6 g/cm^3,试问气孔率为多少?(石英的理论密度为 2.65 g/cm^3)

11.29 含微量 MgO 的 Al_2O_3 烧结至 1 800 ℃急冷,晶界附近的硬度变大。但若烧结在 1 900 ℃急冷却观察不到硬度变大的现象。晶粒内不论 MgO 有无,均具有一定的硬度。试解释此现象。

11.30 试用气氛对烧结的影响说明下列现象。BeO 烧结时,水蒸气存在会发生 $BeO + H_2O \longrightarrow Be(OH)_2$ 结果是收缩率变小。

11.31 掺 1% MgO 的热压烧结 Si_3N_4 材料,在 1 150 ℃左右,强度开始下降,为什么?

11.32 某材料烧结机理为由晶界到颈部的晶格扩散。当颗粒直径分别为 1 μm,25 μm 及 50 μm 时,它们的线收缩率与时间关系如何? 试用一张 $\log \Delta L/L$-$\log t$ 图表示。

附录 1　单位换算和基本物理常数

1. 长度和面积

1 微米(μ 或 μm)＝10^{-9}米(m)

1 毫微米($m\mu$)＝1 纳米(nm)＝10^{-9}米(m)

1 埃(Å)＝10^{-10}米(m)

1 英尺(ft)＝12 英寸(in)＝0.304 8 米(m)

1 英寸(in)＝25.44 毫米(mm)

1 密耳(mil)＝0.025 44 毫米(mm)

1 平方英尺(ft^2)＝0.092 903 04 平方米(m^2)

1 平方英寸(in^2)＝6.451 6 平方厘米(cm^2)

2. 质量、力和压力

1 磅(lb)＝0.453 6 千克(kg)

1 千克力(kgf)＝9.806 65 牛(N)

1 达因(dyn)＝10^{-5}牛(N)

1 磅力(1bf)＝0.453 6 千克力(kgf)

1 磅力(1bf)＝4.448 22 牛(N)

1 达因/厘米(dyn/cm)＝1 毫牛/米(mN/m)

1 巴(bar)＝10^5 帕(Pa)或牛/米^2(N/m^2)

1 毫米水柱(mmH_2O)＝9.806 65 帕(Pa)

1 毫米汞柱(mmHg)＝1 托(torr)

1 托(torr)＝133.322 帕(Pa)

1 大气压(atm)＝101.325 千帕(kPa)

1 大气压(atm)＝105 牛/米^2(N/m^2)

1 磅/英寸^2(pai)＝6.89476 千帕(kPa)

3. 能量和功率

1 焦(J)＝10^7 尔格(erg)

1 千克·米(kg·m)＝9.806 65 焦(J)

1 磅·英寸(lb·in)＝0.113 焦(J)

1 千瓦·小时(kW·h)＝3.6 兆焦(MJ)

1 卡(cal)＝4.186 8 焦(J)

1 电子伏(eV)＝1.602 2$\times10^{-19}$焦(J)

用波数表示的电磁波能量($hc\lambda^{-1}$)：1 厘米$^{-1}$(cm^{-1})＝1.986 31$\times10^{-23}$焦(J)

用频率表示的电磁波能量($h\nu$)：1 赫(Hz)＝0.662 56$\times10^{-33}$焦(J)

1 英热单位(Btu)＝1.055 06 千焦(kJ)

1 英热单位(Btu)＝252 卡(cal)

1 千瓦(kW)＝102 千克·米/秒(kg·m/s)

4. 其他单位

自由焓　1 千卡/摩尔＝4.186 8×10³/(摩尔·开)(J/(mol·K))

熵　1 熵单位(eu)＝4.186 8/(摩尔·开)(J/(mol·K))

比热容　1 卡/克(cal/g)＝4.1868 焦/(克·开)(J/(g·K))

传热系数　1 卡/(厘米·秒·开)(cal/(cm·s·K))＝481.68 焦/(米·秒·开)(J/(m·s·K))

1 英热单位/(英尺·时·℉)(Bfu/(ft·h·℉))＝1.731 焦/(米·秒·开)(J/(m·s·K))

电场　1 静电伏特/厘米＝3×10⁴ 伏/米(V/m)

电位移　1 静电法拉/厘米²＝$\frac{1}{12\pi}$×10⁵ 库/米²(C/m²)

介电常数　1 静电法拉/厘米＝$\frac{1}{36\pi}$×10⁹ 法/米²(F/m)

极化强度　1 静电库仑/厘米²＝$\frac{1}{3}$ 库/米²(C/m²)

压电常数　1 静电库仑/达因＝$\frac{1}{3}$ 库/牛(C/N)

磁场强度　1 奥斯特(Oc)＝$\frac{1}{4\pi}$×10³ 安/米(A/m)

磁化强度　1 高斯(G)＝10³ 安/米(A/m)

辐射剂量　1 伦琴(R)＝2.58×10⁴ 库/千克(C/kg)

吸收剂量　1 拉德(rad)＝10⁻² 戈(Gy)

5. 基本物理常数

阿伏伽德罗常数(N_A)　　6.022×10²³摩尔⁻¹(mol⁻¹)

玻耳磁子(μB)　　9.27×10⁻²⁴安·米²(A·m²)

玻耳兹曼常数(k)　　1.381×10⁻²³焦/开(J/K)

电子的电荷(e)　　－1.602×10⁻¹⁹库(C)

法拉第常数(F)　　9.646×10⁴库/摩尔(C/mol)

气体常数(R)　　8.314 焦/(摩尔·开)(J/(mol·K))

真空磁导率(μ_0)　　4π×10⁻⁷亨/米(H/m)

真空电容率(ε_0)　　8.854×10⁻¹²法/米(F/m)

普朗克常数(h)　　6.626×10⁻³⁴焦·秒(J·s)

普朗克常数($h/2\pi$)　　1.055×10⁻³⁴集·秒(J·s)

　　　　6.582×10⁻¹⁶电子伏·秒(eV·s)

1 千克摩尔理想气体体积(标准状态)22.42 米²(m²)

附录 2　晶体结构的 230 种空间群

对称型	国际符号	熊夫里符号	对称型	国际符号	熊夫里符号	对称型	国际符号	熊夫里符号
$1C_1$	$P1$	C_1^1		$Pba2$	C_{2v}^8		$Cmmm$	D_{2h}^{19}
$\bar{1}C_1$	$P\bar{1}$	C_1^1		$Pna2_1$	C_{2v}^9		$Cccm$	D_{2h}^{20}
2	$P2$	C_2^1		$Pnn2$	C_{2v}^{10}		$Cmma$	D_{2h}^{21}
C_2	$P2_1$	C_2^2		$Cmm2$	C_{2v}^{11}		$Ccca$	D_{2h}^{22}
	$C2$	C_2^3	$mm2$ C_{2v}	$Cmc2_1$	C_{2v}^{12}	Mmm D_{2h}	$Fmmm$	D_{2h}^{23}
m	Pm	C_s^1		$Ccc2$	C_{2v}^{13}		$Fddd$	D_{2h}^{24}
C_s	Pc	C_s^2		$Amm2$	C_{2v}^{14}		$Immm$	D_{2h}^{25}
	Cm	C_s^3		$Abm2$	C_{2v}^{15}		$Ibam$	D_{2h}^{26}
	Cc	C_s^4		$Ama2$	C_{2v}^{16}		$Ibca$	D_{2h}^{27}
$2/m$	$P2/m$	C_{2h}^1		$Aba2$	C_{2v}^{17}		$Imma$	D_{2h}^{28}
C_{2h}	$P2_1/m$	C_{2h}^2		$Fmm2$	C_{2v}^{18}		$P4$	C_4^1
	$C2/m$	C_{sh}^3		$Fdd2$	C_{2v}^{19}		$P4_1$	C_4^2
	$P2/c$	C_{sh}^4		$Imm2$	C_{2v}^{20}	4 C_4^3	$C4$	$P4_2$
	$P2/c$	C_{sh}^5		$Iba2$	C_{2v}^{21}		$P4_3$	C_4^4
	$C2/c$	C_{2h}^6		$Ima2$	C_{2v}^{22}		$I4$	C_4^5
222	$P222$	D_2^1		$Pmmm$	D_{2h}^1		$I4_1$	C_4^4
D_2	$P222_1$	D_2^2		$Pnnn$	D_{2h}^2	$\bar{4}$ S_4	$P\bar{4}$	S_4^1
	$P2_12_12$	D_2^3		$Pccm$	D_{2h}^3		$I\bar{4}$	S_4^2
	$P2_12_12_1$	D_2^4		$Pban$	D_{2h}^4		$P4/m$	C_{4h}^1
	$C222_1$	D_2^5		$Pmma$	D_{2h}^5		$P4_2/m$	C_{4h}^2
	$C222$	D_2^6		$Pnna$	D_{2h}^6	$4/m$ C_{4h}	$P4/n$	C_{4h}^3
	$F222$	D_2^7	Mmm D_{2h}	$Pmna$	D_{2h}^7		$P4_2/n$	C_{4h}^4
	$I222$	D_2^8		$Pcca$	D_{2h}^8		$I4/m$	C_{4h}^5
	$I2_12_12_1$	D_2^9		$Pbam$	D_{2h}^9		$I4_1/a$	C_{4h}^6
$mm2$	Pmm	D_2^1		$Pccn$	D_{2h}^{10}		$P422$	D_4^1
C_{2v}	$Pmc2_1$	D_{2v}^2		$Pbcm$	D_{2h}^{11}		$P42_12$	D_4^2
	$Pcc2$	D_{2v}^3		$Pnnm$	D_{2h}^{12}		$P4_122$	D_4^3
	$Pma2$	D_{2v}^4		$Pmmm$	D_{2h}^{13}		$P4_12_12$	D_4^4
	$Pca2_1$	D_{2v}^5		$Pbcn$	D_{2h}^{14}	422 D_4	$P4_222$	D_4^5
	$Pnc2$	D_{2v}^6		$Pbca$	D_{2h}^{15}		$P4_22_12$	D_4^6
	$Pmn2_1$	D_{2v}^7		$Pnma$	D_{2h}^{16}		$P4_322$	D_4^7
				$Cmcm$	D_{2h}^{17}		$P4_32_12$	D_4^8
				$Cmca$	D_{2h}^{18}		$I422$	D_4^9
							$I4_122$	D_4^{10}

续

对称型	空间群		对称型	空间群		对称型	空间群	
	国际符号	熊夫里符号		国际符号	熊夫里符号		国际符号	熊夫里符号
				$P4_2/mcm$	D_{4h}^{10}		$P6$	C_6^1
	$P4mm$	C_{4v}^1		$P4_2/nbc$	D_{4h}^{11}		$P6_1$	C_6^2
	$P4bm$	C_{4v}^2		$P4_2/nnm$	D_{4h}^{12}	6 C_6	$P6_5$	C_6^3
	$P4_2cm$	C_{4v}^3		$P4_2/mbc$	D_{4h}^{13}		$P6_2$	C_6^4
	$P4_2nm$	C_{4v}^4	$4/mmm$ D_{4h}	$P4_2/mmm$	D_{4h}^{14}		$P6_4$	C_6^5
$4mm$ C_{4v}	$P4cc$	C_{4v}^5		$P4_2/nmc$	D_{4h}^{15}		$P6_3$	C_6^6
	$P4nc$	C_{4v}^6		$P4_2/ncm$	D_{4h}^{16}	$\bar6$ C_{3h}	$P\bar6$	C_{3h}^1
	$P4_2mc$	C_{4v}^7		$I4/mmm$	D_{4h}^{17}	$6/m$ C_{6h}	$P6/m$	C_{6h}^1
	$P4_2bc$	C_{4v}^8		$I4/mcm$	D_{4h}^{18}		$P6_3/m$	C_{6h}^2
	$I4mm$	C_{4v}^9		$I4_1/amd$	D_{4h}^{19}		$P622$	D_6^1
	$I4cm$	C_{4v}^{10}		$I4_1/acd$	D_{4h}^{20}		$P6_122$	D_6^2
	$I4_1md$	C_{4v}^{11}		$P3$	C_3^1	622 D_6	$P6_522$	D_6^3
	$I4_1cd$	C_{4v}^{12}	3 C_3	$P3_1$	C_3^2		$P6_222$	D_6^4
				$P3_2$	C_3^3		$P6_422$	D_6^5
	$P\bar42m$	D_{2d}^1		$R3$	C_3^4		$P6_322$	D_6^6
	$P\bar42c$	D_{2d}^2	$\bar3$ C_{3i}	$P\bar3$	C_{3i}^1			
	$P\bar42_1m$	D_{2d}^3		$R\bar3$	C_{3i}^2		$P6mm$	C_{6v}^1
	$P\bar42_1c$	D_{2d}^4		$P312$	D_3^1	$6mm$ C_{6v}	$P6cc$	C_{6v}^2
	$P\bar4m2$	D_{2d}^5		$P321$	D_3^2		$P6_3cm$	C_{6v}^3
$\bar42m$ D_{2d}	$P\bar4c2$	D_{2d}^6		$P3_112$	D_3^3		$P6_3mc$	C_{6v}^4
	$P\bar4b2$	D_{2d}^7	32 D_3	$P3_121$	D_3^4			
	$P\bar4n2$	D_{2d}^8		$P3_212$	D_3^5		$P\bar6m2$	D_{3h}^1
	$I\bar4m2$	D_{2d}^9		$P3_221$	D_3^6	$6m2$ D_{3h}	$P\bar6c2$	D_{3h}^2
	$I\bar4c2$	D_{2d}^{10}		$R32$	D_3^7		$P\bar62m$	D_{3h}^3
	$I\bar42m$	D_{2d}^{11}		$P3m1$	C_{3v}^1		$P\bar62c$	D_{3h}^4
	$I\bar42d$	D_{2d}^{12}		$P31m$	C_{3v}^2			
				$P3c1$	C_{3v}^3		$P6/mmm$	D_{6h}^1
	$P4/mmm$	D_{4h}^1	$3m$ C_{3v}	$P31c$	C_{3v}^4	$6/mm$ D_{6h}	$P6/mcc$	D_{6h}^2
	$P4/mcc$	D_{4h}^2		$R3m$	C_{3v}^5		$P6_3/mcm$	D_{6h}^3
	$P4/nbc$	D_{4h}^3		$R3c$	C_{3v}^6		$P6_3/mcc$	D_{6h}^4
	$P4/nnc$	D_{4h}^4		$P\bar31m$	D_{3d}^1			
$4/mm$ D_{4h}	$P4/mbm$	D_{4h}^5		$P\bar31c$	D_{3d}^2		$P23$	
	$P4/mnc$	D_{4h}^6	$\bar3m$ D_{3d}	$P\bar3m1$	D_{3d}^3	23 T	$F23$	
	$P4/nmm$	D_{4h}^7		$P\bar3c1$	D_{3d}^4		$I23$	
	$P4/ncc$	D_{4h}^8		$R\bar3m$	D_{3d}^5		$P2_13$	
	$P4_2/mmc$	D_{4h}^9		$R\bar3c$	D_{3d}^6		$I2_13$	

续

对称型	空间群		对称型	空间群		对称型	空间群	
	国际符号	熊夫里符号		国际符号	熊夫里符号		国际符号	熊夫里符号
$m3$ T_h	$Pm3$	T_h^1	432 O	$F4_132$	O^4	$m3m$ O_h	$Pm3m$	O_h^1
	$Pn3$	T_h^2		$I432$	O^5		$Pn3n$	O_h^2
	$Fm3$	T_h^3		$P4_332$	O^6		$Pm3n$	O_h^3
	$Fd3$	T_h^4		$P4_132$	O^7		$Pn3m$	O_h^4
	$Im3$	T_h^5		$I4_132$	O^8		$Fm3m$	O_h^5
	$Pa3$	T_h^6	$\bar{4}3m$ T_d	$P\bar{4}3m$	T_d^1		$Fm3c$	O_h^6
	$Ia3$	T_h^7		$F\bar{4}3m$	T_d^2		$Fd3m$	O_h^7
432 O	$P432$	O^1		$I\bar{4}3m$	T_d^3		$Fd3c$	O_h^8
	$P4_232$	O^2		$P\bar{4}3n$	T_d^4		$Im3m$	O_h^9
	$F432$	O^3		$F\bar{4}3c$	T_d^5		$Ia3d$	O_h^{10}
				$I\bar{4}3d$	T_d^6			

注:早先的空间群国际符号中,凡属 $mm2$ 和 $422,622$ 对称型的所有空间群,其最后一个位上的二次轴均不列出;属于 $4mm$ 对称型的六个具有四次螺旋轴的空间群,其符号中的 4_2 和 4_1 均只写为 4;凡六方 P 格子均标记为 C;此外,属于 $4/mmm,6/mmm,6mm$ 对称型的 14 个具有四次或六次螺旋轴的空间群,其符号中的 $4_2,4_1$ 或 6_3 均只写为 4 或 6

附录 3　哥希密特及鲍林
离子半径值(配位数 6)

离子	离子半径/(10^{-1}nm)		离子	离子半径/(10^{-1}nm)	
	哥希密特	鲍林		哥希密特	鲍林
Li^+	0.78	0.60	Br^-	1.96	1.95
Na^+	0.98	0.95	I^-	2.20	2.16
K^+	1.33	1.33	Cu^+	—	0.96
Rb^+	1.49	1.48	Ag^+	1.13	1.26
Cs^+	1.65	1.69	Au^+	—	1.37
Be^{2+}	0.34	0.31	Zn^{2+}	0.83	0.74
Mg^{2+}	0.78	0.65	Cd^{2+}	1.03	0.94
Ca^{2+}	1.06	0.99	Hg^{2+}	1.12	1.10
Sr^{2+}	1.27	1.31	Se^{2+}	0.83	0.81
Ba^{2+}	1.43	1.35	Y^{3+}	1.06	0.93
B^{2+}	—	0.02	La^{3+}	1.22	1.15
Al^{2+}	0.57	0.50	Ce^{3+}	1.18	—
Ca^{3+}	0.62	0.62	Ce^{4+}	1.02	1.01
C^{4+}	0.20	0.15	Ti^{4+}	0.64	0.68
Si^{4+}	0.39	0.41	Zr^{4+}	0.87	0.80
Ge^{4+}	0.44	0.53	Hf^{4+}	0.84	—
Sn^{4+}	0.74	0.71	Th^{4+}	1.10	1.02
Pb^{4+}	0.84	0.84	V^{5+}	0.40	0.59
Pb^{2+}	1.32	1.21	Nb^{5+}	0.69	0.70
N^{5+}	0.15	0.11	Ta^{5+}	0.68	
P^{6+}	0.35	0.34	Cr^{6+}	0.64	—
As^{5+}	—	0.47	Cr^{3+}	0.35	0.52
Sb^{3+}	—	0.62	Mo^{6+}		0.62
Bi^{5+}	—	0.74	W^{5+}	—	0.62
O^{2-}	1.32	1.40	U^{4+}	1.05	0.97
S^{2-}	1.74	1.84	Mn^{2+}	0.91	0.80
S^{6+}	0.34	0.29	Mn^{4+}	0.52	0.50
Se^{2-}	1.91	1.98	Mn^{7+}	—	0.46
Se^{5+}	0.35	0.42	Fe^{2+}	0.82	0.80
Te^{2-}	2.11	2.21	Fe^{3+}	0.67	—
F^-	1.33	1.36	Co^{2+}	0.82	0.72
Cl^-	1.81	1.81	Ni^{2+}	0.78	0.69

附录4　肖纳和泼莱威脱离子半径

离子	配位数	半径/nm
Ac³⁺	6	0.112
Ag⁺	2	0.067
	4	0.100
	4(Sq)	0.102
	5	0.109
	6	0.115
	7	0.122
	8	0.128
Ag²⁺	4(Sq)	0.079
	6	0.094
Ag³⁺	4(Sq)	0.067
	6	0.075
Ag³⁺	4	0.039
	5	0.048
	6	0.054
Am²⁺	7	0.121
	8	0.126
	9	0.131
Am³⁺	6	0.098
	8	0.109
Am⁴⁺	6	0.085
	8	0.095
As³⁺	6	0.058
As⁵⁺	4	0.034
	6	0.046
At⁷⁺	6	0.062
Au⁺	6	0.137
Au³⁺	4(Sq)	0.068
	6	0.085
Au⁵⁺	6	0.057
Ba²⁺	6	0.135
	7	0.138
	8	0.142
	9	0.147
	10	0.152
	11	0.157
	12	0.161

离子	配位数	半径/nm
Be²⁺	3	0.016
	4	0.027
	6	0.045
Bi³⁺	5	0.096
	6	0.103
	8	0.117
Bi⁵⁺	6	0.076
Bk⁵⁺	6	0.096
Bk⁴⁺	6	0.083
	8	0.093
Br⁻	6	0.196
Br³⁺	4(Sq)	0.059
Br⁵⁺	3(Py)	0.031
Br⁷⁺	4	0.025
	6	0.039
C⁴⁺	3	−0.008
	4	0.015
	6	0.016
Ca³⁺	6	0.100
	7	0.106
	8	0.112
	9	0.118
	10	0.123
	12	0.134
Cd²⁺	4	0.078
	5	0.087
	6	0.095
	7	0.103
	8	0.125
	9	0.130
	10	0.135
Ce³⁺	8	0.110
	12	0.131
	6	0.101
	7	0.107
	8	0.114
Ce³⁺	9	0.120
	10	0.125
	12	0.134
Ce⁴⁺	6	0.087
	8	0.097
	10	0.107
	12	0.114

离子	配位数	半径/nm
Cf³⁺	6	0.095
Cf⁴⁺	6	0.082
	8	0.092
Cl⁻	6	0.181
Cl³⁺	3(Py)	0.012
Cl⁷⁺	4	0.008
	6	0.027
Cm³⁺	6	0.097
Cm⁴⁺	6	0.085
	8	0.095
Co²⁺	4(HS)	0.058
	5	0.067
	6(LS)	0.065
	6(HS)	0.075
	8	0.090
Co³⁺	6(LS)	0.055
	6(HS)	0.061
Co⁴⁺	4	0.040
	6(HS)	0.053
Cr²⁺	6(LS)	0.073
	6(HS)	0.080
Cr³⁺	6	0.062
Cr⁴⁺	4	0.041
	6	0.055
Cr⁵⁺	4	0.035
	6	0.049
	8	0.057
Cr⁵⁺	4	0.026
	6	0.044
Cs⁺	6	0.167
	8	0.174
	9	0.178
	10	0.181
	11	0.185
	12	0.188
Cu⁺	2	0.046
	4	0.060
	6	0.077
Cu²⁺	4	0.057

续

离子	配位数	半径/nm	离子	配位数	半径/nm	离子	配位数	半径/nm
Cu^{2+}	4(Sq)	0.057	Ge^{2+}	6	0.073	Mg^{2+}	4	0.057
	5	0.065	Ge^{4+}	4	0.039		5	0.066
	6	0.073		6	0.053		6	0.072
Cu^{3+}	6(LS)	0.054	H^+	1	−0.038		8	0.089
D^+	2	−0.010		2	−0.018	Mn^{2+}	4(HS)	0.066
Dy^{2+}	6	0.107	Hf^{4+}	4	0.058		5(HS)	0.075
	7	0.113		6	0.071		6(LS)	0.067
	8	0.119		7	0.076		6(HS)	0.083
Dy^{3+}	6	0.019		8	0.083		7(HS)	0.090
	7	0.097	Hg^+	3	0.097		8	0.096
	8	0.103		6	0.119	Mn^{3+}	5	0.058
	9	0.108	Hg^{2+}	2	0.069		6(LS)	0.058
Er^{3+}	6	0.189		4	0.096		6(HS)	0.065
	7	0.095		6	0.102	Mn^{4+}	4	0.039
	8	0.100		8	0.114		6	0.053
	9	0.106	Ho^{3+}	6	0.090	Mn^{5+}	4	0.033
Eu^{2+}	6	0.117		8	0.102	Mn^{6+}	4	0.026
	7	0.102		9	0.107	Mn^{7+}	4	0.025
	8	0.125		10	0.112		6	0.046
	9	0.130	I^-	6	0.220	Mo^{3+}	6	0.069
	10	0.135	I^{5+}	3(Py)	0.044	Mo^{4+}	6	0.065
Eu^{3+}	6	0.095		6	0.095	Mo^{5+}	4	0.046
	7	0.101	I^{7+}	4	0.042		6	0.061
	8	0.107		6	0.053	Mo^{6+}	4	0.041
	9	0.112	In^{3+}	4	0.062		5	0.050
F^-	2	0.129		6	0.080		6	0.059
	3	0.130		8	0.092		7	0.073
	4	0.131	Ir^{3+}	6	0.068	N^{3+}	4	0.146
	6	0.133	Ir^{4+}	6	0.063		6	0.016
F^{7+}	6	0.008	Ir^{5+}	6	0.057	N^{5+}	3	−0.010
Fe^{2+}	4(HS)	0.063	K^+	4	0.137		6	0.013
	4(Sq,HS)	0.064		6	0.138	Na^+	4	0.099
	6(LS)	0.061		7	0.146		5	0.100
	6(HS)	0.078		8	0.151		6	0.102
	8(HS)	0.092		9	0.155		7	0.112
Fe^{4+}	6	0.059		10	0.159		8	0.118
Fe^{3+}	4	0.025		12	0.164		9	0.124
Fr^+	6	0.180	La^{3+}	6	0.103		12	0.139
Ga^{3+}	4	0.047		7	0.110	Nb^{3+}	6	0.072
	5	0.055		8	0.116	Nb^{4+}	6	0.068
	6	0.062		9	0.122		8	0.079
Gd^{3+}	6	0.094		10	0.127	Nb^{5+}	4	0.048
	7	0.100		12	0.136		6	0.064
	8	0.105	Li^+	4	0.059		7	0.069
	9	0.111		6	0.076		8	0.074
				8	0.092			
			Lu^{3+}	6	0.086			
				8	0.098			
				9	0.103			

续

离子	配位数	半径/nm	离子	配位数	半径/nm	离子	配位数	半径/nm
Nd^{2+}	8	0.129	Pb^{2+}	8	0.129	Rh^{3+}	6	0.067
	9	0.135		9	0.135	Rh^{4+}	6	0.060
Nd^{3+}	6	0.098		10	0.140	Rh^{5+}	6	0.055
	8	0.111		11	0.145	Ru^{3+}	6	0.068
	9	0.116		12	0.149	Ru^{4+}	6	0.062
	12	0.127	Pb^{4+}	4	0.065	Ru^{5+}	6	0.057
Ni^{2+}	4	0.055		5	0.073	Ru^{7+}	6	0.038
	4(Sq)	0.049		6	0.078	Ru^{8+}	4	0.036
	5	0.063		8	0.094	S^{2-}	6	0.184
	6	0.069	Pd^{+}	2	0.059	S^{4+}	6	0.037
Ni^{3+}	6(LS)	0.056	Pd^{2+}	4(Sq)	0.064	S^{6+}	4	0.012
	6(HS)	0.060		6	0.086		6	0.029
Ni^{4+}	6(LS)	0.048	Pd^{3+}	6	0.076	Sb^{3+}	4(Py)	0.076
No^{2+}	6	0.110	Pd^{4+}	6	0.062		5	0.080
Np^{2+}	6	0.110	Pm^{3+}	6	0.097		6	0.076
Np^{3+}	6	0.101		8	0.109	Sb^{5+}	6	0.060
Np^{4+}	6	0.087		9	0.114	Sc^{3+}	6	0.070
	8	0.098	Po^{4+}	6	0.094		8	0.087
Np^{5+}	6	0.075		8	0.108	Se^{2-}	6	0.198
Np^{6+}	6	0.072	Po^{6+}	6	0.067	Se^{4+}	6	0.050
Np^{7+}	6	0.071	Pr^{3+}	6	0.099	Se^{6+}	4	0.028
O^{2-}	2	0.135		8	0.113		6	0.042
	3	0.136		9	0.118	Si^{4+}	4	0.026
	4	0.138	Pr^{4+}	6	0.085		6	0.040
	6	0.140		8	0.096	Sm^{2+}	7	0.122
	8	0.142	Pt^{2+}	4(Sq)	0.060		8	0.127
OH^{-}	2	0.132		6	0.080		9	0.132
	3	0.134	Pt^{4+}	6	0.063	Sm^{3+}	6	0.096
	4	0.135	Pt^{5+}	6	0.057		7	0.102
	6	0.137	Pu^{3+}	6	0.100		8	0.108
Os^{4+}	6	0.063	Pu^{4+}	6	0.086		9	0.113
Os^{5+}	6	0.058		8	0.096		12	0.124
Os^{6+}	5	0.049	Pu^{5+}	6	0.074	Sn^{4+}	4	0.055
	6	0.055	Pu^{6+}	6	0.071		5	0.062
Os^{7+}	6	0.053	Ra^{2+}	8	0.148		6	0.069
Os^{8+}	4	0.039		12	0.170		7	0.075
P^{3+}	6	0.044	Rb^{+}	6	0.152		8	0.081
P^{5+}	4	0.017		7	0.156	Sr^{2+}	6	0.118
	5	0.029		8	0.161		7	0.121
	6	0.039		9	0.163		8	0.126
Pa^{3+}	6	0.104		10	0.166		9	0.131
Pa^{4+}	6	0.090		11	0.169		10	0.136
	8	0.101		12	0.172		12	0.144
Pa^{5+}	6	0.078		14	0.183	Ta^{3+}	6	0.072
	8	0.091	Re^{4+}	6	0.063	Ta^{4+}	6	0.068
	9	0.095	Re^{5+}	6	0.058	Ta^{5+}	6	0.064
Pb^{2+}	4(Py)	0.098	Re^{6+}	6	0.055		7	0.069
	6	0.119	Re^{7+}	4	0.038		8	0.074
	7	0.123		6	0.053			

续

离子	配位数	半径/nm	离子	配位数	半径/nm	离子	配位数	半径/nm
Tb^{3+}	6	0.092	Tl^+	8	0.159	V^{5+}	5	0.046
	7	0.098		12	0.170		6	0.054
	8	0.104	Tl^{3+}	4	0.075	W^{4+}	6	0.066
	9	0.110		6	0.089	W^{5+}	6	0.062
Tb^{4+}	6	0.076		8	0.098	W^{6+}	4	0.042
	8	0.088	Tm^{2+}	6	0.103		5	0.051
Te^{4+}	6	0.065		7	0.109		6	0.060
Te^{5+}	6	0.060	Tm^{3+}	6	0.088	Xe^{3+}	4	0.040
Te^{7+}	4	0.037		8	0.099		6	0.048
	6	0.056	U^{3+}	9	0.105	Y^{3+}	6	0.090
Te^{2-}	6	0.221		6	0.103		7	0.096
Te^{4+}	3	0.052		6	0.089		8	0.102
	4	0.066	U^{4+}	7	0.095		9	0.108
	6	0.097		8	0.100	Yb^{2+}	6	0.102
Te^{5+}	4	0.043		9	0.105		7	0.108
	6	0.056		12	0.117		8	0.114
Th^{4+}	6	0.094	U^{5+}	6	0.076	Yb^{6+}	6	0.087
	8	0.105		7	0.084		7	0.093
	9	0.109		2	0.045		8	0.099
	10	0.113	U^{6+}	4	0.052		9	0.104
	11	0.118		6	0.073	Zn^{2+}	4	0.060
	12	0.121		7	0.081		5	0.068
Ti^{2+}	6	0.086		8	0.086		6	0.074
Ti^{3+}	6	0.067	V^{2+}	6	0.079		8	0.090
Ti^{4+}	4	0.042	V^{3+}	6	0.064	Zr^{4+}	4	0.059
	5	0.051		5	0.053		5	0.066
	6	0.061	V^{4+}	6	0.058		6	0.072
	8	0.074		8	0.072		7	0.078
Tl^+	6	0.150	V^{5+}	4	0.036		8	0.084
B^{3+}	3	0.001	F^{3+}	4(Hs)	0.049		9	0.089
	4	0.001		5	0.058			
	4	0.027		6(LS)	0.055			
				6(HS)	0.065			
				8(HS)	0.078			

注:Sq 为平面正方形配位;Py 为锥状配位;HS 为高自旋态;LS 为低自旋态

附录 5　无机物热力学性质数据

Ⅰ.计算式

1. $C_P = a_1 + b_1 T + c_1 T^{-2} + d_1 T^2 + e_1 T^{-3}$　　　　　　　　J/(K·mol)
2. $H_T^0 - H_{298}^0 = a_2 T + b_2 T^2 + c_2 T^{-1} + d_2 T^3 + e_2 T^{-2} + f_2$　　　　J/mol
3. $S_T^0 = a_3 \ln T + b_3 T + c_3 T^{-2} + d_3 T^2 + e_3 T^{-3} + f_3$　　　　J/(K·mol)

$$\Phi'_T = -\frac{G_T^0 - H_{298}^0}{T} = -\frac{H_T^0 - H_{298}^0}{T} + S_T^0 \qquad \text{J/(K·mol)}$$

Ⅱ.数据表

物质	性质	a	$b\times10^3$	$c\times10^{-5}$	$d\times10^6$	$e\times10^{-3}$	f	
氧化铝 Al_2O_3	C_P 固(α)	114.35	12.81	−35.42	0	0	298~1 800 K	$T_a=1\,273$ K
	固(γ)	106.22	17.79	−28.55	0	0	298~1 800 K	$T_M=2\,303$ K
	液	144.32	0	0	0	0	1 600~3 500 K	
	$H_T^0-H_{293}^0$	114.35	6.41	35.46	0	0	−46 687	
		106.22	8.88	28.55	0	0	−17 848	(ΔH_{298}^0·生成)=
		144.32	0	0	0	0	51 305	−1 674.72
	S_T^0	115.05	12.81	17.71	0	0	626.97	(kJ/mol)
		106.68	17.79	14.28	0	0	557.47	
		144.95	0	0	0	0	756.18	
莫来石（富铝红柱石）$3Al_2O_3 \cdot 2SiO_2$	C_P 固	453.3	105.6	−140.5	−23.4	0	298~2 000 K	ΔH_{298}^0·生成=
	$H_T^0-H_{293}^0$	453.3	52.8	140.5	−7.8	0	−186 702	−6 780
	S_T^0	453.3	105.6	70.2	−11.7	0	−2 417	(kJ/mol)
一氧化碳 CO	C_P 气	119.0	4.1	−0.5	0	0	298~2 500 K	ΔH_{298}^0·生成=
	$H_T^0-H_{298}^0$	119.0	2.1	0.5	0	0	−8 890	−111
	S_T^0	119.0	4.1	0.2	0	0	34.3	
二氧化碳 CO_2	C_P 气	44.2	9.0	−8.6	0	0	298~2 500 K	ΔH_{298}^0·生成=
	$H_T^0-H_{298}^0$	44.2	4.5	8.6	0	0	−16 425	394
	S_T^0	44.2	9.0	4.3	0	0	−45.3	
氧化钙 CaO	C_P 固液	49.7	4.5	−7.0	0	0	298~2 888 K	$T_M=2\,888$ K
		62.8	0	0	0	0		
	$H_T^0-H_{298}^0$	49.7	2.3	7.0	0	0	−17 325	
		62.8	0	0	0	0	43 346	(ΔH_{298}生成)
	S_T	49.7	4.5	3.48	0	0	−248.3	固=−635
		62.8	0	0	0	0	−312.5	

续

物质	性质	a	$b \times 10^3$	$c \times 10^{-5}$	$d \times 10^6$	$e \times 10^{-3}$	f	
氢氧化钙 Ca(OH)$_2$	C_P 固	105.3	11.9	−19.0	0	0	298～1 000 K	$\Delta H^0_{298} \cdot$ 生成= −987
	$H^0_T - H^0_{298}$	105.3	6.0	19.0	0	0	−38 280	
	S^0_T	105.3	11.9	9.5	0	0	−530.9	
硫酸钙 CaSO$_4$	C_P 固	70.3	98.8	0	0	0	298～1 400 K	$\Delta H^0_{298} \cdot$ 生成= −1 434
	$H^0_T - H^0_{298}$	70.3	49.4	0	0	0	−25 318	
	S_T	70.3	98.8	0	0	0	−322.9	
半水硫酸钙 CaSO$_4 \cdot \frac{1}{2}$H$_2$O	C_P 固	108.0	98.8	0	0	0	298～1 000 K	$\Delta H^0_{298} \cdot$ 生成= −1 576
	$H^0_T - H^0_{298}$	108.0	49.4	0	0	0	−36 559	
	S^0_T	108.0	98.8	0	0	0	−514.0	
二水硫酸钙 CaSO$_4 \cdot$ 2H$_2$O	C_P 固	221.2	98.8	0	0	0	298～1 000 K	$\Delta H^0_{298} \cdot$ 生成= −2 023
	$H^0_T - H^0_{298}$	221.2	49.4	0	0	0	−70 309	
	S^0_T	221.2	98.8	0	0	0	−109.6	
碳酸钙 CaCO$_3$	C_P 固(α)(方解石)固(β)	104.6	21.9	−26.0	0	0	298～1 200 K	T_{tr}=323 K
		104.6	21.9	−26.0	0	0	298～1 200 K	
	$H^0_T - H^0_{298}$	104.6	11.0	26.0	0	0	−40 846	(Δ$H^0_{298} \cdot$ 生成) α=−1 208
		104.6	11.0	26.0	0	0	−40 658	
	S_T	104.6	21.9	13.0	0	0	−528.2	
		104.6	21.9	13.0	0	0	−527.6	
白云石 Ca$\cdot$Mg(CO$_3$)$_2$	C_P 固	156.3	80.6	−21.6	0	0		$\Delta H^0_{298} \cdot$ 生成= −2 328
	$H^0_T - H^0_{298}$	156.3	40.3	21.6	0	0	−57 397	
	S^0_T	156.3	80.6	10.8	0	0	−808.5	
硅灰石 CaO$\cdot$SiO$_2$	C_P 固(β)	111.5	15.1	−27.3	0	0	298～1 463 K	T_{tr}=1 463 K
	固(α)	108.2	16.5	−23.7	0	0	298～1 700 K	T_M=1 813 K
	液	150.7	0		0	0	1 813～3 000 K	
	$H^0_T - H^0_{298}$	111.5	7.5	27.3	0	0	−43 057	
		108.2	8.3	23.7	0	0	−32 372	
		150.7	0	0	0	0	−24 903	(Δ$H^0_{298} \cdot$ 生成) β=−1 585
	S^0_T	109.9	15.1	13.7	0	0	−573.2	
		108.2	16.5	11.8	0	0	−546.3	
		150.7	0	0	0	0	−809.3	
硅酸二钙 2CaO$\cdot$SiO$_2$	C_P 固(γ)	113.7	82.1	0	0	0	298～948 K	T_{tr1}=948 K
	固(β)	146.0	40.8	−26.2	0	0	298～1 800 K	T_{tr}=948 K
	固(α)	134.7	46.1	0	0	0	1 000～1 500 K	T_M=2 403 K

续

物质	性质	a	$b\times10^3$	$c\times10^{-5}$	$d\times10^6$	$e\times10^{-3}$	f	
硅酸二钙 $2CaO\cdot SiO_2$	$H_T^\circ - H_{298}^\circ$	113.7	41.0	0	0	0	$-37\ 526$	（$\Delta H_{298}^\circ\cdot$生成） $\gamma=-2\ 257$
		146.0	20.4	26.2	0	0	$-47\ 897$	
		134.7	23.1	0	0	0	$-31\ 67$	
	S	113.7	82.1	0	0	0	-551.7	
		146.0	40.8	13.1	0	0	-730.6	
		134.7	46.1	0	0	0	653.3	
硅酸三钙 $3CaO\cdot SiO_2$	C_P 固	208.7	36.1	-42.5	0	0	$298\sim1\ 800$ K	$\Delta H_{298}^\circ\cdot$生成$=$ $-2\ 881$
	$H_T - H_{298}^\circ$	208.7	18.1	42.5	0	0	$-78\ 055$	
	S_T	208.7	36.1	21.2	0	0	$-1\ 055$	
二硅酸三钙 $3CaO\cdot 2SiO_2$	C_P 固	267.9	37.9	-69.5	0	0		$\Delta H_{298}^\circ\cdot$生成$=$ -3828
	$H_T - H_{298}^\circ$	267.9	18.9	69.5	0	0	$-104\ 850$	
	S	267.9	37.9	34.8	0	0	-1366	
水(汽) H_2O	C_P 气	30.0	10.7	0.34	0	0	$298\sim2\ 500$ K	$\Delta H_{298}^\circ\cdot$生成$=$ -243
	$H_T - H_{298}^\circ$	30.0	5.4	-0.34	0	0	$-9\ 307$	
	S^1	30.0	10.7	0.17	0	0	-14.8	
钾长石 $K(AlSi_3O_8)$	C_P 固	267.2	50.6	-71.4	0	0		$\Delta H_{298}^\circ\cdot$生成$=$ $-3\ 802$ （kJ/mol）
	$H_T - H_{298}^\circ$	267.2	27.0	71.4	0	0	$-105\ 985$	
	S_T°	267.2	50.6	35.7	0	0	$-1\ 316$	
碳酸镁 $MgCO_3$	C_P 固（分解）	78.0	57.8	-17.4	0	0	$298\sim750$ K	$\Delta H_{298}^\circ\cdot$生成$=$ -1097
	$H_T - H_{298}^\circ$	78.0	28.9	17.4	0	0	$-31\ 631$	
	S_T°	78.0	57.8	8.7	0	0	-405.4	
顽火辉石 $MgO\cdot SiO_2$	C_P 固（α_1）	92.3	32.9	-17.9	0	0	$298\sim903$ K	$T_{tr1}=903$ K $T_{tr2}=1\ 258$ K $T_M=1\ 850$ K
	固（α_2）	120.4	0	0	0	0	$903\sim1\ 258$ K	
	固（α_3）	122.5	0	0	0	0	$1\ 258\sim1\ 850$ K	
	液	146.5	0	0	0	0	$1\ 850\sim3\ 000$ K	
		92.3	16.5	17.9	0	0	$-34\ 993$	（$\Delta H_{298}^\circ\cdot$生成） $\alpha_1=-1\ 550$
		120.4	0	0	0	0	$-4\ 267$	
		122.5	0	0	0	0	$-45\ 268$	
		146.5	0	0	0	0	$-14\ 365$	
		92.3	32.9	8.9	0	0	-478.0	
		120.4	0	0	0	0	-637.8	
		122.5	0	0	0	0	-651.5	
		146.5	0	0	0	0	-791.6	

续

物质	性质	a	$b\times10^3$	$c\times10^{-5}$	$d\times10^6$	$e\times10^{-3}$	f	
镁橄榄石 $2MgO \cdot SiO_2$	C_P 固 液	154.0 205.2	23.66 0	38.5 0	0 0	0 0	298~2 171 K 2 171~3 000 K	T_M=2 171 K
	$H_T^0-H_{298}^0$	154.0 205.2	23.66 0	38.5 0	0 0	0 0	−58 971 −42 165	(ΔH_{298}^0·生成) 固=−2178
	S_T^0	154.0 205.2	23.7 0	19.3 0	0 0	0 0	−811.0 −1 119	
氧化镁 MgO	C_P 固 液	49.0 60.7	3.1 0	−11.4 0	0 0	0 0	298~3 098 K 3 098~3 533 K	T_M=3 098 K
	$H_T^0-H_{298}^0$	49.0 60.7	1.6 0	11.4 0	0 0	0 0	−18 568 37 999	(ΔH_{298}^0·生成) 固=−601.6
	S_T^0	49.0 60.7	3.1 0	5.7 0	0 0	0 0	−259.4 −319.0	
氢氧化镁 $Mg(OH)_2$	C_P 固 $H_T^0-H_{298}^0$ S_T^0	47.0 47.0 47.0	104.0 51.5 104.0	0 0 0	0 0 0	0 0 0	298~541 K −18 577 −235.3	ΔH_{298}^0·生成= −925.3
石英 SiO_2	C_P 固(α) (β)	43.9 59.0	38.1 10.1	−9.7 0	0 0	0 0	298~847 K 847~1 696 K	T_{tr}=847 K T_M=1 646~ 1 746 K
	$H_T^0-H_{298}^0$	43.9 59.0	19.4 5.0	−9.7 0	0 0	0 0	−18 054 18 601	(ΔH_{298}^0·生成) α=−911.5
	S_T^0	43.9 59.0	38.8 10.1	4.8 0	0 0	0 0	−225.7 −301.2	
鳞石英 SiO_2	C_P 固(α) (β)	13.7 57.1	103.8 11.1	0 0	0 0	0 0	298~390 K 390~1 953 K	T_{tr}=390 K T_M=1 953 K
	$H_T^0-H_{298}^0$	13.7 57.1	51.9 5.5	0 0	0 0	0 0	−8 688 −18 393	(ΔH_{298}^0·生成) α=−876.7
	S_T^0	13.7 57.1	103.8 11.1	0 0	0 0	0 0	−66.2 −288.6	

续

物质	性质	a	$b\times10^3$	$c\times10^{-5}$	$d\times10^6$	$e\times10^{-3}$	f	
方石英 SiO_2	C_P 固(α) (β) 液	46.9 71.7 85.8	31.5 1.9 0	−10.1 −39.1 0	0 0 0	0 0 0	298～543 K 543～1 996 K 1 996～3 000 K	$T_{tr}=543$ K $T_M=1$ 996 K
	$H_T^0-H_{298}^0$	46.9 71.7 85.8	15.7 0.9 0	10.1 39.1 0	0 0 0	0 0 0	−18 761 −31 828 −44 782	($\Delta H_{298}^0\cdot$生成) $\alpha=-909.0$
	S_T^0	46.9 71.7 85.8	31.5 1.9 0	5.0 19.5 0	0 0 0	0 0 0	−238.9 −381.1 −479.8	
石英玻璃 SiO_2	C_P 固 $H_T^0-H_{298}^0$ S_T^0	56.0 56.0 56.0	15.4 7.7 15.4	−14.4 14.4 7.2	0 0 0	0 0 0	298～2 000 K −22 219 −284.9	$\Delta H_{298}^0\cdot$生成= −847.8

参 考 文 献

[1] 浙江大学,武汉建筑材料学院,上海化工学院,等. 硅酸盐物理化学[M]. 北京:中国建筑工业出版社,1980.

[2] 南京化工学院,华南工学院,清华大学. 陶瓷物理化学[M]. 北京:中国建筑工业出版社,1981.

[3] W·D·金格瑞. 陶瓷导论[M]. 清华大学无机非金属材料教研室,译. 北京:中国建筑工业出版社,1982.

[4] 陆佩文. 无机材料科学基础[M]. 武汉:武汉工业大学出版社,1996.

[5] 陆佩文. 硅酸盐物理化学[M]. 南京:东南大学出版社,1989.

[6] 叶瑞伦,方永汉,陆佩文. 无机材料物理化学[M]. 北京:中国建筑工业出版社,1984.

[7] 饶东生. 硅酸盐物理化学[M]. 北京:冶金工业出版社,1991.

[8] 周玉. 陶瓷材料学[M]. 北京:科学出版社,2004.

[9] 张孝文,薛万荣,杨兆雄. 固体材料结构基础[M]. 北京:中国建筑工业出版社,1980.

[10] 田凤仁. 无机材料结构基础[M]. 北京:冶金工业出版社,1993.

[11] 胡志强. 无机材料科学基础教程[M]. 北京:化学工业出版社,2004.

[12] 周亚栋. 无机材料物理化学[M]. 武汉:武汉理工大学出版社,1994.

[13] 宋晓岚,黄学辉. 无机材料科学基础[M]. 北京:化学工业出版社,2006.

[14] 樊先平,洪樟连,翁文剑. 无机非金属材料科学基础[M]. 杭州:浙江大学出版社,2004.

[15] 崔国文. 表面与界面[M]. 北京:清华大学出版社,1990.

[16] 崔国文. 缺陷扩散与烧结[M]. 北京:清华大学出版社,1990.

[17] 陈肇友. 化学热力学与耐火材料[M]. 北京:冶金工业出版社,2005.

[18] 贺蕴秋,王德平,徐振平. 无机材料物理化学[M]. 北京:化学工业出版社,2005.

[19] 张其士. 无机材料科学基础[M]. 上海:华东理工大学出版社,2007.

[20] 潘群雄,王路明,蔡安兰. 无机材料科学基础[M]. 北京:化学工业出版社,2007.

[21] 叶大伦,胡建华. 实用无机物热力学数据手册[M]. 2版. 北京:冶金工业出版社,2002.

[22] 赵彦钊,殷海荣. 玻璃工艺学[M]. 北京:化学工业出版社,2006.

[23] YET MING CHING,DUNBAR P B,DAVID KINGERY W. Physical ceramics: principles for ceramic science and engineering [M]. John Wiley & Sons, Inc. ,1997.

[25] 陆佩文,黄勇. 硅酸盐物理化学习题指南[M]. 武汉:武汉工业大学出版社,1994.